电力线路实用技术丛书

电缆图表手册

（第二版）

主编　陈蕾

中国水利水电出版社
www.waterpub.com.cn

内 容 提 要

　　本书共分 10 章，分别介绍了电缆的结构及型号，聚氯乙烯绝缘、交联聚乙烯绝缘、阻燃、耐火、橡皮绝缘电缆的性能及技术参数，电缆的选用、敷设安装，各种电缆头的制作安装，电缆线路的运行维护及故障处理及电缆故障的检测诊断等内容。

　　本书内容包括电力电缆、控制电缆，叙述全面、详实、系统，符合国标规定，可供电力设计、运行维护、施工安装人员在选用时参考。

图书在版编目（CIP）数据

电缆图表手册 / 陈蕾主编. -- 2版. -- 北京：中国水利水电出版社，2014.1
　（电力线路实用技术丛书）
　ISBN 978-7-5170-1689-2

　Ⅰ．①电… Ⅱ．①陈… Ⅲ．①电缆－技术手册 Ⅳ.
①TM246-62

中国版本图书馆CIP数据核字(2014)第015989号

书　　名	**电力线路实用技术丛书** **电缆图表手册（第二版）**	
作　　者	主编　陈　蕾	
出版发行	中国水利水电出版社 （北京市海淀区玉渊潭南路 1 号 D 座　100038） 网址：www.waterpub.com.cn E-mail：sales@waterpub.com.cn 电话：(010) 68367658（发行部）	
经　　售	北京科水图书销售中心（零售） 电话：(010) 88383994、63202643、68545874 全国各地新华书店和相关出版物销售网点	
排　　版	中国水利水电出版社微机排版中心	
印　　刷	北京市北中印刷厂	
规　　格	184mm×260mm　16 开本　28 印张　735 千字	
版　　次	2004 年 5 月第 1 版　2004 年 5 月第 1 次印刷 2014 年 1 月第 2 版　2014 年 1 月第 1 次印刷	
印　　数	0001—3000 册	
定　　价	**76.00** 元	

本书编写人员名单

主　　编　陈　蕾

副 主 编　王瑞奇　涂会田　赵　毅　冯　越
　　　　　　王　璞　雷　晶　万　涛　谢　伟
　　　　　　易保华　胡　勇　陈家斌

参　　编　唐　欣　王　婷　李卫军　段奕帆
　　　　　　郭　锐　张建村　张建乡　苗　西沙
　　　　　　周卫民　王佳佳　禹威琅　郭　勇生
　　　　　　郭　栋　段冬东　林富颖　韩　红巍
　　　　　　刘　娅　郭　慧　杨鸣颖　曹　琦
　　　　　　李　岩　王世威　乔鸣伟　郭峻男
　　　　　　王瑞生　王瑞鹏　段　竣河　郭冷冰
　　　　　　刘　欢　夏　春　殷　玲　冷孟凡钟
　　　　　　朱瑞芳　于光军　王　玲　孟　超
　　　　　　孟建峰　张立民　徐安平　冷

第 二 版 前 言

《电缆图表手册》第一版自 2004 年 5 月出版以来得到广大读者的热情支持和肯定，这对我们是一个很大的鼓励。为了适应现代工农业生产高速发展和人民生活的安全可靠供电要求，满足广大读者的需要，本次借修订之际，编者根据近年来国家颁布的新规程规范，对第一版内容作了修改和补充，除保持文字叙述通俗、内容紧密结合实际工作的特点外，力求内容更集中、紧凑。本书修订充实的重点是，依职工现场岗位实用技术为主，增加了一些新的技术等内容。

由于编者水平及实际经验有限，书中可能有疏漏及错误的地方，恳请读者批评指正。

编者

2013 年 10 月

第 一 版 前 言

进入 21 世纪以来，国民经济迅速发展，人民生活水平不断提高，电力工业得到迅速发展，广大用户对电力供应的可靠性要求越来越高。电缆线路与架空线路相比，有着极大优势，越来越多地应用于城市电网，随着科技发展，电缆产品也不断更新。为满足广大电气职工工作需要，我们组织有关专家编写《电缆图表手册》一书，供广大电工参考。

本书主要介绍了新型的聚氯乙烯绝缘、交联聚乙烯绝缘、阻燃、耐火、橡皮绝缘及特种电力电缆和控制电缆的结构特点、技术参数及选用。利用图例介绍了电缆直埋、隧道、沟道、排管、明敷、架空等各种敷设方法，及 35kV 以下电缆热收缩型、冷收缩型、预热型终端与中间接头的制作，110kV 及以上交联聚乙烯电缆预制型终端和中间接头的制作工艺。同时也介绍了电缆的运行维护、故障检测和故障处理等内容。

本书按照国标、部标及新的施工规范进行编写，介绍了电缆及其附件的新产品，主要采用插图与表格方式描述各种电缆及其附件的结构、特点、型号、规格及电缆的外径、重量、允许工作温度和载流量技术参数和施工工艺及技术标准。

本书的编写特点：一是涵盖面较宽，有电力电缆、二次控制电缆；二是内容简明扼要，通俗易懂，简单直观；三是实用性强，本着以实际应用为出发点和归宿的原则进行编写。

本书编写过程中得到了电业部门及生产厂家的支持，并提供很多工作中的实践资料和宝贵意见，谨在此表示感谢！

由于编者水平有限，本书难免有不妥之处，恳请广大读者批评指正。

编　者

2004 年 4 月

目　　录

第一章　电缆的结构及型号

第一节　电缆的种类及型号

电缆从基本结构上分，主要由三部分组成：一是导电线芯，用于传输电能；二是绝缘层，保证电能沿导电线芯传输，在电气上使导电体与外界隔离；三是保护层，起保护密封作用，使绝缘层不受外界潮气浸入，不受外界损伤，保持绝缘性能。

一、电缆的种类

电力电缆有多种分类方法，如按电压等级分类，按线芯截面积分类，按导体芯数分类，按绝缘材料分类等。

（一）按电压等级分类

电缆都是按一定电压等级制造的，电压等级依次为：0.5、1、3、6、10、20、35、60、110、220、330kV。

从施工技术要求、电缆接头、电缆终端头结构特征及运行维护等方面考虑，也可以依据电压这样分类：一是低电压电力电缆（1kV）；二是中电压电力电缆（3～35kV）；三是高电压电力电缆（60～330kV）。

（二）按导电线芯截面积分类

我国电力电缆导电线芯标称截面系列为：2.5、4、6、10、16、25、35、50、70、95、120、150、185、240、300、400、500、625、800mm²，共19种。

高压充油电缆导电线芯标称截面积系列为100、240、400、600、700、845mm²，共6种。

（三）按导电线芯数分类

电力电缆导电线芯数有单芯、二芯、三芯、四芯、五芯。单芯电缆通常用于传送单相交流电、直流电，也可在特殊场合使用（如高压电机引出线等）。60kV及其以上电压等级的充油、充气高压电缆也多为单芯。二芯电缆多用于传送单相交流电或直流电。三芯电缆主要用于三相交流电网中，在35kV及以下的各种电缆线路中得到广泛的应用。四芯电缆多用于低压配电线路、中性点接地的三相四线制系统（四芯电缆的第四芯截面积通常为主线芯截面积的40%～60%）。只有电压等级为1kV的电缆才有二芯和四芯。

控制电缆线芯数从一到几十都有。

（四）按结构特征分类

（1）统包型：在各芯线外包有统包绝缘，并置于同一护套内。

（2）分相屏蔽型：主要是分相屏蔽，一般用于10～35kV电压级，分有油纸绝缘式和塑料绝缘式。

（3）钢管型：电缆绝缘层的外层采用钢管护套，分钢管充油、充气式电缆和钢管油压式、气压式电缆。

（4）扁平型：三芯电缆的横断面外型呈扁平状，一般用于大长度海底电缆。

（5）自容型：电缆的护套内有压力，分自容式充油电缆和充气电缆。

（五）按敷设的环境条件分类

电缆按敷设的环境条件可分为地下直埋、地下管道、空气中、水底过江河、水底过海洋、矿井、高海拔、盐雾、大高差、多移动、潮热区等。

环境因素一般对保护层有一定特殊要求，如要求机械强度、防腐蚀能力或要求增加柔软度等。

（六）按通电性质分类

按输电的性质分为交流电力电缆和直流电力电缆。目前电力电缆的绝缘均按交流而设计。直流电力电缆的电场分布与交流电力电缆不同，因此需要特殊设计。

（七）按绝缘材料分类

1. 塑料绝缘电缆

塑料绝缘电缆制造简单，重量轻，终端头和中间接头制作容易，弯曲半径小，敷设简单，维护方便，并具有耐化学腐蚀和一定耐水性能，适用于高落差和垂直敷设。塑料绝缘电缆有聚氯乙烯绝缘电缆、聚乙烯绝缘电缆和交联聚乙烯绝缘电缆。聚氯乙烯绝缘电缆一般用于10kV 及以下的电缆线路中，交联聚乙烯绝缘电缆多用于 6kV 及以上乃至 110~220kV 的电缆线路中。

2. 橡皮绝缘电缆

由于橡皮富有弹性，性能稳定，有较好的电气、机械、化学性能，多用于 6kV 及以下的电缆线路。

3. 阻燃聚氯乙烯绝缘电缆

前述塑料电缆和橡皮绝缘电缆，其绝缘材料有一个共同的缺点，就是具有可燃性。当线路中或接头处发生事故时，电缆可能因局部过热而燃烧，并导致扩大事故。阻燃电缆是在聚氯乙烯绝缘中加阻燃剂，即使在明火烧烤下，其绝缘也不会燃烧。这种电缆属于塑料电缆的一种，用于 10kV 及以下的电缆线路中。

4. 油浸纸绝缘电力电缆

油浸纸绝缘电力电缆是应用最广的一种电缆。在 1~330kV 各种电压等级的电缆中都被广泛采用。油浸纸绝缘电力电缆是以纸为主要绝缘，以绝缘浸渍剂充分浸渍制成的。根据浸渍情况和绝缘结构的不同，油浸纸绝缘电力电缆又可分为下列几种。

（1）普通粘性浸渍绝缘电缆：它是一般常用的油浸纸绝缘电缆。电缆的浸渍剂是由低压电缆油和松香混合而成的黏性浸渍剂。根据结构不同，这种电缆又分为统包型、分相铅（铝）包型和分相屏蔽型。统包型电缆的多线芯共用一个金属护套，这种电缆多用于 10kV 及以下电压等级。分相铅（铝）包型电缆每个绝缘线芯都有金属护套。分相屏蔽型电缆的绝缘线芯分别加屏蔽层，并共用一个金属护套。后两种电缆多用于 20~35kV 电压等级。

（2）滴干绝缘电缆：它是绝缘层厚度增加的粘性浸渍纸绝缘电缆，浸渍后经过滴出浸渍剂制成。滴干绝缘电缆适用于 10kV 及以下电压等级和落差较大的场合。

（3）不滴流浸渍电缆：它的结构、尺寸与滴干绝缘电缆相同，但用不滴流浸渍剂浸渍制造。不滴流浸渍剂系低压电缆油和某些塑料及合成地蜡的混合物。不滴流浸渍电缆适用于电压等级不超过 10kV、高落差电缆线路以及热带地区。

（4）油压油浸纸绝缘电缆：它包括自容式充气电缆和钢管充气电缆。电缆的浸渍剂，一般为低黏度的电缆油。充油电缆用于 35kV 及以上电压等级的线路中。

（5）气压油浸纸绝缘电缆：它包括自容式充气电缆和钢管充气电缆。多用于 35kV 及以上电压等级的电缆线路中。

二、电缆的型号

（一）电缆型号及产品表示方法

（1）用汉语拼音第一个字母的大写表示绝缘种类、导体材料、内护层材料和结构特点。如用 Z 代表纸 (zhi)；L 代表铝 (lu)；Q 代表铅 (qian)；F 代表分相 (fen)；ZR 代表阻燃 (zuran)；NH 代表耐火 (naihuo)。各种代号含义列于表 1-1。

表 1-1　　　　　　　　　　　　　　　电缆型号各部分的代号及其含义

绝缘种类		导体材料		内护层		特征		铠装层	外被层
代号	含义	代号	含义	代号	含义	代号	含义	第一位数字	第二位数字
V	聚氯乙烯	L	铝	V	聚氯乙烯护套	D	不滴流	0——无	0——无
X	橡胶	T (省略)	铜	Y	聚乙烯护套	F	分相	2——双钢管	1——纤维外被
Y	聚乙烯			L	铝护套	CY	充油	3——细钢丝	2——聚氯乙烯护套
YJ	交联聚乙烯			Q	铅护套	P	贫油干绝缘	4——粗钢丝	3——聚乙烯护套
Z	纸			H	橡胶护套	P	屏蔽		
				F	氯丁橡胶护套	Z	直流		

注　阻燃电缆在代号前加 ZR；耐火电缆在代号前加 NH。

（2）用数字表示外护层构成，有二位数字。无数字代表无铠装层，无外被层。第一位数表示铠装，第二位数表示外被，例如，粗钢丝铠装纤维外被表示为 41。

（3）电缆型号按电缆结构的排列一般依下列次序：

绝缘材料　　　导体材料　　　内护层　　　外护层

（4）电缆产品用型号、额定电压和规格表示。其方法是在型号后再加上说明额定电压、芯数和标称截面积的阿拉伯数字。例如：

1）VV42—10　3×50 表示铜芯、聚氯乙烯绝缘、粗钢线铠装、聚氯乙烯护套、额定电压 10kV、三芯、标称截面积为 50mm² 的电力电缆。

2）YJV32—1　3×150 表示铜芯、交联聚乙烯绝缘、细钢丝铠装、聚氯乙烯护套、额定电压 1kV、三芯、标称截面积为 150mm² 的电力电缆。

3）ZLQ02—10　3×70 表示铝芯、纸绝缘、铅护套、无铠装、聚氯乙烯护套、额定电压 10kV、三芯、标称截面积为 70mm² 的电力电缆。

（二）充油电缆型号及产品表示方法

充油电缆型号由产品系列代号和电缆结构各部分代号组成。自容式充油电缆产品系列代号为 CY。外护层结构从里到外用加强层、铠装层、外被层的代号组合表示。外护层代号见表 1-2。绝缘类别、导体、内护层代号及各代号的排列次序以及产品的表示方法与 35kV 及以下电力电缆相同。

表 1-2　　　　　　　　　　　　充油电缆外护层代号及其含义

加强层		铠装层		外被层	
代号	含义	代号	含义	代号	含义
1	铜带径向加强	0	无铠装	1	纤维层
2	不锈钢带径向加强	2	钢带	2	聚氯乙烯护套
3	铜带径向窄铜带纵向加强	4	粗钢丝	3	聚乙烯护套
4	不锈钢带径向窄不锈钢纵向加强				

例如，CYZQ102 220/1×300 表示铜芯、纸绝缘、铅护套、铜带径向加强、无铠装、聚氯乙烯护套、额定电压 220kV、单芯、标称截面积为 300mm² 的自容式充油电缆。

第二节 电 缆 的 组 成

电缆是由电缆芯、绝缘防护层等组成。

一、电缆的导体

电缆的导体通常用导电性好、由一定韧性、一定强度的高纯度铜或铝制成。导体截面有圆形、椭圆形、扇形、中空圆形等几种。较小截面（16mm² 以下）的导体由单根导线制成，较大截面（16mm² 及以上）的导体由多根导线分数层绞合制成，绞合时相邻两层扭绞方向相反。几种常用电力电缆结构数据见表 1-3～表 1-5 所示。

表 1-3　　　　　　　　　　　　　　　　电力电缆单线最少根数

标称截面 (mm²)	第一种实芯导体		第二种绞合导体						20℃时直流电阻 (Ω/km) 不大于	
			非紧压圆形		紧压圆形		紧压扇形			
	铜	铝	铜	铝	铜	铝	铜	铝	铜	铝
16	1	1	7	7	6	6	—	—	1.15	1.91
25	1	1	7	7	6	6	6	6	0.727	1.20
35	—	1	7	7	6	6	6	6	0.524	0.868
50	—	1	19	19	6	6	6	6	0.387	0.641
70	—	1	19	19	12	12	12	12	0.268	0.443
95	—	1	19	19	15	15	15	15	0.193	0.320
120	—	1	37	37	18	15	18	15	0.153	0.253
150	—	1	37	37	18	15	18	15	0.124	0.206
185	—	1	37	37	30	30	30	30	0.0991	0.164
240	—	1	61	61	34	34	34	30	0.0754	0.125
300	—	1	61	61	34	30	34	30	0.0601	0.100
400	—	—	61	61	53	53	53	53	0.0470	0.0778
500	—	—	61	61	53	53	—	—	0.03666	0.0605
630	—	—	91	91	53	53	—	—	0.0283	0.0469
800	—	—	91	91	53	53	—	—	0.0221	0.0367
1000	—	—	91	91	53	53	—	—	0.0176	0.0291

注　25mm² 及以上者可以是扇形导体。

表 1-4　　　　　　　　　　　扇形导体的最小标称截面

额定电压 (U_0/U) (kV)	0.6/1, 1.8/3, 3.6/6, 6/6	6/10, 8.7/10
最小截面 (mm²)	25	35

表 1-5　　　　　　　　主导体与中性导体标称截面积对照（mm²）

主导体	中性导体	主导体	中性导体	主导体	中性导体	主导体	中性导体
25	16	70	35	150	70	300	150
35	16	95	50	185	95	400	185
50	25	120	70	240	120		

充油电缆的导体由韧炼的镀锡铜线绞成，铜线镀锡后可大大减轻对油的催化作用。当导体的标称截面大于 1000mm² 时，为了降低集肤效应和邻近效应的影响，常采用分裂导体结构，

导体由 4 个或 6 个彼此用半导电纸分隔开的扇形导体组成。单芯充油电缆的导体中心有一个油道,其直径不小于 12mm。它一般是由不锈钢带或 0.6mm 厚的镀锡铜带绕成螺旋管状作为导体的支撑,这种螺旋管支撑还具有扩大导体直径,减小导体表面最大电场强度和减小集肤效应的效果。而有的则用镀锡铜条制成 Z 形及扇形型绞合成中空油道,不需要螺旋形的支撑管。充油电缆的油道也有在铅套下面的;对于 400kV 及以上的高压充油电缆,为了提高其绝缘强度,则导体中心油道和铜套下面的油道兼而有之。

二、电缆的绝缘层

电缆的绝缘层用来使多芯导体间及导体与护套间相互隔离,并保证一定的电气耐压强度。它应有一定的耐热性能和稳定的绝缘质量。

绝缘层厚度与工作电压有关。一般来说,电压等级越高,绝缘层的厚度也越厚,但并不成比例。因为从电场强度方面考虑,同样电压等级的电缆当导体截面积大时,绝缘层的厚度可以薄些。对于电压等级较低的电缆,特别是电压等级较低的油浸纸绝缘电缆,为保证电缆弯曲时,纸层具有一定的机械强度,绝缘层的厚度随导体截面的增大而加厚。

绝缘层的材料主要有油浸电缆纸、塑料和橡胶三种。根据导体绝缘层所用材料的不同,电缆主要分为塑料绝缘电缆、橡胶绝缘电缆和油浸纸绝缘电缆。现将三种电缆绝缘层的结构及特点分述如下。

(一)塑料绝缘

塑料绝缘主要有聚氯乙烯绝缘和交联聚乙烯绝缘两种,电缆绝缘层分别由热塑性塑料挤包制成和由添加交联剂的热塑性聚乙烯塑料挤包后交联制成。这种绝缘电气性能及耐水性能良好,能抗酸、碱,防腐蚀,它还具有允许工作温度高、机械性能好、可制造高电压电缆等优点。

聚氯乙烯绝缘比油浸纸绝缘有很多优点,但其绝缘的介质损耗较大,比油浸纸绝缘的介质损耗约大 10~20 倍左右,而且其电导(离子)随电场强度的增加而急剧上升,因此在更高电压上的应用受到了限制。在这方面聚乙烯比聚氯乙烯,绝缘性能有很大的改善,在同样条件下,聚乙烯的交流击穿强度提高约 60%,其介质损耗则仅为聚氯乙烯的 0.5% 左右。聚乙烯绝缘电缆具有绝缘性能高、比重小、耐水和化学药品性能良好等特点,但是它的熔点太低,在机械应力作用下容易产生裂纹。为了利用聚乙烯良好的绝缘特性,克服其熔点低的缺点,采用高能辐照或化学的方法对聚乙烯进行交联,使它的分子由原来的线型结构变成网状结构,即由热塑性变为热固性,从而提高了聚乙烯的耐热性和热稳定性,这就是交联聚乙烯。其主要特点是软化点高、热变形小、在高温下机械强度高、抗热老化性能好等;交联聚乙烯电缆的最高运行温度可达 90℃,而短路时的允许温度则达 250℃。

交联聚乙烯电缆虽然具有十分优越的电气性能,但其绝缘内部不可避免地会存在微孔、杂质及其他一些缺陷等,特别是微孔的存在,使其吸水性增强,在高电场的作用下,沿电场方向引发"水树枝"现象,从而使绝缘受到破坏。诚然电缆在材料选择及制造工艺上尽力控制微孔、杂质等是减少水树枝状态现象发生的主要途径,但在敷设施工中不合理的施工方法也会导致新的微孔形成。由于电缆终端、中间接头的密封不良或电缆在施工断头处不加以密封而进水、进潮,都会使电缆在以后的运行中有可能引发水树枝放电,对此应引起足够重视。

(二)橡胶绝缘

橡胶绝缘电力电缆的绝缘层为丁苯橡胶或人工合成橡胶(乙丙橡胶、丁基橡胶)。这种电缆突出的优点是柔软,可挠性好,特别适用于移动性的用电和供电的装置。但是橡胶绝缘遇到油类时会很快损坏；在高电压作用下，容易受电晕作用产生龟裂。因此这种电缆一般用于10kV及以下电压等级，而人工合成的乙丙橡胶绝缘电缆可用到35kV电压级。

（三）油浸纸绝缘

油浸纸绝缘由电缆纸与浸渍剂组合而成。普通油浸纸绝缘电缆纸的厚度为0.08、0.12、0.17mm三种；浸渍剂用低压电缆油和松香混合而成，称谓黏性浸渍电缆油。单芯电缆和分相铅（铝）套电缆的导体为圆形，绝缘层结构为电缆纸带以同心式多层绕包成圆形。10kV及以下的多芯电缆，导体为半圆形、椭圆形或扇形，绝缘层结构为束带式。这种结构是在每根导体上分别绕包一部分绝缘纸（称为导体绝缘）后，将几根导体绞合在一起，再绕包一定厚度的电缆纸（称为统包绝缘或带绝缘），这样在导体与导体之间为二倍导体绝缘厚度；在导体与铅护套之间为导体绝缘厚度加统包绝缘厚度。

充油电缆的油浸纸绝缘要求电气性能更高，纸的厚度为0.045、0.075、0.125、0.175mm等几种，介质损失角正切值应大于0.0026。浸渍剂为低黏度的矿物油（绝缘油），油的工频击穿强度应不小于60kV/2.5mm。这样在一定油压作用下，就大大地提高了电缆绝缘的电气强度。

电力电缆绝缘层的厚度根据电缆的工作电压和导体标称截面来决定，它既要保证在工频电压和冲击电压下不会被击穿，又要保证电缆在正常施工时绝缘不会受到机械损坏。

油浸纸绝缘较橡胶绝缘及聚氯乙烯绝缘具有较强的耐热性，经常运行温度可达80℃，电气强度高。黏性油浸纸绝缘用于35kV及以下电压等级，补充油压的油浸纸绝缘用于60kV及以上电压等级。纸绝缘极易吸收水分，使绝缘强度大为降低，因此制造中除了将所含水分除去并进行浸渍处理外，还借助金属护套防止水分侵入。另外，纸绝缘的可曲性比较差，因此规定了电缆最小的允许弯曲半径及最低敷设温度。对于这些，施工中都要特别注意，以保证绝缘性能良好。

三、电缆护层

为了使电缆绝缘不受损伤，并满足各种使用条件和环境的要求，在电缆绝缘层外包覆有保护层，叫做电缆护层。电缆护层分为内护层和外护层。

（一）内护层

内护层是包覆在电缆绝缘上的保护覆盖层，用以防止绝缘层受潮、机械损伤以及光和化学侵蚀性媒质等的作用，同时还可以流过短路电流。内护层有金属的铅护套、平铝护套、皱纹铝护套、铜护套、综合护套，以及非金属的塑料护套、橡胶护套等。金属护套多用于油浸纸绝缘电缆和110kV及以上的交联聚乙烯绝缘电力电缆；塑料护套（特别是聚氯乙烯护套）可用于各种塑料绝缘电缆；橡胶护套一般多用于橡胶绝缘电缆。

铝的比重仅为铅的23.8%，且铝套的厚度比铅套薄得多，所以铝套电缆要比铅套电缆轻得多。而且铝的电阻系数比铅小得多，铝套的短路热容量大，在短路电流持续时间稍长的系统中，一般标准厚度铝套即能满足要求；如计算中热稳定不够时可将铝套稍加厚一些就能满足技术要求，无需增加铜丝（或铜带）屏蔽，因此铝套电缆既经济又实惠，敷设省力；使用皱纹铝护套的电缆，其外径相应较大，使电缆盘的尺寸也相应要大些，因而敷设施工也有一定的难度。相比之下，铅套要比铝套重得多，铅套要满足技术中的短路热稳定要求，铅套的截面必须比铝大得多，但由于铅套结构紧密、化学稳定好、较铝耐腐蚀，因此铅套的使用决不会被铝套所取代。在陆上使用的各种电缆各有特征及利弊，在直埋及排管敷设中宜优先考虑铝套电缆，而过江及海底电缆一定要采用铅套。因为一旦外护套破损后铝套很快会穿孔，不如铅套耐用。

按电缆在使用中受力和外护层的结构情况，铅护套的厚度分为三类，每一类又随着导体截面增大而加厚。

第一类：电缆有铠装层（或麻被）保护，使用中仅有机械外力而不受拉力的电缆，铅护套厚度为 1.2～2.0mm。

第二类：各种分相铅套电缆，铅护套厚度为 1.2～2.5mm。

第三类：没有任何外护层的裸铅套电缆，以及用于水下敷设等承受大的拉力的钢丝铠装电缆，铅护套厚度为 1.4～2.9mm。

充油电力电缆还考虑到内部承受压力以及敷设运行条件等因素，因此铅护套更要厚些。

由于铝护套的机械强度比铅护套大得多，因此各种形式电缆的铝护套，厚度是统一的，其厚度为 1.1～2.0mm。

还有一种新型的护套结构叫做综合护套，是由铝箔 PE 复合膜纵向搭盖卷包热风焊接，在挤包外护套后与护套结合成一体。具有综合护套的电缆，其重量轻、尺寸小，在零序短路容量不大的系统中使用有降低造价的优势；在零序短路容量较大的系统内需加铜丝屏蔽。综合护套的金属箔作径向阻水是有效的阻水层，但其抗外力破坏及外护套穿孔后的耐腐蚀作用是脆弱的。

聚氯乙烯绝缘电缆和 35kV 及以下交联聚乙烯绝缘电缆的内护层为聚氯乙烯护套或聚乙烯护套。其厚度为 1.6～3.4mm，随着导体直径的增大而加厚。

（二）外护层

外护层是包覆在电缆护套（内护层）外面的保护覆盖层，主要起机械加强和防腐蚀作用。常用电缆有内护层为金属护层的外护层和内护层为塑料护套的外护层。金属护套的外护层一般由衬垫层、铠装层和外被层三部分组成。衬垫层位于金属护套与铠装层之间，起铠装衬垫和金属护层防腐蚀作用。铠装层为金属带或金属丝，主要起机械保护作用，金属丝可承受拉力。外被层在铠装层外，对金属铠装起防腐蚀作用。衬垫层及外被层由沥青、聚氯乙烯带、浸渍纸、聚氯乙烯或聚乙烯护套等材料组成。根据各种电缆使用的环境和条件不同，其外护层的组成结构也各异。常用各型号电力电缆的外护层结构见有关各种电缆型号表。

内护层为塑料护套的外护层的结构有两种。一种是无外护层而仅有聚氯乙烯（PVC）或聚乙烯护套；另一种是铠装层外还挤包了 PVC 套或聚乙烯套，其厚度与内护套相同。传统的 PVC 外护套因 PVC 的工作温度较低，对于运行温度高且有护层绝缘要求的高压交联聚乙烯（XLPE）电缆已不太适合，所以现采用高密度聚乙烯（HDPE）或低密度聚乙烯（LLDPE）作外护层已很普遍，但无阻燃性，明敷设时要考虑防火措施或采用阻燃型电缆。使用 HDPE 作外护层可提高护层的绝缘水平，外护套与皱纹金属套间应有黏结剂。

第三节　各类电缆的结构特点

电力电缆的基本结构由导体、绝缘层和护层三部分组成。电力电缆的导体在输送电能时，具有高电位。为了改善电场的分布情况，减小切向应力，有的电缆加有屏蔽层。多芯电缆绝缘线芯之间，还需增加填芯和填料，以便将电缆绞制成圆形。

现将常用电力电缆结构特点介绍如下。

一、聚氯乙烯绝缘电力电缆

聚氯乙烯绝缘电力电缆的绝缘层由聚氯乙烯绝缘材料挤包制成。多芯电缆的绝缘线芯绞合成圆形后再挤包聚氯乙烯护套作为内护层，其外为铠装层和聚氯乙烯外护套。聚氯乙烯绝缘电力电缆有单芯、二芯、三芯、四芯和五芯等5种。

额定电压为6kV以上的电缆，其导体表面和绝缘表面均有半导电屏蔽层；同时在绝缘屏蔽层外面还有金属带组成的屏蔽层，以承受故障时的短路电流，避免因短路电流引起电缆温升过高而损坏绝缘。

聚氯乙烯绝缘电力电缆安装、维护都很简便，多用于10kV及以下电压等级，在1kV配电线路中应用最多，特别适用于高落差场合。

图1-1是1kV聚氯乙烯绝缘电力电缆的结构图。

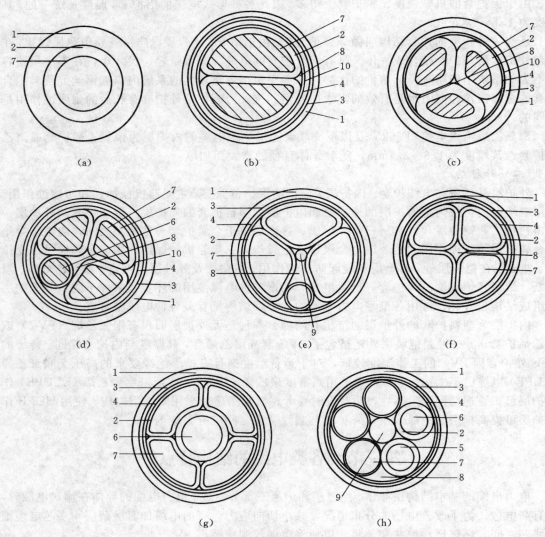

图1-1　1kV聚氯乙烯绝缘电缆结构图
(a)单芯；(b)二芯；(c)三芯；(d)四芯（3+1）；(e)四芯（3+1）；
(f)四芯（等截面）；(g)五芯（4+1）；(h)五芯（3+2）
1—聚氯乙烯外护套；2—聚氯乙烯绝缘；3—钢带铠装；4—聚氯乙烯内护套；5—地线（保护导体）；
6—中性导体；7—导体；8—填充物；9—填芯；10—聚氯乙烯包带

二、交联聚乙烯绝缘电力电缆

交联聚乙烯绝缘电力电缆（简称交联电缆）的电场分布均匀，没有切向应力，重量轻，载流量大，已用于 6～35kV 及 110～220kV 的电缆线路中。

1. 35kV 及以下交联聚乙烯绝缘电力电缆

1kV 交联聚乙烯绝缘电力电缆与聚氯乙烯绝缘电力电缆的结构基本相同，其结构见图 1-2。

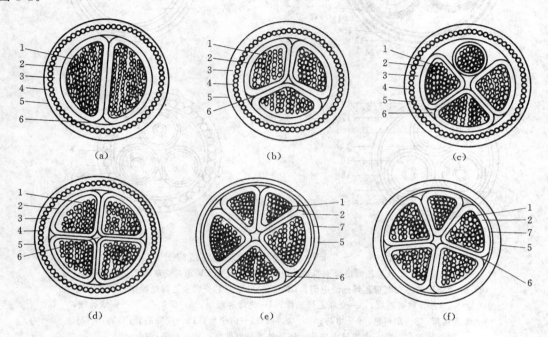

图 1-2 1kV 及以下交联聚乙烯绝缘电力电缆结构图

(a) 二芯；(b) 三芯；(c) 3+1 芯；(d) 四芯（等截面）；(e) 3+2 芯；(f) 4+1 芯

1—导体；2—绝缘层；3—内护层；4—钢丝；5—外护层；6—填充物；7—包带

图 1-3 为 6～35kV 三芯交联聚乙烯绝缘铠装电力电缆的结构图。在圆形导体外有内屏蔽层、交联聚乙烯绝缘层和外屏蔽层。外面还有保护带、铜线屏蔽、铜带和塑料带保护层；三个缆芯中间有一圆形填芯，连同填料扭绞成缆后，外面再加护套、铠装等保护层。

导体屏蔽层为半导电材料，绝缘屏蔽层为半导电交联聚乙烯，并在其外绕包一层 0.1mm 厚的金属带（或金属丝）。电缆内护层（套）的型式，除了上面介绍的三个绝缘线芯共用一个护套外，还有绝缘线芯分相护套。分相护套电缆相当于三个单芯电缆的简单组合。

6～35kV 交联聚乙烯绝缘电力电缆已广泛使用。

2. 110kV 及以上交联聚乙烯绝缘电力电缆

(1) 与充油电缆相比较，交联聚乙烯绝缘电力电缆有以下主要优点：

1) 有优越的电气性能。交联聚乙烯作为电缆的绝缘介质，具有十分优越的电气性能，在理论上，其性能指标比充油电缆还要好，见表 1-6。

2) 有良好的热性能和机械性能。聚乙烯树脂经交联工艺处理后，大大提高了电缆的耐热性能，交联聚乙烯绝缘电缆的正常工作温度达 90℃，比充油电缆高。因而在相同导体截面时，载流量比充油电缆大。

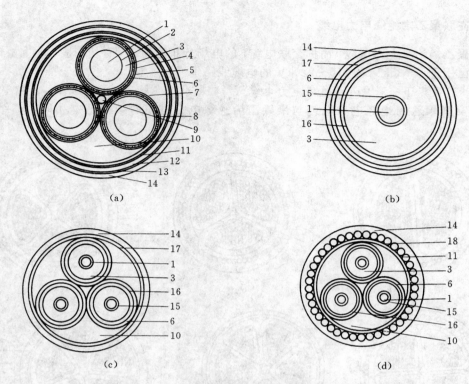

图 1-3 6～35kV 交联聚乙烯绝缘电缆结构图

(a) 6～35kV 三芯交联聚乙烯绝缘钢带铠装电缆；(b) 6～35kV 单芯交联聚乙烯绝缘电缆；
(c) 6～35kV 三芯交联聚乙烯绝缘电缆；(d) 6～35kV 三芯交联聚乙烯绝缘钢带铠装电缆
1—导体；2—导体屏蔽层；3—交联聚乙烯绝缘；4—绝缘屏蔽层；5—保护带；6—铜线屏蔽；
7—螺旋铜带；8—塑料带；9—填芯；10—填料；11—内护套；12—钢带铠装；13—钢带；
14—外护套；15—内半导电屏蔽；16—外半导电屏蔽；17—包带；18—钢丝

表 1-6　　　　　　　　　交联聚乙烯电力电缆和充油电缆的主要性能比较

电缆种类	电　气			热　性　能			机　械　性　能		
	ε	tgδ (%)	绝缘性能	允许温度（℃）		绝缘热阻 (℃·cm/W)	线胀系数 (1/℃)	弹性模量	伸缩节处的抵抗能力
				平时	短路时				
交联电缆	2.3	0.03 以下	受工艺影响大	90	230	450	20.0×10⁻⁶	大	小
充油电缆	3.4～3.7	0.25～0.4	绝缘性能稳定	80～85	150	550	16.5×10⁻⁶	大	大

　　3）敷设安装方便。由于交联聚乙烯是干式绝缘结构，不需附设供油设备，这样给线路施工带来很大的方便。交联聚乙烯绝缘电缆的接头和终端采用预制成型结构，安装比较容易。敷设交联聚乙烯绝缘电缆的高差不受限制。在有振动的场所，例如大桥上敷设电缆，交联聚乙烯电缆也显示出它的优越性。施工现场火灾危险也相对较小。

　　（2）与充油电缆相比较，交联电缆的缺点是：

　　1）交联聚乙烯作为绝缘介质制成产品的电缆，其性能受工艺过程的影响很大。从材料生产、处理到绝缘层（包括屏蔽层）挤塑的整个生产过程中，绝缘层内部难以避免出现杂质、水分和微孔，且电缆的电压等级越高，绝缘厚度越大，挤压后冷却收缩过程产生空隙的几率也越大。运行一定时期后，由于"树枝"老化现象，使整体绝缘下降，从而降低电缆的使用寿命。

2）连接部位（终端和接头）的绝缘品质还是比不上充油电缆附件，特别是一旦终端或接头附件密封不良而受潮后，容易引起绝缘破坏。

（3）110kV 及以上交联聚乙烯绝缘电力电缆的结构如图 1-4 所示，这种电缆对于所用材料及结构工艺要求较高。下面以 110kV 交联聚乙烯绝缘电力电缆为例作简单介绍。

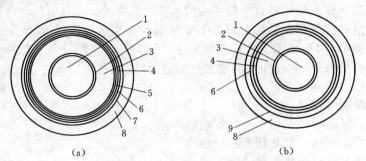

图 1-4　110～220kV 单芯交联聚乙烯绝缘电缆结构图

(a) 结构 (一)；(b) 结构 (二)

1—导体；2—内屏蔽；3—绝缘；4—外屏蔽；5—铜丝屏蔽；6—纵向阻水层；

7—综合防水层；8—外护套；9—金属套（铝或皱纹铝套）

1）导体。导体为无覆盖的退火铜单线绞制，紧压成圆形。为减小导体集肤效应，提高电缆的传输容量。对于大截面导体（一般 $>1000mm^2$）采用分裂导体结构。

2）导体屏蔽。导体屏蔽应为挤包半导电层，由挤出的交联型超光滑半导电材料均匀地包覆在导体上。表面应光滑，不能有尖角、颗粒、烧焦或擦伤的痕迹。

3）交联聚乙烯绝缘。电缆的主绝缘由挤出的交联聚乙烯组成，采用超净料。110kV 电压等级的绝缘标称厚度为 19mm，任意点的厚度不得小于规定的最小厚度值 17.1mm（90%标称厚度）。

4）绝缘屏蔽。亦为挤包半导电层，要求绝缘屏蔽必须与绝缘同时挤出。绝缘屏蔽是不可剥离的交联型材料，以确保与绝缘层紧密结合。其要求同导体屏蔽。

5）半导电膨胀阻水带。这是一种纵向防水结合。一旦电缆的金属护套破损造成水分进入电缆，这时半导电膨胀阻水带吸水后会膨胀，阻止水分在电缆内纵向扩散。

6）金属屏蔽层。一般由疏绕软铜线组成，外表面用反向铜丝或铜带扎紧。

7）金属护套。金属护套由铅或铝挤包成型，或用铝、铜、不锈钢板纵向卷包后焊接而成。成型的品种有无缝铅套、无缝波纹铝套、焊缝波纹铝套、焊缝波纹铜套、焊缝波纹不锈钢套、综合护套等 6 种。这些金属护套都是良好的径向防水层，但内在质量、应用特性和制造成本各不相同。目前国内除波纹铜套和波纹不锈钢套外都有生产。一般用铅和铝制作护套者较多。

8）外护层。外护层包括铠装层和聚氯乙烯护套（或由其他材料组成的）等。交流系统单芯电缆的铠装层一般由窄铜带、窄不锈钢带、钢丝（间置铜丝或铝丝）制作，只有交流系统三芯统包型电缆的铠装层才用镀锌钢带或不锈钢带。无铠装层的电缆，在金属护套的外面涂敷沥青化合物，然后挤上聚氯乙烯外护套。在外护套的外面再涂覆石墨涂层，作为外护套耐压试验用电极。当有铠装层时，在金属护套沥青涂敷物外面包以衬垫层后，再绕制铠装层和挤包外护套。

三、橡胶绝缘电力电缆

6～35kV 的橡胶绝缘电力电缆，导体表面有半导电屏蔽层，绝缘层表面有半导电材料和金属材料组合而成的屏蔽层。多芯电缆绝缘线芯绞合时，采用具有防腐性能的纤维填充，并包以橡胶布带或涂胶玻璃纤维带。橡胶绝缘电缆的护套一般为聚氯乙烯或氯丁橡胶护套。橡胶绝缘电力电缆的结构如图1-5所示。

橡胶绝缘电缆的绝缘层柔软性最好，其导体的绞合根数比其他型式的电缆稍多，因此电缆的敷设安装方便，适用于落差较大和弯曲半径较小的场合。它可用于固定敷设的电力线路，也可用于定期移动的电力线路。

橡皮绝缘电缆的特点是：

（1）柔软性好，易弯曲，适于多次拆装的线路。

（2）耐寒性好，电气性能和化学性能稳定。

（3）电晕、耐臭氧、耐热、耐油性较差。

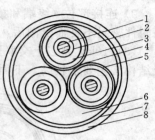

图1-5　6～10kV 橡胶绝缘
电力电缆结构图

1—导体；2—导体屏蔽层；
3—橡胶绝缘；4—半导电屏蔽层；
5—铜带屏蔽层；6—填料；7—橡
胶布带；8—聚氯乙烯外护套

四、阻燃电缆

普通电缆的绝缘材料有一个共同的缺点，就是具有可燃性。当线路中或接头处发生故障时，电缆可能因局部过热而燃烧，并导致扩大事故。阻燃电缆是在电缆绝缘或护层中添加阻燃剂，即使在明火烧烤下，电缆也不会燃烧。阻燃电缆的结构与相应的普通聚氯乙烯绝缘电缆和交联聚乙烯绝缘电缆的结构基本上相同，而用料有所不同。对于交联聚乙烯绝缘电缆，其填充物（或填充绳）、绕包层内衬层及外护套等，均在原用材料中加入阻燃剂，以阻止火灾延燃；有的电缆为了降低电缆火灾的毒性，电缆的外护套不用阻燃型聚氯乙烯，而用阻燃型聚烯烃材料。对于聚氯乙烯绝缘电缆，有的采用加阻燃剂的方法，有的则采用低烟、低卤的聚氯乙烯料作绝缘，而绕包层和内衬层均用无卤阻燃料，外护套用阻燃型聚烯烃材料等。至于采用哪一种型式的阻燃电力电缆，要根据使用者的具体情况进行选择。其结构如图1-6、图1-7所示。

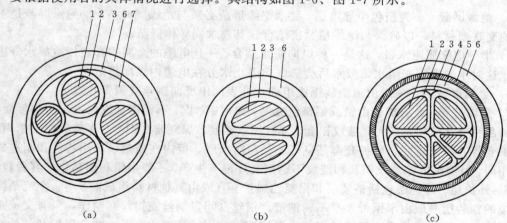

（a）　　　　　　　（b）　　　　　　　（c）

图1-6　低烟、低卤阻燃聚氯乙烯绝缘电力电缆结构示意图

（a）3+1 芯无铠装；（b）2 芯无铠装；（c）3+2 芯钢带或钢丝铠装

1—铜（铝）导体；2—低烟、低卤聚氯乙烯绝缘；3—无卤阻燃绕包层；4—无卤阻燃内衬层；
5—钢带或钢丝铠装层；6—聚烯烃外护套；7—阻燃填充绳

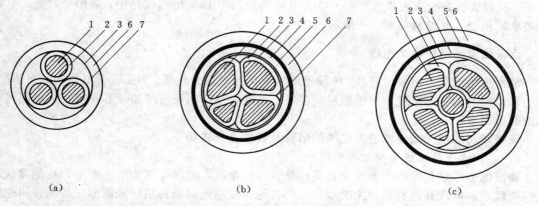

(a)　　　　　　　　　　(b)　　　　　　　　　　(c)

图 1-7　特种阻燃及普通阻燃 A 类聚氯乙烯绝缘聚氯乙烯护套电力电缆结构示意图

(a) 3 芯（等截面）无铠装；(b) 4 芯钢带或钢丝铠装；(c) 5 芯（4+1）钢带或钢丝铠装

1—铜（铝）导体；2—聚氯乙烯绝缘；3—阻燃绕包层；4—阻燃挤包或绕包材料（高阻燃、普通阻燃）；

5—钢带或钢丝铠装层；6—阻燃聚氯乙烯外护套；7—阻燃填充绳

五、耐火电缆

耐火电缆是在导体外增加有耐火层，多芯电缆相间用耐火材料填充。其特点是可在发生火灾以后的火焰燃烧条件下，保持一定时间的供电，为消防救火和人员撤离提供电能和控制

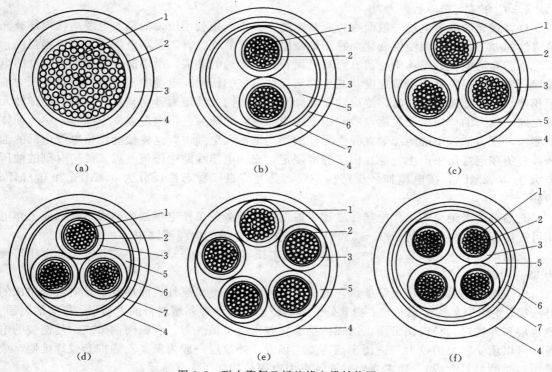

(a)　　　　　　(b)　　　　　　(c)

(d)　　　　　　(e)　　　　　　(f)

图 1-8　耐火聚氯乙烯绝缘电缆结构图

(a) 一芯；(b) 二芯；(c) 三芯；(d) 三芯；(e) 五芯；(f) 四芯

1—导体；2—耐火层；3—绝缘；4—外护套；5—填充；6—内护套；7—钢带

信号，从而大大减少火灾损失。耐火电力电缆主要用于 1kV 电缆线路中，适用于对防火有特殊要求的场合，其结构如图 1-8 所示。

六、油浸纸绝缘电力电缆

油浸纸绝缘电力电缆由导体、油浸绝缘纸和护层三部分组成。为了改善电场的分布情况，减小切向应力，有的电缆加有屏蔽层。多芯电缆绝缘线芯间还需增加填芯和填料，以便将电缆绞制成圆形。

现将常用的油浸纸绝缘电力电缆的结构及其特点分述如下。

（一）油浸纸绝缘统包型电力电缆

油浸纸绝缘统包型电力电缆，各导体外包有纸绝缘，绝缘厚度依电压而定。在绝缘线芯之间填以纸、麻或其他材料为主的填料，将各绝缘线芯连同填料扭绞成圆形，外面再用绝缘纸统包起来。如果用于中性点接地的电力系统中，则统包绝缘层的厚度可以薄一层；如果用于中性点不接地的电力系统中，统包绝缘层的厚度则要求厚一些。统包绝缘层不仅加强了各导体与铅（铝）护套之间的绝缘，同时也将三个绝缘线芯扎紧，使其不会散开。统包绝缘层外为多芯共用的一个金属（铅或铝）护套。由于敷设环境不同，有的电缆在金属护套外，还有铠装层，铠装层外有聚氯乙烯护套或聚乙烯护套。

（二）油浸纸绝缘分相铅（铝）套型电力电缆

油浸纸绝缘分相铅（铝）套型电力电缆的主要特点是各导体绝缘层外加了铅（铝）套，然后再与内衬垫及填料绞成圆形，用沥青麻带扎紧后，外加铠装和保护层。

（三）自容式充油电力电缆

自容式充油电力电缆一般简称为充油电缆，其特点是利用压力油箱向电缆绝缘内部补充绝缘油的办法，消除因温度变化而在纸绝缘层中形成的气隙，以提高电缆的工作电场强度。

单芯充油电缆的导体中心留有可对电缆补充绝缘油的油道。所用的绝缘油是低黏度的电缆油，它可以提高补充浸渍速度，减小油流在油道中的压降。电缆的油道通过管路与压力油箱相连。当电缆温度上升时，绝缘油受热膨胀，电缆内的油压力升高，压力油箱内的弹性元件在此油压力的作用下而收缩，吸收由于膨胀而多余的油量。当电缆温度下降时，绝缘油体积缩小，压力油箱中的绝缘油在弹性元件的作用下流入电缆中，这样做能维持电缆内部的油压，避免在绝缘层中产生气隙。国家标准规定，充油电缆线路中任何一点、任何时刻的油压应大于 0.02MPa；按电缆加强层结构不同，其允许最高稳态油压分为 0.4MPa 和 0.8MPa 两种。

充油电缆纸绝缘的工作电场强度比一般电缆纸绝缘的工作电场强度高得多，因而工作电压可提高很多，故可运行于 35～330kV 或更高电压等级的电缆线路中。

充油电缆有单芯和三芯两种。单芯电缆的电压等级为 110～330kV；三芯电缆的电压等级为 35～110kV。

电缆绝缘层采用高压电缆纸绕包而成。导体表面及绝缘层外表面均有半导电纸带组成的屏蔽层；绝缘层外为金属护套；护套外为具有防水性的沥青和塑料带的内衬层、径向加强层、铠装层和外被层。径向铜带用以加强内护套，并承受机械外力。有纵向铜带或钢丝铠装的电缆，可以承受较大的拉力，适用于高落差的场合。外被层一般为聚氯乙烯护套或纤维层（或采用阻燃型材料制成）。单芯自容式充油电力电缆结构如图 1-9 所示。

（四）钢管充油电缆

钢管充油电缆一般为三芯。将三根屏蔽的电缆线芯置于充满一定压力的绝缘油的钢管内，其作用和自容式充油电缆相似,用补充浸渍剂的方法,消除绝缘层中形成的气隙,以提高电缆的工作场强。

钢管电缆导线没有中心油道,绝缘层的结构与自容式充油电缆相同。绝缘屏蔽层外扎铜带和缠以两至三根半圆形铜丝,其作用是使电缆拖入钢管时减小阻力,并防止电缆绝缘层擦伤。

钢管充油电缆线芯绝缘层的浸渍剂一般采用高黏度聚丁烯油,在 20℃ 时粘度为 $(10\sim20)\times10^{-4}m^2/s$,以保证电缆拖入钢管后,再行充入钢管内的聚丁烯油,其黏度较低(在 20℃ 时粘度为 $(5\sim6)\times10^{-4}m^2/s$,这样油流阻力小,可保证电缆绝缘充分补偿浸渍。钢管内的油用油泵供给,油压一般保持在 1.5MPa($15kgf/cm^2$)左右。

与自容式充油电缆比较,钢管充油电缆采用钢管作为电缆护层,机械强度高,不易受外力损伤;钢管电缆的油压高,油的黏度大,所以电气性能较高;而且供油设备集中,管理维护较方便。对于大长度电缆线路,自容式充油电缆通常需采用护套交叉换位互联的措施,以减少护套损耗和提高载流量。为此,就需要增加绝缘连接盒和普通连接盒。钢管充油电缆则不需要护套交叉互联接地,不必因此增加绝缘连接盒和普通普通连接盒。钢管电缆三芯在同一钢管内,占地少;但二相发生故障时会影响其余两相;敷设安装比自容式充油电缆复杂,且只能敷设于斜坡落差不大的场合,不宜敷设于垂直高落差的场合。

钢管充油电缆结构如图 1-10 所示。

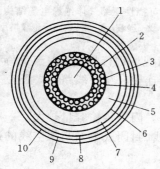

图 1-9　单芯自容式充油电力电缆结构图

1—油道;2—螺旋管;3—导体;4—导体屏蔽;

5—绝缘层;6—绝缘屏蔽;7—铅护套;

8—内衬垫;9—加强铜带;10—外被层

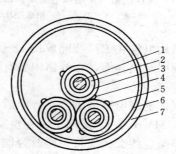

图 1-10　钢管充油电缆结构

1—导线;2—导线屏蔽;3—绝缘

层;4—绝缘屏蔽;5—半圆形

滑丝;6—钢管;7—防腐层

七、直流电缆

直流电缆的结构与交流电缆有很多相似之处,但绝缘长期承受直流电压,且可比交流电压高 $5\sim6$ 倍。迄今投入运行的直流电缆大部分为粘性浸渍纸绝缘,只有当线路高差或电压特别高时,采用充油电缆。

直流电缆对于跨越海峡的大长度输电线路更为有利,因为交流电缆有很大的电容电流,对于长线路需要作电抗补偿,而在一些系统中很难做到,因此存在临界长度问题,而直流电缆则没有这个问题,并且线路损耗比交流的小。

直流电缆与交流电缆不同的另一特点是,绝缘必须能承受快速的极性转换。在带负荷的情况下,极性转换实际上会引起电缆绝缘内部电场强度的增加,通常可达 $50\%\sim70\%$。直流电缆由于在金属护套和铠装上不会有感应电压,所以不存在护套损耗问题。直流电缆的护层结构主要考虑机械保护和防腐。迄今直流电缆都采用铅护套,防腐层结构与交流电缆基本相同，大多挤包聚乙烯或氯丁橡皮作防腐层。在铅包和防腐层之间，有时还用镀锌钢带或不锈钢带加强，并可起到抗扭作用。海底直流电缆一般都采用镀锌钢丝或挤塑钢丝铠装，根据要求，有单层钢丝铠装或双层钢丝铠装。

八、压缩气体绝缘电缆

压缩气体绝缘电缆通常又称管道充气电缆，是在内外两个圆管之间充以一定压力（一般是 0.2～0.5MPa）的 SF_6 气体。内圆管（常用铝管或铜管）为导电线芯，由固体绝缘垫片（通常是环氧树脂浇注体）每隔一定距离支撑在外圆管内。外圆管既作为 SF_6 气体介质的压力容器，又作电缆的外护层。单芯结构的外圆管用铝或不锈钢管，三芯结构的可用钢管。压缩气体绝缘电缆的导线和护层结构有刚性和可挠性两种，如图 1-11 和图 1-12 所示。

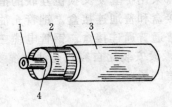
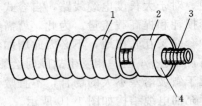

图 1-11　刚性压缩气体绝缘电缆结构图　　　　图 1-12　可挠性压缩气体绝缘电缆结构图
1—导线；2—屏蔽；3—护层；4—绝缘垫片　　　　1—护层；2—屏蔽；3—导线；4—绝缘垫片

刚性结构电缆在工厂装配成长 12～15m 的短段，运至现场进行焊接。由于负荷和环境温度的变化而引起热伸缩，在线路中要有导线和护层的伸缩连接。在长线路中，还应有隔离气体的塞止连接。

压缩气体绝缘电缆的电容小、介质损耗低、导热性好，因而传输容量较大，一般传输容量可达 2000MVA 以上，常用于大容量发电厂的高压引出线、封闭式电站与架空线的连接线或在避免两路架空线交叉而将一路改为地下输电时使用。

但是压缩气体绝缘的尺寸较大，如电压等级为 275～500kV 的刚性压缩气体绝缘电缆的外径在 340～710mm 之间，500kV 三芯结构的外径达 1220mm。可挠性结构电缆的最大外径，一般限制在 250～300mm 之间，以便于卷挠；但传输容量要比刚性的小得多，并且必须采用高气压（一般为 1.5MPa 左右），以保证足够的耐压强度。压缩气体绝缘电缆的管道要清洁光滑，气体要经过处理，去除其中的自由导电粒子，以保证高的电气强度，固体绝缘垫片要设计合理，以改善其电场分布，使它具有高的耐冲击电压性能。

九、低温电缆

高纯度铝或铜的电阻在低温下将大幅度降低，铅在温度为 20K 的液氢中，其电阻为常温下的 1/500；在温度为 77K 的液氮中，其电阻为常温下的 1/10。导线在液氢或液氮冷却下，电缆的散热能力也大大提高。低温电缆应用上述原理，既降低了导线损耗，又增强了散热能力，因而传输容量大为增加。一般传输容量可达 5000MVA 以上。

低温电缆的绝缘结构一般有两种：一种是液氮（或液氢）浸渍非极性合成纤维纸，如聚乙烯合成纸（图 1-13 和图 1-14）；另一种是采用真空作为绝缘，如图 1-15 所示。

由于低温下导线的电阻低，集肤效应更为明显，因此大截面的低温电缆均采用分裂导线结构。

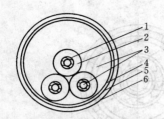
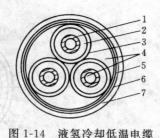
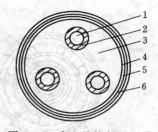

图 1-13　液氮冷却低温电缆　　　　图 1-14　液氢冷却低温电缆　　　　图 1-15　真空绝缘低温电缆
　　　　结构示意图　　　　　　　　　　　结构示意图　　　　　　　　　　结构示意图

1—导线；2—绝缘；3—液氮；　　　1—导线；2—绝缘；3—护层；　　　1—液氮；2—导线；3—真空绝缘；
4—电磁屏蔽压力管；5—真空　　　4—液氢；5—电磁屏蔽压力管；　　4—涡流屏蔽管；5—热绝缘；
　热绝缘；6—防蚀钢管　　　　　　　6—真空热绝缘；7—防蚀钢管　　　　6—防蚀钢管

十、超导电缆

超导电缆是利用超导在其临界温度下成为超导态、电阻消失、损耗极微、电流密度高、能承载大电流的特点而设计制造的。其传输容量远远超过充油电缆，亦大于低温电缆，可达10000MVA 以上，是正在大力研究发展中的一种新型电缆。由于超导体的临界温度一般在20K 以下，故超导电缆一般在 4.2K 的液氦中运行。

超导电缆分直流、交流两类。

直流超导电缆可采用临界电流密度高的Ⅲ类超导体，如铌钛合金（NbTi）及铌三锡化合物（Nb_3Sn）等。由于承载的传输电流很大，在故障时电流更大，超导体又可能局部瞬时失超[1]。为保障电缆正常安全运行，应采用超导体与起稳定作用的基体金属（如铜或铝）构成的复合超导体。超导体 NbTi 或 Nb_3Sn 承载传输电流，基体金属铜或铝承载失超电流，并起逸散热量的作用。

交流超导电缆不宜用Ⅲ类超导体，因为Ⅲ类超导体在其自身产生的交流磁场中运行时，产生的交流损耗与交变电流峰值的三次方成正比。所以应采用表面光滑平整、交流损耗低的 Ⅰ类超导体，如铌或铅。如用电流密度大的Ⅲ类超导体，如 Nb_3Sn，则应采用厚度极薄的带或直径极小的纤维，以减低交流损耗。为保障电缆正常安全运行，亦须采用以基体金属铜或铝构成的复合超导体。

超导电缆的主要组成部分除超导体外，还有电绝缘及热绝缘。电绝缘一般由液氦、真空及浸渍液氦的塑料薄膜或纤维纸组成，要求有足够的耐电压强度，在高电场强度下介质损耗角正切仍能保持极低值，塑料绝缘在 4.2K 的低温环境下仍具有足够的柔软性。为防止周围环境的热量通过辐射、传导及对流方式漏入低温下运行的电缆内部，电缆及其终端附件外部的绝热层须具有高绝热效能的热绝缘，一般采用真空多层绝热方法，用若干层铝箔或表面喷铝的聚酯薄膜作为辐射屏，层间夹以绝缘性能良好的尼龙网等，并抽真空。为进一步降低辐射漏热，绝热层可采用多层结构，外层可用液氮冷却的夹层。

超导电缆的结构有刚性和可挠性两种形式，缆芯分单芯和三芯，其结构如图 1-16、图1-17所示。设计时须充分考虑其组成材料的膨胀系数，以免电缆因热胀冷缩产生过大内应力而受损。

---

❶ 超导体因为温度、磁场或电流密度超过临界值时，由超导态转变为正常态，称为"失超"。

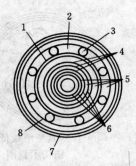

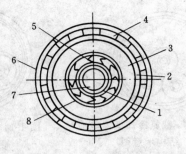

图 1-16　三芯同轴型超导电缆结构示意图
1—隔热层；2—热绝缘；3—液氮管道；4—液氮管道；
5—真空空间；6—铝基铌超导体；
7—防蚀钢管；8—超绝热层

图 1-17　可挠性超导电缆外形和截面结构示意图
1—螺旋形支撑线；2—超导体层；3—绝缘；
4—外导线；5—内导线；6—铠装；7—氦冷却；
8—电场屏蔽

第二章　聚氯乙烯绝缘电缆的性能及技术参数

第一节　聚氯乙烯绝缘电缆

适用于交流额定电压（U_0/U）0.6/1、3.6/6.0kV 的线路使用。

一、产品、型号及应用

（一）型号、名称及使用条件

（1）型号、名称、敷设场合见表 2-1。

表 2-1　　　　聚氯乙烯绝缘电力电缆型号、名称、敷设场合

型号		名　称	敷　设　场　合
铜芯	铝芯		
VV	VLV	聚氯乙烯绝缘聚氯乙烯护套电力电缆	可敷设在室内、隧道、电缆沟、管道、易燃及严重腐蚀地方，不能承受机械外力作用
VY	VLY	聚氯乙烯绝缘聚乙烯护套电力电缆	可敷设在室内、管道、电缆沟及严重腐蚀地方，不能承受机械外力作用
VV22	VLV22	聚氯乙烯绝缘钢带铠装聚氯乙烯护套电力电缆	可敷设在室内、隧道、电缆沟、地下、易燃及严重腐蚀地方，不能承受拉力作用
VV23	VLV23	聚氯乙烯绝缘钢带铠装聚乙烯护套电力电缆	可敷设在室内、电缆沟、地下及严重腐蚀地方，不能承受拉力作用
VV32	VLV32	聚氯乙烯绝缘细钢丝铠装聚氯乙烯护套电力电缆	可敷设在地下、竖井、水中及易燃及严重腐蚀地方，不能承受大拉力作用
VV33	VLV33	聚氯乙烯绝缘细钢丝铠装聚乙烯护套电力电缆	可敷设在地下、竖井、水中及严重腐蚀地方，不能承受大拉力作用
VV42	VLV42	聚氯乙烯绝缘粗钢丝铠装聚氯乙烯护套电力电缆	可敷设在竖井、易燃及严重腐蚀地方，能承受大拉力作用
VV43	VLV43	聚氯乙烯绝缘粗钢丝铠装聚乙烯护套电力电缆	可敷设在竖井及严重腐蚀地方，能承受大拉力作用

（2）使用条件：导电线芯长期工作温度不能超过 70℃，短路温度不能超过 160℃（最长持续时间 5s）。电缆敷设时，温度不能低于 0℃，弯曲半径应不小于电缆外径的 10 倍，电缆敷设不受落差限制。

（二）规格范围

聚氯乙烯绝缘电力电缆规格范围见表 2-2。

表 2-2   聚氯乙烯绝缘电力电缆规格范围

型号 铜芯	型号 铝芯	芯数	标称截面（mm²）0.6/1（kV）	标称截面（mm²）3.6/6（kV）	型号 铜芯	型号 铝芯	芯数	标称截面（mm²）0.6/1（kV）	标称截面（mm²）3.6/6（kV）
VV VY	—	1	1.5～800	10～1000	VV VY	—	3	1.5～300	10～300
—	VLV VLY	1	2.5～1000	10～1000	—	VLY VLY	3	2.5～300	10～300
VV22 VV23	VLV22 VLV23	1	10～1000	10～1000	VV22 VV23	VLV22 VLV23	3	4～300	10～300
VV VY	—	2	1.5～185		VV32 VV33	VLV32 VLV23	3	4～300	16～300
—	VLV VLY	2	2.5～185		VV42 VV43	VLY42 VLY43	3	4～300	16～300
VV22 VY23	VLV22 VLV23	2	4～185		VV VV22	VLV VLV22	3+2	4～185	—
VV VY VV22 VLV22 VV23 VLV23 VV32 VLV32 VV42 VLV42	VLV VLY VLV22 VLV23 VLV32 VLV42	3+1	4～300		VV VV22	VLV VLV22	4+1	4～185	—
VV VY VV22 VV32 VV32 VV42	VLV VLV VLV22 VLY23 VLV32 VLV42	4	4～185		VV VV22	VLV VLV22	5	4～185	—

二、主要结构数据

（一）导体

（1）导体表面应光洁，无油污，无损伤屏蔽绝缘的毛刺、锐边以及凸起或断裂的单线。

（2）四芯电缆的截面有等截面的不等截面（3+1 芯）两种。

（二）绝缘

（1）导体和绝缘外面的任何隔离层或半导电屏蔽层的厚度应不包括在绝缘厚度内。

（2）绝缘的标称厚度应符合表 2-3 的规定。

（三）铠装

（1）铠装钢带或铠装铝带的层数、厚度和宽度应符合表 2-4 的规定。

表 2-3　　　　　　　　　　　　　　　绝缘的标称厚度

导体标称截面 (mm²)	额定电压 (kV)				导体标称截面 (mm²)	额定电压 (kV)			
	0.6/1	1.8/3	3.6/6	6/6 6/10		0.6/1	1.8/3	3.6/6	6/6 6/10
	绝缘标称厚度 (mm)					绝缘标称厚度 (mm)			
1.5、2.5	0.8	—	—	—	150	1.8	2.2	3.4	4.0
4、6	1.0	—	—	—	185	2.0	2.2	3.4	4.0
10	1.0	2.2	3.4	4.0	240	2.2	2.2	3.4	4.0
16	1.0	2.2	3.4	4.0	300	2.4	2.4	3.4	4.0
25	1.2	2.2	3.4	4.0	400	2.6	2.6	3.4	4.0
35	1.2	2.2	3.4	4.0	500~800	2.8	2.8	3.4	4.0
50、70	1.4	2.2	3.4	4.0	1000	3.0	3.0	3.4	4.0
95、120	1.6	2.2	3.4	4.0					

表 2-4　　　　　　　铠装钢带或铠装铝带的层数、厚度和宽度 (mm)

铠装前假定直径	细钢丝直径	粗钢丝直径	铠装前假定直径	细钢丝直径	粗钢丝直径
≤15.0	0.8~1.6		35.1~60.0	2.5~3.15	
15.1~25.0	1.6~2.0	4.0~6.0	>60.0	3.15	4.0~6.0
25.1~35.0	2.0~2.5				

注　钢丝直径不包括钢丝上的非金属防蚀层，如用户要求或同意，允许用比规定直径更大的钢丝。

（2）铠装钢丝的直径应符合表 2-5 规定。

表 2-5　　　　　　　　　　　铠装钢丝的直径 (mm)

铠装前假定直径	层数×厚度 (≥)		宽度 (≤)	铠装前假定直径	层数×厚度 (≥)		宽度 (≤)
	钢带	铝带或铝合金带			钢带	铝带或铝合金带	
≤15.0	2×0.2	2×0.5	20	35.1~50.0	2×0.5	2×0.5	35
15.1~25.0	2×0.2	2×0.5	25	50.1~70.0	2×0.5	2×0.5	45
25.1~35.0	2×0.5	2×0.5	30	>70.0	2×0.8	2×0.8	60

注　铠装前假定直径在 10.0mm 以下时，宜用直径为 0.8~1.6mm 的细钢丝铠装，也可采用厚度 0.1~0.2mm 的镀锡钢带重叠绕包一层作为铠装，其重叠率应不小于 25%。

（四）外护层

塑料外套的标称厚度应符合表 2-6 的规定。

表 2-6　　　　　　　　　　　塑料外套的标称厚度 (mm)

护套前假定直径	塑料外套标称厚度	护套前假定直径	塑料外套标称厚度	护套前假定直径	塑料外套标称厚度
≤12.8	1.8	41.5~44.2	2.5	72.9~75.7	3.6
12.9~15.7	1.8	44.3~47.1	2.6	75.8~78.5	3.7
15.8~18.5	1.8	47.2~49.9	2.7	78.6~81.4	3.8
18.6~21.4	1.8	50.0~52.8	2.8	81.5~84.2	3.9
21.5~24.2	1.8	52.9~55.7	2.9	84.3~87.1	4.0
24.3~27.1	1.9	55.8~58.5	3.0	87.2~89.9	4.1
27.2~29.9	2.0	58.6~61.4	3.1	90.0~92.8	4.2
30.0~32.8	2.1	61.5~64.2	3.2	92.9~95.7	4.3
32.9~35.7	2.2	64.3~67.1	3.3	95.8~98.5	4.4
35.8~38.5	2.3	67.2~69.9	3.4	98.6~101.4	4.5
38.6~41.4	2.4	70.0~72.8	3.5		

三、主要技术指标

（1）成品电缆导体直流电阻应符合表 2-7 的规定。

表 2-7 　　　　　　　　　**电 缆 导 体 直 流 电 阻**

标称截面 (mm²)	直流电阻（+20℃，≤，Ω/km）		标称截面 (mm²)	直流电阻（+20℃，≤，Ω/km）	
	铜	铝		铜	铝
1.5	12.1	—	95	0.193	0.320
2.5	7.41	—	120	0.153	0.253
4	4.61	7.41	150	0.124	0.206
6	3.08	4.61	185	0.0991	0.164
10	1.83	3.08	240	0.0754	0.125
16	1.15	1.91	300	0.0601	0.100
25	0.727	1.20	400	0.047	0.0778
35	0.524	0.868	500	0.0366	0.0605
50	0.387	0.641	632	0.0283	0.0469
70	0.268	0.443	800	0.0221	0.0367

（2）成品电缆绝缘电阻常数在室温时不低 36.7 （0.6/1.0），367 （3.6/6.0）。

（3）成品电缆在室温下，能承受交流 50Hz 电压试验，试验电压见表 2-8，单芯无铠装电缆浸入水中 1h 后按表 2-8 规定进行电压试验。

表 2-8 　　　　　　　　　　　**试 验 电 压**

额定电压（kV）	试验电压（kV）	时间（min）
0.6/1.0	3.5	5
3.6/6.0	11	5

当用直流电压时，所加的电压为工频试验电压的 2.4 倍。

（4）当电缆敷设安装后经受直流耐压试验，建议试验电压为 $2.5U_0$。（U_0 为导电对地电压），时间为 5min。

四、电力电缆的允许载流量

1~35kV 塑料、橡皮绝缘电力电缆载流量见表 2-9～表 2-14 所示。

表 2-9 　　　　**1kV 聚氯乙烯绝缘及护套电缆（1～3 芯）长期允许载流量**

（导线工作温度：65℃，环境温度：25℃）

导线截面 (mm²)	空气敷设长期允许载流量（A）						直埋敷设长期允许载流量（A）											
							土壤热阻系数 80（℃，cm/W）						土壤热阻系数 120（℃，cm/W）					
	铜芯			铝芯			铜芯			铝芯			铜芯			铝芯		
	一芯	二芯	三芯	一芯	二芯	三芯	一芯	二芯	三芯	一芯	二芯	三芯	一芯	二芯	三芯	一芯	二芯	三芯
1	18	15	12				27	20	18				25	10	10			
1.5	23	19	16				34	26	22				31	24	20			
2.5	32	26	22	24	20	16	45	35	30	35	27	23	42	32	27	32	24	20
4	41	35	29	31	26	22	61	45	39	47	35	30	56	41	35	43	32	27
6	54	44	38	41	34	29	77	57	49	59	43	38	70	52	44	54	40	34

导线截面 (mm²)	空气敷设长期允许载流量 (A)						直埋敷设长期允许载流量 (A)											
							土壤热阻系数 80 (℃, cm/W)						土壤热阻系数 120 (℃, cm/W)					
	铜芯			铝芯			铜芯			铝芯			铜芯			铝芯		
	一芯	二芯	三芯	一芯	二芯	三芯	一芯	二芯	三芯	一芯	二芯	三芯	一芯	二芯	三芯	一芯	二芯	三芯
10	72	60	52	55	46	40	103	76	66	80	59	51	94	60	59	72	53	46
16	97	79	69	74	61	53	138	101	86	106	77	67	124	91	77	95	70	59
25	132	107	93	102	83	72	183	131	115	140	101	87	163	118	101	125	91	78
35	162	124	118	124	95	87	221	156	141	170	120	108	196	139	124	151	107	95
50	204	155	140	157	120	108	272	192	171	210	148	132	241	171	150	185	132	116
70	253	196	175	195	151	135	333	235	210	256	180	162	292	208	184	225	160	141
95	272	238	214	214	182	165	392	280	249	302	216	192	348	257	218	267	191	168
120	356	273	247	276	211	191	451	820	283	348	247	218	392	282	247	305	218	190
150	410	315	293	316	242	225	516	365	326	392	280	250	447	322	283	343	248	218
185	465		332	358		257	572		367	436		288	500		318	385		247
240	552		396	425		306	667		424	516		327	582		368	447		284
300	686			400			751			577			660			500		
400	757			580			876			678			773			593		
500	880			680			1012			766			876			670		
630	1025			787			1154			878			1000			767		
800	1338			934			1320			1012			1153			885		

表 2-10　　1kV 聚氯乙烯及护套电缆（四芯）长期允许载流量

（导线工作温度：65℃，环境温度：25℃）

芯数、导线截面 (mm²)	空气敷设长期允许载流量 (A)		直埋敷设长期允许载流量 (A)			
			土壤热阻系数 80 (℃, cm/W)		土壤热阻系数 120 (℃, cm/W)	
	铜芯	铝芯	铜芯	铝芯	铜芯	铝芯
3×4+1×2.5	29	22	38	29	35	27
3×6+1×4	38	29	48	37	44	34
3×10+1×6	51	40	65	50	58	45
3×16+1×6	68	53	84	65	76	58
3×25+1×10	92	71	111	86	100	77
3×35+1×10	115	89	139	107	123	95
3×50+1×16	144	111	173	133	152	117
3×70+1×25	178	136	208	160	183	140
3×95+1×35	218	168	249	191	218	167
3×120+1×35	252	195	285	220	248	192
3×150+1×50	297	228	329	253	286	220
3×185+1×50	341	263	350	286	321	248

表 2-11   **1kV 聚氯乙烯绝缘和护套铠装电缆（2～3 芯）长期允许载流量**

（导线工作温度：65℃，环境温度：25℃）

导线截面（mm²）	空气敷设长期允许载流量（A）				直埋敷设长期允许载流量（A）							
					土壤热阻系数 80（℃，cm/W）				土壤热阻系数 120（℃，cm/W）			
	铜 芯		铝 芯		铜 芯		铝 芯		铜 芯		铝 芯	
	二芯	三芯	二芯	三芯	二芯	三芯	二芯	三芯	二芯	三芯	二芯	三芯
4	36	31	27	23	45	39	35	30	41	35	32	27
6	45	39	35	30	56	49	43	38	52	45	40	34
10	60	52	46	40	73	66	56	51	67	59	52	46
16	81	71	62	54	100	87	76	67	90	78	70	60
25	106	96	81	73	131	115	100	88	118	103	91	79
35	128	114	99	88	157	139	121	107	140	123	108	94
50	160	144	123	111	191	172	147	133	171	151	132	116
70	197	179	152	138	233	223	180	162	207	192	160	142
95	240	217	185	167	278	247	214	190	248	216	191	166
120	278	252	215	194	320	283	247	218	284	247	219	190
150	319	292	246	225	361	324	277	248	320	282	246	216
185		333		257		361		279		315		242
240		392		305		421		324		364		295

表 2-12   **1kV 聚氯乙烯绝缘和护套铠装电缆（四芯）长期允许载流量**

（导线工作温度：65℃，环境温度：25℃）

芯数、导线截面（mm²）	空气敷设长期允许载流量（A）		直埋敷设长期允许载流量（A）			
			土壤热阻系数 80（℃，cm/W）		土壤热阻系数 120（℃，cm/W）	
	铜 芯	铝 芯	铜 芯	铝 芯	铜 芯	铝 芯
3×4+1×2.5	30	23	37	29	34	26
3×6+1×4	39	30	48	37	44	34
3×10+1×6	52	40	64	50	58	45
3×16+1×6	70	54	85	65	77	59
3×25+1×10	94	73	111	85	100	77
3×35+1×10	119	92	143	110	126	97
3×50+1×16	149	115	175	135	154	118
3×70+1×25	184	141	211	162	195	142
3×95+1×35	226	174	254	196	221	271
3×120+1×35	260	201	290	223	252	194
3×150+1×50	301	231	327	252	284	218
3×185+1×50	345	266	369	284	319	246

表 2-13   **6kV 聚氯乙烯绝缘和护套电缆长期允许载流量**

（导线工作温度：65℃，环境温度：25℃）

导线截面（mm²）	空气敷设长期允许载流量（A）				直埋敷设长期允许载流量（A）							
					土壤热阻系数 80（℃，cm/W）				土壤热阻系数 120（℃，cm/W）			
	铜 芯		铝 芯		铜 芯		铝 芯		铜 芯		铝 芯	
	一芯	三芯	一芯	三芯	一芯	三芯	一芯	三芯	一芯	三芯	一芯	三芯
10	75	55	58	42	91	63	70	49	85	58	65	44
16	99	73	76	56	121	83	94	64	113	76	86	58
25	133	96	102	74	161	108	124	83	148	98	114	75
35	161	118	124	90	195	136	150	104	179	121	137	93

导线截面（mm²）	空气敷设长期允许载流量（A）				直埋敷设长期允许载流量（A）							
	铜芯		铝芯		土壤热阻系数80（℃，cm/W）				土壤热阻系数120（℃，cm/W）			
					铜芯		铝芯		铜芯		铝芯	
	一芯	三芯	一芯	三芯	一芯	三芯	一芯	三芯	一芯	三芯	一芯	三芯
50	202	146	155	112	244	166	187	128	221	148	171	114
70	249	177	191	136	298	199	229	153	270	177	208	136
95	301	218	232	167	359	241	275	186	324	213	248	164
120	348	251	269	194	408	275	320	213	372	243	286	187
150	400	292	308	224	471	316	365	243	426	278	324	213
185	456	333	351	257	535	354	408	275	471	312	365	241
240	540	392	416	301	633	408	485	316	554	359	426	278
300	624	484	479		711		550		633		488	
400	750		576		850		653		752		580	
500	868		666		975		748		860		660	

表 2-14　　　　6kV 聚氯乙烯绝缘和护套铠装电缆（三芯）长期允许载流量

（导线工作温度：65℃，环境温度：25℃）

导线截面（mm²）	空气敷设长期允许载流量（A）		直埋敷设长期允许载流量（A）			
	铜芯	铝芯	土壤热阻系数80（℃，cm/W）		土壤热阻系数120（℃，cm/W）	
			铜芯	铝芯	铜芯	铝芯
10	56	43	63	49	58	45
16	73	56	82	63	75	58
25	95	73	105	81	96	74
35	118	90	133	102	119	92
50	148	114	165	127	147	113
70	181	143	200	154	178	137
95	218	168	237	182	210	162
120	251	194	271	209	240	185
150	290	223	310	215	272	210
185	333	256	348	270	309	237
240	391	301	406	313	356	274

五、电力电缆的计算外径及重量（见表 2-15～表 2-33）

表 2-15　　　　0.6/1.0kV 单芯聚氯乙烯绝缘聚氯乙烯护套电力电缆外径及重量

芯数×截面（mm²）	导电线芯直径（mm）	非铠装电缆			钢带铠装电缆		
		电缆近似外径（mm）	电缆近似重量（kg/km）		电缆近似外径（mm）	电缆近似重量（kg/km）	
			VV	VLV		VV22	VLV22
1×1.5	1.38	6.0	50	—			
1×2.5	1.76	6.4	62	47		—	—
1×4	2.23	7.2	87	63		—	—
1×6	2.75	7.7	110	76		—	—
1×10	3.54	8.5	154	92	12.9	334	270

芯数×截面 (mm²)	导电线芯直径 (mm)	非铠装电缆			钢带铠装电缆		
		电缆近似外径 (mm)	电缆近似重量 (kg/km)		电缆近似外径 (mm)	电缆近似重量 (kg/km)	
			VV	VLV		VV22	VLV22
1×16	4.45	9.5	215	118	13.9	411	314
1×25	5.9	11.3	324	169	15.7	552	398
1×35	7.0	22.4	425	209	16.8	674	457
1×50	8.2	14.0	585	276	18.4	863	553
1×70	9.8	15.6	784	350	21.0	1133	700
1×95	11.5	17.7	1043	455	23.1	1435	847
1×120	13.0	20.2	1328	586	24.6	1708	965
1×150	14.6	22.2	1640	712	26.6	2056	1127
1×185	16.1	24.1	1998	853	28.5	2447	1302
1×240	18.3	26.7	2552	1066	31.2	3049	1564
1×300	20.5	29.3	3145	1298	34.5	3931	2074
1×400	23.8	33.0	4127	1651	39.2	5091	2615
1×500	26.6	37.2	5183	2088	42.4	6157	3062
1×630	29.9	40.5	6415	2516	45.7	7474	3575
1×800	33.9	44.5	8019	3067	49.7	9181	4229

注 1. 交货长度不少于100m。

2. 订货时型号、规格写法：例如要订1kV、3芯、240mm²铝芯聚氯乙烯绝缘氯乙烯护套钢带铠装电力电缆，应写成：VLV22—0.6/1 3×240 GB12706.2—91。

表2-16　　0.6/1kV 2芯聚氯乙烯绝缘聚氯乙烯护套电力电缆外径及重量

导 体		无 铠 装 电 缆			铠 装 电 缆		
标称截面 (mm²)	线芯直径或 扇形高度 (mm)	电缆近似外径 (mm)	电缆近似重量 (kg/km)		电缆近似外径 (mm)	电缆近似重量 (kg/km)	
			VV	VLV		VV22	VLV22
2×1.5	1.38	10.7	147		13.4	310	
2×2.5	1.76	11.5	178	147	14.3	354	323
2×4	2.23	13.4	241	192	16.2	445	396
2×6	2.73	14.6	296	229	17.3	515	451
2×10	3.55	17.4	400	273	20.1	644	515
2×16	4.48	19.7	541	344	22.4	785	588
2×25	6	18.7	803	492	21.4	1103	796
2×35	7	18.9	1029	594	21.6	1357	922
2×50	8.3	22.8	1397	775	25.3	1787	1166
2×70	10	25.7	1861	1126	30.7	2548	1678
2×95	11.6	29.5	2466	1285	34.4	3247	2066
2×120	13	31.9	3019	1528	36.9	3865	2374
2×150	14.6	35.2	3742	1877	40.3	4704	2839
2×185	16.2	39.2	4583	2290	44.1	5622	3323

表 2-17　　　0.6/1kV 3 芯聚氯乙烯绝缘聚氯乙烯护套电力电缆外径及重量

芯数×截面 (mm²)	导电线芯 直径或扇形 高度 (mm)	非铠装电缆			钢带铠装电缆		
		电缆近似外径 (mm)	电缆近似重量 (kg/km)		电缆近似外径 (mm)	电缆近似重量 (kg/km)	
			VV	VLV		VV22	VLV22
3×1.5	1.38	10.6	144	—	—	—	—
3×2.5	1.76	11.5	182	136	—	—	—
3×4	2.23	13.3	260	187	16.5	476	404
3×6	2.73	14.4	332	230	17.6	566	468
3×10	3.54	16.2	472	282	20.4	776	584
3×16	4.45	18.1	665	368	22.3	1004	707
3×25	4.70	20.5	986	521	23.7	1308	842
3×35	5.60	22.5	1294	642	25.7	1647	995
3×50	6.80	25.9	1789	858	29.9	2404	1472
3×70	7.90	28.3	2382	1078	33.3	3123	1819
3×95	9.40	33.4	3243	1473	37.4	4019	2250
3×120	10.70	36.2	3982	1747	40.2	4825	2590
3×150	12.00	39.6	4921	2127	44.9	5946	3152
3×185	13.40	44.2	6053	2608	47.9	7135	3689
3×240	15.30	50.4	7838	3367	54.0	8941	4471
3×300	17.10	54.9	9646	4058	59.5	10979	5391

表 2-18　　　0.6/1.0kV（3＋1）芯聚氯乙烯绝缘聚氯乙烯护套电力电缆外径及重量

芯数×截面 (mm²) (主线芯＋中线芯)	非铠装电缆			钢带铠装电缆		
	电缆近似外径 (mm)	电缆近似重量 (kg/km)		电缆近似外径 (mm)	电缆近似重量 (kg/km)	
		VV	VLV		VV22	VLV22
3×4+1×2.5	14.0	287	199	17.2	514	427
3×6+1×4	15.1	375	249	18.3	620	498
3×10+1×6	17.0	532	306	21.2	851	623
3×16+1×10	19.1	722	391	23.2	1079	746
3×25+1×16	22.5	1178	614	25.7	1531	967
3×35+1×16	24.8	1495	745	28.0	1885	1135
3×50+1×25	28.9	2092	1005	32.9	2776	1690
3×70+1×35	31.5	2784	1262	36.5	3608	2087
3×95+1×50	37.6	3820	1740	41.6	4696	2616
3×120+1×70	40.2	4741	2071	44.2	5677	3007
3×150+1×70	44.3	5706	2477	48.3	6740	3512
3×185+1×95	49.1	7097	3061	53.7	8301	4265

表 2-19　　0.6/1.0kV 4 芯聚氯乙烯绝缘聚氯乙烯护套电力电缆外径及重量

芯数×截面 （mm²）	导电线芯 直径或扇形 高 度 （mm）	非铠装电缆			钢带铠装电缆		
		电缆近似外径 （mm）	电缆近似重量 （kg/km）		电缆近似外径 （mm）	电缆近似重量 （kg/km）	
			VV	VLV		VV22	VLV22
4×4	2.32	14.4	321	224	17.6	555	459
4×6	2.73	15.7	415	279	18.9	668	536
4×10	3.54	17.6	598	344	21.8	928	672
4×16	4.45	20.8	893	497	24.0	1219	823
4×25	5.30	23.8	1287	666	27.0	1661	1040
4×35	6.30	26.2	1695	826	29.5	2108	1238
4×50	7.50	30.1	2348	1106	34.1	3061	1820
4×70	8.90	34.5	3213	1475	38.5	4016	2277
4×95	10.60	39.6	4273	1914	43.6	5196	2873
4×120	11.80	42.5	5248	2268	46.5	6240	3259
4×150	13.30	47.5	6544	2819	52.1	7708	3983
4×185	14.80	53.1	8105	3511	56.7	9271	4676

表 2-20　　0.6/1.0kV（3＋2）芯聚氯乙烯绝缘聚氯乙烯护套电力电缆外径及重量

芯数×截面 （mm²） （主线芯＋中线芯）	非铠装电缆			钢带铠装电缆		
	电缆近似外径 （mm）	电缆近似重量 （kg/km）		电缆近似外径 （mm）	电缆近似重量 （kg/km）	
		VV	VLV		VV22	VLV22
3×4.0＋2×2.5	15.8	339.7	234.9	19.0	539.7	434.9
3×6.0＋2×4.0	17.5	452.2	291.7	20.7	672.9	512.4
3×10＋2×6.0	20.2	667.1	401.2	23.4	920.9	655.1
3×16＋2×10	23.2	1034.9	560.2	26.4	1325.5	850.7
3×25＋2×16	25.4	1466.0	729.1	28.6	1783.3	1064.4
3×35＋2×16	28.0	1779.3	854.0	32.6	2453.8	1528.6
3×50＋2×25	30.2	2447.0	1130.5	34.8	3171.1	1853.9
3×70＋2×35	33.8	3273.6	1442.9	38.6	4094.9	2264.2
3×95＋2×50	38.7	4375.9	1927.5	43.7	5329.5	2881.1
3×120＋2×70	40.2	5555.1	2370.6	47.2	6628.6	3444.1
3×150＋2×70	46.5	6547.3	2783.0	51.7	7709.4	3945.0
3×185＋2×95	51.4	8212.7	3473.3	56.8	9516.7	4777.4

表 2-21　　0.6/1kV（4＋1）芯聚氯乙烯绝缘绝缘聚氯乙烯护套电力电缆外径及重量

芯数×截面 （mm²） （主线芯＋中线芯）	非铠装电缆			钢带铠装电缆		
	电缆近似外径 （mm）	电缆近似重量 （kg/km）		电缆近似外径 （mm）	电缆近似重量 （kg/km）	
		VV	VLV		VV22	VLV22
4×4.0＋1×2.5	16.7	366.0	252.1	19.9	578.4	464.4
4×6.0＋1×4.0	18.1	476.9	304.0	21.4	700.1	527.2
4×10＋1×6.0	20.9	720.4	427.8	24.0	981.3	688.7
4×16＋1×10	23.8	1055.4	575.0	27.0	1353.2	872.8
4×25＋1×16	25.5	1578.7	770.0	28.7	1897.5	1088.8
4×35＋1×16	28.0	1988.9	929.4	32.8	2677.4	1617.8
4×50＋1×25	31.8	2683.1	1238.2	36.4	3441.2	1996.3
4×70＋1×35	35.4	3609.5	1585.2	40.0	4449.1	2424.2
4×95＋1×50	40.6	4836.3	2121.0	45.2	5814.0	3098.7
4×120＋1×70	44.0	6055.2	2579.7	49.2	7155.5	3679.9
4×150＋1×70	49.0	7384.6	3136.0	54.2	8605.4	4356.8
4×185＋1×95	56.0	9189.5	3877.6	61.9	10635.0	5323.1

表 2-22   0.6/1kV 5 芯聚氯乙烯绝缘绝缘聚氯乙烯护套电力电缆外径及重量

标称截面 (mm²)	非铠装电缆					铠装电缆				
	直径 (mm)	重量 (kg/km)				直径 (mm)	重量 (kg/km)			
		VV	VY	VLV	VLY		VV22	VV23	VLV22	VLV23
5×1.5	12.01	191	166	—	—	15.21	368	336	—	—
5×2.5	13.09	253	226	175	148	16.29	438	403	360	325
5×4	15.49	369	336	245	212	18.69	590	550	466	426
5×6	16.87	486	450	289	253	20.07	727	684	533	490
5×10	19.06	735	694	418	377	22.26	982	933	669	620
5×16	23.19	1094	1043	591	540	26.39	1483	1425	898	840
5×25	28.85	1763	1695	916	848	33.65	2523	2436	1672	1585
5×35	32.15	2316	2236	1152	1072	36.75	3143	3042	1975	1874
5×50	31.68	2692	2614	1229	1151	35.72	3368	3275	1904	1811
5×70	35.73	3740	3647	1421	1328	39.77	4499	4390	2380	2271
5×95	41.27	5123	5005	2191	2073	45.31	5994	5858	3062	2926
5×120	44.82	6349	6215	2610	2476	48.86	7293	7140	3583	3430
5×150	49.60	7846	7685	3290	3129	53.64	8885	8704	4329	4148
5×185	54.96	9782	9596	4065	3879	59.29	10957	10742	5234	5019
5×240	62.12	12732	11980	5224	4472	65.96	13997	13748	6489	6238
5×300	68.71	15814	14930	6429	5545	72.75	17241	16939	7856	7554

表 2-23   0.6/1kV 单芯、双芯聚氯乙烯绝缘聚氯乙烯护套细钢丝铠装电力电缆

标称截面 (mm²)	单芯电缆					双芯电缆				
	直径 (mm)	重量 (kg/km)				直径 (mm)	重量 (kg/km)			
		VV32	VV33	VLV32	VLV33		VV32	VV33	VLV32	VLV33
1.5	—	—	—	—	—	16.86	594	570	—	—
2.5	—	—	—	—	—	16.86	605	581	574	550
4	—	—	—	—	—	18.04	686	660	636	610
6	—	—	—	—	—	19.06	776	749	705	678
10	16.47	593	570	531	508	20.68	931	901	806	776
16	17.40	697	672	599	574	22.54	1132	1099	933	900
25	18.50	830	803	672	645	23.24	1285	1251	973	939
35	19.64	967	939	748	720	24.66	1520	1484	1087	1051
50	21.40	1161	1130	864	833	27.32	1895	1853	1309	1267
70	23.20	1445	1411	1015	981	31.00	2633	2580	1786	1733
95	25.52	1796	1758	1200	1162	34.51	3340	3278	2167	2105
120	27.13	2096	2056	1344	1304	36.76	3925	3856	2441	2372
150	29.09	2455	2412	1530	1487	41.02	4996	4912	3174	3090
185	31.60	2927	2877	1767	1717	44.55	5959	5864	3670	3575
240	34.63	3623	3571	2099	2047					
300	38.68	4655	4587	2743	2675					
400	42.27	5661	5583	3216	3138					
500	46.04	6830	6741	3748	3659					
630	51.44	8960	8856	4919	4815					
800	56.13	10919	10796	5759	5636					
1000	61.26	13248	13108	6763	6623					

表 2-24　　　　0.6/1kV 3 芯聚氯乙烯绝缘聚氯乙烯护套钢丝铠装电力电缆

标称截面 (mm²)	细钢丝铠装				粗钢丝铠装				
	直径 (mm)	重量 (kg/km)			直径 (mm)	重量 (kg/km)			
		VV32	VV33	VLV32	VLV33		VV42	VV43	VLV42	VLV43
1.5	16.73	604	580	—	—					
2.5	16.79	625	601	579	555					
4	18.71	760	733	685	658					
6	19.81	870	842	764	736					
10	21.55	1083	1052	895	864					
16	23.56	1336	1302	1038	1004	28.56	2472	2405	2173	2106
25	27.55	1747	1677	1248	1208	32.75	3046	2965	2577	2496
35	29.57	2072	2026	1424	1378	34.77	3458	3367	2809	2718
50	33.03	2787	2733	1909	1855	37.43	4088	3986	3210	3108
70	36.15	3559	3496	2288	2225	40.55	4942	4826	3671	3555
95	40.10	4540	4464	2780	2704	44.30	6090	5957	4331	4198
120	43.86	5783	5696	3557	3470	47.06	7049	6902	4824	4677
150	47.21	6844	6742	4111	4009	50.21	8178	8015	5444	5281
185	50.96	8179	8065	4745	4631	53.96	9560	9377	6127	5944
240	55.97	10198	10063	5693	5558	58.97	11751	11537	7246	7032
300	60.73	12269	12113	6639	6483	63.53	13906	13666	8275	8035
400	68.01	15954	15762	8716	8524					

表 2-25　　　　0.6/1kV 4 芯聚氯乙烯绝缘聚氯乙烯护套钢丝铠装电力电缆

标称截面 (mm²)	细钢丝铠装				粗钢丝铠装				
	直径 (mm)	重量 (kg/km)			直径 (mm)	重量 (kg/km)			
		VV32	VV33	VLV32	VLV33		VV42	VV43	VLV42	VLV43
4×1.5	18.33	705	666	—	—					
4×2.5	19.29	798	751	731	689					
4×4	19.84	866	823	766	723					
4×6	21.07	1004	958	867	821					
4×10	23.03	1254	1204	1004	954					
4×16	26.72	1676	1617	1272	1213	31.92	2622	2543	2218	2139
4×25	26.89	1954	1891	1329	1266	31.89	2889	2810	2264	2185
4×35	29.09	2411	2343	1546	1478	34.29	3501	3412	2636	2547
4×50	33.07	3285	3199	2114	2028	37.27	4259	4157	3089	2987
4×70	36.92	4282	4178	2588	2484	40.92	5317	5200	3622	3505
4×95	42.56	5942	5851	3596	3505	45.16	6731	6596	4384	4249
4×120	45.56	7061	6963	4093	3995	48.36	8033	7882	5065	4914
4×150	49.64	8444	8333	4799	4688	52.64	9457	9279	5813	5635
4×185	54.08	10219	10089	5641	5511	56.88	11325	11125	6747	6547
4×240	60.06	12849	12694	6843	6688	62.86	14201	13964	8195	7958
4×300	66.93	16361	16172	8854	8665	68.23	16947	16673	9440	9166
4×400	73.73	20252	20025	10602	10375					

表 2-26 **0.6/1kV （3＋1）芯聚氯乙烯绝缘聚氯乙烯护套钢丝铠装电力电缆**

标称截面 (mm²)	细钢丝铠装					粗钢丝铠装				
	直径 (mm)	重量 (kg/km)				直径 (mm)	重量 (kg/km)			
		VV32	VV33	VLV32	VLV33		VV42	VV43	VLV42	VLV43
1.5	—	—	—	—	—					
2.5	17.47	671	634	—	—					
4	19.35	823	781	733	691					
6	20.76	967	922	841	796					
10	22.66	1194	1145	970	921					
16	24.72	1501	1447	1140	1086	29.72	2597	2527	2235	2165
25	26.12	1803	1745	1253	1195	31.32	2973	2896	2423	2346
35	28.23	2196	2130	1449	1383	33.23	3503	3421	2755	2673
50	32.78	3072	2987	2035	1950	36.78	4248	4152	3210	3114
70	36.19	3937	3838	2445	2346	40.39	5316	5201	3824	3709
95	39.33	5003	4891	2950	2838	43.53	6478	6348	4427	4297
120	43.82	6482	6346	3833	3695	46.82	7651	7505	5003	4857
150	47.08	7531	7378	4374	4220	50.08	8861	8698	5704	5541
185	51.52	9187	9007	5167	4987	54.32	10612	10428	6593	6409
240	57.02	11479	11265	6232	6018	59.82	13072	12854	7826	7608
300	62.35	13876	13630	7334	7088	65.15	15539	15285	8997	8743

表 2-27 **0.6/1kV 5 芯、（3＋2）芯聚氯乙烯绝缘聚氯乙烯护套细钢丝铠装电力电缆**

标称截面 (mm²)	5 芯电缆					（3＋2）芯电缆				
	直径 (mm)	重量 (kg/km)				直径 (mm)	重量 (kg/km)			
		VV32	VV33	VLV32	VLV33		VV32	VV33	VLV32	VLV33
1.5	19.21	774	733	—	—					
2.5	20.29	880	836	802	758	18.48	653	613	—	—
4	21.09	983	937	859	813	20.41	817	773	710	666
6	22.47	1151	1102	962	913	22.16	995	947	830	782
10	24.66	1457	1403	1144	1090	24.04	1243	1190	967	914
16	27.17	1868	1808	1363	1303	26.43	1615	1557	1184	1126
25	35.65	3117	3024	2266	2173	32.63	2628	2545	1915	1832
35	38.95	3812	3705	2644	2537	33.10	2827	2745	1924	1842
50	38.92	4354	4247	2891	2784	39.41	3908	3820	2718	2630
70	42.97	5598	5474	3480	3356	43.06	4921	4818	3218	3115
95	48.51	7245	7093	4312	4160	47.77	6261	6134	3917	3790
120	52.06	8642	8472	4932	4762	51.69	7627	7482	4555	4410
150	56.84	10364	10164	5808	5608	54.28	8534	8375	4955	4796
185	62.40	12587	12352	6865	6630	59.53	10609	10419	6004	5814
240	69.36	15848	15569	8340	8061	65.09	13145	12919	7160	6934
300	77.45	20171	19829	10786	10444	70.51	15831	15576	8382	8127

表 2-28 **3.6/6kV 单芯聚氯乙烯绝缘聚氯乙烯护套电力电缆**

标称截面 (mm²)	非铠装电缆					钢带铠装电缆				
	直径 (mm)	重量 (kg/km)				直径 (mm)	重量 (kg/km)			
		VV	VY	VLV	VLY		VV22	VY23	VLV22	VLY23
10	14.54	332	312	270	250	17.71	525	500	463	438
16	15.44	409	388	310	289	18.64	614	587	516	489
25	17.36	545	520	387	362	20.56	775	745	617	587
35	18.50	663	637	443	417	21.70	908	877	689	658
50	19.84	810	782	512	484	23.04	1072	1039	775	742
70	21.64	1047	1016	617	586	24.84	1333	1297	903	867
95	23.54	1335	1301	740	706	26.74	1645	1606	1050	1011
120	25.15	1603	1566	851	814	28.35	1934	1892	1182	1140
150	26.69	1890	1851	966	927	29.89	2241	2197	1317	1273
185	28.58	2278	2236	1118	1076	33.18	3015	2963	1855	1803
240	31.39	2883	2834	1359	1310	35.99	3687	3628	2163	2104
300	34.02	3519	3463	1607	1551	38.42	4370	4306	2459	2395
400	37.19	4381	4316	1936	1871	41.19	5325	5249	2880	2812
500	40.54	5400	5326	2318	2244	45.34	6448	6361	3366	3279
630	44.94	6914	6828	2873	2787	49.74	8071	7972	4030	3931
800	49.43	8664	8565	3504	3405	54.63	9982	9864	4822	4704
1000	54.14	10718	10605	4234	4121	59.54	12186	12052	5701	5567

表 2-29 **3.6/6kV 2芯聚氯乙烯绝缘聚氯乙烯护套电力电缆**

标称截面 (mm²)	非铠装电缆					钢带铠装电缆				
	直径 (mm)	重量 (kg/km)				直径 (mm)	重量 (kg/km)			
		VV	VY	VLV	VLY		VV22	VY23	VLV22	VLY23
10	26.14	673	635	548	510	29.54	1031	985	906	860
16	28.00	830	789	631	590	32.80	1568	1514	1369	1315
25	27.98	1068	1025	756	713	32.78	1803	1747	1490	1434
35	29.60	1310	1262	878	830	34.20	2069	2010	1636	1577
50	31.41	1605	1552	1020	967	36.01	2406	2341	1821	1756
70	34.08	2081	2020	1234	1173	38.88	2966	2892	2118	2044
95	36.74	2663	2594	1489	1420	41.54	3612	3530	2439	2357
120	38.99	3207	3131	1723	1647	43.99	4233	4142	2749	2658
150	41.66	3797	3712	1974	1889	46.20	4873	4773	3051	2952
185	44.34	4587	4492	2298	2203	49.28	5774	5660	3485	3371

表 2-30 **3.6/6kV 3芯聚氯乙烯绝缘聚氯乙烯护套电力电缆**

标称截面 (mm²)	非铠装电缆					钢带铠装电缆				
	直径 (mm)	重量 (kg/km)				直径 (mm)	重量 (kg/km)			
		VV	VY	VLV	VLY		VV22	VY23	VLV22	VLY23
10	27.79	895	854	707	666	32.59	1627	1574	1439	1386
16	29.99	1130	1084	831	785	34.59	1901	1844	1602	1545
25	27.80	1466	1421	997	952	32.40	2179	2123	1710	1654
35	29.82	1814	1763	1165	1114	34.42	2575	2513	1926	1864
50	32.05	2242	2185	1364	1307	36.85	3075	3005	2197	2127
70	35.18	2946	2880	1675	1609	39.98	3855	3776	2584	2505
95	38.50	3797	3722	2037	1962	43.50	4810	4720	3050	2960
120	41.72	4605	4520	2379	2294	46.46	5694	5591	3469	3366
150	44.44	5464	5369	2730	2635	49.38	6645	6531	3912	3798
185	47.76	6626	6520	3192	3086	52.90	7918	7791	4485	4358
240	52.34	8393	8268	3889	3764	57.68	9831	9683	5327	5179
300	56.48	10212	10072	4581	4441	62.02	11790	11625	6159	5994

表 2-31　　　　**3.6/6kV 单芯聚氯乙烯绝缘聚氯乙烯护套钢丝铠装电力电缆**

标称截面 (mm²)	细钢丝铠装					粗钢丝铠装				
	直径 (mm)	重量 (kg/km)				直径 (mm)	重量 (kg/km)			
		VV32	VY33	VLV32	VLY33		VV42	VY43	VLV42	VLY43
10	20.11	907	878	845	816					
16	21.04	1022	992	923	893	41.05	3893	3775	3594	3476
25	22.96	1217	1184	1059	1026	38.60	4085	3980	3616	3510
35	24.10	1374	1339	1154	1119	40.62	4551	4435	3902	3786
50	25.44	1560	1523	1263	1226	42.85	5276	5153	4398	4275
70	27.24	1873	1833	1443	1403	45.98	6130	5992	4859	4721
95	29.34	2233	2187	1637	1591	49.70	7249	7088	5490	5329
120	30.95	2559	2511	1806	1758	52.26	8258	8088	6027	5857
150	32.69	2918	2864	1993	1939	55.18	9357	9170	6623	6436
185	35.38	3612	3554	2452	2394	58.90	10869	10655	7427	7213
240	38.19	4338	4272	2814	2748	63.48	13013	12774	8508	8269
300	40.82	5095	5021	3183	3109	68.02	15229	14956	9598	9325
400	43.99	6081	5997	3636	3552					
500	48.54	7714	7617	4632	4535					
630	52.94	9459	9349	5418	5308					
800	57.83	11488	11358	6327	6197					
1000	62.74	13844	13697	7360	7213					

表 2-32　　　　**3.6/6kV 2 芯聚氯乙烯绝缘聚氯乙烯护套钢丝铠装电力电缆**

标称截面 (mm²)	细钢丝铠装				
	直径 (mm)	重量 (kg/km)			
		VV32	VY33	VLV32	VLY33
10	32.14	1683	1630	1558	1505
16	34.80	2149	2092	1950	1893
25	34.78	2380	2320	2067	2007
35	36.40	2688	2622	2256	2190
50	38.21	3057	2985	2472	2400
70	42.08	4033	3950	3186	3103
95	44.74	4752	4660	3579	3487
120	47.19	5439	5337	3956	3854
150	49.60	6152	6037	4330	4215
185	52.48	7112	6986	4823	4697

表 2-33　　　　**3.6/6kV 3 芯聚氯乙烯绝缘聚氯乙烯护套钢丝铠装电力电缆**

标称截面 (mm²)	细钢丝铠装				粗钢丝铠装		
	直径 (mm)	重量 (kg/km)			直径 (mm)	重量 (kg/km)	
		VV32	VY33	VLV32	VLY33	VV42	VLV42
10	34.44	2196	2139	2008	1951		
16	36.65	2523	2459	2224	2160	40.6	3983	3679
25	34.60	2764	2702	2295	2233	41.1	4270	3805
35	36.62	3196	3127	2547	2478	43.1	4788	4131
50	40.05	4084	4005	3206	3127	46.9	5638	4706

标称截面 (mm²)	细钢丝铠装					粗钢丝铠装		
	直径 (mm)	重量 (kg/km)				直径 (mm)	重量 (kg/km)	
		VV32	VY33	VLV32	VLY33		VV42	VLV42
70	43.18	4950	4861	3679	3590	49.5	6522	5218
95	46.90	6022	5918	4263	4159	52.7	7600	5830
120	49.66	6964	6849	4738	4623	56.7	8780	6545
150	52.58	7995	7869	5261	5135	59.7	9988	7194
185	56.10	9366	9227	5932	5793	62.9	11358	7912
240	60.88	11408	11246	6903	6741	68.2	13556	9086
300	66.72	14275	14087	8644	8456	72.3	15706	10119

第二节 圆（扁）型同心导体电缆

本产品适宜敷设于额定电压 0.6/1kV 及以下的电力线路中，广泛用于高层建筑、石油化工、冶金、矿山等场合。

本产品除具有普通聚氯乙烯绝缘电力电缆、低压交联电力电缆的特性外，还有以下特点：

（1）具有较低且均匀的正（逆）序和零序阻抗，有利于改善供电品质。

（2）同心层导体比普通四芯电缆的第四芯在零序工作状态下的电抗值低得多，有利于短路自动保护装置的灵敏动作，从而保证电缆和相关设备的安全运行。

（3）具有较强的抗电磁干扰性能和抗雷击性能。

（4）五芯电缆适用于 TN—S 和 TN—C—S 系统的供电。

一、型号、名称、适用范围（见表 2-34）

表 2-34　　　　圆（扁）型同心导体电力电缆型号、名称及适用范围

型　号	名　称	适用范围	型　号	名　称	适用范围
VV—T、VLV—T ZR—VV—T ZR—VLV—T	聚氯乙烯绝缘同心导体聚氯乙烯护套电力电缆（含阻燃型）	固定敷设	VV22—T、VLV22—T ZR—VV22—T ZR—VLV22—T	聚氯乙烯绝缘同心导体钢带铠装聚氯乙烯护套电力电缆（含阻燃型）	能承受大机械外力的固定场合
YJV—T、YJLV—T ZR—YJV—T ZR—YJLV—T	交联聚乙烯绝缘同心导体聚氯乙烯护套电力电缆（含阻燃型）		YJV22—T、YJLV22—T ZR—YJV22—T ZR—YJLV22—T	交联氯乙烯绝缘同心导体钢带铠装聚氯乙烯护套电力电缆（含阻燃型）	

二、产品规格（见表 2-35）

表 2-35　　　　圆（扁）型同心导体电力产品规格

型　号	芯　数	标称截面 (mm²)
VV—T、VLV—T、ZR—VV—T、ZR—VLV—T YJV—T、YJLV—T、ZR—YJV—T、ZR—YJLV—T	3+1 (T)	4～300
VV22—T、VLV22—T、ZR—VV22—T ZR—VLV22—T	3+1+1 (T)	4～185
YJV22—T、YJLV22—T、ZR—YJV22—T ZR—YJLV22—T	4+1 (T)	4～185

三、产品参数（见表 2-36～表 2-39）

表 2-36　　　　　　　　VV—T、VLV—T 型 0.6/1kV 电缆的外径及重量

标称截面 (mm²)	绝缘标称厚度 (mm)	护套标称厚度 (mm)	近似外径 (mm)	环境温度 25℃允许载流量 (A)				成品近似重量 (kg/km)	
				空气中敷设		埋地敷设土壤热阻系数 g=80（℃, cm/W）			
				铜芯	铝芯	铜芯	铝芯	铜芯	铝芯
3×4.0+1×2.5	1.0	1.8	14.2	30.7	23.3	40.3	30.7	285	195
3×6.0+1×4.0	1.0	1.8	15.4	40.3	30.7	50.9	39.2	376	240
3×10+1×6.0	1.0	1.8	18.3	54.1	42.4	68.9	53.0	560	331
3×16+1×10	1.0	1.8	20.8	97.5	56.2	89.0	68.9	877	466
3×25+1×16	1.2	1.8	22.6	72.1	75.3	117.7	91.2	1250	617
3×35+1×16	1.2	1.8	24.7	97.5	94.3	147.3	113.4	1557	736
3×50+1×25	1.4	1.9	28.6	121.9	117.7	183.4	141.0	2107	983
3×70+1×25	1.4	2.0	32.0	152.6	144.2	220.5	169.6	2835	1261
3×95+1×50	1.6	2.1	37.6	188.7	178.1	263.9	202.5	3787	1672
3×120+1×70	1.6	2.2	40.1	231.0	206.7	302.1	233.2	4750	2033
3×150+1×70	1.8	2.4	44.4	267.1	241.7	348.7	268.2	5754	2457
3×185+1×95	2.0	2.5	48.8	314.8	278.8	392.2	303.2	7166	3029
3×240+1×120	2.0	2.7	55.6	361.5	316.7	423.1	341.3	9227	3878
3×300+1×150	2.0	2.9	60.7	410.0	348.5	458.2	372.6	11371	4728
3×4.0+2×2.5	1.0	1.8	15.8	34.0	23	44.0	30	339.7	234.9
3×6.0+2×4.0	1.0	1.8	17.5	43.0	30	56.0	39	452.2	291.7
3×10+2×6.0	1.0	1.8	20.2	60.0	42	75.0	53	667.1	401.2
3×16+2×10	1.0	1.8	23.2	80.0	56	98.0	68	1034.9	560.2
3×25+2×16	1.2	1.8	25.4	106.0	75	128.0	91	1466.0	729.1
3×35+2×16	1.2	1.8	28.0	131.0	94	157.0	113	1779.3	854.0

表 2-37　　　　　　　　VV—T、VLV—T 型 0.6/1kV 电缆的外径及重量

标称截面 (mm²)	绝缘标称厚度 (mm)	护套标称厚度 (mm)	近似外径 (mm)	环境温度 25℃允许载流量 (A)				成品近似重量 (kg/km)	
				空气中敷设		埋地敷设土壤热阻系数 g=80（℃, cm/W）			
				铜芯	铝芯	铜芯	铝芯	铜芯	铝芯
3×50+2×25	1.4	1.9	30.2	159	117	185	141	2447	1130.5
3×70+2×35	1.4	2.0	33.8	202	144	228	169	3273.6	1442.9
3×95+2×50	1.6	2.2	38.7	244	178	275	202	4375.9	1927.5
3×120+2×70	1.6	2.3	40.2	282	206	313	233	5555.1	2370.6
3×150+2×70	1.8	2.4	46.5	324	240	353	268	6547.3	2783.0
3×185+2×95	2.0	2.6	51.4	371	278	399	300	8212.7	3473.3
4×4.0+1×2.5	1.0	1.8	16.7	34	23	44	30	366.0	252.1
4×6.0+1×4.0	1.0	1.8	18.1	43	30	56	39	476.9	304.0
4×10+1×6.0	1.0	1.8	20.9	60	42	75	53	720.6	427.8
4×16+1×10	1.0	1.8	23.8	80	56	98	68	1055.4	575.0
4×25+1×16	1.2	1.8	25.5	106	75	128	91	1578.7	770.0
4×35+1×16	1.2	1.6	28.0	131	94	157	113	1988.9	929.4
4×50+1×25	1.4	2.0	31.8	159	117	185	140	2683.1	1238.2
4×70+1×35	1.4	2.1	35.4	202	144	228	168	3609.5	1585.2
4×95+1×50	1.6	2.3	40.6	244	178	275	200	4836.3	2121.0
4×120+1×70	1.6	2.4	44.0	282	206	313	230	6055.2	2579.7
4×150+1×70	1.8	2.6	49.0	324	240	353	265	7384.6	3136.0
4×185+1×95	2.0	2.7	56.0	371	278	399	300	9189.5	3877.6

表 2-38　　　　　　　　**YV22—T、YLV22—T 型 0.6/1kV 电缆的外径及重量**

标称截面 （mm²）	绝缘标称 厚度 （mm）	护套标称 厚度 （mm）	近似外径 （mm）	环境温度 25℃允许载流量（A）				成品近似重量 （kg/km）	
				空气中敷设		埋地敷设土壤热阻系数 $g=80$（℃，cm/W）			
				铜芯	铝芯	铜芯	铝芯	铜芯	铝芯
3×4.0+1×2.5	1.0	1.8	17.4	31.8	24.4	39.2	30.7	451	361
3×6.0+1×4.0	1.0	1.8	18.6	41.3	31.8	50.9	39.2	558	422
3×10+1×6.0	1.0	1.8	21.5	55.1	42.4	67.8	53.0	722	543
3×16+1×10	1.0	1.8	24.0	74.2	57.2	90.1	68.9	1124	713
3×25+1×16	1.2	1.8	25.8	99.6	77.4	121.9	90.1	1514	881
3×35+1×16	1.2	1.8	27.9	126.1	97.5	151.6	116.6	1843	1021
3×50+1×25	1.4	1.9	33.2	157.9	121.9	185.5	143.1	2726	1602
3×70+1×35	1.4	2.1	36.6	195.0	149.5	233.7	171.7	3544	1969
3×95+1×50	1.6	2.3	42.4	239.6	184.4	269.2	207.8	4626	2510
3×120+1×70	1.6	2	45.1	275.6	213.1	307.4	236.4	5662	2945
3×150+1×70	1.8	2.5	49.4	319.1	244.9	346.7	267.1	6765	3468
3×185+1×95	2.0	2.6	54.2	365.7	282.0	391.1	301.0	8296	4159
3×240+1×120	2.2	2.8	61.2	436.0	315	464.0	340	10536	5787
3×300+1×150	2.4	3.0	66.5	481.0	345	524.0	370	12821	6179
3×4.0+2×2.5	1.0	1.8	19.0	34	28	44	30	539.7	434.9
3×6.0+2×4.0	1.0	1.8	20.7	43	30	56	39	672.9	512.4
3×10+2×6.0	1.0	1.8	23.4	60	42	75	53	920.9	655.1
3×16+2×10	1.0	1.8	26.4	80	56	98	68	1325.5	850.7
3×25+2×16	1.2	1.8	28.6	106	75	128	91	1783.3	1064.4
3×35+2×16	1.2	1.9	32.6	131	94	157	113	2453.8	1528.6
3×50+2×25	1.4	2.0	34.8	159	117	185	141	3171.1	1853.9
3×70+2×35	1.4	2.2	38.6	202	144	228	169	4094.9	2264.2
3×95+2×50	1.6	2.4	43.7	244	178	275	202	5329.5	2881.1
3×120+2×70	1.6	2.5	47.2	282	206	313	233	6628.6	3444.1
3×150+2×70	1.8	2.6	51.7	324	240	353	268	7709.4	3945.0
3×185+2×95	2.0	2.8	56.8	371	278	399	300	9516.7	4777.4
4×4.0+1×2.5	1.0	1.8	19.9	34	23	44	30	578.4	464.4
4×6.0+1×4.0	1.0	1.8	21.4	43	30	56	39	700.1	527.2
4×10+1×6.0	1.0	1.8	24.0	60	42	75	53	981.3	688.7
4×16+1×10	1.0	1.8	27.0	80	56	98	68	1353.2	872.8
4×25+1×16	1.2	1.8	28.7	106	75	128	91	1897.5	1088.8
4×35+1×16	1.2	2.0	32.8	131	94	157	113	2677.4	1617.8
4×50+1×25	1.4	2.1	36.4	159	117	185	140	3441.2	1996.3
4×70+1×35	1.4	2.2	40.0	202	144	228	168	4449.1	2424.2
4×95+1×50	1.6	2.4	45.2	244	178	275	200	5814.0	3098.7
4×120+1×70	1.6	2.6	49.2	282	206	313	230	7155.5	3679.9
4×150+1×70	1.8	2.7	54.2	324	240	353	265	8605.4	4356.8
4×185+1×95	2.0	2.9	61.9	371	278	399	300	10635.0	5323.1

表 2-39　　　　　　　YJV—T、YJLV—T 型 0.6/1kV 电缆的外径及重量

标称截面 （mm²）	绝缘标称 厚度 （mm）	近似外径 （mm）	成品近似重量 （kg/km）		环境温度 25℃允许载流量（A）			
					空气中敷设		埋地敷设土壤热阻系数 g＝80（℃，cm/W）	
			铜芯	铝芯	铜芯	铝芯	铜芯	铝芯
3×4+1×25	0.7	12.9	291	202	38	25	54	40
3×6+1×4	0.7	14.1	391	255	47	31	66	50
3×10+1×6	0.7	16.8	567	338	65	41	89	67
3×16+1×10	0.7	19.4	885	474	86	77	115	89
3×25+1×16	0.9	23.1	1194	603	117	97	148	115
3×35+1×16	0.9	25.1	1489	711	144	119	179	137
3×50+1×25	1.0	26.8	2032	918	175	143	212	163
3×70+1×35	1.1	30.6	2689	1140	223	184	261	202
3×95+1×50	1.1	35.6	3608	1499	274	227	314	242
3×120+1×70	1.2	38.5	4564	1864	334	264	359	275
3×150+1×70	1.4	42.6	5474	2214	383	301	404	310
3×185+1×95	1.6	47.2	6811	2742	458	349	458	352
3×240+1×120	1.7	53.6	8723	3472	539	425	530	416
3×300+1×150	1.8	58.1	10843	4286	621	490	601	472

第三节　金属屏蔽电缆

本产品用于额定电压 0.6/1kV 及以下的电力线路中，广泛用于高层建筑、导弹发射场和精密电子装置集中的场合。

一、型号、名称（见表 2-40）

表 2-40　　　　　　　　金属屏蔽电力电缆型号、名称

型　号		名　称
铜　芯	铝　芯	
VV—P ZR—VV—P YJV—P ZR—YJV—P	VLV—P ZR—VLV—P YJLV—P ZR—YJLV—P	聚氯乙烯绝缘聚氯乙烯护套屏蔽电力电缆（含阻燃型） 交联聚乙烯绝缘聚氯乙烯护套屏蔽电力电缆（含阻燃型）
VV22—P ZR—VV22—P YJV22—P ZR—YJV22—P	VLV22—P ZR—VLV22—P YJLV22—P ZR—YJLV22—P	聚氯乙烯绝缘钢带铠装聚氯乙烯护套屏蔽电力电缆（含阻燃型） 交联聚乙烯绝缘钢带铠装聚氯乙烯护套屏蔽电力电缆（含阻燃型）

二、产品规格（见表 2-41）

表 2-41   金属屏蔽电力电缆产品规格

型　　号		规　　格	
铜　芯	铝　芯	芯　数	标称截面（mm²）
VV—P	VLV—P	1	4～300
ZR—VV—P	ZR—VLV—P	2	4～185
YJV—P	YJLV—P	3	4～300
ZR—YJV—P	ZR—YJLV—P	3+1	4～300
VV22—P	VLV22—P	4	4～185
ZR—VV22—P	ZR—VLV22—P	3+2、4+1、5	4～185
YJV22—P	YJLV22—P		
ZR—YJV22—P	ZR—YJLV22—P		

三、产品特色

（1）具有较强的抗电磁干扰和抗雷击性能。

（2）均衡电位，改善供电品质。

使用注意事项：敷设时，应将屏蔽层两端可靠接地。特别注意不使屏蔽层断裂或松散，否则会降低屏蔽效果。

四、电缆计算外径（见表 2-42）

表 2-42   金属屏蔽电力电缆计算外径

规格 芯数×截面 （mm²）	计算外径（mm）		规格 芯数×截面 （mm²）	计算外径（mm）	
	VV—P、 ZR—VV—P VLV—P、 ZR—VLV—P	VLV22—P、 ZR—VLV22—P VLV22—P、 ZR—VLV22—P		VV—P、 ZR—VV—P VLV—P、 ZR—VLV—P	VLV22—P、 ZR—VLV22—P VLV22—P、 ZR—VLV22—P
1×4	9.98		2×25	23.13	26.33
1×6	10.09		2×35	20.53	24.73
1×10	11.78		2×50	22.35	24.55
1×16	12.83		2×70	24.75	28.15
1×25	14.43		2×95	28.86	33.46
1×35	15.13		2×120	30.76	35.56
1×50	16.93		2×150	33.02	38.02
1×70	19.53		2×185	36.36	41.36
1×95	21.32		3×1.5	12.14	
1×120	22.82		3×2.5	13.06	
1×150	24.62		3×4	14.87	18.00
1×185	26.82		3×6	15.96	19.16
1×240	29.82		3×10	18.73	21.93
1×300	32.72		3×16	21.00	24.20
2×4	14.23	17.82	3×25	24.44	27.64
2×6	15.25	18.45	3×35	23.03	26.23
2×10	17.83	21.03	3×50	26.56	31.36
2×16	19.93	23.13	3×70	29.80	34.09

规格 芯数×截面 （mm²）	计算外径（mm）		规格 芯数×截面 （mm²）	计算外径（mm）	
	VV—P、 ZR—VV—P VLV—P、 ZR—VLV—P	VLV22—P、 ZR—VLV22—P VLV22—P、 ZR—VLV22—P		VV—P、 ZR—VV—P VLV—P、 ZR—VLV—P	VLV22—P、 ZR—VLV22—P VLV22—P、 ZR—VLV22—P
3×95	34.94	39.54	3×150+1×70	44.95	50.15
3×120	37.47	42.47	3×185+1×95	49.71	54.91
3×150	40.54	45.34	3×240+1×120	55.30	60.90
3×185	44.69	49.89	3×300+1×150	60.78	66.78
3×240	50.12	55.52	4×4	15.99	19.19
3×300	55.19	60.29	4×6	17.25	20.45
3×4+1×2.5	15.51	18.71	4×10	20.37	23.57
3×6+1×4	16.94	20.14	4×16	22.91	26.11
3×10+1×6	20.12	23.32	4×25	26.78	31.58
3×16+1×10	22.26	25.46	4×35	26.70	31.50
3×25+1×10	25.83	29.23	4×50	29.49	34.29
3×35+1×16	25.53	28.89	4×70	33.37	38.17
3×50+1×25	29.29	33.89	4×95	38.81	43.81
3×70+1×35	33.77	38.57	4×120	42.05	47.25
3×95+1×50	38.61	43.61	4×150	46.58	51.58
3×120+1×70	41.72	56.72	4×185	51.06	56.26

第四节 聚氯乙烯绝缘聚氯乙烯护套控制电缆

一、产品名称、型号、敷设场合

本产品用于交流额定电压450～750V以及下配电装置中电器仪表的接线。

（一）型号、名称、敷设场合（见表2-43）

表2-43　　聚氯乙烯绝缘聚氯乙烯护套控制电缆型号、名称、敷设场合

型　号	名　称	使　用　范　围
KVV	铜芯聚氯乙烯绝缘聚氯乙烯护套控制电缆	敷设在室内、电缆沟、管道固定场合
KVVP	铜芯聚氯乙烯绝缘聚氯乙烯护套编织屏蔽控制电缆	敷设在室内、电缆沟、管道等要求屏蔽的固定场合
KVVP2	铜芯聚氯乙烯绝缘聚氯乙烯护套铜带屏蔽控制电缆	敷设在室内、电缆沟、管道等要求屏蔽的固定场合
KVV22	铜芯聚氯乙烯绝缘聚氯乙烯护套钢带铠装控制电缆	敷设在室内、电缆沟、管道、直埋等能承受较大机械外力等固定场合
KVV32	铜芯聚氯乙烯绝缘聚氯乙烯护套细钢丝铠装控制电缆	敷设在室内、电缆沟、管道、竖井等能承受较大机械拉力等固定场合
KVVR	铜芯聚氯乙烯绝缘聚氯乙烯护套控制软电缆	敷设在室内要求移动柔软等场合
KVVRP	铜芯聚氯乙烯绝缘聚氯乙烯护套编织屏蔽控制软电缆	敷设在室内要求移动柔软、屏蔽等场合

（二）使用条件

电缆导体的长期允许工作温度为70℃，电缆的敷设温度应不低于0℃，其允许弯曲半径：无铠装层的电缆，应不小于电缆外径的6倍；有铠装或铜带屏蔽结构的电缆应不小于电缆外径的12倍；有屏蔽层结构的软电缆，应不小于电缆外径的6倍。

二、电缆主要数据

（一）电缆结构（见图2-1）及规格（见表2-44）

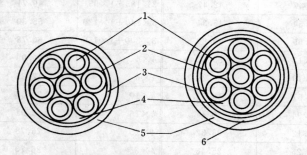

图2-1　聚氯乙烯绝缘聚氯乙烯护套控制电缆结构示意图

1—导体；2—绝缘；3—绕包层；4—填充料；5—护套；6—屏蔽层

表2-44　　　　　　　　　　　聚氯乙烯绝缘聚氯乙烯护套控制电缆规格

型　号	额定电压（V）	导　体　标　称　截　面　（mm²）							
		0.5	0.75	1.0	1.5	2.5	4	6	10
		芯　　　　数							
KVV KVVP	450/750	—		2～61			2～14		2～10
KVVP2				4～61			4～14		4～10
KVV22		—		7～61	4～61		4～14		4～10
KVV32			10～61		7～61		4～11		4～10
KVVR				4～61			—		—
KVVRP				4～61		4～48			

注　推荐的芯数系列为：2、3、4、5、7、8、10、12、14、16、19、24、27、30、37、44、48、52芯和61芯。

（二）导体

（1）导体结构及直流电阻见表2-45。导电线芯中的铜单线允许镀锡。

表2-45　　　　　　　　　　　导体结构及直流电阻

标称截面（mm²）	导　体　结　构		20℃时导体直流电阻（≤，Ω/km）	
	种　类	根数/单线标称直径（mm）	不　镀　锡	镀　锡
0.5	3	16/0.20	39.0	40.1
0.75	1	1/0.97	24.5	24.8
0.75	2	7/0.37	24.5	24.8
0.75	3	24/0.20	26.0	26.7
1.0	1	1/1.13	18.1	18.2
1.0	2	7/0.43	18.1	18.2

40

标称截面 (mm²)	导 体 结 构			20℃时导体直流电阻（≤，Ω/km）	
	种 类	根数/单线标称直径（mm）		不 镀 锡	镀 锡
1.0	3	32/0.20		19.5	20.0
1.5	1	1/1.38		12.1	12.2
1.5	2	7/0.52		12.1	12.2
1.5	3	30/0.25		13.3	13.7
2.5	1	1/1.78		7.41	7.56
2.5	2	7/0.68		7.41	7.56
2.5	3	50/0.25		7.98	8.21
4	1	1/2.25		4.61	4.70
4	2	7/0.85		4.61	4.70
6	1	1/2.76		3.08	3.11
6	2	7/1.04		3.08	3.11
10	2	7/1.35		1.83	1.84

（2）导体表面应光洁，无油污，无损伤绝缘的毛刺、锐边及凸起或断裂的单线。

（三）绝缘

（1）绝缘应紧密挤包在导体上，且应容易剥离而不损伤绝缘体、导体或镀层。绝缘表面应平整、色泽均匀。

（2）绝缘厚度的标称值应符合表 2-48～表 2-54 规定。

（3）绝缘厚度的平均值应不小于标称值，其最薄处厚度应不小于标称值的 90%～0.1mm。

（四）铠装

（1）铠装层数、厚度应符合表 2-48～表 2-54 规定。

（2）铠装钢丝根数、直径应符合表 2-48～表 2-54 规定。

（五）护套

（1）护套厚度的标称值应符合表 2-48～表 2-54 规定。

（2）护套厚度的平均值应不小于标称值，其最薄处厚度应不小于标称值的 85%～0.1mm。

三、主要技术性能

（1）电缆应经受表 2-46 规定的工频交流电压试验。

表 2-46 工 频 交 流 电 压 试 验

序号	试验条件	单位	电缆额定电压（V） 450/750	序号	试验条件	单位	电缆额定电压（V） 450/750
1	电缆电压试验： 试样长度 试验温度 试验电压 施加时间，最少	— — V min	交货长度 环境温度 3000 5	2	绝缘线芯电压试验： 试样长度，最小 浸水时间，最少 水温 试验电压 绝缘厚度≤0.6mm 绝缘厚度>0.6mm 施加时间，最少	m h ℃ V V min	5 1 20±5 2000 2500 5

(2) 电缆的绝缘电阻应符合表 2-48～表 2-54 规定。

(3) 成品电缆应进行力学性能试验和热老化性能试验其性能应符合表 2-47 规定。

(4) 绝缘线芯应经受工频火花试验，试验电压有效值为 6kV。

表 2-47　　　　　　　　　力学性能试验和热老化性能试验

项　目　　类　别		抗拉强度 min (N/m²)	断裂伸长率 min (%)	老　化　后			
				老　化　条　件		抗拉强度变化率 max (%)	断裂伸长率变化率 max (%)
				温度（℃）	时间（h）		
绝缘护套	PVC—I1	12.5	150	100±2	168	±25	±25
	PVC—I2	10.0	150	80±2	168	±20	±20
	PVC—S1	12.5	150	100±2	168	±25	±25
	PVC—S2	10.0	150	80±2	168	±20	±20

表 2-48　　　　　　　KVV 型 450/750V 铜芯聚氯乙烯绝缘聚氯乙烯护套控制电缆

芯数×标称截面 (mm²)	导体种类	绝缘标称厚度 (mm)	护套标称厚度 (mm)	平均外径 (mm)		70℃最小绝缘电阻 (MΩ/km)
				下　限	上　限	
2×0.75	1	0.6	1.2	6.4	8.0	0.012
2×0.75	2	0.6	1.2	6.6	8.4	0.014
2×1.0	1	0.6	1.2	6.8	8.4	0.011
2×1.0	2	0.6	1.2	6.8	8.8	0.013
2×1.5	1	0.7	1.2	7.6	9.4	0.011
2×1.5	2	0.7	1.2	7.8	10.0	0.010
2×2.5	1	0.8	1.2	8.6	10.5	0.010
2×2.5	2	0.8	1.2	9.0	11.5	0.009
2×4	1	0.8	1.2	9.0	11.5	0.0085
2×4	2	0.8	1.2	10.5	12.5	0.0077
2×6	1	0.8	1.2	10.5	12.5	0.0070
2×6	2	0.8	1.2	11.0	14.5	0.0065
2×10	2	1.0	1.5	14.0	17.5	0.0065
3×0.75	1	0.6	1.2	6.3	8.4	0.012
3×0.75	2	0.6	1.2	7.0	8.8	0.014
3×1.0	1	0.6	1.2	7.0	8.8	0.011
3×1.0	2	0.6	1.2	7.2	9.2	0.013
3×1.5	1	0.7	1.2	8.0	9.8	0.011
3×1.5	2	0.7	1.2	8.2	10.5	0.010
3×2.5	1	0.8	1.2	9.0	11.0	0.010
3×2.5	2	0.8	1.2	9.4	12.0	0.009
3×4	1	0.8	1.2	10.0	12.5	0.0085
3×4	2	0.8	1.2	10.5	13.5	0.0077
3×6	1	0.8	1.5	11.5	14.0	0.0070
3×6	2	0.8	1.5	12.0	15.0	0.0065
3×10	2	1.0	1.5	14.5	18.5	0.0065

芯数×标称截面（mm²）	导体种类	绝缘标称厚度（mm）	护套标称厚度（mm）	平均外径（mm）		70℃最小绝缘电阻（MΩ/km）
				下　限	上　限	
4×0.75	1	0.6	1.2	7.2	9.0	0.012
4×0.75	2	0.6	1.2	7.4	9.6	0.014
4×1.0	1	0.6	1.2	7.6	9.4	0.011
4×1.0	2	0.6	1.2	7.8	10.0	0.013
4×1.5	1	0.7	1.2	8.6	10.5	0.011
4×1.5	2	0.7	1.2	9.0	11.5	0.010
4×2.5	1	0.8	1.2	10.0	12.0	0.010
4×2.5	2	0.8	1.2	10.0	13.0	0.009
4×4	1	0.8	1.5	11.5	14.0	0.0085
4×4	2	0.8	1.5	12.0	15.0	0.0077
4×6	1	0.8	1.5	12.5	15.0	0.0070
4×6	2	0.8	1.5	13.0	16.5	0.0065
4×10	2	1.0	1.5	16.0	20.0	0.0065
5×0.75	1	0.6	1.2	7.8	9.6	0.012
5×0.75	2	0.6	1.2	8.0	10.5	0.014
5×1.0	1	0.6	1.2	8.2	10.0	0.011
5×1.0	2	0.6	1.2	8.4	11.0	0.013
5×1.5	1	0.7	1.2	9.4	11.5	0.011
5×1.5	2	0.7	1.2	9.8	12.5	0.010
5×2.5	1	0.8	1.5	11.5	14.0	0.010
5×2.5	2	0.8	1.5	11.5	14.5	0.009
5×4	1	0.8	1.5	12.5	15.0	0.0085
5×4	2	0.8	1.5	13.0	16.5	0.0077
5×6	1	0.8	1.5	14.0	16.5	0.0070
5×6	2	0.8	1.5	14.5	18.0	0.0065
5×10	2	1.0	1.7	18.0	22.5	0.0065
7×0.75	1	0.6	1.2	8.4	10.5	0.012
7×0.75	2	0.6	1.2	8.8	11.0	0.014
7×1.0	1	0.6	1.2	9.0	11.0	0.011
7×1.0	2	0.6	1.2	9.2	11.5	0.013
7×1.5	1	0.7	1.2	10.0	12.5	0.011
7×1.5	2	0.7	1.2	10.5	13.5	0.010
7×2.5	1	0.8	1.5	12.5	15.0	0.010
7×2.5	2	0.8	1.5	12.5	16.0	0.009
7×4	1	0.8	1.5	13.5	16.5	0.0085
7×4	2	0.8	1.5	14.0	17.5	0.0077
7×6	1	0.8	1.5	15.0	18.0	0.0070
7×6	2	0.8	1.5	15.5	19.5	0.0065
7×10	2	1.0	1.7	20.0	24.0	0.0065

芯数×标称截面 (mm²)	导体种类	绝缘标称厚度 (mm)	护套标称厚度 (mm)	平均外径 (mm)		70℃最小绝缘电阻 (MΩ/km)
				下 限	上 限	
8×0.75	1	0.6	1.2	9.4	11.5	0.012
8×0.75	2	0.6	1.2	9.6	12.0	0.014
8×1.0	1	0.6	1.2	10.0	12.0	0.011
8×1.0	2	0.6	1.2	10.0	13.0	0.013
8×1.5	1	0.7	1.5	12.0	14.5	0.011
8×1.5	2	0.7	1.5	12.5	15.5	0.010
8×2.5	1	0.8	1.5	14.0	16.5	0.010
8×2.5	2	0.8	1.5	14.0	17.5	0.009
8×4	1	0.8	1.5	15.5	18.0	0.0085
8×4	2	0.8	1.5	16.0	19.5	0.0077
8×6	1	0.8	1.7	17.5	20.0	0.0070
8×6	2	0.8	1.7	18.0	22.0	0.0065
8×10	2	1.0	1.7	22.5	27.0	0.0065
10×0.75	1	0.6	1.2	10.5	12.5	0.013
10×0.75	2	0.6	1.2	10.5	13.5	0.014
10×1.0	1	0.6	1.5	11.5	14.0	0.011
10×1.0	2	0.6	1.5	12.0	15.0	0.013
10×1.5	1	0.7	1.5	13.0	16.0	0.011
10×1.5	2	0.7	1.5	14.0	17.0	0.010
10×2.5	1	0.8	1.5	15.5	18.5	0.010
10×2.5	2	0.8	1.5	16.0	19.5	0.009
10×4	1	0.8	1.7	18.0	20.5	0.0085
10×4	2	0.8	1.7	18.5	22.5	0.0077
10×6	1	0.8	1.7	19.5	22.5	0.0070
10×6	2	0.8	1.7	20.5	25.0	0.0065
10×10	2	1.0	1.7	25.5	30.5	0.0065
12×0.75	1	0.6	1.5	11.5	13.5	0.012
12×0.75	2	0.6	1.5	11.5	14.5	0.014
12×1.0	1	0.6	1.5	12.0	14.5	0.011
12×1.0	2	0.6	1.5	12.5	15.5	0.013
12×1.5	1	0.7	1.5	14.0	16.5	0.011
12×1.5	2	0.7	1.5	14.0	17.5	0.010
12×2.5	1	0.8	1.5	16.0	19.0	0.010
12×2.5	2	0.8	1.5	16.5	20.5	0.009
12×4	1	0.8	1.7	18.5	21.5	0.0085
12×4	2	0.8	1.7	19.0	23.0	0.0077
12×6	1	0.8	1.7	20.5	23.5	0.0070
12×6	2	0.8	1.7	21.0	26.0	0.0065

芯数×标称截面 (mm²)	导体种类	绝缘标称厚度 (mm)	护套标称厚度 (mm)	平均外径 (mm)		70℃最小绝缘电阻 (MΩ/km)
				下　限	上　限	
14×0.75	1	0.6	1.5	12.0	14.5	0.012
14×0.75	2	0.6	1.5	12.0	15.0	0.014
14×1.0	1	0.6	1.5	12.5	15.0	0.011
14×1.0	2	0.6	1.5	13.0	16.0	0.013
14×1.5	1	0.7	1.5	14.5	17.0	0.011
14×1.5	2	0.7	1.5	15.0	18.5	0.010
14×2.5	1	0.8	1.5	17.0	19.5	0.010
14×2.5	2	0.8	1.5	17.5	21.5	0.009
14×4	1	0.8	1.7	19.5	22.5	0.0085
14×4	2	0.8	1.7	20.0	24.5	0.0077
14×6	1	0.8	1.7	21.5	24.5	0.0070
14×6	2	0.8	1.7	22.5	27.0	0.0065
16×0.75	1	0.6	1.5	12.5	15.0	0.012
16×0.75	2	0.6	1.5	13.0	16.0	0.014
16×1.0	1	0.6	1.5	13.0	15.5	0.011
16×1.0	2	0.6	1.5	13.5	17.0	0.013
16×1.5	1	0.7	1.5	15.0	18.0	0.011
16×1.5	2	0.7	1.5	15.5	19.5	0.010
16×2.5	1	0.8	1.7	18.0	21.0	0.010
16×2.5	2	0.8	1.7	19.0	23.0	0.009
19×0.75	1	0.6	1.5	13.0	15.5	0.012
19×0.75	2	0.6	1.5	13.5	16.5	0.014
19×1.0	1	0.6	1.5	14.0	16.5	0.011
19×1.0	2	0.6	1.5	14.5	17.5	0.013
19×1.5	1	0.7	1.5	16.0	19.0	0.011
19×1.5	2	0.7	1.5	16.5	20.5	0.010
19×2.5	1	0.8	1.7	19.0	22.0	0.010
19×2.5	2	0.8	1.7	20.0	24.0	0.009
24×0.75	1	0.6	1.5	15.0	18.0	0.012
24×0.75	2	0.6	1.5	15.5	19.0	0.014
24×1.0	1	0.6	1.5	16.0	19.0	0.011
24×1.0	2	0.6	1.5	16.5	20.5	0.013
24×1.5	1	0.7	1.7	19.0	22.0	0.011
24×1.5	2	0.7	1.7	20.0	24.0	0.010
24×2.5	1	0.8	1.7	22.5	25.5	0.010
24×2.5	2	0.8	1.7	23.0	28.0	0.009
27×0.75	1	0.6	1.5	15.5	18.0	0.012
27×0.75	2	0.6	1.5	16.0	19.5	0.014
27×1.0	1	0.6	1.5	16.5	19.0	0.011
27×1.0	2	0.6	1.5	17.0	20.5	0.013
27×1.5	1	0.7	1.7	19.5	22.5	0.011
27×1.5	2	0.7	1.7	20.0	24.5	0.010
27×2.5	1	0.8	1.7	23.0	26.0	0.010
27×2.5	2	0.8	1.7	23.5	28.5	0.009

芯数×标称截面 (mm²)	导体种类	绝缘标称厚度 (mm)	护套标称厚度 (mm)	平均外径 (mm)		70℃最小绝缘电阻 (MΩ/km)
				下 限	上 限	
30×0.75	1	0.6	1.5	16.0	19.0	0.012
30×0.75	2	0.6	1.5	16.5	20.0	0.014
30×1.0	1	0.6	1.7	17.5	20.5	0.011
30×1.0	2	0.6	1.7	18.0	22.0	0.013
30×1.5	1	0.7	1.7	20.0	23.0	0.011
30×1.5	2	0.7	1.7	21.0	25.0	0.010
30×2.5	1	0.8	1.7	24.0	27.0	0.010
30×2.5	2	0.8	1.7	24.5	29.5	0.009
37×0.75	1	0.6	1.7	17.5	20.5	0.012
37×0.75	2	0.6	1.7	18.0	22.0	0.014
37×1.0	1	0.6	1.7	18.5	21.5	0.011
37×1.0	2	0.6	1.7	19.5	23.5	0.013
37×1.5	1	0.7	1.7	21.5	25.0	0.011
37×1.5	2	0.7	1.7	22.5	27.0	0.010
37×2.5	1	0.8	1.7	25.5	29.0	0.010
37×2.5	2	0.8	1.7	26.5	31.5	0.009
44×0.75	1	0.6	1.7	19.5	23.0	0.012
44×0.75	2	0.6	1.7	20.5	24.5	0.014
44×1.0	1	0.6	1.7	21.0	24.0	0.011
44×1.0	2	0.6	1.7	21.5	26.0	0.013
44×1.5	1	0.7	1.7	24.5	28.0	0.011
44×1.5	2	0.7	1.7	25.5	30.5	0.010
44×2.5	1	0.8	2.0	29.5	33.5	0.010
44×2.5	2	0.8	2.0	30.5	36.0	0.009
48×0.75	1	0.6	1.7	20.0	23.0	0.012
48×0.75	2	0.6	1.7	20.5	25.0	0.014
48×1.0	1	0.6	1.7	21.5	24.5	0.011
48×1.0	2	0.6	1.7	22.0	26.5	0.013
48×1.5	1	0.7	1.7	25.0	28.5	0.011
48×1.5	2	0.7	1.7	25.5	31.0	0.010
48×2.5	1	0.8	2.0	30.0	34.0	0.010
48×2.5	2	0.8	2.0	31.0	37.0	0.009
52×0.75	1	0.6	1.7	20.5	23.5	0.012
52×0.75	2	0.6	1.7	21.0	25.0	0.014
52×1.0	1	0.6	1.7	22.0	25.0	0.011
52×1.0	2	0.6	1.7	22.5	27.0	0.013
52×1.5	1	0.7	1.7	25.5	29.0	0.011
52×1.5	2	0.7	1.7	26.5	31.5	0.010
52×2.5	1	0.8	2.0	31.0	35.0	0.010
52×2.5	2	0.8	2.0	32.0	38.0	0.009

芯数×标称截面 (mm²)	导体种类	绝缘标称厚度 (mm)	护套标称厚度 (mm)	平均外径（mm）		70℃最小绝缘电阻 (MΩ/km)
				下 限	上 限	
61×0.75	1	0.6	1.7	22.0	25.0	0.012
61×0.75	2	0.6	1.7	22.5	27.0	0.014
61×1.0	1	0.6	1.7	23.0	26.5	0.011
61×1.0	2	0.6	1.7	24.0	28.5	0.013
61×1.5	1	0.7	2.0	27.5	31.5	0.011
61×1.5	2	0.7	2.0	28.5	34.0	0.010
61×2.5	1	0.8	2.2	33.0	37.5	0.010
61×2.5	2	0.8	2.2	34.0	40.5	0.009

表 2-49　KVVP 型 450/750V 铜芯聚氯乙烯绝缘聚氯乙烯护套编织屏蔽控制电缆

芯数×标称截面 (mm²)	导体种类	绝缘标称厚度 (mm)	屏蔽单线标称直径 (mm)	护套标称厚度 (mm)	平均外径（mm）		70℃最小绝缘电阻 (MΩ/km)
					下 限	上 限	
2×0.75	2	0.6	0.15	1.2	7.8	9.8	0.014
2×1.0	2	0.6	0.15	1.2	8.2	10.5	0.013
2×1.5	2	0.7	0.15	1.2	9.2	11.5	0.010
2×2.5	2	0.8	0.15	1.2	10.0	12.5	0.009
2×4	2	0.8	0.20	1.5	11.5	14.5	0.0077
2×6	2	0.8	0.20	1.5	13.0	16.0	0.0065
2×10	2	1.0	0.20	1.5	15.5	19.0	0.0065
3×0.75	2	0.6	0.15	1.2	8.2	10.5	0.014
3×1.0	2	0.6	0.15	1.2	8.6	10.5	0.013
3×1.5	2	0.7	0.15	1.2	9.6	12.0	0.010
3×2.5	2	0.8	0.15	1.2	10.5	13.5	0.009
3×4	2	0.8	0.15	1.5	12.5	15.5	0.0077
3×6	2	0.8	0.20	1.5	13.5	17.0	0.0065
3×10	2	1.0	0.20	1.5	16.5	20.0	0.0065
4×0.75	2	0.6	0.15	1.2	8.8	11.0	0.014
4×1.0	2	0.6	0.15	1.2	9.2	11.5	0.013
4×1.5	2	0.7	0.15	1.2	10.0	12.5	0.010
4×2.5	2	0.8	0.20	1.5	12.5	15.0	0.009
4×4	2	0.8	0.20	1.5	13.5	16.5	0.0077
4×6	2	0.8	0.20	1.5	15.0	18.0	0.0065
4×10	2	1.0	0.20	1.7	18.0	22.0	0.0065
5×0.75	2	0.6	0.15	1.2	9.4	11.5	0.014
5×1.0	2	0.6	0.15	1.2	9.8	12.0	0.013
5×1.5	2	0.7	0.15	1.2	11.0	13.5	0.010
5×2.5	2	0.8	0.20	1.5	13.5	16.5	0.009
5×4	2	0.8	0.20	1.5	14.5	18.0	0.0077
5×6	2	0.8	0.20	1.5	16.0	19.5	0.0065
5×10	2	1.0	0.20	1.7	19.5	24.0	0.0065

芯数×标称截面 (mm²)	导体种类	绝缘标称厚度 (mm)	屏蔽单线标称直径 (mm)	护套标称厚度 (mm)	平均外径 (mm)		70℃最小绝缘电阻 (MΩ/km)
					下 限	上 限	
7×0.75	2	0.6	0.15	1.2	10.0	12.5	0.014
7×1.0	2	0.6	0.15	1.2	10.5	13.0	0.013
7×1.5	2	0.7	0.15	1.5	12.5	15.0	0.010
7×2.5	2	0.8	0.20	1.5	14.5	17.5	0.009
7×4	2	0.8	0.20	1.5	15.5	19.0	0.0077
7×6	2	0.8	0.20	1.5	17.5	21.0	0.0065
7×10	2	1.0	0.20	1.7	21.5	26.0	0.0065
8×0.75	2	0.6	0.15	1.2	11.0	13.5	0.014
8×1.0	2	0.6	0.15	1.5	12.0	15.0	0.013
8×1.5	2	0.7	0.20	1.5	14.0	17.0	0.010
8×2.5	2	0.8	0.20	1.5	16.0	19.0	0.009
8×4	2	0.8	0.20	1.7	18.0	21.5	0.0077
8×6	2	0.8	0.20	1.7	19.5	24.0	0.0065
8×10	2	1.0	0.25	1.7	24.0	29.0	0.0065
10×0.75	2	0.6	0.20	1.5	13.0	16.0	0.014
10×1.0	2	0.6	0.20	1.5	13.5	16.5	0.013
10×1.5	2	0.7	0.20	1.5	15.5	18.5	0.010
10×2.5	2	0.8	0.20	1.5	17.5	21.5	0.009
10×4	2	0.8	0.20	1.7	20.0	24.0	0.0077
10×6	2	0.8	0.25	1.7	22.5	27.0	0.0065
10×10	2	1.0	0.25	1.7	27.0	32.5	0.0065
12×0.75	2	0.6	0.20	1.5	13.0	16.0	0.014
12×1.0	2	0.6	0.20	1.5	14.0	17.0	0.013
12×1.5	2	0.7	0.20	1.5	16.0	19.0	0.010
12×2.5	2	0.8	0.20	1.7	18.5	22.5	0.009
12×4	2	0.8	0.20	1.7	20.5	25.0	0.0077
12×6	2	0.8	0.25	1.7	23.0	27.5	0.0065
14×0.75	2	0.6	0.20	1.5	14.0	17.0	0.014
14×1.0	2	0.6	0.20	1.5	14.5	17.5	0.013
14×1.5	2	0.7	0.20	1.5	16.5	20.0	0.010
14×2.5	2	0.8	0.20	1.7	19.5	23.5	0.009
14×4	2	0.8	0.20	1.7	21.5	26.0	0.0077
14×6	2	0.8	0.25	1.7	24.0	29.0	0.0065
16×0.75	2	0.6	0.20	1.5	14.5	17.5	0.014
16×1.0	2	0.6	0.20	1.5	15.0	18.5	0.013
16×1.5	2	0.7	0.20	1.5	17.5	21.0	0.010
16×2.5	2	0.8	0.20	1.7	20.5	24.0	0.009
19×0.75	2	0.6	0.20	1.5	15.0	18.0	0.014
19×1.0	2	0.6	0.20	1.5	16.0	19.0	0.013
19×1.5	2	0.7	0.20	1.7	18.5	22.5	0.010
19×2.5	2	0.8	0.20	1.7	21.5	25.5	0.009

芯数×标称截面 (mm²)	导体种类	绝缘标称厚度 (mm)	屏蔽单线标称直径 (mm)	护套标称厚度 (mm)	平均外径 (mm)		70℃最小绝缘电阻 (MΩ/km)
					下限	上限	
24×0.75	2	0.6	0.20	1.5	17.0	20.5	0.014
24×1.0	2	0.6	0.20	1.7	18.5	22.0	0.013
24×1.5	2	0.7	0.20	1.7	21.5	25.5	0.010
24×2.5	2	0.8	0.25	1.7	25.0	29.5	0.009
27×0.75	2	0.6	0.20	1.5	17.5	21.0	0.014
27×1.0	2	0.6	0.20	1.7	19.0	22.5	0.013
27×1.5	2	0.7	0.20	1.7	21.5	26.0	0.010
27×2.5	2	0.8	0.25	1.7	25.5	30.5	0.009
30×0.75	2	0.6	0.20	1.7	18.5	22.0	0.014
30×1.0	2	0.6	0.20	1.7	19.5	23.5	0.013
30×1.5	2	0.7	0.25	1.7	22.0	27.0	0.010
30×2.5	2	0.8	0.25	1.7	26.0	31.5	0.009
37×0.75	2	0.6	0.20	1.7	19.5	23.5	0.014
37×1.0	2	0.6	0.20	1.7	21.0	25.0	0.013
37×1.5	2	0.7	0.25	1.7	24.5	29.0	0.010
37×2.5	2	0.8	0.25	2.0	29.0	34.0	0.009
44×0.75	2	0.6	0.20	1.7	22.0	26.5	0.014
44×1.0	2	0.6	0.25	1.7	23.5	28.0	0.013
44×1.5	2	0.7	0.25	1.7	27.0	32.0	0.010
44×2.5	2	0.8	0.30	2.0	32.5	38.5	0.009
48×0.75	2	0.6	0.25	1.7	22.5	26.5	0.014
48×1.0	2	0.6	0.25	1.7	23.5	28.0	0.013
48×1.5	2	0.7	0.25	1.7	27.5	32.5	0.010
48×2.5	2	0.8	0.30	2.0	33.0	39.0	0.009
52×0.75	2	0.6	0.25	1.7	23.0	27.5	0.014
52×1.0	2	0.6	0.25	1.7	24.5	29.0	0.013
52×1.5	2	0.7	0.25	2.0	29.0	34.0	0.010
52×2.5	2	0.8	0.30	2.0	34.5	40.5	0.009
61×0.75	2	0.6	0.25	1.7	24.5	29.0	0.014
61×1.0	2	0.6	0.25	1.7	25.5	30.5	0.013
61×1.5	2	0.7	0.25	2.0	30.5	36.0	0.010
61×2.5	2	0.8	0.30	2.2	36.5	42.5	0.009

表 2-50   KVVP2 型 450/750V 铜芯聚氯乙烯绝缘聚氯乙烯护套铜带屏蔽控制电缆

芯数×标称截面 (mm²)	导体种类	绝缘标称厚度 (mm)	屏蔽铜带厚度 (mm)	护套标称厚度 (mm)	平均外径 (mm)		70℃最小绝缘电阻 (MΩ/km)
					下限	上限	
4×0.75	1	0.6	0.05～0.15	1.2	8.0	10.0	0.012
4×1.0	1	0.6	0.05～0.15	1.2	8.4	10.5	0.011
4×1.5	1	0.7	0.05～0.15	1.2	9.4	11.5	0.011
4×2.5	1	0.8	0.05～0.15	1.5	11.0	14.0	0.010
4×4	1	0.8	0.05～0.15	1.5	12.5	15.0	0.0085
4×6	1	0.8	0.05～0.15	1.5	13.5	16.0	0.0070
4×10	2	1.0	0.05～0.15	1.7	17.5	21.5	0.0065

芯数×标称截面 (mm²)	导体种类	绝缘标称厚度 (mm)	屏蔽铜带厚度 (mm)	护套标称厚度 (mm)	平均外径（mm）		70℃最小绝缘电阻 (MΩ/km)
					下　限	上　限	
5×0.75	1	0.6	0.05~0.15	1.2	8.6	11.0	0.012
5×1.0	1	0.6	0.05~0.15	1.2	9.0	11.0	0.011
5×1.5	1	0.7	0.05~0.15	1.5	10.0	12.5	0.011
5×2.5	1	0.8	0.05~0.15	1.5	12.0	15.0	0.010
5×4	1	0.8	0.05~0.15	1.5	13.5	16.0	0.0085
5×6	1	0.8	0.05~0.15	1.5	14.5	17.5	0.0070
5×10	2	1.0	0.05~0.15	1.7	19.0	23.5	0.0065
7×0.75	1	0.6	0.05~0.15	1.2	9.2	11.5	0.012
7×1.0	1	0.6	0.05~0.15	1.2	9.6	12.0	0.011
7×1.5	1	0.7	0.05~0.15	1.5	11.5	14.0	0.011
7×2.5	1	0.8	0.05~0.15	1.5	13.0	16.0	0.010
7×4	1	0.8	0.05~0.15	1.5	14.5	17.5	0.0085
7×6	1	0.8	0.05~0.15	1.5	16.0	19.0	0.0070
7×10	2	1.0	0.05~0.15	1.7	20.5	25.0	0.0065
8×0.75	1	0.6	0.05~0.15	1.5	10.0	12.5	0.012
8×1.0	1	0.6	0.05~0.15	1.5	11.0	13.5	0.011
8×1.5	1	0.7	0.05~0.15	1.5	12.5	15.5	0.011
8×2.5	1	0.8	0.05~0.15	1.5	14.5	17.5	0.010
8×4	1	0.8	0.05~0.15	1.7	16.0	19.0	0.0085
8×6	1	0.8	0.05~0.15	1.7	18.0	21.0	0.0070
8×10	2	1.0	0.05~0.15	1.7	23.0	28.0	0.0065
10×0.75	1	0.6	0.05~0.15	1.5	11.5	14.5	0.012
10×1.0	1	0.6	0.05~0.15	1.5	12.5	15.0	0.011
10×1.5	1	0.7	0.05~0.15	1.5	14.0	17.0	0.011
10×2.5	1	0.8	0.05~0.15	1.7	16.5	19.5	0.010
10×4	1	0.8	0.05~0.15	1.7	18.5	21.5	0.0085
10×6	1	0.8	0.05~0.15	1.7	20.5	23.5	0.0070
10×10	2	1.0	0.05~0.15	1.7	26.0	31.5	0.0065
12×0.75	1	0.6	0.05~0.15	1.5	12.0	14.5	0.012
12×1.0	1	0.6	0.05~0.15	1.5	12.5	15.5	0.011
12×1.5	1	0.7	0.05~0.15	1.5	14.5	17.5	0.011
12×2.5	1	0.8	0.05~0.15	1.7	17.0	20.5	0.010
12×4	1	0.8	0.05~0.15	1.7	19.0	22.5	0.0085
12×6	1	0.8	0.05~0.15	1.7	21.0	24.5	0.0070
14×0.75	1	0.6	0.05~0.15	1.5	12.5	15.5	0.012
14×1.0	1	0.6	0.05~0.15	1.5	13.5	16.0	0.011
14×1.5	1	0.7	0.05~0.15	1.5	15.0	18.0	0.011
14×2.5	1	0.8	0.05~0.15	1.7	18.0	21.0	0.010
14×4	1	0.8	0.05~0.15	1.7	20.0	23.5	0.0085
14×6	1	0.8	0.05~0.15	1.7	22.0	25.5	0.0070

芯数×标称截面 （mm²）	导体种类	绝缘标称厚度 （mm）	屏蔽铜带 厚度 （mm）	护套标称厚度 （mm）	平均外径（mm）		70℃最小绝缘电阻 （MΩ/km）
					下　限	上　限	
16×0.75	1	0.6	0.05～0.15	1.5	13.0	16.0	0.012
16×1.0	1	0.6	0.05～0.15	1.5	14.0	16.5	0.011
16×1.5	1	0.7	0.05～0.15	1.5	16.0	19.0	0.011
16×2.5	1	0.8	0.05～0.15	1.7	19.0	22.0	0.010
19×0.75	1	0.6	0.05～0.15	1.5	14.0	16.5	0.012
19×1.0	1	0.6	0.05～0.15	1.5	14.5	17.5	0.011
19×1.5	1	0.7	0.05～0.15	1.7	16.5	20.0	0.011
19×2.5	1	0.8	0.05～0.15	1.7	20.0	23.0	0.010
24×0.75	1	0.6	0.05～0.15	1.5	16.0	19.0	0.012
24×1.0	1	0.6	0.05～0.15	1.7	17.0	20.5	0.011
24×1.5	1	0.7	0.05～0.15	1.7	20.0	23.0	0.011
24×2.5	1	0.8	0.05～0.15	1.7	23.0	26.5	0.010
27×0.75	1	0.6	0.05～0.15	1.7	16.0	19.0	0.012
27×1.0	1	0.6	0.05～0.15	1.7	17.5	20.5	0.011
27×1.5	1	0.7	0.05～0.15	1.7	20.0	23.5	0.011
27×2.5	1	0.8	0.05～0.15	1.7	23.5	27.0	0.010
30×0.75	1	0.6	0.05～0.15	1.7	17.0	20.0	0.012
30×1.0	1	0.6	0.05～0.15	1.7	18.0	21.5	0.011
30×1.5	1	0.7	0.05～0.15	1.7	21.0	24.0	0.011
30×2.5	1	0.8	0.05～0.15	1.7	24.5	28.0	0.010
37×0.75	1	0.6	0.05～0.15	1.7	18.5	21.5	0.012
37×1.0	1	0.6	0.05～0.15	1.7	19.5	22.5	0.011
37×1.5	1	0.7	0.05～0.15	1.7	22.5	26.0	0.011
37×2.5	1	0.8	0.05～0.15	2.0	26.5	30.0	0.010
44×0.75	1	0.6	0.05～0.15	1.7	20.5	24.0	0.012
44×1.0	1	0.6	0.05～0.15	1.7	21.5	25.0	0.011
44×1.5	1	0.7	0.05～0.15	1.7	25.0	29.0	0.011
44×2.5	1	0.8	0.05～0.15	2.0	30.0	34.5	0.010
48×0.75	1	0.6	0.05～0.15	1.7	21.0	24.0	0.012
48×1.0	1	0.6	0.05～0.15	1.7	22.0	25.5	0.011
48×1.5	1	0.7	0.05～0.15	1.7	25.5	29.5	0.011
48×2.5	1	0.8	0.05～0.15	2.0	30.5	35.0	0.010
52×0.75	1	0.6	0.05～0.15	1.7	21.5	24.5	0.012
52×1.0	1	0.6	0.05～0.15	1.7	22.5	26.0	0.011
52×1.5	1	0.7	0.05～0.15	2.0	26.0	30.0	0.011
52×2.5	1	0.8	0.05～0.15	2.2	31.5	36.0	0.010
61×0.75	1	0.6	0.05～0.15	1.7	22.5	26.0	0.012
61×1.0	1	0.6	0.05～0.15	1.7	24.0	27.5	0.011
61×1.5	1	0.7	0.05～0.15	2.0	28.5	32.5	0.011
61×2.5	1	0.8	0.05～0.15	2.2	34.0	38.5	0.010

表 2-51　　**KVV22 型 450/750V 铜芯聚氯乙烯绝缘聚氯乙烯护套钢带铠装控制电缆**

芯数×标称截面 （mm²）	导体种类	绝缘标称厚度 （mm）	钢带 层数×厚度 （mm）	护套标称厚度 （mm）	平均外径（mm）		70℃最小绝缘电阻 （MΩ/km）
					下　限	上　限	
4×2.5	1	0.8	2×0.2（0.3）	1.5	13.0	17.0	0.010
4×4	1	0.8	2×0.2（0.3）	1.5	14.0	18.5	0.0085
4×6	1	0.8	2×0.2（0.3）	1.5	15.5	19.0	0.0070
4×10	2	1.0	2×0.2（0.3）	1.7	19.0	25.0	0.0065
5×2.5	1	0.8	2×0.2（0.3）	1.5	14.0	18.0	0.010
5×4	1	0.8	2×0.2（0.3）	1.5	15.0	19.5	0.0085
5×6	1	0.8	2×0.2（0.3）	1.7	17.0	21.5	0.0070
5×10	2	1.0	2×0.2（0.3）	1.7	20.5	20.5	0.0065
7×0.75	1	0.6	2×0.2（0.3）	1.5	11.5	15.5	0.012
7×1.0	1	0.6	2×0.2（0.3）	1.5	12.0	16.0	0.011
7×1.5	1	0.7	2×0.2（0.3）	1.5	13.5	17.5	0.011
7×2.5	1	0.8	2×0.2（0.3）	1.5	15.0	19.0	0.010
7×4	1	0.8	2×0.2（0.3）	1.5	16.5	20.5	0.0085
7×6	1	0.8	2×0.2（0.3）	1.7	18.0	22.5	0.0070
7×10	2	1.0	2×0.2（0.3）	1.7	22.5	28.5	0.0065
8×0.75	1	0.6	2×0.2（0.3）	1.5	12.5	16.5	0.012
8×1.0	1	0.6	2×0.2（0.3）	1.5	13.0	17.0	0.011
8×1.5	1	0.7	2×0.2（0.3）	1.5	14.5	18.5	0.011
8×2.5	1	0.8	2×0.2（0.3）	1.5	16.5	21.0	0.010
8×4	1	0.8	2×0.2（0.3）	1.7	18.5	23.0	0.0085
8×6	1	0.8	2×0.2（0.3）	1.7	20.0	24.5	0.0070
8×10	2	1.0	2×0.2（0.3）	1.7	25.0	31.5	0.0065
10×0.75	1	0.6	2×0.2（0.3）	1.5	13.5	18.0	0.012
10×1.0	1	0.6	2×0.2（0.3）	1.5	14.5	18.5	0.011
10×1.5	1	0.7	2×0.2（0.3）	1.5	16.0	20.5	0.011
10×2.5	1	0.8	2×0.2（0.3）	1.7	18.5	23.0	0.010
10×4	1	0.8	2×0.2（0.3）	1.7	20.5	25.0	0.0085
10×6	1	0.8	2×0.2（0.3）	1.7	22.5	27.0	0.0070
10×10	2	1.0	2×0.2（0.3）	2.0	28.5	35.0	0.0065
12×0.75	1	0.6	2×0.2（0.3）	1.5	14.0	18.0	0.012
12×1.0	1	0.6	2×0.2（0.3）	1.5	14.5	19.0	0.011
12×1.5	1	0.7	2×0.2（0.3）	1.5	16.5	20.5	0.011
12×2.5	1	0.8	2×0.2（0.3）	1.7	19.0	23.5	0.010
12×4	1	0.8	2×0.2（0.3）	1.7	21.0	25.5	0.0085
12×6	1	0.8	2×0.2（0.3）	1.7	23.0	28.0	0.0070
14×0.75	1	0.6	2×0.2（0.3）	1.5	14.5	18.5	0.012
14×1.0	1	0.6	2×0.2（0.3）	1.5	15.0	19.5	0.011
14×1.5	1	0.7	2×0.2（0.3）	1.7	17.5	22.0	0.011
14×2.5	1	0.8	2×0.2（0.3）	1.7	20.0	24.5	0.010
14×4	1	0.8	2×0.2（0.3）	1.7	22.0	26.5	0.0085
14×6	1	0.8	2×0.2（0.3）	1.7	24.0	29.0	0.0070

芯数×标称截面 (mm²)	导体种类	绝缘标称厚度 (mm)	钢带 层数×厚度 (mm)	护套标称厚度 (mm)	平均外径 (mm)		70℃最小绝缘电阻 (MΩ/km)
					下 限	上 限	
16×0.75	1	0.6	2×0.2（0.3）	1.5	15.0	19.5	0.012
16×1.0	1	0.6	2×0.2（0.3）	1.5	16.0	20.0	0.011
16×1.5	1	0.7	2×0.2（0.3）	1.7	18.0	22.5	0.011
16×2.5	1	0.8	2×0.2（0.3）	1.7	21.0	25.5	0.010
19×0.75	1	0.6	2×0.2（0.3）	1.5	15.5	20.0	0.012
19×1.0	1	0.6	2×0.2（0.3）	1.7	17.0	21.5	0.011
19×1.5	1	0.7	2×0.2（0.3）	1.7	19.0	23.5	0.011
19×2.5	1	0.8	2×0.2（0.3）	1.7	22.0	26.5	0.010
24×0.75	1	0.6	2×0.2（0.3）	1.7	18.0	22.5	0.012
24×1.0	1	0.6	2×0.2（0.3）	1.7	19.0	23.5	0.011
24×1.5	1	0.7	2×0.2（0.3）	1.7	21.5	26.5	0.011
24×2.5	1	0.8	2×0.2（0.3）	1.7	25.0	30.0	0.010
27×0.75	1	0.6	2×0.2（0.3）	1.7	18.5	23.0	0.012
27×1.0	1	0.6	2×0.2（0.3）	1.7	19.5	24.0	0.011
27×1.5	1	0.7	2×0.2（0.3）	1.7	22.0	27.0	0.011
27×2.5	1	0.8	2×0.2（0.3）	1.7	25.5	30.5	0.010
30×0.75	1	0.6	2×0.2（0.3）	1.7	19.0	23.5	0.012
30×1.0	1	0.6	2×0.7（0.3）	1.7	20.0	24.5	0.011
30×1.5	1	0.7	2×0.2（0.3）	1.7	23.0	27.5	0.011
30×2.5	1	0.8	2×0.2（0.3）	1.7	26.5	31.5	0.010
37×0.75	1	0.6	2×0.2（0.3）	1.7	20.5	25.0	0.012
37×1.0	1	0.6	2×0.2（0.3）	1.7	21.5	26.0	0.011
37×1.5	1	0.7	2×0.2（0.3）	1.7	24.5	29.5	0.011
37×2.5	1	0.8	2×0.5	2.0	30.0	35.0	0.010
44×0.75	1	0.6	2×0.2（0.3）	1.7	22.5	27.0	0.012
44×1.0	1	0.6	2×0.2（0.3）	1.7	23.5	28.5	0.011
44×1.5	1	0.7	2×0.2（0.3）	2.0	27.5	33.0	0.011
44×2.5	1	0.8	2×0.5	2.2	33.5	39.0	0.010
48×0.75	1	0.6	2×0.2（0.3）	1.7	22.5	27.5	0.012
48×1.0	1	0.6	2×0.2（0.3）	1.7	24.0	29.0	0.011
48×1.5	1	0.7	2×0.5	2.0	29.0	34.0	0.011
48×2.5	1	0.8	2×0.5	2.2	34.0	39.5	0.010
52×0.75	1	0.6	2×0.2（0.3）	1.7	23.0	28.0	0.012
52×1.0	1	0.6	2×0.2（0.3）	1.7	24.5	29.5	0.011
52×1.5	1	0.7	2×0.5	2.0	30.0	35.0	0.011
52×2.5	1	0.8	2×0.5	2.2	35.0	40.5	0.010
61×0.75	1	0.6	2×0.2（0.3）	1.7	24.5	29.5	0.012
61×1.0	1	0.6	2×0.2（0.3）	1.7	26.0	31.0	0.011
61×1.5	1	0.7	2×0.5	2.0	31.5	36.5	0.011
61×2.5	1	0.8	2×0.5	2.2	37.0	42.5	0.010

表 2-52　　**KVV32 型 450/750V 铜芯聚氯乙烯绝缘聚氯乙烯护套细钢丝铠装控制电缆**

芯数×标称截面 (mm²)	导体种类	绝缘标称厚度 (mm)	细钢丝直径 (mm)	护套标称厚度 (mm)	平均外径 (mm)		70℃最小绝缘电阻 (MΩ/km)
					下限	上限	
4×4	1	0.8	0.8～1.6	1.5	15.0	20.5	0.0085
4×6	1	0.8	0.8～1.6	1.5	16.0	21.5	0.007
4×10	2	1.0	1.6～2.0	1.7	21.5	28.0	0.0065
5×4	1	0.8	0.8～1.6	1.5	16.0	21.5	0.0085
5×6	1	0.8	0.8～1.6	1.7	17.5	23.5	0.007
5×10	2	1.0	1.6～2.0	1.7	23.0	29.5	0.0065
7×1.5	1	0.7	0.8～1.6	1.5	14.0	19.5	0.011
7×2.5	1	0.8	0.8～1.6	1.5	16.0	21.5	0.010
7×4	1	0.8	0.8～1.6	1.7	17.5	23.0	0.0085
7×6	1	0.8	0.8～1.6	1.7	19.0	24.5	0.007
7×10	2	1.0	1.6～2.0	1.7	24.5	31.5	0.0065
8×1.5	1	0.7	0.8～1.6	1.5	15.5	21.0	0.011
8×2.5	1	0.8	0.8～1.6	1.7	17.5	23.5	0.010
8×4	1	0.8	1.6～2.0	1.7	20.5	26.0	0.0085
8×6	1	0.8	1.6～2.0	1.7	22.5	27.5	0.007
8×10	2	1.0	1.6～2.0	1.7	27.5	34.5	0.0065
10×1.5	1	0.7	0.8～1.6	1.7	17.0	23.0	0.011
10×2.5	1	0.8	1.6～2.0	1.7	21.0	26.0	0.010
10×4	1	0.8	1.6～2.0	1.7	22.5	28.0	0.0085
10×6	1	0.8	1.6～2.0	1.7	24.5	30.0	0.0070
10×10	2	1.0	1.6～2.0	2.0	31.0	38.5	0.0065
12×1.5	1	0.7	0.8～1.6	1.7	17.5	23.5	0.011
12×2.5	1	0.8	1.6～2.0	1.7	21.5	26.5	0.010
12×4	1	0.8	1.6～2.0	1.7	23.5	28.5	0.0085
12×6	1	0.8	1.6～2.0	1.7	25.5	31.0	0.0070
14×1.5	1	0.7	0.8～1.6	1.7	18.0	24.0	0.011
14×2.5	1	0.8	1.6～2.0	1.7	22.5	27.5	0.010
14×4	1	0.8	1.6～2.0	1.7	24.0	29.5	0.0085
14×6	1	0.8	1.6～2.0	1.7	26.5	32.0	0.007
16×1.5	1	0.7	1.6～2.0	1.7	20.5	25.5	0.011
16×2.5	1	0.8	1.6～2.0	1.7	23.0	28.5	0.010
19×0.75	1	0.6	0.8～1.6	1.5	16.5	22.0	0.012
19×1.0	1	0.6	0.8～1.6	1.7	17.5	23.5	0.011
19×1.5	1	0.7	1.6～2.0	1.7	21.5	26.5	0.011
19×2.5	1	0.8	1.6～2.1	1.7	24.0	29.5	0.010
24×0.75	1	0.6	1.6～2.0	1.7	20.5	25.5	0.012
24×1.0	1	0.6	1.6～2.0	1.7	21.5	26.5	0.011
24×1.5	1	0.7	1.6～2.0	1.7	24.0	29.5	0.011
24×2.5	1	0.8	1.6～2.0	2.0	28.0	33.5	0.010

芯数×标称截面 (mm^2)	导体种类	绝缘标称厚度 (mm)	细钢丝直径 (mm)	护套标称厚度 (mm)	平均外径 (mm)		70℃最小绝缘电阻 (MΩ/km)
					下　限	上　限	
27×0.75	1	0.6	1.6～2.0	1.7	21.0	26.0	0.012
27×1.0	1	0.6	1.6～2.0	1.7	22.0	27.0	0.011
27×1.5	1	0.7	1.6～2.0	1.7	24.5	30.0	0.011
27×2.5	1	0.8	1.6～2.0	2.0	28.5	34.0	0.010
30×0.75	1	0.6	1.6～2.0	1.7	21.5	26.5	0.012
30×1.0	1	0.6	1.6～2.0	1.7	22.5	27.5	0.011
30×1.5	1	0.7	1.6～2.0	1.7	25.0	30.5	0.011
30×2.5	1	0.8	1.6～2.0	2.0	29.5	34.5	0.010
37×0.75	1	0.6	1.6～2.0	1.7	22.5	28.0	0.012
37×1.0	1	0.6	1.6～2.0	1.7	23.5	29.0	0.011
37×1.5	1	0.7	1.6～2.0	2.0	27.5	33.0	0.011
37×2.5	1	0.8	2.0～2.5	2.2	32.5	38.5	0.010
44×0.75	1	0.6	1.6～2.0	1.7	24.5	30.0	0.012
44×1.0	1	0.6	1.6～2.0	1.7	26.0	31.5	0.011
44×1.5	1	0.7	1.6～2.0	2.0	30.0	36.0	0.011
44×2.5	1	0.8	2.0～2.5	2.2	35.5	42.0	0.010
48×0.75	1	0.6	1.6～2.0	1.7	25.0	30.5	0.012
48×1.0	1	0.6	1.6～2.0	1.7	27.0	32.5	0.011
48×1.5	1	0.7	1.6～2.0	2.0	31.0	37.5	0.011
48×2.5	1	0.8	2.0～2.5	2.2	36.0	42.5	0.010
52×0.75	1	0.6	1.6～2.0	1.7	25.5	31.0	0.012
52×1.0	1	0.6	1.6～2.0	2.0	27.5	33.0	0.011
52×1.5	1	0.7	2.0～2.5	2.0	32.0	38.0	0.011
52×2.5	1	0.8	2.0～2.5	2.2	37.0	43.5	0.010
61×0.75	1	0.6	1.6～2.0	2.0	27.5	33.0	0.012
61×1.0	1	0.6	1.6～2.0	2.0	29.0	34.5	0.011
61×1.5	1	0.7	2.0～2.5	2.2	34.0	40.0	0.011
61×2.5	1	0.8	2.0～2.5	2.5	39.5	46.5	0.010

表 2-53　　KVVR 型 450/750V 钢芯聚氯乙烯绝缘聚氯乙烯护套控制软电缆

芯数×标称截面 (mm^2)	导体种类	绝缘标称厚度 (mm)	屏蔽铜带厚度 (mm)	平均外径 (mm)		70℃最小绝缘电阻 (MΩ/km)
				下　限	上　限	
4×0.5	3	0.6	1.2	7.2	9.0	0.013
4×0.75	3	0.6	1.2	7.6	9.4	0.011
4×1.0	3	0.6	1.2	8.0	10.0	0.010
4×1.5	3	0.7	1.2	9.0	11.5	0.010
4×2.5	3	0.8	1.2	10.5	13.0	0.009
5×0.5	3	0.6	1.2	7.8	9.6	0.013
5×0.75	3	0.6	1.2	8.4	10.5	0.011
5×1.0	3	0.6	1.2	8.8	11.0	0.010
5×1.5	3	0.7	1.2	9.8	12.0	0.010
5×2.5	3	0.8	1.5	12.0	14.5	0.009

芯数×标称截面 （mm²）	导体种类	绝缘标称厚度 （mm）	屏蔽铜带厚度 （mm）	平均外径（mm）		70℃最小绝缘电阻 （MΩ/km）
				下　限	上　限	
7×0.5	3	0.6	1.2	8.4	10.5	0.013
7×0.75	3	0.6	1.2	9.0	11.0	0.011
7×1.0	3	0.6	1.2	9.6	11.5	0.010
7×1.5	3	0.7	1.2	10.5	13.0	0.010
7×2.5	3	0.8	1.5	13.0	16.0	0.009
8×0.5	3	0.6	1.2	9.4	11.5	0.013
8×0.75	3	0.6	1.2	10.0	12.0	0.011
8×1.0	3	0.6	1.2	10.5	13.0	0.010
8×1.5	3	0.7	1.5	12.5	15.0	0.010
8×2.5	3	0.8	1.5	15.0	17.5	0.009
10×0.5	3	0.6	1.2	10.5	12.5	0.013
10×0.75	3	0.6	1.2	11.0	13.5	0.011
10×1.0	3	0.6	1.5	12.5	15.0	0.010
10×1.5	3	0.7	1.5	14.0	17.0	0.010
10×2.5	3	0.8	1.5	16.5	19.5	0.009
12×0.5	3	0.6	1.2	10.5	13.0	0.013
12×0.75	3	0.6	1.5	12.0	14.5	0.011
12×1.0	3	0.6	1.5	12.5	15.5	0.010
12×1.5	3	0.7	1.5	14.5	17.5	0.010
12×2.5	3	0.8	1.5	17.5	20.5	0.009
14×0.5	3	0.6	1.2	11.0	13.5	0.013
14×0.75	3	0.6	1.5	12.5	15.0	0.011
14×1.0	3	0.6	1.5	13.5	16.0	0.010
14×1.5	3	0.7	1.5	15.0	18.0	0.010
14×2.5	3	0.8	1.5	18.0	21.0	0.009
16×0.5	3	0.6	1.5	12.5	15.0	0.013
16×0.75	3	0.6	1.5	13.5	16.0	0.011
16×1.0	3	0.6	1.5	14.0	17.0	0.010
16×1.5	3	0.7	1.5	16.0	19.0	0.010
16×2.5	3	0.8	1.7	19.5	23.0	0.009
19×0.5	3	0.6	1.5	13.0	15.5	0.013
19×0.75	3	0.6	1.5	14.0	16.5	0.011
19×1.0	3	0.6	1.5	15.0	17.5	0.010
19×1.5	3	0.7	1.5	16.5	20.0	0.010
19×2.5	3	0.8	1.7	20.5	24.0	0.009
24×0.5	3	0.6	1.5	15.0	18.0	0.013
24×0.75	3	0.6	1.5	16.0	19.0	0.011
24×1.0	3	0.6	1.5	17.0	20.0	0.010
24×1.5	3	0.7	1.7	20.0	23.5	0.010
24×2.5	3	0.8	1.7	24.0	27.5	0.009

芯数×标称截面 （mm²）	导体种类	绝缘标称厚度 （mm）	屏蔽铜带厚度 （mm）	平均外径（mm）		70℃最小绝缘电阻 （MΩ/km）
				下　限	上　限	
27×0.5	3	0.6	1.5	15.0	18.0	0.013
27×0.75	3	0.6	1.5	16.5	19.5	0.011
27×1.0	3	0.6	1.5	17.5	20.5	0.010
27×1.5	3	0.7	1.7	20.5	24.0	0.010
27×2.5	3	0.8	1.7	24.5	28.5	0.009
30×0.5	3	0.6	1.5	16.0	18.5	0.013
30×0.75	3	0.6	1.5	17.0	20.0	0.011
30×1.0	3	0.6	1.7	18.5	21.5	0.010
30×1.5	3	0.7	1.7	21.0	25.0	0.010
30×2.5	3	0.8	1.7	25.5	29.5	0.009
37×0.5	3	0.6	1.5	17.0	20.0	0.013
37×0.75	3	0.6	1.7	19.0	21.5	0.011
37×1.0	3	0.6	1.7	20.0	23.5	0.010
37×1.5	3	0.7	1.7	22.5	27.0	0.010
37×2.5	3	0.8	1.7	27.5	31.5	0.009
44×0.5	3	0.6	1.7	19.5	22.5	0.013
44×0.75	3	0.6	1.7	21.0	24.5	0.011
44×1.0	3	0.6	1.7	22.5	26.0	0.010
44×1.5	3	0.7	1.7	25.5	30.0	0.010
44×2.5	3	0.8	2.0	32.0	36.0	0.009
48×0.5	3	0.6	1.7	20.0	23.0	0.013
48×0.75	3	0.6	1.7	21.5	25.0	0.011
48×1.0	3	0.6	1.7	23.0	26.5	0.010
48×1.5	3	0.7	1.7	26.0	30.5	0.010
48×2.5	3	0.8	2.0	32.5	36.5	0.009
52×0.5	3	0.6	1.7	20.5	23.5	0.013
52×0.75	3	0.6	1.7	22.0	25.5	0.011
52×1.0	3	0.6	1.7	23.5	27.0	0.010
52×1.5	3	0.7	1.7	26.5	31.0	0.010
52×2.5	3	0.8	2.0	33.0	37.5	0.009
61×0.5	3	0.6	1.7	21.5	25.0	0.013
61×0.75	3	0.6	1.7	23.5	27.0	0.011
61×1.0	3	0.6	1.7	25.0	28.5	0.010
61×1.5	3	0.7	2.0	29.0	33.5	0.010
61×2.5	3	0.8	2.2	35.5	40.5	0.009

表 2-54　KVVRP 型 450/750V 铜芯聚氯乙烯绝缘聚氯乙烯护套编织屏蔽控制软电缆

芯数×标称截面 （mm²）	导体种类	绝缘标称厚度 （mm）	屏蔽单线 标称直径 （mm）	护套标称厚度 （mm）	平均外径（mm）		70℃最小绝缘电阻 （MΩ/km）
					下　限	上　限	
4×0.5	3	0.6	0.15	1.2	8.6	10.5	0.013
4×0.75	3	0.6	0.15	1.2	9.0	11.0	0.011
4×1.0	3	0.6	0.15	1.2	9.4	11.5	0.010
4×1.5	3	0.7	0.15	1.2	10.0	12.5	0.010
4×2.5	3	0.8	0.20	1.5	12.5	15.0	0.009

芯数×标称截面 （mm²）	导体种类	绝缘标称厚度 （mm）	屏蔽单线 标称直径 （mm）	护套标称厚度 （mm）	平均外径（mm）		70℃最小绝缘电阻 （MΩ/km）
					下　限	上　限	
5×0.5	3	0.6	0.15	1.2	9.0	11.0	0.013
5×0.75	3	0.6	0.15	1.2	9.6	11.5	0.011
5×1.0	3	0.6	0.15	1.2	10.0	12.0	0.010
5×1.5	3	0.7	0.15	1.2	11.0	13.5	0.010
5×2.5	3	0.8	0.20	1.5	13.5	16.0	0.009
7×0.5	3	0.6	0.15	1.2	9.8	11.5	0.013
7×0.75	3	0.6	0.15	1.2	10.0	12.5	0.011
7×1.0	3	0.6	0.15	1.2	10.5	13.0	0.010
7×1.5	3	0.7	0.15	1.5	12.5	15.0	0.010
7×2.5	3	0.8	0.20	1.5	15.0	17.5	0.009
8×0.5	3	0.6	0.15	1.2	10.5	13.0	0.013
8×0.75	3	0.6	0.15	1.2	11.0	13.5	0.011
8×1.0	3	0.6	0.15	1.5	12.5	15.0	0.010
8×1.5	3	0.7	0.20	1.5	14.0	17.0	0.010
8×2.5	3	0.8	0.20	1.5	16.5	19.0	0.009
10×0.5	3	0.6	0.15	1.5	12.0	14.5	0.013
10×0.75	3	0.6	0.20	1.5	13.5	15.5	0.011
10×1.0	3	0.6	0.20	1.5	14.0	16.5	0.010
10×1.5	3	0.7	0.20	1.5	15.5	18.5	0.010
10×2.5	3	0.8	0.20	1.5	18.5	21.0	0.009
12×0.5	3	0.6	0.15	1.5	12.5	15.0	0.013
12×0.75	3	0.6	0.20	1.5	13.5	16.0	0.011
12×1.0	3	0.6	0.20	1.5	14.5	17.0	0.010
12×1.5	3	0.7	0.20	1.5	16.0	19.0	0.010
12×2.5	3	0.8	0.20	1.7	19.0	22.5	0.009
14×0.5	3	0.6	0.20	1.5	13.5	16.0	0.013
14×0.75	3	0.6	0.20	1.5	14.0	16.5	0.011
14×1.0	3	0.6	0.20	1.5	15.0	17.5	0.010
14×1.5	3	0.7	0.20	1.5	16.5	20.0	0.010
14×2.5	3	0.8	0.20	1.7	20.0	23.0	0.009
16×0.5	3	0.6	0.20	1.5	14.0	16.5	0.013
16×0.75	3	0.6	0.20	1.5	15.0	17.5	0.011
16×1.0	3	0.6	0.20	1.5	15.5	18.5	0.010
16×1.5	3	0.7	0.20	1.5	17.5	20.5	0.010
16×2.5	3	0.8	0.20	1.7	21.0	24.5	0.009
19×0.5	3	0.6	0.20	1.5	14.5	17.0	0.013
19×0.75	3	0.6	0.20	1.5	15.5	18.0	0.011
19×1.0	3	0.6	0.20	1.5	16.5	19.0	0.010
19×1.5	3	0.7	0.20	1.7	18.5	22.0	0.010
19×2.5	3	0.8	0.20	1.7	22.0	25.5	0.009

芯数×标称截面 （mm²）	导体种类	绝缘标称厚度 （mm）	屏蔽单线 标称直径 （mm）	护套标称厚度 （mm）	平均外径（mm）		70℃最小绝缘电阻 （MΩ/km）
					下　限	上　限	
24×0.5	3	0.6	0.20	1.5	16.5	19.5	0.013
24×0.75	3	0.6	0.20	1.5	18.0	20.5	0.011
24×1.0	3	0.6	0.20	1.7	19.0	22.0	0.010
24×1.5	3	0.7	0.20	1.7	21.5	25.0	0.010
24×2.5	3	0.8	0.20	1.7	26.0	29.5	0.009
27×0.5	3	0.6	0.20	1.5	17.0	19.5	0.013
27×0.75	3	0.6	0.20	1.5	18.0	21.0	0.011
27×1.0	3	0.6	0.20	1.7	19.5	22.5	0.010
27×1.5	3	0.7	0.20	1.7	22.0	25.5	0.010
27×2.5	3	0.8	0.25	1.7	26.5	30.0	0.009
30×0.5	3	0.6	0.20	1.5	17.5	20.5	0.013
30×0.75	3	0.6	0.20	1.7	19.0	22.0	0.011
30×1.0	3	0.6	0.20	1.7	20.0	23.5	0.010
30×1.5	3	0.7	0.25	1.7	23.0	27.0	0.010
30×2.5	3	0.8	0.25	1.7	27.5	31.0	0.009
37×0.5	3	0.6	0.20	1.7	19.0	22.0	0.013
37×0.75	3	0.6	0.20	1.7	20.5	23.5	0.011
37×1.0	3	0.6	0.20	1.7	21.5	25.0	0.010
37×1.5	3	0.7	0.25	1.7	24.5	28.5	0.010
37×2.5	3	0.8	0.25	2.0	30.0	34.0	0.009
44×0.5	3	0.6	0.20	1.7	21.0	24.5	0.013
44×0.75	3	0.6	0.25	1.7	23.0	26.0	0.011
44×1.0	3	0.6	0.25	1.7	24.0	27.5	0.010
44×1.5	3	0.7	0.25	1.7	27.5	32.0	0.010
44×2.5	3	0.8	0.30	2.0	34.0	38.0	0.009
48×0.5	3	0.6	0.20	1.7	21.5	24.5	0.013
48×0.75	3	0.6	0.25	1.7	23.0	26.5	0.011
48×1.0	3	0.6	0.25	1.7	24.5	28.0	0.010
48×1.5	3	0.7	0.25	1.7	28.0	32.0	0.010
48×2.5	3	0.8	0.30	2.0	34.5	38.5	0.009
52×0.5	3	0.6	0.20	1.7	22.0	25.0	0.013
52×0.75	3	0.6	0.25	1.7	24.0	27.0	0.011
52×1.0	3	0.6	0.25	1.7	25.0	29.0	0.010
61×0.5	3	0.6	0.25	1.7	23.5	27.0	0.013
61×0.75	3	0.6	0.25	1.7	25.0	28.5	0.011
61×1.0	3	0.6	0.25	1.7	26.5	30.5	0.010

四、控制电缆的常用规格及计算外径、计算重量（见表2-55）

表2-55

控制电缆的常用规格及计算重量、计算外径

芯数×标称截面 (mm²)	电缆计算外径 (mm)							电缆计算重量 (kg/km)						
	KVV	KVVP	KVVP2	KVV22	KVV32	KVVR	KVVRP	KVV	KVVP	KVVP2	KVV22	KVV32	KVVR	KVVRP
2×0.75	8.1	9.3						72.95	114.04					
2×1.0	8.46	9.66						81.88	124.7					
2×1.5	9.44	10.64						109.77	157.22					
2×2.5	10.84	11.94						154.89	201.49					
2×4	11.86	13.9						187.31	346.23					
2×6	13	15.06						241.39	351.27					
2×10	16.4	17.80						391.38	502.6					
3×0.75	8.47	9.67						87.0	130					
3×1.0	8.86	10.06						98.74	143.6					
3×1.5	9.92	11.12						127.36	177.63					
3×2.5	11.43	12.63						181.38	238.68					
3×4	12.52	14.58						234.9	347.8					
3×6	14.41	15.81						329.85	470.6					
3×10	17.36	18.76						511.84	632.63					
4×0.5						8.70	9.90						96.24	141.7
4×0.75	9.11	10.31	9.22			9.32	10.52	104.26	153.6	141.6			114.6	164.79
4×1.0	9.54	10.74	9.60			9.66	10.86	119.45	168.72	156.72			123.87	179.63
4×1.5	10.72	11.92	10.74			10.99	12.19	156.25	203.93	192.13			158.36	210.86
4×2.5	12.41	14.47	12.90			12.56	14.02	226.17	330.8	276.43			228.78	336.8
4×4	14.30	15.70	14.03	16.58	19.68			315.95	436.3	367.5	505.48	856.32		
4×6	15.68	17.08	15.26	17.81	20.01			413.79	530.79	467.4	619.78	995.18		
4×10	18.99	20.88	19.88	22.42	25.89			644.2	768.3	728.57	947.41	1584.5		
5×0.5						9.34	10.54						108.7	164.78
5×0.75	9.8	11.00	9.96			10.04	11.24	119.76	162.34	152.7			122.66	174.98
5×1.0	10.29	11.49	10.31			10.42	11.62	142.67	193.87	174.91			148.69	208.7
5×1.5	11.61	12.81	12.23			11.91	12.11	190.04	248.63	226.43			200.6	267.6
5×2.5	14.16	15.56	13.91			14.32	15.72	290.02	390.63	325.73			296.00	399.72
5×4	15.54	16.94	15.18	17.63	20.83			383.45	501.9	427.5	586.3	962.21		

芯数×标称截面 (mm²)	电缆计算外径 (mm)							电缆计算重量 (kg/km)						
	KVV	KVVP	KVVP2	KVV22	KVV32	KVVR	KVVRP	KVV	KVVP	KVVP2	KVV22	KVV32	KVVR	KVVRP
5×6	17.08	18.48	16.55	19.54	25.20			505.75	626.8	567.6	737.54	1130.02		
5×10	21.82	22.61	22.27	24.18	27.68			830.34	986.9	924.65	1125.59	814.6		
7×0.5	10.51	11.73	10.56	13.77		10.02	11.22	146.19	202.8	178.4	317.42		118.9	164.9
7×0.75	11.07	12.27	11.04	14.25		10.30	12.00	169.37	216.9	209.8	354.53		149.86	218.9
7×1.0	12.54	14.40	13.11	15.66	17.66	11.22	12.42	225.52	330.63	289.6	425	712.21	172.48	224.4
7×1.5	15.30	16.70	14.97	17.52	20.61	12.87	14.73	353.07	471.8	398.98	554.25	923.11	233.43	338.97
7×2.5	16.83	18.23	16.38	18.93	22.03	15.48	16.88	473.2	601.6	527.9	701.68	1108.25	359.63	482.6
7×4	18.54	19.94	17.91	20.90	24.36			652.75	789.7	717.60	900.55	1484.27		
7×6														
7×10	23.69	24.49	24.14	26.09	29.55			1082.04	1216.4	1145.93	1397.36	2140		
8×0.5	11.09	12.29	11.75	14.30		10.54	11.74	166.09	217.8	206.7	344.01		126.70	174.6
8×0.75	11.67	13.53	12.26	14.81		11.38	12.58	193.51	243.86	230.63	378.34		174.67	229.84
8×1.0	13.91	15.31	13.78	16.33	19.43	11.83	13.69	277.69	387.6	312.73	467.31	814.74	196.98	254.64
8×1.5	16.17	17.57	15.78	18.33	21.43	14.27	15.67	405.73	524.8	486.7	614.93	1002.08	285.87	393.64
8×2.5	17.82	19.66	17.74	20.29	23.75	16.37	17.77	681.37	589.79	789.37	1354.84	160.03	412.83	536.76
8×4	20.10	21.50	19.39	21.94	25.40			748.25	898.33	792.9	989.19			
8×6														
8×10	25.13	26.13	25.58	27.53	30.99			1210.54	1385.6	1236.9	1542.73	2332.2		
10×0.5	12.95	15.02	13.51	16.06		12.28	14.14	205.7	300.45	214.63	449.8		147.63	194.76
10×0.75	14.34	15.74	14.15	16.70		12.32	15.38	256.23	368.2	300.43	558.86		216.14	310.4
10×1.0	16.30	17.70	16.03	18.58	21.68	14.54	15.94	340.29	456.3	387.45	753.69	957.37	269.45	386.59
10×1.5	19.10	20.50	18.95	21.50	24.96	16.74	18.14	500.89	636.9	572.9	956.51	1362.57	352.4	472.83
10×2.5	22.18	22.98	21.43	23.38	26.84	19.34	20.74	721.68	863.7	787.98	1203.32	1618.64	516.4	647.87
10×4	24.46	25.46	23.47	25.42	28.88			956.11	1108.3	992.78		1931.78		
10×6														
10×10	29.94	30.94	30.39	33.00	37.90			1523.6	1648.7	1590.4		3160.9		
12×0.5	13.99	15.39	13.86	16.41		12.63	14.49	240.7	345.6	301.45			176.45	224.6
12×0.75	14.74	16.14	14.53	17.08		14.37	15.77	289.43	396.73	312.34			252.86	356.73
12×1.0						14.95	16.35				485.86		295.78	403.45
12×1.5	15.78	18.18	16.48	19.03	22.13	17.24	18.64	386.87	498.64	432.78	609.67	1018.54	394.96	512.46

芯数×标称截面 (mm²)	电缆计算外径 (mm)							电缆计算重量 (kg/km)						
	KVV	KVVP	KVVP2	KVV22	KVV32	KVVR	KVVRP	KVV	KVVP	KVVP2	KVV22	KVV32	KVVR	KVVRP
12×2.5	19.69	21.53	19.50	22.05	25.51	20.54	21.78	572.52	703.6	654.6	829.44	1455.01	581.63	712.88
12×4	22.85	23.65	22.05	24.00	27.46			825.22	970.6	887.93	1061.91	1744.3		
12×6	25.22	26.22	24.17	26.12	29.58			1102.34	76.4	1189.6	1356.71	2100.8		
14×0.5	14.63	16.03	14.45	17.00		13.22	15.28	285.63	396.7	312.73	530.02		198.76	246.71
14×0.75	15.42	16.82	15.16	17.71		15.02	16.42	321.8	443.7	398.72	684.8		296.98	408.23
14×1.0	17.58	18.98	17.24	20.23	23.69	15.64	17.04	432.29	550.6	492.73	913.82	1248.47	333.63	457.64
14×1.5	21.27	22.51	20.42	22.97	26.03	18.07	19.74	670.16	800.4	721.45	1171.9	1563.59	445.6	564.78
14×2.5	23.96	24.76	23.09	25.04	28.50	21.54	22.78	929.26	1078.3	973.45	1508.77	1888.8	683.64	814.71
14×4	26.48	27.48	25.34	27.29	30.75			1246.48	1300.6	1203.9		2290.6		
14×6														
16×0.5	15.32	16.72	15.11	17.66		14.52	15.92	312.4	423.63	100.9	576.52		246.7	291.84
16×0.75	16.17	17.57	15.87	18.42		15.76	17.14	359.8	469.4	389.74	745.82		323.67	441.90
16×1.0	18.47	19.87	18.07	21.06	24.52	16.40	17.80	485.73	596.73	489.73	1005.3	1337.18	373.78	487.4
16×1.5	22.80	23.60	22.03	23.98	27.44	18.99	20.39	775.5	880.6	789.63		1687.08	496.79	614.92
16×2.5				25.04		23.08	23.88						787.62	892.44
19×0.5	16.05	17.45	15.80	18.35		15.20	16.60	347.7	456.78	386.74	645.14		287.45	346.78
19×0.75	16.95	18.35	16.60	19.59	21.45	16.50	17.90	408.28	517.38	413.6	824.36	637.5	359.68	473.4
19×1.0	19.40	21.24	19.39	21.94	22.25	17.20	18.60	533.63	674.89	612.3	1119.76	1039.2	421.6	529.60
19×1.5	23.94	24.74	23.09	25.04	25.40	20.55	21.79	1053.94	1053.94	986.78		1442.2	564.89	696.43
19×2.5					28.50	24.24	25.04					1834.57	898.97	1069.32
24×0.5	18.48	19.88	18.09	21.08	24.54	17.46	18.86	400.74	523.84	476.43	776.6	1021.5	327.68	396.43
24×0.75	19.56	21.40	19.49	22.04	25.50	19.02	20.42	510.24	624.54	580.6	1001.49	1401.8	414.96	536.79
24×1.0	23.54	24.34	22.91	24.86	28.32	19.86	21.70	744.12	866.76	792.34	1376.05	1709.87	516.78	656.83
24×1.5	27.74	28.74	26.63	28.58	32.04	24.202	5.00	1110.76	1258.4	1179.63		2199.52	759.4	884.51
24×2.5						28.10	29.10						1128.76	1279.49
27×0.5	18.85	20.25	18.88	21.43	24.89	17.81	19.21	476.8	600.34	503.4	821.34	1180.5	359.6	489.6
27×0.75	20.56	21.80	19.87	22.42	25.88	19.41	20.81	578.68	713.9	512.45	1063.83	1458.14	492.64	634.6
27×1.0	24.02	24.82	23.36	25.31	28.77	20.87	22.11	807.21	957.4	886.75	1480.54	1788.95	596.49	737.37
27×1.5	28.32	29.32	27.18	29.13	32.59	24.65	25.49	1209.34	1359.4	1286.43		1225.64	824.73	983.76
27×2.5						28.69	29.69						1378.4	

芯数×标称截面 (mm²)	电缆计算外径 (mm)							电缆计算重量 (kg/km)						
	KVV	KVVP	KVVP2	KVV22	KVV32	KVVR	KVVRP	KVV	KVVP	KVVP2	KVV22	KVV32	KVVR	KVVRP
30×0.5						18.40	19.80						396.78	554.7
30×0.75	19.49	21.33	19.48	22.03	25.49	20.67	21.91	523.7	635.7	600.45		1240.5	539.45	658.41
30×1.0	21.68	22.48	20.51	23.06	26.52	22.00	22.80	651.32	786.9	725.6	883.6	1536.35	667.42	799.44
30×1.5	24.83	25.83	24.12	26.07	29.53	25.53	26.53	882.34	1093.4	891.43	1150.64	1893.2	897.41	1123.45
30×2.5	29.32	30.32	28.10	30.85	35.61	29.70	30.70	1327.09	1473.5	1384.4	1308.46	2851.49	1343.6	1496.4
37×0.5						19.72	21.56						470.6	594.32
37×0.75	21.95	22.75	21.42	23.37	26.83	22.58	23.38	600.79	704.83	588.45		1398.7	616.83	731.33
37×1.0	23.21	24.01	22.54	24.49	27.95	23.56	24.36	771.25	912.4	887.63	1013.75	1710.95	792.4	945.63
37×1.5	26.44	27.64	25.83	27.78	31.24	27.41	28.41	1050.85	1196.6	1105.6	1331.31	2127.94	1224.5	
37×2.5	31.54	33.20	30.83	33.58	37.68	31.96	33.63	1591.67	1741.7	1681.4	2139.03	3213.37	1612.8	1768.47
44×0.5						22.42	23.82						540.98	620.63
44×0.75	24.38	25.38	23.71	25.66	29.12	25.10	26.10	745.83	887.6	809.95		1576.4	764.63	908.73
44×1.0	25.82	27.02	24.99	26.94	30.40	26.22	27.22	915.81	1035.8	987.63	1184.22	1952.98	938.4	1076.90
44×1.5	29.74	30.74	28.75	32.16	36.26	30.62	31.6	1251.35	1394.8	1315.7	1817.02	2838.9	1274.6	1421.69
44×2.5	36.00	37.20	34.37	37.55	41.22	36.48	37.68	1950.81	2100.8	2018.4	2532.19	3699.66	1874.9	2128.67
48×0.5						23.37	24.17						598.7	686.94
48×0.75	24.76	25.76	24.06	26.01	29.47	25.49	26.49	832.6	927.4	887.98		1789.4	854.4	958.31
48×1.0	26.22	27.22	25.37	27.32	30.78	26.63	27.63	967.97	1097.8	1023.6	1236.28	2018.99	986.9	1118.4
48×1.5	30.22	31.22	29.20	32.61	36.71	31.12	32.12	1326.06	1487.6	1397.6	1890.52	2935.65	1352.6	1508.97
48×2.5	36.58	37.28	34.92	38.11	41.67	37.08	38.28	2070.87	2147.3	2097.4	2662.87	3843.2	2094.6	2178.4
52×0.5						23.96	24.76						634.67	63.23
52×0.75	25.39	26.39	24.66	26.61	30.07	26.14	27.14	898.45	1009.7	935.75		1920.3	912.45	1034.61
52×1.0	26.90	27.90	26.002	27.95	31.41	27.32	28.32	1035.24	1187.63	1113.4	1305.04	2109.39	1056.78	1214.9
52×1.5	31.02	32.68	30.62	33.37	36.37	31.95		1420.95	1578.98	1493.6	1997.35	3068.23	1449.8	
52×2.5	37.57	39.21	35.84	39.03	41.59	38.08		222.09	2396.9	2298.75	2819.99	4032.11	2249.6	
61×0.5						25.28	26.28						689.72	812.44
61×0.75	26.81	27.81	26.00	27.95	31.41	27.62	28.62	967.6	1087.4	1025.6		2084.6	991.6	1109.6
61×1.0	28.43	29.43	27.44	29.39	32.85	28.88	29.84	1186.72	1316.8	1256.78	1470.46	2314	1209.7	1348.7
61×1.5	33.50	34.70	32.33	35.08	39.18	34.49		1680.42	1837.4	1745.6	2241.5	3366.54	1698.7	
61×2.5	40.24	41.44	37.91	41.10	43.66	40.78		2599.11	2749.8	2599.4	3175.45	4461.1	2612.3	

第五节 塑料绝缘屏蔽控制电缆

本产品主要适用于交流额定电压 450/750V 和 600/1000V 及以下控制回路、信号、保护和测量线路，特别适用于 500kV 及以下的变电站、发电厂控制线路，可避免微机保护和自动装置在外界电磁场的干扰下产生的误动作。

（1）本电缆是在 K 控制屏蔽系列的结构上加以改进的新品种，主要满足于强电控制系统的高屏蔽性能要求。

（2）钢带内加绕铜丝是为了便于电缆两端接地，增强抗干扰性能。

（3）结构数据及其他性能可参照聚氯乙烯绝缘控制电缆产品系列。

1. 使用条件

（1）额定电压 450/750V、600/1000V。

（2）电缆导体长期允许工作温度为 70℃。

（3）推荐的允许弯曲半径应不小于电缆外径的 12 倍。

2. 电缆型号及规格

（1）电缆型号（见表 2-56）。

表 2-56　　电缆型号名称

型 号	电 缆 名 称
KVV20—1	铜芯聚氯乙烯绝缘聚氯乙烯护套裸钢带铠装控制电缆
KVV22—1	铜芯聚氯乙烯绝缘聚氯乙烯护套钢带铠装控制电缆
KVVP2—22	铜芯聚氯乙烯绝缘铜带铠装屏蔽聚氯乙烯护套钢带铠装控制电缆
KVVP2—22—1	铜芯聚氯乙烯绝缘铜带铠装屏蔽聚氯乙烯护套钢带铠装控制电缆
ZR—KFPV	聚四氯乙烯绝缘镀锡铜丝屏蔽阻燃聚氯乙烯护套耐高温控制电缆
KVPV2P	铜芯聚氯乙烯绝缘分相屏蔽总屏蔽聚氯乙烯护套控制电缆
KVPV2P22	铜芯聚氯乙烯绝缘分相屏蔽总屏蔽聚氯乙烯护套钢带铠装控制电缆

（2）电缆的规格（见表 2-57）。

表 2-57　　电缆规格

型 号	导体标称截面（mm²）						
	0.75	1.0	1.5	2.5	4	6	10
	芯　　数						
KVV20—1 KVV22—1 KVVP2—22 KVVP2—22—1 KVPV2P KVPV2P22	4～61				4～14		4～10

3. 主要技术性能

（1）导体结构、绝缘厚度、直流电阻和绝缘电阻应符合表 2-58 的规定。

表 2-58　　　　　　　　　导体结构、绝缘厚度、直流电阻和绝缘电阻

标称截面 (mm²)	导体结构		20℃时直流电阻 (≤，Ω/km)	绝缘标称厚度 (mm)		70℃时最小绝缘电阻 (MΩ/km)
	种类	根数/单根直径 (mm)		450/750V	600/1000V	
0.75	1	1/0.97	24.5	0.6	—	0.012
0.75	2	7/0.37	24.5	0.6	—	0.014
1.0	1	1/1.13	18.1	0.6	—	0.011
1.0	2	7/0.43	18.1	0.6	—	0.013
1.5	1	1/1.38	12.1	0.7	0.8	0.011
1.5	2	7/0.52	12.1	0.7	0.8	0.010
2.5	1	1/1.78	7.41	0.8	0.8	0.010
2.5	2	7/0.68	7.41	0.8	0.8	0.009
4	1	1/2.25	4.61	0.8	1.0	0.0085
4	2	7/0.85	4.61	0.8	1.0	0.0077
6	1	1/2.76	3.08	0.8	1.0	0.0070
6	2	7/1.04	3.08	0.8	1.0	0.0065
10	2	7/1.35	1.83	1.0	1.0	0.0065

（2）成品电缆线芯间及线芯与屏蔽、钢带间应按表 2-59 进行工频电压试验。

表 2-59　　　　　　　　　耐　压　试　验

额定电压（V）	试验电压（V）	试验时间（min）	额定电压（V）	试验电压（V）	试验时间（min）
450/750	3000	5	600/1000	3500	5

一、KVV20—1、KVV22—1 型铜芯聚氯乙烯绝缘聚氯乙烯护套钢带铠装控制电缆

（一）用途

本电缆是在 KVV20 与 KVV22 型的结构上的改进型，一般用于强电控制系统，亦可用于弱电控制系统。

（二）结构示意图

KVV22—1 型控制电缆结构示意图如图 2-2 所示。

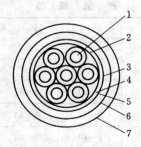

图 2-2　KVV22—1 型控制电缆结构示意图

1—导体；2—接地铜线；3—绝缘；4—包带；5—内护套；6—钢带屏蔽；7—外护套

本电缆可以改生产为阻燃型，阻燃在型号前加 ZR。

结构数据及其他性能参照 KVV20 与 KVV22 型控制电缆。

二、KVVP2—22、KVVP2—22—1、KVV22—1、KVVP1 型等塑料绝缘特种屏蔽控制电缆（含普通和阻燃型）

本电缆适用于交流额定电压 450/750 和 600/1000V 及以下的控制、低压供电信号，保护和测量线路系统，特别适用于 500kV 及以下的发电厂、变电站控制线路。采用塑料绝缘特种屏蔽控制电缆可抑制外界电、磁场的干扰。

（一）型号、名称、适用范围（见表 2-60）

表 2-60　　　　　　　　塑料绝缘特种屏蔽控制电缆型号、名称、适用范围

普通型型号	阻燃型型号	名　称	适用范围
KVVP1	ZR—KVVP1 ZRB—KVVP1 ZRA—KVVP1	铜芯聚氯乙烯绝缘聚氯乙烯护套铜丝缠绕屏蔽控制电缆	用于强电控制系统
KVV22—1	ZR—KVV22—1 ZRB—KVVP2 ZRA—KVVP2	铜芯聚氯乙烯绝缘聚氯乙烯护套钢带铠装铜丝屏蔽控制电缆	一般用于强电控制系统，亦可用于弱电控制系统
KVVP2—22	ZR—KVVP2 ZRB—KVVP2 ZRA—KVVP2	铜芯聚氯乙烯绝缘聚氯乙烯护套钢带屏蔽控制电缆	用于弱电控制系统或强电磁场干扰区
KVVP2	ZR—KVVP2—22 ZRB—KVVP2—22 ZRA—KVVP2—22	铜芯聚氯乙烯绝缘聚氯乙烯护套铜带—钢带铠装双屏蔽控制电缆	用于弱电控制系统或强电磁场干扰区
KVVP2—22—1	ZR—KVVP2—22—1 ZRB—KVVP2—22—1 ZRA—KVVP2—22—1	铜芯聚氯乙烯绝缘聚氯乙烯护套铜带—钢带铠装—铜丝屏蔽控制电缆	主要用于 500kV 变电站强电磁场干扰

注　阻燃型特种屏蔽控制电缆主要用于有防火要求的场合，产品符合 GB12666.5—90 或 IEC332—3 的燃烧试验要求。
ZR——阻燃 C 类；ZRB——阻燃 B 类；ZRA——阻燃 A 类。

（二）产品规格（见表 2-61）

表 2-61　　　　　　　　　　　　产品规格

型　号	额定电压 U_0/U	标　称　截　面　(mm²)				
		1	1.5	2.5	4～14	10
		芯　数				
KVVP1	450/750V	2～61	2～61	2～61	2～14	2～10
KVV22—1	450/750V	7～61	4～61	4～61	4～14	4～10
KVVP2	450/750V	4～61	4～61	4～61	4～14	4～10
KVVP2—22	450/750V	7～61	4～61	4～61	4～14	4～10
KVVP2—22—1	450/750V	4～61	4～61	4～14	4～10	

注　推荐的芯数系列为：2，3，4，5，7，8，10，12，14，16，19，24，27，30，37，44，48，52 芯和 61 芯。

（三）电缆屏蔽性能（见表2-62）

表2-62　　　　　　　　　　　　电 缆 屏 蔽 性 能

电缆型号	KVVP1	KVV22—1	KVVP2	KVVP2—22	KVVP2—22—1
屏蔽抑制系数	0.15	0.025	0.007	0.007	0.002

（四）线芯直流电阻（见表2-63）

表2-63　　　　　　　　　　　　线 芯 直 流 电 阻

标称截面（mm²）	1	1.5	2.5	4	6	10
20℃导体直流电阻值不大于（Ω/km）	18.1	12.1	7.41	4.61	3.08	1.83

（五）电缆计算外径（见表2-64）

表2-64　　　　　　　　　　电 缆 计 算 外 径

规　格	KVVP1	KVV22—1	KVVP2	KVVP2—22	KVVP2—22—1
2×1.0	10.7				
2×1.5	11.7				
2×2.5	12.9				
2×4	13.7				
2×6	14.9				
2×10	18.7				
3×1.0	11.0				
3×1.5	12.1				
3×2.5	13.4				
3×4	14.3				
3×6	16.2				
3×10	19.6				
4×1.0	11.7		10.3		
4×1.5	12.9		11.3		
4×2.5	14.3	16.6	11.7	16.5	17.9
4×4	15.9	17.6	14.3	17.5	18.9
4×6	17.3	19.0	15.7	18.9	20.3
4×10	21.2	23.3	20.0	23.5	24.6
5×1.0	12.3		10.7		
5×1.5	13.7		12.7		
5×2.5	15.9	17.6	14.3	17.5	18.9
5×4	17.0	18.7	15.4	18.6	20.0
5×6	18.5	20.7	16.9	20.5	22.0
5×10	23.3	25.0	21.7	24.9	26.3
7×1.0	13.0	15.3	11.4	15.2	16.8
7×1.5	14.5	16.8	13.5	16.7	18.1
7×2.5	16.9	18.6	15.3	18.5	19.9

规　格	KVVP1	KVV22—1	KVVP2	KVVP2—22	KVVP2—22—1
7×4	18.1	19.8	16.5	19.7	21.1
7×6	19.9	22.0	18.3	21.9	23.3
7×10	25.1	26.8	23.5	26.7	28.1
8×1.0	13.7	16.0	12.7	15.9	17.3
8×1.5	16.0	17.7	14.4	17.6	19.0
8×2.5	17.9	19.6	16.3	19.5	20.9
8×4	19.2	21.3	18.0	21.2	22.6
8×6	21.6	23.3	20.0	23.2	24.6
8×10	26.9	28.6	25.3	28.6	29.9
10×1.0	15.9	17.6	14.3	17.5	18.9
10×1.5	17.9	19.6	16.3	19.5	20.9
10×2.5	20.3	22.4	19.1	22.3	23.7
10×4	22.3	24.0	20.7	23.9	25.3
10×6	24.3	26.0	22.7	25.9	27.3
10×10	31.1	33.4	29.5	33.3	29.7
12×1.0	16.3	18.0	14.7	17.9	19.3
12×1.5	18.3	20.0	16.7	19.9	21.3
12×2.5	21.1	23.2	19.9	23.1	24.5
12×4	22.9	24.6	21.3	24.5	25.9
12×6	25.4	27.1	23.8	27.2	28.4
14×1.0	16.9	18.6	15.3	18.5	19.9
14×1.5	19.1	21.2	17.5	20.7	22.5
14×2.5	21.7	23.8	20.5	23.7	25.1
14×4	23.9	25.6	22.3	25.5	26.9
14×6	26.5	28.2	24.9	27.1	29.5
16×1.0	17.5	19.2	15.9	19.1	20.5
16×1.5	19.9	22.0	18.3	20.5	23.3
16×2.5	23.1	24.8	21.5	23.8	26.1
19×1.0	18.2	20.3	16.6	19.8	21.6
19×1.5	20.7	22.8	19.5	22.7	24.1
19×2.5	24.1	25.8	22.5	25.7	27.1
24×1.0	20.5	22.6	19.3	22.5	23.9
24×1.5	23.9	25.6	22.3	25.5	26.9
24×2.5	27.5	29.2	25.9	29.2	30.5
27×1.0	20.9	23.0	19.7	22.9	24.3
27×1.5	24.3	26.0	22.7	25.9	27.3
27×2.5	28.0	29.7	26.4	29.6	31.0
30×1.0	21.9	23.6	20.3	23.5	24.9
30×1.5	25.1	26.8	23.5	26.7	28.1
30×2.5	28.9	30.6	27.3	30.5	31.9

规 格	KVVP1	KVV22—1	KVVP2	KVVP2—22	KVVP2—22—1
37×1.0	23.2	24.9	21.6	24.8	26.2
37×1.5	26.7	28.4	25.1	28.3	29.7
37×2.5	30.9	34.4	29.9	32.5	34.5
44×1.0	25.5	27.2	23.9	27.1	28.5
44×1.5	29.5	31.8	27.9	31.1	33.1
44×2.5	34.9	38.2	33.3	35.9	38.3
48×1.0	25.9	27.6	24.3	27.5	28.9
48×1.5	29.9	33.4	28.3	31.5	33.5
48×2.5	35.4	38.7	33.8	36.4	38.8
52×1.0	26.5	28.2	24.9	28.1	29.5
52×1.5	30.7	34.2	29.7	32.3	34.3
52×2.5	36.3	39.6	35.1	37.3	39.7
61×1.0	27.8	29.5	27.2	29.4	30.8
61×1.5	32.9	35.8	31.3	33.9	35.9
61×2.5	38.3	41.6	37.1	38.9	41.7

（六）使用特性

（1）电缆导电线芯允许长期工作温度不超过 70℃。敷设时,电缆的安装温度应不低于 0℃,敷设时弯曲半径不小于电缆外径 10 倍。

（2）屏蔽层两端均应可靠接地,否则会降低屏蔽效果。

（3）屏蔽控制电缆的备用线芯接地,可提高屏蔽效果。敷设时应尽量与高压母线成垂直方向放置。

（4）屏蔽控制电缆。

三、ZR—KFPV 型聚四氯乙烯绝缘镀锡铜丝屏蔽阻燃聚氯乙烯护套耐高温控制电缆

本品适用于火力发电厂热工机房电气装置做连接线,亦可以用于其他具有耐高温要求的测控装置。

（一）使用条件

电缆长期允许工作—60～200℃。

相对湿度为 98%。

敷设温度—20～40℃。

（二）结构示意图（见图 2-3）

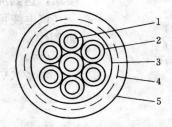

图 2-3 ZR—KFPV 型控制电缆结构

1—镀锡铜线芯；2—绝缘；3—聚酯薄膜绕包；4—镀锡铜线编织总屏蔽；5—阻燃 PVC 外护套

（三）结构数据（见表 2-65）

表 2-65　　　　　　　　　ZR—KFPV 型控制电缆结构数据（缆芯线）

标称截面 (mm²)	线芯结构		绝缘外径 (mm)	直流电阻 (20℃，≤，Ω/km)	额定电压 (V)	载流量 (A) (参考)	电缆最大外径(mm)					
	根数	直径(mm)					电缆芯数					
							1	2	3	4	5	7
0.5	7	0.30	1.8	41.3	500	19.8	3.8	5.8	6.0	6.5	7.0	7.8
	19	0.18										
0.75(0.80)	7	0.37	2.0	26.2	500	26.4	4.0	6.2	6.5	7.2	7.8	8.6
	19	0.23										
1.00	19	0.26	2.3	20.5	500	31	4.3	7.0	7.3	8.0	8.8	9.9
	32	0.20										
1.50	19	0.32	2.6	13.8	500	39.6	4.6	7.6	8.0	8.8	10.0	10.8
	48	0.20										
2.00	19	0.37	3.0	10.2	500	48.5	8.4	8.8	9.8	11.2	12.5	
	64	0.20										

（四）主要性能

（1）试验电压（交流 50Hz）对线芯经 1000V 高压试验 5min 不击穿，线芯对总屏蔽 500V 5min 不击穿。

（2）成品电缆应能经受 5 个周期的垂直燃烧试验而不传递火焰，试验后试样持续燃烧时间不超过 1min。

四、KVPV2P、KVPV2P22 铜芯聚氯乙烯绝缘分相屏蔽总屏蔽聚氯乙烯护套钢带铠装控制电缆

适用于抗强电多源干扰场所，屏蔽性能的抑制系数最低，可以用于计算机测控工程。

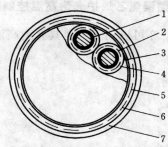

图 2-4　KVPV2P、KVPV2P22
结构示意图

1—铜线芯；　　2—绝缘层；
3—线芯屏蔽；4—线芯护套；
5—铝塑覆合带；6—总屏蔽；
7—PVC 外护套

（一）使用条件

长期允许工作温度：−40～70℃。

安装温度不低于：−15℃。

敷设方式：固定敷设。

（二）额定工作电压

450/750V 和 600/1000V。

（三）结构示意图（见图 2-4）

本电缆采用多层次多形式屏蔽，可以多次接地，达到屏蔽效果。

该电缆可生产为阻燃型，阻燃型在型号前加 ZR。

（四）规格数据

参考 KVVP 型电缆。

第三章 交联聚乙烯绝缘电缆的性能及技术参数

第一节 0.6/1kV 交联聚乙烯绝缘电力电缆

本产品适用于电压为 (U_0/U) 0.6/1kV 的电力线路中。

一、型号、名称、适用范围（见表 3-1）

表 3-1 　　　　　　　0.6/1kV 交联聚乙烯绝缘电力电缆型号、名称及适用范围

型　名	名　　称	用　　途
YJV YJLV	铜芯或铝芯交联聚乙烯绝缘、聚氯乙烯护套电力电缆	敷设在室内、隧道内及管道中，可经受一定的敷设牵引，但电缆不能承受机械外力作用，单芯电缆不允许敷设在磁性材料管道中
YJV22 YJLV22	铜芯或铝芯交联聚乙烯绝缘、聚氯乙烯护套内钢带铠装电力电缆	敷设在室内、隧道内、管道及埋地敷设，电缆能承受机械外力作用但不能承受大的拉力
YJV32 YJLV32	铜芯或铝芯交联聚乙烯绝缘、聚氯乙烯护套内钢丝铠装电力电缆	敷设在高落差地区或矿井中、水中，电缆能承受相当的拉力和机械外力作用

注 1kV 交联电力电缆可以生产阻燃 A 类、B 类、C 类，也可以生产耐火 1kV 交联电力电缆。产品符合国家标准和 IEC 标准要求。

二、规格（见表 3-2）

表 3-2 　　　　　　　0.6/1kV 交联聚乙烯绝缘电力电缆规格

型　号	芯　数	标称截面（mm²）	型　号	芯　数	标称截面（mm²）
YJV、YJLV	1	1.0～630	YJV、YJV22 YJV32、YJLV、YJLV22 YJLV32	3+1	4～400
YJV、YJV22、YJV32 YJLV、YJLV22、YJLV32	2	1.0～400	YJV、YJV22、YJV32 YJLV、YJLV22 YJLV32	4	1.0～400
YJV、YJV22、YJV32 YJLV、YJLV22、YJLV32	3	1.0～400	YJV、YJV22、YJV32 YJLV、YJLV22 YJLV32	5	1.0～400

三、使用特性

（1）最高额定温度。电缆长期使用时，其线芯最高工作温度不超过 90℃。5s 短路温度不超过 250℃。

（2）安装要求。电缆敷设时不受落差限制，敷设时环境温度不低于0℃，敷设时电缆的最小弯曲半径，不少于10倍电缆外径。

四、主要技术性能（见表3-3）

表3-3　　　　0.6/1kV 交联聚乙烯绝缘电力电缆的主要技术性能

电缆额定电压	0.6/1kV	绝缘热延伸试验200℃、15min、20N/cm² 压力载荷下最大伸长率不大于（%）	175
线芯直流电阻	按 GB3957—83 或 IEC228—78	冷却后最大永久伸长率（%）	15
工频5min 耐压试验（kV）	3.5kV 不击穿	4h 工频耐压试验（kV）不击穿	2.4

五、产品参数（见表3-4～表3-11）

表3-4　　　　0.6/1kV 单芯交联聚乙烯绝缘聚氯乙烯护套电力电缆

标称截面（mm²）	绝缘标称厚度（mm）	近似外径（mm）	成品近似重量（kg/km）		绝缘标称厚度（mm）	近似外径（mm）	成品近似重量（kg/km）	
			YJV	YJLV			YJV22	YJLV22
1.5	0.7	5.58	66	57	—	—	—	—
2.5	0.7	5.98	78	63	—	—	—	—
4.0	0.7	6.45	102	77	—	—	—	—
6.0	0.7	6.96	127	90	—	—	—	—
10	0.7	8.25	183	119	0.7	12.3	300	237
16	0.7	9.30	253	149	0.7	13.3	386	282
25	0.9	11.76	358	199	0.9	15.0	511	352
35	0.9	12.90	466	245	0.9	16.1	630	409
50	1.0	14.50	620	312	1.0	17.7	801	493
70	1.1	16.40	818	386	1.1	19.6	1028	596
95	1.1	18.30	1098	500	1.1	21.5	1336	738
120	1.2	20.07	1349	595	1.2	23.3	1601	847
150	1.4	22.08	1628	703	1.4	25.3	1909	984
185	1.6	24.30	2011	848	1.6	27.5	2331	1168
240	1.7	27.16	2589	1064	1.7	30.6	2953	1426
300	1.8	29.70	3216	1305	1.8	34.5	3984	2072
400	2.0	33.27	4088	1641	2.0	38.1	4920	2472
500	2.2	37.40	5109	2024	2.2	42.0	6028	2943
630	—	—			2.4	46.6	7496	3559

表 3-5　　　　　　　0.6/1kV 2芯交联聚乙烯绝缘聚氯乙烯护套电力电缆

标称截面 (mm²)	绝缘标称 厚度 (mm)	近似外径 (mm)	成品近似重量 (kg/km)		绝缘标称 厚度 (mm)	近似外径 (mm)	成品近似重量 (kg/km)	
			YJV	YJLV			YJV22	YJLV22
2×1.5	—	—	—	—	0.7	13.2	273	255
2×2.5	0.7	10.8	140	109	0.7	14.0	318	287
2×4	0.7	11.7	192	143	0.7	14.9	372	328
2×6	0.7	12.7	245	171	0.7	15.9	442	368
2×10	0.7	15.3	362	234	0.7	18.5	519	491
2×16	0.7	17.4	514	306	0.7	20.6	774	566
2×25	0.9	20.7	734	411	0.9	23.9	1029	706
2×35	0.9	23.0	968	520	0.9	26.2	1292	844
2×50	1.0	20.4	1190	555	1.0	23.6	1609	974
2×70	1.1	22.1	1591	707	1.1	25.5	2223	1340
2×95	1.1	26.0	2117	923	1.1	30.6	2834	1639
2×120	1.2	29.0	2617	111	1.2	33.4	3393	1887
2×150	1.4	32.2	3239	1361	1.4	36.6	4141	2262
2×185	1.6	35.6	3965	1651	1.6	40.4	4959	2645
2×240	1.7	39.6	5126	2122	1.7	44.6	6266	3262
2×300	1.8	42.8	6312	2636	1.8	48.2	7585	3908

表 3-6　　　　　　　0.6/1kV 3芯交联聚乙烯绝缘聚氯乙烯护套电力电缆

标称截面 (mm²)	绝缘标称 厚度 (mm)	近似外径 (mm)	成品近似重量 (kg/km)		绝缘标称 厚度 (mm)	近似外径 (mm)	成品近似重量 (kg/km)	
			YJV	YJLV			YJV22	YJLV22
3×1.5	0.7	10.4	146	118	0.7	13.6	307	279
3×2.5	0.7	11.3	188	141	0.7	14.5	364	317
3×4	0.7	12.3	253	179	0.7	15.5	436	362
3×6	0.7	13.5	326	200	0.7	16.6	531	420
3×10	0.7	15	450	260	0.7	19.4	722	531
3×16	0.7	17	640	340	0.7	21.6	1022	675
3×25	0.9	21	940	470	0.9	25.2	1283	788
3×35	0.9	24.4	1253	581	0.9	27.6	1608	937
3×50	10	25.5	1728	776	1.0	28.1	2377	1425
3×70	1.1	26.8	2323	998	1.1	31.6	3046	1721
3×95	1.1	30.0	3108	1316	1.2	34.6	3910	2119
3×120	1.2	33.4	3852	1594	1.4	38.2	4760	2502
3×150	1.4	37.6	4779	1961	1.6	42.6	5831	3013
3×185	1.6	41.8	5876	2405	1.7	46.8	7012	3541
3×240	1.7	46.6	7540	3042	1.8	51.8	8830	4332
3×300	1.8	50.6	9305	3688	0.7	56.2	10789	5171

表 3-7　　　0.6/1kV（3＋1）芯交联聚乙烯绝缘聚氯乙烯护套电力电缆

标称截面 （mm²）	绝缘标称 厚度 （mm）	近似外径 （mm）	成品近似重量 （kg/km）		绝缘标称 厚度 （mm）	近似外径 （mm）	成品近似重量 （kg/km）	
			YJV	YJLV			YJV22	YJLV22
3×4+1×25	0.7	12.9	291	202	0.7	16.1	483	394
3×6+1×4	0.7	14.1	391	255	0.7	17.3	605	469
3×10+1×6	0.7	16.8	567	338	0.7	20.0	813	584
3×16+1×10	0.7	19.4	885	474	0.7	22.6	1168	756
3×25+1×16	0.9	23.1	1194	603	0.9	26.3	1513	922
3×35+1×16	0.9	25.1	1489	711	0.9	28.3	1842	1065
3×50+1×25	1.0	26.8	2032	918	1.0	31.6	2754	1641
3×70+1×35	1.1	30.6	2689	1140	1.1	35.4	3529	1980
3×95+1×50	1.1	35.6	3608	1499	1.2	40.4	4600	2492
3×120+1×70	1.2	38.5	4564	1864	1.4	43.5	5653	2953
3×150+1×70	1.4	42.6	5474	2214	1.6	47.8	6635	3376
3×185+1×95	1.6	47.2	6811	2742	1.7	52.6	8194	4125
3×240+1×120	1.7	53.6	8723	3472	1.8	59.0	10361	5111
3×300+1×150	1.8	58.1	10843	4286	0.7	63.9	12635	6078

表 3-8　　　0.6/1kV 4 芯交联聚乙烯绝缘聚氯乙烯护套电力电缆

标称截面 （mm²）	绝缘标称 厚度 （mm）	近似外径 （mm）	成品近似重量 （kg/km）		绝缘标称 厚度 （mm）	近似外径 （mm）	成品近似重量 （kg/km）	
			YJV	YJLV			YJV22	YJLV22
4×1.5	0.7	10.3	166	128	0.7	13.5	304	266
4×2.5	0.7	11.3	219	156	0.7	14.5	383	320
4×4	0.7	12.4	362	263	0.7	15.9	559	460
4×6	0.7	13.7	402	254	0.7	16.9	620	471
4×10	0.7	16.8	617	361	0.7	20.0	872	617
4×16	0.7	19.3	901	484	0.7	22.5	1191	774
4×25	0.9	23.4	1282	635	0.9	26.6	1615	967
4×35	0.9	26.1	1688	792	0.9	29.5	2052	1156
4×50	1.0	26.6	2278	1008	1.0	31.4	3006	1737
4×70	1.1	30.5	3064	1298	1.1	35.5	3875	2108
4×95	1.1	33.8	4096	1707	1.1	38.8	5041	2652
4×120	1.2	37.5	5080	2069	1.2	42.9	6129	3119
4×150	1.4	42.1	6320	2563	1.4	47.0	7464	3707
4×185	1.6	46.7	7738	3110	1.6	52.1	9046	4418
4×240	1.7	52.0	10046	4049	1.7	57.8	11528	5531
4×300	1.8	57.5	12459	4969	1.8	63.7	14142	6652

表 3-9   0.6/1kV 5 芯交联聚乙烯绝缘聚氯乙烯护套电力电缆

标称截面 (mm²)	绝缘标称厚度 (mm)	近似外径 (mm)	电缆近似重量 (kg/km)		绝缘标称厚度 (mm)	近似外径 (mm)	电缆近似重量 (kg/km)	
			YJV	YJLV			YJV22	YJLV22
5×4	0.7	15.0	353	228	0.7	17.0	476	351
5×6	0.7	16.4	461	273	0.7	18.4	596	408
5×10	0.7	18.5	695	382	0.7	20.5	847	534
5×16	0.7	21.0	993	497	0.7	23.0	1165	670
5×25	0.9	26.2	1533	759	0.9	28.2	1748	974
5×35	0.9	28.9	2032	948	0.9	31.1	2291	1208
5×50	1.0	31.6	2741	1193	1.0	35.4	3379	1831
5×70	1.1	35.3	3742	1575	1.1	39.1	4452	2284
5×95	1.1	39.6	4972	2030	1.1	43.4	5773	2831
5×120	1.2	43.5	6217	2501	1.2	47.5	7106	3390
5×150	1.4	48.5	7768	3123	1.4	52.3	8731	4086
5×185	1.6	53.8	9557	3828	1.6	57.6	10621	4893

表 3-10   0.6/1kV（3＋2）芯交联聚乙烯绝缘聚氯乙烯护套电力电缆

标称截面 (mm²)	绝缘标称厚度 (mm)	近似外径 (mm)	电缆近似重量 (kg/km)		绝缘标称厚度 (mm)	近似外径 (mm)	电缆近似重量 (kg/km)	
			YJV	YJLV			YJV22	YJLV22
3×25＋2×16	0.9	28	1634	858	0.9	31.1	2013	1237
3×35＋2×16	0.9	30.1	2170	1084	0.9	34.3	2986	1899
3×50＋2×25	1.0	32.5	2508	1258	1.0	35.5	3291	2111
3×70＋2×35	1.1	35.8	3326	1579	1.1	37.0	4272	2532
3×95＋2×50	1.1	40.4	4584	2071	1.1	44.5	5632	3119
3×120＋2×70	1.2	43.8	5602	2469	1.2	48.8	6773	3640
3×150＋2×70	1.4	47.5	6586	2889	1.4	52.5	7862	4165
3×185＋2×95	1.6	52.1	8231	3564	1.6	57.9	9621	4954
3×240＋2×120	1.7	58.7	10490	4476	1.7	64.0	12057	6038

表 3-11   0.6/1kV（4＋1）芯交联聚乙烯绝缘聚氯乙烯护套电力电缆

标称截面 (mm²)	绝缘标称厚度 (mm)	近似外径 (mm)	电缆近似重量 (kg/km)		绝缘标称厚度 (mm)	近似外径 (mm)	电缆近似重量 (kg/km)	
			YJV	YJLV			YJV22	YJLV22
4×25＋1×16	0.9	27	1576	770	0.9	30	1887	1238
4×35＋1×16	0.9	31	1948	886	0.9	34	2279	1413
4×50＋1×25	1.0	34	2376	1108	1.0	37	3224	1956
4×70＋1×35	1.1	38	3204	1430	1.1	42	4130	2575
4×95＋1×50	1.1	42	4308	1880	1.1	46	5486	2942
4×120＋1×70	1.2	46	5395	2291	1.2	52	6537	3434
4×150＋1×70	1.4	50	6572	2783	1.4	54	7861	4081
4×185＋1×95	1.6	55	7918	3448	1.6	59	9555	4843

第二节　3.6/35kV 交联聚乙烯绝缘电力电缆

一、产品名称、型号、敷设场合

35kV 及以下交联聚乙烯绝缘电力电缆适用于固定敷设的电力线路。

（一）型号、名称及敷设场合（见表 3-12）

表 3-12 　　　　　3.6～35kV 交联聚乙烯绝缘电力电缆型号、名称及敷设场合

型　　号		名　　称	敷 设 场 合
铝 芯	铜 芯		
YJLV	YJV	交联聚乙烯绝缘聚氯乙烯护套电力电缆	架空、室内、隧道、电缆沟及地下
YJLY	YJY	交联聚乙烯绝缘聚乙烯护套电力电缆	
YJLV22	YJV22	交联聚乙烯绝缘钢带铠装聚氯乙烯护套电力电缆	室内、隧道、电缆沟及地下
YJLV23	YJV23	交联聚乙烯绝缘钢带铠装聚乙烯护套电力电缆	
YJLV32	YJV32	交联聚乙烯绝缘细钢丝铠装聚氯乙烯护套电力电缆	高落差、竖井及水下
YJLV33	YJV33	交联聚乙烯绝缘细钢丝铠装聚乙烯护套电力电缆	
YJLV42	YJV42	交联聚乙烯绝缘粗钢丝铠装聚氯乙烯护套电力电缆	需承受拉力的竖井及海底
YJLV43	YJV43	交联聚乙烯绝缘粗钢丝铠装聚乙烯护套电力电缆	

注　一根或两根单芯电缆不允许敷设于磁性材料管道中。

（二）使用条件

（1）在 1～110kV 电压范围内，交联聚乙烯绝缘电力电缆可以代替纸绝缘和充油电缆，与纸绝缘电缆和充油电缆相比，有以下优点：

1）工作温度高，载流量大。

2）可以高落差或垂直敷设。

3）安装敷设容易，终端和连接头处理简单，维护方便。

（2）导体最高工作温度 90℃，短时过载温度 130℃，短路温度 250℃。

（3）接地故障持续时间：电压等级标志 $U_0/U0.6/1$、3.6/6、6/10、21/35、36/63 和 64/110kV 电缆适用于每次接地故障持续时间不超过 1min 的三相系统，1/1、6/6、8.7/10、26/35 和 48/63kV 电缆适宜和于每次接地故障持续时间一般不超过 2h，最长不超过 8h 的三相系统。

（4）电缆敷设温度应不低于 0℃，弯曲半径对于单芯电缆大于 15D，对于三芯电缆大于 10D。

二、主要结构数据

（1）电缆的额定电压、标称截面及芯数应符合表 3-13 规定。

（2）导电线芯采用绞合紧压圆导体，也可采用实心圆导体。

（3）交联聚乙烯绝缘标称厚度符合表 3-14 规定。

表 3-13　　　　　　交联聚乙烯绝缘电力电缆的额定电压、标称截面及芯数

型　　号	芯　数	额定电压 U_0/U（kV）					
		3.6/6 6/6	6/10 8.7/10	8.7/15 12/20	18/20 21/35 26/35	66	110
		导电线芯标称截面（mm²）					
YJLV YJV YJLY YJY	1	25～500	25～500	35～500	50～300	95～800	240～800
YJLV32 YJV32 YJLV33 YJY33		25～500	25～500	35～500	50～300	—	—
YJLV42 YJV42 YJLY42 YJY43		25～500	25～500	35～500	50～300	—	—
YJLV YJV YJLY YJY	3	25～300	25～300	35～300	—	—	—
YJLV22 YJV22 YJLV33 YJV23		25～300	25～300	35～300	—	—	—
YJLV32 YJV32 YJLV33 YJV33		25～185	25～150	35～50	—	—	—
YJLV42 YJV42 YJLV43 YJV43		25～300	25～300	35～150	—	—	—

表 3-14　　　　　　　　　交联聚乙烯绝缘标称厚度

导体标称截面 （mm²）	在额定电压（U_0/U）下的绝缘标称厚度（mm）						
	3.6/6	6/6 6/10	8.7/10	12/20	18/20	21/35	26/35
25	2.5	3.4	4.5	—	—	—	—
35	2.5	3.4	4.5	5.5	8.0	—	—
50	2.5	3.4	4.5	5.5	8.0	9.3	10.5
70	2.5	3.4	4.5	5.5	8.0	9.3	10.5
95	2.5	3.4	4.5	5.5	8.0	9.3	10.5
120	2.5	3.4	4.5	5.5	8.0	9.3	10.5
150	2.5	3.4	4.5	5.5	8.0	9.3	10.5
185	2.5	3.4	4.5	5.5	8.0	9.3	10.5
240	2.6	3.4	4.5	5.5	8.0	9.3	10.5
300	2.8	3.4	4.5	5.5	8.0	9.3	10.5
400	3.0	3.4	4.5	5.5	8.0	9.3	10.5
500	3.2	3.4	4.5	5.5	8.0		

三、主要技术性能（见表 3-15）

表 3-15   交联聚乙烯绝缘电力电缆主要技术性能

序号	额定电压 U_0/U （kV）	3.6/6	6/6	6/10	8.7/10	12/20	18/20	21/35	26/35
1	线芯直流电阻（Ω/km）	见 GB3957《电力电缆铜、铝导电线芯》标准								
2	局部放电试验 $1.5U_0 \leqslant$ （pC）	20						10		
3	工频 5min 耐压试验（kV）	11	15	15	22	30	45	53	65
4	4h 工频试验（kV）	—	—	24	34.8	48	72	84	104
5	绝缘的热延伸试验 200℃、15min、20N/cm² 压力 载荷下最大伸长率（%） 冷却后最大永久伸长率（%）	175 15							
6	三次弯曲和热循环后的局部放电 $1.5U_0 \leqslant$ （pC）	20						10		
7	室温下 $\mathrm{tg}\delta U_0 \leqslant$ $\Delta\mathrm{tg}\delta$（$2U_0 \sim 0.5U_0$）$\leqslant$	40×10^{-4} 20×10^{-4}							
8	加热到长期工作温度时 2kV 下 $\mathrm{tg}\delta \leqslant$	80×10^{-4}							
9	加热到比长期工作温度高 5℃ 热冲击 （±10 次）（kV）	60	75	75	95	125	170	200	250
10	4h 工频试验（kV）	14.4	42	42	34.8	48	72	84	104
11	绝缘和护套的非电性试验	略							

注 序号 4～5 为抽样试验项目，序号 6～11 为型式试验项目。

四、电缆参考外径及重量（见表 3-16～表 3-29）

表 3-16   3.6/6kV 单芯交联聚乙烯绝缘电力电缆外径及重量

截面 （mm²）	外径 （mm）	重量（kg/km）		外径 （mm）	重量（kg/km）		外径 （mm）	重量（kg/km）	
		YJV YJY	YJLV YJLY		YJV32 YJV33	YJLV32 YJLV33		YJV42 YJV43	YJLV42 YJLV43
25	18.6	576	421	24.8	1397	1242	29.6	2617	2462
35	19.7	695	479	25.9	1574	1357	30.9	2837	2621
50	21.2	850	550	27.2	1785	1475	32.2	3118	2809
70	22.6	1081	648	28.6	2045	1613	33.8	3440	3007
95	24.4	1350	762	30.4	2624	2036	35.4	3878	3290
120	25.8	1640	897	31.8	2984	2241	37.0	4290	3547
150	27.4	1947	1019	33.4	3447	2518	38.4	4876	3947
185	28.9	2302	1152	35.7	3910	2765	40.1	5370	4224
240	31.5	2886	1400	38.3	4960	3474	42.7	6144	4658
300	34.2	—	1626	41.0	—	3832	45.4	—	5103
400	37.8	—	2001	44.6	—	4364	49.0	—	5692
500	41.0	—	2357	49.2	—	4892	52.4	—	6329

表 3-17   3.6/6kV 3 芯交联聚乙烯绝缘电力电缆外径及重量

截面 (mm²)	外径 (mm)	重量 (kg/km) YJV YJY	YJLV YJLY	外径 (mm)	重量 (kg/km) YJV22 YJV23	YJLV22 YJLV23	外径 (mm)	重量 (kg/km) YJV32 YJV33	YJLV32 YJLV33	外径 (mm)	重量 (kg/km) YJV42 YJV43	YJLV42 YJLV43
25	38.8	1895	1430	43.4	2945	2480	45.6	4246	3781	49.8	5559	5094
35	41.4	2293	1640	46.2	3390	2739	49.4	4770	4119	52.6	6158	5507
50	44.4	2812	1881	49.2	4065	3135	52.4	6194	5263	55.6	7042	6111
70	47.6	3508	2205	52.6	4816	3513	55.8	7092	5790	59.0	7961	6659
95	51.2	4402	2635	56.2	5897	4129	60.9	8263	6495	62.8	9282	7514
120	54.5	5319	3087	59.9	6844	4611	64.4	9422	7190	66.3	10448	8215
150	57.7	6309	3518	63.3	7973	5182	67.8	10667	7876	69.7	11777	8985
185	61.1	7319	3877	66.7	9281	5838	71.2	12113	8671	73.1	14668	11226
240	66.7	9218	4753	72.5	11229	6763	77.0	14361	9895	78.9	17079	12614
300	72.5	—	5577	78.5	—	8524	83.0	—	—	84.9	—	13948

表 3-18   6/6kV、6/10kV 单芯交联聚乙烯绝缘电力电缆外径及重量

截面 (mm²)	外径 (mm)	重量 (kg/km) YJV YJY	YJLV YJLY	外径 (mm)	重量 (kg/km) YJV32 YJV33	YJLV32 YJLV33	外径 (mm)	重量 (kg/km) YJV42 YJV43	YJLV42 YJLV43
25	20.4	590	435	26.6	1437	1283	31.6	2678	2523
35	21.7	710	493	27.7	1604	1387	32.7	2900	2683
50	23.0	884	575	29.0	1828	1518	34.2	3167	2858
70	24.6	1097	664	30.6	2091	1657	35.6	3505	3072
95	26.2	1378	790	32.2	2674	2085	37.4	3961	3373
120	27.8	1658	916	33.8	3051	2308	38.8	4376	3633
150	29.2	1967	1038	36.2	3517	2589	40.4	4948	4019
185	30.9	2322	1177	37.7	3967	2822	41.9	5443	4298
240	33.3	2908	1423	40.1	5023	3528	44.3	6220	4734
300	35.4	—	1650	42.4	—	3917	46.6	—	5202
400	38.6	—	2027	46.8	—	4453	50.0	—	5773
500	41.4	—	2384	49.6	—	4985	52.8	—	6414

表 3-19   6/6kV、6/10kV 3 芯交联聚乙烯绝缘电力电缆外径及重量

截面 (mm²)	外径 (mm)	重量 (kg/km) YJV YJY	YJLV YJLY	外径 (mm)	重量 (kg/km) YJV22 YJV23	YJLV22 YJLV23	外径 (mm)	重量 (kg/km) YJV32 YJV33	YJLV32 YJLV33	外径 (mm)	重量 (kg/km) YJV42 YJV43	YJLV42 YJLV43
25	42.9	1937	1472	47.9	3010	2544	51.1	4337	3872	54.3	5697	5232
35	45.4	2337	1686	50.4	3498	2947	53.6	4863	4212	56.8	6299	5648
50	48.4	2896	1967	53.6	4135	3205	56.8	6302	5371	60.0	7164	6233
70	51.7	3578	2275	57.1	4958	3655	61.6	7177	5875	63.5	8085	6783
95	55.3	4478	2710	60.7	5974	4206	65.2	8431	6663	67.1	9438	7670
120	58.6	5396	3163	64.2	6969	4736	68.9	9559	7326	70.6	10627	8395
150	61.8	6387	3596	67.4	8161	5370	72.1	10837	8046	73.8	11961	9170
185	65.2	7507	4063	71.0	9417	5975	75.7	12256	8314	77.4	14842	11400
240	70.4	9364	4898	76.4	11340	6874	81.1	—	—	82.8	17331	12865
300	75.3		5681	81.5		8524	86.0			87.9	—	14149

表 3-20   8.7/10kV、8.7/15kV 单芯交联聚乙烯绝缘电力电缆外径及重量

截面 (mm²)	外径 (mm)	重量 (kg/km) YJV YJY	YJLV YJLY	外径 (mm)	重量 (kg/km) YJV32 YJV33	YJLV32 YJLV33	外径 (mm)	重量 (kg/km) YJV42 YJV43	YJLV42 YJLV43
25	22.8	680	525	28.8	1616	1461	34.0	2961	2806
35	24.1	804	587	30.1	1786	1570	35.1	3187	2970
50	25.4	984	674	31.4	2015	1706	36.6	3459	3143
70	27.0	1201	768	32.8	2515	2082	38.0	3819	3385
95	28.6	1490	902	35.4	2906	2318	39.8	4250	3662
129	30.2	1765	1022	37.0	3260	2518	41.2	4670	3927
150	31.6	2091	1162	38.4	3735	2806	42.8	5251	4323
185	33.3	2452	1307	40.1	4582	3437	44.3	5751	4606
240	35.5	3034	1548	42.5	5295	3810	46.7	6577	5091
300	37.8	—	1815	44.6	—	4178	49.0	—	5527
400	41.0	—	2170	49.2	—	4728	52.4	—	6152
500	43.8	—	2556	52.0	—	5900	55.2	—	6782

表 3-21   8.7/10kV、8.7/15kV 3 芯交联聚乙烯绝缘电力电缆外径及重量

截面 (mm²)	外径 (mm)	重量 (kg/km) YJV YJY	YJLV YJLY	外径 (mm)	重量 (kg/km) YJV22 YJV23	YJLV22 YJLV23	外径 (mm)	重量 (kg/km) YJV32 YJV33	YJLV32 YJLV33	外径 (mm)	重量 (kg/km) YJV42 YJV43	YJLV42 YJLV43
25	48.0	2320	1854	53.0	3500	3035	56.2	5638	5167	59.6	6482	6017
35	50.6	2757	2105	55.6	3980	3329	60.3	6226	5575	62.0	7117	6466
50	53.6	3290	2359	58.8	4679	3748	63.5	7007	6077	65.2	7948	7017
70	56.8	3947	3645	62.0	5410	4107	66.7	7914	6612	68.4	8874	7571
95	60.5	4959	3792	66.1	6567	4799	70.6	9178	7410	72.5	10263	8497
120	63.7	5836	3903	66.5	7541	5308	74.0	10339	8106	75.9	12808	10575
150	66.9	6906	4115	72.7	8674	5883	77.2	11648	8857	79.1	14237	11446
185	70.4	8062	4620	76.4	9991	6549	81.1	—	—	82.8	15859	12416
240	75.5	9841	5375	81.7	12887	8421	86.2	—	—	88.1	18362	13806
300	80.3	—	6218	88.1	—	9392	91.4	—	—	93.3	—	15207

表 3-22   12/20kV 单芯交联聚乙烯绝缘电力电缆外径及重量

截面 (mm²)	外径 (mm)	重量 (kg/km) YJV YJY	YJLV YJLY	外径 (mm)	重量 (kg/km) YJV32 YJV33	YJLV32 YJLV33	外径 (mm)	重量 (kg/km) YJV42 YJV43	YJLV42 YJLV43
35	26.1	979	762	32.1	2335	2118	37.3	3673	3457
50	27.6	1155	846	33.6	2598	2288	38.6	3953	3643
70	29.0	1393	959	35.8	2884	2450	40.2	4289	3856
95	30.3	1681	1093	37.6	3256	2668	41.8	4749	4161
120	32.2	1979	1236	39.0	3620	2877	43.4	5179	4436
150	33.8	2301	1373	40.6	4518	3589	44.8	5757	4829
185	35.3	2718	1573	42.3	4981	3836	46.5	6288	5153
240	37.7	3302	1817	44.5	5728	4243	48.9	7110	5624
300	40.0		2084	48.0	—	4646	51.2	7953	6096
400	43.2		2455	51.4	—	5827	54.6	9192	6716
500	46.0		2861	54.2	—	6448	57.6	10509	7414

表 3-23　　　　　　12/20kV 3芯交联聚乙烯绝缘电力电缆外径及重量

截面 (mm²)	外径 (mm)	重量 (kg/km)		外径 (mm)	重量 (kg/km)		外径 (mm)	重量 (kg/km)		外径 (mm)	重量 (kg/km)	
		YJV YJY	YJLV YJLY		YJV22 YJV23	YJLV22 YJLV23		YJV32 YJV33	YJLV32 YJLV33		YJV42 YJV43	YJLV42 YJLV43
35	55.1	3348	2696	60.5	4840	4169	65.0	7403	6702	66.9	8423	7771
50	58.1	3974	2973	63.7	5463	4532	68.2	8139	7208	70.1	9200	8270
70	61.3	4623	3321	66.9	6346	5044	71.4	9133	7831	73.3	11626	10323
95	65.0	5593	3825	70.8	7457	5689	75.5	—	—	77.2	13054	11286
120	68.2	6495	4262	74.2	8459	6227	78.9	—	—	80.6	14347	12114
150	71.4	7637	4846	77.4	10555	7764	82.1	—	—	83.8	15883	13092
188	75.1	8803	5361	81.3	11925	8483	85.8	—	—	87.7	17533	14091
240	78.0	10729	6263	87.8	13959	9494	91.1	—	—	92.8	—	—
300	85.0	—	7141	92.8	—	10731	96.3	—	—	98.0	—	—

表 3-24　　　18/20kV、18/30kV 单芯交联聚乙烯绝缘电力电缆外径及重量

截面 (mm²)	外径 (mm)	重量 (kg/km)		外径 (mm)	重量 (kg/km)		外径 (mm)	重量 (kg/km)	
		YJV YJY	YJLV YJLY		YJV32 YJV33	YJLV32 YJLV33		YJV42 YJV43	YJLV42 YJLV43
35	31.5	1243	1026	38.3	2851	2634	42.2	4353	4136
50	32.8	1443	1133	39.9	3463	3135	44.0	4660	4350
70	34.4	1678	1245	41.2	3789	3356	45.6	5006	4573
95	36.2	2027	1439	43.0	4193	3505	47.2	5482	4894
120	37.6	2326	1583	44.4	4606	3863	48.8	5947	5204
150	39.2	2661	1732	47.2	5138	4210	50.4	6546	5617
185	40.7	3062	1917	48.9	5635	4490	52.1	7091	5946
240	43.1	3666	2180	51.1	7069	5583	54.3	7936	6450
300	45.4	—	2448	53.6	—	6013	56.8	—	6917
400	48.6	—	2858	58.3	—	6637	60.0	—	7586
500	51.2	—	3289	61.3	—	7259	63.0	—	8257

表 3-25　　　　　　18/20kV 3芯交联聚乙烯绝缘电力电缆外径及重量

截面 (mm²)	外径 (mm)	重量 (kg/km)		外径 (mm)	重量 (kg/km)		外径 (mm)	重量 (kg/km)		外径 (mm)	重量 (kg/km)	
		YJV YJY	YJLV YJLY		YJV22 YJV23	YJLV22 YJLV23		YJV32 YJV33	YJLV32 YJLV33		YJV42 YJV43	YJLV42 YJLV43
35	66.7	4328	3676	72.5	6142	5491	77.0	9263	8617	78.9	11921	11270
50	69.7	4913	3983	75.7	6828	5897	80.2	10031	9101	82.1	12781	11851
70	72.9	5683	4381	79.1	8517	7214	83.6	—	—	85.5	13849	12547
95	76.6	6787	5019	82.8	9788	8021	87.5	—	—	89.2	15498	13731
120	79.8	7752	5519	87.6	10930	8697	90.9	—	—	92.6	16856	15448
150	83.0	8789	5997	90.8	12129	9332	94.1	—	—	95.8	20187	16745
185	86.5	10194	6752	94.5	13780	10338	97.8	—	—	99.7	—	—
240	91.6	12102	7636	99.8	15988	11522	103.1	—	—	104.8	—	—
300	96.6	—	8635	104.8	—	12682	108.3	—	—	110.0	—	—

表 3-26 **21/35kV 单芯交联聚乙烯绝缘电力电缆外径及重量**

截面 (mm²)	外径 (mm)	重量 (kg/km) YJV YJY	重量 (kg/km) YJLV YJLY	外径 (mm)	重量 (kg/km) YJV32 YJV33	重量 (kg/km) YJLV32 YJLV33	外径 (mm)	重量 (kg/km) YJV42 YJV43	重量 (kg/km) YJLV42 YJLV43
50	35.6	1609	1300	42.6	3779	3469	46.8	5053	4744
70	37.2	1850	1417	44.0	4112	3679	48.4	5405	4972
95	38.8	2193	1605	47.0	4523	3935	50.2	5890	5302
120	40.4	2498	1756	48.6	4944	4202	51.8	6340	5597
150	41.8	2839	1910	50.0	5510	4581	53.2	6973	6044
185	43.5	3248	2102	51.7	6634	5489	54.9	7526	6381
240	45.9	3881	2395	54.1	7447	5961	57.3	8407	6922
300	48.0	—	2672	57.9	—	6451	59.6	—	7400

表 3-27　　**26/35kV 单芯交联聚乙烯绝缘电力电缆外径及重量**

截面 (mm²)	外径 (mm)	重量 (kg/km) YJV YJY	重量 (kg/km) YJLV YJLY	外径 (mm)	重量 (kg/km) YJV32 YJV33	重量 (kg/km) YJLV32 YJLV33	外径 (mm)	重量 (kg/km) YJV42 YJV43	重量 (kg/km) YJLV42 YJLV43
50	38.2	1758	1449	46.2	4083	3773	49.4	5429	5119
70	39.8	2038	1604	47.8	4422	3989	51.0	5786	5352
95	41.4	2355	1767	49.6	4840	4252	52.8	5690	6091
120	43.0	2666	1923	51.0	5269	4526	54.2	6735	5992
150	44.4	3031	2103	52.8	6497	5569	56.0	7379	6451
185	46.1	3427	2283	54.5	7007	5861	57.7	7965	6820
240	48.5	4070	2584	58.2	7856	6371	59.9	8806	7321
300	50.6	—	2891	60.7	—	6819	62.4	—	7807

注 电缆交货长度不小于 200m，可以长度不小于 50m 短段交货。根据双方协议，可以任何长度的短段交货。

表 3-28　　**26/35kV 3 芯交联聚乙烯绝缘电力电缆**

标称截面 (mm²)	绝缘厚度 (mm)	YJV、YJLV 电缆外径 (mm)	电缆近似重量 (kg/km) YJV	电缆近似重量 (kg/km) YJLV	YJV22、YJLV22 电缆外径 (mm)	电缆近似重量 (kg/km) YJV22	电缆近似重量 (kg/km) YJLV22	YJV32、YJLV32 电缆外径 (mm)	电缆近似重量 (kg/km) YJV32	电缆近似重量 (kg/km) YJLV32	YJV42、YJLV42 电缆外径 (mm)	电缆近似重量 (kg/km) YJV42	电缆近似重量 (kg/km) YJLV42
50	10.5	83.0	6592	5656	90.6	9763	8826	91.6	10024	9088	94.9	13058	12122
70	10.5	86.7	7562	6252	94.7	10905	9592	95.5	11186	9876	98.8	14350	13040
95	10.5	90.5	8669	6891	98.3	12113	10332	99.7	12537	10759	103.0	15842	14064
120	10.5	93.7	9701	7455	102.0	13359	11109	102.9	13698	11452	106.4	17156	14910
150	10.5	97.4	10926	8118	105.8	14769	11957	106.8	15120	12312	110.1	18657	15849
185	10.5	101.0	12281	8819	109.5	16269	12800	110.4	16620	13158	113.7	20276	16814
240	10.5	106.1	14374	9882	114.8	18616	14116	115.3	18871	14379	118.4	22641	18149
300	10.5	111.1	16575	10959	120.0	21063	15438	120.1	21222	15606	123.2	25158	19542

表 3-29　　66/110kV 高压交联聚乙烯绝缘电力电缆结构及技术参数（YJV，YJY）

额定电压（kV）	线芯标称截面（mm²）	线芯外径（mm）	内屏蔽厚度（mm）	绝缘厚度（mm）	外屏蔽厚度（mm）	疏绕铜丝屏蔽截面（mm²）	外护套厚度（mm）	电缆外径（mm）
66	95	11.6	1.0	13.0	1.0	35	2.6	50.8
	120	13.0	1.0	13.0	1.0	35	2.6	52.3
	150	14.6	1.0	13.0	1.0	35	2.7	54.0
	185	16.2	1.0	13.0	1.0	35	2.8	55.7
	240	18.5	1.0	12.0	1.0	35	2.8	56.0
	300	20.8	1.0	12.0	1.0	35	2.8	58.5
	400	23.6	1.0	12.0	1.0	35	2.9	61.5
	500	26.9	1.0	12.0	1.0	35	3.1	65.6
	630	30.3	1.0	12.0	1.0	35	3.2	69.2
	800	34.4	1.0	12.0	1.0	35	3.3	73.5
110	240	18.5	1.0	19.0	1.0	95	3.3	71.0
	300	20.8	1.0	18.5	1.0	95	3.3	72.4
	400	23.4	1.0	17.5	1.0	95	3.3	73.3
	500	26.9	1.0	17.5	1.0	95	3.5	77.3
	630	30.3	1.0	16.5	1.0	95	3.5	78.8
	800	34.4	1.0	16.0	1.0	95	3.8	82.4

额定电压（kV）	电缆重量（近似值）（kg/km）		电容（pF/m）	电感（mH/km）		绝缘损耗（W/m）	导体直流电阻（20℃≤）（Ω/km）	
	Cu	Al		平行敷设	品型敷设		Cu	Al
66	3054	2141	130	0.849	0.484	0.059	0.193	0.320
	3366	2298	138	0.826	0.467	0.063	0.153	0.253
	3736	2483	147	0.803	0.450	0.067	0.124	0.206
	4151	2681	157	0.782	0.436	0.071	0.0991	0.164
	4611	2800	179	0.756	0.410	0.082	0.0754	0.125
	5288	3106	193	0.732	0.395	0.088	0.0601	0.100
	6355	3554	210	0.707	0.380	0.096	0.0470	0.0778
	7505	4085	233	0.681	0.367	0.106	0.0366	0.0605
	8886	4661	253	0.657	0.354	0.115	0.0283	0.0469
	10667	5390	277	0.632	0.341	0.126	0.0211	0.0367
110	6821	4453	132	0.756	0.462	0.168	0.0754	0.125
	7439	4700	144	0.732	0.422	0.183	0.0601	0.100
	8333	4975	161	0.707	0.420	0.204	0.0470	0.0778
	9555	5578	177	0.681	0.403	0.224	0.0366	0.0605
	10747	5965	199	0.657	0.384	0.253	0.0283	0.0469
	12459	6625	222	0.632	0.367	0.281	0.0221	0.0367

注　局部放电试验：$1.5U_0$　　　　　　　$\leqslant$10pC

　　工频电压试验：$2.5U_0$　　　　　　　通过

　　热循环试验：20 循环后 $2.0U_0$　　　通过

　　热循环后局部放电试验：$1.5U_0$　　　$\leqslant$5pC

　　冲击电压试验：±10 次 66kV 电缆 325kV　　通过

　　　　　　　　　110kV 电缆 550kV　　　通过

　　冲击后工频电压试验 $2.5U_0$　　　　　通过

五、电力电缆的允许载流量（见表 3-30）

表 3-30 　　　　　10～35kV 交联聚乙烯绝缘电缆长期允许载流量

（导线工作温度：80℃，环境温度：25℃，适用电缆型号：YJV、YJLV）

导线面积 (mm²)	空气敷设长期允许载流量（A）				直埋敷设长期允许载流量（A）（土壤热阻系数 100℃，cm/W）			
	10kV 三芯电缆		35kV 单芯电缆		10kV 三芯电缆		35kV 单芯电缆	
	铜芯	铝芯	铜芯	铝芯	铜芯	铝芯	铜芯	铝芯
16	121	94			118	92		
25	158	123			151	117		
35	190	147			180	140		
50	231	180	260	206	217	169	213	165
70	280	218	317	247	260	202	256	202
95	335	261	377	295	307	240	301	240
120	388	303	433	339	348	272	342	269
150	445	347	492	386	394	308	385	303
185	504	394	557	437	441	344	429	339
240	587	461	650	512	504	396	495	390
300	671	527	740	586	567	481	550	439
400	790	623			654	518		
500	893	710			730	580		

第三节　110/220kV 交联聚乙烯绝缘电力电缆

一、电缆使用环境及使用特性

（一）电缆使用环境（见表 3-31）

表 3-31 　　　　　110/220kV 交联聚乙烯绝缘电力电缆使用环境

型　号		电 缆 名 称	使 用 环 境
铝 芯	铜 芯		
YJV	YJLV	交联聚乙烯绝缘聚氯乙烯护套电力电缆	电缆可敷设在隧道或管道中，不能承受拉力和压力
YJY	YJLY	交联聚乙烯绝缘聚乙烯护套电力电缆	同上，电缆的防潮性较好
YJLW02	YJLLW02	交联聚乙烯绝缘皱纹铝包防水层聚氯乙烯护套电力电缆	电缆可敷设在隧道或管道中，可以在潮湿环境及地下水位较高的地方使用，并能承受一定压力
YJAY	YJLAY	交联聚乙烯绝缘铝塑涂综合防水层聚乙烯护套电力电缆①	电缆可在潮湿环境及地下水位较高的地方使用
YJQ02	YJLQ02	交联聚乙烯绝缘铅包聚氯乙烯护套电力电缆	同上，但电缆不能承受压力
YJQ41	YJLQ41	交联聚乙烯绝缘铅包粗钢丝铠装纤维外护套层电力电缆	电缆可承受一定拉力，用于水底敷设

① 此型号电缆由青岛汉河电缆公司生产，额定电压为 110kV。

（二）电缆使用特性

（1）电缆导体长期允许工作温度为 90℃。

（2）短路时（最长持续时间不超过 5s），导体最高温度不超过 250℃，电缆线路中间有接头时，锡焊接头不超过 120℃，压接接头不超过 150℃，电焊或气焊接头不超过 250℃。

（3）电缆敷设时，在保证足够机械拉力的情况下不受落差限制，但不允许敷设于磁性材料管道中，也不允许沿电缆周围形成环状的铁质金具固定电缆。

（4）电缆敷设时，其温度应不低于 0℃。当电缆温度低于 0℃时，应采用适当的方法将电缆加热至 0℃及以上。

二、电缆的规格及结构

（一）电缆规格（见表 3-32）

表 3-32　　　　　　　　　　　　规　格　范　围

型　　号	额定电压（kV）	标称截面（mm²）
YJV、YJLV		240，300，400，500，630
YJY、YJLY	110	240，300，400，500，630，800，1000，
YJAY、YJLAY		1200，1400，1600，1800，2000
YJLW02、YJLLW02		800，1000，1200
YJQ02、YJLQ02	220	240，300，400，500，630，800，1000，
YJQ41、YJLQ41		1200，1400，1600，1800，2000

（二）电缆结构

（1）800mm² 及以下的导体为紧压圆形绞合导体，1000mm² 及以上的导体为分割导体结构。

（2）内屏蔽采用超光滑交联型半导电屏蔽料挤包在导体上，标称截面 500mm² 及以上电缆的内屏蔽由半导电包带和挤包半导电层组成。

（3）绝缘采用超净交联聚乙烯绝缘料挤包在导体屏蔽上。

（4）外屏蔽采用超光滑交联型屏蔽料挤包在绝缘上。

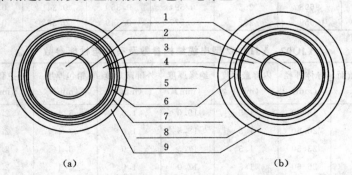

图 3-1　电缆典型结构

（a）YJV、YJLV、YJY、YJLY 型；（b）YJ（L）Q02、YJ（L）Q03、YJ（L）LW02、YJ（L）LW03 型

1—导体线芯；2—内屏蔽；3—绝缘；4—外屏蔽；5—铜丝屏蔽；6—纵向阻水层；

7—综合防水层；8—金属套（铅套或皱纹铝套）；9—外护套（PVC 或 PE）

（5）所有型号及规格的电缆都有纵向阻水层，纵向阻水层采用半导电阻水带绕包在外屏蔽与径向防水层之间。

（6）金属屏蔽层采用疏绕铜丝或铜带，铜丝的标称截面为 $92mm^2$，也可根据使用要求设计不同截面的金属屏蔽层。

（7）径向防水层分别为纵包铝塑复合带、皱纹铝套或铅套，皱纹铝套和铅套可作为金属屏蔽层。

（8）外护套采用 PVC 和 PE 护套料挤制，表面涂敷一层半导电涂层。

电缆典型结构示意图见图 3-1。

三、电缆的结构参数及有关性能参数（见表 3-33～表 3-40）

表 3-33　　　　YJV、YJY、YJLV、YJLY 型电缆结构参数及有关电性能参数

额定电压 (kV)	导体标称截面 (mm²)	导体外径 (mm)	内屏蔽厚度 (mm)	绝缘厚度 (mm)	外屏蔽厚度 (mm)	疏绕铜丝屏蔽截面 (mm²)	外护套厚度 (mm)	电缆外径 (mm)
	240	18.40	1.5	19.0	1.0	95	3.4	76.5
	300	20.60	1.5	18.5	1.0	95	3.5	77.7
	400	23.50	1.5	17.5	1.0	95	3.5	78.6
110	500	26.60	1.5	17.0	1.0	95	3.6	80.9
	630	30.25	1.5	16.5	1.0	95	3.7	83.7
	800	34.23	1.5	16.0	1.0	95	3.8	86.9
	1000	41.40	2.0	16.0	1.0	95	4.1	96.9
	1200	45.28	2.0	16.0	1.0	95	4.2	100.9

额定电压 (kV)	电缆总重（近似值）(kg/km)		电容 (pF/m)	电感 (mH/km)		绝缘损耗 (W/m)	导体直流电阻 (20℃，≤，Ω/km)	
	Cu	Al		平行敷设	三角形敷设		Cu	Al
	7030	5508	136	0.757	0.473	0.175	0.0754	0.1250
	7702	5778	147	0.734	0.454	0.190	0.0601	0.1000
	8392	5931	165	0.708	0.430	0.212	0.0470	0.0778
110	9650	6490	182	0.683	0.411	0.234	0.0336	0.0605
	11187	7100	201	0.657	0.392	0.259	0.0283	0.0469
	12995	7802	224	0.633	0.375	0.288	0.0221	0.0367
	16329	9698	265	0.594	0.359	0.341	0.0176	0.0291
	18272	10559	282	0.577	0.349	0.363	0.0151	0.0247

表 3-34　　　　YJQ02、YJLQ02 型电缆结构参数及有关电性能参数

额定电压 (kV)	导体标称截面 (mm²)	导体外径 (mm)	内屏蔽厚度 (mm)	绝缘厚度 (mm)	外屏蔽厚度 (mm)	铅包厚度 (mm)	外护套厚度 (mm)	电缆外径 (mm)
	240	18.40	1.5	19.0	1.0	3.4	2.7	79.2
	300	20.60	1.5	18.5	1.0	3.4	2.7	80.4
	400	23.50	1.5	17.5	1.0	3.4	2.7	81.5
110	500	26.60	1.5	17.0	1.0	3.4	2.8	84.0
	630	30.25	1.5	16.5	1.0	3.4	2.9	86.8
	800	34.23	1.5	16.0	1.0	3.4	2.9	89.8
	1000	41.40	2.0	16.0	1.0	3.5	3.2	99.3
	1200	45.28	2.0	16.0	1.0	3.5	3.3	103.4

额定电压 （kV）	导体标称截面 （mm²）	导体外径 （mm）	内屏蔽厚度 （mm）	绝缘厚度 （mm）	外屏蔽厚度 （mm）	铅包厚度 （mm）	外护套厚度 （mm）	电缆外径 （mm）
	240	18.40	1.5	27.0	1.0	3.4	3.1	96.2
	300	20.60	1.5	27.0	1.0	3.5	3.2	98.6
	400	23.50	1.5	27.0	1.0	3.5	3.3	101.7
	500	26.60	1.5	27.0	1.0	3.5	3.3	105.2
	630	30.25	1.5	27.0	1.0	3.5	3.4	109.0
	800	34.23	1.5	27.0	1.0	3.5	3.4	113.2
220	1000	41.40	2.0	27.0	1.0	4.0	3.4	123.5
	1200	45.28	2.0	27.0	1.0	4.0	3.4	127.6
	1400	48.20	2.0	27.0	1.0	4.0	3.4	130.7
	1600	50.41	2.0	27.0	1.0	4.0	3.4	133.1
	1800	53.35	2.0	27.0	1.0	4.0	3.4	135.7
	2000	57.00	2.0	27.0	1.0	4.0	3.4	140.2

额定电压 （kV）	电缆总重（近似值） （kg/km）		电容 （pF/m）	电感（mH/km）		绝缘损耗 （W/m）	导体直流电阻 （20℃，≤，Ω/km）	
	Cu	Al		平行敷设	三角形敷设		Cu	Al
	14233	12711	136	0.757	0.482	0.175	0.0754	0.1250
	15060	13135	147	0.734	0.463	0.190	0.0601	0.1000
	15948	13487	165	0.708	0.438	0.212	0.0470	0.0778
	17332	14171	182	0.683	0.419	0.234	0.0336	0.0605
110	19184	15097	201	0.657	0.400	0.259	0.0283	0.0469
	21348	16156	224	0.633	0.382	0.288	0.0221	0.0367
	26181	19549	265	0.594	0.365	0.341	0.0176	0.0291
	28588	20873	282	0.577	0.355	0.363	0.0151	0.0247
	18555	17033	110	0.895	0.520	0.559	0.0754	0.1250
	20062	18138	117	0.873	0.503	0.591	0.0601	0.1000
	21559	19098	125	0.846	0.483	0.633	0.0470	0.0778
	23292	20131	134	0.822	0.464	0.678	0.0336	0.0605
	25573	21486	144	0.796	0.446	0.729	0.0283	0.0469
220	28059	22870	155	0.771	0.428	0.785	0.0221	0.0367
	34922	28290	180	0.733	0.407	0.912	0.0176	0.0291
	37491	29777	190	0.715	0.395	0.965	0.0151	0.0247
	40196	31131	198	0.703	0.387	1.004	0.0123	0.0202
	41922	32058	204	0.694	0.382	1.034	0.0108	0.0177
	44564	33396	212	0.682	0.375	1.074	0.0096	0.0157
	47672	35005	222	0.669	0.367	1.123	0.0086	0.0141

表 3-35　　　　　　　　　YJLW02、YJLLW02 型电缆结构参数及有关电性能参数

额定电压(kV)	导体标称截面(mm²)	导体外径(mm)	内屏蔽厚度(mm)	绝缘厚度(mm)	外屏蔽厚度(mm)	铅包厚度(mm)	外护套厚度(mm)	电缆外径(mm)
110	240	18.40	1.5	19.0	1.0	2.0	2.9	90.6
	300	20.60	1.5	18.5	1.0	2.0	3.0	91.8
	400	23.50	1.5	17.5	1.0	2.0	3.0	92.9
	500	26.60	1.5	17.0	1.0	2.0	3.1	95.4
	630	30.25	1.5	16.5	1.0	2.0	3.1	98.3
	800	34.23	1.5	16.0	1.0	2.0	3.2	101.2
	1000	41.40	2.0	16.0	1.0	2.0	3.4	110.5
	1200	45.28	2.0	16.0	1.0	2.0	3.4	114.6
220	240	18.40	1.5	27.0	1.0	2.0	3.4	107.4
	300	20.60	1.5	27.0	1.0	2.0	3.4	109.8
	400	23.50	1.5	27.0	1.0	2.0	3.4	113.1
	500	26.60	1.5	27.0	1.0	2.0	3.4	116.4
	630	30.25	1.5	27.0	1.0	2.0	3.4	120.2
	800	34.23	1.5	27.0	1.0	2.0	3.4	124.6
	1000	41.40	2.0	27.0	1.0	2.3	3.4	133.7
	1200	45.28	2.0	27.0	1.0	2.4	3.4	137.8
	1400	48.20	2.0	27.0	1.0	2.4	3.4	140.9
	1600	50.41	2.0	27.0	1.0	2.5	3.4	143.3
	1800	53.35	2.0	27.0	1.0	2.5	3.4	146.4
	2000	57.00	2.0	27.0	1.0	2.6	3.4	150.3

额定电压(kV)	电缆总重（近似值）(kg/km)		电容(pF/m)	电感（mH/km）		绝缘损耗(W/m)	导体直流电阻(20℃，≤，Ω/km)	
	Cu	Al		平行敷设	三角形敷设		Cu	Al
110	7905	6383	136	0.757	0.508	0.175	0.0754	0.1250
	8617	6692	147	0.734	0.489	0.190	0.0601	0.1000
	9415	6954	165	0.708	0.465	0.212	0.0470	0.0778
	10655	7495	182	0.683	0.445	0.234	0.0336	0.0605
	12182	8095	201	0.657	0.424	0.259	0.0283	0.0469
	14053	8861	224	0.633	0.406	0.288	0.0221	0.0367
	17510	10878	265	0.594	0.386	0.341	0.0176	0.0291
	19470	11756	282	0.577	0.375	0.363	0.0151	0.0247
220	10609	9087	110	0.895	0.543	0.559	0.0754	0.1250
	11477	9553	117	0.873	0.524	0.591	0.0601	0.1000
	12630	10169	125	0.846	0.503	0.633	0.0470	0.0778
	14042	10882	134	0.822	0.484	0.678	0.0336	0.0605
	15867	11780	144	0.796	0.464	0.729	0.0283	0.0469
	17964	12775	155	0.771	0.446	0.785	0.0221	0.0367
	22025	15394	180	0.733	0.423	0.912	0.0176	0.0291
	24243	16529	190	0.715	0.411	0.965	0.0151	0.0247
	26600	17535	198	0.703	0.403	1.004	0.0123	0.0202
	28183	18319	204	0.694	0.397	1.034	0.0108	0.0177
	30478	19310	212	0.682	0.390	1.074	0.0096	0.0157
	33280	20613	222	0.669	0.382	1.123	0.0086	0.0141

表 3-36

表 3-36　　　　　YJQ41、YJLQ41 型电缆结构参数及有关电性能参数

额定电压 (kV)	导体标称截面 (mm²)	导体外径 (mm)	内屏蔽厚度 (mm)	绝缘厚度 (mm)	外屏蔽厚度 (mm)	铅包厚度 (mm)	外护套厚度 (mm)	电缆外径 (mm)
	240	18.40	1.5	19.0	1.0	3.4	2.0	93.8
	300	20.60	1.5	18.5	1.0	3.4	2.0	95.0
	400	23.50	1.5	17.5	1.0	3.4	2.0	95.4
	500	26.60	1.5	17.0	1.0	3.4	2.0	98.4
220	630	30.25	1.5	16.5	1.0	3.4	2.0	101.0
	800	34.23	1.5	16.0	1.0	3.4	2.0	104.0
	1000	41.40	2.0	16.0	1.0	3.5	2.0	112.9
	1200	45.28	2.0	16.0	1.0	3.5	2.0	116.8

额定电压 (kV)	电缆总重（近似值） (kg/km)		电容 (pF/m)	电感 (mH/km)		绝缘损耗 (W/m)	导体直流电阻 (20℃，≤，Ω/km)	
	Cu	Al		平行敷设	三角形敷设		Cu	Al
	20920	19398	136	0.757	0.514	0.175	0.0754	0.1250
	22039	20115	147	0.734	0.494	0.190	0.0601	0.1000
	22934	20473	165	0.708	0.470	0.212	0.0470	0.0778
	24535	21374	182	0.683	0.449	0.234	0.0336	0.0605
220	26571	22484	201	0.657	0.429	0.259	0.0283	0.0469
	28934	23745	224	0.633	0.410	0.288	0.0221	0.0367
	34597	27965	265	0.594	0.389	0.341	0.0176	0.0291
	40640	32926	282	0.577	0.378	0.363	0.0151	0.0247

表 3-37　　　　　YJQ02、YJLQ02 型电缆载流量（A）

额定电压 (kV)	导体截面 (mm²)	直埋土壤中								在空气中							
		平行敷设				三角形敷设				平行敷设				三角形敷设			
		单端接地 或交叉互连		双端接地		单端接地 或交叉互连		双端接地		单端接地 或交叉互连		双端接地		单端接地 或交叉互连		双端接地	
		Cu	Al	Cu	Al	Cu	Al	Cu	Al	Cu	Al	Cu	Al	Cu	Al	Cu	Al
	240	551	428	479	392	517	403	510	399	795	618	738	590	724	563	718	561
	300	622	484	524	433	583	454	573	450	912	709	830	668	827	644	819	640
	400	710	555	574	482	663	520	649	514	1064	831	942	769	958	751	945	744
110	500	841	635	637	532	781	595	758	584	1286	971	1090	878	1148	872	1126	863
	630	918	726	669	582	850	679	820	663	1438	1136	1184	997	1273	1014	1243	999
	800	1031	823	710	630	948	768	907	745	1654	1320	1305	1120	1448	1169	1404	1145
	1000	1200	945	761	681	1113	888	1042	850	1994	1566	1479	1276	1747	1387	1669	1347
	1200	1293	1028	786	712	1196	966	1106	916	2189	1736	1570	1374	1905	1530	1804	1476
	240	569	444	478	397	512	399	505	396	763	594	697	561	709	551	703	549
	300	641	501	518	435	577	450	566	445	871	678	777	631	808	629	800	625
	400	728	573	561	481	655	515	640	507	1006	789	872	719	932	730	919	724
	500	855	654	616	526	771	588	746	577	1205	916	1000	814	1115	846	1093	837
	630	930	745	644	572	840	671	807	654	1337	1063	1078	918	1233	981	1205	967
220	800	1036	841	679	614	937	759	891	733	1525	1226	1181	1023	1401	1129	1360	1106
	1000	1178	954	716	655	1089	873	1007	829	1813	1444	1325	1157	1680	1335	1603	1295
	1200	1256	1030	737	682	1167	947	1067	891	1976	1592	1401	1240	1831	1471	1732	1418
	1400	1355	1124	760	711	1268	1040	1141	966	2177	1769	1481	1329	2017	1636	1887	1564
	1600	1419	1188	773	729	1334	1103	1187	1016	2315	1896	1533	1389	2143	1752	1990	1665
	1800	1474	1246	786	745	1392	1162	1226	1060	2448	2020	1585	1447	2264	1867	2087	1763
	2000	1521	1298	789	760	1444	1217	1259	1100	2576	2144	1638	1507	2381	1980	2178	1858

表 3-38　　　　　　　　　**YJV、YJLV、YJY、YJLY 型电缆载流量（A）**

额定电压(kV)	导体截面(mm²)	直埋土壤中								在空气中							
		平行敷设				三角形敷设				平行敷设				三角形敷设			
		单端接地或交叉互连		双端接地		单端接地或交叉互连		双端接地		单端接地或交叉互连		双端接地		单端接地或交叉互连		双端接地	
		Cu	Al	Cu	Al	Cu	Al	Cu	Al	Cu	Al	Cu	Al	Cu	Al	Cu	Al
110	240	548	426	449	374	507	395	495	389	768	597	681	553	699	545	688	539
	300	619	481	487	411	571	446	554	438	881	685	758	622	798	622	782	615
	400	707	553	527	453	648	510	624	498	1025	801	848	707	921	724	898	712
	500	837	633	579	496	762	582	723	565	1237	934	965	798	1101	839	1062	821
	630	915	724	608	541	829	664	781	638	1381	1091	1040	898	1219	974	1168	947
	800	1029	822	644	583	923	750	859	714	1586	1266	1136	999	1384	1120	1313	1082
	1000	1201	947	703	639	1086	869	989	817	1910	1502	1296	1143	1671	1331	1560	1273
	1200	1296	1031	730	671	1167	946	1050	880	2097	1664	1377	1229	1822	1468	1686	1394

注　电缆载流量是在下列条件下的计算值：

1. 导体工作温度为 90℃，环境温度为 20℃。

2. 埋地敷设电缆的敷设深度为 1m，土壤热阻系数为 120（℃·cm/W）。

3. 单回路敷设、平行敷设时，电缆轴芯间距：110kV 为 250mm，220kV 为 500mm。三角形敷设时，电缆轴芯间距为电缆外径。

表 3-39　　　　　　　　　**YJLW02、YJLLW02 型电缆载流量（A）**

额定电压(kV)	导体截面(mm²)	直埋土壤中								在空气中							
		平行敷设				三角形敷设				平行敷设				三角形敷设			
		单端接地或交叉互连		双端接地		单端接地或交叉互连		双端接地		单端接地或交叉互连		双端接地		单端接地或交叉互连		双端接地	
		Cu	Al	Cu	Al	Cu	Al	Cu	Al	Cu	Al	Cu	Al	Cu	Al	Cu	Al
110	240	558	434	469	387	516	405	493	393	807	628	738	590	734	573	672	532
	300	629	490	512	427	579	455	548	440	926	720	830	668	837	655	756	602
	400	718	563	557	473	655	520	610	496	1080	845	942	769	966	762	857	691
	500	847	643	616	521	763	590	695	557	1302	986	1090	878	1149	882	995	788
	630	923	734	649	570	825	669	741	622	1454	1153	1184	997	1269	1021	1080	896
	800	1032	830	690	617	910	750	802	686	1668	1336	1305	1120	1433	1170	1190	1007
	1000	1187	947	755	678	1041	854	891	765	1992	1576	1479	1276	1695	1371	1367	1157
	1200	1269	1025	786	714	1104	919	932	813	2177	1742	1570	1374	1831	1502	1452	1248
220	240	579	450	502	411	509	400	488	389	776	603	724	578	714	550	697	558
	300	654	509	551	455	571	449	542	435	888	690	816	654	812	624	789	635
	400	747	584	606	509	645	512	604	491	1030	804	926	752	933	719	899	736
	500	884	669	678	565	750	581	689	551	1239	936	1078	860	1109	825	1055	850
	630	968	766	720	624	811	658	736	616	1380	1090	1178	981	1222	945	1154	982
	800	1089	870	773	682	894	738	798	681	1582	1261	1310	1109	1379	1071	1286	1123
	1000	1273	1004	881	776	1014	836	890	762	1836	1497	1554	1306	1627	1243	1498	1315
	1200	1374	1095	933	829	1074	898	935	812	2092	1659	1682	1429	1758	1353	1608	1440
	1400	1508	1210	979	882	1148	974	987	869	2327	1856	1814	1561	1917	1478	1733	1588
	1600	1599	1291	1021	925	1194	1023	1022	909	2492	1999	1918	1662	2022	1567	1820	1692
	1800	1681	1367	1050	959	1235	1069	1051	943	2654	2142	2009	1755	2122	1651	1899	1792
	2000	1756	1439	1092	1001	1269	1110	1082	978	2816	2287	2120	1863	2217	1738	1983	1890

表 3-40 **YJQ41、YJLQ41 型电缆载流量（A）**

额定电压(kV)	导体截面(mm²)	直埋土壤中								在空气中							
		平行敷设				三角形敷设				平行敷设				三角形敷设			
		单端接地或交叉互连		双端接地		单端接地或交叉互连		双端接地		单端接地或交叉互连		双端接地		单端接地或交叉互连		双端接地	
		Cu	Al	Cu	Al	Cu	Al	Cu	Al	Cu	Al	Cu	Al	Cu	Al	Cu	Al
110	240	553	430	482	393	521	405	513	402	794	617	734	587	734	567	727	571
	300	625	486	527	435	588	458	577	452	911	708	824	665	838	647	828	652
	400	714	558	578	485	669	525	653	517	1061	829	932	762	970	752	955	760
	500	845	639	642	536	790	600	764	588	1280	967	1074	868	1162	870	1137	882
	630	925	731	676	588	861	686	827	668	1430	1130	1164	984	1289	1007	1255	1025
	800	1040	831	719	638	963	777	916	751	1643	1311	1280	1103	1468	1154	1417	1181
	1000	1216	957	774	692	1131	899	1050	856	1981	1557	1451	1257	1767	1354	1678	1400
	1200	1311	1043	801	726	1217	979	1116	923	2175	1725	1540	1352	1928	1484	1814	1545

注　电缆载流量是在下列条件下的计算值：

　　1. 导体工作温度为 90℃，环境温度为 20℃。

　　2. 埋地敷设电缆的敷设深度为 1m，土壤热阻系数为 120（℃，cm/W）。

　　3. 单回路敷设、平行敷设时，电缆轴芯间距：110kV 为 250mm，220kV 为 500mm。三角形敷设时，电缆轴芯间距为电缆外径。

第四节　交联聚乙烯绝缘控制电缆

交联聚乙烯绝缘控制电缆是利用化学方法（过氧化物交联或硅烷交联）或物理方法（辐射交联），使电缆绝缘聚乙烯分子由线型分子结构转变为网状结构，即把热塑性的聚乙烯转变为热固性的交联聚乙烯，从而大幅度地提高它的热机械性能，同时仍保持它的优良电气性能的新颖电缆。

交联聚乙烯电缆导体正常运行温度比纸绝缘、聚氯乙烯绝缘、聚乙烯绝缘电缆均高，它不仅在电气、热、机械、耐化学腐蚀等方面性能优良，而且还具有结构简单，重量轻，敷设落差不受限制等优点。

本产品适用于固定敷设，额定电压为 0.6/1kV 及以下的配电装置中的各种电器、仪表的接线。

导体的最高额定温度：正常运行 90℃。

短路（最长持续时间 5s）电缆导体的最高温度不超过 250℃。

敷设时电缆的温度应不低于 0℃。

敷设弯曲半径应不小于电缆外径的 12 倍。

一、电缆型号、名称及使用范围

本电缆可以生产为阻燃型，阻燃型在型号前加 ZR。

阻燃系列的电缆结构尺寸和电气性能与非阻燃系列相同，符合国际电工委员会 IEC332 的要求，适用于燃烧场合。

电缆结构如图 3-2 所示。电缆型号、名称和使用范围见表 3-41 所示。

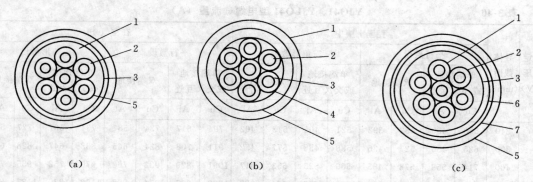

图 3-2　交联聚乙烯绝缘控制电缆结构

(a) KYJV、KYVR 型；(b) KYJVP、KYJVRP、PYJVP2、KYJVRP2 型；(c) KYJV22 型

1—导体；2—交联聚乙烯绝缘；3—塑料带；4—屏蔽层；5—聚氯乙烯护套；6—内衬层；7—铠装层

表 3-41　　　　　　　　交联聚乙烯绝缘控制电缆型号、名称和使用范围

型　号	名　称	使　用　范　围
KYJV	交联聚乙烯绝缘、聚氯乙烯护套控制电缆	敷设在室内、电缆沟中、管道内及地下
KYJVP	交联聚乙烯绝缘、聚氯乙烯护套编织屏蔽控制电缆	敷设在室内、电缆沟中、管道内及地下，具有防干扰能力
KYJVP2	交联聚乙烯绝缘、聚氯乙烯护套铜带绕包屏蔽控制电缆	敷设在室内、电缆沟中、管道内及地下，具有防干扰能力
KYJVR	交联聚乙烯绝缘、聚氯乙烯护套软控制电缆	敷设在室内、电缆沟中、管道内及地下
KYJVRP	交联聚乙烯绝缘、聚氯乙烯护套编织屏蔽软控制电缆	敷设在室内、电缆沟中、管道内及地下，具有防干扰能力
KYJVRP2	交联聚乙烯绝缘、聚氯乙烯护套铜带绕包屏蔽软控制电缆	敷设在室内、电缆沟中、管道内及地下，具有防干扰能力
KYJV22	交联聚乙烯绝缘钢带铠装聚氯乙烯护套控制电缆	敷设在室内、电缆沟中、管道内直埋等，能承受较大机械外力的场合具有防干扰能力
KYJVP2—22	交联聚氯乙烯绝缘、聚氯乙烯护套铜带绕包屏蔽钢带铠装控制电缆	

二、规格（见表3-42）

表 3-42　　　　　　　　交联聚乙烯绝缘控制电缆产品规格

型　号	额定电压（kV）	导体标称截面（mm²）							
		0.5	0.75	1.0	1.5	2.5	4	6	10
		芯　数							
KYJV　　KYJVP	0.6/1	—		2～61			2～14		2～10
KYJVP2　KYJVP2—22		—		4～61			4～14		4～10
KYJVR　　KYJVPR		—		2～61			2～14		2～10
KYJVP2R		—		4～61			4～14		4～10
KYJV22		—		7～61		4～61	4～14		4～10

注　推荐的芯数系数为：2、3、4、5、7、8、10、12、14、16、19、24、27、30、37、44、48、52芯和61芯。

三、技术要求

（1）电缆结构、绝缘厚度、直流电阻及绝缘电阻见表 3-43。

表 3-43   电缆结构、绝缘厚度、直流电阻及绝缘电阻

标称截面 (mm²)	导体结构		20℃导体直流电阻 (≤，Ω/km)		绝缘标称厚度 (mm)	90℃最小绝缘电阻 (Ω/km)
	种类	根数/单根直径 (mm)	不镀锡	镀锡		
0.75	1	1/0.97	24.5	24.8	0.7	1.2
	2	7/0.37	24.5	24.8	0.7	1.2
	3	24/0.2	26.0	26.7	0.7	1.2
1.0	1	1/1.13	18.1	18.2	0.7	1.1
	2	7/0.43	18.1	18.2	0.7	1.1
	3	32/0.20	19.5	20.0	0.7	1.1
1.5	1	1/1.38	12.1	12.2	0.7	0.96
	2	7/0.52	12.1	12.2	0.7	0.96
	3	30/0.25	13.3	13.7	0.7	0.96
2.5	1	1/1.78	7.41	7.56	0.7	0.78
	2	7/0.68	7.41	7.56	0.7	0.78
	3	50/0.25	7.98	8.21	0.7	0.78
4	1	1/2.25	4.61	4.70	0.7	0.67
	2	7/0.85	4.61	4.70	0.7	0.67
6	1	1/2.76	3.08	3.11	0.7	0.56
	2	7/1.04	3.08	3.11	0.7	0.56
10	2	7/1.35	1.83	1.84	0.7	0.52

注 1. 其中 KYJVP 型采用"2"类导体，KYJVR、KYJVRP 采用"3"类导体，其余采用"1"类导体。

    2. 电缆绝缘电阻，考虑到相同截面的线芯组成电缆在同一温度下绝缘电阻会随着电缆芯数的增加而少量的减少，所以本表格所列 90℃时绝缘电阻为最小值。

（2）电缆的外径、重量见表 3-44～表 3-45。

表 3-44   交联聚乙烯绝缘聚氯乙烯护套控制电缆（绞合导体）

芯数	导线标称截面 (mm²)	绝缘厚度 (mm)	KYJV			KYJVP			
			护套厚度 (mm)	电缆外径 (近似) (mm)	电缆重量 (近似) (kg/km)	编织铜丝直径 (mm)	护套厚度 (mm)	电缆外径 (近似) (mm)	电缆重量 (近似) (kg/km)
4	1	0.7	1.5	10.6	124	0.2	1.5	13.8	248
	1.5	0.7	1.5	11.3	149	0.2	1.5	14.5	281
	2.5	0.7	1.5	12.5	198	0.2	1.5	15.7	343
	4	0.7	1.5	13.7	266	0.2	1.5	16.9	424
	6	0.7	1.5	15.2	354	0.2	2.0	19.4	567

芯数	导线标称截面（mm²）	绝缘厚度（mm）	KYJV				KYJVP			
			护套厚度（mm）	电缆外径（近似）（mm）	电缆重量（近似）（kg/km）		编织铜丝直径（mm）	护套厚度（mm）	电缆外径（近似）（mm）	电缆重量（近似）（kg/km）
5	1	0.7	1.5	11.4	144		0.2	1.5	14.6	277
	1.5	0.7	1.5	12.2	174		0.2	1.5	15.4	316
	2.5	0.7	1.5	13.5	234		0.2	1.5	16.7	390
	4	0.7	1.5	14.9	318		0.2	2.0	19.1	528
	6	0.7	1.5	16.5	426		0.25	2.0	20.9	628
6	1	0.7	1.5	12.2	164		0.2	1.5	15.4	305
	1.5	0.7	1.5	13.1	200		0.2	1.5	16.3	351
	2.5	0.7	1.5	14.6	271		0.2	1.5	17.8	439
	4	0.7	1.5	16.1	371		0.25	2.0	20.5	621
	6	0.7	1.5	17.9	499		0.25	2.0	22.3	776
7	1	0.7	1.5	12.2	177		0.2	1.5	15.4	319
	1.5	0.7	1.5	13.1	218		0.2	1.5	16.3	370
	2.5	0.7	1.5	14.6	299		0.2	1.5	17.8	467
	4	0.7	1.5	16.1	413		0.25	2.0	20.5	664
	6	0.7	1.5	17.9	561		0.25	2.0	22.3	837
8	1	0.7	1.5	13.5	240		0.2	1.5	16.7	405
	1.5	0.7	1.5	14.5	248		0.2	1.5	17.7	415
	2.5	0.7	1.5	16.2	340		0.25	2.0	20.6	592
	4	0.7	1.5	17.9	471		0.25	2.0	22.3	747
	6	0.7	2.0	21.0	682		0.25	2.0	25.4	946
10	1	0.7	1.5	15.0	240		0.2	2.0	19.2	451
	1.5	0.7	1.5	16.2	298		0.2	2.0	20.4	524
	2.5	0.7	2.0	19.2	452		0.25	2.0	22.6	694
	4	0.7	2.0	21.2	618		0.25	2.0	24.6	884
	6	0.7	2.0	23.6	832		0.25	2.0	28.0	1128
12	1	0.7	1.5	15.4	270		0.2	2.0	19.6	486
	1.5	0.7	1.5	16.7	339		0.2	2.0	20.9	571
	2.5	0.7	2.0	19.8	514		0.25	2.0	23.2	772
	4	0.7	2.0	21.9	710		0.25	2.0	25.3	985
14	1	0.7	1.5	16.1	303		0.2	2.0	20.3	528
	1.5	0.7	1.5	17.5	382		0.2	2.0	21.7	625
	2.5	0.7	2.0	20.7	579		0.25	2.0	24.1	810
	4	0.7	2.0	22.9	806		0.25	2.0	26.3	1093
16	1	0.7	1.5	17.0	337		0.2	2.0	21.2	573
	1.5	0.7	2.0	19.4	465		0.2	2.0	22.6	680
	2.5	0.7	2.0	21.7	646		0.25	2.0	25.1	919
19	1	0.7	1.5	17.8	384		0.2	2.0	22.0	630
	1.5	0.7	2.0	20.3	529		0.2	2.0	23.5	754
	2.5	0.7	2.0	22.8	742		0.25	2.0	26.2	1082

芯数	导线标称截面(mm²)	绝缘厚度(mm)	KYJV 护套厚度(mm)	KYJV 电缆外径(近似)(mm)	KYJV 电缆重量(近似)(kg/km)	KYJVP 编织铜丝直径(mm)	KYJVP 护套厚度(mm)	KYJVP 电缆外径(近似)(mm)	KYJVP 电缆重量(近似)(kg/km)
24	1	0.7	2.0	21.6	517	0.2	2.0	24.8	756
	1.5	0.7	2.0	23.4	652	0.2	2.0	26.6	911
	2.5	0.7	2.0	26.4	919	0.25	2.0	29.8	1249
27	1	0.7	2.0	22.0	562	0.2	2.0	25.3	805
	1.5	0.7	2.0	23.9	712	0.2	2.0	27.1	926
	2.5	0.7	2.0	26.9	1009	0.25	2.0	30.3	1345
30	1	0.7	2.0	22.7	609	0.2	2.0	25.9	860
	1.5	0.7	2.0	24.7	775	0.2	2.0	27.9	1048
	2.5	0.7	2.0	27.9	1103	0.25	2.0	31.3	1103
33	1	0.7	2.0	23.6	659	0.2	2.0	26.8	919
	1.5	0.7	2.0	25.6	839	0.2	2.0	28.8	1122
	2.5	0.7	2.0	28.9	1198	0.25	2.0	32.3	1198
37	1	0.7	2.0	24.4	721	0.2	2.0	27.6	990
	1.5	0.7	2.0	26.5	922	0.2	2.0	29.7	1214
	2.5	0.7	2.0	30.0	1322	0.25	2.0	33.4	1322

表 3-45　　交联聚乙烯绝缘聚氯乙烯护套控制电缆（实心导体）

芯数	导线标称截面(mm²)	绝缘厚度(mm)	KYJV 护套厚度(mm)	KYJV 电缆外径(近似)(mm)	KYJV 电缆重量(近似)(kg/km)	KYJVP 编织钢丝直径(mm)	KYJVP 护套厚度(mm)	KYJVP 电缆外径(近似)(mm)	KYJVP 电缆重量(近似)(kg/km)	KYJV22 护套厚度(mm)	KYJV22 钢带厚度(mm)	KYJV22 外径(约)(mm)	KYJV22 重量(约)(kg/km)
4	1	0.7	1.5	10.1	122	0.2	1.5	13.3	241	1.5	0.3	14.0	325
	1.5	0.7	1.5	10.8	153	0.2	1.5	14.0	279	1.5	0.3	14.5	380
	2.5	0.7	1.5	11.8	202	0.2	1.5	15.0	340	1.5	0.3	16.0	445
	4	0.7	1.5	13.0	276	0.2	1.5	16.2	457	1.5	0.3	17.0	520
	6	0.7	1.5	14.2	364	0.2	1.5	17.4	528	1.5	0.3	18.5	640
5	1	0.7	1.5	10.8	142	0.2	1.5	14.0	268	1.5	0.3	15.0	356
	1.5	0.7	1.5	11.6	180	0.2	1.5	14.8	315	1.5	0.3	16.0	425
	2.5	0.7	1.5	12.7	210	0.2	1.5	15.9	387	1.5	0.3	18.0	498
	4	0.7	1.5	14.1	332	0.2	1.5	17.3	527	1.5	0.3	18.5	605
	6	0.6	1.5	15.4	441	0.2	2.0	19.8	657	1.5	0.3	20.0	960
6	1	0.7	1.5	11.6	168	0.2	1.5	14.8	303	1.5	0.3	16.0	360
	1.5	0.7	1.5	12.5	207	0.2	1.5	15.7	352	1.5	0.3	17.0	440
	2.5	0.7	1.5	13.7	279	0.2	1.5	16.9	437	1.5	0.3	18.0	530
	4	0.7	1.5	15.2	388	0.2	2.0	19.4	601	1.5	0.3	20.0	680
	6	0.7	1.5	16.7	518	0.25	2.0	21.1	777	1.5	0.3	21.0	970

芯数	导线标称截面 (mm²)	绝缘厚度 (mm)	KYJV			KYJVP				KYJV22			
			护套厚度 (mm)	电缆外径(近似) (mm)	电缆重量(近似) (kg/km)	编织钢丝直径 (mm)	护套厚度 (mm)	电缆外径(近似) (mm)	电缆重量(近似) (kg/km)	护套厚度 (mm)	钢带厚度 (mm)	外径(约) (mm)	重量(约) (kg/km)
7	1	0.7	1.5	11.6	176	0.2	1.5	14.8	311	1.5	0.3	16.0	380
	1.5	0.7	1.5	12.5	227	0.2	1.5	15.7	372	1.5	0.3	17.0	468
	2.5	0.7	1.5	13.7	310	0.2	1.5	16.9	468	1.5	0.3	18.0	560
	4	0.7	1.5	15.2	435	0.2	1.5	19.4	648	1.5	0.3	20.0	725
	6	0.7	1.5	16.7	584	0.2	2.0	21.1	843	1.5	0.3	22.0	
8	1	0.7	1.5	12.8	200	0.2	2.0	16.0	348	1.5	0.3	17.2	395
	1.5	0.7	1.5	13.8	258	0.2	2.0	17.0	417	1.5	0.3	18.0	480
	2.5	0.7	1.5	15.2	353	0.2	2.0	19.4	566	1.5	0.3	20.4	631
	4	0.7	1.5	16.9	495	0.25	2.0	21.3	757	1.5	0.3	21.5	801
	6	0.7	2.0	19.6	706	0.25	2.0	24.0	953	1.5	0.3	24.0	1121
10	1	0.7	1.5	14.2	239	0.2	1.5	17.4	402	1.5	0.3	18.5	475
	1.5	0.7	1.5	15.4	312	0.2	2.0	19.5	528	1.5	0.3	20.0	602
	2.5	0.7	1.5	17.0	428	0.25	2.0	21.4	692	1.5	0.3	21.5	883
	4	0.7	2.0	20.0	616	0.25	2.0	23.4	898	1.5	0.3	24.5	1120
	6	0.7	2.0	22.0	263	0.25	2.0	25.4	1147	1.5	0.3	26.6	1400
12	1	0.7	1.5	14.6	270	0.2	1.5	17.8	438	1.5	0.3	17.0	502
	1.5	0.7	1.5	15.9	356	0.2	2.0	20.1	579	1.5	0.3	20.4	738
	2.5	0.7	1.5	17.5	494	0.25	2.0	21.9	764	1.5	0.3	22.0	986
	4	0.7	2.0	20.6	546	0.5	2.0	24.0	1005	1.5	0.3	25.0	1248
14	1	0.7	1.5	15.3	301	0.2	2.0	19.5	518	1.5	0.3	19.7	566
	1.5	0.7	1.5	16.6	402	0.2	2.0	20.8	634	1.5	0.3	20.6	874
	2.5	0.7	2.0	19.4	602	0.25	2.0	22.8	846	1.5	0.3	23.5	1103
	4	0.7	1.5	21.0	850	0.25	2.0	25.0	1121	1.5	0.3	26.0	1370
16	1	0.7	1.5	16.0	338	0.2	2.0	20.2	561	1.5	0.3	20.4	616
	1.5	0.7	1.5	17.4	450	0.2	2.0	21.6	692	1.5	0.3	21.8	960
	2.5	0.7	2.0	20.3	672	0.25	2.0	23.7	928	2.0	0.3	24.5	1194
19	1	0.7	1.5	16.8	385	0.2	2.0	21.0	620	1.5	0.3	21.0	666
	1.5	0.7	2.0	19.3	557	0.2	2.0	22.5	771	2.0	0.3	23.5	1046
	2.5	0.7	2.0	21.3	774	0.25	2.0	24.7	1042	2.0	0.3	25.5	1298
24	1	0.7	2.0	20.4	518	0.2	2.0	23.6	745	2.0	0.3	24.5	947
	1.5	0.7	2.0	22.2	688	0.2	2.0	25.4	934	2.0	0.3	26.5	1256
	2.5	0.7	2.0	24.5	961	0.25	2.0	28.0	1270	2.0	0.3	29.0	1601
27	1	0.7	2.0	20.8	564	0.2	2.0	24.0	795	2.0	0.3	25.0	1017
	1.5	0.7	2.0	22.6	753	0.2	2.0	25.8	1003	2.0	0.3	27.0	1606
	2.5	0.7	2.0	25.1	1059	0.25	2.0	28.5	1373	2.0	0.3	29.5	2010

芯数	导线标称截面(mm²)	绝缘厚度(mm)	KYJV			KYJVP				KYJV22			
			护套厚度(mm)	电缆外径(近似)(mm)	电缆重量(近似)(kg/km)	编织钢丝直径(mm)	护套厚度(mm)	电缆外径(近似)(mm)	电缆重量(近似)(kg/km)	护套厚度(mm)	钢带厚度(mm)	外径(约)(mm)	重量(约)(kg/km)
30	1	0.7	2.0	21.5	614	0.2	2.0	24.7	614	2.0	0.3	26.0	1063
	1.5	0.7	2.0	23.4	822	0.2	2.0	26.6	1081	2.0	0.3	27.8	1410
	2.5	0.7	2.0	25.0	1160	0.25	2.0	29.4	1485	2.0	0.3	32.5	1819
33	1	0.7	2.0	22.2	663	0.2	2.0	25.4	663	2.0	0.3	26.5	1110
	1.5	0.7	2.0	24.2	891	0.2	2.0	27.4	1159	2.0	0.3	29.5	1820
	2.5	0.7	2.0	25.9	1251	0.25	2.0	30.3	1598	2.0	0.5	32.0	2434
37	1	0.7	2.0	23.0	727	0.2	2.0	26.2	727	2.0	0.5	27.1	1220
	1.5	0.7	2.0	25.1	982	0.2	2.0	28.3	1259	2.0	0.5	30.3	1963
	2.5	0.7	2.0	27.9	1395	0.25	2.0	31.3	1743	2.0	0.5	33.1	2593

（3）主要技术性能见表 3-46。

表 3-46　　　　　　　　　　主　要　技　术　性　能

序　号	性　能　指　标	序　号	性　能　指　标
1	线芯直流电阻（Ω/km）就符合表 3-43 的规定	4	抗拉强度和延伸率 抗拉强度：9.8MPa 及以上 延伸率：35% 及以上
2	最高额定温度下绝缘电阻试验（MΩ/km）应符合表 3-43 的规定	5	耐加热性 抗拉强度：原始值的 80% 及以上 延伸率：原始值的 80% 及以上
3	交流电压试验（50Hz、5min）3.5kV 不击穿	6	耐热变形率 厚度变形率：40% 及以下

第五节　聚乙烯绝缘控制电缆

本产品适用于直流和交流 50～60Hz，额定电压 600/1000V 及以下控制、信号、保护及测量线路用。

一、使用条件

（1）线芯长期允许工作温度为 65℃。

（2）电缆敷设时的温度应不低于－15℃。

（3）电缆允许的弯曲半径应不小于成品电缆外径的 10 倍。

（4）聚乙烯绝缘控制电缆具有较好的耐寒性能。

二、型号、名称、使用范围（见表 3-47）

表 3-47 　　　　　　　　**聚乙烯绝缘控制电缆型号、名称、使用范围**

型　号	名　称	主要用途
KYY	铜芯聚乙烯绝缘聚乙烯护套控制电缆	固定敷设
KYYP	铜芯聚乙烯绝缘铜丝编织总屏蔽聚乙烯护套控制电缆	固定敷设
KYYP2	铜芯聚乙烯绝缘铜带屏蔽聚乙烯护套控制电缆	固定敷设
KY23	铜芯聚乙烯绝缘钢带铠装聚乙烯护套控制电缆	固定敷设
KY33	铜芯聚乙烯绝缘钢丝铠装聚乙烯护套控制电缆	固定敷设
KYP2—33	铜芯聚乙烯绝缘铜带屏蔽钢丝铠装聚乙烯护套控制电缆	固定敷设
KYV	铜芯聚乙烯绝缘聚氯乙烯护套控制电缆	固定敷设
KYVP	铜芯聚乙烯绝缘铜丝编织总屏蔽聚氯乙烯护套控制电缆	固定敷设
KYVP2	铜芯聚乙烯绝缘铜带绕包总屏蔽聚氯乙烯护套控制电缆	固定敷设
KYV22	铜芯聚乙烯绝缘聚氯乙烯护套钢带铠装控制电缆	固定敷设
KYV32	铜芯聚乙烯绝缘钢丝铠装聚氯乙烯护套控制电缆	固定敷设
KYVP2—22	铜芯聚乙烯绝缘铜带绕包总屏蔽聚氯乙烯护套钢带铠装控制电缆	固定敷设

三、电缆的结构

（一）电缆的额定电压、标称截面（见表 3-48）

表 3-48 　　　　　　　　**聚乙烯绝缘控制电缆的规格**

型　号	导体类型	额定电压 (V) U_0/U	标称截面（mm²）				
			0.5～1	1.5	2.5	4	6～10
KYY，KYYP，KYYP2，KYV，KYVP，KYVP2，KVY，KVYP，KVYP2	A，B	600/1000 或 300/500	2～61		2～37	4～14	4～10
KY22，KY23，KV23，KYY30，KY32，KYVP2—22，KY33，KYP32	A，B	600/1000 或 300/500	6～61　10～61	4～61　6～61	4～37　6～37	4～14　6～14	4～10　6～10

注　芯数系列为：2，4，5，6，7，8，10，12，14，16，19，24，30，37，44，48，52 芯和 61 芯。

（二）导电线芯结构

导电线芯结构分别依照铜芯规定为 A、B、R 型，结构形式见表 3-49。

表 3-49 　　　　　　　　**极数/单线直径**（mm）

线芯标称截面（mm²）	铜　芯			线芯标称截面（mm²）	铜　芯		
	A 型电线	B 型电线	R 型电线		A 型电线	B 型电线	R 型电线
0.5	1/0.80	7/0.30	28/0.15	2.5	1/1.78	7/0.68	
0.75	1/0.97	7/0.37	42/0.15	4	1/2.25	7/0.85	
1	1/1.13	7/0.43	32/0.20	6	1/2.76	7/1.04	
1.5	1/1.38	7/0.52	48/0.20	10	7/1.35		

（三）电缆绝缘、屏蔽、金属套及外护层

电缆绝缘、屏蔽、金属套及外护套依照下述规定制造产品。

（1）电缆绝缘层厚度（见表 3-50）。

表 3-50　　　　　　　聚乙烯绝缘控制电缆绝缘厚度（mm）

标称截面	300/500V	600/1000V	标称截面	300/500V	600/1000V
（mm²）	PE	PE	（mm²）	PE	PE
0.5	0.6		2.5	0.6	0.8
0.75	0.6		4	0.6	1.0
1	0.6		6	0.8	1.0
1.5	0.6	0.8	10	0.8	1.0

（2）屏蔽。

1）电缆的总屏蔽层应由软铜带组成。

2）编织屏蔽层应符合表 3-51 规定。

表 3-51　　　　　　　　编　织　屏　蔽　层

屏蔽前计算直径	编　织　屏　蔽		屏蔽前计算直径	编　织　屏　蔽	
（mm）	铜丝直径（mm）	覆盖密度（%）	（mm）	铜丝直径（mm）	覆盖密度（%）
≤6.00	0.10～0.15	≥90	12.01～18.00	0.15～0.20	≥90
6.01～12.00	0.10～0.15	≥90	>18.00	0.20～0.30	≥90

3）铜带屏蔽层应搭盖绕包，搭盖率应不小于带宽的 25%，屏蔽层内应纵向夹入总截面不小于 0.2mm² 的软铜线或软铜丝束屏蔽层，并应搭盖绕包薄膜带式布带。铜带厚度为 0.10～0.15mm。

（3）电缆外护层。塑料作外套，其厚度则参照表 3-52 规定制造供货。

表 3-52　　　　　　　　外　套　厚　度

护套前计算直径	外套标称厚度（mm）	护套前计算直径	外套标称厚度（mm）
（mm）	A 型和 B 型	（mm）	A 型和 B 型
	PE		PE
≤6.00	1.0	30.01～40.00	2.5
6.01～10.00	1.0	40.01～45.00	3.0
10.01～15.00	1.5	>45.00	3.0
15.01～30.00	2.0		

注　控制电缆用户订货时，可简要填列代号以表示其含义。

四、规格尺寸、重量及其他参考数据（见表 3-53～表 3-64）

表 3-53　　　　　　　KYY 型铜芯聚乙烯绝缘及护套控制电缆

规　格	芯　数	电缆外径（mm）	电缆重量（kg/km）	主要材料计算重量（kg/km）		
				铜	聚乙烯	聚乙烯
	2	8.7	67	27	7	33
电压 600/1000V，线芯	4	9.9	109	54	9	46
截面 1.5mm²（A 芯）	5	10.7	131	67	10	54
	6	11.6	153	81	11	62

规　　格	芯　数	电缆外径 （mm）	电缆重量 （kg/km）	主要材料计算重量（kg/km）		
				铜	聚乙烯	聚乙烯
电压 600/1000V，线芯 截面 1.5mm²（A 芯）	7	11.6	172	94	11	67
	8	13.5	217	107	12	98
	10	14.6	257	134	14	109
	12	16.1	302	161	15	126
	14	16.8	343	188	16	139
	16	17.7	385	215	17	153
	19	19.6	482	255	18	208
	24	22.6	596	322	21	253
	30	23.8	718	403	23	292
	37	25.6	860	497	25	238
	44	28.5	1014	591	29	394
	48	29.0	1091	645	29	417
	52	29.8	1171	699	30	442
	61	31.5	1351	820	32	499
电压 600/1000V，线芯 截面 2.5mm²（A 芯）	2	9.5	90	45	8	37
	4	10.9	152	89	10	53
	5	11.8	184	111	11	62
	6	13.8	237	134	12	90
	7	13.8	265	156	12	97
	8	14.9	304	178	14	113
	10	17.2	369	223	16	130
	12	17.7	429	268	17	144
	14	19.6	527	313	18	196
	16	20.6	591	357	19	214
	19	21.6	683	424	20	239
	24	25.0	850	536	24	290
	30	26.4	1033	671	26	336
	37	28.3	1246	827	28	391
电压 600/1000V，线芯 截面 4mm²（A 芯）	4	14.0	247	142	12	93
	5	15.2	300	178	14	108
	6	16.4	352	214	15	123
	7	16.4	397	249	15	133
	8	17.7	459	285	17	157
	10	21.7	596	356	20	220
	12	22.3	692	428	21	243
	14	23.5	792	500	23	269
电压 600/1000V，线芯 截面 6mm²（A 芯）	4	15.2	332	214	14	104
	5	16.5	405	268	16	121
	6	18.0	478	322	17	139
	7	18.0	542	375	17	150
	8	20.4	664	429	19	216
	10	23.7	808	537	23	248

规 格	芯 数	电缆外径 (mm)	电缆重量 (kg/km)	主要材料计算重量（kg/km）		
				铜	聚乙烯	聚乙烯
电压 600/1000V，线芯 截面 10mm²（A 芯）	4	19.2	571	361	18	193
	5	21.0	697	452	20	225
	6	22.8	821	542	22	257
	7	22.8	932	632	22	278
	8	24.7	1083	723	24	336
	10	28.7	1313	905	29	379
电压 600/1000V，线芯 截面 1.5mm²（B 芯）	2	9.0	69	27	8	35
	4	10.3	112	54	9	49
	5	11.2	135	67	10	58
	6	13.2	177	81	12	85
	7	13.2	195	94	12	90
	8	14.1	225	107	13	105
	10	16.3	270	134	15	121
	12	16.8	311	161	16	134
	14	17.6	354	188	17	149
	16	19.5	424	215	18	192
	19	20.5	488	255	19	214
	24	23.7	605	322	23	261
	30	25.0	729	403	24	301
	37	26.8	874	497	26	351
	44	30.0	1030	591	30	408
	48	30.5	1110	645	31	434
	52	31.3	1191	698	32	461
	61	33.1	1375	819	34	522
电压 600/1000V，线芯 截面 2.5mm²（B 芯）	2	10.1	94	46	9	40
	4	11.5	160	92	11	57
	5	13.5	213	115	12	86
	6	14.6	249	138	13	98
	7	14.6	278	160	13	104
	8	15.7	320	183	15	123
	10	19.3	416	230	18	168
	12	19.8	478	275	18	184
	14	20.8	544	321	19	204
	16	21.8	611	367	21	223
	19	22.9	707	436	22	249
	24	26.5	881	551	26	304
	30	28.0	1070	689	28	353
	37	30.2	1292	849	30	413
电压 600/1000V，线芯 截面 4mm²（B 芯）	4	14.7	256	143	13	100
	5	16.0	310	179	15	116
	6	17.3	364	215	16	132
	7	17.3	410	251	16	143
	8	19.7	501	286	18	198
	10	22.9	608	359	22	227
	12	23.6	705	430	23	252
	14	24.8	806	502	24	280

规　格	芯　数	电缆外径（mm）	电缆重量（kg/km）	主要材料计算重量（kg/km）		
				铜	聚乙烯	聚乙烯
电压 600/1000V，线芯截面 6mm²（B芯）	4	16.1	341	214	15	112
	5	17.5	416	268	17	131
	6	20.1	519	322	19	178
	7	20.1	584	375	19	190
	8	21.6	674	429	20	225
	10	25.2	819	537	25	257

表 3-54　　KYYP 型铜芯聚乙烯绝缘铜丝编织总屏蔽聚乙烯护套控制电缆

规　格	芯　数	电缆外径（mm）	电缆重量（kg/km）	主要材料计算重量（kg/km）		
				铜	聚乙烯	聚乙烯
电压 600/1000V，线芯截面 1.5mm²（A芯）	2	9.1	85	44	7	34
	4	10.3	130	74	9	48
	5	11.1	155	90	10	55
	6	13.1	198	106	11	81
	7	13.1	216	118	11	86
	8	13.9	246	134	12	100
	10	16.2	314	183	14	116
	12	16.7	355	212	15	128
	14	17.4	400	242	16	142
	16	19.3	472	272	17	183
	19	20.2	542	316	18	204
	24	23.2	665	395	21	248
	30	24.4	789	480	23	28
	37	26.4	967	509	25	333
	44	29.3	1134	618	29	387
	48	29.8	1213	675	29	409
	52	30.6	1297	832	30	435
	61	32.3	1485	962	32	491
电压 600/1000V，线芯截面 2.5mm²（A芯）	2	9.9	111	64	8	48
	4	11.3	176	112	10	54
	5	13.2	230	137	11	82
	6	14.2	267	162	12	92
	7	14.2	295	184	12	98
	8	15.2	337	209	14	114
	10	17.8	427	278	16	132
	12	19.3	516	325	17	174
	14	20.2	583	374	18	191
	16	21.2	650	422	19	209
	19	22.2	747	492	20	234
	24	25.8	954	645	24	285
	30	27.2	1143	787	26	320
	37	29.2	1365	953	28	384

规　　格	芯　数	电缆外径 (mm)	电缆重量 (kg/km)	主要材料计算重量（kg/km）		
				铜	聚乙烯	聚乙烯
电压 600/1000V，线芯 截面 4mm²（A 芯）	4	14.4	277	170	14	95
	5	15.8	350	226	14	110
	6	17.0	407	266	15	126
	7	17.0	452	301	15	135
	8	19.3	546	332	17	187
	10	22.3	660	425	20	215
	12	22.9	758	499	21	237
	14	24.1	861	573	23	263
电压 600/1000V，线芯 截面 6mm²（A 芯）	4	15.8	382	262	14	107
	5	17.1	460	321	16	124
	6	19.6	567	380	17	170
	7	19.6	631	433	17	181
	8	21.0	724	494	19	211
	10	24.3	877	614	23	241
电压 600/1000V，线芯 截面 10mm²（A 芯）	4	19.9	603	421	18	164
	5	21.6	727	518	20	189
	6	23.4	851	613	22	214
	7	23.4	956	705	22	229
	8	25.5	1129	830	24	275
	10	29.7	1374	1034	29	311
电压 600/1000V，线芯 截面 1.5mm²（B 芯）	2	9.4	88	45	8	36
	4	10.7	135	75	9	51
	5	11.6	160	91	10	59
	6	13.6	205	107	12	86
	7	13.6	228	120	12	96
	8	14.5	266	136	13	117
	10	16.9	327	183	15	126
	12	17.4	398	215	16	168
	14	19.2	446	245	17	184
	16	20.1	494	276	18	201
	19	21.1	574	319	19	236
	24	24.3	694	398	23	273
	30	25.8	853	512	24	317
	37	27.6	1016	615	26	374
	44	30.8	1173	726	30	417
	48	31.4	1257	782	31	444
	52	32.1	1348	839	32	477
	61	33.9	1618	970	34	614
电压 600/1000V，线芯 截面 2.5mm²（B 芯）	2	10.4	116	66	9	41
	4	11.9	185	116	11	59
	5	13.9	242	142	12	88
	6	15.0	281	168	13	99
	7	15.0	309	190	13	106
	8	16.3	372	233	15	125
	10	19.9	521	289	18	224
	12	20.4	587	337	18	232
	14	21.4	658	386	19	253
	16	22.4	732	436	21	275
	19	23.5	835	509	22	304
	24	27.3	1063	668	26	369
	30	28.8	1264	814	28	422
	37	31.0	1501	952	30	486

规　格	芯　数	电缆外径 (mm)	电缆重量 (kg/km)	主要材料计算重量 (kg/km)		
				铜	聚乙烯	聚乙烯
电压 600/1000V，线芯 截面 4mm² (B芯)	4	15.1	288	173	13	101
	5	16.6	363	230	15	118
	6	18.0	422	271	16	135
	7	18.0	468	307	16	145
	8	20.3	566	347	18	201
	10	23.5	684	432	22	230
	12	24.2	785	506	23	256
	14	25.6	919	610	24	285
电压 600/1000V，线芯 截面 6mm² (B芯)	4	16.7	395	265	15	115
	5	19.1	502	324	17	161
	6	20.7	585	384	19	182
	7	20.7	650	437	19	194
	8	22.2	746	497	20	228
	10	24.0	934	647	25	262

表 3-55　　　　KYYP2 型铜芯聚乙烯绝缘绕包总屏蔽聚乙烯护套控制电缆

规　格	芯　数	电缆外径 (mm)	电缆重量 (kg/km)	主要材料计算重量 (kg/km)		
				铜	聚乙烯	聚乙烯
电压 600/1000V，线芯 截面 1.5mm² (A芯)	2	9.6	100	50	16	34
	4	10.9	148	81	19	48
	5	11.7	174	98	21	55
	6	13.6	219	115	23	81
	7	13.6	237	127	23	86
	8	14.5	269	144	25	100
	10	16.6	324	178	30	116
	12	17.1	366	207	31	128
	14	17.8	412	237	33	142
	16	19.7	485	267	35	183
	19	20.6	551	310	37	204
	24	23.6	680	388	45	248
	30	24.8	806	473	47	286
	37	26.5	955	573	51	332
	44	29.5	1122	677	58	387
	48	30.0	1201	733	59	409
	52	30.8	1285	789	61	435
	61	32.5	1473	916	65	491
电压 600/1000V，线芯 截面 2.5mm² (A芯)	2	10.4	128	71	18	40
	4	11.8	197	120	21	56
	5	13.8	253	146	23	84
	6	14.8	293	172	26	95
	7	14.8	321	194	26	101
	8	15.8	365	220	28	117
	10	19.2	469	273	34	162
	12	19.7	532	320	35	177
	14	20.6	599	368	37	194
	16	21.6	666	415	39	211
	19	22.6	764	486	42	236
	24	26.0	945	610	50	286
	30	27.4	1133	749	53	331
	37	29.3	1355	912	58	385

规　格	芯　数	电缆外径 （mm）	电缆重量 （kg/km）	主要材料计算重量（kg/km）		
				铜	聚乙烯	聚乙烯
电压 600/1000V，线芯 截面 4mm²（A 芯）	4	14.9	304	181	26	97
	5	16.2	362	221	29	112
	6	17.4	421	261	32	127
	7	17.4	465	296	32	137
	8	19.7	561	337	35	190
	10	22.7	677	418	42	217
	12	23.3	778	492	44	242
	14	24.4	879	568	46	265
电压 600/1000V，线芯 截面 6mm²（A 芯）	4	16.2	394	257	29	109
	5	17.5	473	316	32	126
	6	20.0	582	375	36	172
	7	20.0	646	428	36	183
	8	21.4	739	487	37	213
	10	24.7	879	606	47	244
电压 600/1000V，线芯 截面 10mm²（A 芯）	4	20.3	617	415	36	166
	5	22.0	744	512	40	191
	6	23.8	870	608	45	217
	7	23.8	975	698	45	232
	8	25.7	1121	796	49	276
	10	29.9	1363	992	59	312
电压 600/1000V，线芯 截面 1.5mm²（B 芯）	2	10.0	108	54	17	37
	4	11.3	158	86	20	52
	5	13.2	204	103	22	79
	6	14.2	233	120	24	89
	7	14.2	252	133	24	94
	8	15.1	291	151	26	109
	10	17.3	343	186	32	125
	12	17.8	386	215	33	138
	14	19.6	461	245	35	181
	16	20.5	510	276	37	197
	19	21.5	578	319	39	220
	24	24.6	721	399	47	266
	30	26.0	841	485	50	307
	37	27.8	997	586	54	357
	44	31.0	1168	692	62	414
	48	31.5	1251	748	63	440
	52	32.3	1336	804	65	467
	61	35.1	1579	932	69	578
电压 600/1000V，线芯 截面 2.5mm²（B 芯）	2	11.0	138	87	19	42
	4	13.5	231	129	23	79
	5	14.5	272	156	25	91
	6	15.6	313	184	28	102
	7	15.6	342	206	28	108
	8	16.7	390	233	30	127
	10	20.2	500	290	36	174
	12	20.8	565	337	38	190
	14	21.8	635	387	40	209
	16	22.8	707	437	42	228
	19	23.9	810	510	45	255
	24	27.5	1002	639	53	310
	30	29.0	1199	783	57	359
	37	31.2	1431	951	62	418

规 格	芯 数	电缆外径 (mm)	电缆重量 (kg/km)	主要材料计算重量（kg/km）		
				铜	聚乙烯	聚乙烯
电压 600/1000V，线芯 截面 4mm²（B 芯）	4	15.7	320	189	28	104
	5	17.0	381	230	31	120
	6	19.3	469	271	34	164
	7	19.3	515	307	34	174
	8	20.7	588	347	37	203
	10	23.9	711	433	45	233
	12	24.6	811	506	46	258
	14	25.8	818	518	49	286
电压 600/1000V，线芯 截面 6mm²（B 芯）	4	17.0	413	265	31	117
	5	19.5	522	325	34	163
	6	21.0	607	385	38	184
	7	21.0	672	438	38	196
	8	22.6	769	498	42	230
	10	26.1	933	620	50	263

表 3-56　　　KY23 型铜芯聚乙烯绝缘钢带铠装聚乙烯护套控制电缆

规 格	芯 数	电缆外径 (mm)	电缆重量 (kg/km)	主要材料计算重量（kg/km）			
				铜	聚乙烯	聚乙烯	钢带
电压 600/1000V，线芯 截面 1.5mm²（A 芯）	4	14.1	302	54	45	76	128
	5	14.9	341	67	50	85	139
	6	15.8	379	81	55	94	150
	7	15.8	397	94	55	99	150
	8	17.7	482	107	86	117	173
	10	20.8	590	134	95	161	199
	12	21.3	645	161	105	175	204
	14	22.0	702	188	111	189	214
	16	22.9	760	215	117	204	224
	19	24.8	896	255	163	231	247
	24	27.8	1071	322	190	275	284
	30	29.0	1217	403	201	313	299
	37	31.6	1621	497	219	363	542
	44	35.5	1909	591	247	468	603
	48	36.0	2000	645	251	493	612
	52	36.8	2104	699	259	518	628
	61	38.5	2336	820	275	577	664
电压 600/1000V，线芯 截面 2.5mm²（A 芯）	4	15.1	363	89	50	84	140
	5	16.0	414	111	56	94	152
	6	19.0	536	134	88	136	177
	7	19.0	564	156	88	142	177
	8	20.0	623	178	96	159	189
	10	22.4	734	223	113	180	218
	12	22.9	805	268	117	195	225
	14	24.8	942	313	163	218	248
	16	25.8	1024	357	172	235	259
	19	26.8	1138	424	181	261	272
	24	30.2	1373	536	213	311	313
	30	32.4	1818	671	227	361	559
	37	35.4	2136	827	245	465	599

规　格	芯　数	电缆外径 （mm）	电缆重量 （kg/km）	主要材料计算重量（kg/km）			
				铜	聚乙烯	聚乙烯	钢带
电压 600/1000V，线芯 截面 4mm²（A 芯）	4	19.2	548	142	89	138	178
	5	20.4	624	178	98	155	193
	6	21.6	703	214	108	173	209
	7	21.6	748	249	108	182	209
	8	22.9	834	285	117	208	224
	10	26.9	1053	357	182	241	273
	12	27.5	1161	428	188	264	281
	14	28.7	1285	500	199	290	295
电压 600/1000V，线芯 截面 6mm²（A 芯）	4	20.4	657	214	98	151	193
	5	21.7	757	268	108	170	210
	6	23.2	859	322	119	191	227
	7	23.2	923	375	119	202	227
	8	25.6	1094	429	170	238	257
	10	28.9	1305	537	202	268	298
电压 600/1000V，线芯 截面 10mm²（A 芯）	4	24.5	955	361	160	190	244
	5	26.2	1110	452	177	216	265
	6	28.0	1264	542	194	241	287
	7	28.0	1369	632	194	256	287
	8	29.9	1544	723	211	301	309
	10	35.9	2158	905	250	393	310
电压 600/1000V，线芯 截面 1.5mm²（B 芯）	4	14.5	315	54	48	79	134
	5	15.4	353	67	52	89	145
	6	17.4	436	81	84	103	169
	7	17.4	455	94	84	109	169
	8	19.3	528	107	91	151	180
	10	21.5	617	134	107	170	207
	12	22.0	668	161	110	184	213
	14	22.8	728	188	116	200	223
	16	24.7	846	215	162	222	247
	19	25.7	928	255	171	244	258
	24	28.9	1107	322	201	291	297
	30	30.2	1261	403	213	332	313
	37	32.8	1681	497	230	386	568
	44	37.0	1980	591	260	497	632
	48	37.5	2075	645	265	523	642
	52	38.3	2181	698	273	551	659
	61	40.1	2421	819	290	615	697
电压 600/1000V，线芯 截面 2.5mm²（B 芯）	4	15.7	382	92	54	89	128
	5	17.7	479	115	86	105	139
	6	19.8	562	138	94	144	150
	7	19.8	591	160	94	151	150
	8	20.9	656	183	102	170	173
	10	24.5	831	230	160	198	199
	12	25.0	904	275	165	214	204
	14	26.0	990	321	173	234	214
	16	27.0	1078	367	184	253	224
	19	28.1	1197	436	194	279	235
	24	32.5	1680	551	228	339	284
	30	35.0	1963	689	242	439	299
	37	37.2	2248	849	262	501	542

规 格	芯 数	电缆外径 (mm)	电缆重量 (kg/km)	主要材料计算重量（kg/km）			
				铜	聚乙烯	聚乙烯	钢带
电压 600/1000V，线芯 截面 4mm² （B芯）	4	19.9	571	143	95	146	187
	5	21.2	650	179	104	164	203
	6	22.5	732	215	114	183	220
	7	22.5	778	251	114	193	220
	8	24.9	927	286	164	228	249
	10	28.1	1098	359	194	257	288
	12	28.8	1210	430	201	283	296
	14	30.0	1334	502	211	310	311
电压 600/1000V，线芯 截面 10mm² （B芯）	4	21.3	683	214	105	161	204
	5	22.7	788	268	115	182	222
	6	25.3	951	322	168	209	253
	7	25.3	1017	375	168	221	253
	8	26.8	1137	429	181	255	272
	10	31.2	1579	537	216	292	534

表 3-57　　　　KY33 型铜芯聚乙烯绝缘细钢丝铠装聚乙烯护套控制电缆

规 格	芯 数	电缆外径 (mm)	电缆重量 (kg/km)	主要材料计算重量（kg/km）			
				铜	聚乙烯	聚乙烯	钢丝
电压 600/1000V，线芯 截面 1.5mm² （A芯）	6	17.8	646	81	55	102	408
	7	17.8	664	94	55	108	408
	8	20.7	804	107	86	154	457
	10	22.8	925	134	95	173	522
	12	23.3	990	161	105	186	538
	14	24.0	1055	188	111	201	555
	16	24.9	1135	215	117	216	587
	19	26.8	1313	255	163	243	652
	24	30.6	1746	322	190	291	943
	30	31.8	1928	403	202	329	994
	37	33.6	2135	497	219	374	4045
	44	37.5	2478	591	247	468	1172
	48	38.0	2560	645	251	492	1172
	52	38.8	2689	699	259	533	1198
	61	41.5	3327	820	275	599	1633
电压 600/1000V，线芯 截面 2.5mm² （A芯）	6	21.0	843	134	88	148	473
	7	21.0	871	156	88	154	473
	8	22.0	951	178	96	171	506
	10	24.4	1099	223	113	192	571
	12	24.9	1179	208	117	207	587
	14	26.8	1358	313	163	230	652
	16	28.6	1649	357	172	252	867
	19	29.6	1774	424	181	227	892
	24	33.0	2095	536	213	327	1019
	30	35.4	2391	671	227	423	1070
	37	37.4	2699	827	245	480	1147

规　格	芯　数	电缆外径 （mm）	电缆重量 （kg/km）	主要材料计算重量（kg/km）			
				铜	聚乙烯	聚乙烯	钢丝
电压 600/1000V，线芯 截面 4mm²（A芯）	6	23.6	1062	214	108	183	555
	7	23.6	1106	249	108	193	555
	8	24.9	1209	285	117	220	587
	10	29.7	1689	357	182	258	892
	12	30.3	1814	428	188	281	917
	14	31.5	1974	500	200	306	968
电压 600/1000V，线芯 截面 6mm²（A芯）	6	25.2	1247	322	119	202	604
	7	25.2	1311	375	119	212	604
	8	28.4	1694	429	170	254	841
	10	31.7	1992	537	202	285	968
电压 600/1000V，线芯 截面 10mm²（A芯）	6	30.8	1937	542	194	258	943
	7	30.8	2042	632	194	273	943
	8	32.7	2270	723	211	317	1019
	10	36.9	2935	905	250	408	1172
电压 600/1000V，线芯 截面 1.5mm²（B芯）	6	20.4	761	81	84	140	457
	7	20.4	780	94	84	146	457
	8	21.3	833	107	91	163	473
	10	23.5	961	134	107	182	538
	12	24.0	1022	161	110	196	555
	14	24.8	1103	188	116	212	587
	16	26.7	1247	215	162	234	636
	19	28.5	1553	255	171	261	866
	24	31.7	1798	322	201	307	968
	30	33.0	1983	403	213	348	1019
	37	35.8	2272	497	231	449	1096
	44	39.0	2586	591	260	512	1223
	48	40.5	3008	645	265	545	1553
	52	41.3	3177	698	273	573	1633
	61	42.1	3418	819	290	637	1672
电压 600/1000V，线芯 截面 2.5mm²（B芯）	6	21.8	877	138	94	156	489
	7	21.8	906	160	94	163	489
	8	22.9	990	183	102	182	522
	10	26.5	1236	230	160	210	636
	12	27.0	1320	275	165	226	653
	14	28.8	1612	321	174	251	867
	16	29.8	1737	367	184	269	918
	19	30.9	1869	436	194	296	943
	24	35.5	2277	551	228	402	1096
	30	37.0	2582	689	242	453	1198
	37	40.2	3187	849	262	523	1553

规 格	芯 数	电缆外径 (mm)	电缆重量 (kg/km)	主要材料计算重量 (kg/km)			
				铜	聚乙烯	聚乙烯	钢丝
电压 600/1000V，线芯截面 4mm²（B 芯）	6	24.5	1111	215	114	195	587
	7	24.5	1157	251	114	205	587
	8	26.9	1326	286	164	240	636
	10	30.9	1970	359	194	274	943
	12	31.6	1899	430	200	299	969
	14	32.8	2060	502	211	327	1020
电压 600/1000V，线芯截面 6mm²（B 芯）	6	28.1	1555	322	168	225	841
	7	28.1	1620	375	168	237	841
	8	29.6	1773	429	181	271	892
	10	33.2	2102	537	216	304	1045

表 3-58   KYP2—33 型铜芯聚乙烯绝缘铜带总屏蔽细钢丝铠装聚乙烯护套控制电缆

规 格	芯 数	电缆外径 (mm)	电缆重量 (kg/km)	主要材料计算重量 (kg/km)			
				铜	聚乙烯	聚乙烯	钢丝
电压 600/1000V，线芯截面 1.5mm²（A 芯）	6	20.8	784	115	94	141	457
	7	20.8	802	127	94	146	457
	8	21.7	870	144	102	160	489
	10	23.8	1003	178	121	178	555
	12	24.3	1064	207	124	192	571
	14	25.0	1130	237	131	207	587
	16	25.9	1283	267	176	223	652
	19	28.6	1582	310	187	253	867
	24	31.6	1826	388	218	297	968
	30	32.8	2011	473	231	335	1019
	37	35.5	2300	573	251	431	1096
	44	38.5	2590	675	279	490	1198
	48	39.0	2699	733	288	514	1223
	52	40.8	3164	739	296	547	1593
	61	42.5	3443	916	314	606	1672
电压 600/1000V，线芯截面 2.5mm²（A 芯）	6	22.0	897	172	107	154	489
	7	22.0	925	107	160		489
	8	23.0	1024	220	117	177	538
	10	26.4	1255	273	176	204	636
	12	26.9	1337	320	180	219	652
	14	28.6	1628	368	190	240	867
	16	29.6	1727	415	200	258	892
	19	30.6	1881	486	211	283	943
	24	34.0	2210	610	247	335	1070
	30	36.4	2509	749	262	431	1121
	37	38.3	2822	912	283	487	1198

规 格	芯 数	电缆外径 (mm)	电缆重量 (kg/km)	主要材料计算重量 (kg/km)			
				铜	聚乙烯	聚乙烯	钢丝
电压 600/1000V，线芯 截面 4mm² （A芯）	6	24.6	1120	261	130	190	571
	7	24.6	1165	296	130	199	571
	8	26.9	1366	337	181	232	652
	10	30.7	1796	419	212	264	943
	12	31.3	1922	492	319	286	968
	14	32.4	2059	568	330	312	994
电压 600/1000V，线芯 截面 6mm² （A芯）	6	27.2	1388	375	184	214	652
	7	27.2	1452	428	184	225	652
	8	29.4	1799	487	199	260	892
	10	32.7	2103	606	224	291	1019
电压 600/1000V，线芯 截面 10mm² （A芯）	6	31.8	1993	608	225	263	994
	7	31.8	2098	698	225	278	994
	8	33.7	2302	796	244	323	1045
	10	38.9	2769	992	289	415	1198
电压 600/1000V，线芯 截面 1.5mm² （B芯）	6	21.4	818	120	102	146	473
	7	21.4	837	134	102	152	473
	8	22.3	909	151	110	169	506
	10	25.5	1080	186	129	193	603
	12	26.0	1126	215	134	207	603
	14	26.8	1250	245	180	223	636
	16	28.5	1539	276	190	244	866
	19	29.5	1638	319	199	267	892
	24	32.7	1917	399	232	313	1019
	30	34.0	2106	485	247	354	1070
	37	36.8	2376	586	266	457	1121
	44	41.0	6049	692	300	526	1593
	48	41.5	3175	748	305	552	1633
	52	42.3	3305	804	314	580	1672
	61	45.1	3440	932	405	651	1832
电压 600/1000V，线芯 截面 2.5mm² （B芯）	6	22.8	955	184	115	162	522
	7	22.8	983	206	115	169	522
	8	23.9	1501	290	186	220	841
	12	28.2	1595	337	193	237	866
	14	29.8	1722	387	203	256	917
	16	30.8	1826	437	213	275	943
	19	31.9	1986	510	225	302	994
	24	36.5	2380	639	263	409	1121
	30	38.0	2664	783	279	461	1198
	37	41.2	3354	951	302	530	1633

规　格	芯　数	电缆外径 （mm）	电缆重量 （kg/km）	主要材料计算重量（kg/km）			
				铜	聚乙烯	聚乙烯	钢丝
电压 600/1000V，线芯 截面 4mm²（B 芯）	6	25.5	1234	271	177	200	620
	7	25.5	1280	307	177	210	620
	8	28.7	1617	327	191	250	866
	10	31.9	1887	433	225	280	994
	12	32.6	2016	506	232	305	1019
	14	33.8	2157	583	245	333	1045
电压 600/1000V，线芯 截面 6mm²（B 芯）	6	29.0	702	385	195	231	87
	7	29.0	924	438	195	243	87
	8	30.6	1036	498	211	277	94
	10	34.2	1286	620	248	361	107

表 3-59　　　　　　**KYV 型铜芯聚乙烯绝缘聚氯乙烯护套控制电缆**

规　格	芯　数	电缆外径 （mm）	电缆重量 （kg/km）	主要材料计算重量（kg/km）		
				铜	聚氯乙烯	聚乙烯
电压 600/1000V，线芯 截面 1.5mm²（A 芯）	2	8.7	76	27	39	10
	4	9.9	119	54	45	21
	5	10.7	143	67	50	26
	6	11.6	166	81	55	31
	7	11.6	184	94	55	36
	8	13.5	238	107	86	45
	10	14.6	280	134	95	51
	12	16.1	328	161	104	62
	14	16.8	371	188	111	72
	16	17.7	414	215	117	82
	19	19.6	516	255	163	98
	24	22.6	636	322	190	124
	30	23.8	760	403	201	155
	37	25.6	906	497	219	190
	44	28.5	1065	591	247	227
	48	29.0	1143	645	251	247
	52	29.8	1226	699	259	268
	61	31.5	1408	820	274	314
电压 600/1000V，线芯 截面 2.5mm²（A 芯）	2	9.5	100	45	43	12
	4	10.9	164	89	50	24
	5	11.8	197	111	56	30
	6	13.8	259	134	88	37
	7	13.8	287	156	88	43
	8	14.9	328	178	96	54
	10	17.2	397	223	113	61
	12	17.7	458	268	117	73
	14	19.6	561	313	163	85
	16	20.6	627	357	172	97
	19	21.6	721	424	181	116
	24	25.0	895	536	213	146
	30	26.4	1081	671	227	183
	37	28.3	1297	827	245	225

规 格	芯 数	电缆外径 (mm)	电缆重量 (kg/km)	主要材料计算重量 (kg/km)		
				铜	聚氯乙烯	聚乙烯
电压 600/1000V，线芯截面 4mm² (A 芯)	4	14.0	270	142	89	38
	5	15.2	324	178	98	48
	6	16.4	379	214	108	58
	7	16.4	424	249	108	67
	8	17.7	488	285	117	86
	10	21.7	634	356	182	96
	12	22.3	731	428	188	115
	14	23.5	834	500	200	134
电压 600/1000V，线芯截面 6mm² (A 芯)	4	15.2	357	214	98	44
	5	16.5	432	268	108	55
	6	18.0	508	322	119	67
	7	18.0	572	375	119	78
	8	20.4	699	429	170	100
	10	23.7	850	537	201	111
电压 600/1000V，线芯截面 10mm² (A 芯)	4	19.2	604	361	160	84
	5	21.0	734	452	177	105
	6	22.8	862	542	194	126
	7	22.8	973	632	194	147
	8	24.7	1128	723	210	194
	10	28.7	1365	905	250	210
电压 600/1000V，线芯截面 1.5mm² (B 芯)	2	9.0	79	27	41	11
	4	10.3	123	54	48	22
	5	11.2	147	67	52	28
	6	13.2	197	81	84	33
	7	13.2	216	94	84	39
	8	14.1	247	107	91	50
	10	16.3	297	134	107	56
	12	16.8	338	161	110	67
	14	17.6	382	188	116	78
	16	19.5	466	215	162	89
	19	20.5	532	255	171	106
	24	23.7	657	322	201	134
	30	25.0	783	403	213	167
	37	26.8	934	497	231	206
	44	30.0	1096	591	260	245
	48	30.5	1178	645	265	268
	52	31.3	1261	698	273	290
	61	33.1	1449	819	290	340
电压 600/1000V，线芯截面 2.5mm² (B 芯)	2	10.0	105	46	46	13
	4	11.5	172	92	54	27
	5	13.5	235	115	86	34
	6	14.6	272	138	94	40
	7	14.6	301	160	94	47
	8	15.7	346	183	102	60
	10	19.3	457	230	160	67
	12	19.8	520	275	165	80
	14	20.8	589	321	174	94
	16	21.8	658	367	184	107
	19	22.9	757	436	194	127
	24	26.5	940	551	228	161
	30	28.0	1132	689	242	201
	37	30.2	1359	849	262	248

规 格	芯 数	电缆外径 （mm）	电缆重量 （kg/km）	主要材料计算重量（kg/km）		
				铜	聚氯乙烯	聚乙烯
电压 600/1000V，线芯 截面 4mm²（B 芯）	4	14.7	279	143	95	42
	5	16.0	336	179	104	52
	6	17.3	392	215	114	63
	7	17.3	438	251	114	73
	8	19.7	544	286	164	94
	10	22.9	658	259	194	105
	12	23.6	756	430	200	126
	14	24.8	860	502	211	147
电压 600/1000V，线芯 截面 6mm²（B 芯）	4	16.1	367	214	105	49
	5	17.5	444	268	115	61
	6	20.1	562	322	167	73
	7	20.1	627	375	167	85
	8	21.6	721	429	181	110
	10	25.2	874	537	215	122

表 3-60   KYVP 型铜芯聚乙烯绝缘铜丝编织总屏蔽聚氯乙烯护套控制电缆

规 格	芯 数	电缆外径 （mm）	电缆重量 （kg/km）	主要材料计算重量（kg/km）		
				铜	聚氯乙烯	聚乙烯
电压 600/1000V，线芯 截面 1.5mm²（A 芯）	2	9.1	95	44	40	10
	4	10.3	142	74	47	21
	5	11.1	167	90	52	26
	6	13.1	218	106	82	31
	7	13.1	237	118	82	36
	8	13.9	268	134	89	45
	10	16.2	340	183	105	51
	12	16.7	382	212	109	62
	14	17.4	428	242	114	72
	16	19.3	513	272	159	82
	19	20.2	581	316	168	98
	24	23.2	715	395	195	124
	30	24.4	841	480	207	155
	37	26.4	1025	609	225	191
	44	29.3	1199	718	254	227
	48	29.8	1280	775	258	247
	52	30.6	1364	832	265	268
	61	32.3	1558	962	281	314
电压 600/1000V，线芯 截面 2.5mm²（A 芯）	2	9.9	121	64	45	12
	4	11.3	189	112	52	24
	5	13.2	250	137	84	30
	6	14.2	289	162	91	37
	7	14.2	318	184	91	43
	8	15.2	361	209	98	54
	10	17.8	457	278	117	61
	12	19.3	558	325	160	73
	16	21.2	696	422	177	97
	19	22.2	795	472	186	116
	24	25.8	1011	645	220	146
	30	27.2	1203	787	232	183
	37	29.2	1429	953	251	225

规　格	芯　数	电缆外径 （mm）	电缆重量 （kg/km）	主要材料计算重量（kg/km）		
				铜	聚氯乙烯	聚乙烯
电压 600/1000V，线芯 截面 4mm²（A 芯）	4	14.4	300	170	92	38
	5	15.8	375	226	102	48
	6	17.0	435	266	111	58
	7	17.0	480	301	111	67
	8	19.3	588	342	160	86
	10	22.3	708	425	187	96
	12	22.9	808	499	193	115
	14	24.1	913	576	204	134
电压 600/1000V，线芯 截面 6mm²（A 芯）	4	15.8	408	262	102	44
	5	17.1	488	321	112	55
	6	19.6	609	380	162	67
	7	19.6	673	433	162	78
	8	21.0	769	494	175	100
	10	24.3	931	614	207	111
电压 600/1000V，线芯 截面 10mm²（A 芯）	4	19.9	645	421	165	59
	5	21.6	744	518	182	74
	6	23.4	902	605	198	89
	7	23.4	1007	705	198	104
	8	25.5	1185	830	217	138
	10	29.7	1440	1034	257	149
电压 600/1000V，线芯 截面 1.5mm²（B 芯）	2	9.4	98	45	42	11
	4	10.7	147	75	49	22
	5	11.6	173	91	54	28
	6	13.6	226	107	86	33
	7	13.6	245	120	86	39
	8	14.5	278	136	93	50
	10	16.9	352	186	110	56
	12	17.4	396	215	114	67
	14	19.2	482	245	159	78
	16	20.1	531	276	167	89
	19	21.1	601	319	176	106
	24	24.3	738	398	206	134
	30	25.8	899	512	220	167
	37	27.6	1059	615	237	206
	44	30.8	1238	726	267	245
	48	31.4	1323	728	273	268
	52	32.1	1409	839	280	290
	61	33.9	1613	970	297	340

规 格	芯 数	电缆外径 (mm)	电缆重量 (kg/km)	主要材料计算重量（kg/km）		
				铜·	聚氯乙烯	聚乙烯
电压 600/1000V，线芯 截面 2.5mm²（B 芯）	2	10.4	127	66	48	13
	4	11.9	198	116	56	27
	5	13.9	264	142	83	34
	6	15.0	305	168	97	40
	7	15.0	334	190	97	47
	8	16.3	399	233	106	60
	10	19.9	521	289	165	67
	14	20.4	587	337	170	80
	14	21.4	658	386	178	94
	16	22.4	732	436	189	107
	19	23.5	835	509	199	127
	24	27.3	1063	668	234	161
	30	28.8	1264	814	249	201
	37	31.0	1501	985	261	248
电压 600/1000V，线芯 截面 4mm²（B 芯）	4	15.1	312	173	97	42
	5	16.6	390	230	108	52
	6	18.0	450	271	117	63
	7	18.0	497	307	117	73
	8	20.3	610	347	169	94
	10	23.5	736	432	199	105
	12	24.2	838	506	206	126
	14	25.6	974	610	218	147
电压 600/1000V，线芯 截面 6mm²（B 芯）	4	16.7	422	265	108	49
	5	19.7	543	324	158	61
	6	20.7	630	384	173	73
	7	20.7	695	437	173	85
	8	22.2	794	497	186	110
	10	24.0	991	647	222	122

表 3-61　　　KYVP2 型铜芯聚乙烯绝缘铜带绕包总屏蔽聚氯乙烯护套控制电缆

规 格	芯 数	电缆外径 (mm)	电缆重量 (kg/km)	主要材料计算重量（kg/km）		
				铜	聚氯乙烯	聚乙烯
电压 600/1000V，线芯 截面 1.5mm²（A 芯）	2	9.6	109	50	49	10
	4	10.9	159	81	57	21
	5	11.7	186	98	62	26
	6	13.6	239	115	94	31
	7	13.6	258	127	94	36
	8	14.5	291	144	102	45
	10	16.6	351	178	121	51
	12	17.1	393	207	124	62
	14	17.8	440	237	131	72
	16	19.7	526	267	176	82
	19	20.6	595	310	187	98
	24	23.6	730	388	218	124
	30	24.8	859	473	231	155
	37	26.5	1014	573	251	190
	44	29.5	1187	675	279	227
	48	30.0	1268	733	238	247
	52	30.8	1353	789	296	268
	61	32.5	1545	916	314	314

规　格	芯　数	电缆外径 (mm)	电缆重量 (kg/km)	主要材料计算重量（kg/km）		
				铜	聚氯乙烯	聚乙烯
电压 600/1000V，线芯 截面 2.5mm²（A 芯）	2	10.4	140	71	57	12
	4	11.8	210	120	65	24
	5	13.8	275	148	99	30
	6	14.8	317	172	107	37
	7	14.8	345	194	107	43
	8	15.8	391	220	117	54
	10	19.2	510	273	176	61
	12	19.7	574	320	180	73
	14	20.6	643	368	190	85
	16	21.6	713	415	200	97
	19	22.6	813	486	211	116
	24	26.0	1002	610	247	146
	30	27.4	1194	749	262	183
	37	29.3	1420	912	283	225
电压 600/1000V，线芯 截面 4mm²（A 芯）	4	14.9	328	181	109	38
	5	16.2	388	221	120	48
	6	17.4	449	261	130	58
	7	17.4	494	296	130	67
	8	19.7	603	337	181	86
	10	22.7	726	418	212	96
	12	23.3	827	492	319	115
	14	24.4	933	568	330	134
电压 600/1000V，线芯 截面 6mm²（A 芯）	4	16.2	421	257	120	44
	5	17.5	502	316	131	55
	6	20.0	625	375	184	67
	7	20.0	689	428	184	78
	8	21.4	786	487	199	100
	10	24.7	951	606	224	111
电压 600/1000V，线芯 截面 10mm²（A 芯）	4	20.3	661	415	185	59
	5	22.0	792	512	206	74
	6	23.8	922	608	225	89
	7	23.8	1027	698	225	104
	8	25.7	1178	796	244	138
	10	29.9	1430	992	289	149

规　格	芯　数	电缆外径 （mm）	电缆重量 （kg/km）	主要材料计算重量（kg/km）		
				铜	聚氯乙烯	聚乙烯
电压 600/1000V，线芯 截面 1.5mm²（B芯）	2	10.0	111	54	54	11
	4	11.3	171	86	62	22
	5	13.2	225	103	94	28
	6	14.2	256	120	102	33
	7	14.2	275	134	102	39
	8	15.1	311	151	110	50
	10	17.3	371	186	129	56
	12	17.8	416	215	134	67
	14	19.6	503	245	180	78
	16	20.5	555	276	190	89
	19	21.5	624	319	199	106
	24	24.6	765	399	232	134
	30	26.0	898	485	247	167
	37	27.8	1058	586	266	206
	44	31.0	1237	692	300	245
	48	31.5	1321	748	305	268
	52	32.3	1405	804	314	290
	61	35.1	1677	932	405	340
电压 600/1000V，线芯 截面 2.5mm²（B芯）	2	11.0	150	87	60	13
	4	13.5	252	129	96	27
	5	14.5	295	156	104	34
	6	15.6	338	184	115	40
	7	15.6	367	206	115	47
	8	16.7	417	233	124	60
	10	20.2	543	290	186	67
	12	20.8	610	337	193	80
	14	21.8	683	387	203	94
	16	22.8	757	437	213	107
	19	23.9	862	510	225	127
	24	27.5	1063	639	263	161
	30	29.0	1263	783	279	201
	37	31.2	1501	951	302	248
电压 600/1000V，线芯 截面 4mm²（B芯）	4	15.7	346	189	115	43
	5	17.0	408	230	126	52
	6	19.3	511	271	177	63
	7	19.3	557	307	177	73
	8	20.7	633	327	191	94
	10	23.9	763	433	225	105
	12	24.6	865	506	232	126
	14	25.8	975	583	245	147
电压 600/1000V，线芯 截面 6mm²（B芯）	4	17.0	440	265	127	49
	5	19.5	564	325	178	61
	6	21.0	653	385	195	73
	7	21.0	718	438	195	85
	8	22.6	818	498	211	110
	10	26.1	990	620	248	122

表 3-62　　　　　　　**KYV22 型铜芯聚乙烯绝缘聚氯乙烯护套铜带铠装控制电缆**

规　格	芯　数	电缆外径 (mm)	电缆重量 (kg/km)	主要材料计算重量（kg/km）			
				铜	聚氯乙烯	聚乙烯	钢带
电压 600/1000V，线芯截面 1.5mm²（A 芯）	4	14.1	325	54	123	21	128
	5	14.9	365	67	133	26	139
	6	15.8	404	81	162	31	150
	7	15.8	423	94	162	36	150
	8	17.7	511	107	186	45	173
	10	20.8	635	134	250	51	199
	12	21.3	691	161	264	62	204
	14	22.0	750	188	275	72	214
	16	22.9	810	215	289	82	224
	19	24.8	951	255	351	98	247
	24	27.8	1132	322	402	124	284
	30	29.0	1281	403	424	155	409
	37	31.6	1691	497	462	190	542
	44	35.5	2008	591	587	227	603
	48	36.0	2100	645	596	247	312
	52	36.8	2207	699	612	268	628
	61	38.5	2444	820	656	314	664
电压 600/1000V，线芯截面 2.5mm²（A 芯）	4	15.1	388	89	137	21	140
	5	16.0	440	111	145	30	152
	6	19.0	576	134	228	37	177
	7	19.0	604	156	228	43	177
	8	20.0	666	178	245	54	189
	10	22.4	783	223	281	61	218
	12	22.9	855	268	289	73	225
	14	24.8	997	313	351	85	248
	16	25.8	1082	357	368	97	259
	19	26.8	1197	424	385	116	272
	24	30.2	1440	536	445	146	313
	30	32.4	1890	671	477	183	559
	37	35.4	2234	827	583	225	599
电压 600/1000V，线芯截面 4mm²（A 芯）	4	19.2	589	142	231	38	178
	5	20.4	668	178	249	48	193
	6	21.6	751	214	270	58	209
	7	21.6	795	249	270	67	209
	8	22.9	884	285	289	86	224
	10	26.9	1113	357	387	96	273
	12	27.5	1222	428	398	115	281
	14	28.7	1348	500	419	134	295

规　　格	芯　　数	电缆外径 （mm）	电缆重量 （kg/km）	主要材料计算重量（kg/km）			
				铜	聚氯乙烯	聚乙烯	钢带
电压 600/1000V，线芯 截面 6mm²（A 芯）	4	20.4	701	214	250	44	193
	5	21.7	805	268	271	55	210
	6	23.2	909	322	293	67	227
	7	23.2	973	375	293	78	227
	8	25.6	1115	429	364	100	257
	10	28.9	1370	537	424	111	298
电压 600/1000V，线芯 截面 10mm²（A 芯）	4	24.5	1009	361	345	59	244
	5	26.2	1167	452	376	74	265
	6	28.0	1326	542	408	89	287
	7	28.0	1431	632	408	104	287
	8	29.9	1610	723	440	138	309
	10	35.9	2258	905	594	149	610
电压 600/1000V，线芯 截面 1.5mm²（B 芯）	4	14.5	338	54	128	22	134
	5	15.4	378	67	138	28	145
	6	17.4	467	81	182	33	169
	7	17.4	483	94	182	39	169
	8	19.3	570	107	234	50	180
	10	21.5	664	134	268	56	207
	12	22.0	716	161	275	67	213
	14	22.8	778	188	288	78	223
	16	24.7	900	215	349	89	247
	19	25.7	985	255	366	106	258
	24	28.9	1171	322	422	134	297
	30	30.2	1328	403	445	167	313
	37	32.8	1755	497	484	206	568
	44	37.0	2083	591	615	245	632
	48	37.5	2180	645	625	268	642
	52	38.3	2288	698	641	290	659
	61	40.1	2533	819	677	340	697
电压 600/1000V，线芯 截面 2.5mm²（B 芯）	4	15.7	408	92	141	27	148
	5	17.7	508	115	186	34	173
	6	19.8	605	138	241	40	186
	7	19.8	634	160	241	47	186
	8	20.9	702	183	258	60	200
	10	24.5	885	230	345	67	243
	12	25.0	959	275	354	80	250
	14	26.0	1047	321	370	94	262
	16	27.0	1138	367	390	107	274
	19	28.1	1260	436	409	127	288
	24	32.5	1753	551	479	161	562
	30	35.0	2060	689	577	201	593
	37	37.2	2352	849	619	248	636

规　格	芯　数	电缆外径 （mm）	电缆重量 （kg/km）	主要材料计算重量（kg/km）			
				铜	聚氯乙烯	聚乙烯	钢带
电压600/1000V，线芯 截面4mm²（B芯）	4	19.9	614	143	242	42	187
	5	21.2	696	179	262	52	203
	6	22.5	781	215	283	63	220
	7	22.5	827	251	283	73	222
	8	24.9	982	286	353	94	249
	10	28.1	1161	359	409	105	288
	12	28.8	1274	430	422	126	296
	14	30.0	1401	502	441	147	311
电压600/1000V，线芯 截面6mm²（B芯）	4	21.3	729	214	262	49	204
	5	22.7	837	268	285	61	222
	6	25.3	1006	322	359	73	253
	7	25.3	1072	375	359	85	253
	8	26.8	1196	429	385	110	272
	10	31.2	1697	537	456	122	534

表 3-63　　　　　　**KYV32 型铜芯聚乙烯绝缘钢丝铠装聚氯乙烯护套控制电缆**

规　格	芯　数	电缆外径 （mm）	电缆重量 （kg/km）	主要材料计算重量（kg/km）			
				铜	聚氯乙烯	聚乙烯	钢丝
电压600/1000V，线芯 截面1.5mm²（A芯）	6	17.8	675	81	155	31	408
	7	17.8	693	94	155	36	408
	8	20.7	849	107	240	45	457
	10	22.8	974	134	265	51	522
	12	23.3	1041	161	280	62	538
	14	24.0	1117	188	292	72	555
	16	24.9	1189	215	305	82	587
	19	26.8	1227	255	367	98	652
	24	30.6	1814	322	425	124	943
	30	31.8	1999	403	447	155	994
	37	33.6	2211	497	479	190	1045
	44	37.5	2577	591	587	227	1172
	48	38.0	2660	645	598	247	1172
	52	38.8	2797	699	632	268	1198
	61	41.5	3443	820	676	314	1633
电压600/1000V，线芯 截面2.5mm²（A芯）	6	21.0	889	134	245	37	473
	7	21.0	917	156	245	43	473
	8	22.0	999	178	261	54	506
	10	24.4	1153	223	298	61	571
	12	24.9	1234	268	306	73	587
	14	26.8	1417	313	367	85	652
	16	28.6	1713	357	391	97	867
	19	29.6	1840	424	408	116	892
	24	33.0	2169	536	468	146	1019
	30	35.4	2489	671	565	183	1070
	37	37.4	2803	827	604	225	1147

规 格	芯 数	电缆外径 （mm）	电缆重量 （kg/km）	主要材料计算重量（kg/km）			
				铜	聚氯乙烯	聚乙烯	钢丝
电压 600/1000V，线芯 截面 4mm²（A 芯）	6	23.6	1112	214	286	58	555
	7	23.6	1157	249	286	67	555
	8	24.9	1264	285	306	86	587
	10	29.7	1755	357	410	96	892
	12	30.3	1881	428	421	115	917
	14	31.5	2044	500	442	134	968
电压 600/1000V，线芯 截面 6mm²（A 芯）	6	25.2	1303	322	310	67	604
	7	25.2	1367	375	310	78	604
	8	28.4	1757	429	387	100	841
	10	31.7	2063	537	447	111	968
电压 600/1000V，线芯 截面 10mm²（A 芯）	6	30.8	2005	542	430	89	943
	7	30.8	2110	632	430	104	943
	8	32.7	2343	723	463	138	1019
	10	36.9	2840	905	614	149	1172
电压 600/1000V，线芯 截面 1.5mm²（B 芯）	6	20.4	805	81	235	33	457
	7	20.4	824	94	235	39	457
	8	21.3	879	107	250	50	473
	10	23.5	1012	134	284	56	538
	12	24.0	1074	161	291	67	555
	14	24.8	1157	188	304	78	587
	16	26.7	1306	215	365	89	636
	19	28.5	1616	255	389	106	866
	24	31.7	1869	322	445	134	968
	30	33.0	2057	403	468	167	1019
	37	35.8	2372	497	574	206	1096
	44	39.0	2694	591	635	245	1223
	48	40.5	3122	645	656	268	1553
	52	41.3	3293	693	672	290	1633
	61	42.1	3539	819	708	340	1672
电压 600/1000V，线芯 截面 2.5mm²（B 芯）	6	21.8	924	138	257	40	489
	7	21.8	953	160	257	47	489
	8	22.9	1040	183	271	60	522
	10	26.5	1294	230	361	67	636
	12	27.0	1380	275	371	80	653
	14	28.8	1675	321	394	94	867
	16	29.8	1805	367	413	107	918
	19	30.9	1938	436	432	127	943
	24	35.5	2376	551	568	161	1096
	30	37.0	2635	689	597	201	1198
	37	40.2	3300	849	650	248	1553

规　格	芯　数	电缆外径 (mm)	电缆重量 (kg/km)	主要材料计算重量 (kg/km)			
				铜	聚氯乙烯	聚乙烯	钢丝
电压 600/1000V，线芯 截面 4mm²（B 芯）	6	24.5	1165	215	300	63	587
	7	24.5	1211	251	300	73	587
	8	26.9	1385	286	369	94	636
	10	30.9	1839	359	432	105	943
	12	31.6	1970	430	444	126	969
	14	32.8	2133	502	464	147	1020
电压 600/1000V，线芯 截面 6mm²（B 芯）	6	28.1	1617	322	381	73	841
	7	28.1	1682	375	381	85	841
	8	29.6	1839	429	408	110	892
	10	33.2	2177	537	472	122	1045

表 3-64　KYVP2—22 型铜芯聚乙烯绝缘铜带绕包总屏蔽聚氯乙烯护套钢带铠装控制电缆

规　格	芯　数	电缆外径 (mm)	电缆重量 (kg/km)	主要材料计算重量 (kg/km)			
				铜	聚氯乙烯	聚乙烯	钢带
电压 600/1000V，线芯 截面 1.5mm²（A 芯）	6	20.8	829	115	249	31	457
	7	20.8	847	127	249	36	457
	8	21.7	917	144	264	45	489
	10	23.8	1055	178	300	51	555
	12	24.3	1117	207	307	62	571
	14	25.0	1185	237	321	72	587
	16	25.9	1340	267	373	82	652
	19	28.6	1646	310	406	98	867
	24	31.6	1896	388	461	124	968
	30	32.8	2084	473	484	155	1019
	37	35.5	2399	573	590	190	1096
	44	38.5	2698	675	650	227	1198
	48	39.0	2807	733	663	247	1223
	52	40.8	3279	789	690	268	1593
	61	42.5	3563	916	726	314	1672
电压 600/1000V，线芯 截面 2.5mm²（A 芯）	6	22.0	945	172	272	37	489
	7	22.0	973	194	272	43	489
	8	23.0	1074	220	290	54	538
	10	26.4	1313	273	377	61	636
	12	26.9	1396	320	385	73	652
	14	28.6	1692	368	409	85	867
	16	29.6	1793	415	427	97	892
	19	30.6	1949	486	446	116	943
	24	34.0	2285	610	509	146	1070
	30	36.4	2610	749	610	183	1121
	37	38.3	2929	912	652	225	1198

规　格	芯　数	电缆外径 (mm)	电缆重量 (kg/km)	主要材料计算重量（kg/km）			
				铜	聚氯乙烯	聚乙烯	钢带
电压 600/1000V，线芯 截面 4mm² （A 芯）	6	24.6	1174	261	316	58	571
	7	24.6	1219	296	316	67	571
	8	26.9	1425	337	385	86	652
	10	30.7	1864	418	448	96	943
	12	31.3	1920	492	560	115	968
	14	32.4	2132	568	581	134	994
电压 600/1000V，线芯 截面 6mm² （A 芯）	6	27.2	1448	375	391	67	652
	7	27.2	1512	428	391	78	652
	8	29.4	1864	487	424	100	892
	10	32.7	2176	606	477	111	1019
电压 600/1000V，线芯 截面 10mm² （A 芯）	6	31.8	2065	608	471	89	994
	7	31.8	2170	698	471	104	994
	8	33.7	2378	796	505	138	1045
	10	38.9	3876	992	663	149	1198
电压 600/1000V，线芯 截面 1.5mm² （B 芯）	6	21.4	864	120	261	33	473
	7	21.4	883	134	261	39	473
	8	22.3	957	151	277	50	506
	10	25.5	1137	186	323	56	603
	12	26.0	1184	215	332	67	603
	14	26.8	1308	245	384	78	636
	16	28.5	1602	276	398	89	866
	19	29.5	1703	319	425	106	892
	24	32.7	1990	399	484	134	1019
	30	34.0	2182	485	510	167	1070
	37	36.8	2478	586	619	206	1121
	44	41.0	3164	692	696	245	1593
	48	41.5	3292	748	706	268	1633
	52	42.3	3424	804	723	290	1672
	61	45.1	3879	932	844	340	1832
电压 600/1000V，线芯 截面 2.5mm² （B 芯）	6	22.8	1004	184	286	40	522
	7	22.8	1032	206	286	47	522
	8	23.9	1122	233	304	70	555
	10	28.2	1348	290	402	67	841
	12	28.2	1659	337	414	80	866
	14	29.8	1788	387	431	94	917
	16	30.8	1895	437	450	107	943
	19	31.9	2057	510	471	127	994
	24	36.5	2481	639	613	161	1121
	30	38.0	2770	783	645	201	1198
	37	41.2	3470	951	700	248	1633

规　格	芯　数	电缆外径 (mm)	电缆重量 (kg/km)	主要材料计算重量（kg/km）			
				铜	聚氯乙烯	聚乙烯	钢带
电压 600/1000V，线芯截面 4mm² (B芯)	6	25.5	1291	271	371	63	620
	7	25.5	1337	307	371	73	620
	8	28.7	1681	327	411	94	866
	10	31.9	1958	433	471	105	994
	12	32.6	2089	506	484	126	1019
	14	33.8	2232	583	506	147	1045
电压 600/1000V，线芯截面 6mm² (B芯)	6	29.0	1742	385	418	73	866
	7	29.0	1807	438	418	85	866
	8	30.6	1997	498	446	110	943
	10	34.2	2396	620	584	122	1070

第四章 阻燃电缆的性能及技术参数

阻燃电缆系列包括阻燃交联聚乙烯（化学交联、辐照交联）绝缘电缆、阻燃聚氯乙烯绝缘电缆、阻燃通用橡套电缆、阻燃船用电缆、阻燃矿用电缆等几大类产品。

第一节 阻燃交联聚乙烯绝缘电力电缆

一、使用条件

（1）电缆导体的长期最高工作温度：

1）化学交联：90℃。

2）辐照交联：105、125℃。

（2）短路时（最长持续时间不超过 5s）电缆导体的最高温度不超过 250℃。

（3）敷设电缆时的环境温度不低于 0℃。

（4）额定电压、芯数、截面范围见表 4-1。

表 4-1　　　　　　　　　　阻燃交联聚乙烯绝缘电力电缆规格

截面（mm²） 芯　数	额定电压（kV）	第一类	0.6/1	1.8/3	3.6/6	6/10	8.7/15	12/20	21/35
		第二类	1/1	3/3	6/6	8.7/10	12/15	18/20	26/35
单　芯			2.5～800	2.5～800	25～1200	25～1200	35～1200	50～1200	50～1200
2　芯			2.5～185	2.5～185					
3　芯			2.5～400	2.5～400		25～400	35～400	50～400	50～400
4　芯			2.5～185	2.5～185					
5　芯			2.5～300	2.5～300					

注　1. 额定电压属第一类的电缆，适用于接地故障时间不超过 1min 的场合，额定电压属第二类的电缆，适用于接地故障时间一般不超过 2h，最长不超过 8h 的场合。

2. 硅烷交联额定电压 0.6/1kV，辐照交联额定电压 0.6/1kV～1.8/3kV。

二、主要技术指标

（1）直流电阻：成品电缆导电线芯的电阻在 20℃ 时每公里的数值不大于表 4-2 中的规定。

表 4-2　　　　　　　　　　电缆的直流电阻（Ω/km）

标称截面（mm²）	2.5	4	6	10	16	25	35	50	70
铜　芯	7.56	4.70	3.11	1.84	1.16	0.734	0.529	0.391	0.270
铝　芯	12.1	7.41	4.01	3.08	1.71	1.20	0.868	0.641	0.443
标称截面（mm²）	95	120	150	185	240	300	400	500	630	800
铜　芯	0.195	0.154	0.126	0.100	0.0762	0.0607	0.0475	0.0369	0.0286	0.0224
铝　芯	0.320	0.253	0.206	0.164	0.125	0.100	0.0778	0.0605	0.0469	0.0367

（2）电压试验及局部放电试验见表4-3。

表4-3　　　　　　　　　　电压试验及局部放电试验

项　目	额定电压（kV）	0.6/1	1/1	1.8/3	3/3	3.6/6	6/6 6/10	8.7/10 8.7/15	12/20	18/20 18/30	21/35	26/35
电压试验	试验电压（kV）	3.5	4.5	6.5	9.5	11	15	22	30	45	53	65
电压试验	试验时间（min）	5	5	5	5	5	5	5	5	5	5	5
局部放电试验	试验电压（kV）	—	—	—	—	6	9	13	18	27	32	39
局部放电试验	放电量＜（pC）	—	—	—	—	20	20	20	20	20	10	10

三、型号、名称及主要特性（见表4-4～表4-7）

表4-4　　　　阻燃交联聚乙烯绝缘聚氯乙烯护套电力电缆型号、名称及主要特性

型　号		名　称	主要特性及说明
铜　芯	铝　芯		
ZR—YJV	ZR—YJLV	阻燃交联聚乙烯绝缘聚氯乙烯护套电力电缆	辐照交联在型号上加"F"以示与化学交联的区别，通过GB12666.5标准规定的A类
ZR—FYJV	ZR—FYJLV	阻燃辐照交联聚乙烯绝缘聚氯乙烯护套电力电缆	敷设于室内、隧道、电缆沟及管道中
ZR—YJV22	ZR—YJLV22	阻燃交联聚乙烯绝缘聚氯乙烯护套钢带铠装电力电缆	能承受径向机械外力，但不能承受大的拉力，其余同上
ZR—FYJV22	ZR—FYJLV22	阻燃辐照交联聚乙烯绝缘聚氯乙烯护套钢带铠装电力电缆	
ZR—YJV32	ZR—YJLV32	阻燃交联聚乙烯绝缘聚氯乙烯护套细钢丝铠装电力电缆	敷设于竖井及具有落差条件下，能承受机械外力作用及相当的拉力，其余同上
ZR—FYJV32	ZR—FYJLV32	阻燃辐照交联聚乙烯绝缘聚氯乙烯护套细钢丝铠装电力电缆	
ZR—YJV42	ZR—YJLV42	阻燃交联聚乙烯绝缘聚氯乙烯护套粗钢丝铠装电力电缆	

表4-5　　　　特种阻燃交联聚乙烯绝缘电力电缆型号、名称及主要特性

型　号		名　称	主要特性及说明
铜　芯	铝　芯		
TZR—YJV	TZR—YJLV	特种阻燃交联聚乙烯绝缘聚氯乙烯护套电力电缆	辐照交联在型号上加"F"以示与化学交联的区别，通过GB12666.5标准规定的A类，额定电压10kV及以下，适用对消防有极高要求的场合，敷设于室内、隧道、电缆沟及管道中
TZR—FYJV	TZR—FYJLV	特种阻燃辐照交联聚乙烯绝缘聚氯乙烯护套电力电缆	

型 号		名 称	主要特性及说明
铜芯	铝芯		
TZR—YJV22	TZR—YJLV22	特种阻燃交联聚乙烯绝缘聚氯乙烯护套钢带铠装电力电缆	能承受径向机械外力，但不能承受大的拉力，其余同上
TZR—FYJV22	TZR—FYJLV22	特种阻燃辐照交联聚乙烯绝缘聚氯乙烯护套钢带铠装电力电缆	
TZR—YJV32	TZR—YJLV32	特种阻燃交联聚乙烯绝缘聚氯乙烯护套细钢丝铠装电力电缆	敷设于竖井及具有落差条件下，能承受机械外力作用及相当的拉力，其余同上
TZR—FYJV32	TZR—FYJLV32	特种阻燃辐照交联聚乙烯绝缘聚氯乙烯护套细钢丝铠装电力电缆	

表 4-6　低烟、无卤阻燃交联聚乙烯绝缘聚烯烃护套电力电缆型号、名称及主要特性

型 号		名 称	主要特性及说明
铜 芯	铝 芯		
WZR—YJE	WZR—YJLE	低烟、无卤阻燃交联聚乙烯绝缘聚烯烃护套电力电缆	"W"无卤；"F"辐照；"E"聚烯烃，成束燃烧通过 GB12666.5 标准规定，低烟符合 GB12666.7 标准规定，无卤符合 IEC754 标准规定，适合于高层建筑、地下公共设施及人流密集场所等特殊场合
WZR—FYJE	WZR—FYJLE	低烟、无卤阻燃辐照交联聚乙烯绝缘聚烯烃护套电力电缆	
WZR—YJE23	WZR—YJLE23	低烟、无卤阻燃交联聚乙烯绝缘聚烯烃护套钢带铠装电力电缆	能承受径向机械外力，但不能承受大的拉力，其余同上
WZR—FYJE23	WZR—FYJLE23	低烟、无卤阻燃辐射交联聚乙烯绝缘聚烯烃护套钢带铠装电力电缆	
WZR—YJE33	WZR—YJLE33	低烟、无卤阻燃交联聚乙烯绝缘聚烯烃护套细钢丝铠装电力电缆	能承受机械外力作用及相当的拉力，其余同上
WZR—FYJE33	WZR—FYJLE33	低烟、无卤阻燃辐照交联聚乙烯绝缘聚烯烃护套细钢丝铠装电力电缆	

以上电缆的参考外径和重量参见交联聚乙烯绝缘电力电缆。

表 4-7　600/1000V 及以下无卤低烟阻燃交联绝缘电力电缆型号及名称

型 号		名 称
铜芯	铝芯	
WZR—YJY	WZR—YJLY	无卤低烟阻燃交联聚烯烃绝缘聚烯烃护套电力电缆
WZR—YJY23	WZR—YJLY23	无卤低烟阻燃交联聚烯烃绝缘钢带铠装聚烯烃护套电力电缆
WZR—YJY33	WZR—YJLY33	无卤低烟阻燃交联聚烯烃绝缘细钢丝铠装聚烯烃护套电力电缆
WZR—YJY43	WZR—YJLY43	无卤低烟阻燃交联聚烯烃绝缘粗钢丝铠装聚烯烃护套电力电缆
WZR—NH—YJY	—	无卤低烟阻燃交联聚烯烃绝缘聚烯烃护套耐火电力电缆
WZR—NH—YJY23	—	无卤低烟阻燃交联聚烯烃绝缘钢带铠装聚烯烃护套耐火电力电缆
WZR—NH—YJY33	—	无卤低烟阻燃交联聚烯烃绝缘细钢丝铠装聚烯烃护套耐火电力电缆
WZR—NH—YJY43	—	无卤低烟阻燃交联聚烯烃绝缘粗钢丝铠装聚烯烃护套耐火电力电缆

注　W—无卤低烟；ZR—阻燃系列。

四、产品参数（见表 4-8～表 4-10）

表 4-8　　WZR—YJY、WZR—YJLY、WZR—NH—YJY600/1000V 系列产品参数

标称截面 (mm²)	绝缘标称厚度 (mm)	近似外径 (mm)	成品近似重量 (kg/km)		环境温度 25℃允许载流量（A）			
					空气中敷设		埋地敷设土壤热阻系数 g=80（℃，cm/W）	
			铜芯	铝芯	铜芯	铝芯	铜芯	铝芯
1.5	0.7	5.58	66	57	35	30	47	34
2.5	0.7	5.98	78	63	43	35	63	45
4.0	0.7	6.45	102	77	57	38	82	60
6.0	0.7	6.96	127	90	72	47	101	76
10	0.7	8.25	183	119	99	62	135	102
16	0.7	9.30	253	149	131	117	175	135
25	0.9	11.76	358	199	177	148	225	174
35	0.9	12.90	466	245	218	181	272	208
50	1.0	14.50	620	312	266	218	323	247
70	1.1	16.40	818	386	338	280	397	307
95	1.1	18.30	1098	500	416	344	477	367
120	1.2	20.07	1349	595	507	401	545	418
150	1.4	22.08	1628	703	581	457	614	471
185	1.6	24.30	2011	848	696	530	695	535
240	1.7	27.16	2589	1064	818	646	805	631
300	1.8	29.70	3216	1305	943	744	913	717
400	2.0	33.27	4088	1641	1108	879	1044	828
500	2.2	37.40	5109	2024	1246	990	1217	934
2×2.5	0.7	10.8	140	109	37	30	54	38
2×4	0.7	11.7	192	143	48	32	70	51
2×6	0.7	12.7	245	171	61	40	86	65
2×10	0.7	15.3	362	234	84	53	115	87
2×16	0.7	17.4	514	306	113	99	149	115
2×25	0.9	20.7	734	411	150	126	191	148
2×35	0.9	23.0	968	520	185	154	231	177
2×50	1.0	20.4	1190	555	226	185	275	210
2×70	1.1	22.1	1591	707	287	238	337	261
2×95	1.1	26.0	2117	923	354	292	405	312
2×120	1.2	29.0	2617	1111	431	341	463	355
2×150	1.4	32.2	3239	1361	494	388	522	400
2×185	1.6	35.6	3965	1651	592	451	591	455
2×240	1.7	39.6	5126	2122	695	549	684	536
2×300	1.8	42.8	6312	2636	802	632	776	609
3×1.5	0.7	10.4	146	118	25	21	33	24
3×2.5	0.7	11.3	188	141	30	25	44	32
3×4	0.7	12.3	253	179	40	27	57	42

表 4-9　**WZR—YJY、WZR—YJLY、WZR—NH—YJY 600/1000V 系列产品参数**

标称截面 (mm²)	绝缘标称厚度 (mm)	近似外径 (mm)	成品近似重量 (kg/km)		环境温度 25℃允许载流量（A）			
					空气中敷设		埋地敷设土壤热阻系数 $g=80$（℃，cm/W）	
			铜芯	铝芯	铜芯	铝芯	铜芯	铝芯
3×35	0.9	24.4	1253	581	153	127	190	145
3×50	10	23.5	1728	776	186	153	226	173
3×70	1.1	26.8	2323	998	237	196	278	215
3×95	1.1	30.0	3108	1316	291	241	334	257
3×120	1.2	33.4	3852	1594	355	281	382	293
3×150	1.4	37.6	4779	1961	407	320	430	330
3×185	1.6	41.8	5876	2405	487	371	487	375
3×240	1.7	46.6	7540	3042	573	452	564	442
3×300	1.8	50.6	9305	3688	660	521	639	502
3×4+1×25	0.7	12.9	291	202	38	25	54	40
3×6+1×4	0.7	14.1	391	255	47	31	66	50
3×10+1×6	0.7	16.8	567	338	65	41	89	67
3×16+1×10	0.7	19.4	885	474	86	77	115	89
3×25+1×16	0.9	23.1	1194	603	117	97	148	115
3×35+1×16	0.9	25.1	1489	711	144	119	179	137
3×50+1×25	1.0	26.8	2032	918	175	143	212	163
3×70+1×35	1.1	30.6	2689	1140	223	184	261	202
3×95+1×50	1.1	35.6	3608	1499	274	227	314	242
3×120+1×70	1.2	38.5	4564	1864	334	264	359	275
3×150+1×70	1.4	42.6	5474	2214	383	301	404	310
3×185+1×95	1.6	47.2	6811	2742	458	349	458	352
3×240+1×120	1.7	53.6	8723	3472	539	425	530	416
3×300+1×150	1.8	58.1	10843	4286	621	490	601	472
4×1.5	0.7	10.3	166	128	22	18	30	21
4×2.5	0.7	11.3	219	156	27	22	40	28
4×4	0.7	12.4	362	258	36	24	52	38
4×6	0.7	13.7	402	284	45	30	64	48
4×10	0.7	16.8	617	361	62	39	85	64
4×16	0.7	19.3	901	484	83	74	110	85
4×25	0.9	23.4	1282	635	112	93	142	110
4×35	0.9	26.1	1688	792	137	114	171	131
4×50	1.0	26.6	2278	1008	168	137	203	156
4×70	1.1	30.5	3064	1298	213	176	250	193
4×95	1.1	33.8	4096	1707	262	217	300	231
4×120	1.2	37.5	5080	2069	319	252	343	263
4×150	1.4	42.1	6320	2563	366	288	387	297
4×185	1.6	46.7	7738	3110	438	333	438	337
4×240	1.7	52.0	10046	4049	515	407	507	390
4×300	1.8	57.5	12459	4969	594	468	575	452

表 4-10　WZR—YJY23、WZR—YJLY23、WZR—NH—YJY23 600/1000V 系列产品参数

标称截面 (mm²)	绝缘标称厚度 (mm)	近似外径 (mm)	成品近似重量 (kg/km) 铜芯	成品近似重量 (kg/km) 铝芯	标称截面 (mm²)	绝缘标称厚度 (mm)	近似外径 (mm)	成品近似重量 (kg/km) 铜芯	成品近似重量 (kg/km) 铝芯
10	0.7	12.3	300	237	3×50	1.0	28.1	2377	1425
16	0.7	13.3	386	282	3×70	1.1	31.6	3046	1721
25	0.9	15.0	511	352	3×95	1.2	34.6	3910	2119
35	0.9	16.1	630	409	3×120	1.4	38.2	4760	2502
50	1.0	17.7	801	493	3×150	1.6	42.6	5831	3013
70	1.1	19.6	1028	596	3×185	1.7	46.8	7012	3541
95	1.1	21.5	1336	738	3×240	1.8	51.8	8830	4332
120	1.2	23.3	1601	847	3×300	1.8	56.2	10789	5171
150	1.4	25.3	1909	984	3×4+1×2.5	0.7	16.1	483	394
185	1.6	27.5	2331	1168	3×6+1×4	0.7	17.3	605	469
240	1.7	30.6	2953	1426	3×10+1×6	0.7	20.0	813	584
300	1.8	34.5	3984	2072	3×16+1×10	0.7	22.6	1168	756
400	2.0	38.1	4920	2472	3×25+1×16	0.9	26.3	1513	922
500	2.2	42.0	6028	2943	3×35+1×16	0.9	28.3	1842	1065
630	2.4	46.6	7496	3559	3×50+1×25	1.0	31.6	2754	1641
2×1.5	0.7	13.2	273	255	3×70+1×35	1.1	35.4	3529	1980
2×2.5	0.7	14.0	318	287	3×95+1×50	1.2	40.4	4600	2492
2×4	0.7	14.9	372	328	3×120+1×70	1.4	43.5	5653	2953
2×6	0.7	15.9	442	368	3×150+1×70	1.6	47.8	6635	3376
2×10	0.7	18.5	319	191	3×185+1×95	1.7	52.6	8194	4125
2×16	0.7	20.6	774	566	3×240+1×120	1.8	59.0	10361	5111
2×25	0.9	23.9	1029	706	3×300+1×150	1.8	63.9	12635	6078
2×35	0.9	26.2	1292	844	4×1.5	0.7	13.5	304	266
2×50	1.0	23.6	1609	974	4×2.5	0.7	14.5	383	320
2×70	1.1	25.5	2223	1340	4×4	0.7	15.9	559	460
2×95	1.1	30.6	2834	1639	4×6	0.7	16.9	620	471
2×120	1.2	33.4	3393	1887	4×10	0.7	20.0	872	617
2×150	1.4	36.6	4141	2262	4×16	0.7	22.5	1191	774
2×185	1.6	40.4	4959	2645	4×25	0.9	26.6	1615	967
2×240	1.7	44.6	6266	3262	4×35	0.9	29.5	2052	1156
2×300	1.8	48.2	7585	3908	4×50	1.0	31.4	3006	1737
3×1.5	0.7	13.6	307	279	4×70	1.1	35.5	3875	2108
3×2.5	0.7	14.5	364	317	4×95	1.1	38.8	5041	2652
3×4	0.7	15.5	436	362	4×120	1.2	42.9	6129	3119
3×6	0.7	16.6	531	420	4×150	1.4	47.0	7464	3707
3×10	0.7	19.4	722	531	4×185	1.6	52.1	9046	4418
3×16	0.7	21.6	1022	675	4×240	1.7	57.8	11528	5531
3×25	0.9	25.2	1283	788	4×300	1.8	63.7	14142	6652
3×35	0.9	27.6	1608	937	—	—	—	—	—

第二节 阻燃聚氯乙烯绝缘电力电缆

一、使用条件及品种

（1）电缆导体的长期最高温度：70℃。

（2）短路时（最长持续时间不超过5s）电缆导体的最高温度不超过160℃。

（3）敷设电缆时的环境温度应不低于0℃。

（4）额定电压主要分为：0.6/1kV，3.6/6kV。

（5）电缆芯数有：单芯，2芯，3芯，4芯（4芯等截面和3大1小两种），5芯（5芯等截面、4大1小及3大2小三种）。

（6）规格范围：单芯：1～1000mm²；多芯：1～300mm²。

二、型号、名称及主要特性（见表4-11～表4-13）

表4-11　　　　阻燃聚氯乙烯绝缘聚氯乙烯护套电力电缆型号、名称及主要特性

型号		名　称	主要特性及说明
铜芯	铝芯		
ZR—VV	ZR—VLV	阻燃聚氯乙烯绝缘聚氯乙烯护套电力电缆	成束燃烧通过GB12666.5标准规定的A类，敷设于室内、隧道、桥梁、电缆沟等场合
ZR—VV22	ZR—VLV22	阻燃聚氯乙烯绝缘聚氯乙烯护套钢带铠装电力电缆	能承受径向外力，但不能承受大的拉力，其余同上
ZR—VV23	ZR—VLV23	阻燃聚氯乙烯绝缘聚乙烯护套钢带铠装电力电缆	能承受径向外力，但不能承受大的拉力，其余同上
ZR—VV32	ZR—VLV32	阻燃聚氯乙烯绝缘聚氯乙烯护套细钢丝铠装电力电缆	能承受机械外力作用及相当的拉力，其余同上
ZR—VV42	ZR—VLV42	阻燃聚氯乙烯绝缘聚氯乙烯护套粗钢丝铠装电力电缆	

表4-12　　　　特种阻燃聚氯乙烯绝缘聚氯乙烯护套电力电缆型号、名称及主要特性

型号		名　称	主要特性及说明
铜芯	铝芯		
TZR—VV	TZR—VLV	特种阻燃聚氯乙烯绝缘聚氯乙烯护套电力电缆	"T"特种带高阻燃隔氧、隔热层，成束燃烧通过GB12666.5标准规定的A类，适用于对消防有极高要求的场合，敷设于室内、隧道、管道、电缆沟等场合
TZR—VV22	TZR—VLV22	特种阻燃聚氯乙烯绝缘聚氯乙烯护套钢带铠装电力电缆	能承受径向外力，但不能承受大的拉力，其余同上
TZR—VV32	TZR—VLV32	特种阻燃聚氯乙烯绝缘聚氯乙烯护套细钢丝铠装电力电缆	能承受机械外力作用及相当的拉力，其余同上

表 4-13　　　　　低烟、低卤阻燃聚氯乙烯绝缘聚烯烃护套电力电缆

型　号		名　　称	主要特性及说明
铜　芯	铝　芯		
DZR—VE	DZR—VLE	低烟、低卤阻燃聚氯乙烯绝缘聚烯烃护套电力电缆	"D"低卤,"E"聚烯烃。氯化氢气体逸出量小于 50mg/g。成束燃烧 GB12666.5,低烟 GB12666.7,低卤 IEC754。适用于高层建筑、地下公共设施及人流密集场所等特殊场合
DZR—VE23	DZR—VLE23	低烟、低卤阻燃聚氯乙烯绝缘聚烯烃护套钢带铠装电力电缆	能承受径向机械外力,但不能承受大的拉力,其余同上
DZR—VE33	DZR—VLE33	低烟、低卤阻燃聚氯乙烯绝缘聚烯烃护套细钢丝铠装电力电缆	能承受机械外力作用及相当的拉力,其余同上
DDZR—VV	DDZR—VLV	低烟、低卤阻燃聚氯乙烯绝缘聚氯乙烯护套电力电缆	敷设在室内、隧道内及管道中,电缆不能承受机械外力作用
DDZR—VV22	DDZR—VLV22	低烟、低卤阻燃聚氯乙烯绝缘聚氯乙烯护套钢带铠装电力电缆	敷设在室内、隧道内及管道中,电缆能承受较大的机械力作用
DDZR—VV32	DDZR—VLV32	低烟、低卤阻燃聚氯乙烯绝缘聚氯乙烯护套钢丝铠装电力电缆	敷设在大型游乐场、高层建筑等抗拉强度高的场合中,电缆能承受较大机械外力作用

以上电缆的参考外径和重量参见聚氯乙烯绝缘聚氯乙烯护套电力电缆。

第三节　阻燃控制电缆

阻燃控制电缆适用于交流额定电压 450/750V 及以下有特殊阻燃要求的控制、监控回路及保护线路等场合,作为电气装备之间的控制接线。

电缆使用条件:

(1) 额定电压 U_0/U 为 450/750V。

U_0——任一主绝缘和"地"(金属屏蔽、金属套或周围介质)之间的电压有效值。

U——多芯(电线)或单芯电缆(电线)任意两相导体之间的电压有效值。

当电缆(电线)使用于交流系统时,电缆(电线)的额定电压至少应等于该系统的标称电压。当使用于直流系统时,该系统的标称电压应不大于电缆(电线)额定电压的 1.5 倍。

系统的工作电压应不大于系统额定电压的 1.5 倍。

(2) 电缆导体的长期允许工作温度:

聚氯乙烯绝缘为 70℃。

化学(硅烷)交联聚乙烯为 90℃。

辐照交联聚乙烯为 105~135℃。

(3) 电缆的敷设温度应不低于 0℃。

推荐的允许弯曲半径:

无铠装层的电缆,应不小于电缆外径的 6 倍。

有铠装或铜带屏蔽结构的电缆,应不小于电缆外径的 12 倍。

有屏蔽层结构的软电缆,应不小于电缆外径的 6 倍。

一、聚氯乙烯绝缘阻燃控制电缆

(一) 型号、名称及使用条件 (见表 4-14)

表 4-14　　　　　　　　　　　型号、名称及使用场所

型　号	额定电压	名　　　称	使　用　条　件
ZRC—KVV	450/750V 0.6/1kV	聚氯乙烯绝缘聚氯乙烯护套阻燃控制电缆	固定敷设于室内，电缆沟，托架及管道中，或户外托架敷设
ZRA—KVV	450/750V 0.6/1kV	聚氯乙烯绝缘聚氯乙烯护套高阻燃控制电缆	同 ZRC—KVV，用于要求阻燃较为苛刻的场所
ZRC—KVVP	450/750V 0.6/1kV	聚氯乙烯绝缘聚氯乙烯护套阻燃屏蔽控制电缆	同 ZRC—KVV，用于防干扰场所，电缆弯曲半径不小于电缆外径 15 倍
ZRA—KVVP	450/750V 0.6/1kV	聚氯乙烯绝缘聚氯乙烯护套高阻燃屏蔽控制电缆	同 ZRC—KVVP，用于要求阻燃较为苛刻的场所
ZRC—KVV22	450/750V	聚氯乙烯绝缘聚氯乙烯护套钢带铠装阻燃控制电缆	同 ZRC—KVV，用于能承受机械外力的场所
ZRA—KVV22	450/750V	聚氯乙烯绝缘聚氯乙烯护套钢带铠装高阻燃控制电缆	同 ZRC—KVV22，用于要求阻燃较为苛刻的场所
ZRC—KVV32	450/750V	聚氯乙烯绝缘聚氯乙烯护套细钢丝铠装阻燃控制电缆	同 ZRC—KVV，用于能承受机械拉力的场所
ZRA—KVV32	450/750V	聚氯乙烯绝缘聚氯乙烯护套细钢丝铠装高阻燃控制电缆	同 ZRC—KVV32，用于要求阻燃较为苛刻的场所
ZRA (C) —KVVR	450/750V	铜芯聚氯乙烯绝缘聚氯乙烯护套阻燃控制软电缆	敷设于室内有移动要求柔软场合
ZRA (C) —KVVRP	450/750V	铜芯聚氯乙烯绝缘聚氯乙烯护套编织屏蔽阻燃控制软电缆	敷设在室内有移动要求柔软屏蔽等场合

(二) 性能特点

(1) 电缆导体直流电阻及绝缘电阻符合表 4-15。

表 4-15　　　　　　　　　　电缆的直流电阻和绝缘电阻

标称截面 (mm²)	导体直流电阻＋20℃ (Ω/km) 不大于	电缆绝缘电阻 (MΩ/km) 不小于			
		450/750V		600/1000V	
		20℃	70℃	20℃	70℃
0.75	24.7	12.0	0.0120	14.2	0.0142
1	18.2	11.0	0.0110	12.6	0.0126
1.5	12.2	10.0	0.0100	11.0	0.0110
2.5	7.56	9.0	0.0090	9.31	0.0093
4	4.70	7.7	0.0077	9.2	0.0092
6	3.11	6.5	0.0065	7.88	0.0078

（2）成品电缆芯间，线芯及屏蔽间应经受交流 50Hz 试验电压 5min，其 450/750V 试验电压 3kV，600/1000V 试验电压 3.5kV。

（三）产品规格（见表 4-16～表 4-24）

表 4-16　　　　　　0.6/1kV ZR—KVV 型聚氯乙烯绝缘阻燃电缆产品规格

标称截面 (mm²)	导体		电缆芯数	电缆计算外径 (mm)	电缆近似重量 (kg/km)
	结构 (根数/mm)	导体直径 (mm)			
0.75	1/0.97	0.97	4	10.5	167
			5	11.2	193
			7	11.9	228
			10	14.3	311
			14	15.3	376
			19	16.7	768
			24	19.1	580
			30	20.0	674
			37	21.4	796
1	1/1.13	1.13	4	11.4	183
			5	12.2	215
			7	13.0	256
			10	15.8	352
			14	16.9	429
			19	18.5	548
			24	21.2	669
			30	22.3	783
			37	23.9	928
1.5	1/1.38	1.38	4	12.0	215
			5	12.9	252
			7	13.8	304
			10	16.8	418
			14	18.0	520
			19	19.7	658
			24	22.7	822
			30	23.9	968
			37	25.7	1153
2.5	1/1.78	1.78	4	12.9	267
			5	13.9	314
			7	14.9	390
			10	18.3	544
			14	19.7	686
			19	21.6	878
			24	25.0	1101
			30	26.4	1299
			37	28.6	1586

标称截面 (mm²)	导 体		电缆芯数	电缆计算外径 (mm)	电缆近似重量 (kg/km)
	结构 (根数/mm)	导体直径 (mm)			
4	1/2.23	2.23	4	15.1	386
			5	16.3	454
			7	17.5	556
			10	21.8	786
			14	23.5	993
6	1/2.73	2.73	4	16.3	493
			5	17.6	588
			7	19.0	726
			10	23.8	1023
			14	25.7	1335
0.75	7/0.37	1.11	4	11.4	176
			5	12.2	203
			7	13.0	244
			10	15.7	329
			14	16.8	397
			19	18.4	495
			24	21.1	624
			30	22.2	716
			37	23.8	848
1	7/0.44	1.32	4	11.9	193
			5	12.7	228
			7	13.6	275
			10	16.5	378
			14	17.7	463
			19	19.4	589
			24	22.4	725
			30	23.6	849
			37	25.3	898
1.5	7/0.53	1.59	4	12.5	228
			5	13.4	268
			7	14.4	325
			10	17.6	450
			14	18.9	558
			19	20.8	709
			24	24.0	885
			30	25.3	1044
			37	27.2	1246
2.5	7/0.67	2.01	4	13.5	292
			5	14.6	346
			7	15.7	428
			10	19.3	600
			14	20.8	756
			19	23.9	963
			24	26.5	1212
			30	28.0	1445
			37	30.3	1749

标称截面 (mm²)	导体		电缆芯数	电缆计算外径 (mm)	电缆近似重量 (kg/km)
	结构 (根数/mm)	导体直径 (mm)			
4	7/0.85	2.55	4	15.8	396
			5	17.1	478
			7	18.5	600
			10	23.0	854
			14	24.9	1067
6	7/1.04	3.12	4	17.2	521
			5	18.7	625
			7	20.2	763
			10	25.3	1092
			14	27.4	1405

表 4-17 　0.6/1kV ZR—KVVP 型聚氯乙烯绝缘阻燃屏蔽控制电缆产品规格

标称截面 (mm²)	导体		电缆芯数	电缆计算外径 (mm)	电缆近似重量 (kg/km)
	结构 (根数/mm)	导体直径 (mm)			
0.75	1/0.97	0.97	4	10.9	197
			5	11.5	226
			7	12.2	265
			10	14.6	358
			14	15.6	433
			19	17.0	526
			24	19.4	649
			30	20.3	747
			37	21.7	875
1	1/1.13	1.13	4	11.7	215
			5	12.5	250
			7	13.3	295
			10	16.1	401
			14	17.2	477
			19	18.8	609
			24	21.5	740
			30	22.6	858
			37	24.2	1010
1.5	1/1.38	1.38	4	12.3	251
			5	13.2	287
			7	14.1	345
			10	17.1	469
			14	18.3	577
			19	20.0	723
			24	23.0	823
			30	24.2	1050
			37	26.0	1243

| 标称截面
(mm²) | 导 体 | | 电缆芯数 | 电缆计算外径
(mm) | 电缆近似重量
(kg/km) |
	结构 (根数/mm)	导体直径 (mm)			
2.5	1/1.78	1.78	4	13.2	306
			5	14.2	356
			7	15.2	435
			10	18.6	604
			14	20.0	705
			19	21.9	949
			24	25.3	1103
			30	26.7	1389
			37	28.9	1668
4	1/2.23	2.23	4	15.3	433
			5	16.6	505
			7	17.8	612
			10	22.1	788
			14	23.8	1082
6	1/2.73	2.73	4	16.6	543
			5	17.9	643
			7	19.3	787
			10	24.1	1036
			14	26.0	1423
0.75	7/0.37	1.11	4	11.7	206
			5	12.5	235
			7	13.3	275
			10	16.0	372
			14	17.1	445
			19	18.7	549
			24	21.4	685
			30	22.5	792
			37	24.1	930
1	7/0.44	1.32	4	12.2	224
			5	13.0	263
			7	13.9	312
			10	16.8	326
			14	18.0	514
			19	19.7	646
			24	22.7	792
			30	23.9	920
			37	25.6	1086
1.5	7/0.53	1.59	4	12.8	261
			5	13.7	304
			7	14.7	364
			10	17.9	500
			14	19.2	612
			19	21.1	769
			24	24.4	956
			30	25.6	1120
			37	27.5	1329

| 标称截面
(mm²) | 导 体 | | 电缆芯数 | 电缆计算外径
(mm) | 电缆近似重量
(kg/km) |
	结构 (根数/mm)	导体直径 (mm)			
2.5	7/0.67	2.01	4	13.8	327
			5	14.9	385
			7	16.0	471
			10	19.6	656
			14	21.1	817
			19	23.2	1041
			24	26.8	1301
			30	28.3	1540
			37	30.6	1841
4	7/0.85	2.55	4	16.1	439
			5	17.4	526
			7	18.8	652
			10	23.3	916
			14	25.2	1145
6	7/1.04	3.12	4	17.5	569
			5	19.0	678
			7	20.5	821
			10	25.6	1167
			14	27.7	1488

表 4-18   450/750V ZR—KVV 型聚氯乙烯绝缘阻燃控制电缆产品规格

| 标称截面
(mm²) | 导 体 | | 电缆芯数 | 电缆计算外径
(mm) | 电缆近似重量
(kg/km) |
	结构 (根数/mm)	导体直径 (mm)			
0.75	1/0.97	0.97	4	8.1	86
			5	8.7	103
			7	9.5	126
			10	11.5	178
			14	13.3	223
			19	14.3	307
			24	16.5	385
			30	17.5	453
			37	20.0	569
1	1/1.13	1.13	4	8.5	100
			5	9.1	120
			7	10.0	149
			10	12.8	211
			14	13.8	287
			19	15.3	367
			24	17.5	460
			30	19.0	574
			37	20.0	684

| 标称截面
（mm²） | 导体 | | 电缆芯数 | 电缆计算外径
（mm） | 电缆近似重量
（kg/km） |
	结构 （根数/mm）	导体直径 （mm）			
1.5	1/1.38	1.38	4	9.6	133
			5	10.5	161
			7	11.3	203
			10	14.8	310
			14	16.0	393
			19	17.5	507
			24	20.5	668
			30	21.5	793
			37	23.3	951
2.5	1/1.78	1.78	4	11.0	187
			5	12.8	229
			7	13.8	312
			10	17.8	444
			14	18.3	570
			19	20.5	773
			24	24.0	999
			30	25.5	1191
			37	27.3	1433
4	1/2.25	2.25	4	12.8	255
			5	13.8	333
			7	15.0	428
			10	19.3	641
			14	21.0	828
6	1/2.76	2.76	4	13.8	361
			5	15.3	443
			7	16.5	577
			10	22.8	859
			14	23.0	1106
0.75	7/0.37	1.11	4	8.5	92
			5	9.3	109
			7	9.9	135
			10	12.0	191
			14	13.5	259
			19	15.0	330
			24	17.3	413
			30	18.3	488
			37	20.0	611
1	7/0.44	1.32	4	8.9	110
			5	9.7	132
			7	10.4	165
			10	13.5	254
			14	14.5	318
			19	16.0	408
			24	18.5	540
			30	20.0	638
			37	21.5	761

| 标称截面
（mm²） | 导 体 | | 电缆芯数 | 电缆计算外径
（mm） | 电缆近似重量
（kg/km） |
	结构 （根数/mm）	导体直径 （mm）			
1.5	7/0.53	1.59	4	10.3	142
			5	11.2	173
			7	12.0	217
			10	15.5	333
			14	16.8	421
			19	18.5	572
			24	22.0	718
			30	23.0	852
			37	24.8	1047
2.5	7/0.67	2.01	4	11.5	199
			5	13.0	244
			7	14.3	331
			10	17.8	474
			14	19.5	590
			19	22.0	822
			24	25.5	1063
			30	27.0	1266
			37	29.0	1523

表 4-19　450/750V ZR—KVVP 型聚氯乙烯绝缘阻燃屏蔽控制电缆产品规格

| 标称截面
（mm²） | 导 体 | | 电缆芯数 | 电缆计算外径
（mm） | 电缆近似重量
（kg/km） |
	结构 （根数/mm）	导体直径 （mm）			
0.75	1/0.97	0.97	4	9.0	128
			5	9.8	147
			7	10.4	184
			10	13.0	235
			14	14.0	304
			19	15.3	376
			24	17.5	463
			30	18.5	536
			37	20.0	658
1	1/1.13	1.13	4	9.5	144
			5	10.0	166
			7	10.8	199
			10	13.8	271
			14	14.8	353
			19	16.0	440
			24	18.8	543
			30	19.8	662
			37	20.0	779

标称截面 (mm²)	导体		电缆芯数	电缆计算外径 (mm)	电缆近似重量 (kg/km)
	结构 (根数/mm)	导体直径 (mm)			
1.5	1/1.38	1.38	4	10.5	186
			5	11.3	213
			7	12.8	258
			10	15.5	378
			14	16.5	468
			19	18.3	590
			24	21.5	765
			30	22.5	895
			37	24.3	1060
2.5	1/1.76	1.76	4	12.5	243
			5	13.6	288
			7	14.5	377
			10	18.0	525
			14	19.5	685
			19	21.5	870
			24	24.8	1111
			30	26.3	1310
			37	28.3	1562
4	1/2.23	2.23	4	13.8	316
			5	14.8	399
			7	16.0	501
			10	20.0	733
			14	21.8	927
6	1/2.73	2.73	4	14.8	428
			5	16.0	516
			7	17.5	655
			10	22.0	958

表 4-20　450/750V ZR—KVV22 型聚氯乙烯绝缘钢带铠装阻燃控制电缆产品规格

标称截面 (mm²)	导体		电缆芯数	电缆计算外径 (mm)	电缆近似重量 (kg/km)
	结构 (根数/mm)	导体直径 (mm)			
0.75	1/0.97	0.97	19	17.8	559
			24	20.3	703
			30	21.3	788
			37	22.8	899
1.0	1/1.13	1.13	19	19.3	661
			24	21.3	796
			30	22.3	900
			37	23.8	1057

标称截面 (mm²)	导体		电缆芯数	电缆计算外径 (mm)	电缆近似重量 (kg/km)
	结构 (根数/mm)	导体直径 (mm)			
1.5	1/1.38	1.38	19	21.3	852
			24	24.0	1059
			30	25.3	1205
			37	27.0	1392
2.5	1/1.76	1.76	19	24.3	1156
			24	27.5	1417
			30	29.0	1633
			37	32.5	1909
4	1/2.23	2.23	4	16.3	498
			5	17.3	577
			7	18.5	719
			10	22.8	974
			14	24.3	1212
6	1/2.73	2.73	4	17.3	606
			5	19.3	737
			7	20.3	895
			10	24.8	1250

表 4-21   450/750V ZR—KVV32 型聚氯乙烯绝缘钢丝铠装阻燃控制电缆产品规格

标称截面 (mm²)	导体		电缆芯数	电缆计算外径 (mm)	电缆近似重量 (kg/km)
	结构 (根数/mm)	导体直径 (mm)			
0.75	1/0.97	0.97	19	19.3	893
			24	23.0	1220
			20	24.0	1344
			37	25.3	1492
1	1/1.13	1.13	19	20.5	991
			24	24.0	1352
			30	25.0	1496
			37	26.3	1665
1.5	1/1.38	1.38	19	24.0	1398
			24	26.8	1651
			30	27.8	1834
			37	30.3	2053
2.5	1/1.76	1.76	19	26.8	1758
			24	30.8	2074
			30	32.0	2381
			37	35.5	2743

标称截面 （mm²）	导 体		电缆芯数	电缆计算外径 （mm）	电缆近似重量 （kg/km）
	结构 （根数/mm）	导体直径 （mm）			
4	1/2.23	2.23	4	17.8	773
			5	18.8	900
			7	20.3	1051
			10	25.3	1566
			14	26.8	1838
6	1/2.73	2.73	4	18.8	945
			5	20.5	1067
			7	21.8	1387
			10	27.3	1871

表 4-22　　　　　**ZR—KVVP2 型聚氯乙烯绝缘阻燃控制电缆产品规格**

标称截面 （mm²）	导体结构 （根数/mm）	导体直径 （mm）	电缆芯数	电缆计算外径 （mm）	电缆近似重量 （kg/km）
0.75	1/0.97	0.97	4	9.3	117.6
			5	10.0	137.0
			7	10.6	162.1
			10	13.4	233.5
			12	13.7	258.4
			16	14.9	317.5
			19	15.6	355.3
			24	17.7	432.8
			37	20.3	614.7
			44	22.5	717.0
			48	22.8	763.4
			52	23.4	814.4
			61	24.6	924.7
1.0	1/1.13	1.13	4	9.7	132.9
			5	10.4	155.3
			7	11.1	186.7
			10	14.0	268.1
			12	14.4	299.9
			16	15.7	371.5
			19	16.4	417.3
			24	19.1	527.4
			37	21.4	731.3
			44	23.7	854.2
			48	24.1	913.1
			52	24.7	975.5
			61	26.1	1113.0

标称截面 （mm²）	导体结构 （根数/mm）	导体直径 （mm）	电缆芯数	电缆计算外径 （mm）	电缆近似重量 （kg/km）
1.5	1/1.38	1.38	4	10.8	169.4
			5	12.2	215.4
			7	13.0	259.6
			10	15.8	351.0
			12	16.2	395.3
			16	17.8	497.0
			19	19.0	577.1
			24	21.8	710.1
			37	24.6	1001.4
			44	27.3	1172.8
			48	27.8	1257.9
			52	29.1	1383.8
			61	30.7	1581.5
2.5	1/1.76	1.76	4	12.9	247.5
			5	13.8	293.2
			7	14.8	360.8
			10	18.6	509.4
			12	19.1	578.6
			16	21.0	733.2
			19	22.0	833.1
			24	25.4	1031.4
			37	29.4	1517.6
			44	32.7	1781.4
			48	33.3	1914.6
			52	34.5	2082.0
			61	36.5	2390.2
4	1/2.23	2.23	4	14.0	328.7
			5	15.1	384.5
			7	16.2	481.6
			10	20.5	682.4
			12	21.1	782.8
6	1/2.73	2.73	4	15.2	424.9
			5	16.5	512.1
			7	17.8	638.1
			10	22.5	904.5
			12	23.2	1045.9
10			4	19.7	701.8
			5	21.4	849.7
			7	23.3	1090.2
			10	29.3	1513.0

表 4-23　　　　　　　**ZR—KVVR 型聚氯乙烯绝缘阻燃控制电缆产品规格**

标称截面 （mm²）	导体结构 （根数/mm）	导体直径 （mm）	电缆芯数	电缆计算外径 （mm）	电缆近似重量 （kg/km）
0.5	1/0.8	0.8	4	8.3	76.4
			5	8.9	90.2
			7	9.5	108.8
			10	11.7	148.0
			12	12.0	167.3
			16	13.8	229.0
			19	14.4	257.2
			24	16.5	316.1
			37	18.7	445.8
			44	21.2	540.0
			48	21.5	577.7
			52	22.1	618.5
			61	23.4	706.8
0.75	1/0.97	0.97	4	8.8	91.7
			5	9.4	108.7
			7	10.2	134.1
			10	12.5	183.2
			12	13.5	226.1
			16	14.7	284.7
			19	15.5	323.2
			24	17.8	398.8
			37	20.5	586.5
			44	22.9	688.3
			48	23.3	739.4
			52	23.9	792.3
			61	25.3	908.8
1.0	1/1.13	1.13	4	9.2	104.7
			5	9.9	125.8
			7	10.7	155.9
			10	13.8	231.4
			12	14.2	263.3
			16	15.6	334.9
			19	16.4	380.6
			24	18.9	471.2
			37	21.8	696.3
			44	24.3	818.0
			48	24.7	879.8
			52	25.4	944.5
			61	26.9	1085.9

标称截面 （mm²）	导体结构 （根数/mm）	导体直径 （mm）	电缆芯数	电缆计算外径 （mm）	电缆近似重量 （kg/km）
1.5	1/1.38	1.38	4	10.4	139.2
			5	11.2	168.3
			7	12.1	211.2
			10	15.7	312.3
			12	16.2	358.5
			16	17.8	459.8
			19	18.8	525.9
			24	22.2	672.8
			37	25.2	973.4
			44	28.2	1146.3
			48	28.6	1235.5
			52	29.4	1328.4
			61	31.8	1573.1
2.5	1/1.76	1.76	4	11.9	193.8
			5	13.6	254.6
			7	14.7	320.3
			10	18.3	443.8
			12	18.9	513.2
			16	21.3	683.2
			19	22.4	782.3
			24	26.1	975.2
			37	29.7	1428.1
			44	34.0	1728.8
			48	34.5	1865.1
			52	35.5	2007.2
			61	38.0	2349.8

表 4-24　　　　ZR—KVVRP 型聚氯乙烯绝缘阻燃控制电缆产品规格

标称截面 （mm²）	导体结构 （根数/mm）	导体直径 （mm）	电缆芯数	电缆计算外径 （mm）	电缆近似重量 （kg/km）
0.5	1/0.8	0.8	4	9.6	113.5
			5	10.2	129.9
			7	10.8	151.2
			10	13.6	217.4
			12	13.9	238.5
			16	15.3	306.2
			19	15.9	337.8
			24	18.0	408.8
			37	20.6	568.7
			44	22.7	658.8
			48	23.0	698.3
			52	23.6	742.5
			61	25.1	866.6

标称截面 （mm²）	导体结构 （根数/mm）	导体直径 （mm）	电缆芯数	电缆计算外径 （mm）	电缆近似重量 （kg/km）
			4	10.1	131.0
			5	10.7	150.8
			7	11.5	179.9
			10	14.6	272.9
			12	15.0	301.6
0.75	1/0.97	0.97	16	16.2	367.1
			19	17.0	410.2
			24	19.3	499.1
			37	22.0	701.2
			44	24.6	844.4
			48	25.0	898.3
			52	25.6	955.6
			61	27.0	1081.8
			4	10.5	145.8
			5	11.2	170.1
			7	12.0	203.8
			10	15.3	308.6
			12	15.7	342.9
1.0	1/1.13	1.13	16	17.1	442.6
			19	17.9	472.8
			24	20.8	595.4
			37	23.3	818.7
			44	26.0	983.9
			48	26.4	1045.8
			52	27.1	1118.2
			61	28.6	1270.0
			4	11.7	185.7
			5	12.5	218.4
			7	14.0	282.9
			10	17.2	400.5
			12	17.7	449.5
1.5	1/1.38	1.38	16	19.3	560.1
			19	20.7	649.4
			24	23.7	797.4
			37	26.9	1145.6
			44	29.9	1339.5
			48	30.3	1431.5
			4	14.0	279.1
			5	15.1	330.8
			7	16.2	402.7
			10	19.8	546.9
			12	20.8	637.4
2.5	1/1.76	1.76	16	22.8	802.7
			19	23.9	907.9
			24	27.6	1122.2
			37	32.0	1672.5
			44	35.9	2001.7
			48	36.4	2142.1

二、交联聚乙烯阻燃控制电缆

(一) 电缆型号及主要使用范围（见表 4-25）

表 4-25 交联聚乙烯阻燃控制电缆的型号、名称及使用范围

型 号	名 称	主要使用范围
ZRA—KYJV ZRA—KFYJV	阻燃 A 类铜芯交联聚乙烯绝缘聚氯乙烯护套控制电缆 阻燃 A 类铜芯辐照交联聚乙烯绝缘聚氯乙烯护套控制电缆	敷设阻燃要求较高的室内、隧道、电缆沟、管道等固定场合
ZRA—KYJVP ZRA—KFYJVP ZRA—KYJVP2 ZRA—KFYJVP2	阻燃 A 类铜芯交联聚乙烯绝缘聚氯乙烯护套铜线编织屏蔽控制电缆 阻燃 A 类铜芯辐照交联聚乙烯绝缘聚氯乙烯护套铜线编织屏蔽控制电缆 阻燃 A 类铜芯交联聚乙烯绝缘聚氯乙烯护套铜带屏蔽控制电缆 阻燃 A 类铜芯辐照交联聚乙烯绝缘聚氯乙烯护套铜带屏蔽控制电缆	敷设在阻燃要求较高的室内、隧道、电缆沟、管道等要求屏蔽的固定场合
ZRA—KYJ22 ZRA—KFYJ22	阻燃 A 类铜芯交联聚乙烯绝缘聚氯乙烯护套钢带铠装控制电缆 阻燃 A 类铜芯辐照交联聚乙烯绝缘聚氯乙烯护套钢带铠装控制电缆	敷设在室内、隧道、电缆沟管道、直埋等有较高阻燃要求的固定场合，能承受较大的机械外力
ZRA—KYJ32 ZRA—KFYJ32	阻燃 A 类铜芯交联聚乙烯绝缘聚氯乙烯护套细钢丝铠装控制电缆 阻燃 A 类铜芯辐照交联聚乙烯绝缘聚氯乙烯护套细钢丝铠装控制电缆	敷设在室内、隧道、电缆沟、管道、竖井等有较高阻燃要求的固定场合，能承受较大的机械拉力

注 1. ZRA 表示阻燃且阻燃等级为 A 类。
　 2. 可按用户要求生产表中以外型号的 A 类阻燃控制电缆。

(二) 电缆规格（见表 4-26）

表 4-26 交联聚乙烯阻燃控制电缆的规格

型 号	导体标称截面（mm²）							
	0.5	0.75	1.0	1.5	2.5	4	6	10
	芯 数							
ZRA—KYJV，ZRA—KFYJV ZRA—KYJVP，ZRA—KFYJVP	—	2～61				2～14		2～10
ZRA—KYJVP2 ZRA—KFYJVP2	—	4～61				4～14		4～10
ZRA—KYJV22 ZRA—KFYJV22	—	7～61		4～61		4～14		4～10
ZRA—KYJV32 ZRA—KFYJV32	—	7～61		4～61		4～14		4～10

三、特种阻燃控制电缆和低烟无卤阻燃控制电缆

在阻燃 A 类等级的基础上，再加挤一层超高阻燃材料的内护套，使电缆的阻燃效果更强。

（一）特种阻燃控制电缆型号、名称及主要使用范围（见表 4-27）

表 4-27　　　　　　　　　　　特种阻燃控制电缆的型号、名称及使用范围

型　　号	名　　称	主要使用范围
TZR—KVV TZR—KYJV TZR—KFYJV	特种阻燃铜芯聚氯乙烯绝缘，聚氯乙烯护套控制电缆 特种阻燃铜芯交联聚乙烯绝缘，聚氯乙烯护套控制电缆 特种阻燃铜芯辐照交联聚乙烯绝缘，聚氯乙烯护套控制电缆	敷设在室内、隧道、电缆沟、管道等有高阻燃要求的固定场合
TZR—KVVP TZR—KYJVP TZR—KFYJVP	特种阻燃铜芯聚氯乙烯绝缘，聚氯乙烯护套铜线编织屏蔽控制电缆 特种阻燃铜芯交联聚乙烯绝缘聚氯乙烯护套铜线编织屏蔽控制电缆 特种阻燃铜芯辐照交联聚乙烯绝缘聚氯乙烯护套铜线编织控制电缆	敷设在室内、隧道、电缆沟、管道等有高阻燃和屏蔽要求的固定场合
TZR—KVVP2 TZR—KYJVP2 TZR—KFYJVP2	特种阻燃铜芯聚氯乙烯绝缘聚氯乙烯护套铜带屏蔽控制电缆 特种阻燃铜芯交联聚乙烯绝缘聚氯乙烯护套铜带屏蔽控制电缆 特种阻燃铜芯辐照交联聚乙烯绝缘聚氯乙烯护套铜带屏蔽控制电缆	
TZR—KVV22 TZR—KYJV22 TZR—KFYJV22	特种阻燃铜芯聚氯乙烯绝缘聚氯乙烯护套钢带铠装控制电缆 特种阻燃铜芯交联聚乙烯绝缘聚氯乙烯护套钢带铠装控制电缆 特种阻燃铜芯辐照交联聚乙烯绝缘聚氯乙烯护套钢带铠装控制电缆	敷设在室内、隧道、电缆沟、管道、直埋等有高阻燃要求的固定场合，能承受较大的机械外力
TZR—KVV32 TZR—KYJV32 TZR—KFYJV32	特种阻燃铜芯聚氯乙烯绝缘聚氯乙烯护套细钢丝铠装控制电缆 特种阻燃铜芯交联聚乙烯绝缘聚氯乙烯护套细钢丝铠装控制电缆 特种阻燃铜芯辐照交联聚乙烯绝缘聚氯乙烯护套细钢丝铠装控制电缆	敷设在室内、隧道、电缆沟、管道、竖井等有高阻燃要求的固定场合，能承受较大的机械拉力

注　1. TZR 表示特种阻燃。
　　2. 可根据用户要求生产表中所列型号以外的其他型号特种阻燃控制电缆。

（二）低烟无卤阻燃电缆指示（见表 4-28）

表 4-28　　　　　　　　　　　低烟无卤阻燃电缆的指标

项　　目	性　能　指　标	试　验　标　准
氢卤酸含量	≤5mg/g	IEC754—1
燃烧气体腐蚀性试验	水溶液 pH 值≥4.3 水溶液电导率≥10μS/mm	IEC754—2
透光率	符合 GB12666.7 要求	GB12666.7
毒性指数	<5	NES713
阻燃性能	通过 GB12666.5 燃烧试验	GB12666.5

（三）低烟无卤阻燃电缆型号、名称及主要使用范围（见表4-29）

表 4-29　　　　　　　　低烟无卤阻燃电缆的型号、名称及使用范围

型　　号	名　　　　称	主要使用范围
WZR—KYJE WZR—KFYJE	低烟无卤阻燃铜芯交联聚乙烯绝缘聚烯烃护套控制电缆 低烟无卤阻燃铜芯辐照交联聚乙烯绝缘聚烯烃护套控制电缆	敷设在有低烟无卤阻燃要求的特殊固定场合
WZR—KYJEP WZR—KFYJEP	低烟无卤阻燃铜芯交联聚乙烯绝缘聚烯烃护套铜线编织屏蔽控制电缆 低烟无卤阻燃铜芯辐照交联聚乙烯绝缘聚烯烃护套铜线编织屏蔽控制电缆	敷设在需屏蔽的、有低烟无卤阻燃要求的特殊固定场合
WZR—KYJE23 WZR—KFYJE23	低烟无卤阻燃铜芯交联聚乙烯绝缘聚烯烃护套钢带铠装控制电缆 低烟无卤阻燃铜芯辐照交联聚乙烯绝缘聚烯烃护套钢带铠装控制电缆	敷设在承受较大机械外力的、有低烟无卤阻燃要求的固定场合
WZR—KYJE33 WZR—KFYJE33	低烟无卤阻燃铜芯交联聚乙烯绝缘聚烯烃护套细钢丝铠装控制电缆 低烟无卤阻燃铜芯交联聚乙烯绝缘聚烯烃护套细钢丝铠装控制电缆	敷设在承受较大机械拉力的、有低烟无卤阻燃要求的固定场合
WZR—KFYJER	低烟无卤阻燃铜芯辐照交联聚乙烯绝缘聚烯烃护套控制软电缆	敷设在室内移动、有无卤阻燃要求的场合
WZR—KFYJERP	低烟无卤阻燃铜芯辐照交联聚乙烯绝缘聚烯烃护套铜丝编织屏蔽控制软电缆	敷设在室内移动、需屏蔽的、有无卤阻燃要求的场合

注　1. WZR 表示低烟无卤阻燃。
　　2. 可生产表中所列型号以外的其他型号的低烟无卤阻燃控制电缆。

（四）特种阻燃电缆和低烟无卤阻燃电缆规格（见表4-30）

表 4-30　　　　　　特种阻燃电缆和低烟无卤阻燃电缆的规格

型　　　号	导体标称截面（mm²）							
	0.5	0.75	1.0	1.5	2.5	4	6	10
	芯　　　　数							
TZR—KVV，TZR—KYJV TZR—KFYJV，TZR—KVVP TZR—KYJVP，TZR—KFYJVP WZR—KYJE，WZR—KFYJE WZR—KYJEP，WZR—KFYJEP	—		2～61			2～14		2～10
TZRA—KVVP2 TZR—KYJVP2，TZR—KFYJVP2 WZR—KYJEP2，WZR—KFYJEP2	—		4～61			4～14		4～10
TZR—KVV22 TZR—KYJV22，TZR—KFYJV22 WZR—KYJE23，WZR—KFYJE23	—		7～61		4～61	4～14		4～10
TZR—KVV32 TZR—KYJV32，TZR—KFYJV32 WZR—KYJE33，WZR—KFYJE33	—		7～61		4～61	4～14		4～10
ZRA—KVVR，ZRA—KFYJER			4～61				—	
ZRA—KVVRP，WZR—KFYJERP			4～61		4～48			

注　推荐的芯数系列为：2，3，4，5，7，8，10，12，14，16，19，24，27，30，37，44，48，52，61芯。

（五）450/750V 及以下铜芯无卤低烟阻燃交联聚烯烃绝缘控制电缆

（1）型号、名称见表 4-31。

表 4-31　　　　　　无卤低烟阻燃交联聚烯烃绝缘控制电缆型号、名称

型　号	名　称
WZR—KYJY	无卤低烟阻燃交联聚烯烃绝缘聚烯烃护套控制电缆
WZR—KYJYP2	无卤低烟阻燃交联聚烯烃绝缘铜带屏蔽聚烯烃护套控制电缆
WZR—KYJY23	无卤低烟阻燃交联聚烯烃绝缘钢带铠装聚烯烃护套控制电缆
WZR—KYJY33	无卤低烟阻燃交联聚烯烃绝缘细钢丝铠装聚烯烃护套控制电缆
WZR—KYJYP2—23	无卤低烟阻燃交联聚烯烃绝缘铜带屏蔽钢带铠装聚烯烃护套控制电缆
WZR—KYJYP2—33	无卤低烟阻燃交联聚烯烃绝缘铜带屏蔽细钢丝铠装聚烯烃护套控制电缆
WZR—NH—KYJY	无卤低烟阻燃交联聚烯烃绝缘聚烯烃护套耐火控制电缆
WZR—NH—KYJYP2	无卤低烟阻燃交联聚烯烃绝缘铜带屏蔽聚烯烃护套耐火控制电缆
WZR—NH—KYJY23	无卤低烟阻燃交联聚烯烃绝缘钢带铠装聚烯烃护套耐火控制电缆
WZR—NH—KYJY33	无卤低烟阻燃交联聚烯烃绝缘细钢丝铠装聚烯烃护套耐火控制电缆
WZR—NH—KYJYP2—23	无卤低烟阻燃交联聚烯烃绝缘铜带屏蔽钢带铠装聚烯烃护套耐火控制电缆
WZR—NH—KYJYP2—33	无卤低烟阻燃交联聚烯烃绝缘铜带屏蔽细钢丝铠装聚烯烃护套耐火控制电缆

（2）规格见表 4-32。

表 4-32　　　　450/750V 及以下铜芯无卤低烟阻燃交联绝缘控制电缆规格

标称截面（mm²）	芯　　　数
1.0, 1.5, 2.5	2, 3, 4, 5, 7, 8, 10, 12, 14, 16, 19, 24, 27, 30, 41, 44, 48, 52, 61
4, 6	2, 3, 4, 5, 7, 8, 10, 14
10	2, 4

第五章 耐火电缆的性能及技术参数

第一节 耐火聚氯乙烯绝缘电缆

一、型号、名称、规格、使用范围（见表 5-1）

表 5-1　　　　　　耐火聚氯乙烯绝缘电缆型号、名称及使用范围

型　号	名　　　称	规　　格	使 用 范 围
NH—VV	铜芯聚氯乙烯绝缘、聚氯乙烯护套耐火电力电缆	1，2，3，4，5 芯 3+1，3+2，4+1 芯 1.5～630mm²	适用于有特殊要求的场合，如大容量电厂、核电站、地下铁道、高层建筑等
NH—VV22 NH—VV32	铜芯聚氯乙烯绝缘、聚氯乙烯护套、钢带钢丝铠装耐火电力电缆	1，2，3，4，5 芯 3+1，3+2，4+1 芯 1.5～630mm²	

二、使用条件

电缆长期使用，最高工作温度不得超过 70℃，5s 短路不超过 160℃。电缆敷设时不受落差限制，环境温度不低于 0℃，电缆的弯曲半径是电缆外径的 10 倍。

三、产品参数（见表 5-2～表 5-10）

表 5-2　　　　　　0.6/1kV NH—VV 型耐火电缆（1 芯）

芯数×标称截面 （mm²）	近似外径 （mm）	电缆近似重量 （kg/km）	芯数×标称截面 （mm²）	近似外径 （mm）	电缆近似重量 （kg/km）
1×1.5	8.2	94.8	1×6.0	10.0	166.0
1×2.5	8.6	110.1	1×10.0	11.2	224.5
1×4.0	9.4	138.4	1×16.0	12.3	300.4
1×25.0	13.6	407.0	1×185	25.4	2113.0
1×35.0	14.6	512.5	1×240	28.0	2704.1
1×50.0	16.3	675.4	1×300	30.8	3346.2
1×70.0	18.0	884.7	1×400	34.6	4247.1
1×95	20.0	1169.0	1×500	38.0	5284.1
1×120	21.4	1421.3	1×630	41.6	6611.3
1×150	23.4	1717.1			

表 5-3　　　　　　　　　**0.6/1kV NH—VV 型耐火电缆（2 芯）**

芯数×标称截面 （mm²）	近似外径 （mm）	电缆近似重量 （kg/km）	芯数×标称截面 （mm²）	近似外径 （mm）	电缆近似重量 （kg/km）
2×1.5	13.6	197.9	2×70	33.4	1923.9
2×2.5	14.4	229.2	2×95	37.6	2518.5
2×4.0	16.0	295.2	2×120	40.6	3079.0
2×6.0	17.2	351.4	2×150	44.8	3787.2
2×10.0	19.6	490.3	2×185	49.2	4619.8
2×16	21.8	656.9	2×240	54.6	5835.3
2×25	24.4	878.1	2×300	60.2	7213.0
2×35	26.4	1100.8			
2×50	29.8	1472.1			

表 5-4　　　　　　　　　**0.6/1kV NH—VV 型耐火电缆（3 芯）**

芯数×标称截面 （mm²）	近似外径 （mm）	电缆近似重量 （kg/km）	芯数×标称截面 （mm²）	近似外径 （mm）	电缆近似重量 （kg/km）
3×1.5	14.3	232.0	3×70	35.7	2673.0
3×2.5	15.2	283.8	3×95	40.4	3545.1
3×4.0	16.9	364.1	3×120	43.6	4330.3
3×6.0	18.2	453.4	3×150	48.2	5327.5
3×10.0	20.8	634.7	3×185	52.9	6521.3
3×16	23.2	906.8	3×240	58.9	8315.3
3×25	26.0	1192.2	3×300	64.7	10244.5
3×35	28.2	1520.4			
3×50	31.8	2036.4			

表 5-5　　　　　　　　　**0.6/1kV NH—VV 型耐火电缆（4 芯）**

芯数×标称截面 （mm²）	近似外径 （mm）	电缆近似重量 （kg/km）	芯数×标称截面 （mm²）	近似外径 （mm）	电缆近似重量 （kg/km）
4×1.5	15.5	282.3	4×50	35.3	2649
4×2.5	16.5	337.5	4×70	39.6	3506.1
4×4.0	18.4	453.3	4×95	44.9	4621.1
4×6.0	19.9	557.0	4×120	48.5	5639.7
4×10.0	22.8	790.4	4×150	53.7	6973.2
4×16	25.2	1081.9	4×185	58.5	8515.3
4×25	28.6	1520.1	4×240	65.6	10866.3
4×35	31.0	1949.9	4×300	72.3	13440.0

表 5-6   0.6/1kV NH—VV 型耐火电缆（5 芯）

芯数×标称截面 （mm²）	近似外径 （mm）	电缆近似重量 （kg/km）	芯数×标称截面 （mm²）	近似外径 （mm）	电缆近似重量 （kg/km）
5×1.5	16.8	327.7	5×50	38.2	3297.9
5×2.5	17.9	398.1	5×70	44.4	4394.1
5×4.0	20.1	529.4	5×95	50.1	5846.0
5×6.0	21.7	662.5	5×120	54.5	7177.9
5×10.0	24.9	932.6	5×150	59.9	8809.1
5×16	27.9	1336.7	5×185	65.7	10801.2
5×25	31.6	1907.5	5×240	73.4	13784.5
5×35	34.3	2425.1			

表 5-7   0.6/1kV NH—VV 型耐火电缆（3+1 芯）

芯数×标称截面 （mm²）	近似外径 （mm）	电缆近似重量 （kg/km）	芯数×标称截面 （mm²）	近似外径 （mm）	电缆近似重量 （kg/km）
3×4+1×2.5	18.0	427.9	3×70+1×35	37.6	3113.3
3×6+1×4	19.5	530.7	3×95+1×50	42.4	4094.2
3×10+1×6	22.1	728.8	3×120+1×70	46.2	5092.8
3×16+1×10	24.8	1058.4	3×150+1×70	50.2	6092.4
3×25+1×16	27.8	1415.1	3×185+1×95	55.3	7517.2
3×35+1×16	29.6	1732.6	3×240+1×120	61.3	9522.5
3×50+1×25	33.7	2368.8			

表 5-8   0.6/1kV NH—VV22 型耐火电缆

芯数×标称截面 （mm²）	近似外径 （mm）	电缆近似重量 （kg/km）	芯数×标称截面 （mm²）	近似外径 （mm）	电缆近似重量 （kg/km）
1×4			1×240	31.5	3355
1×6			1×300	35.3	4220
1×10	13.2	380	2×4	19.2	508
1×16	14.2	465	2×6	20.4	579
1×25	15.8	606	2×10	22.8	749
1×35	16.9	751	2×16	25.0	943
1×50	18.1	996	2×25	27.6	997
1×70	19.8	1173	2×35	29.6	1446
1×95	22.0	1488	2×50	33.2	1874
1×120	24.5	1804	2×70	38.0	2745
1×150	26.6	2108	2×95	42.2	3438
1×185	28.8	2617	2×120	45.2	4067

芯数×标称截面 （mm²）	近似外径 （mm）	电缆近似重量 （kg/km）	芯数×标称截面 （mm²）	近似外径 （mm）	电缆近似重量 （kg/km）
2×150	49.8	4918	3×150+1×70	55.2	7355
2×185	54.2	5857	3×185+1×95	60.7	8981
3×4	20.1	588	3×240+1×120	66.9	11168
3×6	21.4	694	4×4	21.6	697
3×10	24.0	908	4×6	23.1	819
3×16	26.4	1210	4×10	26.0	1089
3×25	29.2	1531	4×16	28.7	1415
3×35	31.4	1887	4×25	31.8	1893
3×50	36.6	2837	4×35	34.4	2367
3×70	40.5	3566	4×50	40.1	3533
3×95	45.0	4528	4×70	44.4	4438
3×120	48.4	5411	4×95	48.0	5752
3×150	53.4	6566	4×120	52.0	6899
3×185	57.9	7848	4×150	57.0	8421
3×240	64.1	9822	4×185	63.0	10174
3×300	70.5	11992	4×240	68.0	12900
5×1.5	18.7	473	3×25+2×16	34.1	2606
5×2.5	19.2	618	3×35+2×16	37.6	3205
5×4	22.0	768	3×50+2×25	41.0	4270
5×6	23.2	914	3×70+2×35	46.0	5600
5×10	26.8	1247	3×95+2×50	52.0	6703
5×16	29.7	1662	3×120+2×70	56.4	7802
3×4+1×2.5	21.2	666	3×150+2×70	60.4	9521
3×6+1×4	22.7	788	3×185+2×95	66.0	11210
3×10+1×6	25.3	1019	4×25+1×6	35.0	2391
3×16+1×10	26.6	1194	4×35+1×16	38.2	3150
3×25+1×16	30.3	1823	4×50+1×25	41.4	3797
3×35+1×16	32.8	2118	4×70+1×35	46.0	4891
3×50+1×25	38.3	3197	4×95+1×50	51.6	6803
3×70+1×35	42.2	4032	4×120+1×70	56.5	7715
3×95+1×50	47.2	5145	4×150+1×70	60.9	9472
3×120+1×70	51.2	6258	4×185+1×95	65.7	10923

表 5-9 **0.6/1kV NH—VV 型耐火电缆（3＋2 芯）**

芯数×标称截面 （mm²）	近似外径 （mm）	电缆近似重量 （kg/km）	芯数×标称截面 （mm²）	近似外径 （mm）	电缆近似重量 （kg/km）
3×4＋2×2.5	19.2	472.8	3×50＋2×25	34.5	2733.2
3×6＋2×4	21.0	643.8	3×70＋2×35	40.4	3625.6
3×10＋2×6	23.6	823.2	3×95＋2×50	45.9	4755.8
3×16＋2×10	26.7	1200.9	3×120＋2×70	50.2	5972.0
3×25＋2×16	30.2	1682.1	3×150＋2×70	53.8	7022.4
3×35＋2×16	31.8	2012.1	3×185＋2×95	59.4	8708.8

表 5-10 **0.6/1kV NH—VV 型耐火电缆（4＋1 芯）**

芯数×标称截面 （mm²）	近似外径 （mm）	电缆近似重量 （kg/km）	芯数×标称截面 （mm²）	近似外径 （mm）	电缆近似重量 （kg/km）
4×4＋1×2.5	19.6	498	4×50＋1×25	37.0	2975
4×6＋1×4	21.4	685	4×70＋1×35	42.4	3981
4×10＋1×6	24.3	874	4×95＋1×50	48.1	5230
4×16＋1×10	27.3	1219	4×120＋1×70	52.2	6479
4×25＋1×16	30.3	1816	4×150＋1×70	55.9	7825
4×35＋1×16	33.3	2249	4×185＋1×95	62.5	9683

第二节　耐火交联聚乙烯绝缘聚氯乙烯护套电力电缆

本产品用于交流 50Hz，额定电压（U_0/U）0.6/1kV 及以下有耐火要求的电力线路中使用，如高层建筑、核电站、石油化工、矿山、机场、飞机、船舶等要求防火安全较好的场合。

一、使用条件

（1）电缆导体的最高额定温度为 90℃。

（2）短路时（最长持续时间不超过 5s）电缆导体最高温度不超过 250℃。

（3）敷设电缆的环境温度不低于 0℃，其最小弯曲半径应不小于电缆外径的 15 倍。

二、型号、名称（见表 5-11）

表 5-11 **耐火交联聚乙烯绝缘聚氯乙烯护套电力电缆型号、名称**

型　号	名　称
NHYJV—A	A 类铜芯耐火交联聚乙烯绝缘、聚氯乙烯护套电力电缆
NHYJV—B	B 类铜芯耐火交联聚乙烯绝缘、聚氯乙烯护套电力电缆
NHYJV22—A	A 类铜芯耐火交联聚乙烯绝缘、钢带铠装聚氯乙烯护套电力电缆
NHYJV22—B	B 类铜芯耐火交联聚乙烯绝缘、钢带铠装聚氯乙烯护套电力电缆

三、电缆结构示意图

电缆结构示意图见图 5-1。

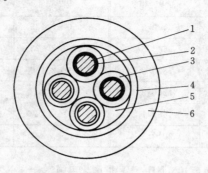

图 5-1　耐火交联聚乙烯绝缘聚氯乙烯护套电力电缆结构

1—导体；2—耐火层；3—绝缘；4—包带；5—填充；6—护套

四、规格范围（见表 5-12）

表 5-12　　　　　耐火交联聚乙烯绝缘聚氯乙烯护套电力电缆规格

型　号	芯数	标称截面（mm²）	型　号	芯数	标称截面（mm²）
NHYJV—A；B NHYJV22—A；B	1	4～300	NHYJV—A；B NHYJV22—A；B	3+2	25～185
NHYJV—A；B NHYJV22—A；B	2	10～185	NHYJV—A；B NHYJV22—A；B	4	4～240
NHYJV—A；B NHYJV22—A；B	3	10～185	NHYJV—A；B NHYJV22—A；B	4+1	4～185
NHYJV—A； NHYJV22—A；B	3+1	4～240			

五、主要技术性能

（1）成品电缆导体直流电阻见交联电缆。

（2）成品电缆应经受交流 50Hz、3.5kV 电压试验，5min 不击穿。

（3）成品电缆应能通过 GB12666.6—90 耐火试验，试验条件见表 5-13。

表 5-13　　　　　　　　耐火交联电缆的试验条件

耐火类别	A　类	B　类	耐火类别	A　类	B　类
火焰温度（℃）	450～1000	750～800	供火时间（min）	90	90
施加电压（kV）	1	1	试验结果	通过	通过

六、规格、尺寸及重量

请参照聚氯乙烯绝缘耐火电力电缆。

第三节 耐火控制电缆

一、聚氯乙烯绝缘耐火控制电缆

（一）产品型号、名称及用途（见表 5-14）

表 5-14　　　　聚氯乙烯绝缘耐火控制电缆的型号、名称及使用场合

型　号	产　品　名　称	使用场合与规范
NH—KVV	铜芯聚氯乙烯绝缘聚氯乙烯护套耐火控制电缆	敷设在室内、电缆沟、管道固定场合，特别适用于电缆着火后仍要保持一段时间的工作场合
NH—KVVP	铜芯聚氯乙烯绝缘聚氯乙烯护套编织屏蔽耐火控制电缆	敷设在室内、电缆沟、管道等要求屏蔽的固定场合；特别适用于电缆着火后仍要保持一段时间的工作场合
NH—KVVP2	铜芯聚氯乙烯绝缘聚氯乙烯护套铜带屏蔽耐火控制电缆	
NH—KVV22	铜芯聚氯乙烯绝缘聚氯乙烯护套钢带铠装耐火控制电缆	敷设在室内、电缆沟、管道、直埋等能承受较大机械外力等固定场合；特别适于电缆着火后仍要保持一段时间的工作场合
NH—KVVR	铜芯聚氯乙烯绝缘聚氯乙烯护套耐火控制软电缆	敷设在室内移动要求柔软等场合；特别适用于电缆着火后仍要保持一段时间的工作场合
NH—KVVRP	铜芯聚氯乙烯绝缘聚氯乙烯护套编织屏蔽耐火控制软电缆	敷设在室内移动要求柔软、屏蔽等场合；特别适用于电缆着火后仍要保持一段时间的工作场合

本产品用于交流额定电压 450/750V 及以下配电装置电器仪表的接线，特别是适用于电缆着火后仍要保持一段时间的工作场合。

（二）产品使用条件及技术指标

（1）电缆导体的长期允许工作温度为 70℃。

（2）电缆的敷设温度应不低于 0℃，推荐的允许弯曲半径：

1）无铠装层的电缆应不小于电缆外径的 6 倍。

2）有铠装或铜带屏蔽结构的电缆，应不小于电缆外径的 12 倍。

3）有屏蔽层结构的软电缆，应不小于电缆外径的 6 倍。

（3）交流电压试验：电压 3000V，时间 5min。

（4）耐火电缆分 A 类、B 类，电缆应符合 GB12666.6—90 标准规定的耐火试验。试验要求如下：

A 类：火焰温度为 950～1000℃。

B 类：火焰温度为 750～800℃。

（5）耐火电缆要求在高温火焰下保持一定时间的正常工作，而电缆在高温下导体电阻将大幅度增加，而使线路的电压降增加。在选择电缆规格时必须考虑其影响。

（6）制造长度、常用产品的计算外径与计算重量：

1）成卷长度为 100m，成盘长度应不小于 100m。

2）24 芯及以下：允许长度不小于 20m 的短段电缆交货，其数量应不超过交货总长度的 5%。

3）24 芯及以上：允许长度不小于 20m 的短段电缆交货，其数量应不超过交货总长度的 10%。

允许根据双方协议长度交货。长度误差应不超过±0.5%。

（三）常用产品的计算外径及计算重量（见表 5-15～表 5-20）

表 5-15   **NH—KVV 型耐火控制电缆的计算外径及计算重量**

芯数×标称截面 (mm²)	计算外径 (mm)	计算重量 (kg/km)	芯数×标称截面 (mm²)	计算外径 (mm)	计算重量 (kg/km)
2×0.75 (A)	9.0	97.3	5×2.5 (A)	15.4	305.3
2×0.75 (B)	9.3	102.9	5×2.5 (B)	16.1	329.9
2×1.0 (A)	9.3	107.7	5×4 (A)	16.6	408.7
2×1.0 (B)	9.6	113.7	5×4 (B)	17.4	437.3
2×1.5 (A)	10.2	134.0	5×6 (A)	18.0	536.6
2×1.5 (B)	10.6	141.4	5×6 (B)	19.0	558.6
2×2.5 (A)	11.4	177.2	5×10	23.4	865.9
2×2.5 (B)	11.9	189.7	7×0.75 (A)	12.5	179.2
2×4 (A)	12.3	223.8	7×0.75 (B)	12.9	188.6
2×4 (B)	12.9	237.9	7×1.0 (A)	13.0	204.5
2×6 (A)	13.4	283.0	7×1.0 (B)	13.4	214.9
2×6 (B)	14.1	300.4	7×1.5 (A)	14.3	263.2
2×10	17.9	407.0	7×1.5 (B)	14.8	273.8
3×0.75 (A)	9.7	96.2	7×2.5 (A)	16.7	386.2
3×0.75 (B)	10.0	100.6	7×2.5 (B)	17.5	408.1
3×1.0 (A)	10.0	107.7	7×4 (A)	18.1	509.5
3×1.0 (B)	10.4	112.9	7×4 (B)	19.0	531.2
3×1.5 (A)	11.0	134.4	7×6 (A)	19.6	667.6
3×1.5 (B)	11.4	140.5	7×6 (B)	20.7	692.6
3×2.5 (A)	12.3	180.7	7×10	25.5	1120.4
3×2.5 (B)	12.9	191.5	10×0.75 (A)	16.2	252.4
3×4 (A)	13.3	247.3	10×0.75 (B)	16.7	264.7
3×4 (B)	14.0	264.1	10×1.0 (A)	17.4	309.9
3×6 (A)	15.0	342.2	10×1.0 (B)	18.0	324.8
3×6 (B)	15.8	355.1	10×1.5 (A)	19.2	396.1
3×10	19.0	538.3	10×1.5 (B)	19.9	412.0
4×0.75 (A)	10.5	119.6	10×2.5 (A)	21.6	543.5
4×0.75 (B)	10.9	125.6	10×2.5 (B)	22.6	574.0
4×1.0 (A)	10.9	134.7	10×4 (A)	23.9	739.4
4×1.0 (B)	11.3	141.0	10×4 (B)	25.1	771.0
4×1.5 (A)	12.0	170.3	10×6 (A)	25.9	966.5
4×1.5 (B)	12.4	177.7	10×6 (B)	27.4	1003.2
4×2.5 (A)	13.5	231.8	10×10	32.7	1575.4
4×2.5 (B)	14.1	245.4	12×0.75 (A)	17.3	311.5
4×4 (A)	15.2	340.0	12×0.75 (B)	17.8	326.4
4×4 (B)	16.9	354.0	12×1.0 (A)	17.9	354.3
4×6 (A)	16.4	433.4	12×1.0 (B)	18.6	372.3
4×6 (B)	17.3	450.2	12×1.5 (A)	19.8	456.3
4×10	20.9	690.3	12×1.5 (B)	20.5	474.4
5×0.75 (A)	11.5	145.3	12×2.5 (A)	22.3	630.9
5×0.75 (B)	11.9	153.2	12×2.5 (B)	23.4	666.8
5×1.0 (A)	11.9	164.7	12×4 (A)	24.6	860.1
5×1.0 (B)	12.3	172.2	12×4 (B)	25.9	897.1
5×1.5 (A)	13.1	209.6	12×6 (A)	26.8	1131.5
5×1.5 (B)	13.6	219.1	12×6 (B)	28.3	1173.2

芯数×标称截面 (mm²)	计算外径 (mm)	计算重量 (kg/km)	芯数×标称截面 (mm²)	计算外径 (mm)	计算重量 (kg/km)
16×0.75 (A)	19.1	398.1	44×0.75 (A)	30.3	972.3
16×0.75 (B)	19.7	418.0	44×0.75 (B)	31.4	1022.9
16×1.0 (A)	19.8	455.2	44×1.0 (A)	31.6	1124.9
16×1.0 (B)	20.6	478.6	44×1.0 (B)	32.9	1183.0
16×1.5 (A)	21.9	589.6	44×1.5 (A)	35.2	1478.9
16×1.5 (B)	22.8	614.9	44×1.5 (B)	36.6	1539.2
16×2.5 (A)	25.2	843.5	44×2.5 (A)	40.6	2146.5
16×2.5 (B)	26.4	892.1	44×2.5 (B)	42.7	2269.8
19×0.75 (A)	20.1	450.6	48×0.75 (A)	30.8	1044.9
19×0.75 (B)	20.8	473.6	48×0.75 (B)	32.0	1100.1
19×1.0 (A)	20.9	517.7	48×1.0 (A)	32.1	1210.3
19×1.0 (B)	21.7	753.9	48×1.0 (B)	33.4	1272.8
19×1.5 (A)	23.1	673.4	48×1.5 (A)	35.8	1595.1
19×1.5 (B)	24.0	701.0	48×1.5 (B)	37.3	1660.6
19×2.5 (A)	26.5	966.1	48×2.5 (A)	41.3	2316.9
19×2.5 (B)	27.8	1012.3	48×2.5 (B)	43.4	2449.8
24×0.75 (A)	23.3	558.0	52×0.75 (A)	31.7	1122.5
24×0.75 (B)	24.2	587.2	52×0.75 (B)	32.9	1181.7
24×1.0 (A)	24.3	642.6	52×1.0 (A)	33.0	1301.0
24×1.0 (B)	25.3	675.6	52×1.0 (B)	34.4	1369.0
24×1.5 (A)	27.4	862.2	52×1.5 (A)	36.8	1716.8
24×1.5 (B)	28.5	897.6	52×1.5 (B)	38.3	1787.1
24×2.5 (A)	31.0	1205.2	52×2.5 (A)	42.5	2495.7
24×2.5 (B)	32.6	1274.5	52×2.5 (B)	44.7	2639.3
37×0.75 (A)	27.0	826.9	61×0.75 (A)	33.6	1289.6
37×0.75 (B)	28.0	870.0	61×0.75 (B)	34.9	1358.2
37×1.0 (A)	28.2	956.1	61×1.0 (A)	35.1	1498.8
37×1.0 (B)	29.3	1005.0	61×1.0 (B)	36.5	1576.4
37×1.5 (A)	31.3	1254.5	61×1.5 (A)	39.7	2032.9
37×1.5 (B)	32.6	1306.0	61×1.5 (B)	41.3	2115.8
37×2.5 (A)	35.5	1773.5	61×2.5 (A)	45.5	2922.9
37×2.5 (B)	37.3	1875.2	61×2.5 (B)	47.8	3090.3

表 5-16 　　　　　　　NH—KVVP 型耐火控制电缆的计算外径及计算重量

芯数×标称截面 (mm²)	计算外径 (mm)	计算重量 (kg/km)	芯数×标称截面 (mm²)	计算外径 (mm)	计算重量 (kg/km)
2×0.75	11.1	148.4	3×2.5	14.5	249.1
2×1.0	11.4	160.5	3×4	16.4	365.0
2×1.5	12.4	192.6	3×6	17.6	443.8
2×2.5	13.7	246.7	3×10	20.4	637.8
2×4	15.5	335.2	4×0.75	12.2	174.8
2×6	16.7	406.0	4×1.0	12.9	192.3
2×10	19.3	500.7	4×1.5	14.0	233.2
3×0.75	11.6	146.0	4×2.5	16.5	346.5
3×1.0	12.0	160.0	4×4	17.7	443.1
3×1.5	13.0	191.8	4×6	19.1	547.0

芯数×标称截面 (mm²)	计算外径 (mm)	计算重量 (kg/km)	芯数×标称截面 (mm²)	计算外径 (mm)	计算重量 (kg/km)
4×10	22.7	819.2	16×1.5	24.2	734.9
5×0.75	13.5	206.6	16×2.5	27.8	1030.3
5×1.0	13.9	227.8	19×0.75	22.2	582.9
5×1.5	15.2	279.7	19×1.0	23.1	657.9
5×2.5	17.9	414.2	19×1.5	25.8	849.1
5×4	19.2	534.7	19×2.5	29.2	1167.0
5×6	20.8	664.7	24×0.75	25.6	714.7
5×10	24.8	988.1	24×1.0	27.1	831.9
7×0.75	14.5	246.2	24×1.5	29.9	1047.0
7×1.0	15.0	274.6	24×2.5	34.2	1485.5
7×1.5	17.0	361.4	37×0.75	29.4	1017.0
7×2.5	19.3	506.1	37×1.0	30.7	1158.8
7×4	20.8	637.3	37×1.5	34.2	1517.0
7×6	22.5	808.1	37×2.5	39.5	2167.2
7×10	26.9	1253.8	44×0.75	33.0	1226.0
10×0.75	18.7	376.9	44×1.0	34.5	1395.8
10×1.0	19.4	419.1	44×1.5	38.2	1776.4
10×1.5	21.3	516.4	44×2.5	44.5	2597.1
10×2.5	24.0	692.8	48×0.75	33.6	1307.1
10×4	26.5	902.2	48×1.0	35.0	1489.1
10×6	29.0	1179.7	48×1.5	38.9	1902.4
10×10	34.3	1787.0	48×2.5	45.2	2782.5
12×0.75	19.2	419.6	52×0.75	34.5	1394.5
12×1.0	20.0	469.7	52×1.0	36.0	1591.8
12×1.5	21.9	582.0	52×1.5	40.5	2087.1
12×2.5	25.2	811.3	52×2.5	46.9	3022.1
12×4	27.3	1032.7	61×0.75	36.5	1584.2
12×6	29.9	1355.8	61×1.0	38.1	1381.0
16×0.75	21.1	521.4	61×1.5	42.9	2382.2
16×1.0	22.0	586.7	61×2.5	19.6	3455.9

表 5-17 NH—KVVP2 型耐火控制电缆的计算外径及计算重量

芯数×标称截面 (mm²)	计算外径 (mm)	计算重量 (kg/km)	芯数×标称截面 (mm²)	计算外径 (mm)	计算重量 (kg/km)
4×0.75	11.8	162.7	5×6	19.3	609.2
4×1.0	12.2	179.5	5×10	24.3	952.9
4×1.5	13.3	220.0	7×0.75	13.8	230.9
4×2.5	15.4	306.8	7×1.0	14.3	258.2
4×4	16.5	401.2	7×1.5	16.2	342.5
4×6	17.7	499.5	7×2.5	18.0	453.6
4×10	22.2	787.0	7×4	19.4	582.5
5×0.75	12.8	193.0	7×6	20.9	746.5
5×1.0	13.2	213.4	7×10	26.4	1215.5
5×1.5	15.0	282.1	10×0.75	17.7	335.6
5×2.5	16.7	368.7	10×1.0	18.3	374.3
5×4	17.9	475.7	10×1.5	20.1	467.5

芯数×标称截面 (mm²)	计算外径 (mm)	计算重量 (kg/km)	芯数×标称截面 (mm²)	计算外径 (mm)	计算重量 (kg/km)
10×2.5	22.9	643.6	24×2.5	31.9	1321.9
10×4	24.8	828.4	37×0.75	27.9	927.9
10×6	26.8	1063.2	37×1.0	29.1	1061.7
10×10	33.6	1698.6	37×1.5	32.2	1372.2
12×0.75	18.2	375.4	37×2.5	37.0	1954.7
12×1.0	18.8	420.6	44×0.75	31.2	1086.3
12×1.5	20.7	530.0	44×1.0	32.5	1243.8
12×2.5	23.6	734.3	44×1.5	36.1	1612.0
12×4	25.5	951.9	44×2.5	41.5	2299.3
12×6	27.7	1231.6	48×0.75	31.7	1160.6
16×0.75	20.0	469.2	48×1.0	33.0	1331.1
16×1.0	20.7	528.9	48×1.5	36.7	1730.4
16×1.5	22.8	671.6	48×2.5	42.2	2472.5
16×2.5	26.1	938.0	52×0.75	32.6	1241.8
19×0.75	21.0	525.5	52×1.0	33.9	1452.5
19×1.0	21.8	595.6	52×1.5	38.3	1904.8
19×1.5	24.4	780.7	52×2.5	43.8	2693.2
19×2.5	27.4	1065.2	61×0.75	34.5	1416.3
24×0.75	24.2	645.3	61×1.0	36.0	1631.4
24×1.0	25.6	755.5	61×1.5	40.6	2182.2
24×1.5	28.3	964.6	61×2.5	46.4	3094.1

表 5-18　　　　　　　　　NH—KVV22 型耐火控制电缆的计算外径及计算重量

芯数×标称截面 (mm²)	计算外径 (mm)	计算重量 (kg/km)	芯数×标称截面 (mm²)	计算外径 (mm)	计算重量 (kg/km)
4×2.5	17.1	463.8	10×10	35.8	2002.8
4×4	18.2	557.9	12×0.75	19.8	513.4
4×6	19.3	633.5	12×1.0	20.4	563.3
4×10	23.8	955.0	12×1.5	22.3	687.9
5×2.5	18.4	537.5	12×2.5	25.2	913.4
5×4	19.5	611.4	12×4	27.1	1146.0
5×6	21.3	774.0	12×6	29.3	1443.4
5×10	25.9	1137.6	16×0.75	21.6	621.3
7×0.75	16.1	364.1	16×1.0	22.3	686.8
7×1.0	16.6	396.2	16×1.5	24.8	867.2
7×1.5	17.9	472.5	16×2.5	27.7	1137.0
7×2.5	19.6	590.0	19×0.75	22.6	685.7
7×4	21.0	729.9	19×1.0	23.8	782.4
7×6	22.9	925.4	19×1.5	26.0	966.2
7×10	28.0	1416.8	19×2.5	29.0	1274.5
10×0.75	19.3	469.6	24×0.75	26.2	853.3
10×1.0	19.9	513.0	24×1.0	27.2	950.6
10×1.5	21.7	620.6	24×1.5	29.9	1181.2
10×2.5	24.5	817.2	24×2.5	33.5	1567.0
10×4	26.4	1017.1	37×0.75	29.5	1141.2
10×6	28.4	1267.7	37×1.0	30.7	1284.5

芯数×标称截面 (mm²)	计算外径 (mm)	计算重量 (kg/km)	芯数×标称截面 (mm²)	计算外径 (mm)	计算重量 (kg/km)
37×1.5	33.8	1619.9	48×2.5	45.4	3292.4
37×2.5	39.8	2673.1	52×0.75	34.2	1492.6
44×0.75	32.8	1325.8	52×1.0	35.5	1686.5
44×1.0	34.1	1493.7	52×1.5	41.1	2611.9
44×1.5	38.3	1939.2	52×2.5	46.6	3499.7
44×2.5	44.7	3105.4	61×0.75	36.1	1682.2
48×0.75	33.3	1404.2	61×1.0	37.6	1909.2
48×1.0	34.6	1585.2	61×1.5	43.4	2933.1
48×1.5	40.1	2466.0	61×2.5	49.2	3950.0

表 5-19　　　　　NH—KVVR 型控制电缆计算外径及计算重量

芯数×标称截面 (mm²)	计算外径 (mm)	计算重量 (kg/km)	芯数×标称截面 (mm²)	计算外径 (mm)	计算重量 (kg/km)
4×0.5	10.5	110.5	19×1.5	24.3	707.5
4×0.75	11.0	126.6	19×2.5	27.9	1002.8
4×1.0	11.4	142.7	24×0.5	23.2	505.2
4×1.5	12.6	179.6	24×0.75	24.4	595.8
4×2.5	14.1	241.2	24×1.0	25.5	681.7
5×0.5	11.4	134.3	24×1.5	28.8	906.0
5×0.75	12.0	154.7	24×2.5	32.7	1252.0
5×1.0	12.5	174.5	37×0.5	26.4	722.4
5×1.5	13.8	220.6	37×0.75	28.3	883.8
5×2.5	16.1	318.6	37×1.0	29.6	1014.7
7×0.5	12.4	163.9	37×1.5	32.9	1318.5
7×0.75	13.0	190.5	37×2.5	37.5	1841.3
7×1.0	13.6	217.0	44×0.5	30.1	875.1
7×1.5	15.0	276.3	44×0.75	31.8	1039.4
7×2.5	17.5	401.0	44×1.0	33.2	1194.1
10×0.5	16.0	229.5	44×1.5	37.0	1554.5
10×0.75	16.9	268.7	44×2.5	42.8	2228.5
10×1.0	18.2	327.9	48×0.5	30.6	939.8
10×1.5	20.1	415.7	48×0.75	32.3	1118.2
10×2.5	22.7	564.7	48×1.0	33.8	1286.7
12×0.5	16.5	262.2	48×1.5	37.7	1678.4
12×0.75	18.0	330.9	48×2.5	43.6	2407.6
12×1.0	18.8	375.5	52×0.5	31.4	1007.8
12×1.5	20.8	479.1	52×0.75	33.2	1200.9
12×2.5	23.5	655.1	52×1.0	34.7	1383.0
16×0.5	18.9	361.7	52×1.5	38.7	1806.2
16×0.75	19.9	423.9	52×2.5	44.8	2592.5
16×1.0	20.8	483.2	61×0.5	33.3	1155.8
16×1.5	23.0	620.1	61×0.75	35.2	1380.1
16×2.5	26.5	876.6	61×1.0	36.9	1593.1
19×0.5	19.9	407.8	61×1.5	41.8	2139.0
19×0.75	21.0	480.4	61×2.5	48.0	3036.4
19×1.0	21.9	548.4			

164

表 5-20			NH—KVVRP 型耐火控制电缆计算外径及计算重量		
芯数×标称截面 （mm²）	计算外径 （mm）	计算重量 （kg/km）	芯数×标称截面 （mm²）	计算外径 （mm）	计算重量 （kg/km）
4×0.5	12.1	158.0	19×0.75	22.4	590.6
4×0.75	12.6	176.7	19×1.0	23.3	663.7
4×1.0	13.0	194.0	19×1.5	26.1	857.5
4×1.5	14.2	236.1	19×2.5	29.3	1149.2
4×2.5	16.5	342.3	24×0.5	24.6	627.3
5×0.5	13.0	185.6	24×0.75	25.8	724.2
5×0.75	13.6	209.0	24×1.0	27.3	839.3
5×1.0	14.1	230.9	24×1.5	30.2	1057.3
5×1.5	15.4	282.6	24×2.5	34.1	1424.0
5×2.5	17.9	409.6	37×0.5	28.2	885.5
7×0.5	14.0	219.4	37×0.75	29.3	1032.3
7×0.75	14.6	249.1	37×1.0	31.0	1170.2
7×1.0	15.2	277.6	37×1.5	34.5	1531.3
7×1.5	17.2	365.1	37×2.5	39.7	2135.1
7×2.5	19.3	499.0	44×0.5	31.5	1033.1
10×0.5	17.8	317.4	44×0.75	33.4	1245.0
10×0.75	18.9	382.3	44×1.0	34.8	1408.9
10×1.0	19.6	423.2	44×1.5	38.6	1794.4
10×1.5	21.5	521.2	44×2.5	44.6	2556.5
10×2.5	24.1	684.0	48×0.5	32.0	1100.6
12×0.5	18.3	353.0	48×0.75	33.9	1327.1
12×0.75	19.4	425.2	48×1.0	35.4	1505.5
12×1.0	20.2	474.0	48×1.5	39.3	1922.9
12×1.5	22.2	588.4	48×2.5	45.4	2742.0
12×2.5	25.3	800.3	52×0.5	32.8	1173.0
16×0.5	20.3	460.7	52×0.75	34.8	1415.7
16×0.75	21.3	528.6	52×1.0	36.3	1607.8
16×1.0	22.2	592.5	61×0.5	34.9	1371.3
16×1.5	24.4	741.1	61×0.75	36.8	1608.2
16×2.5	27.9	1016.1	61×1.0	38.5	1832.4
19×0.5	21.3	512.2			

二、交联聚乙烯绝缘耐火控制电缆

主要用于交流 50Hz、额定电压 450/750V 及以下有耐火要求的控制、监控回路及保护线路场合。

（一）使用条件

参见交联控制电缆。

（二）型号、名称（见表 5-21）

表 5-21 　　　　　　　　交联聚乙烯绝缘耐火控制电缆型号、名称

型　　号	名　　　称	型　　号	名　　　称
NHKYJV—A	A 类、铜芯交联聚乙烯绝缘控制电缆	NHKYJVP2—A	A 类、铜芯交联聚乙烯绝缘、铜带屏蔽控制电缆
NHKYJV—B	B 类、铜芯交联聚乙烯绝缘、控制电缆	NHKYJVP2—B	B 类、铜芯交联聚乙烯绝缘、铜带屏蔽控制电缆
NHKYJVP—A	A 类、铜芯交联聚乙烯绝缘、铜丝编织屏蔽控制电缆	NHKYJV22—A	A 类、铜芯交联聚乙烯绝缘、铠装控制电缆
NHKYJVP—B	B 类、铜芯交联聚乙烯绝缘、铜丝编织屏蔽控制电缆	NHKYJV22—B	B 类、铜芯交联聚乙烯绝缘、铠装控制电缆

（三）耐火试验条件（见表 5-22）

表 5-22 　　　　　　　　　　　耐 火 试 验 条 件

耐火类别	A 类	B 类	耐火类别	A 类	B 类
火焰温度（℃）	950～1000	750～800	供火时间（min）	90	90
施加电压（kV）	0.75	0.75	试验结果	通过	通过

（四）规格、范围、芯数

（1）标称截面：$0.75～10mm^2$。

（2）芯数：4～37 芯。

（3）产品其他规定参考 KVV、KVVP、KVVP2、KVV22。

第六章 橡皮绝缘及特种电缆性能及技术参数

第一节 橡皮绝缘电力电缆

一、品种规格

橡皮绝缘电力电缆适用于 6kV 及以下固定敷设的电力线路，也可用于定期移动的固定敷设线路。当用于直流电力系统时，电缆的工作电压可为交流电压的两倍。

XLV 型 500V 橡皮绝缘电力电缆的截面图如图 6-1 所示。

（一）品种与敷设场合

橡皮绝缘电力电缆的品种与敷设场合见表 6-1 所示。

（二）工作温度与敷设条件

（1）导线长期允许工作温度应不超过 65℃。

（2）橡皮绝缘电力电缆应在不低于下列温度时敷设：

1）裸铅护套：—20℃，最小弯曲半径 15D。

2）橡皮护套：—15℃，最小弯曲半径 10D。

3）聚氯乙烯护套：—15℃，最小弯曲半径 10D。

4）具有外护层的电缆：—7℃，最小弯曲半径 20D。

（3）橡皮护套及聚氯乙烯护套的电缆应在环境温度不低于—40℃的条件下使用。

（4）无敷设位差的限制。

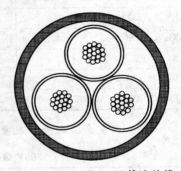

图 6-1 XLV 型 500V 橡皮绝缘电力电缆截面

表 6-1 橡皮绝缘电力电缆的品种与敷设场合

品 种	型 号		外护层种类	敷 设 场 合
	铝芯	铜芯		
橡皮绝缘铅包电力电缆	XLQ	XQ	无外护层	敷设在室内、隧道及沟道中。不能承受机械外力和振动，对铅层应有中性环境
	XLQ21	XQ21	钢带铠装，外麻被	直埋敷设在土壤中，能承受机械外力，不能受大的拉力
	XLQ20	XQ20	裸钢带铠装	敷设在室内、隧道及沟管中，其余同 XLQ2
橡皮绝缘聚氯乙烯护套电力电缆	XLV	XV	无外护层	敷设在室内、隧道及沟管中，不能承受机械外力
	XLV22	XV22	内钢带铠装	敷设在地下，能受一定机械外力作用，但不能受大的拉力
橡皮绝缘氯丁橡套电力电缆	XLF	XF	无外护层	敷设于要求防燃烧的场合，其余同 XLV

（三）产品规格（见表 6-2）

表 6-2 橡皮绝缘电力电缆的生产规格

型 号	芯 数		额定电压（V）	
			500	6000
	主线芯	接地或中性线芯	导线截面（mm²）	
XLV、XLF			2.5～630	—
XV、XF	1	0	1～240	—
XLQ			2.5～630	4～500
XQ			1～240	2.5～400
XLV、XLF			2.5～240	
XV、XF、XQ			1～185	
XLV20、XLQ、XLQ21、XLQ20	2	0	4～240	
XV22、XQ21、XQ20			4～185	
XLV、XLF			2.5～240	
XV、XF、XQ			1～185	
XLV22、XLQ、XLQ21、XLQ20	3	0 或 1	4～240	
XV22、XQ21、XQ20			4～185	

（四）代表产品的外径及重量（见表 6-3～表 6-4）

表 6-3 500V 级的橡皮绝缘电力电缆代表产品的外径及重量

导线芯数×截面积（mm²）	外径（mm）			单位长度重量（kg/km）				
	XLQ XQ	XLV XV	XLF	XLQ	XQ	XLV	XV	XLF
1×1.0	5.6	7.1	—	—	194 (166)	—	64	—
1×1.5	5.8	7.4	—	—	211 (177)	—	72	—
1×2.5	6.3	7.8	7.8	220	237 (191)	53	86	59
1×4	6.7	8.2	8.2	245	268 (205)	81	106	93
1×6	7.2	8.7	8.7	272	306 (223)	93	129	106
1×10	8.9	11.0	11.0	337	422 (284)	134	206	151
1×16	9.9	12.0	12.0	425	521 (320)	179	277	198
1×25	11.6	13.7	13.7	533	685 (380)	241	394	262
1×35	12.8	14.9	14.9	614	827 (423)	288	503	312
1×50	14.8	16.9	16.9	759	1065 (495)	375	683	403
1×70	16.4	18.5	18.5	890	1317 (552)	460	890	491
1×95	18.6	20.7	20.7	1073	1653 (630)	583	1155	619
1×120	20.2	22.3	22.3	1222	1957 (688)	685	1424	723
1×150	22.4	25.3	25.3	1500	2414 (843)	875	1793	929
1×185	24.5	27.4	27.4	1728	2859 (926)	1041	2176	1100
1×240	27.6	—	—	2163	3633 (1144)	—	—	—
4×1.0	10.0	11.5	—		429 (323)		179	
4×1.5	10.7	12.2	—		474 (348)		211	

| 导线芯数×截面积 (mm²) | 外径 (mm) | | | 单位长度重量 (kg/km) | | | | |
	XLQ XQ	XLV XV	XLF	XLQ	XQ	XLV	XV	XLF
3×2.5+1×1.5	11.7	13.2	—	499	553 (384)	—	260	—
3×4+1×2.5	12.6	14.1	14.1	561	648 (416)	211	334	239
3×6+1×4	13.8	15.3	15.3	636	773 (459)	249	427	280
3×10+1×6	19.6	21.5	21.5	1114	1240 (666)	357	595	406
3×16+1×6	22.2	23.9	23.9	1288	1623 (835)	515	924	553
3×25+1×10	26.5	29.0	29.0	1754	2293 (1096)	775	1417	825
3×35+1×10	30.2	32.9	32.9	2191	2918 (1361)	929	1843	992
3×50+1×16	35.0	38.7	38.7	2619	3772 (1586)	1297	2597	1444
3×70+1×25	39.4	42.6	42.6	3572	5072 (2138)	1724	3390	1812
3×95+1×35	44.9	49.9	49.9	4485	6510 (2605)	2204	4625	2304
3×120+1×35	48.8	53.8	53.8	5088	7568 (2840)	2941	5510	2666
3×150+1×50	53.6	58.6	58.6	5899	9022 (3128)	3535	6741	3329
3×185+1×50	58.7	63.7	63.7	6763	10548 (3435)	4298	8049	3851

注 括号中为铅重。

表 6-4　　　　　　　　6000V 级的橡皮绝缘电力电缆代表产品的外径及重量

| 导线截面积 (mm²) | 单芯 | | | 导线截面积 (mm²) | 单芯 | | |
| | 外径 (mm) | 计算重量 (kg/km) | | | 外径 (mm) | 计算重量 (kg/km) | |
	XLQ XQ	XLQ	XQ		XLQ XQ	XLQ	XQ
2.5	12.5	—	590	95	24.6	1709	2280
4	13.1	615	640	120	26.4	1986	2714
6	13.6	650	686	150	28.6	2340	3248
10	14.9	743	804	185	30.3	2587	3687
16	16.7	891	989	240	33.2	2971	4423
25	17.9	995	1144	300	35.5	3340	5130
35	19.1	1097	1308	400	39.9	4339	6719
50	21.0	1266	1573	500	42.9	4836	7871
70	22.8	1510	1937				

二、产品结构

（一）导线结构

（1）铜、铝导电线芯应符合现行国标的要求。

（2）接地线芯（即中性线芯）的标称截面积应符合表 6-5 的规定。

表 6-5　　　　　　　　橡皮绝缘电力电缆中性线芯截面积 (mm²)

| 标　称　截　面　积 | | | | | |
主线芯	中性线芯	主线芯	中性线芯	主线芯	中性线芯
1.0	1.0	10, 16	6.0	95, 120	35
1.5, 2.5①	1.5	25, 35	10	150, 185	50
4.0	2.5	50	16	240	70
6.0	4.0	70	25		

① 主线芯为 2.5mm² 的铝芯电缆，其中性线芯截面积仍为 2.5mm²。

（二）绝缘结构

（1）橡皮绝缘的标称厚度及公差见表 6-6。

表 6-6　　　　　　　　　　　　橡皮绝缘电力电缆绝缘厚度

| 导线截面积 (mm²) | 额定电压（V） | | 公　　差 |
| | 500 | 6000 | |
	绝缘厚度（mm）		
1.0，1.5	1.0	—	1. 绝缘橡皮标称厚度的允许偏差为 ±10%
2.5，4.0，6.0	1.0	3.0	±10%
10，16	1.2	3.2	2. 最薄处的厚度偏差允许不超过标称值 的10%＋0.1mm
25，35	1.4	3.2	的10%＋0.1mm
50，70	1.6	3.4	
95，120	1.8	3.4	
150	2.0	3.6	
185	2.2	3.6	
240	2.4	3.8	
300	2.6	3.8	
400	2.8	4.0	
500	3.0	4.0	
630	3.2	—	

注　绝缘线芯上允许绕包橡布带或涂胶玻璃纤维。

（2）6kV 电缆的导电线芯表面及绝缘橡皮表面应包半导体层，厚度为 0.5～0.6mm。

（3）多芯电缆中绝缘线芯应按右向绞合。绞合时可用具有防腐性能的纤维填充，并包橡皮带或涂胶玻璃纤维带；铅护套电缆允许采用电缆纸带绕包。500V 级的两芯电缆，截面积在 6mm² 及以下者，允许制成扁平电缆。

（4）电缆护套或线芯内应有制造厂的专用标志色线，或有每隔 300mm 以内，就印有制造厂名称及制造年份的标志带或印记。

（三）护层结构

（1）铅护套厚度（见表 6-7）。

表 6-7　　　　　　　　　　　橡皮绝缘电力电缆铅护套厚度（mm）

| 挤包铅护套前直径 | 铅层厚度 | | | 挤包铅护套前直径 | 铅层厚度 | | |
	最小	标称	最大		最小	标称	最大
20.00 及以下	0.80	0.95	1.03	33.01～36.00	1.20	1.40	1.51
20.01～23.00	0.90	1.05	1.13	36.01～40.00	1.30	1.50	1.62
23.01～26.00	1.00	1.15	1.24	40.01 及以上	1.40	1.60	1.73
26.01～33.00	1.10	1.25	1.35				

注　铅层的最小厚度不适用于压铅机停车时的接头处。

（2）氯丁橡套和聚氯乙烯护套的标称厚度（见表 6-8）。

表 6-8　　　　　　　　　　　橡皮绝缘电力电缆护套厚度（mm）

| 护套前直径 | 护套厚度 | | 护套前直径 | 护套厚度 | |
	聚氯乙烯	氯丁橡皮		聚氯乙烯	氯丁橡皮
10.00 及以下	1.6	1.5	15.01～30.00	2.2	3.0
10.01～15.00	1.6	2.0	30.01～40.00	2.6	3.5
15.01～20.00	1.8	2.0	40.01～50.00	3.0	4.0
20.01～25.00	2.0	2.5	50.01 及以上	3.4	4.5

三、技术指标

（一）导线的直流电阻

导体直流电阻应符合现行国标的规定。

（二）电压试验

（1）绝缘线芯应浸入室温水中 6h 后，能经受表 6-9 规定的工频电压试验。

绝缘厚度在 1.6mm 及以下、电压为 500V 的绝缘线芯，也可按表 6-10 规定的电压在干试机上进行工频火花击穿试验。

<table>
<tr><td colspan="3">表 6-9　橡皮绝缘电力电缆浸水工频耐压试验</td></tr>
<tr><td>额定电压
（V）</td><td>试验电压
（V）</td><td>加压时间
（min）</td></tr>
<tr><td>500</td><td>2000</td><td>5</td></tr>
<tr><td>6000</td><td>10000</td><td>5</td></tr>
</table>

<table>
<tr><td colspan="4">表 6-10　　绝缘线芯的火花试验电压</td></tr>
<tr><td>绝缘厚度
（mm）</td><td>试验电压
（V）</td><td>绝缘厚度
（mm）</td><td>试验电压
（V）</td></tr>
<tr><td>1.0</td><td>6000</td><td>1.4</td><td>8000</td></tr>
<tr><td>1.2</td><td>7000</td><td>1.6</td><td>9000</td></tr>
</table>

（2）成品电缆的电压试验，也应按表 6-9 的规定。多芯电缆的铅护套的单芯电缆，电压施加在线芯间和线芯与铅护套间；无金属护层的单芯电缆应浸在水中，电压施加在线芯与水间。

（三）结构性能要求

（1）非燃性橡套及聚氯乙烯护套的断面不应有孔隙，表面不应有裂纹、气泡以及超过标称厚度公差的凹痕。橡套表面允许带有印痕和滑石粉斑点。允许用相同质量的橡皮修补橡皮绝缘及橡皮护套。

（2）橡皮电缆的绝缘橡皮和护套橡皮的力学性能要求应符合规定。

（3）铅层表面上的擦伤及凹痕应进行修理，以达到规定的铅层厚度。铅护套电缆直径大于 15mm 时，其铅管应经受扩张试验，纯铅管在圆锥体上扩张到铅包前电缆直径的 1.5 倍应不开裂，合金铅扩张到 1.3 倍应不开裂。

第二节　橡皮绝缘控制电缆

本产品主要适用于直流和交流 50～60Hz，额定电压 600/1000V 及以下控制、信号线路。

（1）线芯长期允许工作温度为 65℃。

（2）电缆敷设时的温度和弯曲半径应符合表 6-11 规定；型号规格见表 6-12；同心式电缆规格范围见表 6-13；导电线芯结构有 A、B、R 三种结构形式，见表 6-14。

<table>
<tr><td colspan="3">表 6-11　　电缆敷设温度和弯曲半径</td></tr>
<tr><td>型　　　号</td><td>敷设温度≥
（℃）</td><td>弯曲半径≥</td></tr>
<tr><td>KXF、KX32、KX33</td><td>—20</td><td>10D</td></tr>
<tr><td>KXV、KX32、（KLX22）</td><td>—15</td><td>10D</td></tr>
</table>

<table>
<tr><td colspan="2">表 6-12　　橡皮绝缘控制电缆型号、名称</td></tr>
<tr><td>型号</td><td>电　缆　名　称</td></tr>
<tr><td>KXV</td><td>铜芯橡皮绝缘聚氯乙烯护套控制电缆</td></tr>
<tr><td>KXF</td><td>铜芯橡皮绝缘氯丁橡套控制电缆</td></tr>
<tr><td>KX22</td><td>铜芯橡皮绝缘钢带铠装聚氯乙烯护套控制电缆</td></tr>
<tr><td>KX32</td><td>铜芯橡皮绝缘细钢丝铠装聚氯乙烯护套控制电缆</td></tr>
<tr><td>KX33</td><td>铜芯橡皮绝缘细钢丝铠装聚乙烯护套控制电缆</td></tr>
</table>

表 6-13　　　　　　　　　　　橡皮绝缘控制电缆规格

型　号	导体型号	额定电压 (U_0/U) (V)	标　称　截　面　(mm²)				
			1.0	1.5	2.5	4	6～10
			芯　　数				
KXV KXF	A、B	600/1000 或 300/500	2～61	2～61	2～37	4～14	4～10
KX22 KX32 KX33	A、B	600/1000 或 700/500	6～61	4～61	4～37	4～14	4～10

注　芯数系列为 2，4，6，7，8，10，12，14，16，19，24，30，37，44，48，52，61 芯。

表 6-14　　　　　　　　　　　橡皮绝缘控制电缆结构

线芯标称截面 (mm²)	铜芯〔根数/单线直径（mm）〕			线芯标称截面 (mm²)	铜芯〔根数/单线直径（mm）〕		
	A 型电缆	B 型电缆	R 型电缆		A 型电缆	B 型电缆	R 型电缆
1.0	1/1.13	7/0.43	32/0.20	4	1/2.25	7/0.85	48/0.25
1.5	1/1.38	7/0.52	32/0.25	6	1/2.76	7/1.04	48/0.25
2.5	1/1.78	7/0.68	48/0.25	10	7/1.35	7/1.04	48/0.25

第三节　架 空 绝 缘 电 缆

　　该产品是在铜、铝导体外挤包耐候型聚氯乙烯（PVC）或耐候型黑色高密度聚乙烯（HDPE）或交联聚乙烯（XLPE）或半导电屏蔽层和交联聚乙烯（XLPE）等绝缘材料和屏蔽材料。

　　产品代号的含义及表示方法如下。

　　代号的含义（见表 6-15）。

表 6-15　　　　　　　　　　　　　产品代号的含义

类　别	系列代号	导　体			绝　缘		
代号	JK	T（略）	L	LH	V	Y	YJ
含义	架空	铜 (Cu)	铝 (Al)	铝合金 (Al)	聚氯乙烯 (PVC)	高密度聚乙烯 (HDPE)	交联聚乙烯 (XLPE)

一、额定电压 0.6/1kV 及以下架空绝缘电缆

（一）产品使用条件

（1）额定电压 U_0/U 为 0.6/1kV。

（2）电缆导体的长期允许工作温度：聚氯乙烯、聚乙烯绝缘应不超过 70℃；交联聚乙烯绝缘应不超过 90℃。

（3）短路时（5s 内）电缆的短时最高工作温度：聚氯乙烯绝缘为 160℃；聚乙烯绝缘为 130℃；交联聚乙烯绝缘为 250℃。

（4）电缆的敷设温度应不低于—20℃。

（5）电缆的允许弯曲半径：

1）电缆外径 D 小于 25mm，应不小于 $4D$。

2）电缆外径 D 等于或大于 25mm，应不小于 $6D$。

（6）当电缆使用于交流系统时，电缆的额定电压至少等于该系统的额定电压；当使用于直流系统中，该系统的额定电压应不大于电缆额定电压的 1.5 倍。

（二）电缆的型号及规格（见表 6-16、表 6-17）

表 6-16　　　　　　　　　　额定电压 0.6/1kV 及以下架空绝缘电缆型号

型　号	名　称	主要用途
JKV—0.6/1	额定电压 0.6/1kV 铜芯聚氯乙烯绝缘架空电缆	架空固定敷设、引户线等
JKLV—0.6/1	额定电压 0.6/1kV 铝芯聚氯乙烯绝缘架空电缆	
JKLHV—0.6/1	额定电压 0.6/1kV 铝合金芯聚氯乙烯绝缘架空电缆	
JKY—0.6/1	额定电压 0.6/1kV 铜芯聚乙烯绝缘架空电缆	
JKLY—0.6/1	额定电压 0.6/1kV 铝芯聚乙烯绝缘架空电缆	
JKLHY—0.6/1	额定电压 0.6/1kV 铝合金芯聚乙烯绝缘架空电缆	
JKYJ—0.6/1	额定电压 0.6/1kV 铜芯交联聚乙烯绝缘架空电缆	
JKLYJ—0.6/1	额定电压 0.6/1kV 铝芯交联聚乙烯绝缘架空电缆	
JKLHYJ—0.6/1	额定电压 0.6/1kV 铝合金芯交联聚乙烯绝缘架空电缆	
JKTRY—0.6/1	额定电压 0.6/1kV 软铜芯聚乙烯绝缘架空电缆	
JKTRYJ—0.6/1	额定电压 0.6/1kV 软铜芯交联聚乙烯绝缘架空电缆	
JKLGJY—0.6/1	额定电压 0.6/1kV 钢芯铝绞线芯交联聚乙烯架空电缆	

表 6-17　　　　　　　　　　额定电压 0.6/1kV 及以下架空绝缘电缆规格

型　号	芯　数	额定电压 0.6/1kV 标称截面（mm²）
JKV、JKLV、JKLHV、JKLY、JKLHY、JKYJ、JKLYJ、JKLHYJ、JKTRY、JKTRYJ、JKLGJY	1	16～240
	2，4	10～120
JKLV、JKLY、JKLYJ	3+K*	10～120

*　为带承载的中性导体，根据配电工程要求，任选其中截面与主线芯搭配。

（三）电缆结构简图

电缆结构简图见图 6-2。

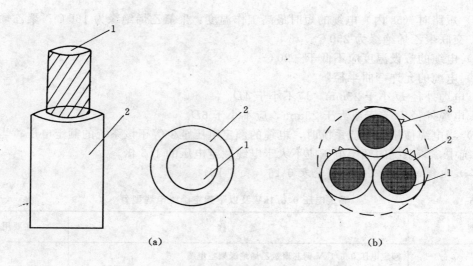

图 6-2 0.6/1kV 架空绝缘电缆结构简图
(a) 单芯；(b) 三芯
1—导体；2—绝缘层；3—分相标志

（四）电缆结构尺寸及主要技术参数（见表 6-18、表 6-19）

表 6-18   电缆的结构尺寸及技术参数

导体标称截面(mm²)	紧压圆形导体中最少单线根数		导体外径(参考值)(mm)	绝缘标称厚度(mm)	单芯电缆平均外径上限(mm)	20℃时导体电阻(Ω/km)不大于				额定工作温度时最小绝缘电阻(MΩ·km)		电缆拉断力(N)不小于		
	铜芯	铝芯及铝合金芯				铜芯		铝芯	铝合金芯	70℃	90℃	硬铜芯	铝芯	铝合金芯
						硬铜	软铜							
10	6	6	3.8	1.0	6.5	1.906	1.83	3.08	3.574	0.0067	0.67	3471	1650	2514
16	6	6	4.8	1.2	8.0	1.198	1.15	1.91	2.217	0.0065	0.65	5486	2512	4022
25	6	6	6.0	1.2	9.4	0.749	0.727	1.20	1.303	0.0054	0.54	8465	3762	6284
35	6	6	7.0	1.4	11.0	0.540	0.524	0.868	1.007	0.0054	0.54	11731	5177	8800
50	6	6	8.4	1.4	12.3	0.399	0.387	0.641	0.744	0.0046	0.46	16502	7011	12569
70	12	12	10.0	1.4	14.1	0.276	0.268	0.443	0.514	0.0040	0.40	23461	10354	17596
95	15	15	11.6	1.6	16.5	0.199	0.193	0.320	0.371	0.0039	0.39	31759	13727	23880
120	15	18	13.0	1.6	18.1	0.158	0.153	0.253	0.294	0.0035	0.35	39911	17339	30164
150	15	18	14.6	1.8	20.2	0.128	—	0.206	0.239	0.0035	0.35	49505	21033	37706
185	30	30	16.2	2.0	22.5	0.1021	—	0.164	0.190	0.0035	0.35	61846	26732	46503
240	30	34	18.4	2.2	25.6	0.0777	—	0.125	0.145	0.0034	0.34	79823	34679	60329

表 6-19　　　　　　　　　　　　　　**额定电压 0.6/1kV 单芯架空绝缘电缆参考重量**

导体标称截面 (mm²)	单 位 重 量　(kg/km)					
	PVC 绝缘		PE 绝缘		XLPE 绝缘	
	铜芯	铝芯、铝合金芯	铜芯	铝芯、铝合金芯	铜芯	铝芯、铝合金芯
16	178.8	79.8	167.6	68.6	166.8	67.8
25	268.2	113.5	254.6	99.5	253.2	98.5
35	373.8	157.2	354.6	138.0	351.3	134.7
50	513.4	204.1	492.3	183.0	490.8	181.5
70	705.0	271.9	679.7	246.6	678.0	244.9
95	954.5	366.7	920.8	333.0	738.5	330.7
120	1186.5	444.1	1149.8	407.4	1147.4	405.0
150	1481.7	553.7	1436.3	508.3	1433.3	505.3
185	1827.5	682.9	1771.4	626.8	1767.7	623.1
240	2355.4	870.5	2287.4	802.5	2282.9	789.0

二、额定电压 10、35kV 架空绝缘电缆

（一）产品使用条件

（1）额定电压为 10、35kV。

（2）电缆导体的长期允许工作温度：交联聚乙烯绝缘应不超过 90℃；高密度聚乙烯绝缘应不超过 75℃。

（3）短路时（5s 内）电缆的短时最高工作温度：交联聚乙烯绝缘为 250℃；高密度聚乙烯绝缘为 150℃。

（4）电缆的敷设温度应不低于 −20℃。

（5）电缆的允许弯曲半径。

单芯电缆：

$$20(D+d) \pm 5\% \text{mm}$$

多芯电缆：

$$25(D+d) \pm 5\% \text{mm}$$

式中　D——电缆的实际外径；

　　　d——电缆导体的实际外径。

（二）电缆型号、规格（见表 6-20、表 6-21）

表 6-20　　　　　　　**额定电压 10、35kV 架空绝缘电缆型号、名称及主要用途**

型 号	名 称	主要用途
JKYJ	铜芯交联聚乙烯绝缘架空电缆	架空固定敷设，软铜芯产品用于变压器引下线 电缆架设时，应考虑电缆和树木保持一定距离，电缆运行时允许电缆和树木频繁接触
JKTRYJ	软铜芯交联聚乙烯绝缘架空电缆	
JKLYJ	铝芯交联聚乙烯绝缘架空电缆	
JKLHYJ	铝合金芯交联聚乙烯绝缘架空电缆	
JKY	铜芯聚乙烯绝缘架空电缆	
JKTRY	软铜芯聚乙烯绝缘架空电缆	
JKLY	铝芯聚乙烯绝缘架空电缆	
JKLHY	铝合金芯聚乙烯绝缘架空电缆	
JKLYJ/B JKLHYJ/B	铝芯本色交联聚乙烯绝缘架空电缆 铝合金芯本色交联聚乙烯绝缘架空电缆	架空固定敷设 电缆架设时，应考虑电缆和树木保持一定距离，电缆运行时允许电缆和树木频繁接触

型　号	名　称	主要用途
JKLYJ/Q	铝芯轻型交联聚乙烯薄绝缘架空电缆	架空固定敷设
JKLHYJ/Q	铝合金芯轻型交联聚乙烯薄绝缘架空电缆	电缆架设时，应考虑电缆和树木保持一定距离，电缆运
JKLY/Q	铝芯轻型聚乙烯薄绝缘架空电缆	行时允许电缆和树木短时接触
JKLHY/Q	铝合金芯轻型聚乙烯薄绝缘架空电缆	
JKLGYJ	钢芯铝绞线芯交联聚乙烯绝缘架空电缆	

表 6-21　　　　　　　　额定电压 10、35kV 架空绝缘电缆规格

型　号	芯　数	额定电压（kV）	
		10	35
		标称截面（mm²）	
JKYJ	1	100～300	50～300
JKTRYJ	3	25～300	—
JKLYJ	3＋K（A）	25～300	—
JKLHYJ	或 3＋K（B）	其中 K25～120	—
JKLGYJ		10～300	
JKY、JKTRY JKLY、JKLHY JKLHYJ/Q JKLY/Q、JKLGYJ/Q JKLHY/Q、JKLGY	1	10～300	
	3	25～300	
JKLYJ/B JKLHYJ/B	3＋K（A）	25～300	
	或 3＋K（B）	其中 K25～120	

注　1. K 为承载绞线，按工程设计要求，可任选表 6-17 中规定截面与相应导体截面相匹配，如杆塔跨距更大采用外加承载索时，该承载索不包括在电缆结构内。

　　2. A——钢承载绞线；B——铝合金承载绞线。

（三）架空电缆结构简图

架空电缆结构简图见图 6-3。

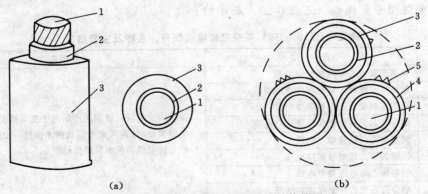

图 6-3　10、35kV 架空绝缘电缆结构简图

(a) 单芯；(b) 三芯

1—导体；2—内屏蔽层；3—绝缘层；4—外屏蔽层；5—分相标志

（四）电缆结构尺寸及技术参数（见表 6-22～表 6-27）

表 6-22　　　　　　　　　　额定电压 10、35kV 架空绝缘电缆结构尺寸

导体标称截面(mm²)	导体中最少单线根数	导体直径(参考值)(mm)	导体屏蔽层最小厚度(近似值)(mm)		绝缘标称厚度(mm)			绝缘屏蔽层标称厚度(mm)		20℃时导体电阻(Ω/km) 不大于				导体拉断力(N) 不小于		
			10kV	35kV	10kV 薄绝缘	10kV 普通绝缘	35kV	10kV	35kV	硬铜芯	软铜芯	铝芯	铝合金芯	硬铜芯	铝芯	铝合金芯
10	6	3.8	0.5	—	—	3.4	—	—	—	—	1.830	3.080	—	—	—	—
16	6	4.8	0.5	—	—	3.4	—	—	—	—	1.150	1.910	—	—	—	—
25	6	6.0	0.5	—	2.5	3.4	—	1.0	—	0.749	0.727	1.200	1.393	8465	3762	6284
35	6	7.0	0.5	—	2.5	3.4	—	1.0	—	0.540	0.524	0.868	1.007	11731	5177	8800
50	6	8.3	0.5	0.8	2.5	3.4	9.3	1.0	1.5	0.399	0.387	0.641	0.744	16502	7011	12569
70	12	10.0	0.5	0.8	2.5	3.4	9.3	1.0	1.5	0.276	0.268	0.443	0.514	23461	10354	17596
95	15	11.6	0.6	0.8	2.5	3.4	9.3	1.0	1.5	0.199	0.193	0.320	0.371	31759	13727	23880
120	18	13.0	0.6	0.8	2.5	3.4	9.3	1.0	1.5	0.158	0.153	0.253	0.294	39911	17339	30164
150	18	14.6	0.6	0.8	2.5	3.4	9.3	1.0	1.5	0.128	—	0.206	0.239	49505	21033	37706
185	30	16.2	0.6	0.8	2.5	3.4	9.3	1.0	1.5	0.1021	—	0.164	0.190	61846	26732	46503
240	34	18.4	0.6	0.8	2.5	3.4	9.3	1.0	1.5	0.0777	—	0.125	0.145	79823	34679	60329
300	34	20.6	0.6	0.8	2.5	3.4	9.3	1.0	1.5	0.0619	—	0.100	0.110	99788	43349	75411

表 6-23　　　　　　　JKYJ、JKLYJ 型 15kV 单芯交联聚乙烯绝缘架空电缆

标称截面(mm²)	导体 直径(mm)	导体 屏蔽最小值(mm)	绝缘厚度(mm)	20℃时导体最大直流电阻(Ω/km)		导体最小拉断力(N)		外径上限值(mm)	电缆 重量(kg/km)		电缆 载流量(A)	
				铜芯 Cu	铝芯 Al	铜芯 Cu	铝芯 Al		铜芯 Cu	铝芯 Al	铜芯 Cu	铝芯 Al
35	7.0	0.5	4.5	0.540	0.868	17731	5177	18.7	510	290	190	147
50	8.3	0.5	4.5	0.399	0.641	16502	7011	20.1	660	350	230	178
70	10.0	0.5	4.5	0.276	0.443	23461	10354	22.0	860	430	298	224
95	11.6	0.6	4.5	0.199	0.320	31759	13727	24.0	1120	530	355	275
120	13.0	0.6	4.5	0.158	0.253	39911	17339	25.5	1360	620	411	318
150	14.6	0.6	4.5	0.128	0.206	49505	21033	27.3	1650	730	471	366
185	16.2	0.6	4.5	0.1021	0.164	61846	26732	29.0	1990	850	543	421
240	18.4	0.6	4.5	0.0777	0.125	79823	34679	31.5	2520	1030	645	501

表 6-24   10kV 架空绝缘电缆参考重量

导体标称截面 (mm²)	参 考 重 量 （kg/km）									
	单 芯				三 芯				单芯（轻型薄绝缘）	
	JKY	JKLY JKLHY	JKYJ	JKLYJ JKLHYJ	JKY	JKLY JKLHY	JKYJ	JKLYJ JKLHYJ	JKLY/Q JKLHY/Q	JKLYJ/Q JKLHYJ/Q
10	181.6	120.0	179.9	118.3	—	—	—	—	—	—
16	247.0	148.0	245.1	146.1	—	—	—	—	—	—
25	341.7	187.0	339.4	184.7	1199.8	731.2	1193.1	724.5	132.3	131.0
35	442.7	226.1	440.3	223.7	1517.3	861.2	1510.0	853.9	166.9	165.4
50	591.9	282.4	589.2	279.7	1982.8	1045.7	1974.9	1037.8	217.3	215.6
70	787.9	354.6	785.1	351.8	2593.4	1281.5	2584.9	1273.0	282.8	280.2
95	1037.3	449.3	1033.8	445.8	3370.8	1589.7	3360.2	1579.1	363.2	361.0
120	1277.1	534.3	1273.4	530.6	4187.1	1862.6	4101.5	1851.4	441.4	439.0
150	1563.8	635.3	1559.6	631.1	4999.2	2186.5	4986.6	2173.9	534.6	531.9
185	1893.7	748.6	1889.3	744.2	6013.8	2546.0	6000.5	2532.7	640.5	637.6
240	2411.5	925.9	2406.5	920.9	7608.2	3108.9	7593.1	3093.8	806.5	803.2
300	2972.4	1115.3	2966.9	1109.8	9333.7	3707.7	9317.1	3691.1	985.2	981.6

表 6-25   35kV 单芯架空绝缘电缆参考重量

导体标称截面 (mm²)	电缆外径（近似值） (mm)	单 位 重 量 （kg/km）	
		JKYJ	JKLYJ、JKLHYJ
50	28.5	987.8	678.5
70	30.2	1216.2	783.1
95	31.8	1486.3	898.5
120	33.2	1750.2	1007.8
150	34.8	2064.6	1136.6
185	36.4	2423.5	1278.8
240	38.6	2977.9	1493.0
300	40.8	3576.9	1720.8

表 6-26   承载绞线的技术指标

承载绞线截面（mm²）	承载钢绞线拉断力不小于（N）	铝合金承载绞线拉断力不小于（N）
25	30000	6284
35	42000	8800
50	56550	12569
70	81150	17596
95	110150	23880
120	—	30164

表 6-27　额定电压 10kV 钢芯铝绞线芯交联聚乙烯绝缘架空电缆有关规格参考重量

型　号	芯数 × 标称截面 (mm²)	结　构			导体屏蔽层 最小厚度 (mm)	绝缘标称 厚度 (mm)	电缆参考 外径 (mm)	导体拉断 力不小于 (N)	电缆参考 重量 (kg/km)
		根数/单线直径 (mm)		外径 (mm)					
		铝	钢						
	1×95/15	26/2.15	7/1.67	13.61	0.8	3.4	22.01	35000	608.9
	1×95/20	7/4.16	7/1.65	13.87	0.8	3.4	22.27	37200	649.1
	1×95/55	12/3.20	7/3.20	16.00	0.8	3.4	24.40	78100	971.9
	1×120/20	26/2.38	7/1.85	15.07	0.8	3.4	23.47	41000	715.3
	1×120/25	7/4.72	7/2.10	15.74	0.8	3.4	24.14	47900	795.2
	1×150/8	18/3.20	1/3.20	16.00	0.8	3.4	24.40	32900	726.3
	1×150/25	26/2.70	7/2.10	17.10	0.8	3.4	25.50	54100	878.2
JKLGYJ	1×150/35	30/2.50	7/2.50	17.00	0.8	3.4	25.40	65000	949.5
	1×185/10	18/3.60	1/3.60	18.00	0.8	3.4	26.40	40800	878.4
	1×185/25	24/3.15	7/2.10	18.90	0.8	3.4	27.30	59400	1008.7
	1×185/30	26/2.98	7/2.32	18.88	0.8	3.4	27.28	61300	1035.3
	1×185/45	30/2.80	7/2.80	19.60	0.8	3.4	28.00	80200	1154.0
	1×240/30	24/3.60	7/2.40	21.60	0.8	3.4	30.40	75600	1264.2
	1×240/40	26/3.42	7/2.66	21.66	0.8	3.4	30.06	83400	1304.8
	1×240/55	30/3.20	7/3.20	22.40	0.8	3.4	30.80	102100	1456.8

三、单芯架空绝缘电缆载流量和温度校正系数（见表 6-28、表 6-29）

表 6-28　空气中敷设时参考载流量（A）（环境温度 30℃）

导体标称 截面 (mm²)	0.6/1kV						10kV		35kV	
	Cu			Al			Cu	Al	Cu	Al
	PVC	PE	XLPE	PVC	PE	XLPE	XLPE	XLPE	XLPE	XLPE
10	—	—	—	—	—	—	72	56	—	—
16	102	104	134	79	81	104	172	87	—	—
25	138	142	182	107	111	141	152	118	—	—
35	170	175	224	132	136	174	192	149	—	—
50	209	216	277	162	168	215	232	180	260	206
70	266	275	352	207	214	274	291	226	317	247
95	332	344	440	257	267	341	357	276	377	295
120	384	400	513	299	311	398	413	320	433	339
150	442	459	586	342	356	454	473	366	492	386
185	515	536	684	399	416	531	545	423	557	437
240	615	641	820	476	497	635	647	503	650	512
300	—	—	—	—	—	—	749	583	740	586

表 6-29 温 度 校 正 系 数

材料	电压等级 (kV)	导体温度 (℃)	实际环境温度（℃）时的载流量校正系数 K									
			−5	0	+5	+10	+15	+20	+30	+35	+40	+45
PVCPE	0.6/1	70	1.37	1.27	1.23	1.18	1.17	1.12	1	0.94	0.87	0.70
XLPE	0.6/1	90	1.26	1.23	1.19	1.16	1.12	1.06	1	0.96	0.91	0.87
XLPE	10	90	1.26	1.23	1.19	1.16	1.12	1.06	1	0.96	0.91	0.87
XLPE	35	90	1.26	1.23	1.19	1.16	1.12	1.06	1	0.96	0.91	0.87

第四节　氟塑料绝缘高温控制电缆

一、氟塑料绝缘高温控制电缆

本产品适用于交流额定电压 450/750V 及以下有高温要求有腐蚀气体等环境范围内的信号传输、控制、监控回路及保护线路等场合使用。

（一）使用特点

（1）电缆具有防潮湿、阻燃、耐油、耐酸碱、耐高温、耐老化等特点。屏蔽型具有抗干扰性能。

（2）电缆长期允许工作温度为 −40～200℃。

（3）电缆的弯曲半径应不小于电缆外径的 6 倍。

（二）结构示意图

结构示意图见图 6-4。

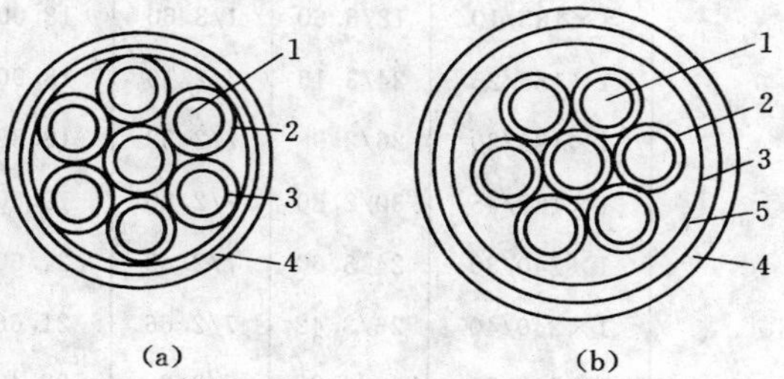

图 6-4　氟塑料绝缘高温控制电缆结构示意图
(a) KFV、KFVR 型；(b) KFVP、KFVRP 型
1—导体；2—氟塑料绝缘；3—塑料包带；
4—阻燃聚氯乙烯护套；5—屏蔽层

（三）型号及规格（见表 6-30、表 6-31）

表 6-30　　　　　氟塑料绝缘高温控制电缆型号、名称

型　号	产 品 名 称	型　号	产 品 名 称
KFV	铜芯氟塑料绝缘聚氯乙烯护套控制电缆	KFVRP	铜芯氟塑料绝缘聚氯乙烯护套屏蔽控制软电缆
KFVR	铜芯氟塑料绝缘聚氯乙烯护套控制软电缆	KFV22	铜芯氟塑料绝缘聚氯乙烯护套钢带铠装控制电缆
KFVP	铜芯氟塑料绝缘聚氯乙烯护套屏蔽控制电缆	KFVR22	铜芯氟塑料绝缘聚氯乙烯护套钢带铠装控制软电缆
KFVP22	铜芯氟塑料绝缘聚氯乙烯护套钢带铠装屏蔽控制电缆	KFVRP2	铜芯氟塑料绝缘聚氯乙烯护套铜带屏蔽控制软电缆
KFVRP22	铜芯氟塑料绝缘聚氯乙烯护套钢带铠装屏蔽控制软电缆	KFVP2—22	铜芯氟塑料绝缘聚氯乙烯护套铜带屏蔽钢带铠装控制电缆
KFVP2	铜芯氟塑料绝缘聚氯乙烯护套铜带屏蔽控制电缆	KFVRP2—22	铜芯氟塑料绝缘聚氯乙烯护套铜带屏蔽钢带铠装控制软电缆

表 6-31 氟塑料绝缘高温控制电缆规格

型号	导体标称截面（mm²）								型号	导体标称截面（mm²）							
	0.5	0.75	1.0	1.5	2.5	4	6	10		0.5	0.75	1.0	1.5	2.5	4	6	10
	芯				数					芯				数			
KFV	2～61					2～14		2～7	KFVR	2～61					2～14		2～7
KFVP	2～61					2～14		2～7	KFVRP	2～61					2～14		2～7

注 推荐的芯数系数：2、3、4、5、7、8、10、12、14、16、19、24、27、30、37、44、48、52 芯和 61 芯。

（四）主要性能

（1）电缆结构和直流电阻应符合表 6-32 规定。

表 6-32 电缆结构、绝缘厚度、直流电阻、绝缘电阻

标称截面（mm²）	导体结构		20℃时直流电阻 ≤（Ω/km）		绝缘标称厚度（mm）	20℃绝缘电阻≥（MΩ/km）
	种类	根数/单线标称直径（mm）	不镀锡	镀锡		
0.5	1	1/0.80	36.0	36.7	0.3	500
0.5	3	16/0.20	39.0	40.1	0.3	500
0.75	1	1/0.97	24.5	24.8	0.3	500
0.75	2	7/0.37	24.5	26.7	0.1	500
0.75	3	24/0.20	26.0	26.7	0.3	500
1.0	1	1/1.13	18.1	18.2	0.3	500
1.0	2	7/0.43	18.1	18.2	0.3	500
1.0	3	32/0.20	19.5	20.0	0.3	500
1.5	1	1/1.38	12.1	12.2	0.4	500
1.5	2	7/0.52	12.1	12.2	0.4	500
1.5	3	30/0.25	13.3	13.7	0.4	500
2.5	1	1/1.78	7.41	7.56	0.5	500
2.0	2	7/0.68	7.41	7.56	0.5	500
2.5	3	50/0.25	7.98	8.21	0.5	500
4	1	1/2.24	4.61	4.70	0.5	500
4	2	7/0.85	4.61	4.70	0.5	500
4	3	56/0.30	4.95	5.09	0.5	500
6	1	1/2.76	3.08	3.11	0.5	500
6	2	7/1.04	3.08	3.11	0.5	500
6	3	84/0.30	3.30	3.39	0.5	500
10	2	7/1.35	1.83	1.84	0.6	500
10	3	84/0.40	1.91	1.95	0.6	500

（2）成品电缆的绝缘电阻应符合表 6-32 规定。

（3）成品电缆的绝缘线芯间，线芯与屏蔽间应经受交流 50Hz、2000V、1min 电压试验。

（4）成品电缆成束耐燃试验，燃烧 40min 后燃烧距离不大于 2.5m。

（五）电缆的规格和有关参考数据（见表6-33～表6-34）

表6-33　　　　　　KFV、KFVP、KFVP2型氟塑料绝缘控制电缆外径重量

芯数×标称截面（mm²）	线芯结构（根数/直径）（mm）	最大外径（mm）			参考重量（kg/km）		
		KFV	KFVP	KFVP2	KFV	KFVP	KFVP2
2×0.75	1/0.97	9.5	10.5				
2×1.0	1/1.13	9.8	10.9				
2×1.5	1/1.38	10.4	11.4				
2×2.5	1/1.78	11.2	12.2				
3×0.75	1/0.97	9.9	10.9				
3×1.0	1/1.13	10.4	11.4				
3×1.5	1/1.38	10.9	11.8				
3×2.5	1/1.78	11.8	12.8				
4×0.75	1/0.97	10.6	11.6				
4×1.0	1/1.13	11.1	12.1				
4×1.5	1/1.38	11.6	12.6				
4×2.5	1/1.78	12.6	13.7				
5×0.75	1/0.97	11.3	12.3				
5×1.0	1/1.13	12.0	13.0				
5×1.5	1/1.38	12.5	13.5				
5×2.5	1/1.78	13.7	14.7				
7×0.75	1/0.97	12.0	13.2				
7×1.0	1/1.13	12.8	13.8				
7×1.5	1/1.38	13.8	14.8				
7×2.5	1/1.78	15.2	16.2				
10×0.75	1/0.97	14.8	15.8				
10×1.0	1/1.13	15.7	16.7				
10×1.5	1/1.38	16.6	17.8				
10×2.5	1/1.78	18.2	20.0				
12×0.75	1/0.97	15.1	16.1				
12×1.0	1/1.13	15.9	17.4				
12×1.5	1/1.38	17.0	18.9				
12×2.5	1/1.78	18.8	20.4				
14×0.75	1/0.97	15.8	17.1				
14×1.0	1/1.13	16.7	17.9				
14×1.5	1/1.38	17.7	18.9				
16×0.75	1/0.97	16.5	17.7				
16×1.0	1/1.13	16.9	18.1				
16×1.5	1/1.38	18.6	20.2				
19×0.75	1/0.97	17.2	18.7				
19×1.0	1/1.13	18.7	20.0				
19×1.5	1/1.38	20.4	21.6				

芯数×标称截面（mm²）	线芯结构（根数/直径）（mm）	最大外径（mm）			参考重量（kg/km）		
		KFV	KFVP	KFVP2	KFV	KFVP	KFVP2
14×2.5	1/1.78	16.5	17.6	20.2	513	586	680
16×2.5	1/1.78	17.4	18.5	20.8	580	651	755
19×2.5	1/1.78	18.2	19.3	21.7	679	784	902
24×1.0	1/1.13	17.2	18.3	20.7	443	516	604
24×1.5	1/1.38	18.4	19.5	22.0	566	670	784
24×2.5	1/1.78	21.6	23.0	24.5	881	979	1106
27×1.0	1/1.13	17.5	18.6	21.0	489	565	661
27×1.5	1/1.38	19.2	20.3	22.8	629	736	846
27×2.5	1/1.78	22.1	23.5	26.0	979	1078	1218
30×0.75	1/0.97	16.8	17.9	20.4	433	506	602
30×1.0	1/1.13	18.2	19.3	21.8	538	617	722
30×1.5	1/1.38	19.8	20.9	23.4	716	803	923
30×2.5	1/1.78	23.0	24.4	27.0	1079	1180	1333
33×0.75	1/0.97	17.4	18.5	21.0	472	548	652
33×1.0	1/1.13	19.2	20.3	22.8	587	693	811
33×1.5	1/1.38	20.5	21.9	24.4	782	899	1034
33×2.5	1/1.78	23.8	25.2	27.4	1179	1318	1489
37×0.75	1/0.97	18.0	19.1	21.6	524	603	699
37×1.0	1/1.13	19.8	20.9	23.4	675	762	869
37×1.5	1/1.38	21.1	22.6	25.0	867	961	1076
37×2.5	1/1.78	14.7	26.1	28.6	1311	1447	1592
44×0.35	1/0.68	16.9	18.0	20.5	379	452	533
44×0.5	1/0.80	18.9	20.0	22.5	452	529	619
44×0.75	1/0.97	20.5	21.9	24.4	645	735	853
44×1.0	1/1.13	22.1	23.5	26.0	799	898	1024
44×1.5	1/1.38	23.8	25.2	27.7	1029	1135	1271
44×2.5	1/1.78	28.1	29.5	32.0	1558	1774	1951
48×0.35	1/0.68	17.2	18.3	20.8	409	483	570
48×0.5	1/0.80	19.2	20.3	22.8	487	565	661
48×0.75	1/0.97	20.8	22.2	24.7	695	787	913
48×1.0	1/1.13	22.5	23.9	26.4	863	951	1084
48×1.5	1/1.38	24.2	25.6	28.0	1113	1221	1368
48×2.5	1/1.78	28.6	30.0	32.5	1712	1860	2046
52×0.35	1/0.68	17.6	18.7	21.2	439	515	587
52×0.5	1/0.80	19.8	20.9	23.4	523	626	707
52×0.75	1/0.97	21.4	22.8	25.3	757	852	954
52×1.0	1/1.13	23.2	24.6	27.0	939	1042	1157
52×1.5	1/1.38	25.2	26.6	29.0	1198	1388	1527
52×2.5	1/1.78	29.3	30.7	33.2	1844	2047	2211

芯数×标称截面（mm²)	线芯结构（根数/直径）（mm)	最大外径（mm)			参考重量（kg/km)		
		KFV	KFVP	KFVP2	KFV	KFVP	KFVP2
56×0.2	1/0.52	16.4	17.5	20.0	360	431	500
56×0.35	1/0.68	18.2	19.3	21.8	469	547	624
56×0.5	1/0.80	20.4	21.8	24.3	559	666	753
56×0.75	1/0.97	22.0	23.4	26.0	799	896	1004
56×1.0	1/1.13	23.8	25.2	27.7	994	1100	1221
56×1.5	1/1.38	25.9	27.3	29.8	1304	1480	1628
56×2.5	1/1.78	30.2	31.6	34.0	1977	2187	2362
61×0.2	1/0.52	17.0	18.1	20.6	388	462	536
61×0.35	1/0.68	19.2	20.3	22.8	506	610	695
61×0.5	1/0.80	21.0	22.4	25.0	628	714	807
61×0.75	1/0.97	22.8	24.2	26.7	863	964	1080
61×1.0	1/1.13	24.8	26.2	28.7	1075	1185	1315
61×1.5	1/1.38	26.7	28.1	30.6	1411	1593	1752
61×2.5	1/1.78	31.2	32.6	35.0	2111	2327	2513

表 6-34　　　　KFVR、KFVRP、KFVRP2 型氟塑料绝缘控制电缆外径重量

芯数×标称截面（mm²)	线芯结构（根数/直径）（mm)	最大外径（mm)			参考重量（kg/km)		
		KFVP	KFVRP	KFVRP2	KFVR	KFVRP	KFVRP2
2×0.75	7/0.37	9.6	10.6				
2×1.0	7/0.43	10.1	11.1				
2×1.5	7/0.52	10.7	11.7				
2×2.5	7/0.68	11.6	12.6				
3×0.75	7/0.37	10.0	11.0				
3×1.0	7/0.43	10.4	11.4				
3×1.5	7/0.52	11.2	12.2				
3×2.5	7/0.68	12.1	13.1				
4×0.75	7/0.37	10.7	11.6				
4×1.0	7/0.43	11.2	12.2				
4×1.5	7/0.52	12.1	13.0				
4×2.5	7/0.68	13.0	14.0				
5×0.75	7/0.37	11.5	12.5				
5×1.0	7/0.43	12.1	13.0				
5×1.5	7/0.52	13.0	14.0				
5×2.5	7/0.68	14.2	15.2				
7×0.75	7/0.37	12.4	13.4				
7×1.0	7/0.43	13.0	14.0				
7×1.5	7/0.52	14.0	15.0				
7×2.5	7/0.68	15.3	16.4				

芯数×标称截面（mm²）	线芯结构（根数/直径）（mm）	最大外径（mm）			参考重量（kg/km）		
		KFVP	KFVRP	KFVRP2	KFVR	KFVRP	KFVRP2
10×0.75	7/0.37	15.2	16.4				
10×1.0	7/0.43	16.0	17.2				
10×1.5	7/0.52	17.4	18.6				
10×2.5	7/0.68	19.6	20.8				
12×0.75	7/0.37	15.4	16.6				
12×1.0	7/0.43	16.3	17.5				
12×1.5	7/0.52	17.7	19.3				
12×2.5	7/0.68	20.0	21.2				
14×0.75	7/0.37	16.1	17.3				
14×1.0	7/0.43	17.1	18.3				
14×1.5	7/0.52	18.4	20.1				
16×0.75	7/0.37	16.8	18.0				
16×1.0	7/0.43	17.2	19.5				
16×1.5	7/0.52	19.2	21.1				
19×0.75	7/0.37	17.6	18.8				
19×1.0	7/0.43	19.2	20.4				
14×2.5	49/0.26	19.6	20.7	23.2	630	718	833
16×2.5	49/0.26	20.6	22.0	24.6	710	804	933
19×1.5	19/0.32	17.3	18.4	21.0	505	598	694
19×2.5	49/0.26	21.7	23.1	25.6	824	923	1061
24×0.75	19/0.23	17.8	18.9	21.4	426	522	621
24×1.0	19/0.26	19.3	20.4	23.0	529	615	720
24×1.5	19/0.32	20.5	21.9	24.4	649	741	852
24×2.5	49/0.26	25.7	27.1	29.6	1054	1233	1393
27×0.75	19/0.23	18.1	19.2	21.7	469	566	674
27×1.0	19/0.26	19.7	20.8	23.3	581	670	785
27×1.5	19/0.32	20.9	22.3	24.8	716	810	932
27×2.5	49/0.26	26.3	27.7	30.2	1166	1348	1523
30×0.75	19/0.23	19.1	20.2	22.7	513	614	731
30×1.0	19/0.26	20.4	21.8	24.3	636	727	851
30×1.5	19/0.32	21.7	23.1	25.6	785	883	1015
30×2.5	49/0.26	27.2	28.6	31.0	1281	1470	1661
33×0.75	19/0.23	19.8	20.9	23.4	574	662	788
33×1.0	19/0.26	21.2	22.5	25.0	692	787	921
33×1.5	19/0.32	22.5	23.9	26.4	855	957	1101
33×2.5	49/0.26	28.2	29.6	32.0	1398	1595	1802

芯数× 标称截面 （mm²）	线芯结构 （根数/直径） （mm）	最大外径（mm）			参考重量（kg/km）		
		KFVP	KFVRP	KFVRP2	KFVR	KFVRP	KFVRP2
37×0.5	19/0.18	18.0	19.1	21.6	472	568	665
37×0.75	19/0.23	20.5	21.9	24.4	632	724	840
37×1.0	19/0.26	21.9	23.3	25.8	764	863	984
37×1.5	19/0.32	23.3	24.7	27.2	946	1052	1178
37×2.5	49/0.26	29.3	30.7	33.2	1549	1754	1929
44×0.35	7/0.26	17.7	18.8	21.3	436	534	630
44×0.5	19/0.18	20.5	20.9	23.4	574	665	778
44×0.75	19/0.23	22.9	24.3	26.8	746	850	986
44×1.0	19/0.26	24.9	26.3	28.8	903	1094	1247
44×1.5	19/0.32	26.5	27.9	30.4	1142	1325	1484
44×2.5	49/0.26	32.9	34.3	36.8	1837	2069	2276
48×0.35	7/0.26	18.0	19.1	21.6	468	568	670
48×0.5	19/0.18	20.8	22.2	24.7	616	709	830
48×0.75	19/0.23	23.3	24.7	27.2	803	919	1066
48×1.0	19/0.26	25.3	26.7	29.2	973	1167	1330
48×1.5	19/0.32	26.9	28.3	30.8	1213	1416	1586
48×2.5	49/0.26	33.5	34.9	37.4	1985	2221	2443
52×0.2	7/0.20	16.8	17.9	20.4	382	459	532
52×0.35	7/0.26	18.8	19.9	22.4	516	602	686
52×0.5	19/0.18	21.4	22.8	25.3	659	755	853
52×0.75	19/0.23	23.9	25.3	27.8	862	971	1088
52×1.0	19/0.26	26.0	27.4	30.0	1066	1244	1381
52×1.5	19/0.32	27.7	29.1	31.6	1323	1515	1667
52×2.5	49/0.26	34.4	35.8	38.3	2136	2648	2860
56×0.2	7/0.20	17.3	18.4	21.0	406	486	564
56×0.35	7/0.26	19.4	20.5	23.0	550	640	730
56×0.5	19/0.18	22.0	23.4	26.0	704	802	906
56×0.75	19/0.23	25.0	26.4	29.0	920	1082	1212
56×1.0	19/0.26	26.7	28.1	30.6	1140	1317	1462
56×1.5	19/0.32	28.5	29.9	32.4	1414	1612	1773
56×2.5	49/0.26	35.4	36.8	39.3	2289	2541	2744
61×0.2	7/0.20	17.8	18.9	21.4	436	534	619
61×0.35	7/0.26	19.9	21.0	23.5	591	684	780
61×0.5	19/0.18	22.6	24.0	26.5	758	860	972
61×0.75	19/0.23	25.7	27.1	29.6	1013	1189	1332
61×1.0	19/0.26	27.5	28.9	31.4	1229	1419	1575
61×1.5	19/0.32	29.3	30.7	33.2	1528	1732	1905
61×2.5	49/0.26	36.5	37.6	40.0	2478	2737	2956

二、氟塑料绝缘和护套耐高温控制电缆

(一) 型号、名称 (见表 6-35)

表 6-35   氟塑料绝缘和护套的型号、名称

型 号	产 品 名 称	型 号	产 品 名 称
KFF	铜芯氟塑料绝缘氟塑料护套控制电缆	KFFRP	铜芯氟塑料绝缘氟塑料护套镀锡铜线编织屏蔽控制软电缆
KFFR	铜芯氟塑料绝缘氟塑料护套控制软电缆	KFFP2	铜芯氟塑料绝缘氟塑料护套铜带屏蔽控制电缆
KFFP	铜芯氟塑料绝缘氟塑料护套镀锡铜线编织屏蔽控制电缆	KFFRP2	铜芯氟塑料绝缘氟塑料护套铜带屏蔽控制软电缆

(二) 电缆的规格及有关数据 (见表 6-36～表 6-37)

表 6-36   **KFF、KFFP、KFFP2 型氟塑料绝缘和护套耐高温控制电缆结构及有关数据**

芯数×标称截面 (mm²)	线芯结构 (根数/直径) (mm)	最大外径 (mm)			参考重量 (kg/km)		
		KFF	KFFP	KFFP2	KFF	KFFP	KFFP2
2×0.2	1/0.52	4.2	5.0	5.5	27	41	57
2×0.35	1/0.68	4.5	5.3	5.8	31	47	65
2×0.5	1/0.80	4.7	5.5	6.0	35	51	69
2×0.75	1/0.97	5.3	6.1	6.6	45	63	84
2×1.0	1/1.13	5.7	6.5	7.0	52	72	95
2×1.5	1/1.38	6.1	6.9	7.4	65	86	111
2×2.5	1/1.78	7.5	8.3	8.8	92	118	151
3×0.2	1/0.52	4.5	5.3	5.9	33	48	65
3×0.35	1/0.68	4.8	5.6	6.2	39	56	74
3×0.5	1/0.80	5.0	5.8	6.4	44	62	80
3×0.75	1/0.97	5.7	6.5	7.2	57	77	99
3×1.0	1/1.13	6.1	6.9	7.5	69	89	114
3×1.5	1/1.38	6.6	7.4	8.0	88	110	141
3×2.5	1/1.78	7.8	8.6	9.2	126	153	191
4×0.2	1/0.52	4.8	5.6	6.2	38	55	74
4×0.35	1/0.68	5.2	6.0	6.6	47	65	86
4×0.5	1/0.80	5.4	6.2	6.8	54	73	94
4×0.75	1/0.97	6.2	7.0	7.6	70	92	118
4×1.0	1/1.13	6.8	7.6	8.2	86	109	140
4×1.5	1/1.38	7.3	8.1	8.7	111	136	174
4×2.5	1/1.78	8.5	9.3	10.0	157	187	234

芯数× 标称截面 （mm²）	线芯结构 （根数/直径） （mm）	最大外径（mm）			参考重量（kg/km）		
		KFF	KFFP	KFFP2	KFF	KFFP	KFFP2
5×0.2	1/0.52	5.3	6.1	6.7	45	64	86
5×0.35	1/0.68	5.7	6.5	7.0	56	76	100
5×0.5	1/0.80	5.9	6.7	7.2	64	85	110
5×0.75	1/0.97	6.8	7.6	8.2	85	108	138
5×1.0	1/1.13	7.5	8.3	8.9	103	129	165
5×1.5	1/1.38	8.0	8.8	9.5	134	162	207
5×2.5	1/1.78	9.4	10.2	10.8	191	224	280
7×0.2	1/0.52	5.7	6.5	7.1	56	77	102
7×0.35	1/0.68	6.1	6.9	7.5	70	92	119
7×0.5	1/0.80	6.6	7.4	8.0	82	106	136
7×0.75	1/0.97	7.5	8.3	9.0	110	136	174
7×1.0	1/1.13	8.1	8.9	9.5	135	164	208
7×1.5	1/1.38	8.7	9.5	10.2	177	208	260
7×2.5	1/1.78	10.2	11.2	11.8	262	300	369
8×0.2	1/0.52	6.1	6.9	7.5	64	86	110
8×0.35	1/0.68	6.8	7.6	8.0	82	106	133
8×0.5	1/0.80	7.2	8.0	8.5	97	122	150
8×0.75	1/0.97	8.1	8.9	9.4	128	157	192
8×1.0	1/1.13	8.8	9.6	10.2	157	189	229
8×1.5	1/1.38	9.5	10.3	10.9	207	241	284
8×2.5	1/1.78	11.1	12.1	12.7	314	367	426
10×0.2	1/0.52	7.3	8.1	8.5	75	101	129
10×0.35	1/0.68	7.9	8.7	9.2	97	125	156
10×0.5	1/0.80	8.3	9.1	9.6	113	153	188
10×0.75	1/0.97	9.5	10.3	11.0	152	186	227
10×1.0	1/1.13	10.3	11.3	12.0	202	241	292
10×1.5	1/1.38	11.1	12.1	12.6	263	316	373
10×2.5	1/1.78	13.3	14.3	15.0	378	442	513
12×0.2	1/0.52	7.6	8.4	9.0	87	114	146
12×0.35	1/0.68	8.2	9.0	9.6	110	140	175
12×0.5	1/0.80	8.6	9.4	10.0	130	161	198
12×0.75	1/0.97	9.9	10.7	11.2	177	212	259
12×1.0	1/1.13	10.7	11.7	12.2	233	274	332
12×1.5	1/1.38	11.5	12.5	13.0	305	360	425
12×2.5	1/1.78	13.8	14.8	15.2	442	508	589
14×0.2	1/0.52	7.9	8.7	9.2	97	125	160
14×0.35	1/0.68	8.6	9.4	10.0	125	156	195
14×0.5	1/0.80	9.0	9.8	10.3	147	179	220
14×0.75	1/0.97	10.4	11.4	12.0	215	255	311
14×1.0	1/1.13	11.3	12.3	12.8	265	319	386
14×1.5	1/1.38	12.3	13.3	13.8	350	409	483

芯数×标称截面（mm²）	线芯结构（根数/直径）（mm）	最大外径（mm）			参考重量（kg/km）		
		KFF	KFFP	KFFP2	KFF	KFFP	KFFP2
16×0.2	1/0.52	8.4	9.2	9.7	109	139	178
16×0.35	1/0.68	9.1	9.9	10.4	140	172	215
16×0.5	1/0.80	9.5	10.3	10.8	165	199	245
16×0.75	1/0.97	10.9	11.9	12.4	241	282	344
16×1.0	1/1.13	12.0	13.0	13.5	298	355	430
16×1.5	1/1.38	13.0	14.0	14.5	394	457	539
19×0.2	1/0.52	8.8	9.6	10.2	124	156	195
19×0.35	1/0.68	9.5	10.3	10.8	161	195	240
19×0.5	1/0.80	10.0	11.0	11.5	205	243	296
19×0.75	1/0.97	11.7	12.3	12.8	279	336	407
19×1.0	1/1.13	12.7	13.7	14.2	345	407	480
19×1.5	1/1.38	13.7	14.7	15.2	459	525	609
24×0.2	1/0.52	10.2	11.2	11.7	167	204	251
24×0.35	1/0.68	11.1	12.1	12.6	215	268	327
24×0.5	1/0.80	11.9	12.9	13.4	255	312	378
24×0.75	1/0.97	13.7	14.7	15.2	348	414	489
27×0.2	1/0.52	10.5	11.5	12.0	183	229	282
27×0.35	1/0.68	11.4	12.4	13.0	236	290	354
27×0.5	1/0.80	12.2	13.2	13.7	280	339	410
27×0.75	1/0.97	14.1	15.1	15.6	384	452	533
30×0.2	1/0.52	10.9	11.9	12.4	199	241	296
30×0.35	1/0.68	12.0	13.0	13.5	259	316	386
30×0.5	1/0.80	12.6	13.6	14.2	307	367	444
33×0.2	1/0.52	11.3	12.3	12.8	215	270	332
33×0.35	1/0.68	12.5	13.5	14.0	291	351	428
33×0.5	1/0.80	13.1	14.1	14.6	333	396	479
37×0.2	1/0.52	11.9	12.9	13.4	238	295	363
37×0.35	1/0.68	12.9	13.9	14.4	321	383	467
37×0.5	1/0.80	13.6	14.6	15.2	368	434	525
44×0.2	1/0.52	13.3	14.3	14.8	279	343	422
48×0.2	1/0.52	13.6	14.6	15.2	299	365	449
52×0.2	1/0.52	13.9	14.9	15.5	319	386	475

注 铠装电缆外径增加 3.0mm 即可。

表 6-37　**KFFR、KFFRP、KFFRP2 型氟塑料绝缘和护套耐高温控制电缆结构及有关数据**

芯数× 标称截面 （mm²）	线芯结构 （根数/直径） （mm）	最大外径（mm）			参考重量（kg/km）		
		KFFR	KFFRP	KFFRP2	KFFR	KFFRP	KFFRP2
2×0.2	7/0.20	4.4	5.2	5.7	28	43	60
2×0.35	7/0.26	4.7	5.5	6.0	33	49	68
2×0.5	19/0.18	5.1	5.9	6.4	38	55	74
2×0.75	19/0.23	5.9	6.7	7.2	50	68	92
2×1.0	19/0.26	6.3	7.1	7.6	58	79	104
2×1.5	19/0.32	6.7	7.5	8.0	72	94	121
2×2.5	49/0.26	8.5	9.3	9.8	104	132	169
3×0.2	7/0.20	4.7	5.5	6.0	34	50	68
3×0.35	7/0.26	5.1	5.9	6.4	41	59	78
3×0.5	19/0.18	5.4	6.2	5.7	48	66	85
3×0.75	19/0.23	6.4	7.2	7.7	64	86	110
3×1.0	19/0.26	6.8	7.6	8.2	76	98	125
3×1.5	19/0.32	7.3	8.1	8.7	97	121	155
3×2.5	49/0.26	8.9	9.7	10.3	144	173	216
4×0.2	7/0.20	5.0	5.8	6.3	40	57	77
4×0.35	7/0.26	5.5	6.3	6.8	50	69	91
4×0.5	19/0.18	5.9	6.7	7.2	59	79	102
4×0.75	19/0.23	7.0	7.8	8.3	80	102	131
4×1.0	19/0.26	7.6	8.4	9.0	96	121	155
4×1.5	19/0.32	8.1	8.9	9.4	123	149	191
4×2.5	49/0.26	9.8	10.6	10.2	181	213	266
5×0.2	7/0.20	5.5	6.3	6.8	47	66	89
5×0.35	7/0.26	6.0	6.8	7.2	59	79	104
5×0.5	19/0.18	6.4	7.2	7.7	69	91	117
5×0.75	19/0.23	7.7	8.5	9.0	96	121	155
5×1.0	19/0.26	8.4	9.2	9.7	116	143	183
5×1.5	19/0.32	8.9	9.7	10.2	149	178	228
5×2.5	49/0.26	10.6	11.6	12.2	219	255	319
7×0.2	7/0.20	5.9	6.7	7.2	58	79	104
7×0.35	7/0.26	6.5	7.3	7.8	75	97	125
7×0.5	19/0.18	7.2	8.0	8.5	90	115	147
7×0.75	19/0.23	8.5	9.1	9.8	125	153	196
7×1.0	19/0.26	9.1	9.9	10.4	151	182	233
7×1.5	19/0.32	9.7	10.5	11.0	197	230	288
7×2.5	49/0.26	11.8	12.8	13.3	303	343	422
8×0.2	7/0.20	6.4	7.2	7.7	67	90	115
8×0.35	7/0.26	7.2	8.0	8.5	87	112	140
8×0.5	19/0.18	7.9	8.7	9.2	105	133	164
8×0.75	19/0.23	9.2	10.0	10.5	145	176	215
8×1.0	19/0.26	9.9	10.7	11.2	177	210	254
8×1.5	19/0.32	10.6	11.4	12.0	231	267	315
8×2.5	49/0.26	12.8	13.8	14.3	262	418	485

芯数×标称截面（mm²）	线芯结构（根数/直径）（mm）	最大外径（mm）			参考重量（kg/km）		
		KFFR	KFFRP	KFFRP2	KFFR	KFFRP	KFFRP2
10×0.2	7/0.20	7.6	8.4	9.0	79	105	134
10×0.35	7/0.26	8.4	9.2	9.7	103	132	165
10×0.5	19/0.18	9.1	9.9	10.4	124	156	192
10×0.75	19/0.23	10.8	11.6	11.2	173	210	256
10×1.0	19/0.26	11.6	12.6	13.2	227	269	325
10×1.5	19/0.32	12.4	13.4	14.0	294	350	413
10×2.5	49/0.26	15.4	16.4	17.0	438	507	588
12×0.2	7/0.20	7.9	8.7	9.2	90	118	151
12×0.35	7/0.26	8.7	9.5	10.0	117	147	184
12×0.5	19/0.18	9.4	10.2	10.7	142	172	212
12×0.75	19/0.23	11.2	12.0	12.5	200	238	290
12×1.0	19/0.26	12.0	13.0	13.5	261	304	368
12×1.5	19/0.32	12.8	13.8	14.3	340	398	470
12×2.5	49/0.26	16.0	17.0	17.5	512	584	677
14×0.2	7/0.20	8.3	9.1	9.6	102	131	168
14×0.35	7/0.26	9.1	9.9	10.4	132	164	205
14×0.5	19/0.18	9.9	10.7	11.2	162	196	241
14×0.75	19/0.23	11.8	12.8	13.3	244	286	349
14×1.0	19/0.26	12.7	13.7	14.2	298	355	430
14×1.5	19/0.32	13.7	14.7	15.2	390	452	533
16×0.2	7/0.20	8.8	9.6	10.2	114	145	186
16×0.35	7/0.26	9.7	10.5	11.0	149	183	229
16×0.5	19/0.18	10.4	11.2	11.7	181	217	267
16×0.75	19/0.23	12.4	13.4	14.0	274	318	388
16×1.0	19/0.26	13.5	14.5	15.0	335	396	479
16×1.5	19/0.32	14.5	15.5	16.0	440	506	597
19×0.2	7/0.20	9.2	10.0	10.5	130	162	203
19×0.35	7/0.26	10.1	10.9	11.4	171	206	253
19×0.5	19/0.18	11.0	12.0	12.5	225	265	323
19×0.75	19/0.23	13.3	14.1	14.6	318	385	466
19×1.0	19/0.26	14.3	15.3	15.8	389	454	536
24×0.2	7/0.20	10.7	11.7	12.2	176	213	262
24×0.35	7/0.26	11.8	12.8	13.3	229	284	346
24×0.5	19/0.18	13.1	14.1	14.6	281	341	413
27×0.2	7/0.20	11.0	12.0	12.5	192	239	294
27×0.35	7/0.26	12.1	13.1	13.6	250	307	375
27×0.5	19/0.18	13.4	14.4	15.0	308	370	448
30×0.2	7/0.20	11.4	12.4	13.0	208	251	309
30×0.35	7/0.26	12.8	13.8	14.3	276	336	410
30×0.5	19/0.18	13.9	14.9	15.4	338	402	486
33×0.2	7/0.20	11.8	12.8	13.3	238	281	346
33×0.35	7/0.26	13.3	14.3	14.8	310	372	454
33×0.5	19/0.18	13.9	14.9	15.4	366	433	524
37×0.2	7/0.20	12.5	13.5	14.0	250	308	379
37×0.35	7/0.26	13.7	14.7	15.2	340	405	494
44×0.2	7/0.20	13.9	14.9	15.4	291	357	439
48×0.2	7/0.20	14.3	15.3	15.8	314	382	470

注 铠装电缆外径增加 3.0mm 即可。

第五节　本安型控制电缆

本产品除具有分布参数小的特点外，还采用了加强屏蔽层，使其具有极好的屏蔽性能，故抗外界电磁场干扰、抗射频干扰以及抗近场耦合的能力都较强，因而可作为化学和石油化学等有爆炸性环境的工业部门的集散系统和自动检测控制系统等本质安全电路中作为微弱信号的传输用线。

（一）产品结构

产品结构见图 6-5。

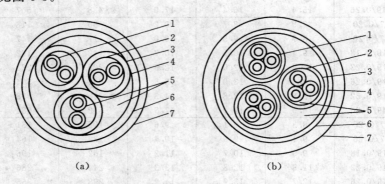

图 6-5　本安型控制电缆结构

（a）二芯组；（b）三芯组

1—对绞线组；2、3、6—屏蔽层；4—薄膜；5—填充；7—护套（蓝色）

（二）电缆的型号、名称和使用条件（见表 6-38）

表 6-38　　　　　　　　　本安型控制电缆的型号、名称和使用条件

型　号	名　称	使用条件
IA—K2YPV	聚乙烯绝缘、聚氯乙烯护套二芯绞合屏蔽总屏蔽本安控制电缆	固定敷设在室内电缆沟式管道中
IA—K2YPVR	聚乙烯绝缘、聚氯乙烯护套二芯绞合屏蔽总屏蔽本安控制软电缆	电缆额定电压 450/750V
IA—K2YPV（ZX）	聚乙烯绝缘、聚氯乙烯护套二芯绞合屏蔽总屏蔽本安仪用电缆	电缆的工作温度为—20～+65℃
IA—K2YPVR（ZX）	聚乙烯绝缘、聚氯乙烯护套二芯绞合屏蔽总屏蔽本安仪用软电缆	
IA—K3YPV	聚乙烯绝缘、聚氯乙烯护套三芯绞合屏蔽总屏蔽本安控制电缆	应与非本安型电缆分开敷设或进行有效的隔离
IA—K3YPVR	聚乙烯绝缘、聚氯乙烯护套三芯绞合屏蔽总屏蔽本安控制软电缆	
IA—K3YPV（ZX）	聚乙烯绝缘、聚氯乙烯护套三芯绞合屏蔽总屏蔽本安仪用电缆	
IA—K3YPVR（ZX）	聚乙烯绝缘、聚氯乙烯护套三芯绞合屏蔽总屏蔽本安仪用软电缆	

注　1. 本产品也可采用铜带屏蔽，型号中的 P 以 P2 表示。

　　　2. 可根据需要生产聚氯乙烯绝缘、聚氯乙烯护套本安型控制电缆，例 IA—K2VPV 等。

　　　3. 可根据需要生产钢节铠装本安型控制电缆，需要在型号右下角加注代号"22"，例 IA—K2VPV22 表示钢带铠装。

（三）导体结构（见表 6-39）

表 6-39 导 体 结 构

线芯标称截面	铜芯，根数/线直径（mm）			线芯标称截面	铜芯，根数/线直径（mm）		
（mm²）	A 型电缆	B 型电缆	R 型电缆	（mm²）	A 型电缆	B 型电缆	R 型电缆
0.5	1/0.8	7/0.3	16/0.2	1.5	1/1.38	7/0.52	48/0.2
0.75	1/0.97	7/0.37	24/0.2	2.5	1/1.78	7/0.68	77/0.2
1.0	1/1.13	7/0.43	32/0.2				

（四）特性参数（见表 6-40）

表 6-40 特 性 参 数

序 号	性 能 项 目	单 位	性 能 要 求				
			聚乙烯绝缘			聚氯乙烯绝缘	
1	导体直流电阻	Ω/km	0.5mm²	0.75mm²	1.0mm²	1.5mm²	2.5mm²
			39.6	24.5	18.1	12.1	7.41
2	工作电容（芯—芯）≤	nF/km	90			180	
3	分布电感 ≤	mH/km	0.8			0.8	
4	抗外磁场干扰（400A/m）≤	mV	5			5	
5	抗静电感应（20kV）≤	mV	200			200	
6	抗辐射干扰（120dB 时透入）≤	dB	90			90	
7	抗近场耦合（200MHz，500V）≤		0.02			0.02	
8	绝缘电阻（20℃时芯—芯、芯—屏）≥	MΩ/km	1000			50	
9	电压试验（芯—芯、芯—屏）	kV/5min	2			2	
10	长期使用温度	℃	−15～+70			−15～+70	

注 1. 表中导体直流电阻值除 2.5 截面是 A 型的数值外，其他均为 B 型结构的数值，相应 A 型结构略小；R 型结构略大于表中数值。

2. 耐温 105℃ 等级的长期使用温度为 −15～105℃。

（五）电缆规格、外径参数（见表 6-41、表 6-42）

表 6-41 二芯绞线对本安电缆各规格的最大外径

规格	电缆最大外径（mm）			
（mm²）	IA—K2YPV	IA—K2YPVR	IA—K2YPV（EX）	IA—K2YPVR（EX）
	IA—K2VPV	IA—K2VPVR	IA—K2VPV（EX）	IA—K2VPVR（EX）
1×2×0.75	8.1	8.3	9.2	9.4
2×2×0.75	16.1	16.5	18.4	18.7
3×2×0.75	17.0	17.5	19.2	19.6
4×2×0.75	17.6	18.1	20.8	21.3
5×2×0.75	20.2	20.7	22.3	22.8
7×2×0.75	22.0	22.6	24.2	25.0
8×2×0.75	23.6	24.3	26.0	26.9
9×2×0.75	25.5	26.3	27.6	28.5
10×2×0.75	27.3	28.2	29.5	30.4
12×2×0.75	28.6	29.5	30.8	31.9
14×2×0.75	30.2	31.2	32.3	33.4
16×2×0.75	31.9	33.0	34.1	35.2
19×2×0.75	33.6	34.8	35.8	37.1

规格 （mm²）	电缆最大外径（mm）			
	IA—K2YPV IA—K2VPV	IA—K2YPVR IA—K2VPVR	IA—K2YPV（EX） IA—K2VPV（EX）	IA—K2YPVR（EX） IA—K2VPVR（EX）
1×2×1.0	8.5	8.7	9.8	10.0
2×2×1.0	16.8	17.2	18.9	19.3
3×2×1.0	17.9	18.4	20.1	20.6
4×2×1.0	19.4	20.0	21.6	22.2
5×2×1.0	21.4	22.3	23.4	24.2
7×2×1.0	23.1	24.1	25.3	26.2
8×2×1.0	24.8	25.9	27.4	28.5
9×2×1.0	27.1	28.4	29.3	30.7
10×2×1.0	28.6	30.0	30.9	32.3
12×2×1.0	30.2	31.8	32.5	33.9
14×2×1.0	31.7	33.3	34.0	35.5
16×2×1.0	33.6	35.3	35.7	37.4
19×2×1.0	35.5	37.4	38.0	40.0
1×2×1.5	9.5	9.7	10.7	10.9
2×2×1.5	19.0	19.4	21.2	21.6
3×2×1.5	20.0	20.5	22.3	22.8
4×2×1.5	22.0	22.7	24.2	21.9
5×2×1.5	23.9	24.8	26.0	26.8
7×2×1.5	26.0	26.9	28.2	29.2
8×2×1.5	28.2	29.4	30.5	31.7
9×2×1.5	30.4	31.8	32.6	34.0
10×2×1.5	32.5	34.0	34.8	36.4
12×2×1.5	34.3	35.9	36.4	38.1
14×2×1.5	36.2	38.1	38.6	40.7
16×2×1.5	38.1	40.2	40.7	42.9
19×2×1.5	40.5	42.8	42.3	45.7
1×2×2.5	11.4	11.6	12.8	13.1
2×2×2.5	22.8	23.3	25.4	25.9
3×2×2.5	24.9	24.6	26.8	27.4
4×2×2.5	26.4	27.2	29.0	29.9
5×2×2.5	28.7	29.8	31.2	32.2
7×2×2.5	31.2	32.3	33.8	35.0
8×2×2.5	33.8	35.3	36.6	38.0
9×2×2.5	36.5	38.2	39.1	40.8
10×2×2.5	39.0	40.8	41.8	43.7
12×2×2.5	41.2	43.1	43.7	45.7
14×2×2.5	43.4	45.7	46.3	48.8
16×2×2.5	45.7	48.2	48.8	51.5
19×2×2.5	48.6	51.4	51.8	54.8

表 6-42 **三线绞对本安电缆各规格的最大外径**

规格 （mm²）	电缆最大外径（mm）			
	IA—K3YPV IA—K3VPV	IA—K3YPVR IA—K3VPVR	IA—K3YPV（EX） IA—K3VPV（EX）	IA—K3YPVR（EX） IA—K3VPVR（EX）
1×3×0.75	8.9	9.2	12.5	12.8
2×3×0.75	16.2	16.9	20.2	20.9
3×3×0.75	17.1	18.0	21.0	21.9
4×3×0.75	18.9	20.0	23.0	24.1
5×3×0.75	20.6	21.8	24.8	26.0
7×3×0.75	22.3	23.7	26.6	28.0
8×3×0.75	24.3	25.9	28.5	30.1
9×3×0.75	26.3	27.7	30.7	32.1
10×3×0.75	28.6	30.1	33.0	34.4
1×3×1.0	9.3	9.6	12.8	13.1
2×3×1.0	16.9	17.5	20.8	21.4
3×3×1.0	18.0	18.9	21.9	22.8
4×3×1.0	19.7	20.8	23.8	24.9
5×3×1.0	21.7	22.8	26.1	27.3
7×3×1.0	23.5	25.7	27.9	29.2
8×3×1.0	25.6	27.9	30.0	31.4
9×3×1.0	27.5	29.3	32.2	33.7
10×3×1.0	30.2	32.0	34.6	36.4
1×3×1.5	10.1	10.4	13.9	14.2
2×3×1.5	19.0	19.6	23.0	23.6
3×3×1.5	21.1	22.0	24.3	25.2
4×3×1.5	22.1	23.2	26.3	27.4
5×3×1.5	24.2	25.4	28.6	29.8
7×3×1.5	26.5	27.8	31.2	32.5
8×3×1.5	28.7	30.1	33.3	34.7
9×3×1.5	31.3	32.8	35.7	37.2
10×3×1.5	33.9	35.6	38.9	40.6

第七章 电缆的选用

第一节 电缆选用的因素

为了确定所选用电缆是否适用，需要考虑以下使用条件及资料，并应参阅有关标准。

一、运行条件

（1）系统额定电压。

（2）三相系统的最高电压。

（3）雷电过电压。

（4）系统频率。

（5）系统的接地方式以及当中性点非有效接地系统（包括中性点不接地和经消弧线圈接地）单相接地故障时的最长允许持续时间和每年总的故障时间。

（6）选用电缆终端时应考虑环境条件：

1）电缆终端安装地点海拔高度。

2）是户内还是户外安装。

3）是否有严重的大气污染。

4）电缆与变压器、断路器、电动机等设备连接时所采用的绝缘和设计的安全净距。

（7）最大额定电流：

1）持续运行最大额定电流。

2）周期运行最大额定电流。

3）事故紧急运行或过负荷运行时最大额定电流。

（8）相间或相对地短路时预期流过的对称和不对称的短路电流。

（9）短路电流最大持续时间。

（10）电缆线路压降。

二、安装资料

（一）一般资料

（1）电缆线路的长度和纵断面图。

（2）电缆敷设的排列方式和金属套互联与接地方式。

（3）特殊敷设条件（如敷设在水中），个别线路需要特殊考虑的问题。

（二）地下敷设

（1）安装条件的详细情况（如直埋、排管敷设等），用以确定金属套的组成、铠装（如需要时）的型式和外护套的型式，如防腐、阻燃或防白蚁。

（2）埋设深度。

（3）沿电缆线路的土壤种类（即沙土、黏土、填土）及其热阻系数。

（4）在埋设深度上土壤的最高、最低和平均温度。

（5）附近带负荷的其他电缆或其他热源的详情。

（6）电缆沟、排管或管线的长度，若有工井则包括工井之间距离。

（7）排管或管道的数量、内径和构成材料。

（8）排管或管道之间的距离。

（三）空气中敷设

（1）最高、最低和平均环境空气温度。

（2）敷设方式（即直接敷设在墙上、支架上，单根或成组电缆，隧道、排管的尺寸等）。

（3）敷设于户内、隧道或排管中的电缆的通风情况。

（4）阳光是否直接照射在电缆上。

（5）特殊条件，如火灾危险。

电缆选择根据表 7-1 进行考虑。

表 7-1　　　　　　　　　　　　　　　　　应用领域和使用地点

应用领域	使用（敷设）地点
（1）发电 （2）配电 （3）带有下列任务的用电 　1）作为配电电缆的干线供电 　2）作为连接电缆的用户供电 　3）作为安装电缆的建筑物安装 　4）作为控制电缆的控制（脉冲）传输	（1）土壤中 　1）直埋 　2）在管子中 （2）空气中 　1）露天 　2）室内 （3）混凝土 （4）水中

三、按照负荷选择

负荷的性质决定了对电缆导线、绝缘和屏蔽的选择，外界影响引起的负荷主要对选择护套是决定性的。

（一）负荷的性质

负荷的性质由电网电流、电压、频率及其热、热机械性、电气、电磁性效应引起。

这种负荷及其效应和采取的措施列举在表 7-2 中供参考。

表 7-2　　　　　　　　　　　　　　　　对负荷性质的分析

负荷原因	效应	负荷主要在	根据要求采取的措施
电流	发热	大电流传输和/或较大的电缆聚集	更换材质，例如，铜导线替代铝导线，和/或增大导线截面 更换绝缘材质，例如，在低压电缆中用 VPE 代替 PVC 由土壤中改为空气中敷设
		高压设备	把金属护套接地由两端接地改为交叉连接或一端接地
		电网的固定接地星形汇接点	增大金属护套的截面
	热机械	室内和露天敷设的电缆	蜿蜒的敷设
		单根导线的单芯电缆	
	动态力	发电机连接处或变压器连接（例如发电厂中）	耐短路的集束，电缆芯线捆扎箍

负荷原因	效应	负荷主要在	根据要求采取的措施
电压	局部放电	VPE 绝缘电缆	紧密粘接的导电层
	运行电场强度	所有中压和高压电缆	电场限制,导线平滑层,提高绝缘层壁厚
	过压	跳闸的电网	接地时间归类(分类)
		高压电缆	合适配置绝缘
	发热(介电的损耗)	高压电缆和用于 $U_0/U = 6/10kV$ 的 PVC 绝缘电缆	纸绝缘电缆中热稳定绝缘系统,固体介质(例如 VPE)
频率	改变电气值(例如,载流能力、电阻)	谐波,用于较高频率的设备,例如 400Hz 机场设备	在单芯电缆敷设或多芯电缆安装时注意相位对称

(二)外界条件引起的负荷

由外界条件引起的负荷包括力、动物、化学品、辐射、氛围(温度和水)和燃烧。这种负荷及其多种多样的效应和采取的措施的列举在表 7-3 中供参考。

表 7-3　　　　　　　　　考虑外界影响引起的负荷分析

负荷原因	效应	负荷主要在	根据要求采取的措施
1. 力			
张力	结构成分的延伸	管道放电时,如果线路中方向经常变更	使用增滑剂,增加放线滑轮数量,使用电动放线滑轮
		江河和海中敷设	多芯电缆中简单或双倍铠装
		矿山(坑道)电缆和矿井电缆	铠装多芯电缆
冲击力	结构成分变形	频繁的线路工作(锹、挖土机)	PE 护套代替 PVC 护套钢带铠装
压力		电缆的固定卡箍处和粗糙的回填物	橡胶内护套,附加衬垫层
剪切力和扭曲	结构成分被拉断以及变形	在矿区敷设(地面塌陷的危险)	带钢丝铠装的多芯电缆,铜导线和橡胶内护套的单芯 WPE 电缆
在地面和棱角上的摩擦力	外护套的磨耗	管道中穿缆,在砂石上牵引,线路中频繁变更方向	(1) PE 护套 (2) 放线滑轮和转向滑轮
振动	脆化 (1) 导线 (2) 铅护套	电动机连接电缆在桥上敷设	多线型或细丝型导线铅碲合金或铝护套
2. 动物			
(1) 白蚁 (2) 鼠类	破坏电缆,由外护套开始	这种动物大量出现的地区	(1) 防护性添加剂 (2) 坚硬性 PE 护套 (3) 聚酰胺敷层 (4) 金属带铠装(封闭型)

负荷原因	效 应	负荷主要在	根据要求采取的措施
微生物	PVC 外护套：颜色变化，表面变粗糙，可能失去弹性	适合于微生物生长的气候，例如热带气候	PE 护套
3. 化学物质			
(1) 油 (2) 汽油 (3) 酸和其他	颜色变化，塑料膨胀和分解	在炼油厂、油库区域、污染的地表面、工业设备中敷设	耐油的 PVC 外护套混合物 (1) PE 护套 (2) 铝护套
4. 辐射			
电离辐射	塑料脆化	核电站反应堆外壳中敷设，医学设备中	耐"冷却剂损耗"电缆
紫外线(UV)		在无阳光遮盖物情况下的露天敷设	添加炭黑的塑料护套 UV 稳定剂
		电杆敷设	低压塑料电缆：在露天部分上套热缩管
5. 气氛			
湿气(水)	腐蚀金属护套	在水，河岔中直接敷设	(1) 金属护套、多层护套、浸渍沥青的塑料薄膜 (2) PE 护套 (3) 在至少有两层金属护套的电缆中，通过非金属或防腐蚀箍隔开
温度 (1) 低 (2) 高	改变电缆的弹性特性	(1) 寒带地区，例如斯堪的那维亚 (2) 热带、亚热带地区	(1) 耐寒 PVC 混合物 (2) VPE 绝缘/PE 护套 (3) VPE 或 EPR 绝缘
6. 燃烧			
延燃		电缆聚集，主要 (1) 在高层建筑中 (2) 在工业中 (3) 在发电厂中 (4) 交通设备中	(1) PVC 护套 (2) FR—PVC 护套 (3) 阻燃材料
破坏			绝缘和功能维持：矿物质隔离层
腐蚀性燃烧废气			无卤族元素材料
因烟雾阻碍视线			

第二节　电缆绝缘水平的选择

一、电缆和附件的额定电压

(1) U_0、U 表示电缆和附件的额定电压，以 U_m 表示电缆运行最高电压；以 U_{p1} 和 U_{p2} 分别表示其雷电冲击和操作冲击绝缘水平。这些符号的意义如下：

U_0——设计时采用的电缆和附件的每一导体与屏蔽层或金属套之间的额定工频电压；

U——设计时采用的电缆和附件的任何两个导体之间的额定工频电压，U 值仅在设计非径向电场的电缆和附件时才有用；

U_m——设计时采用的电缆和附件的任何两个导体之间的运行最高电压，但不包括由于事故和突然甩负荷所造成的暂态电压升高；

U_{p1}——设计时采用的电缆和附件的每一根导体与屏蔽层或金属套之间的雷电冲击耐受电压之峰值；

U_{p2}——设计时采用的电缆和附件的每一根导体与屏蔽层或金属套之间的操作冲击耐受电压之峰值。

（2）电缆的额定电压值 U_0/U 和 U_m 的关系列于表 7-4。

表 7-4　　　　　　　　　电缆的额定电压值 U_0/U 和 U_m 的关系（kV）

序　号	U_0/U	U_m	序　号	U_0/U	U_m
1	1.8/3，3/3	3.5	7	50/66	72.5
2	3.6/6，6/6	6.9	8	64/110	126
3	6/10，8.7/10	11.5	9	127/220	252
4	8.7/15，12/15	17.5	10	190/330	363
5	12/20，18/20	23.0	11	290/500	550
6	21/35，26/35	40.5			

二、电缆绝缘水平选择

（一）电力系统种类

A 类：接地故障能尽可能快地被消除，但在任何情况下不超过 1min 的电力系统。

B 类：该类仅指在单相接地故障情况下能短时运行的系统。一般情况下，带故障运行时间不超过 1h。但是，如果有关电缆产品标准有规定时，则允许运行更长时间。

注：应该认识到接地故障不能自动和迅速切除的电力系统中，在接地故障时，在电缆绝缘上过高的电场强度使电缆寿命有一定程度的缩短。如果预期电力系统经常会出现持久的接地故障，也许将该系统归为下述的 C 类是经济的。

C 类：该类包括不属于 A 类或 B 类的所有系统。

为了使本标准的推荐能适用于各种型式电缆，还应参照有关电缆产品标准，如 GB11017、GB12706 和 GB12976。

（二）U 的选择

U 值应按等于或大于电缆所在系统的额定电压选择。

（三）U_m 的选择

U_m 值应按等于或大于电缆所在系统的最高工作电压选择。

（四）U_{p1} 的选择

根据线路的冲击绝缘水平、避雷器的保护特性、架空线路和电缆线路的波阻抗、电缆的长度以及雷击点离电缆终端的距离等因素通过计算后确定，但不应低于表 7-5 的规定值。

表 7-5

U_0/U	1.8/3	3.6/6	6/10	8.7/10, 8.7/15	12/20	18/20	21/35
U_{p1}	40	60	75	95	125	170	200

U_0/U	26/35	50/66	64/110	127/220	190/330	290/500
U_{p1}	250	450	550	1050	1175	1550

表 7-5 的标题为：**电缆的雷电冲击耐受电压（kV）**

（五）U_{p2} 的选择

对于 330kV 和 550kV 超高压电缆应考虑操作冲击绝缘水平，U_{p2} 应与同电压级设备的操作冲击耐受电压相适应，表 7-6 列出电缆操作冲击耐受电压值。

表 7-6　　　　　　　　　　　　电缆的操作冲击耐受电压（kV）

U_0/U	190/330	290/500
U_{p2}	950	1175

（六）外护套绝缘水平选择

对于采用金属套一端互联接地或三相金属套交叉互联接地的高压单芯电缆，当电缆线路所在系统发生短路故障或遭受雷电冲击和操作冲击电压作用时，在金属套的不接地端或交叉互联处会出现过电压，可能会使外护套绝缘发生击穿。为此需要装设过电压限制器，此时作用在外护套上的电压主要取决于过电压限制器的残压。外护套的雷电冲击耐受电压按表 7-7 选择。

表 7-7　　　　　　　　　　电缆外护套雷电冲击耐受电压值（kV）

电缆主绝缘雷电冲击耐受电压	雷电冲击耐受电压	电缆主绝缘雷电冲击耐受电压	雷电冲击耐受电压
380~750	37.5	1175~1425	62.5
1050	47.5	1550	72.5

三、绝缘种类选择

（1）油浸纸绝缘电缆具有优良的电气性能，使用历史悠久，一般场合下仍可选用。如电缆线路落差较大时，可选用不滴流电缆。

（2）聚氯乙烯绝缘电缆的工作温度低，特别是允许短路温度低，因此载流量小，不经济，稍有过载或短路则绝缘易变形。故对 1kV 以上的电压等级不应选用聚氯乙烯绝缘电缆。

（3）乙丙橡胶绝缘（EPR）电缆的柔软性好，耐水，不会产生水树枝。而 γ 射线阻燃性好，低烟无卤，但其价格昂贵，故在水底敷设和在核电站中使用时可考虑选用。

（4）交联聚乙烯（XLPE）电缆具有优良的电气性能和机械性能，施工方便，是目前最主要的电缆品种，可推荐优先选用。对绝缘较厚的电力电缆，不宜选用辐照交联而应选用化学交联生产的交联电缆。为了尽可能减小绝缘偏心的程度，对 110kV 及以上电压等级，一般宜选用立塔（VCV）生产线或长承模生产线（MDCV）上生产的交联电缆。

（5）充油电缆的制造和运行经验丰富，电气性能优良，可靠性也高，但需要供油系统，有时需要塞止接头。对于 220kV 及以上电压等级，经与交联电缆作技术经济比较后认为合适时仍可选用充油电缆。

第三节　电缆导体截面的选择

导体截面应从有关的电缆产品标准中列出的标称截面选取。如果所选的某种型式的电缆没有产品标准，则导体截面应从 GB/T 3956 中第 2 种导体的标称截面中选取。在选择导体截面时应考虑下列因素：

（1）在规定的连续负荷、周期负荷、事故紧急负荷以及短路电流情况下电缆导体的最高温度。

（2）在电缆敷设安装和运行过程中受到的机械负荷。

（3）绝缘中的电场强度。采用小截面电缆时由于导体直径小导致绝缘中产生不允许的高电场强度。

一、确定导线截面的因素

为了确定导线截面应根据电网和用户要求以及环境条件商定电缆的特性（见图 7-1）。

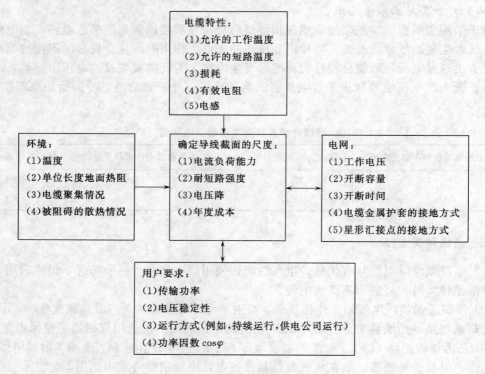

图 7-1　确定导线截面的尺寸因素

为了选择用于特定用途的电缆有必要根据表 7-8。

（一）负荷能力

在规定的运行条件下允许的电流 I_z 被称为负荷能力。

在无故障运行中负荷是工作电流 I_b。在电网正常运行方式时负荷中的最大载荷视作工作电流。

表 7-8	用于确定导线和屏蔽层截面的因素
对确定导线和屏蔽层截面的影响因素	
1. 电缆结构类型	(1) 绝缘材料（例如：PVC，VPE，浸渍纸） (2) 芯线数量（单芯或多芯） (3) 导线的额定截面 (4) 导线材质（铜，铝）
2. 电压	(1) 电网额定电压 (2) 最高工作电压 (3) 工作频率 (4) 电流种类（三相交流，单相交流，直流） (5) 在 $U_n > 6kV$ 时的额定—耐受—雷闪冲击电压
3. 接地条件，星形汇接点的处理	(1) 绝缘的或者低电阻接地的星形汇接点在接地时的电压负载 (2) 直接接地 (3) 通过附加阻抗的接地

4. 在无故障运行中的负荷能力，运行条件	(1) 运行方式
	1) 在一天负荷循环时的负荷程度在随时间变化的负荷电流曲线图是很有用的
	2) 传输功率按最大负荷
	3) 是否要求安全可靠的传输功率（这就要求每个连接至少有两根电缆）
	(2) 敷设条件
	1) 部分线路的长度：在土壤中，在土壤的管道中
	    室外：在电缆槽，隧道中
	2) 在土壤中敷设埋深
	由水泥板、塑料板、陶土板覆盖或者敷设在电缆槽中，填充沙或不填充沙，包括带有尺寸简图的槽的规格；在电缆聚集时，单芯电缆捆扎或平行放置简图
	3) 在土壤管中敷设埋深
	    管道材质：PVC、PE、钢管、混凝土管或陶瓷管的直径和壁厚
	    布置方式
	4) 敷设在空气中（例如，在宽敞的室内空间，室内空气温度不因电缆损耗散热而升高），敷设在地上、墙上、电缆槽中（有孔或无孔）或水平设置或垂直设置的电缆支架上
	5) 敷设在有盖板的电缆沟中（沟槽中的空气温度因电缆损耗散热而升高）
	    沟的参数：净宽；净高；覆盖厚度
	    在人工通风时应给出用于通风空气的出口温度或者用于计算必要的冷却空气量
	(3) 环境条件
	1) 敷设在土壤中
	    地表温度（单位长度地表热阻）
	    —潮湿区域
	    —干燥区域
	2) 敷设在空气中空气温度
	(4) 外来加温
	1) 如果没有防止太阳照射的措施，应考虑到因太阳直接照射引起的升温
	2) 在地下敷设时因集中供热管道引起的温升
	    埋深，宽，高
	    绝缘的内直径，绝缘的外直径，绝缘的导热能力（单位 W/km），加热媒介的温度
	3) 在平行敷设或交叉线路中因其他电缆引起的加温
	    带有截面和额定电压参数的型号
	    负荷电流

对确定导线和屏蔽层截面的影响因素	
5. 短路时的负荷能力（热和机械负荷）	（1）借助电网计算值确定 　1）星形汇接点处理和临界短路电流值（单极、双极或三极） 　2）起始交流短路电流 　3）冲击短路电流 　4）持续短路电流 　5）短路持续时间 （2）借助断路容量确定 　1）星形汇接点处理和临界短路电流参数（单极、两极或三极的） 　2）断路容量 　3）短路持续时间
6. 电压降	（1）工作频率 　1）传输功率或者工作电流 　2）功率因数 $\cos\varphi$ 　3）电路长度 　4）电流种类：三相交流，单相交流或者直流 （2）规定的电压降 ΔU
7. 经济	（1）传输功率 （2）电路长度 （3）折旧期限 （4）年度利率 （5）折旧率 （6）用于满足维护和维修的折旧率附加费 （7）电价 （8）损耗小时数 （9）运行持续时间

（二）允许的工作温度

允许的工作温度是在无故障运行中导线的最高持续允许的温度。它被用来计算无故障运行中负荷能力。

应按照在无故障运行中给定的工作电流 I_b 负荷不超过负荷能力 I_z 的原则选择导线截面：

$$I_b \leqslant I_z$$

（三）温升

电缆的温升与结构、材料特性和运行条件有关。应考虑到在与其他电缆聚集时，因加热管道或阳光辐射引起的附加温升。

（四）无故障运行

作为无故障运行指在运行期间不超过允许工作温度的各种运行方式，如持续运行、短时运行、间歇运行、周期运行等。

（五）过电流

过电流是过负荷电流和短路电流。超过限定时间它会引发导线温度超过允许工作温度。因而电缆必须通过过电流保护装置针对有害温升进行保护。

（六）短路电流

短路电流的产生原因是：在无故障运行中带有不同电位的带电导线之间发生短路故障。允许的短路温度值适用于 5s 内的短路持续时间。在绝缘和补偿的电网中单极短路电流称为接地电流。接地使无故障导线电压负载增高，所以这时的温度超过允许工作温度是不允许的。

（七）故障状态

故障状态是一种电缆设备的负载电流高于无故障运行中允许的负荷能力的运行状态。

（八）运行方式

运行方式描述电流、负荷能力和负荷的时间曲线。

（九）持续运行

持续运行是一种以足够持续时间的、达到热稳定状态的时间上不受限制的恒定电流的运行。

二、按发热条件选择电力电缆截面

电流通过导体时发热使温度升高，温度升高使电缆的绝缘老化快，造成绝缘性能下降损坏或击穿，会使接头连接处氧化速度加剧，增大接触电阻使其进一步发热氧化造成事故。因此，电缆的发热温度不能超过允许规定值。不同条件的电缆正常运行时的允许最高温度见表7-9所示。不同的电缆每一种截面都对应一个最大允许负荷电流 I_{YX}，只要通过导体的电流 I_{js} 不超过允许电流 I_{YX}，导体的温度就不会超过正常的最高允许温度。

表 7-9　　　　　　　　　　导体在正常和短路时的最高允许温度

导体种类材料	最高允许温度（℃）		导体种类材料	最高允许温度（℃）	
	正常时	短路时		正常时	短路时
1. 母线			铝芯　1～3kV	80	200
铜	70	300	6kV	65	200
铜（接触面有锡覆盖层）	85	200	10kV	60	200
铝	70	200	3. 橡皮绝缘导线、电缆	65	150
钢（不与电器直接连接）	70	400	4. 聚氯乙烯绝缘导线、电缆	65	120
钢（与电器直接连接）	70	300	5. 交联聚乙烯绝缘电缆		
2. 油浸纸绝缘电缆			铜芯	80	230
铜芯　1～3kV	80	250	铝芯	80	200
6kV	65	250	6. 有中间接头的电缆（不包括聚氯乙烯电缆）		150
10kV	60	250			

按发热条件选择电缆截面，实际上就是按允许电流选择电缆的截面：

$$I_{js} \leqslant I_{YX} \tag{7-1}$$

由于电缆允许的电流值是按照设定的环境温度（空气中设定温度25℃，埋入地下按15℃）确定的，当实际电缆温度与设定环境温度不同时应对允许电流值按式（7-1）加以修正。

三、按短路热稳定选择

（一）短路电流的影响

短路对电缆的影响与短路电流的平方相关，短路导致：

（1）电流流过的结构成分如导线、屏蔽、金属护套、铠装，及其紧挨着的绝缘层和护套温度上升。

（2）由热延时作用产生的热机械力。

（3）电流流过的结构成分之间的电磁力。

允许的温度上升被限制在允许短路温度上，主要考虑抗老化性和热压力性能。另外，还要注意电流的热机械作用。

对于多芯电缆，大多只有热作用是（由断开电流和断开时间决定）关键性的，因为就电缆本身而言，多数情况都有足够的抗电磁（由短路冲击电流决定）强度。此外，单芯电缆则应针对这种电磁力可靠地固定。

配件同样可依据所预计的热学和力学的短路负荷进行选取。

（二）计算公式

按下式计算电缆热稳定截面并选用接近于该计算值的电缆：

$$S \approx \frac{\sqrt{Q_t}}{C} \times 10^3 \tag{7-2}$$

$$C = \frac{1}{\eta} \sqrt{\frac{4.2Q}{K\rho_{20}\alpha} \ln \frac{1 + \alpha(\theta_m - 20)}{1 + \alpha(\theta_p - 20)}} \times 10^{-2} \tag{7-3}$$

$$\theta_p = \theta_0 + (\theta_H - \theta_0)\left(\frac{I_g}{I_{xu}}\right)^2 \tag{7-4}$$

式中　S——电缆热稳定要求最小截面，mm^2；

　　　Q_t——短路热效应，$kA^2 \cdot s$，短路热稳定计算时间一般按主保护动作时间加断路器全分闸时间，短路点一般按首端短路计算，当电缆长超过 200m 时，按末端或接头处计算；

　　　C——热稳定系数，见表 7-10 所示；

　　　η——计入电缆芯线充填物热容随温度变化以及绝缘散热影响的校正系数，对于 3～6kV 厂用电回路，η 可取 0.93，对于 35kV 及以上电路回路 η 可取 1.0；

　　　Q——电缆缆芯单位体积的热容量，$cal/cm^3 \cdot ℃$，对铝芯取 0.59，对铜芯取 0.81；

　　　α——电缆芯线在 20℃ 时的电阻温度系数，见表 7-11 所示；

　　　K——20℃ 时电缆芯线的集肤效应系数，见表 7-12 所示；

　　　ρ_{20}——电缆芯线在 20℃ 时的电阻率，Ω/cm，见表 7-11 所示；

　　　θ_m——电缆芯在短路时的最高允许温度，℃，见表 7-13 所示；

　　　θ_p——35kV 及以下电缆芯在短路前的实际运行最高温度，℃；

　　　θ_0——电缆敷设地点的环境温度，℃；

　　　θ_H——电缆芯在额定负荷下最高允许温度，℃，见表 7-13 所示；

　　　I_g——电缆实际计算工作电流，A；

　　　I_{xu}——电缆长期允许工作电流，A。

表 7-10   热 稳 定 系 数 C 值 表

长期允许温度（℃） \ 短路允许温度（℃） \ 导体种类	铜 芯							铝 芯						
	230	220	160	150	140	130	120	230	220	160	150	140	130	120
90	129.0	125.3	95.8	89.3	62.2	74.5	64.5	83.6	81.2	62.0	57.9	53.2	48.2	41.7
80	134.6	131.2	103.2	97.1	90.6	83.4	75.2	87.2	85.0	66.9	62.9	58.7	54.0	48.7
75	137.5	133.6	106.7	100.8	94.7	87.2	80.1	89.1	86.6	69.1	65.3	61.4	56.8	51.9
70	140.0	136.5	110.2	104.6	98.8	92.0	84.5	90.7	88.5	71.5	67.8	64.0	59.6	54.7
65	142.4	139.2	113.8	108.2	102.5	96.2	89.1	92.3	90.3	73.7	70.1	66.56	62.3	57.5
60	145.3	141.8	117.0	111.8	106.1	100.1	93.4	94.2	91.9	75.9	72.5	68.8	65.0	60.4
50	150.3	147.3	123.7	118.7	113.7	108.0	101.5	97.3	95.5	80.1	77.0	73.6	70.0	65.7

表 7-11   常用材料的电阻率和电阻温度系数

材料名称	20℃时电阻率 ρ_{20} （$\times10^{-6}\Omega\cdot cm$）	电阻温度系数 α （$\times10^{-3}$/℃）	材料名称	20℃时电阻率 ρ_{20} （$\times10^{-6}\Omega\cdot cm$）	电阻温度系数 α （$\times10^{-3}$/℃）
铜	1.84	3.93	钢带铠装	13.80	4.50
铅	3.10	4.03	黄　铜	3.50	3.00
护层铅或铅合金	21.40	4.00	不锈钢	70.00	可以忽略

表 7-12   电缆芯的集肤效应系数 K

电 缆 结 构	电 缆 芯 额 定 截 面 （mm²）							
	150	185	240	300	400	500	625	800
三芯电缆	1.010	1.020	1.035	1.052	1.095			
单芯电缆或分相铅包电缆	1.006	1.008	1.0105	1.025	1.050	1.030	1.125	1.200

表 7-13   电缆芯在额定负荷及短路时的最高允许温度 θ 及热稳定系数 C 值

电缆种类和绝缘材料		最高允许温度 θ（℃）		热稳定系数 C
		额定负荷时	短路时	
普通油浸纸绝缘	3kV（铝芯）	80	200	87
	6kV（铝芯）	65	200	93
	10kV（铝芯）	60	200	95
	20～35kV（铜芯）	50	175	
交联聚乙烯绝缘	10kV 及以下（铝芯）	90	200	82
	20kV 及以上（铝芯）	80	200	86
聚氯乙烯绝缘		65	130	
聚乙烯绝缘		70	140	
自容式充油电缆	60～330kV（铜芯）	75	160	

注　有中间接头的电缆在短路时的最高允许温度：锡焊接头120℃，压接接头150℃，电焊或气焊接头与无接头相同。

四、根据允许电压损失选择电缆截面

电缆具有一定的电阻和电感，当负载电流在电缆中流过时必然会产生一定的电压降，使电缆首端与末端电压在大小和相位上都有所不同。如图 7-2（a）所示，设电缆首端电压为 $\dot{U}_1$，末端电压为 $\dot{U}_2$，负载电流为 $\dot{I}$，功率因数为 $\cos\varphi$，R 和 X 为电缆的电阻和电抗，电压相量图如图 7-2（b）所示。定义电压相量差 $\Delta\dot{U}=\dot{U}_1-\dot{U}_2$ 为线路首末端的电压降。定义电压的代数差 $\Delta U=U_1-U$ 为线路的电压损失。对于用电设备，主要保证电压有效值不超过一定范围，因此主要要计算电压损失。根据图 7-2 所示的相量图可推导出电缆线路电压损失百分数的计算公式为：

$$\Delta U_{线}(\%) = \frac{\sqrt{3}\,I}{U_{线}}(R\cos\varphi + X\sin\varphi) \times 100\% \tag{7-5}$$

式中　$U_{线}$——线电压额定值，kV；

　　　I——线电流有效值，A。

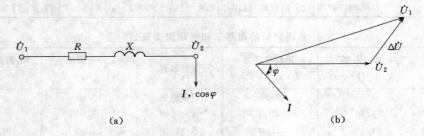

图 7-2　电缆的电压降
(a) 电缆的等值回路；(b) 相量图

　　一般情况下，选择电缆截面都是先按允许载流量选择。对 3kV 及以上电缆校验短路电流作用下的热稳定，如果不满足热稳定性的要求，则必须按热稳定要求选择。对于 380V 低压电缆，如果供电距离比较远，就必须验算电压损失百分数，如果超过规定，则须按电压损失百分数的要求选择电缆的截面。

五、按电压损失校验

对供电距离较远、容量较大的电缆线路或电缆—架空混合线路，应校验其电压损失。

各种用电设备允许电压降如下：

高压电动机 $\leqslant 5\%$；

低压电动机 $\leqslant 5\%$（一般），$\leqslant 10\%$（个别特别远的电动机）；

电焊机回路 $\leqslant 10\%$；

起重机回路 $\leqslant 15\%$（交流），$\leqslant 20\%$（直流）；

照明回路 $2.5\% \sim 6\%$。

（一）计算公式

三相交流：

$$\Delta U\% = \frac{173}{U}I_{\mathrm{g}}L(R\cos\varphi + x\sin\varphi) \tag{7-6}$$

单相交流：

$$\Delta U\% = \frac{200}{U}I_{\mathrm{g}}L(R\cos\varphi + x\sin\varphi) \tag{7-7}$$

直流线路：

$$\Delta U\% = \frac{200}{U}ILR \qquad (7\text{-}8)$$

式中　U——线路工作电压，三相为线电压，单相为相电压，V；

　　　I_g——计算工作电流，A；

　　　L——线路长度，km；

　　　R——电阻，Ω/km；

　　　x——电缆单位长度的电抗，Ω/km；

　　$\cos\varphi$——功率因数。

（二）计算表格

三相线路可直接根据导线截面及负荷功率因数查表得出每 kW/km（或 MW/km）电压损失百分数，再按下式求总的电压损失：

$$\Delta U\% = \Delta U\% PL \qquad (7\text{-}9)$$

式中　$\Delta U\%$——每 kW/km 或 MW/km 电压损失的百分数，%，分别见表7-14～表7-16
　　　　　　所示；

　　　P——线路负荷，kW 或 MW；

　　　L——线路长度，km。

表 7-14　　　　　　　　　　　0.38kV 三相铝芯电缆线路电压损失表

电缆截面 （mm²）	当 $\cos\varphi$ 等于下列数值时每 kW/km 电压损失（%）					
	0.2	0.7	0.75	0.8	0.85	0.9
16	1.71	1.55	1.54	1.585	1.58	1.52
25	1.19	1.01	1.002	0.996	0.99	0.985
35	0.9	0.733	0.726	0.720	0.714	0.708
50	0.77	0.596	0.590	0.581	0.579	0.572
70	0.56	0.390	0.384	0.378	0.372	0.366
95	0.47	0.300	0.293	0.287	0.282	0.275
120	0.42	0.247	0.241	0.234	0.228	0.222
150	0.38	0.207	0.201	0.194	0.189	0.182
185	0.35	0.177	0.170	0.164	0.158	0.152

注　表中缆芯电阻按缆芯温度为50℃计算。

表 7-15　　　　　　　　　　　6、10kV 三相铝芯电缆线路电压损失

线路电压 （kV）	芯数×截面 （mm²）	当 $\cos\varphi$ 等于下列数值时每 MW/km 的电压损失（%）		
		0.7	0.8	0.9
6	3×16	6.25	6.20	6.14
	3×25	4.09	4.03	3.97
	3×35	2.98	2.92	2.86
	3×50	2.44	2.37	2.31
	3×70	1.61	1.55	1.48
	3×95	1.24	1.18	1.12
	3×120	1.03	0.97	0.91
	3×150	0.87	0.81	0.75
	3×185	0.75	0.69	0.63
	3×240	0.63	0.57	0.51

线路电压 （kV）	芯数×截面 （mm²）	当cos*φ*等于下列数值时每 MW/km 的电压损失（%）		
		0.7	0.8	0.9
10	3×16	2.25	2.23	2.21
	3×25	1.47	1.45	1.43
	3×35	1.07	1.05	1.03
	3×50	0.88	0.85	0.83
	3×70	0.58	0.56	0.53
	3×95	0.45	0.43	0.40
	3×120	0.37	0.35	0.33
	3×150	0.31	0.29	0.27
	3×185	0.27	0.25	0.23
	3×240	0.23	0.20	0.18

注 表下注与表 7-14 相同。

表 7-16　　　　　　　　　　　**6、10、35kV 三相架空线路铝导线电压损失**

额定电压 （kV）	导线型号	当cos*φ*等于下列数值时每 MW/km 电压损失（%）			
		0.95	0.9	0.85	0.8
6	LJ—16	5.85	6.01	6.16	6.29
	LJ—25	3.90	4.07	4.21	4.35
	LJ—35	2.90	3.07	3.21	3.35
	LJ—50	2.13	2.29	2.43	2.57
	LJ—70	1.63	1.79	1.93	2.07
	LJ—95	1.29	1.46	1.60	1.74
	LJ—120	1.10	1.26	1.41	1.54
	LJ—150	0.93	1.10	1.24	1.38
	LJ—185	0.82	0.98	1.13	1.26
10	LJ—16	2.105	2.164	2.216	2.265
	LJ—25	1.405	1.464	1.516	1.565
	LJ—35	1.045	1.104	1.156	1.205
	LJ—50	0.765	0.824	0.876	0.925
	LJ—70	0.585	0.644	0.696	0.745
	LJ—95	0.465	0.524	0.576	0.625
	LJ—120	0.395	0.454	0.506	0.555
	LJ—150	0.335	0.394	0.446	0.495
	LJ—185	0.295	0.354	0.406	0.455
35	LGJ—35	0.080	0.085	0.090	0.094
	LGJ—50	0.064	0.069	0.073	0.078
	LGJ—70	0.048	0.053	0.058	0.062
	LGJ—95	0.038	0.043	0.047	0.051
	LGJ—120	0.033	0.038	0.042	0.047
	LGJ—150	0.028	0.033	0.037	0.042
	LGJ—185	0.025	0.030	0.034	0.038

　　当电力网络中无调压设备而电缆截面较小、线路较长时，应按允许电压降来校核电缆截面，其容许电压降要求可参考表 7-17 的规定。

表 7-17　　　　　　　　　　　　电缆导线截面容许电压降规定

回 路 名 称	电 压 ΔU（%）	适 用 范 围
发电机、变压器回路	—	不要求验算
供电支线、干线	按电力系统规定	高压一般不必验算
高、低压电动机回路	≤5	
室内工作照明路线	≤2.5	供电线路距离较长时应验算，重要供电线路、电压质量要求高的回路应验算
电焊机回路	≤10	
起重机回路	≤12～15	
室外工作照明路线	≤4	

六、根据经济电流密度来校核电缆截面

以长期允许载流量选择电缆截面，只考虑了电缆的长期允许温度；短路电流热稳定的校核，保证了电缆及导体通过安全电流。但是，功率损耗与电流的平方成正比，为避免不必要的功率消耗，有时要从经济电流密度的要求（如表 7-18 所示）来校核电缆截面。

当最大负荷利用小时大于 5000h 且线路长度超过 20m 时，应按经济电流密度选择电缆截面：

$$S = \frac{I_g}{j} \tag{7-10}$$

式中　I_g——计算工作电流，A；

　　　j——经济电流密度，A/mm²。

表 7-18　　　　　　　　　　电缆导体的经济电流密度（A/mm²）

导 体 材 料	年最大负荷利用时间（h）		
	＜3000	3000～5000	＞5000
铜　芯	2.5	2.25	2.0
铝　芯	1.92	1.73	1.54

七、借助参数表确定电流电缆导线截面

带有约定运行条件并对其他运行条件也加以说明进行电缆设计。可根据列有负荷能力（标定电流 I_r）值的表 7-19～表 7-22，以约定的运行条件作为基础进行选择。

在管中敷设电缆，还要考虑电缆与管内壁之间绝热空气的影响。如详细计算，太过费事，建议用负荷能力的缩减因数 0.85。

（一）地下敷设情况下的运行条件

约定的运行条件确定测定电流 I_r：

（1）运行方式。对应有关地下敷设表的最大负荷和负荷程度 0.7。

（2）敷设条件。敷设深度 0.7m。

（3）布线。一根多芯电缆；直流系统中一根单芯电缆；三相电流系统中三根单芯电缆，并列间距 7cm；三相电流系统中三根单芯电缆，绞合的。

在砂层或土层中埋置，并有砖盖、混凝土盖板或者平的以至微弯的薄塑料盖板覆盖。

（4）环境条件：

1）敷设深度的土壤温度 20℃。

2）潮湿范围的土壤单位热阻 1km/W。

3）干燥范围的土壤单位热阻 2.5km/W。

4）对外界加热（如供热管道）的防护。

5）金属外壳或屏蔽双侧接地和接线。

表 7-19　　　　　　电缆在土壤中敷设时的负荷能力　$(U_0/U=0.6/1kV)$

绝 缘 材 料	PVC（允许工作温度70℃）					VPE（允许工作温度90℃）				
布线情况	1)⊙	2)⊙	⊚	2)⊙	⊗	1)⊙	2)⊙	⊚	2)⊙	⊗
铜导线额定截面积（mm²）	负荷能力（A）									
1.5	41	27	30	27	31	28	48	31	33	31	33
2.5	55	36	39	36	40	37	63	40	42	40	43
4	71	47	50	47	51	48	82	52	54	52	55
6	90	59	62	59	63	60	102	64	67	65	68
10	124	79	83	79	84	80	136	86	89	87	91
16	160	102	107	102	108	103	176	112	115	113	117
25	208	133	138	133	139	134	229	145	148	146	150
35	250	159	164	160	166	162	275	174	177	176	179
50	296	188	195	190	196	192	326	206	209	208	211
70	365	232	238	234	238	235	400	254	256	256	257
95	438	280	286	280	281	283	480	305	307	307	304
120	501	318	325	318	315	323	548	348	349	349	341
150	563	359	365	357	347	363	616	392	393	391	377
185	639	406	413	402	385	412	698	444	445	442	418
240	746	473	479	463	432	478	815	517	517	509	469
300	848	535	541	518	473	542	927	585	583	569	514
400	975	613	614	579	521	615	1064	671	663	637	565
500	1125	687	693	624	574	—	1227	758	749	691	623
630	1304	—	777	—	636	—	1421	—	843	—	690
800	1507	—	859	—	—	—	1638	—	935	—	—
1000	1715	—	936	—	—	—	1869	—	1023	—	—
铝导线额定截面积（mm²）	负荷能力（A）									
25	160	102	106	103	108	—	177	112	114	113	116
35	193	123	127	123	129	—	212	135	136	136	138
50	230	144	151	145	153	—	252	158	162	159	164
70	283	179	185	180	187	—	310	196	199	197	201
95	340	215	222	216	223	—	372	234	238	236	240
120	389	245	253	246	252	—	425	268	272	269	272
150	436	275	284	276	280	—	476	300	305	302	303
185	496	313	322	313	314	—	541	342	347	342	340
240	578	364	375	362	358	—	631	398	104	397	387
300	656	419	425	415	397	—	716	457	457	454	430
400	756	484	487	474	441	—	825	529	525	520	479
500	873	553	558	528	489	—	952	609	601	584	531
630	1011	—	635	—	539	—	1102	—	687	—	587
800	1166	—	716	—	—	—	1267	—	776	—	—
1000	1332	—	796	—	—	—	1448	—	865	—	—

注　1. 有远距离回路线的直流设备中。

　　2. 处于三相电流运行状态。

212

表 7-20　　　　　　　　　　　　　　　　　电缆在土壤中敷设时的负荷能力

额定电压 U_0/U	3.6/6kV				12/20kV		18/30kV	
绝缘材料	PVC	VPE[①]						
允许的工作温度	70℃	90℃						
电缆布置	⊙	⊙	⊕⊕⊕	⊙⊙⊙	⊕⊕⊕	⊙⊙⊙	⊕⊕⊕	⊙⊙⊙
铜导线额定截面积（mm²）	负荷能力（A）							
25	127	151	157	179	—	—	—	—
35	156	181	187	212	189	213	—	—
50	186	213	220	249	222	250	225	251
70	229	261	268	302	271	303	274	304
95	274	312	320	359	323	360	327	362
120	311	355	363	405	367	407	371	409
150	350	399	405	442	409	445	414	449
185	395	451	456	493	461	498	466	502
240	458	523	523	563	532	568	539	574
300	514	590	591	626	599	633	606	640
400	582	—	662	675	671	685	680	695
500	—	—	744	748	754	760	765	773
铝导线额定截面积（mm²）	负荷能力（A）							
25	98	—	—	—	—	—	—	—
35	118	140	145	165	—	—	—	—
50	143	165	171	194	172	195	174	195
70	176	203	208	236	210	237	213	238
95	211	242	248	281	251	282	254	283
120	240	276	283	318	285	319	289	321
150	269	309	315	350	319	352	322	354
185	305	351	357	394	361	396	364	399
240	354	408	413	452	417	455	422	458
300	406	463	466	506	471	51	476	514
400	465	—	529	558	535	564	541	570
500	—	—	602	627	609	634	616	642

① 也适用于 PVC 护套（Y）电缆和纵向水密封（F）且横向水密封（FL）的单芯电缆，约定的运行条件和对其他运行条件的说明见本节前上面介绍。

（二）架空敷设电缆的运行条件

按约定的运行条件确定测定电流 I_r：

（1）运行方式。按照架空敷设的表，持续运行。

（2）敷设条件。

布线：

1）一根多芯电缆。

2）直流系统中一根单芯电缆。

3）三相电流系统中三根单芯电缆。

4）间距等于电缆直径的并列布线。

5）三相电流系统中三根单芯电缆，绞合的。

空气中自由敷设，即在下列情况下保证无障碍热释放：电缆与墙、地面盖板的距离≥2cm，平面并列电缆间距起码为 2 倍电缆直径，上下置放电缆的垂直间距起码为 2 倍电缆直径，电缆支架起码 30cm。

(3) 环境条件：

1) 空气温度 30℃。

2) 足够大的或通风的空间，在其中电缆损耗功率不使环境温度升高。

3) 对阳光或其他直接热辐射的防护。

4) 金属外壳或屏蔽双侧连接和接地。

表 7-21 　　　　　　　　　　电缆架空敷设的负荷能力 $(U_0/U=0.6/1\text{kV})$

绝缘材料	PVC（允许工作温度70℃）						VPE（允许工作温度90℃）				
布线情况	1) ⊙	2) ⊛⊛	⊛	2) ⊛⊛	⊛	2) ⊛⊛	1) ⊙	2) ⊛⊛	⊛	2) ⊛⊛	⊛
铜导线额定截面积（mm²）	负荷能力（A）										
1.5	27	19.5	21	19.5	22	20	33	24	26	25	27
2.5	35	25	28	26	29	27	43	32	34	33	36
4	47	34	37	34	39	36	57	42	44	43	47
6	59	53	47	44	49	45	72	53	56	54	59
10	81	59	64	60	67	62	99	74	77	75	81
16	107	79	84	80	89	81	131	98	102	100	109
25	144	106	114	108	119	110	177	133	138	136	146
35	176	129	139	132	146	134	217	162	170	165	179
50	214	157	169	160	177	163	265	197	207	201	218
70	270	199	213	202	221	205	336	250	263	255	275
95	334	246	264	249	270	253	415	308	325	314	336
120	389	285	307	289	310	294	485	359	380	364	388
150	446	326	352	329	350	334	557	412	437	416	438
185	516	374	406	377	399	389	646	475	507	480	501
240	618	445	483	443	462	457	774	564	604	565	580
300	717	511	557	504	519	529	901	649	697	643	654
400	843	597	646	577	583	610	1060	761	811	737	733
500	994	669	747	626	657	—	1252	866	940	807	825
630	1180	—	858	—	744	—	1486	—	1083	—	934
800	1396	—	971	—	—	—	1751	—	1228	—	—
1000	1620	—	1078	—	—	—	2039	—	1368	—	—
铝导线额定截面积（mm²）	负荷能力（A）										
25	110	82	87	83	91	—	136	102	106	104	112
35	135	100	107	101	112	—	166	126	130	128	137
50	166	119	131	121	137	—	205	149	161	152	169
70	210	152	166	155	173	—	260	191	204	194	214
95	259	186	205	189	212	—	321	234	252	239	263
120	302	216	239	220	247	—	376	273	295	278	308
150	345	246	273	249	280	—	431	311	339	316	349
185	401	285	317	287	321	—	501	360	395	365	401
240	479	338	378	339	374	—	600	427	472	430	469
300	555	400	437	401	426	—	696	507	547	506	535
400	653	472	513	468	488	—	821	600	643	575	615
500	772	539	600	524	556	—	971	695	754	982	700
630	915	—	701	—	628	—	1151	—	882	—	790
800	1080	—	809	—	—	—	1355	—	1019	—	—
1000	1258	—	916	—	—	—	1580	—	1157	—	—

注　1. 有远距离回流线的直流设备中。

　　2. 处于三相电流运行状态，约定的运行条件和对其他运行条件的说明见前面介绍。

214

表 7-22 架空敷设的负荷能力

额定电压 U_0/U	3.6/6kV				12/20kV		18/30kV	
绝缘材料	PVC	VPE①						
允许的工作温度	70℃	90℃						
电缆布置	⊙⊙⊙	⊙⊙⊙	⊛	⊙⊙⊙	⊛	⊙⊙⊙	⊛	⊙⊙⊙
铜导线额定截面积（mm²）	负荷能力（A）							
25	106	147	163	194	—	—	—	—
35	130	178	197	235	200	235	—	—
50	156	213	236	282	239	282	241	282
70	196	265	294	350	294	351	299	350
95	238	322	358	426	361	426	363	425
120	274	374	413	491	416	491	418	488
150	313	420	468	549	470	549	472	548
185	358	481	535	625	538	625	539	624
240	423	566	631	731	634	731	635	728
300	482	648	722	831	724	830	725	828
400	556	—	827	920	829	923	831	922
500	—		949	1043	953	1045	953	1045
铝导线额定截面积（mm²）	负荷能力（A）							
25	82	—	—	—	—	—	—	—
35	99	138	153	182	—	—	—	—
50	119	165	183	219	185	219	187	219
70	150	206	228	273	231	273	232	273
95	182	249	278	333	280	332	282	331
120	210	288	321	384	323	384	325	382
150	238	326	364	432	366	432	367	429
185	273	375	418	496	420	494	421	492
240	323	442	494	583	496	581	496	578
300	380	507	568	666	569	663	568	659
400	443	—	660	755	660	763	650	750
500	—		767	868	766	866	764	861

① 也适用于 PVC 护套（Y）电缆和纵向水密封（F）且横向水密封（FL）的单芯电缆，约定的运行条件和对其他运行条件的说明见上面介绍。

八、按持续允许电流计算电缆截面

电缆截面应满足持续允许电流、短路热稳定、允许电压降等要求，当最大负荷利用小时 $T_m > 5000h$ 且长度超过 20m 时，还应按经济电流密度选取。

动力回路铝芯电缆截面不宜小于 $4mm^2$。

（一）计算公式

敷设在空气中和土壤中的电缆允许载流量按下式计算：

$$KI_{xu} \geqslant I_g \tag{7-11}$$

式中 I_g——计算工作电流，A；

$\quad I_{xu}$——电缆在标准敷设条件下的额定载流量，A；

$\quad K$——不同敷设条件下的综合校正系数，空气中单根敷设 $K = K_t$，空气中多根敷设 $K = K_t K_1$，空气中穿管敷设 $K = K_t K_2$，土壤中单根敷设 $K = K_t K_3$，土壤中多根敷设 $K = K_t K_3 K_4$；

K_t——环境温度不同于标准敷设温度（25℃）时的校正系数，见表 7-23 所示；

K_1——空气中并列敷设电缆的校正系数，见表 7-24 所示；

K_2——空气中穿管敷设时的校正系数，电压为 10kV 及以下、截面为 95mm² 及以下取 0.9，截面为 120～185mm² 取 0.85；

K_3——直埋敷设电缆因土壤热阻不同的校正系数，见表 7-25 所示；

K_4——多根并列直埋敷设时的校正系数，见表 7-26 所示；

$K_t K_1$——多根电缆并列敷设在空气中综合校正系数，见表 7-27 所示。

表 7-23　　　　　　　　环境温度变化时载流量的校正系数 K_t

导线工作温度 （℃）	不同环境温度下的载流量校正系数								
	5℃	10℃	15℃	20℃	25℃	30℃	35℃	40℃	45℃
80	1.17	1.13	1.09	1.04	1.0	0.954	0.905	0.853	0.798
65	1.22	1.17	1.12	1.06	1.0	0.935	0.865	0.791	0.707
60	1.25	1.20	1.13	1.07	1.0	0.926	0.845	0.756	0.655
50	1.34	1.26	1.18	1.09	1.0	0.895	0.775	0.663	0.447

注　不同环境温度下载流量的校正系数可按下式计算：

$$\frac{I_1}{I_2} = \left(\frac{\Delta \theta_1}{\Delta \theta_2} \right)^{\frac{1}{2}}$$

式中　I_1、I_2——对应于 $\Delta \theta_1$、$\Delta \theta_2$（℃）时的载流量，二者的比值即为温度校正系数；

　　　$\Delta \theta_1$——载流量表中规定的最大允许温升（导线温度与基准环境温度之差）；

　　　$\Delta \theta_2$——由于环境温度变化后的导线最大允许温升。

表 7-24　　　　　　　　电缆在空气中多根并列敷设时载流量的校正系数 K_1

线缆根数		1	2	3	4	6	4	6
排列方式		○		○○○	○○○○	○○○○○○	○ ○ ○ ○	○○○ ○○○
电缆中心距离	$S=d$	1.0	0.9	0.85	0.82	0.80	0.8	0.75
	$S=2d$	1.0	1.0	0.98	0.95	0.90	0.9	0.90
	$S=3d$	1.0	1.0	1.0	0.98	0.96	1.0	0.96

注　本表系产品外径相同时的载流量校正系数，d 为电缆的外径。当电线电缆径径不同时，d 值建议取各产品外径的平均值。

表 7-25　　　　　　　　不同土壤热阻系数时载流量的校正系数 K_3

导线截面 （mm²）	不同土壤热阻系数时载流量的校正系数				
	$\rho_T=60℃ \cdot cm/W$ （3.33m · K/W）	$\rho_T=80℃ \cdot cm/W$ （3.53m · K/W）	$\rho_T=120℃ \cdot cm/W$ （3.93m · K/W）	$\rho_T=160℃ \cdot cm/W$ （4.33m · K/W）	$\rho_T=200℃ \cdot cm/W$ （4.73m · K/W）
2.5～16	1.06	1.0	0.9	0.83	0.77
25～95	1.08	1.0	0.88	0.80	0.73
120～240	1.09	1.0	0.86	0.78	0.71

注　土壤热阻系数的选取：潮湿地区取 60～80，指沿海、湖、河畔地带雨量多地区，如华东、华南地区等；普通土壤取 120；如平原地区东北、华北等。干燥土壤取 160～220；如高原地区雨量少山区、丘陵、干燥地带。

表 7-26　电线电缆在土壤中多根并列埋设时载流量的校正系数 K_4

线缆间净距 (mm)	不同敷设根数时的载流量校正系数				
	1 根	2 根	3 根	4 根	6 根
100	1.00	0.88	0.84	0.80	0.75
200	1.00	0.90	0.86	0.83	0.80
300	1.00	0.92	0.89	0.87	0.85

注　敷设时电线电缆相互间净距应不小于100mm。

表 7-27　多根电缆并列敷设在空气中综合校正系数 $K = K_t K_1$

电缆并列根数	电缆间距 S	环境温度	35℃				40℃			
		缆芯温度	60℃	65℃	80℃	90℃	60℃	65℃	80℃	90℃
		K_1 \ K_t	0.845	0.865	0.905	0.92	0.756	0.791	0.853	0.877
4	$S=d$	0.82	0.693	0.709	0.742	0.754	0.62	0.648	0.699	0.719
4	$S=2d$	0.95	0.802	0.822	0.86	0.874	0.718	0.751	0.81	0.833
6	$S=d$	0.8	0.676	0.692	0.724	0.736	0.605	0.633	0.682	0.702
6	$S=2d$	0.9	0.86	0.778	0.814	0.828	0.68	0.712	0.767	0.789
2×3	$S=d$	0.75	0.633	0.649	0.679	0.69	0.567	0.59	0.64	0.658

注　d——电缆外径。

（二）常用电缆载流量查表

常用铝芯电缆敷设在环境温度为 35℃ 和 40℃ 时，电缆流量分别见第二章至第六章的介绍。

第四节　电缆结构的选择

一、电缆的使用环境

电缆的使用环境主要由金属套和外护套的性能决定。

（一）铅套和铝套电缆除适用于一般场所外特别适用的场合

（1）铅套电缆。腐蚀较严重但无硝酸、醋酸、有机质（如泥煤）及强碱性腐蚀质，且受机械力（拉力、压力、振动等）不大的场所。

（2）铝套电缆。腐蚀不严重和要求承受一定机械力的场所（如直接与变压器连接、敷设在桥梁上、桥墩附近和竖井中等）。

（3）不锈钢套电缆。腐蚀较严重或要求承受机械力的能力比铝套更强的场所。

（二）外护套适用的场所

（1）02型（PVC—S1 和 PVC—S2 型聚氯乙烯）外护套主要适用于有一般防火要求和对外护套有一定绝缘要求的电缆线路。

（2）03型（PE—S7型聚乙烯）外护套主要适用于对外护套绝缘要求较高直埋敷的电缆线路。

二、金属屏蔽层截面的选择

（1）对于无金属套的挤包绝缘的金属屏蔽层，当导体截面为240mm²及以下时可选用铜带屏蔽，但当导体截面大于240mm²时宜选用铜丝屏蔽。金属屏蔽的截面应满足在单相接地故障或不同地点两相同时发生故障时短路容量的要求。

（2）对于有径向防水要求的电缆应采用铅套，皱纹铝套或皱纹不锈钢套作为径向防水层。其截面应满足单相或三相短路故障时短路容量的要求。如所选电缆的金属套不能满足要求时，应要求制造厂采取增加金属套厚度或在金属套下增加疏绕铜丝的措施。

三、交联电缆径向防水层的选择

对于35kV及以下交联聚乙烯电缆一般不要求有径向防水层。但110kV及以上的交联电缆应具有径向防水层。敷设在干燥场合时可选用综合防水层作为径向防水层；敷设在潮湿场合、地下或水底时应选用金属径向防水层。

四、外护套材料的选择

在一般情况下可按正常运行时导体最高工作温度选择外护套材料，当导体最高工作温度为80℃时可选用PVC—SI（ST1）型聚氯乙烯外护套。导体最高工作温度为90℃，应选用PVC—S2（ST2）聚氯乙烯或PE—S7（ST7）聚氯乙烯外护套。在特殊环境下如有需要可选用对人体和环境无害的防白蚁、鼠啮和真菌侵蚀的特种外护套。电缆敷设在有火灾危险场所时应选用防火阻燃外护套。

电力电缆的护层应按敷设环境、是否承受拉力和机械外力作用来选择。选择时一般要考虑以下几点：

（1）架空敷设或沿建筑物敷设时易遭受机械损伤，所以一般不选用裸铅包电缆。

（2）架空敷设和有爆炸危险的场所应选用裸钢带铠装电缆。

（3）在厂房内敷设，宜选用不带麻被层的电缆。

（4）在电缆沟和电缆隧道内敷设，宜选用裸钢带铠装电缆。对于充砂电缆沟，可选用带麻被层或塑料护层的电缆。

（5）直接埋设可选用有麻被层的钢带铠装电缆。在含有腐蚀性土壤的地区，应选用塑料外护层的电缆。

（6）室外架设宜选用不延燃护层且耐腐蚀的电缆。

（7）大跨度跨越栈桥或排水沟道的电缆宜选用钢丝铠装电缆。

（8）垂直敷设并有较大落差处宜选用不滴流电缆。

（9）移动机械设备所用电缆应选用重型橡套电缆。

（10）具有腐蚀性介质的场所应选用聚氯乙烯外护套电缆。

（11）塑料电缆性能良好，价格低廉，但它在低温时变硬发脆，日光照射使增塑剂容易挥发而使绝缘加速老化，因此不宜在室外敷设。

每种电缆均有多种外护层结构的品种，其选择主要取决于不同敷设场合、不同敷设方式下的环境条件，如表7-28所示为电缆外护层的类型及其适用场合，以供参考。

表 7-28　　　　　　　　　　　　　　　电缆外护层的类型及其适用场合

外护层类型		电缆敷设方式									电缆对外部条件适应性
外护层型号	外护层名称	架空	室内	隧道	电缆沟	管道	直埋土壤	直埋砾石	竖井	水中	
无	(裸铅包、裸铝包)		○	△	△	△					无外力作用，对铅包或铝包具有中性环境
02	聚氯乙烯套	○	○	○	○	○	□		□		无外力作用，一般气候均可
03	聚乙烯套	△	○		○	○	□		□		无外力作用，一般气候均可，透潮性稍优
20	裸钢带铠装			○	○	○					能承受小的径向机械力，不能承受拉力，要求具有中性环境
(21)	钢带铠装纤维外被						△	△			
22	钢带铠装聚氯乙烯套		○	○	○		○	○			能承受小的径向机械力，不能承受拉力，可用于严重腐蚀环境
23	钢带铠装聚乙烯套	○		○	○		○	○			
30	裸细圆钢丝铠装										能承受相当拉力，小的径向外力，要求具有中性环境
32	细圆钢丝铠装聚氯乙烯套						△	△	○	○	同 30，但可用于严重腐蚀环境
33	细圆钢丝铠装聚乙烯套						△	△	○	○	
(40)	裸粗圆钢丝铠装									○	能承受大的拉力，小的径向外力，要求非严重腐蚀环境
41	粗圆钢丝铠装纤维外被									○	

注　1. ○——适用；△——可以采用；□——只适用铝护套电缆；

　　2. 外护层类型中还有 31、42、43，工矿企业很少采用，省略，圆括号内表示"不推荐采用"。

五、按其他条件选用

（一）对电力电缆机械强度要求

（1）电力电缆的机械强度要求与架空线路导线机械强度相同。

（2）动力回路铝芯电缆截面不应小于 $4mm^2$。

（二）电缆线芯数量选择

配电系统的典型特征是：

（1）系统的有效导线的种类和数量：

1）相导线（例如 L1，L2，L3）。

2）中性导线（N）。

（2）系统接地连接线的种类：

1）中性导线（N）。

2）保护导线（PE）。

3）保护和中性复合导线（PEN）。

两项特征对于单芯电缆决定必要的电缆数量，对于多芯电缆则决定一根电缆的必要芯数。

因为在无故障运行中中性导线能带电压，所以它是有效导线。

通常的配电系统为：交流系统：单相 2 根；三相 3 根；直流系统：2 根导线；3 根导线系统。

同时敷设接地连接线主要在 1kV 以下低压设施中。所以，对于 1kV 以下三相 3 根导线系统应注意 TN、TT 和 IT 系统。这对于每个三相系统中一根电缆中导线数量和使用单芯电缆时电缆的数量是关键性的。

在按照额定截面在 25mm² 以上的 4 芯电缆中在用于三相 3 线系统时，保护线 (PE)、中性线 (N) 或者保护和中性复合线 (PEN) 允许其截面小于相导线截面。但是为了保证满足规定的条件 (按照接地线 TT、TN—S、TN—C 类型的系统)，第 4 根导线的截面应与相导线相同。另一方案是，可以选用带同心导线的 3 芯电缆。

在类型缩写符号尾部标有字母 "J"，导线截面在 16mm² 以下的 5 芯电缆分别设有保护线 (PE) 和中性线 (N) 的三相 3 线系统 (TN—S 系统)。这种系统主要用于建筑物内电气安装。如果要求有比 16mm² 更大的截面，那么应使用带同心导线 (作为保护线 (PE)) 的 4 芯电缆。

六、电缆终端的选择

电缆终端的设计取决于所要求的工频和冲击耐受电压值 (可能与电缆所要求的值不同)、大气污染程度和电缆终端所处位置的海拔高度。

(1) 工频和冲击耐受电压水平。终端的工频和冲击耐受电压水平应在考虑绝缘水平、大气污染、海拔高度后确定。

(2) 大气污染。由大气污染程度确定电缆终端所用套管的型式和最小爬距。

(3) 海拔高度。高海拔处的空气密度比海平面处的低，因此降低了空气的介电强度，从而适合于海平面处的空气净距在较高海拔处有可能会不够。电缆终端的击穿强度和内绝缘与油界面间的闪络放电值则不受海拔高度的影响。在标准大气条件下能符合冲击耐受电压试验要求的终端均可在不高于 1000m 的任何海拔高度使用。为了确保在更高海拔处符合使用要求，应适当增加在正常条件下规定的空气净距。

(4) 终端型式和性能要求。对于额定电压 26/35kV 及以下交联电缆终端推荐选用热收缩式和预制件装配式，可在技术经济比较后选用。为了选择全性能符合使用要求的电缆终端，这两种终端的性能除了应符合 GB11033 规定外，还必须分别符合各自的产品标准 JB7829 和 JB/T 85031 的规定。

对于 64/110kV 及以上的电缆终端，其性能可参见 IEC 60840，并根据具体情况加以选定。

第五节　控制电缆的选用

控制电缆和绝缘电线的选用一般应综合考虑以下几个方面：

(1) 护层要能防止在敷设和运行过程中受到损坏，如：机械外力、化学作用、锈蚀、热影响以及蜂、蚁、鼠害等，要根据具体敷设条件进行考虑。

(2) 当有抗干扰要求时，应选用相适应的屏蔽层。

(3) 随同高压电缆敷设的导引电缆 (导引电缆亦是一种控制电缆，用于传送高压电缆线路两端的保护、控制、联络等信号；如有条件，亦可采用特高频、光纤通道或租用电话局的电话电缆线芯，光纤通道可设在高压电缆结构中)，感应有较高的电压，其绝缘应能承受该值。与高压电缆邻近的信号、控制电缆应有接地良好的内钢带铠装层，以免感应电压过高而造成事故。

(4) 线芯截面要能满足机械强度、允许电压降和仪表精度的要求，在二次回路中一般不考虑其耐热性能问题。

(5) 连接有剧烈震动的电气设备或设备上的可动部位 (如门上电器、控制台板等) 时，应采用多股软绝缘导线。

（6）在满足各项技术要求的前提下，应计及造价，以降低成本。

一、控制电缆芯线数选择

我国《电力工业标准汇编电气卷（五）》中规定，在单台变压器容量为4000kVA及以上的变电所中，应采用铜芯控制电缆，按机械强度要求连接于强电端子排的铜芯电缆和绝缘导线的截面应大于$1.5mm^2$。

控制电缆应选用多芯电缆，尽量减少根数，当铜芯截面为$1.2\sim2.5mm^2$时，电缆芯数不宜超过24芯；当芯线截面为$4\sim6mm^2$，芯数不宜超过10芯。控制电缆应适当留有备用芯线，并结合电缆的芯线截面、长度及敷设条件等因素来考虑。

（1）电流互感器二次电缆及芯线在7芯及以下的控制电缆不留备用芯线。

（2）芯线截面在$4mm^2$及以上的电缆不留备用芯线。

（3）敷设条件较好的场所例如控制室内部、机房屏间可考虑不留备用芯线或少留备用芯线。

（4）备用芯数一般不应多于相邻电缆额定芯数间之差，例如满10芯的电缆其备用芯不应多于4芯，即选用额定芯数为14芯的控制电缆。

在设计端子排时应避免一根电缆同时接至屏上两侧的端子排，当芯数在5芯及以上时，应采用单独的电缆；4芯及以下时两侧间采用绝缘导线转接。在同一安装单位内截面相同的交、直流回路必要时可合用一根电缆，但在一根电缆内不宜有两个安装单位的芯线。

二、控制电缆的截面选择

（一）测量表计用电流回路的电缆选择

计算测量表计回路的电缆芯线截面S时，应按电流互感器在某一准确级下的额定二次负荷值进行选择，其截面S为：

$$S = \frac{\rho K_{jx1} l}{Z_{12} - K_{jx2} Z_{cj} - Z_c} \tag{7-12}$$

式中　　l——控制电缆长度，m；

　　　　Z_{12}——电流互感器在某一准确级下的额定二次负荷，Ω；

　　　　Z_{cj}——测量表计的负荷，Ω；

　　　　Z_c——接触电阻，一般为0.05Ω；

　　　　ρ——电阻系数，铜为$0.0184\Omega \cdot mm^2/m$；

K_{jx1}、K_{jx2}——接线系数，查《电力工程电气设计手册》。

计算结果为当$S < 2.5mm^2$时，仍应选用$2.5mm^2$电缆。当接线系数K_{jx1}及截面S确定后，电缆的最大允许长度可按式（7-13）计算：

$$l = K(Z_2 - K_{jx1} Z_{cj} - Z_c) \tag{7-13}$$

式中　K——系数，$1.1\sim1.2$。

（二）保护用电流回路的电缆选择

按10%倍数曲线确定二次负荷Z_{xu}后，即可按式（7-14）计算电缆芯线截面S，即：

$$S = \frac{\rho K_{jx1} l}{Z_{xu} - K_{jx2} Z_j - Z_c} \tag{7-14}$$

式中　Z_{xu}——按10%倍数曲线确定的二次负荷，Ω；

K_{jx1}、K_{jx2}——接线系数，查《电力工程电气设计手册》；

$\quad Z_j$——继电器负荷阻抗，Ω；

$\quad Z_c$——接触电阻，取 0.05Ω。

当电流互感器的接线方式确定后，应根据可能发生的短路方式下选取最大的接线系数 K_{jx1}、K_{jx2} 值，如 S 的值小于 2.5mm^2 时，也应选用截面为 2.5mm^2 的电缆。

（三）电压回路的电缆选择

电压回路的电缆截面 S 按允许电压降计算，即：

$$S = \sqrt{3} K_{jx} \frac{P}{U} \times \frac{\rho l}{\Delta u} \tag{7-15}$$

式中　P——电压互感器每相负荷，VA；

$\quad l$——电缆的长度，m；

$\quad U$——线电压，V；

$\quad \rho$——电阻系数，铜为 $0.0184\Omega \cdot \text{mm}^2/\text{m}$；

$\quad K_{jx}$——接线系数，三相星形 $K_{jx}=1$，三相 V 型 $K_{jx}=\sqrt{3}$，单相接线 $K_{jx}=2$；

$\quad \Delta u$——电缆芯线允许电压降，V。

（四）控制回路的电缆选择

选择控制回路的电缆芯线截面时，应按正常最大负荷下控制母线至各设备间的电压降不超过 10% 额定电压考虑。电缆允许长度 l_{xu} 按式（7-16）计算，即：

$$l_{xu} = \frac{\Delta u_{xu}\% U_1 S}{2 \times 100 I_{q \cdot max} \rho} \tag{7-16}$$

式中　$\Delta u_{xu}\%$——元件正常工作时允许的电压降的百分值，一般取 10%；

$\quad U_1$——直流额定电压，V；

$\quad I_{q \cdot max}$——流过控制线圈的最大电流，A；

$\quad \rho$——电阻系数，铜为 $0.0184\Omega \cdot \text{mm}^2/\text{m}$；

$\quad S$——电缆芯线截面，mm^2。

1. 合闸电缆

一般开关的合闸电流都比较大，所以合闸电缆截面的计算，应考虑下述各点：

（1）距蓄电池母线最远的一个开关合闸时，线路的电压降仍在容许范围以内。

（2）按下列条件，计算冲击负荷：

1）对装有自动投入联锁装置的电合闸电源，最多考虑三台断路器同时合闸，当同时合闸的断路器超过三台时，则应改变继电保护整定时间来错开合闸时间（错开时间大于 1/4s）。

2）对装有自动重合闸的馈线及母线保护的合闸电源，只考虑一台断路器重合闸，若同时重合闸的断路器多于一台，亦应改变保护的整定时间予以错开。

（3）当通过合闸电缆的电流为单个开关传动装置的合闸电流时，合闸电缆截面 S 由下式确定：

$$S \geqslant \frac{2I \cdot l \cdot \rho}{\Delta U}$$

$$\Delta U = U_1 - U_2$$

式中　I——电磁线圈的合闸电流，A；

$\quad l$——电缆长度，m；

ρ——电阻系数，当温度为＋20℃时铝芯电缆 $\rho = 0.0310\Omega \cdot \text{mm}^2/\text{m}$，铜芯电缆 $\rho = 0.0184\Omega \cdot \text{mm}^2/\text{m}$；

ΔU——冲击时母线上所可能出现的最低电压，即 U_1 与合闸线圈端头上最小容许电压 U_2 之差。

2. 控制电缆应根据下列条件选择

（1）具有足够的机械强度，一般应采用铜芯电缆，其截面在直流或电压互感器回路不应小于 1.5mm^2，在电流互感器回路不小于 2.5mm^2。

（2）控制电缆芯的实际截面应根据测量表计的准确等级及保护装置的容许误差选择。

第八章　电缆的敷设

第一节　电缆的运输及保管

一、电缆的运输

电缆一般缠绕在电缆盘上进行运输、保管和敷设展放。30m以下的短段电缆也可按不小于电缆允许的最小弯曲半径卷成圈子，并至少在四处捆紧后搬运。在运输和装卸的过程中，关键的问题是不要使电缆受到损伤，不要使电缆的绝缘遭到损坏。

（一）电缆盘装运

装电缆盘一般采用吊车，电缆盘在车上运输时，应将电缆盘放稳并牢靠地固定，电缆盘边应垫塞好，防止电缆盘晃动、互相碰撞或倾倒。

电缆运输前必须进行检查，电缆应完好，电缆封端应严密；电缆的内、外端头及充油电缆与压力箱之间的油管在盘上都要牢靠地固定，避免在运输过程中受震而松动；压力箱上的供油阀门应在开启状态，压力指示正常；电缆的外面要做好防护，以防外物伤害。如果发现问题，应处理好后才能装车运输。

电缆盘不允许平卧装车。平卧将使电缆缠绕松脱，也容易使电缆与电缆盘损坏。

（二）电缆盘卸车

卸车时如果没有起重设备，严禁将电缆从运输车上直接推下。因为直接推下，不仅使电缆盘受到破坏，而且电缆也容易遭受机械损伤。较小型的电缆盘，可以用木板搭成斜坡，再用绞车或绳子拉住电缆盘沿斜坡慢慢滚下。

装卸电缆盘时严禁几盘同时吊装。

（三）电缆盘的滚动

电缆盘在地面上滚动时必须控制在小距离范围内。滚动的方面必须按照电缆盘侧面上所示方向（顺着电缆的缠紧方向）。如果反向滚动会使电缆退绕而松散、脱落。

二、电缆及其附件的检查与保管

（一）电缆及其附件的检查验收

电缆及其附件运到现场后应及时进行检查验收，其项目如下：

（1）按照施工设计和订货清单，清查电缆的规格、型号和数量是否相符。检查电缆及其附件的产品说明书、检验合格证、安装图纸资料等是否齐全。

（2）电缆盘及电缆是否完好无损。电缆附件应齐全、完好，其规格尺寸应符合制造厂图纸的要求。绝缘材料的防潮包装及密封应良好。

（二）电缆及其附件存放与保管

电缆及其附件运到工地后，一般都要存放在仓库，有的作为备品、备件因此存放的时间会更长。电缆及其附件存放时，应注意以下几个问题：

（1）电缆盘上应标明电缆型号、电压、规格和长度。电缆盘的周围应有通道，便于检查，地基应坚实，电缆盘应稳固，存放处不得潮湿。

（2）电缆盘不得平卧放置。在室外存放充油电缆时，应有遮蓬，防止太阳直接照射电缆，并有防止遭受机械损伤和附件丢失的措施。

（3）电缆终端和中间接头的附件应当分类存放。为了防止绝缘附件和材料受潮、变质，必须将其存放在干燥、通风、有防火措施的室内。而存放有机材料的绝缘部件、绝缘材料的室内温度应不超过 35℃。

（4）终端用的瓷套等易碎绝缘件，无论存放于室内、室外，尤其是大型瓷套应放于原包装箱内，用泡沫塑料、草袋、木料等围遮包牢。

（5）存放过程中应定期检查电缆及其附件是否完好。对于充油电缆，还应检查油压是否随环境温度变化而正常增减。如果油压降低不正常，且油压降低至最低时，应查明原因进行处理。发现封端有渗漏油可进行修补，如暂时无法处理，应对压力箱进行补油，防止油压降至零。如果油压降至零或出现负压，电缆内将吸进空气和潮气，此时应及时进行处理。处理前不要滚动电缆盘，以免空气和水分在电缆内窜动，给事后处理增加困难。

较长时间存放的充油电缆，可装设油压报警装置，以便仓库保管人员能及时发现问题。

（三）其他材料的存放与保管

其他材料主要包括防火材料和电缆支、桥架等：

（1）防火涂料、包带、堵料等防火材料，应严格按照制造厂提供的产品技术要求对其包装、温度、时间等保管，进行保管存放，以免材料失效、报废。

（2）电缆支、桥架暂时不能安装时，应分类保管；装卸存放一定要轻码轻放，不得摔打，以防变形和防腐层损坏，影响施工和桥架质量。

第二节　电缆的敷设方式及选择

一、电缆构筑物型式及特点

常用电缆构筑物有电缆隧道、电缆沟、排管、壕沟（直埋）、吊架及桥架等，此外还有主控、集控室下面电缆夹层及垂直敷设电缆的竖井等。

（1）电缆沟具有投资省、占地少、走向灵活且能容纳较多电缆等优点。缺点是检修维护不便，容易积灰、积水。

（2）电缆隧道能容纳大量电缆，具有敷设、检修和更换电缆方便等优点。缺点是投资大、耗材多、易积水。

（3）电缆排管能有效防火，但施工复杂，电缆敷设、检修和更换不方便，且因散热不良需降低电缆载流量。

（4）电缆直埋施工方便，投资省，散热条件好。但检修更换电缆不方便，不能防止外来机械损伤和各种水土侵蚀。

（5）架空电缆桥架主要优点如下：

1）不存在积水问题，提高了电缆可靠性。

2）简化了地下设施，避免了与地下管沟交叉碰撞。

3）托架有工厂定型成套产品，可保证质量、外观整齐美观。

4）可密集敷设大量控制电缆，有效利用有限空间。

5）托架表面光洁，横向间距小，可敷设价廉的无铠装全塑电缆。

6）封闭式槽架有利于防火、防爆和抗干扰。

但架空电缆存在以下缺点：

1）施工、检修和维护都较困难。

2）与架空管道交叉多。

3）架空电缆受外界火源（油、煤粉起火）影响的几率较大。

4）投资和耗用钢材多。

5）设备尚需配套，如屏、柜、电动机需要上进线等。

6）设计和施工工作量较大。

二、电缆敷设方式选择

电缆敷设方式要因地制宜，不应强求统一，一般应根据电气设备位置、出线方式、地下水位高低及工艺设备布置等现场情况决定。主厂房内一般为：

（1）凡引至集控室的控制电缆宜架空敷设。

（2）6kV 电缆宜用隧道或排管敷设，地下水位较高处可架空或用排管敷设。

（3）380V 电缆当两端设备在零米时，宜用隧道、沟或排管敷设；当一端设备在上，另一端设备在下时，可部分架空敷设；当地下水位较高时，宜架空电缆。

一般工程可参考表 8-1 选择敷设方式。

表 8-1   **电 缆 敷 设 方 式 参 考**

车间名称	底 层			运 转 层	
	6kV 电缆	380V 电缆	控制电缆	380V 电缆	控制电缆
汽机房	隧道、沟 （排管、架空）	隧道、沟 （架空、排管）	隧道 （架空、排管）	架 空	架 空
锅炉房	隧道 （排管）	隧道 （架空、排管）	隧 道 （架空、排管）	架 空	架 空
厂用配电室	隧 道	沟、隧道	隧道、沟	夹 层	夹 层
屋外高压配电装置	沟、隧道	沟、隧道 （地面槽沟）	沟、隧道 （地面槽沟）		
屋内高压配电装置	沟、隧道	沟、隧道	沟、隧道	架 空	架 空
输煤系统	沟、隧道	沟、隧道	沟	架 空	架 空
辅助车间	沟	沟	沟	架 空	架 空
厂区及厂外	沟、直埋	沟、直埋	沟、直埋		
控制室					夹 层

表 8-1 中括号内的适用于地下水位较高处，但地面槽沟不适于 330kV 及以上超高压配电装置。

主厂房至主控室或网控室电缆一般用隧道，当有天桥相连时，尽可能在天桥下设电缆夹层。

从隧道、沟及托架引至电动机或起动设备的电缆，一般敷设于黑铁管或塑料管中。每管一般敷一根电力电缆，部分零星设备的小截面电缆允许沿墙用夹头固定。

跨越公路、铁路等处的电缆可穿于排管或钢管内。

至水源地及灰浆泵房的少量电缆允许直埋（但土壤中有酸、碱物或地中电流时，不宜直埋电缆），电缆数量较多时可用沟或隧道。

用架空线供电的井群，其控制、通讯电缆可与架空线同杆架设。

三、电力电缆线路路径选择

电力电缆线路要根据供电的需要，保证安全运行，便于维修，并充分考虑地面环境、土壤资料和地下各种道路设施的情况，以节约开支，便于施工等综合因素，确定一条经济合理的线路走向。具体要求如下：

（1）节省投资，尽量选择最短距离的路径。

（2）要结合远景规划选择电缆路径，尽量避开规划需要施工的地方。

（3）电缆路径尽量减少穿越各种管道、铁路和其他电力电缆的次数。在建筑物内，要尽量减少穿越墙壁和楼房地板的次数。

（4）为了保证电缆的安全运行不受环境因素的损害，不能让电缆受到外机械力、化学腐蚀、震动、地热等影响。

（5）道路的一侧设有排水沟、瓦斯管、主送水管、弱电线路等，电力电缆应敷设在道路的另一侧。

电缆路径勘测确定后，须经当地主管部门同意后，方可进行施工。

以下处所不能选择电缆路径：

（1）有沟渠、岩石、低洼存水的地方。

（2）有化学腐蚀性物质的土壤地带及有地中电流的地带。

（3）地下设施复杂的地方（如有热力管、水管、煤气管等）。

（4）存放或制造易燃、易爆，化学腐蚀性物质等危险物品处所。

第三节　电缆安装前的准备工作

一、检查电缆安装土建工程

（1）预埋件应符合设计要求，安装牢固，有遗漏的、错误的应及时纠正。有关电缆安装的电杆、钢索、卡子、管子、支架等应符合设计要求，并验收合格。

（2）电缆沟、隧道、竖井及人孔检查井等处的地坪及内部抹灰等工作已结束，且排水畅通。

（3）电缆沟、井、隧道等处的土建施工临时设施，模板及建筑废料等已清理干净，以利电缆的安装。施工现场道路畅通，盖板、井盖备齐。

（4）与电缆安装有关的建筑物、构筑物的土建工程已由质检部门验收，且并合格；敷设前必须详细阅读土建工程有关部位的图纸或询问土建施工员，否则不宜急于安装。

（5）检查电缆安装所要经过的路线有无障碍，如有应排除。电缆所要经过的道路、建筑物的基础、电缆进户处应设有保护管，其管径、长度应符合要求，没有设置的应按要求设置。

二、电缆保护管的加工及敷设

电缆保护管应在配合土建中预埋，明装的则应在电缆安装前进行敷设，埋于室外地下的保护管则应要挖沟时敷设。电缆保护管的加工及敷设应按下述要求进行。

（1）金属管不应有穿孔、裂缝、显著的凹凸不平及严重锈蚀，管子内壁应光滑无毛刺。电缆管在弯制后不应有裂纹或明显的凹瘪现象，弯扁度一般不大于管外径的 10%，管口应作成喇叭形并磨光，以防划伤电缆。

（2）硬质塑料管不得用在温度过高或过低的场所，在易受机械损伤的地方，应露出地面，并用钢管进行保护。在受力较大处直埋，应用厚壁塑料管，必要应改用金属管。

（3）钢制电缆管选择时，其内径不应小于电缆外径的 1.5 倍，混凝土管，陶土管，石棉水泥管，其内径不应小于 100mm。常用电缆钢制保护管的管径可按表 8-2 选择。

表 8-2　　　　　　　　　电缆钢制保护管管径选择表（仅供参考）

钢管直径（mm）	三芯电力电缆截面积（mm²）			四芯电力电缆截面积（mm²）
	1kV	6kV	10kV	
50	≤70	≤25		≤50
70	95～150	35～70	≤50	70～120
80	185	95～150	70～120	150～185
100	240	185～240	150～240	240

（4）电缆与铁路、公路、城市街道、厂区道路交叉时，敷设的保护管，其两端应伸出道路路基两边各 2m，伸出排水沟 0.5m，在城市街道，厂区道路应伸出路面；其保护管的埋深，凡是有车辆通过的应大于 1m。敷设电缆前应将管口用木塞堵严。

（5）电缆管的弯曲半径应符合所穿入电缆最小弯曲半径的规定，每根管最多不超过三个弯，直角弯不应多于两个。

（6）电缆管明装时，必须埋设支架，不宜将管子直接焊在支架上，应用 U 形卡子固定，U 形卡子应用钢筋制作，镀锌处理，丝扣与螺母应配齐，其直径应由管外径决定，一般为 $\phi6$～$\phi10$mm。支架必须牢固，应用水泥砂浆浇注或预埋，埋入部分有鱼尾，或者将支架焊接在预埋好的 T 型铁件上，不得将支架钉入墙内。电缆管支持点的距离，一般按表 8-3 中的数值确定。使用塑料管时，直线长度超过 30m 时，应加装塑料波纹管或塑料线盒，作为补偿装置。

表 8-3　　　　　　　　　电缆管支持点间的距离（m）

电缆管直径（mm）	硬质塑料管	钢　　管	
电缆管类型		薄壁钢管	厚壁钢管
20 以下	1.0 .	1.0	1.5
25～32		1.5	2.0
32～40	1.5	—	—
40～50		2.0	2.5
50 以上	2.0	—	—
70 以上		2.5	3.5

（7）金属管的连接一般采用螺纹管接头或短节套接，应选用大一级的钢管，长度由电缆

管直径而定，不应小于电缆管外径的 2.2 倍，一般为 100～200mm，套好后两端焊牢焊严；如采用丝扣连接，一般应在丝扣处包缠塑制生料带密封。

利用金属管作保护接地线，丝接处要焊接跨接线，跨接线及管路与地线的连接应在未穿电缆前进行。

（8）硬质塑料管的连接一般用插接或套接，插入深度由管径而定，一般为管子内径的 1.1～1.8 倍。在插接前先涂上胶合剂，且粘牢密封；套接时，套管两端应塑焊，封严。

（9）钢管应涂防腐漆，明装时应先涂防锈漆后涂色漆，但埋入混凝土内的可不涂漆；采用镀锌管时，锌层脱落后应补防腐漆。管子的电焊处，焊好后必须涂防腐漆（暗装）或防锈漆和色漆（明装）。

（10）引至设备的电缆管管口处，应便于与设备连接且不妨碍设备拆装和进出，并列敷设的电缆管管口应排列整齐并加以固定。

（11）敷设混凝土、陶土、石棉水泥材质的电缆管时，其沟内地基应坚实、平整，一般用三合土垫平夯实即可，通常应有不小于 0.1% 的排水坡度；管内表面应光滑，连接时管孔要对正，接缝严密，以防水或泥浆渗入，一般用水泥砂浆抹严。

（12）各种管路的埋深应与电缆允许埋深对应。金属管的埋设，应尽量避开严重腐蚀的地域，否则应改变安装电缆的方法，并采用耐腐蚀电缆，如钢索悬架空敷设或隧道等方法。

（13）支架的制作，钢材应平直且无明显弯曲，下料误差应在 5mm 范围以内，切口应无卷边、毛刺、焊接应牢固，无显著变形，各横撑间的垂直净距应符合设计要求，其偏差不应大于 2mm；支架应做防腐处理，湿热、盐雾、化学腐蚀场所应做特殊防腐处理。

三、电缆敷设前的检查

在敷设电缆前应详细检查其质量。质量检查分为电气性能和物理结构两方面的检查。电缆及附件运到现场后，应进行检查产品的技术文件应齐全，如合格证、说明书、试验记录、标志等；电缆的型号、规格、电压等级、绝缘材料应符合图样要求，附件应齐全；电缆的封端必须严密，当经外观检查有怀疑时，应进行潮湿判断与试验。

电缆结构质量的检查一般是从整盘电缆的末端割下一段样品，从最外层开始至芯逐层剖验。检查的结果必须做好记录并绘制截面图，以供运行部门参考使用。还应将所测结果与制造厂提供的标准进行比较。被剖验的样品应该是完整的，没有变形和外伤。解剖检查分以下五个步骤。

（一）多芯扇形线芯电缆断面对称性的检查

在扇形线芯电缆中，扇形的短轴（在扇形高的方面）应该通过电缆的几何中心，即通过另外两线芯绝缘接触点的连线。当扇形的短轴与电缆的几何中心不重合时，两者的夹角即为歪曲角。歪曲角不宜超过 15°。否则会使电缆内电场分布形状变坏，对绝缘不利。因此在电缆的解剖中应首先用汽油棉纱将电缆横断面擦干净，检查电缆断面的对称性。

（二）电缆外护层的检查

1. 电缆外被层的检查

用游标卡尺在同一截面上相互垂直的两个方向测量其外径，取其平均值。在剥除外被层后直接测量电缆外径。剥外被层时应检查其质量。

2. 铠装层的检查

测量钢带的宽度、厚度，钢带必须平直，不允许有裂口和凸缘，外层钢带应盖没内层钢带的绕包间隙，钢带必须缠紧，不得有滑动现象。如果是钢丝铠装，则应测量钢丝的直径，记录钢丝的层数和每层的根数及缠绕方向。

3. 内衬层的检查

检查方法与外被层的检查方法相同。内衬层应紧贴在金属护套上，要求粘附紧密，不应有皱褶和隆起。

（三）金属护套的检查

1. 外表检查

将金属护套烘热，用汽油棉纱将其表面擦净，检查护套表面是否光滑，有无混杂的颗粒、氧化物、气孔、裂缝等。

2. 测量护套外径

在护套圆周上均匀分布五点处，测量护套外径取其平均值，得平均外径。

3. 测量护套厚度

在样品末端 150mm 处将护套割断剥下，在均匀厚度处剪开并在平滑的钢板上展开轻轻敲平，以目测确定其厚度最薄部分，在这部分测量三处，确定其最小厚度。

护套最大厚度的测量应从电缆两端取样，剥下两端护套，在每一护套上的圆周方向等距测量五点，取其平均值确定护套的最大厚度。测量厚度，应用一头为平头，另一头为半圆形的千分尺。

4. 铅包的扩张试验

直径在 15mm 以上的铅包应经受扩张试验。把一段 150mm 长的铅管置于底部直径与高之比为 1:3 的圆锥体上，铅管内应加油润滑，垂直轻掷圆锥体底部，并不断转动铅管，将铅管直径扩张至原直径的 1.5 倍。检查铅管口有无裂痕和断裂现象。如果是合金铅护套，则铅管扩张到原直径的 1.3 倍。

（四）绝缘层的检查

1. 外观检查

包缠绝缘层整齐紧固无凹陷、无皱褶、无裂口、无擦伤。浸渍应良好，浸渍油不应有结晶现象。绝缘纸不应受潮。

2. 绝缘厚度的检查

绝缘平均厚度可用千分尺测量其绝缘和未绝缘的扇形高度，两者之差的一半即为绝缘厚度。解剖时还应测量绝缘纸的层数、每层的厚度、宽度及缠绕方向和包缠方式。

3. 重合间隙检查

绝缘纸在不少于一个节距长度内的间隙，如果没有被上一层绝缘纸盖住，即为一个重合间隙。电压在 6kV 以上的电缆不允许有超过三层以上的纸带重合间隙。在对 300mm 长的样品进行检查时，其绝缘层间隙重合次数不应超过以下值：6～10kV 3 次，35kV 6 次。

在进行检查时，绝缘纸要 4～5 张成一组同时剥下，以便容易发现各纸层间的重合情况。同时应检查各绝缘纸层有无断裂和裂痕。相邻两层绝缘纸之间，长度超过 50mm 的纵向裂纹的重合也算作一次重合。

4. 橡塑电缆的绝缘厚度

可以用上述方法进行测量，也可采用断面切片用刻度显微镜测量，确定最小厚度值。此外，对于橡塑绝缘电缆还要对绝缘密实性和偏心度进行检查。

（五）导线电性的检查

1. 外观检查

导体表面应平整光滑，没有毛刺、裂纹、卷转、擦伤。导线表面不应有过多的氧化现象。

2. 导线截面的检查

锯下一定长度的电缆线芯，将纹线按层退扭成直线，用汽油将导线表面的油渍和金属屑擦净，测量各层导线的长度后分别取其平均值，按下式计算出各层电缆线的截面：

$$S_n = \frac{G}{K \times L} \times 10^3$$

式中 S_n——各层的截面，mm^2；

G——各层所有单线的重量，g；

L——各层单线的平均长度，mm；

K——比重，铜为 8.89，铅为 2.70，g/cm^3。

缆芯导体的截面等于各层截面的总和。

四、施工器具准备

（一）电力电缆线芯冷压连接及剪切调校工具

1. 线芯连接液压压接钳

压模型式、压模宽度及使用场合见表 8-4。

表 8-4   压模型式、压模宽度及使用场合

产品名称	型　号	压模型式	压模宽度 (mm)	使　用　场　合
手动式油压钳	QYS—12 QYS—18	点压 点压（坑型）	10～55	用于铝-铝导线、铜-铜导线 16～240mm² 的压接
	QYS—300—1			用于铝-铝导线、铜-铜导线 300mm² 的压接
分体式油压钳	QYF—630	围压（六方）	10～18	用于铝-铝导线、铜-铜导线 300～630mm² 的压接
电动式油压钳	QYD—800			用于铝-铝导线、铜-铜导线 300～800mm² 的压接

2. 线芯连接机械压接钳

压模型式、压模宽度及使用场合见表 8-5。

表 8-5   压模型式、压模宽度及使用场合

产品名称	型　号	压模型式	压模宽度 (mm)	使　用　场　合
手动式机械压接钳	QX—18 QX—24	环压（椭圆型） 环压	5～8	用于铝-铝导线、铜-铜导线 16～240mm² 的压接
手动剪式压接钳	QXS—150	围压（六方）	10～15	用于铝-铝导线、铜-铜导线 16～150mm² 的压接
手压钳	QS—04	点压（坑型）	3～4	用于铝-铝导线、铜-铜导线 1.5～6mm² 的压接

3. 手动式剪断钳见表 8-6。

表 8-6   手 动 式 剪 断 钳

产品名称	型　号	用　　途	最大切断直径 (mm)	外形尺寸 (mm)	重量 (kg)
电缆剪断钳	QLD—30	适用铜、铝芯电缆及裸绞线的剪切	φ32	260×110×32	1
	QLD—60		φ50	610×160×42	2.5

4. 电缆校直机见表 8-7。

表 8-7　　　　　　　　　　　　　　　**电 缆 校 直 机**

产品名称	型　　号	用　　途	调校电缆直径	最大工作压力（MPa）
电缆校直机	LXJ—130	将电缆校直或弯曲	$\phi 30 \sim \phi 130$	45

（二）电缆敷设施工及剥切机具

1. 电缆输送机

（1）用途。适用于电缆沟道、隧道，用复合履带夹送牵引电缆进行敷设施工。

（2）性能参数见表 8-8。

表 8-8　　　　　　　　　　　　　**电缆输送机性能参数**

型　号	输送电缆直径	输送速度（m/min）	牵引力（kN）	外形尺寸	功率（kW）	净重（kg）
JSD—2	$\phi 10 \sim \phi 100$	8	$\geqslant 2$	$645 \times 425 \times 370$	0.37×2	100
JSD—3	$\phi 60 \sim \phi 120$	6	$\geqslant 3$	$920 \times 500 \times 370$	0.37×2	155
JSD—5	$\phi 60 \sim \phi 180$	6	$\geqslant 5$	$1100 \times 690 \times 430$	0.75×2	225

2. 电缆放线架

（1）用途。电缆敷设施工时用来提升、支撑电缆盘转动放线。

（2）性能参数（见表 8-9）。

表 8-9　　　　　　　　　　　　　**电缆放线架性能参数**

型　　号	提升力（N）	适用电缆盘直径（m）	净重（kg）
TJ—5	5000	$2 \sim 2.5$	70
TJ—10	10000	$2 \sim 3.15$	90
TJ—20	20000	$3 \sim 5$	120

3. 电缆绝缘切削工具（见表 8-10）

表 8-10　　　　　　　　　　　　　**电缆绝缘切削工具**

产品名称	型　　号	用　　　途	适用电缆外径（mm）
削塑刀	LTD35—60	用于中低压 XLPE 绝缘电缆切削主绝缘层	$\phi 35 \sim \phi 60$
半导电剥切刀	LBD35—60	用于中低压 XLPE 绝缘电缆外半导电层剥切	$\phi 35 \sim \phi 60$

4. 放缆滑车（见表 8-11）

表 8-11　　　　　　　　　　　　　**放 缆 滑 车**

产品名称	型　号	用　　途	滑放电缆最大外径（mm）	净重（kg）
直滑车	HCL	用于电缆沟隧道平直或大曲率弧线接力滑动托送电缆	180	11
转弯滑车	ZCL	用于电缆沟、隧道小坡道中、小曲率转弯滑放托护电缆	180	15
环形滑车	WX150	用于沟、井、隧道水平或上下转弯处滑动	150	14
电动滑车	DHL—130	托护电缆用于沟、隧道托挂移送电缆	130	15（功率：42VA）

五、电缆展放的工具准备

展放电缆准备工作包括托辊的制作与布置，电缆就位，电缆盘支架的准备，敷设机具的准备，控制与信号系统的设置，施工组织，以及现场的清理与检查等。

（一）托辊的制作与布置

在牵引电缆的过程中，为了不使电缆直接在地面上拖拉摩擦，除采用人力扛抬电缆外，可借助于托辊的支撑作用进行电缆展放，这样既省力又方便。托辊的种类如图 8-1 所示。使用时视电缆线路路径的具体情况而定。平直段可采用类似 c 型托辊；在弯曲段或者较为复杂的路径上按实际情况可采用加长的 a 型或 b 型托辊，以便在前后牵引行动不一致时，后面多牵引的一段电缆搁置在托辊上，而不致脱辊损伤电缆。这种情况往往发生在机械牵引和人力配合敷设电缆，或多部机械共同牵引而发生个别机械失去同步控制的情况。d 型托辊一般只适用于电缆敷设的导向。由于敷设电缆时的牵引速度不大，因此，托辊轴与支架之间可采用滑动摩擦。为了减小摩擦力，采用带有滚动轴承的托辊，转动更为灵活。托辊直径一般为 90～100mm，短托辊可用木质，长托辊用钢管制作。

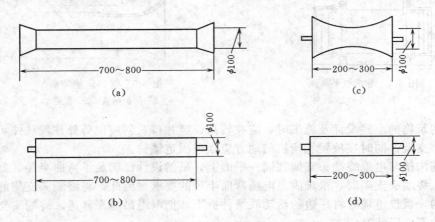

图 8-1　托辊（mm）

(a) a 型托辊；(b) b 型托辊；(c) c 型托辊；(d) d 型托辊

托辊一般固定在钢支架上，钢支架的结构和形状根据现场的具体情况制做。如在平直段可采用如图 8-2 所示的支架；在斜坡段上采用类似图 8-3（a）所示的支架；在竖井井口以及转角处等宜制做如图 8-3（b）所示的转角支架。

安装于水平弯曲段的转角支架应设置适当数量的立式托辊起导向作用，导向托辊的间距应适当减小，以降低对电缆的侧压力。90°转角处的导向托辊布置 4～6 个即可。建筑物、沟道及保护管的进出口，可设置如图 8-4 所示的导向托辊框架，或在管道口设置如图 8-5 所示的管口防护喇叭，以免在牵引过程中将电缆刮破擦伤。防护喇叭口由两半合成，敷设完电缆后可逐个拆除。

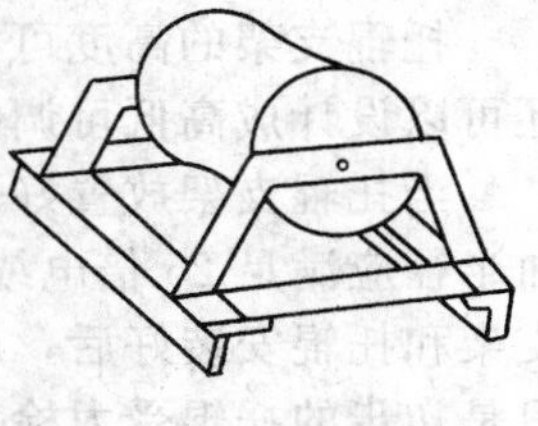

图 8-2　平直段托辊支架

一般的托辊支架制做成可移动式，便于随时调整托辊间的距离。而有些特制支架，如大于 30°的斜坡段支架及竖井口支架等，做成固定式支架。为便于在同一个路径上敷设多根电缆，固定支架上的托辊应做成可拆结构，在第一根电缆牵引完后可将托辊取下，然后将电缆放入沟槽中，再装上托辊继续敷设第二根电缆。为了安全，托辊轴槽应有防止托辊脱出的结构，参见图 8-3 (a)。

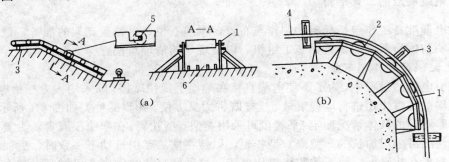

图 8-3 特殊托辊支架示意图

(a) 斜坡道托辊支架；(b) 转角托辊支架

1—支架；2—导向托辊；3—水平托辊；4—电缆；5—托辊槽；6—电缆槽

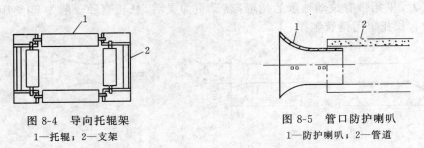

图 8-4 导向托辊架   图 8-5 管口防护喇叭

1—托辊；2—支架   1—防护喇叭；2—管道

电缆构筑物的土建设计及施工时，应在转角、竖井口及斜坡段等处预埋铁件，便于敷设电缆时安装支架。同时在放置卷扬机的地方应预埋固定锚钩。

当电缆沟槽与电缆终端头支架在同一平面上，虽然设计已满足了弯曲半径的要求，但在将电缆穿入终端头支架时，很难满足电缆弯曲半径的要求。因此，将终端头支架的一边制做成可拆结构，敷设电缆时将一边的活动联结件拆下，把电缆吊起平移进入终端头支架内，再把拆下来的部件安装好。

水平托辊间的距离，可根据电缆的外径确定，一般为 1.5～2m。间距过小，并无什么坏处，但使用托辊过多，准备工作量大，不经济。间距过大，会使电缆的弛度增加，牵引力增大，也容易使托辊支架倾斜。严重时，电缆在牵引过程中会转动，呈螺旋形前进，造成电缆扭转，使电缆绝缘受到损伤。弯曲段应适当减小托辊间距。

托辊支架的高度可根据电缆路径的具体情况进行设计，以使所有的托辊受力一致为原则。还可以设计成高低可调的支架。

当托辊支架放置好以后，应全面进行检查：支架应牢固，间距符合要求；转角支架的弯曲半径应满足 25 倍电缆外径的要求；托辊转动应灵活，无卡阻现象，并不易从支架上脱落。支架和托辊安装好后，应用卷扬机牵引钢丝绳在托辊上进行全程试验和检查。应该说明，这只是初步的托辊受力检查，因为牵引电缆时同钢丝绳的受力是不完全一样的。在实际敷设电缆时再作一次调整。

(二) 电缆的检查与就位

1. 电缆的检查

(1) 检查电缆的型号、规格和长度应符合设计要求。特别是长线路的电缆，设计长度与到货的每盘实际长度以及敷设的需要长度不一定吻合，三根（盘）电缆应作适当调配，使三根电缆在三相位置适当。对于短路电缆，有的是两根或三根卷绕在一个电缆盘上，在敷设时按需要长度截断使用。

（2）外观检查。检查电缆盘的侧板和围板有无被砸坏或者扎破现象；拆开围板（有的用竹或柳条编织物），检查电缆外护层有无破损现象。

在采用机械牵引电缆时，除了应根据电缆线路的路径验算所需的牵引力及在转角处的侧压力不超过允许值外，充油电缆还有一个油压问题应引起注意。在确定电缆的侧压力时已将油压这一因素考虑在内了，即当电缆内部的油压力大于一定数值时可以抵卸一部分径向外力对电缆的作用。

2. 电缆就位

工地存放电缆的仓库距敷设现场有远有近，有平路也有山坡，有的道路不正规，也可能是临时新开辟的道路，因此工地运输工作必须慎重。一般电缆盘装在平板拖车上运输，由于电缆盘沉重和庞大，搬运时要十分小心。在较陡的山路上拖运电缆时需用两台拖拉机。电缆盘绑扎要牢固，拖运速度要慢。

施工现场的条件往往不是那么理想，有些施工单位又缺少合适的起吊设备，电缆盘运到现场后的就位有一定困难。以下有三种成熟的经验可以考虑采用：

（1）将电缆盘全部运到现场后用吊车卸下，敷设时用人力放到千斤顶支架上进行敷设。

（2）用两辆汽车起重机共同起吊电缆盘就位。

（3）把电缆盘支架固定在平板拖车上，再将电缆盘吊装于支架上绑扎好，电缆运到现场调整就位后不需吊下来，直接在拖车上施放电缆。

（三）电缆盘支架和制动装置的准备

这里主要介绍电缆盘支架的型式、电缆盘轴的选用、制动装置及对这些部件组合使用的要求等。

1. 支架的型式

对电缆盘支架要求坚固、重量轻，有足够的稳定性。支架一般用钢管或型钢制作。电缆盘可用吊车直接吊装在支架上，也可用千斤顶从地面将电缆抬起装于支架上。这种装有千斤顶的支架称为千斤顶支架，如图 8-6 所示。千斤顶支架比较灵活，实用性强，可用来调整电缆盘距地面的高度和轴的水平度，使电缆盘转动时不会左右窜动。如千斤顶行程较短时，可将两只千斤顶串连使用。在用千斤顶徐徐升起电缆盘时，两侧千斤顶的上升速度要协调一致。电缆盘在转动过程中千斤顶不能受力。图 8-7 为固定于平板拖车上的支架，其中角钢支撑既起到加固电缆盘支架之用，又可作脚手架用。

2. 电缆盘轴的选用

电缆盘轴的材料可用厚壁无缝钢管或圆钢制做，轴应有足够的强度和钢度，以免产生过大的挠

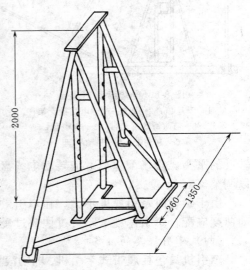

图 8-6　电缆盘千斤顶轻便支架（mm）

度。轴与电缆盘孔之间应有良好的配合，轴径不宜过小，避免电缆盘转动时使轴受到冲击载荷。为了减小轴与支架之间的摩擦力，最好在两侧支架上安装铸铁轴座，其内有润滑槽，在槽内填入润滑脂。为了避免盘与支架的摩擦，在盘轴上，盘与轴座间装以 200～300mm 长的轴套。根

据电缆盘的总重量和宽度以及以上的条件选取轴的直径和长度，并进行强度和刚度校核。

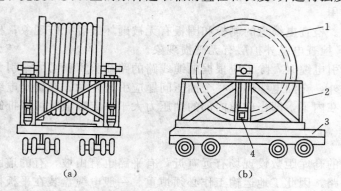

图 8-7　固定于平板拖车上的电缆支架示意图
(a) 正面；(b) 侧面
1—电缆盘；2—支架；3—拖车；4—千斤顶

3. 制动装置的准备

在牵引敷设电缆的过程中，暂停牵引的情况是常有的。正在转动的电缆盘，由于其惯性较大，如不能及时制动，则盘上多施放的一段电缆，容易扭曲而受损伤。另外，当电缆的转

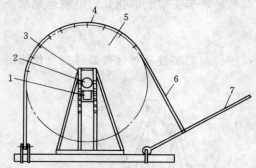

图 8-8　电缆盘制动装置
1—千斤顶；2—盘轴；3—电缆盘支架；
4—带防滑的制动带；5—电缆；
6—制动带；7—制动手柄

动速度大于牵引速度时，盘上施放的电缆容易下垂和地面摩擦而损坏电缆的外护层。因此，电缆必须安装有效的制动装置。图 8-8 为一种简单而有效的人工制动装置，对直径 4m 以下的电缆盘均适用。制动装置组装好后，需用人力转动电缆盘，进行制动试验，观察效果。要求制动安全可靠，保证在任何情况下都能使电缆盘停止转动。

4. 电缆盘的平衡配重

电缆盘由型钢焊接而成；侧板和筒径护板，有的用薄钢板焊制，有的用木板镶嵌而成。位于筒径内侧的空心骨架上对称焊接有装置压力箱的支架。电缆出厂时只装置了一只压力箱，另一侧的支架空着，现场敷设电缆前需加装配重块，以保持电缆盘

转动的平衡。现场配重后，应转动电缆盘，以观察其自由停止的位置，如不符合要求，需加以调整。

由于敷设时牵引速度不大，在牵引敷设过程中需用人力转动电缆盘。要求用力均匀，转动速度应配合牵引速度，不可过快或过慢。

（四）牵引机具的准备

牵引机具包括履带式牵引机、电动滚筒、卷扬机等动力机械及牵引头、牵引钢丝网套、防捻器、张力计等辅助工器具。根据所采用的电缆敷设方式，选用合适的牵引机具，进行检修、配套、保养，然后运至现场就位。

1. 履带式牵引机和电动滚筒

牵引敷设弯曲过多或线路过长的电缆时，所需牵引力往往大于电缆的允许值，此时可采用履带式牵引机和电动滚筒。履带式牵引机的最大牵引力约为 5kN，电动滚筒的推动力为

0.5~1.0kN，根据牵引力的计算，选用其合适规格和数量的机具。现场安装机具后，需进行试验和调整，使履带式牵引机和电动滚筒的线速度保持一致。当履带式牵引机和电动滚筒配合卷扬机进行牵引时，亦应与卷扬机的牵引线速度保持一致。履带式牵引机是通过两侧履带板的压力来实现其牵引力，而该压力就是电缆所受的侧压力，因此牵引机安装后，最好用一小段电缆实地调试牵引机的压力使其不超过电缆的允许侧压力。

2. 卷扬机

卷扬机的牵引力是根据计算电缆线路的允许牵引力而定的，通常采用5t慢速卷扬机即可满足牵引电缆之用。安装卷扬机时，其底座应加以固定，电气设备外壳及卷扬机底座均应可靠接地，卷筒轴线与钢丝绳牵引方向垂直，钢丝绳的偏斜角不得大于2°~4°，钢丝绳应由卷筒的下方引出，以减少倾覆力矩。牵引钢丝绳的使用安全系数应大于5。

当钢丝绳的出线方向与电缆的敷设方向不在一条轴线上时，可通过转向滑轮来实现牵引作用，因此要准备适当数量和规格的滑轮。滑轮转动应灵活，无卡阻现象。

3. 牵引头的准备与连接方法

牵引头是卷扬机的钢丝绳接到电缆导线上的连接部件。牵引头的作用是：为卷扬机牵引电缆导线时的过渡件，因此牵引头应能承受大于电缆导线允许的牵引力。牵引头在使用前应在短段电缆上做拉力试验，以免在牵引时滑脱或断裂。

进行牵引头与电缆连接时，需先从电缆盘上牵出一段电缆，并将其端部抬起比邻近电缆高出0.5m，然后进行连接。连接方法如下述：

（1）剥除电缆端部一段外护层及加强带，清扫金属护套。

（2）套上牵引套，并在顶端加上帽罩，用手锤敲击帽罩及塞心梗，使导线胀开，从而使导线与牵引头内壁卡紧。

（3）旋上牵引梗套及牵引梗。

4. 牵引网套的使用

牵引网套是由钢丝绳编织而成。使用牵引网套牵引电缆时，牵引力作用在电缆护层上，由于护层的允许牵引力较小，所以只有在电缆线路不长，经过计算，牵引力小于护层的允许牵引力时才可以单独使用。但一般可作为辅助牵引之用。

使用牵引网套时，将网套缩短，使网套成松弛状，然后套在电缆被牵引的首端，再将网套拉紧，使网套的每根钢丝绳平贴在电缆外护层上，最后用钢丝间隔绑扎2~3处，使网套不致滑脱，如图8-9所示。

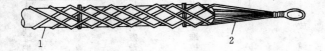

图 8-9　牵引网套
1—电缆；2—钢丝套

5. 防捻器和张力计的应用

牵引电缆时，电缆有沿其轴心自转的趋势，电缆愈长，自转的角度亦愈大。同时，用钢丝绳牵引电缆在达到一定张力后，钢丝绳会出现退扭，当卷扬机将钢丝绳收到卷筒上时，将增大扭转电缆的力矩，电缆将受到扭转应力，而且在牵引完毕后，积聚的扭转应力能使钢丝绳弹起，易于击伤施工人员。为此，在牵引钢丝绳和电缆端部（牵引头或牵引网套等）之间应装设一只两端能自由转动的如图8-10所示的防捻器，以便在牵引过程中可及时消除钢丝绳或电缆的扭转应力。

张力计是用来监视敷设电缆时实际的牵引力和侧压力是否超过电缆的允许值。张力计既可装在卷扬机侧，也可装在牵引头端，这要按牵引力的大小和张力计的种类而定。装在卷扬机侧的张力计还可以设置带有控制接点的仪器，在牵引过程中一旦张力超过允许值，可立即切断控制系统而停止牵引。

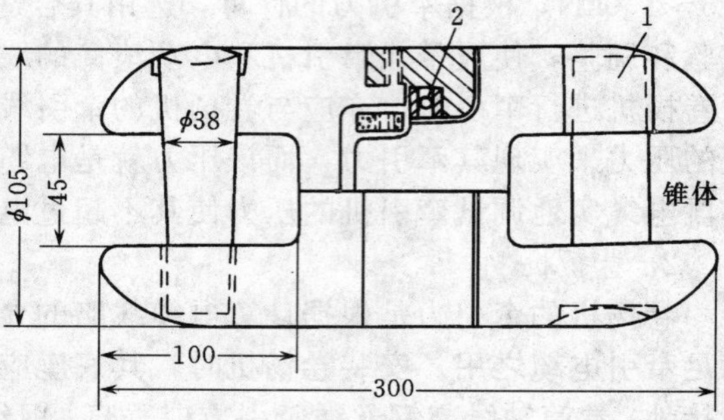

图 8-10　防捻器（mm）
1—螺栓销；2—平板轴承

六、控制与信号系统及施工组织

（一）控制与信号系统的设置

电动牵引机械的起动和停止需要通过一定的控制元件来实现，特别是当采用履带式牵引机和电动滚筒配合牵引时，要达到同步运行，且保持线速度一致，必须设计合理的自动控制系统。而用人力配合牵引时的同步，则依靠音响信号来实现。

由于参加电缆线路敷设施工的人员较多，牵引机械的起动和停止都需要引起全线路人员的注意和执行。为了统一行动，应该有指挥人员统一发出指令。同时在有些复杂路径上敷设电缆时，难免会有托辊倒伏、电缆脱辊等事故发生，需要就近操作控制开关，一方面迅速切断牵引机械的控制电源停止牵引，另一方面动作为警铃，电缆盘停止转动并利用制动装置进行制动，全线路人员暂停工作，并用电话（或报话机）向指挥人员汇报停止敷设的原因。为了满足上述要求，应具备如下两个条件：①在电缆盘、卷扬机及其他关键部位设置遥控开关、电铃、电话等，并派专人操作与监护；②制定统一的指挥信号和行动规则，信号要简单明确，控制要迅速可靠。在电缆敷设之前应将控制和信号系统安装和试验好并向所有参加敷设电缆的人员交待清楚。

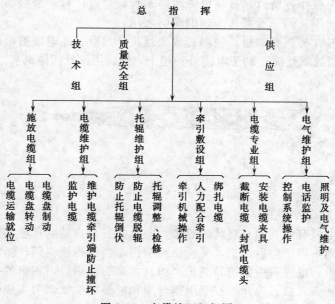

图 8-11　电缆施工组织图

（二）电缆敷设的组织分工

电缆的敷设施工需要有良好的组织系统，并且要分工明确，统一指挥，行动一致，才能使敷设工作顺利进行。一般组织分工如图 8-11 所示。

七、现场指挥和敷设电缆的注意事项

（一）现场指挥

工作组织者应对参加人员讲清楚敷设的顺序和安全注意事项。敷设电缆时应安排专人领线，专人施号，专人传送信号和专人检查。对电缆敷设量大，现场地形复杂的场所宜装设高音喇叭进行统一施号指挥，一般情况可用手提式扩音器。领线者、放电缆盘人员与指挥者之间的联系可用无线对讲机或移动电话进行。

采用牵引机械敷设时，应设有专人控制，前后密切配合，行动一致，当其中一台机械停转时，其他各台应立即停止运转，以防电缆局部拉伤。

（二）敷设电缆的注意事项

（1）敷设电缆前应检查电缆的绝缘，6～10kV 电缆用 2500V 摇表，摇测绝缘电阻≥100MΩ；3kV 及以下电缆用 1000V 摇表，摇测绝缘电阻≥50MΩ。对绝缘有怀疑的电缆应进行耐压试验，确认合格后方可敷设。

（2）架设电缆盘时应注意电缆的缠绕方向，拉电缆时应使电缆从缆盘上方引出，以防电缆盘转动时发生电缆松散。电缆盘应由人推其转动，转动速度要与拉电缆的速度相配合，不可靠拉电缆的拉力使电缆盘转动。放出来的电缆要由人拿着或放在木滚上，电缆不能在地面或木架上摩擦。

（3）为防止损伤电缆绝缘，不应使电缆过度弯曲，电缆弯曲度不得小于其最小允许弯曲半径。在弯曲处，拉电缆的人应站在电缆所受合力的相反方向。

（4）高压电缆与低压电缆及控制电缆应分开排放，当放于同一支架上，从上至下层的排布顺序：从高压到低压，控制电缆在最下层。电缆排放应整齐，转弯处所有电缆都应一道地、相互平行地转弯。十字交叉处应尽量将交叉电缆布置在底部或内侧，使外露部分排列整齐。

（5）电缆敷设时，在电缆终端头与电缆接头附近可留有备用长度，直埋电缆应在全长上留少量裕度，并作波浪形敷设。

（6）为避免差错和便于维护，电缆敷设后应及时挂上标志牌，电缆两端、交叉点、拐弯处和进出建筑物点均应及时挂上标志牌。

（7）冬季电缆变硬，敷设时电缆绝缘易受损伤。因此，如果电缆存放地点在敷设前 24h 内的平均温度以及敷设时现场温度低于下列数值时，应将电缆预先加热。浸渍纸绝缘电缆低于 0℃；橡皮绝缘或聚氯乙烯护套电缆低于 -15℃；塑料绝缘塑料护套电缆低于 -10℃。

（8）预热的方法有两种。一种是用提高电缆周围空气温度的方法预热，一般将电缆运至有暖气的室内或装有安全火炉的帐篷里，利用较高温度的空气对电缆进行预热。用这种方法，当室温为 5～10℃时需三昼夜，25℃时需一昼夜，40℃时需 18h 左右。预热后的电缆应在 1h 内敷设完。第二种方法是将电缆通以电流，使电缆本身发热。这种方法加热时间短，但要注意所加电流不应大于电缆的允许载流量。电缆表面温度不宜大于 40℃，且不低于 5℃。

（9）切断电缆时，应根据设备接线端子的位置，并考虑检修、防潮等需要，确定电缆断口的位置。为防止松脱，要用铁丝将锯口两边绑扎好才开锯。电缆锯断后应对电缆头采取封铅等防潮措施。

第四节　电缆敷设要求及展放方式

一、电缆敷设的技术要求

（1）直埋敷设的电缆应避开规划中建筑工程需要挖掘的地方，使电缆不至受损坏及腐蚀。直埋电缆必须采用铠装和防腐保护。在平面设计时，尽可能选择短而直的路径。电缆直线长度在 30m 以内时，穿保护管的内径不小于电缆外径的 2 倍。如果中间有一个弯，则为 2.5 倍直径。有 2 个弯时或直线长度在 30m 以上时管径不小于 3 倍直径。电缆埋深不小于 0.7m，农田不小于 1.0m。

（2）采用混凝土管块或排管敷设时应设置人孔，电缆在分支、拐弯、集水井及地区高差较大的地方也应设置人孔井。人孔井的距离不大于 50m。尽量避开和减少穿越地下管道（含热管道、上下水管道、煤气管道）、公路、铁路和通信电缆。室内电气管线和电缆与其他管道之间的最小距离见表 8-12。

表 8-12　　　　　　　　室内电气管线和电缆与其他管道之间的最小距离（m）

敷设方式	管线及设备名称	管线	电缆	绝缘导线	裸导母线	滑触线	插接母线	配电设备
平行	煤气管	0.1	0.5	1.0	1.5	1.5	1.5	1.5
	乙炔管	0.1	1.0	1.0	2.0	3.0	3.0	3.0
	氧气管	0.1	0.5	0.5	1.5	1.5	1.5	1.5
	蒸汽管上	1.0	1.0	1.0	1.5	1.5	1.0	0.5
	下	0.5	0.5	0.5			0.5	
	热水管上	0.3	0.5	0.3	1.5	1.5	0.3	0.1
	下	0.2		0.2			0.2	
	通风管		0.5	0.1	1.5	1.5	0.1	0.1
	上下水管	0.1	0.5	0.1	1.5	1.5	0.1	0.1
	压缩空气管		0.5	0.1	1.5	1.5	0.1	0.1
	工艺设备				1.5	1.5		
交叉	煤气管	0.1	0.3	0.3	0.5	0.5	0.5	
	乙炔管	0.1	0.5	0.5	0.5	0.5	0.5	
	氧气管	0.1	0.3	0.3	0.5	0.5	0.5	
	蒸汽管	0.3	0.3	0.3	0.5	0.5	0.3	
	热水管	0.1	0.1	0.1	0.5	0.5	0.1	
	通风管		0.1	0.1	0.5	0.5	0.1	
	上下水管		0.1	0.1	0.5	0.5	0.1	
	压缩空气管		0.1	0.1	0.5	0.5	0.1	
	工艺设备				1.5	1.5		

注　1. 电气管线与蒸汽管线不能保证表中的距离时，可以在管子之间加隔热材料，这样平行净距离可以减至 0.2m，交叉处只考虑施工维修方便。

　　2. 电气管线与热水管线不能保证表中的距离时，可以在热水管线外面加隔热层。

　　3. 裸母线和其他管道交叉不能保证表中的距离时，应在交叉处的裸母线外面加装保护网和保护罩。

（3）对电缆敷设方式的选择，一般要从节省投资、施工方便及安全运行 3 个方面考虑。电缆直埋敷设施工最方便，造价最低，散热较好，应优先选用。

（4）在确定电缆构筑物时，应该结合扩建规划，预留备用支架及孔眼。电缆敷设各项数据标准的要求如下：

1）电缆在隧道或电缆沟内敷设时的净距不得小于表 8-13 的数据。

表 8-13 电缆在隧道或电缆沟内敷设时的净距最小值（mm）

敷 设 方 式		电缆隧道高度 ≥1800mm	电 缆 沟	
			深≤0.6m	深＞0.6m
两边有电缆架时架间水平净距（沟宽）一边有电缆架，架与壁通道净距		1000	300	500
		900	300	450
电缆架层间的垂直净距	电力电缆	200	150	150
	控制电缆	120	100	100
电力电缆间的水平净距		35，但不小于电缆外径		

2）室外电缆和其他管道的安全距离应不小于表 8-14 的规定。

表 8-14 室外电缆和其他管道安全距离的规定（m）

类 别	接近距离	交叉垂直距离	类 别	接近距离	交叉垂直距离
电缆与易燃管道	1.0	0.5	电缆与电杆	0.5	—
电缆与热力管	2.0	1.0	电缆与树林	1.0	—
电缆与建筑物	0.6	—			

3）在以下各处应预留长度：在电缆进建筑物、电缆中间头、终端头、由水平到垂直处、进入高压柜、低压柜、动力箱、过建筑物伸缩缝、过电缆井等处。电缆直埋时还得预留"波纹长度"，一般取 1.5%，以防热涨冷缩受到拉力。对于电话电缆和射频同轴电缆的预留长度，电气安装工程定额也已经综合了 20% 的裕度。预留长度见表 8-15。

表 8-15 预留长度表（m）

	进建筑物	中间头	垂直到水平	终端头或进配电箱	进高压柜	进低压柜或进电缆井
直埋电缆	2.3	5.0	0.5	1.5	2.0	3.0
电缆沟敷设	1.5	3.0				

4）电缆在垂直或在陡坡敷设时，电缆最高与最低允许最大高差应遵照表 8-16 的规定施工。

5）在工厂内电缆明敷设时其固定支点的间距应遵照表 8-17 执行。

表 8-16 电缆最高与最低允许最大高差（m）

电压等级（kV）		铅包	铝包
1~3	铠装	25	25
	无铠装	20	25
6~10		15	20
20~35		5	—
干绝缘统铅包		100	

表 8-17 电缆敷设支点的间距（m）

敷设方式 电缆类型	塑料护套、铅包、铝包、钢带铠装		钢丝铠装电缆
	电力电缆	控制电缆	
水平敷设	1.0	0.8	3.0
垂直敷设	1.5	1.0	6.0

一级负荷供电的双路电源电缆应尽量不敷设在同一沟内，否则应该加大电缆之间的距离。电缆在室外明设时，不宜设计在阳光暴晒的地方。单芯电缆通交流电时，不得穿钢管敷设，也不应该用铠装的电缆。应采用非金属管敷设。单芯电缆在敷设时应满足下面要求：①要使并联电缆间的电流分布均匀；②接触电缆的外皮时，应没有危险；③不得使附近的金属部件发热。

室外电缆沟在进入厂房时，入口处，应该设防火隔墙。电缆沟的盖板采用钢筋混凝土盖板，2人能抬得动，不宜超过50kg。室内要用钢板盖板。电缆沟应采用分段排水，每隔50m左右，设集水井。电缆沟底的坡度不小于0.5%。室内电缆敷设线路平面设计应把高压电缆与低压电缆分开，并列间距不小于150mm，电压相同的电缆净间距不小于35mm，在电缆托盘内则不受此限。非铠装电缆水平敷设时，距离地面高度不小于2.5m。垂直敷设高度在1.8m以下时，应有防机械损伤的措施。但是明敷设在电缆专用房间时，不受此限。

6) 电缆不得拐急弯，一般弯曲半径不小于电缆外径的10～20倍（控制电缆、塑料电力电缆、橡皮绝缘或塑料护套电力电缆≥10倍；油浸纸绝缘电力电缆、橡皮绝缘、裸铅包电力电缆≥15倍；橡皮绝缘铅包铠装电力电缆≥20倍）。

电缆敷设的弯曲半径与电缆外径的比值不应小于表8-18所示。多芯电缆比单芯电缆弯曲半径小，无铠装比有铠装电缆弯曲半径小。

表 8-18　　　　　　　　电缆敷设的弯曲半径与电缆外径的比值不应小于下述规定

电 缆 护 套 类 型		电 力 电 缆		其他多芯电缆
		单 芯	多 芯	
金 属 护 套	铅（倍数）	25	15	15
	铝（倍数）	30	30	30
	皱纹铝套和皱纹钢套	20	20	20
非金属护套（倍数）		20	15	无铠装10，有铠装15

（5）电缆通过有振动和承受压力的下列各地段，施工时应穿管保护：

1) 电缆引入和引出建筑物（构筑物）的基础、楼板及过墙等处。

2) 电缆通过铁路、道路和可能承受到机械损伤的地段。

3) 垂直电缆在地面2m至地下0.2m处和行人容易接触，可能受到机械损伤的地方。

电缆与建筑物平行敷设时，电缆应埋设在建筑物的散水坡外。电缆进入建筑物，所穿的保护管应该超出建筑物的散水坡以外0.1m。直埋电缆与道路、铁路交叉时，所穿保护管应伸出1m。电缆与热力管沟交叉时，如电缆穿石棉水泥管保护，其长度应伸出热力管沟两侧各2m；用隔热保护层时，应超过热力管沟和电缆两侧各1m。

直埋地的电缆，接头盒下面必须垫混凝土基础板，其长度应伸出接头保护盒两侧大约0.6～0.7m。

电缆支架的层间允许最小距离应符合表8-19的规定，其净距不应小于两倍电缆外径加100mm，35kV及以下不应小于两倍电缆外径加50mm。

（6）直埋电缆施工时应剥去麻层。无铠装的电缆在引出地面上1.8m的高度应穿金属管保护。以防机械损伤。室外电缆沟的盖板应高出地平100mm。如果影响地面的排水，则应采用有覆盖层的电缆沟，可以低于地平300mm。室内电缆敷设凡是穿过楼板或墙体时，应有局部穿管保护。电缆的中间头要求设置在电缆井内，电缆头盒的周围要有防止事故引起火灾的措施。

表 8-19　　　　　　　　　　　　电缆支架的层间允许最小距离值（mm）

电缆类型和敷设方式		支（吊）架	桥　架
控制电缆		120	200
电力电缆	10kV 及以下（除 6～10kV 交联聚乙烯绝缘外）	150～200	250
	6～10kV 交联聚乙烯绝缘	200～250	300
	35kV 单芯		
	35kV 三芯 110kV 及以上，每层多于 1 根	300	350
	110kV 及以上，每层 1 根	250	300
电缆敷设于槽盒内		$h+80$	$h+100$

注　h 表示槽盒外壳高度。

（7）日平均气温低于下列数值时，敷设前应采用提高周围温度或通过电流法使其预热，但严禁用各种明火直接烘烤，否则不宜敷设。电缆敷设最低允许温度见表 8-20。冬季电缆安装敷设的时刻最好选在无风或小风天气的 11～15 点钟进行。

表 8-20　　　　　　　　　　　　电缆最低允许敷设温度

电缆类型	电缆结构	最低允许敷设温度（℃）
油浸纸绝缘 电力电缆	充油电缆	−10
	其他油纸电缆	0
橡皮绝缘 电力电缆	橡皮或聚氯乙烯护套	−15
	裸铅套	−20
	铅护套钢带铠装	−7
塑料绝缘电力电缆		0
控制电缆	耐寒护套	−20
	橡皮绝缘聚氯乙烯护套	−15
	聚氯乙烯绝缘聚氯乙烯护套	−10

（8）在电缆的两端、电缆接头处、隧道及竖井的两端、人井内、交叉拐弯处、穿越铁路、公路、道路的两侧、进出建筑物时应设置标志桩（牌）；标志桩（牌）应规格统一、牢固，防腐；标志桩应注明线路编号、型号、规格、电压等级、起始点等内容，字迹应清晰，不易脱落。

（9）电缆通过下列地段时，应采用有一定机械强度的保护措施，以防电缆受到损伤，一般用钢管保护：

1）引入、引出建筑物、隧道，穿过楼板及墙壁处。

2）通过道路、铁路及可能受到机械损伤的地段。

3）从沟道或地面引至电杆、设备，墙外表面或室内人容易碰触处，从地面起，保护高度为 2m。

保护管入地面的深度不应小于 150mm，埋入混凝土内的不作规定，伸出建筑物散水坡的长度不应小于 250mm。

（10）电缆在下列位置时应留有适当的裕度：

1）由垂直面引向水平面处。

2）保护管引入口或引出口处。

3）引入或引出电缆沟、电缆井、隧道处。

4）建筑物的伸缩缝处。

5）过河的两侧。

6）接头处。

7）架空敷设到电杆处。

8）电缆头处。

裕度的方式一般应使电缆在该处形成倒 Ω 形或 O 形，使电缆能伸缩或者电缆击穿后锯断重做接点。

（11）电缆保护管在 30m 以下者，管内径不应小于电缆外径的 1.5 倍；超过 30m 以上者不应小于 2.5 倍。

在三相四线制系统中使用的电力电缆，不能采用三芯电缆另加一根单芯电缆或导线、也不能用电缆金属护套等作中性线的方式。必须使用四芯或五芯电缆。

在三相三线系统中，不得将三芯电缆中的一芯接地运行。

三相三线系统中使用的单芯电缆，安装时应组成紧贴的正三角形排列，并每隔 1m 应用非金属带绑扎牢固，充油电缆或水底电缆可除外。

并联运行的电力电缆，其敷设长度应相等。

（12）电力电缆接头盒的布置，应符合以下要求：

1）并列敷设时，接头盒的位置应前后错开，错开距离一般为 1m。

2）明设时，接头盒须用强度较高的绝缘板托置，不得使电缆受到应力。如与其他电缆并列敷设，应用耐电弧隔板予以隔离。绝缘板、电弧板应伸出接头盒两端的长度各不小于 600mm。

3）直埋时，接头盒的外面应有防止机械损伤的保护盒，一般用铸铁盒，同时盒内注以沥青，以防水份潮气侵入或冻胀损坏电缆接头。尔后再用槽形混凝土板盖在保护盒上，使之不受压力，或者在该处设置电缆井。

（13）电缆敷设后，下列地方应予以固定：

1）垂直敷设或超过 45°倾斜敷设的电缆，应在每一个支架上固定；

2）水平敷设的电缆，应在首尾两端、转弯两侧、接头两侧固定。

电缆的固定夹具的型式应统一；固定交流单芯电缆或分相铅套电缆在分相后固定，使用的固定夹具不应有铁件构成的闭合磁路，通常使用尼龙卡子；裸铝（铅）套电缆的固定处，应加橡胶软垫保护。

沿电气化铁路或有电气化铁路通过的桥梁上明敷设电缆的金属保护层，包括保护电缆的金属管道，应沿其全长与金属支架或桥梁的金属构件绝缘，通常垫以尼龙垫并使用尼龙卡子固定，卡子和垫应配套。

（14）其他要求：

1）电缆进入电缆沟、隧道、竖井、建筑物、盘柜以及穿入管子时，出入管口应封闭，一般用沥青膏浇注。

2）对于有抗干扰要求的电缆线路，应按设计要求作好抗干扰措施，通常应将铝包或铅包单独屏蔽接地、接地电阻 ≤1Ω。

3）装有避雷针的照明灯塔，必须采用直埋于地下的带金属护层的电缆，护层可靠接地，埋地长度大于 10m，方可与配电装置的接地网相连接或与电源线、低压配电装置相连接。

二、冬季电缆敷设的技术措施

冬季不宜敷设电缆，当气温低于表 8-20 中要求时，如因工程需要必须敷设时，应采取加热方法处理电缆，通常有两种加热方法，其他同上。

（一）室内加热法

将电缆置于保温的室内或临时搭设的工篷内，用热风机或电炉以及其他无明火的加热方法提高室内温度，以对电缆加热，这种方法加热时间较长，只适用小截面或较短的电缆。

（二）电流加热法

一般使用三相低压可调变压器，初级 220/380V，次级能输出较大的三相电流，或者使用三台交流电焊机。

先将电缆的一端头短接并铅封，铅封应与线芯绝缘，中间应垫以 50mm 厚的绝缘；电缆的另一端头可先制作成一电缆头，并与加热电源接好。布置见图 8-12。这个电缆头在敷设时不得受到任何机械及电气损伤。

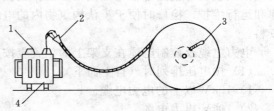

图 8-12　电流加热电缆示意图
1—接电源；2—首端电缆头；
3—末端电缆头；4—三相调压器

检查无误后即可接通电源，先小电流加热，然后逐级升到定值。加热过程中，要经常测试电缆表面温度和电流，任何情况下，电缆表面的温度不应超过下列数值：

3kV 及以下的电缆	40℃
6～10kV 的电缆	35℃
20～35kV 的电缆	25℃

电流的测量应用钳型电流表，测温应用红外点式温度计，也可用水银温度计包在电缆外皮上进行测量。

10kV 及以下的三芯统包型电缆加热所需的电流、电压和时间，见表 8-21，表中数值仅供参考，在实际应用中应根据实际情况和室外气温适当调整。

表 8-21　　　　　　　　　　　　　　电缆电加热技术参数

电缆规格	加热时的最大允许电流（A）	在四周温度为下列各数值时所需的加热时间（min）			加热时所用电压（V）电缆长度（m）				
		0℃	−10℃	−20℃	100	200	300	400	500
3×10	72	59	76	97	23	46	69	92	115
3×16	102	56	73	74	11	39	58	77	96
3×25	130	71	88	106	16	32	48	64	80
3×35	160	74	93	112	14	28	42	56	70
3×50	190	90	112	134	12	23	35	46	58
3×70	230	97	122	149	10	20	30	40	50
3×95	285	99	124	151	9	19	27	35	45
3×120	330	111	138	170	8.5	17	25	34	42
3×150	375	124	150	185	8	15	23	31	38
3×185	425	134	163	208	6	12	17	23	29
3×240	490	152	190	234	5.1	11	16	21	27

无论采取哪种加热方法，都应先将敷设工作的准备工作做好，电缆加热后，立即投入敷设工作，越快越好，敷设时间以 1h 为宜。

三、电缆敷设图纸资料

大量敷设电缆时应该有下列几种设计图纸。

（一）电缆平面布线图

图上绘出电缆起迄点的电气设备（如配电盘、启动器、电动机及端子箱）、电缆构筑物（如隧道、沟道、排管、穿管及竖井等）及电缆构筑物内电缆敷设的根数。

（二）电缆排列剖面图

根据构筑物内各电缆的电压等级、用途、重要性、易燃性及起迄点等特征进行设计。排列剖面图表明每根电缆在电缆支架上的排列位置，施工时以此作为依据，使电缆的排列有规律和运行维护、检修时便于辨认构筑物内的电缆，并给扩建时的电缆布线提供了正确的原始资料。

电力电缆及控制电缆在支架上的位置应按下列顺序排列：

（1）按电压排列时（自上而下）：

1）10kV 以上的电力电缆。

2）10kV 电力电缆。

3）3～6kV 电力电缆。

4）1kV 及以下的电力电缆。

5）照明电缆。

6）直流电缆。

7）控制电缆（同一安装单位一般放在同一层格架上）。

8）通信电缆。

（2）按用途排列时（自上而下）：

1）发电机电力电缆。

2）主变压器电力电缆。

3）厂（所）用变压器电力电缆。

4）馈线电缆。

5）照明电缆。

6）直流电缆；

7）控制电缆（同一安装单位放在一起）。

8）通信电缆。

（三）固定电缆用的零件结构图

表明每个零件结构尺寸，作为加工制作零件用。

（四）电缆清册

电缆清册是根据电气主结线系统、厂用电系统、照明系统图列出所需的电力电缆；根据直流系统图列出所需的直流电缆；根据二次线的端子排图列出所需的控制电缆。清册中表明每根电缆的编号、型号、截面、起迄点及长度，与电缆布线图相对照，用以指导施工，并作为订购电缆的依据。

电缆清册是订购电缆和指导施工的依据，运行维护的档案资料，应列入每根电缆的编号、起迄点、型号、规格、长度，并分类统计出总长度（控制电缆还应列出每根电缆备用芯数）。

四、110kV 及以上交联聚乙烯绝缘电力电缆敷设要求

（一）电缆敷设方式

（1）管道中平行敷设，如图 8-13 所示。

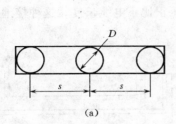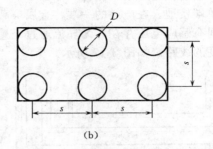

图 8-13　管道中平行敷设

(a) 单回路；(b) 双回路

s—相邻两相电缆的中心距离，$s=2D$；D—管道内径

管道内径按下式计算：

$$D_{in} \geqslant 1.3d \text{ 或 } D_{in} \geqslant d + 30\text{mm}$$

式中　D_{in}——管道内径；

　　　d——电缆外径。

（2）直接埋地或空气中平行敷设，如图 8-14 所示。

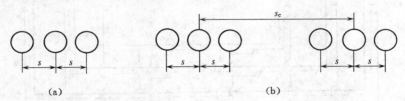

图 8-14　直接埋地或空气中平行敷设

(a) 单回路；(b) 双回路

s—相邻两相电缆中心距离，$s=2d$；

s_c—两回路中间相电缆中心距离，$s_c=8d$；d—电缆外径

（3）直接埋地或空气中三角形敷设，如图 8-15 所示。

（二）电缆最小允许弯曲半径

敷设时：$20d$

敷设后：$15d$

d 为电缆外径。

（三）电缆数设时承受的侧压力和最大允许拉力

$$F_c = F/R \qquad F = aS$$

式中　F_c——电缆承受的侧压力；

　　　F——电缆最大允许拉力；

　　　R——电缆弯曲半径；

　　　S——电缆导体截面，mm^2；

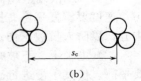

图 8-15　直接埋地或空气中三角形敷设

(a) 单回路；(b) 双回路

s_c—两回路的中心距离，$s_c=4d$（d—电缆外径）

a——系数，铝导体，$a=40\text{N}/\text{mm}^2$；铜导体，$a=70\text{N}/\text{mm}^2$。

（四）金属屏蔽层接地方式

（1）两端接地。电缆金属屏蔽层两端连接起来后接地。在这种情况下，金属屏蔽层中有环流通过，会降低电缆的载流量。如图 8-16 所示。

（2）单端接地。在电缆的一端将金属屏蔽层连接起之后接地。在这种情况下，金属屏蔽层对地之间有感应电压存在，无环流通过，感应电压正比于电缆长度，这种接地方式仅适应于较短长度的线路。如图 8-17 所示。

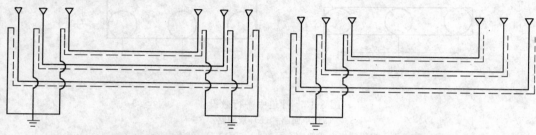

图 8-16　金属屏蔽层接地方式一　　　　　图 8-17　金属屏蔽层接地方式二

（3）电缆金属屏蔽层两端连接起来之后接地，并采用绝缘连接盒将金属屏蔽层进行换位连接。在这种情况下，金属屏蔽层中无环流通过，两端对地之间无感应电压，但中间对地有感应电压，且换位处感应电压最大，如图 8-18 所示。

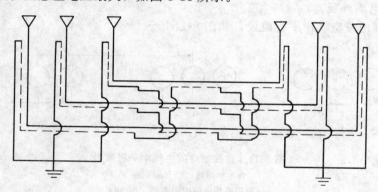

图 8-18　金属屏蔽层接地方式三

五、电缆展放要求及方法

（一）电缆展放要求

（1）人工滚动电缆盘时，滚动方向必须顺着电缆缠紧方向（盘上有方向标志），力量要均匀，速度要缓慢平稳。推盘人员不得站在电缆前方，两侧人员所站位置不得超过电缆盘的轴中心，以防人员被压伤。

（2）电缆上、下坡时，可在电缆轴中心孔内穿上铁管，再在铁管上拴绳。拉放时，力量要平衡，使其缓慢进行。

（3）在拐弯处敷设电缆展放时，操作人员必须站在电缆弯曲半径的外侧，切不可站在弯曲度的内侧，以防挤伤操作人员。

（4）穿管处敷设时，敷设电缆人员必须做到：送电缆时手不可距离管口太近，以防止挤手；迎电缆时，眼及身体不可直对管口，以防止戳伤。

（5）敷设电缆时，架设电缆盘的地面必须坚实平整，支架必须采用有底部平面的专用支架，不得使用千斤顶代替。

（二）电缆展放拉引电缆的方法

拉引电缆时，可以参照以下两种方法。

1. 人力拉引

这种拉引方法需要的施工人员较多，并且人员要定位，电缆从盘上端引出，见图 8-19 所示。

图 8-19　人工展放电缆示意图

电缆展放过程中，在电缆盘两侧须有滚动和刹制托盘的操作人员。为了避免电缆在展放中受到拖拉而损伤，电缆应放置在固定位置的滚柱上。

施工前先由指挥者做好施工交底工作。施工人员的布局合理，听从指挥者的命令指挥，拉引电缆速度要均匀，相互配合，电缆敷设进行的指挥人员必须对施工现场（电缆走向顺序、排列、规格、型号、编号等）十分清楚，以防止返工。拖拉电缆时，可用特制的钢丝网套，套在电缆末端。

2. 机械拉引

当敷设大截面，重型电缆时，宜采用机械拉引方法。施工时，先将牵引端的线芯与铅（铝）包皮封焊成一体，以防线芯与外皮之间移动。做法将特制的拉杆插在电缆线芯中间，用铜线绑扎后，再用焊料将拉杆、导体、铅（铝）包皮三者焊在一起（注意封焊严密，以防潮气进入电缆内）。

（三）牵引动力的确定

1. 慢速卷扬机牵引

为了保证施工安全，卷扬机牵引展放电缆时，其速度在 8m/min 左右为合适，不可过快，电缆长度不宜太长，注意防止电缆行进时受阻而拉坏，并注意电缆在滚柱上的滑动，不要脱落。

2. 拖拉机牵引拖斗法

将电缆架在拖斗上，在拖拉机牵引拖斗沿沟行走的同时，将电缆放入沟内，这种方法适用于冬季冻土、电缆沟及土质坚硬的场所。敷设前应先检查电缆沟，平整沟底部，沿沟行走一段距离，试验确认无问题时方可进行。在电缆沟土质松软及沟的宽度较大时，此种方法不宜采用。

拖拉机牵引拖斗展放电缆示意图见图 8-20 所示，汽车牵引见图 8-21 所示。

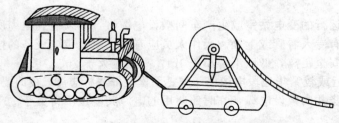

图 8-20　拖拉机牵引拖斗展放电缆示意图

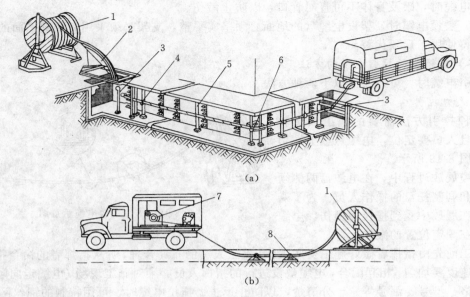

(a)

(b)

图 8-21　电缆敷设施工法

（a）沿隧道牵引敷设电缆法；（b）沿沟牵引电缆敷设法

1—电缆盘；2—上道口围框装置；3—下道口围框装置；4—直线导轮；

5—支柱；6—转角导轮；7—卷扬机；8—沟内承托电缆的滚轮

六、敷设电缆的安全事项

（1）架设电缆轴架的地方必须平整坚实，支架必须采用有底盘支架，不得用千斤顶代替。临时搭设的支架必须用两只三角架架设转轴。必要时电缆轴架应设置临时地锚。

（2）采用撬动电缆轴的边框展放电缆，不得用力过猛，不要将身体伏在边框上面，同时应有制动措施，防止边框滑脱，折坏。

（3）牵引电缆，速度宜慢，力量均匀，速度平稳，不得猛拉猛跑，看轴人员不得站在电缆轴的前面。

（4）敷设时，处于转角地段的人员必须站在电缆弯曲的外侧，切不可站于内侧，以防挤伤摔倒。

（5）人工滚动电缆时，应站于轴架的侧面且不宜超过电缆轴的中心，以防压伤。上下坡时，须在轴心孔中穿钢管，在钢管两端系绳拉拖，中途停止时，应用楔子制动卡住，并把绳子系在可靠固定处。

（6）车辆运输电缆时，电缆应放在车箱前方，并用钢索、木楔固定，防止起动或刹车时滚动或撞击。

（7）在已送电运行的变电站室或生产车间敷设电缆时，必须做到电缆所进入的柜和涉及到的柜停电，且须有专人看管或上锁。操作人员应有防止触及带电设备的措施。在任何情况下与带电体的操作安全距离，低压不得小于 1m，高压应大于 2m。

（8）在道路附近或较繁华地段电缆施工，要设置栏杆或标志牌，夜间要设置红色标志灯。

（9）在隧道或竖井内敷设电缆，临时照明用的电源其电压不得大于 36V。工作时必须戴安全帽。

（10）装卸电缆时，不允许将吊索直接穿入轴心孔内或直接吊装轴盘，应将钢管穿入轴心孔，吊索套在钢管的两端吊装，其钢管强度应满足电缆重量的需要。

采用斜面装卸车时，应将钢管穿入轴心孔内并用钢索或大绳套好系在牢固地方作为保护；滚上或滚下时，任何人不得站于斜面的下面，应站立于轴盘的两侧滚动电缆，以防脱落。保护钢索或大绳必须有良好可靠的制动装置，如树、地锚等。

第五节　电缆敷设牵引力和耐压力的要求及计算

电缆在敷设时需要有牵引力，当牵引力超过电缆的允许值时，往往易于拉坏电缆。因此在设计和敷设施工时，必须计算电缆的牵引力或牵引长度是否超过允许值。虽然电缆路径、牵引力和牵引条件等因素比较复杂，在计算时难于确定，但参照常用的数据，可以大致得出允许的牵引长度和合理的牵引方式、牵引设备布置的位置和牵引设备的容量。

一、电缆的允许牵引力和侧压力

（一）电缆的允许牵引力

电缆的允许牵引力，随牵引方法的不同（即电缆结构中受牵引力作用部分的不同）而异。通常取受力部分材料的抗拉强度的四分之一左右作为敷设电缆允许的最大牵引强度。表 8-22 中列出了电缆结构材料的抗拉强度及允许牵引强度值。

表 8-22　　　　　　　　　　电缆的抗拉强度及允许的牵引强度（MPa）

序　号	项　目	抗 拉 强 度	允许的牵引强度
1	铜导电线芯	240	70
2	铝导电线芯	160	40
3	铅 护 套		10
4	皱纹铝护套		20
5	塑料护套	15～25	4～7

对于具有中心油道的电缆线芯，当用牵引头通过导线牵引电缆时，除按导线截面计算的抗拉强度外，还要考虑作用在导线上的牵引力不能使油道发生变形。使油道不发生变形的最大牵引力为 27kN，因此作用在铜导线上的牵引力既不能超过按铜导线截面计算的允许牵引强度，也不能超过使油道发生变形的最大允许牵引力。

采用钢丝网套牵引自容式充油电缆时，对于具有浸渍麻外护层的电缆，由于麻护层不能承受牵引力，因此牵引力全部集中在铅护套上。虽然铅合金的抗拉强度极低，但铅护套外有加强带加固，故允许的牵引强度可取为 10MPa。铝护套的抗拉强度虽高，但为了防止铝护套的波纹变形，允许的牵引强度也不能取得太大。

采用钢丝网套的牵引挤压塑料护套的充油电缆时，塑料护套是不允许破坏的。因此牵引力应按塑料允许的牵引强度进行计算。塑料中聚乙烯的抗拉强度比聚氯乙烯的抗拉强度要低，因此聚乙烯的允许牵引强度应取表 8-22 中小的数值。

（二）电缆的允许侧压力

有拐弯的电缆线路，在弯曲部分的内侧，电缆受到牵引力的分力和反作用力的作用而受到压力，这种压力称为侧压力。侧压力为牵引力和弯曲半径之比，它与电缆的结构有很大关系。侧压力过大将会压扁电缆。对于充油电缆，主要是考虑作用在外护层上的侧压力不要超过允许值。因为单芯充油电缆的外护层具有绝缘要求。因此，牵引敷设时，除了防止外护层被刮伤擦破外，在弯曲部分要避免出现过大的侧压力，以免压坏外护层而影响绝缘性能。充油电缆的外护层一般为塑料护套，其允许的侧压力为 3kN/m。

二、电缆的牵引计算

电力电缆的敷设方法有多种多样，根据电缆的类型、安装方式而不同，如直埋电缆、排管电缆或水底电缆等。这些方法都需要人力或机械牵引。

电缆线路的装置，虽然不尽相同，但计算牵引力时，总可将全长电缆线路分成几种类型，如直线段、上倾斜段、下倾斜段、上弯曲段、下弯曲段等，累计逐段计算牵引力，可得各段可需的牵引力和总的牵引力，分析牵引力和侧压力允许值，做出是否需要增添或调整牵引机具或者更改牵引方式。

（一）牵引力计算式

各种类型的牵引力计算见表 8-23。

表 8-23 各种类型的牵引力计算方式

弯曲种类		示意图	牵引力（N）
水平直线牵引		$\xleftarrow{T} \quad \xrightarrow{T}$	$T=9.8\mu WL$
倾斜直线牵引		$T_2 \nearrow T_1 \quad \theta_1$	上引力计算 $T_1=9.8WL\ (\mu\cos\theta_1+\sin\theta_1)$ 下引力计算 $T_2=9.8WL\ (\mu\cos\theta_1-\sin\theta_1)$
水平弯曲牵引		$T_1\ \theta\ T_2\ R$	布勒公式 $T_1=9.8WR\sinh\{\mu\theta+\sinh^{-1}[T_1/(9.8WR)]\}$ 李芬堡公式 $T_2=T_1\cosh(\mu\theta)+\sqrt{T_1^2+(9.8WR)^2}\sinh(\mu\theta)$ 尤拉公式 $T_2=T_1\varepsilon^{\mu\theta}$
垂直弯曲牵引	凸曲面	$T_2\ \theta\ T_1\ R$	$T_2=[9.8WR/(1+\mu^2)][(1-\mu^2)\sin\theta+2\mu(\varepsilon^{\mu\theta}-\cos\theta)]+T_1\varepsilon^{\mu\theta}$ 当 $\theta=\pi/2$ 时，$T_2=[9.8WR/(1+\mu^2)][(1-\mu^2)+2\mu\varepsilon^{\mu\pi/2}]+T_1\varepsilon^{\mu\pi/2}$
		$T_1\ T_2\ \theta\ R$	$T_2=[9.8WR/(1+\mu^2)][2\mu\sin\theta-(1-\mu^2)(\varepsilon^{\mu\theta}-\cos\theta)]+T_1\varepsilon^{\mu\theta}$ 当 $\theta=\pi/2$ 时，$T_2=[9.8WR/(1+\mu^2)][2\mu-(1-\mu^2)\varepsilon^{\mu\pi/2}]+T_1\theta^{\mu\theta}$
	凹曲面	$R\ T_1\ \theta\ T_2$	$T_2=T_1\varepsilon^{\mu\theta}-[9.8WR/(1+\mu^2)][(1-\mu^2)\sin\theta+2\mu(\varepsilon^{\mu\theta}-\cos\theta)]$ 当 $\theta=\pi/2$ 时，$T_2=T_1\varepsilon^{\mu\pi/2}-[9.8WR/(1+\mu^2)][(1-\mu^2)+2\mu\varepsilon^{\mu\pi/2}]$
		$T_2\ R\ \theta\ T_1$	$T_2=T_1\varepsilon^{\mu\theta}-[9.8WR/(1+\mu^2)][2\mu\sin\theta-(1-\mu^2)(\varepsilon^{\mu\theta}-\cos\theta)]$ 当 $\theta=\pi/2$ 时，$T_2=T_1\varepsilon^{\mu\pi/2}-[9.8WR/(1+\mu^2)][2\mu-(1-\mu^2)\varepsilon^{\mu\pi/2}]$

弯曲种类		示　意　图	牵　引　力　（N）
倾斜面上垂直牵引	凸曲面		$T_2=T_1\varepsilon^{\mu\theta}+[9.8WR\sin\alpha/(1+\mu^2)][(1-\mu^2)\sin\theta+2\mu(\varepsilon^{\mu\theta}-\cos\theta)]$
			$T_2=T_1\varepsilon^{\mu\theta}+[9.8WR\sin\alpha/(1+\mu^2)][(1-\mu^2)(\cos\theta-\varepsilon^{\mu\theta})-2\mu\sin\theta]$
	凹曲面		$T_2=T_1\varepsilon^{\mu\theta}+[9.8WR\sin\alpha/(1+\mu^2)][-(1-\mu^2)\sin\theta+2\mu(\cos\theta-\varepsilon^{\mu\theta})]$
			$T_2=T_1\varepsilon^{\mu\theta}-[9.8WR\sin\alpha/(1+\mu^2)][(1+\mu^2)(\cos\theta-\varepsilon^{\mu\theta})+2\mu\sin\theta]$

注　T—牵引力，N；μ—摩擦系数；W—电缆每米重量，kg/m；L—电缆长度，m；θ_1—电缆线直线倾斜牵引时的倾斜角，rad；θ—弯曲部分的圆心角，rad；T_1—弯曲前的牵引力，N；T_2—弯曲后的牵引力，N；α—电缆弯曲部分平面的倾斜角，rad；R—电缆的弯曲半径，m。

（二）摩擦系数及阻塞率

1. 摩擦系数

牵引计算式中的摩擦系数，在没有实测数据时，可参照表 8-24 所列数值。

表 8-24　　　　　　　　　　　　　　摩　擦　系　数

牵引时条件	摩擦系数	牵引时条件	摩擦系数
滑轮上牵引	0.1～0.2	塑料管内牵引	0.4
混凝土管内，无润滑剂	0.5～0.7	砂中牵引	1.5～3.5
混凝土管内，有水	0.2～0.4	钢管内牵引	0.17～0.19
混凝土管内，有润滑剂	0.3～0.4		

2. 阻塞率

当三根电缆敷设在同一管道时，管径（D）要大于 3.15 倍电缆外径（d）或小于 2.85（d）。2.85～3.15 为管径的阻塞率。选用管径不能在 2.85～3.15 倍电缆外径的范围内。

（三）电缆盘轴孔摩擦力和牵引钢丝绳重量

展放的电缆都绕装在电缆盘上，在牵引电缆时还需克服电缆盘轴孔和钢轴之间的摩擦力。在孔和轴配合较好的情况下，摩擦力可折算成相当于 15m 长的电缆重量。

在估算总的牵引力时，述需计入钢丝的重量，通常可折算成相当于 5m 长的电缆重量。

（四）侧压力计算公式

1. 弧形板直埋弯曲、钢管或排管中电缆弯曲侧压力计算

牵引直埋电缆时，往往用弧形板使电缆按规定形状弯曲，排管电缆与钢管电缆在线路弯

曲时，弯曲的内壁上电缆受到牵引力分量的侧压力。侧压力的计算式 见表 8-25 所示。

表 8-25 弧形板、排管孔及钢管中弯曲侧压力计算公式

敷 设 线 路	缆芯形状	计 算 式
直埋弯曲用弧形板或排管内一根电缆		$P = \dfrac{T}{R}$
钢管弯曲或排管孔内三根电缆	三角形	$P = \dfrac{T_1 K_1}{2R}$
	摇篮形	$P = \dfrac{(3K_2 - 2) T}{3R}$

注 P—侧压力，N/m；T—牵引力，N；R—弯曲半径，m；K_1—缆芯呈三角形排列时的重量增加系数，见表 8-26；K_2—缆芯呈摇篮形排列时的重量增加系数，见表 8-26。

在排管中同时将三根单芯电缆牵引入同一孔内时所需的拉力，比不在排管内中牵引时为大。所增加的牵引力和电缆在排管内的排列方式有关，当管孔内径（D）和电缆外径（d）之比大于 2.31 或小于 2.85 时，电缆芯排列成三角形；如大于 3.15 时，电缆芯排列成摇篮形。通常把牵引力增加都折算成电缆重量的增加，称之重量增加系数。其计算式见表 8-26 所示。

2. 滑轮侧压力

电缆在弯曲牵引时，用滑轮代替弧形板在实际施工中更实用，则滑轮上的侧压力可用表 8-27 计算式计算。

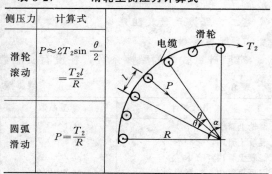

表 8-26 重量增加系数的计算式

排列形式	三角形	摇篮形
重量增加系数	$K_1 = \dfrac{1}{\sqrt{1 - \left(\dfrac{d}{D-d}\right)^2}}$	$K_2 = 1 + \dfrac{4}{3}\left(\dfrac{d}{D-d}\right)^2$

注 D—管道内径；d—电缆外径。

表 8-27 滑轮上侧压力计算式

侧压力	计 算 式
滑轮滚动	$P \approx 2T_2 \sin\dfrac{\theta}{2}$ $= \dfrac{T_2 l}{R}$
圆弧滑动	$P = \dfrac{T_2}{R}$

注 P—侧压力，N；T_2—牵引力，N；θ—滑轮间平均夹角，rad；α—弯曲部分圆心角，rad；R—弯曲半径，m；l—滑轮间距，m。

实际应用中不可能用弧形板来防止电缆弯曲半径过小，施工时用滑轮组比较现实。因此计算每只滑轮上的侧压力后可得出弯曲处需放置滑轮只数。

（五）电缆受力允许值

1. 最大允许牵引力

电缆最大牵引力原则上按电缆受力材料抗张强度的 1/4 计算，该强度乘以材料的断面积为最大牵引力。在以下各种材料时，单芯电缆相应的最大允许值为：

1）牵引铜芯电缆导体时 $T = 68 \times A_c$

2）牵引铝芯电缆导体时 $T = 39 \times A_c$

3）牵引聚乙烯绝缘时 $T=4 \times A_i$

4）牵引交联聚乙烯绝缘时 $T=6 \times A_i$

5）牵引聚氯乙烯护套时 $T=7 \times A_j$

6）牵引铅合金护套时 $T=10 \times A_s$

7）牵引铝护套时（波纹套除外） $T=19 \times A_s$

以上式中 T——最大允许牵引力，N；

          A_c——导体截面积，mm^2；

          A_i——绝缘层截面积，mm^2；

          A_j——外护层截面积，mm^2；

          A_s——金属护层截面积，mm^2。

但导体如采用空心结构，如单芯充油电缆，为了不使空心结构变形，导体截面积大于 $400mm^2$，其最大允许牵引力以小于 27kN 为宜。

橡塑电缆的主绝缘外面通常都有一层聚氯乙烯外护套，虽然主绝缘的允许牵引强度比外护套小，但后者的截面积和主绝缘截面积相比，比例较大，此外橡塑材料不如金属材料容易发生永久变形，因此可以全部采用 $7N/mm^2$ 作允许牵引强度。

牵引力同时作用在电缆的不同材料时，允许值只计算其牵引强度较大的一种及其截面积。装有牵引端时允许拉力只计算导体允许张力。

2．最大允许侧压力

最大允许侧压力分为滑动允许值和滚动允许值，前者适用于弯曲部分采用弧形板并涂抹润滑油或钢管电缆、排管电缆，后者用于角尺滚轮，最大侧压力允许值如表 8-28 所示。

表 8-28   最 大 侧 压 力 允 许 值

电 缆 种 类	滑动（kN/m）	滚动（每只滚轮）（kN）
铅套	3	0.5
波纹铝套	3	2
无金属套橡塑电缆	3	1
钢管电缆	7	

（六）电缆线路牵引计算

用电缆线路的全长来定出每盘电缆的起始和终点的位置，然后将每盘电缆的路径分成各种类型的基本段，如水平直线牵引、水平弯曲牵引、垂直提升牵引等。因为电缆线路的牵引力与侧压力和牵引方向有关，为了减少重量的繁琐计算，以便得出最小的牵引力和侧压力，宜将各种计算式，事先编入计算机程序，然后按不同方向牵引计算，比较计算结果，定出合适牵引方向。

第六节　直埋电缆的施工安装

电力电缆直埋敷设程序：挖样洞→放样→敷设电缆过路导管→挖土→敷设电缆→试验→竣工验收。

一、施工前准备

（一）检验电缆

除了环境温度低于电缆允许敷设温度之外，一般电缆需提前搬运到施工场地。在搬运之前，核对电缆盘上标识，如电压、截面、型号等是否符合工程设计书上要求。对无压力的油纸电缆，需检验电缆盘的两个电缆端头的油纸和导线内是否有水分。检查的方法是将油纸逐层浸入加热到约150℃的电缆油中，如有白沫翻出，表明电缆端部已侵入水分，需逐段锯除，直至无水分为止。重新进行密封及加装牵引端。

对有压力的电缆，只要压力计指示高于大气压，表明绝缘内并无水分，只需测量护层的绝缘是否符合要求。反之整盘电缆宜送回制造厂重新真空干燥浸油处理。

橡塑电缆检查导线内是否有水分，若有，需用加热干燥氮气在电缆一端输入，另一端用真空泵抽气，进行真空及通干燥气体去潮处理。

（二）穿越道路导管

电缆线路全长中经常需要穿越多处公共道路或桥梁等场所，为了避免牵引电缆时对公共交通的影响，横越道路部分的一段事先需埋置多孔导管。导管顶部一般不少于地坪1m，导管孔数需留有50%的备用孔。图8-22为道路导管的断面示意图。

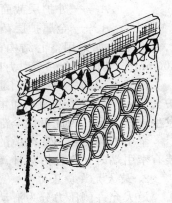

图 8-22 道路导管断面示意图

埋设横越道路的导管，其中心线不论在平面和垂直方向均需保持直线，这就需要先挖出一半长度的横断道路电缆沟土方，在其上临时铺平通行钢板，然后开挖另一半横断道路的电缆沟土方，证实沟中确无障碍物，能保持导管成一直线，而后捣浇所需混凝土导管，待养护坚实，履土填平后，再进行前一半长度的导管捣浇。

（三）材料工具

为了缩短为敷设电缆所开挖的电缆沟对公众交通影响的时间，所需材料如电缆盘、电缆保护盖板、标志牌，以及各类施工用具，如电缆滚轮、汲水泵、牵引卷扬机、电缆盘支架以及安全遮栏牌等均需在敷设电缆前运送至施工现场。电动用具在搬运前要进行检查，防止使用时失灵和贻误牵引电缆时间。

（四）人员组织

敷设电缆需要统一指挥又需明确分工，通常电缆盘的管理为一组，土方的挖掘为一组，卷扬机牵引为另一组，此外设电缆接头和测绘组。由于电缆线路较长，敷设时各组间一般用步话机相互联系。

二、地下直埋电缆敷设法

地下直埋是一种最常用的经济简单的方法，可用于交通不密集的场所。电缆埋于地下，有利于散热，可提高电缆的利用率。但直埋不便于检修，也不便于监护。

电缆沟在全面挖掘前，在设计的电缆线路上先挖试探样洞，以了解土壤和地下管线的分布设置情况。若发现问题，及时提出解决办法，样洞的大小一般为0.4～0.5m，宽与深为1m。开样洞的数量可根据地下管道的复杂程度来决定，一般直线部分每隔40m左右开一个洞，在线路转弯处、交叉路口有障碍物的地方均需开挖样洞。开挖样洞要仔细，不要损坏地下管线设施。

电缆沟开挖前，根据图纸和开挖样洞的资料决定电缆的走向，用石灰粉画出开挖线路的范围（宽度和长度），一根电缆为0.4～0.5m，两根电缆为0.6m。

（一）电缆沟的挖掘

电缆沟的挖掘应沿着勘察测量画出的白粉线进行，深度一般为800mm，穿越农田时不应小于 1m，66kV 及以上的电缆不应小于 1m，只有在引入建筑物、与地下建筑物交叉及绕过地下建筑物处可浅埋，但应埋设保护管。其宽度由电缆的根数而定，见表 8-29 和图 8-23。如遇障碍物或冻土层较浅的区域，则应适当加深；电缆沟的转角处要挖成圆弧形，并保证电缆的允许弯曲半径；电缆接头的地方、引入建筑或引自电杆处要挖出备用电缆裕量的余留坑，见图 8-24。电缆之间、电缆与其他管道、道路、建筑物之间平行和交叉时的最小净距应符合现行国标的规定。

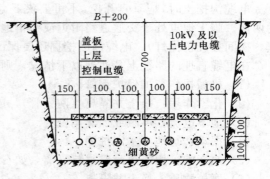

图 8-23 电缆沟尺寸示意图（mm）

表 8-29   **电 缆 沟 宽 度 表**

电缆沟宽度 B（mm）		控制电缆或 10kV 及以下电力电缆根数						
		0	1	2	3	4	5	6
35kV 电力电缆根数	1	300	$\frac{590}{620}$	$\frac{670}{790}$	$\frac{750}{960}$	$\frac{830}{1130}$	$\frac{910}{1300}$	$\frac{990}{1470}$
	2	650	$\frac{940}{970}$	$\frac{1020}{1140}$	$\frac{1100}{1310}$	$\frac{1180}{1480}$	$\frac{1260}{1650}$	$\frac{1340}{1820}$
	3	1000	$\frac{1290}{1320}$	$\frac{1370}{1490}$	$\frac{1450}{1660}$	$\frac{1530}{1830}$	$\frac{1610}{2000}$	$\frac{1690}{2170}$

注 表中分子为控制电缆用尺寸，分母为电力电缆用尺寸。

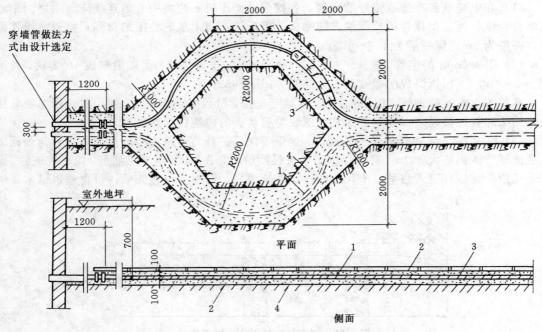

图 8-24 电缆引入室内室外裕量示意图（mm）

1—电缆；2—砂层；3—混凝土盖板；4—土层

257

电缆沟挖土时，应垂直开挖，不可上狭下宽，也不能掏空挖掘。挖出的土放在距沟边 0.3m 的两侧。施工地点处于交通道路附近或繁华地区，其周围应设置遮栏和警告标志（白天挂红旗，夜间挂红色桅灯）。电缆沟的挖掘还要保证电缆敷设后的弯曲半径不小于规程的规定。

在电缆直埋的路径上凡遇到以下情况，则应分别采取保护措施：

（1）机械损伤：加保护钢管。

（2）化学作用：换土并隔离（陶瓷管），或绕开。

（3）地下电流：屏蔽或加套陶瓷管。

（4）振动：与地下水泥桩固定。

（5）热影响：用隔热耐腐材料隔离，如石棉水泥板、泡沫混凝土等。

（6）腐植物质：换土并隔离。

（7）虫鼠危害：加保护管，钢管、陶瓷管等。

挖沟时应注意地下的原有设施，如电缆、管道等，并与有关部门联系，妥善处理，不得随意损坏。所有堆土应掷于沟的一侧，且于 1m 以外，以免放电缆时落于沟内。

上述内容，应与民工交待清楚，并随时派人检查，以免误贻。

（二）埋设保护管及顶管方法

在穿越铁路、公路、城市街道厂区道路时应埋设保护管，但在穿越铁路、公路或其他不能挖掘明沟的道路时，通常则用顶管的方法设置保护管。

顶管是一项专业施工技术，大管径管的顶管使用的机具及工艺也较复杂，电缆保护管通常直径较小，一般可用简便方法。

1. 螺旋钻头顶管法

该法适用于路宽在 20m 以内、硬土、粘土地段，不适用于渣土、水浆土、砂砾土等。

（1）在电缆准备穿越道路处的两端，各挖一个操作坑，两坑中心的连线应与道路的中心线垂直。坑长为一根顶管的长度加自制钻头、千斤顶、道木垫的长度的总和；宽以宜操作即可，一般为 2m；深一般为 1.7～1.8m。

（2）用 $\phi80mm$ 的钢管，长 1m 左右，一端套丝扣，准备接管；另端锻制成 40°尖状，外面焊上 30×30×3 角钢锻成的螺纹绞刀，螺距 80～100mm。

准备 $\phi100mm$ 的钢管，长 5m 左右，两端套丝扣，根数由路宽决定。使用时再用熟铁管接头将钻头和管连接起来，这里要注意管螺纹与管接头的内螺纹必须配套。

（3）按图 8-25 将装好的钻杆装配好，这里要保证钻杆与道路中心的垂面垂直且与路面的水平面平行距离应大于 1m。有条件应用水平仪测量，或用 1m 的水平尺测量。找平找正后，操作千斤顶，使钻杆顶入路基，千斤顶的行程越长越好，第一个行程完后，可再垫以道木，继

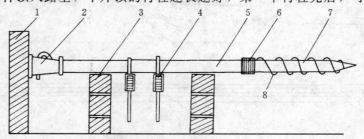

图 8-25　螺旋钻头顶管法布置示意图

1—道木；2—千斤顶；3—支撑道木；4—管钳子；

5—钻杆；6—连接螺纹；7—钻头；8—角钢

续顶入，直至将钻杆顶入路基外露 500mm 以后，再用链钳或管钳子旋转钻杆，直至将第一根钻杆全部进入路基。旋转时必须保证上述垂直和平行的要求，同时给钻杆尾部以推力，不得摇摆钻杆。

（4）接上一根管子，先用千斤顶顶一下，再用钳子旋转，这样直到钻透为止。

（5）将钻杆退出，再把待埋的保护管套扣连接，一节一节送入钻孔内。穿入前要作好防腐处理，并把第一节的管口用木楔塞好，穿好后将管口先用气焊烤制为喇叭口后再用木楔堵好，准备穿电缆。

这种方法可直接将钻杆作为保护管，一次作好不再抽出，只将钻头拆下即可。

2. 铁锤冲击法

该法适用于软土、灰渣土、砂砾土或路面不宽的场所。

同样在道路一端挖一操作坑，其长度为保护管长度加锤的冲击距离，另侧可挖一小坑，其他要求同前法。在坑上架两个三木搭，之间用钢管连接作为横梁，用临时拉线将三木搭拉住固定。把重锤悬挂在上面，锤后系绳子，可将锤拉起后松开，利用锤的自摆打击管顶帽，使管向步进，直到打通为止，见图 8-26。管即为保护管，端部锻尖，尾部加管帽，防止管口被打坏，管帽由一段大于保护管一个规格的钢管和一段小于保护管一个规格的钢管与一块厚 30mm 的直板焊接而成。同样步进时要保证管的垂直与水平。

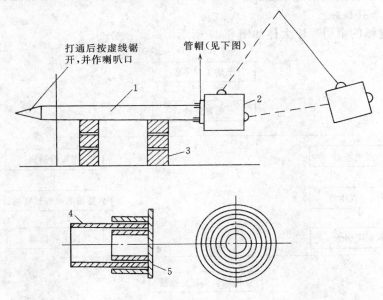

图 8-26　铁锤冲击顶管布置示意图
1—保护管；2—铁锤；3—道木；4—管子；5—管帽

（三）埋设隔热层

电缆的埋设与热力管道交叉或平行敷设，如不能满足最小允许距离时，应在接近或交叉点前后 1m 范围内作隔热处理。隔热材料可用 250mm 厚的泡沫混凝土、石棉水泥板、150mm 厚的软木或玻璃丝板。材料一要隔热，二要防腐。埋设隔热材料时除热力沟的宽度外，两边各应伸出 2m。电缆宜从隔热后沟的下面穿过，任何时候不能将电缆平行敷设在热力沟的上方或下方。穿过热力沟部分的电缆除采用隔热层外，还应穿石棉水泥管保护。

当敷设的电缆不能满足规定时，可采取以下措施：

（1）电力电缆间及其与控制电缆间或不同使用部门的电缆间，当电缆穿管或用隔板隔开时，平行净距可降低为 0.1m。

（2）电力电缆间、控制电缆间以及它们相互之间，不同使用部门的电缆间在交叉点前后 1m 范围内，当电缆穿入管中或用隔板隔开时，其交叉净距可降低为 0.25m。

（3）电缆与热管道（沟）、油管道（沟）、可燃气体及易燃液体管道（沟）、热力设备或其他管道（沟）之间，虽净距能满足要求，但检修时可能伤及电缆时，在交叉点前后 1m 范围内，应采取保护措施；当交叉净距不能满足要求时，应将电缆穿入管中，其净距可减为 0.25m。

（4）电缆与热管道（沟）及热力设备平行、交叉时，应采取隔热措施，使电缆周围土壤的温升不超过 10℃。

（5）当直流电缆与电气化铁路路轨平行或交叉时，其净距不能满足要求时，应采取防电化腐蚀措施。

（四）沟内铺砂

沟挖好后应沿全线检查一遍，应符合前述的要求，特别是转角、交叉、设管、隔热、深宽等。合格后可将细砂铺以沟内，厚度 100mm，砂子中不得有石块、锋利物及其他杂物，这一点要向民工交待清楚，避免返工。铺好后要全沿线检查，除铺砂外，有无其他不妥及妨碍展放电缆的地方，否则应及时修复。

（五）一般牵引程序

敷设直埋电缆的牵引程序大体如图 8-27 所示。

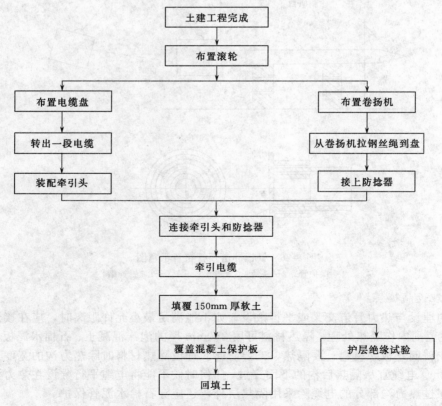

图 8-27　直埋电缆的敷设的牵引程序

（六）展放电缆于沟内

敷设电缆的准备工作就绪，整理完毕土沟，在沟底部铺上 100mm 厚的细砂或筛过的软土作电缆的垫层。然后在沟内放置滚柱，其间距与电缆长度的重量有关，一般可按每 3～5m 放置一个滚柱（在电缆转弯处应加放一个），以不使电缆下垂碰地为原则。然后按前面叙述的展放方法施工。

展放电缆与架空线路中放线基本相同，所不同的是将电缆放入沟内，并且沟不是直线，除转角外还有穿保护管等。展放电缆必须用放线架，电缆的牵引可用人工牵引或机械牵引。

1. 人工牵引展放电缆

人工牵引展放电缆就是每隔几米即有人肩扛着放开的电缆并在沟内向前移动，或者沟内每隔几米即有人手持展放开的电缆向前传递而人不移动，电缆移动的同时向前牵引电缆。在电缆轴架处有两人或四人分别站在两侧用力转动电缆盘，并有专人检查电缆有无破损或其他不妥之处，并有制动工具，可熬住转动的电缆盘。牵引速度宜慢，转动轴架的速度应与牵引的速度同步，既不能使电缆受到过度的拉力、也不能使电缆大量堆积，以免造成电缆过度弯曲。电缆端部的牵头者必须是对敷设现场，如电缆走向、顺序、排列、规格、型号、转角、用途、编号等十分清楚。遇着保护管时应将电缆穿入保护管，并派人在管口处守候，以免阻卡或意外。穿软管长者，用预先穿#8 铅丝绑扎好再牵引。每放完一盘则应在头和尾端挂上编号。第一盘电缆应从电缆的引出端展放，第一盘不够长时，第二盘应从第一盘的末端继续展放，且应放完一个回路再放一个回路；每放完一个回路不应将剩余的电缆锯断，须经复核无误后且留出制作电缆头和电缆接头及其他的余量后，才能锯断。

2. 机械牵引展放电缆

机械牵引和人工牵引要求基本相同，主要是牵引方法不同。

机械牵引展放电缆应先沿沟底放置滚轮，一般每隔 4～5m 放一个，并将电缆放在滚轮上，减小与地面、砂面的摩擦，然后用小拖拉机或汽车（也可用人工牵引电缆，见图 8-19）。人工只是保护电缆不脱轮及在转角处保护电缆不与沟边摩擦。人应站于沟的外侧，用手传递电缆，这里应由有经验的人看管。电缆盘的两侧同样应有人协助转动，并可熬住转动的电缆盘。电

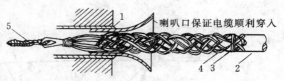

图 8-28　用钢丝网套将电缆与牵引绳系住
1—管子；2—电缆；3—捆绑的钢丝；
4—钢套；5—接电缆绳索

缆的牵引端一般用专用的电缆钢丝网套套上，再由机械牵引，牵引速度应小于 8m/min。钢丝网套见图 8-28。如在田间或无需穿保护管时可将牵引车骑跨在电缆沟上按图 8-29 牵引。

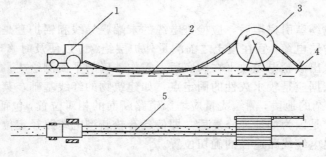

图 8-29　牵引车骑在电缆沟上拖拉电缆
1—拖拉机；2—电缆；3—电缆盘；4—临时拉线；5—细砂

电缆全部展放完入沟后，应沿全线进行检查和整理，掉入沟内的石块及硬物应捡出；电缆在沟内应有一些波形余量，不要撑得特别直，以防冬季冷却伸直；多根电缆同沟敷设应排列整齐，不得交叉。

3. 牵引方式

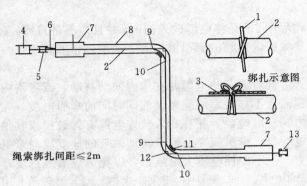

绳索绑扎间距≤2m

图 8-30 绑扎牵引方法

1—绑扎绳索；2—电缆；3—牵引钢丝绳；4—电缆盘；5—装在拖车上钢丝绳盘；6—牵引钢丝绳；7—接头坑或接头井；8—电缆沟或隧道；9—进单轮滑车前解除绑扎绳索；10—再绑扎；11—弧形护板；12—单轮滑车；13—卷扬机

(1) 绑扎牵引。如计算的牵引力或侧压力大于允许值而又无辅助牵引机具，如电动滚轮、履带牵引机，则宜采用钢丝绳绑扎牵引。即电缆盘侧，配置一盘和电缆同长的钢丝绳，以便和电缆同时敷设，而牵引钢丝绳的牵引力只作用在边敷设，边把电缆绑扎在钢丝绳上，这就需要在电缆每 2m 的间隔用尼龙短绳，临时将钢丝绳和电缆平绑扎紧，待敷设完成后，解开尼龙绳绑扎带，回收钢丝绳。绑扎牵引的方法，如图8-30所示。

(2) 直接牵引。直埋电缆的直接牵引方式，如图 8-31 所示。一般牵引速度为 5～6m/min。在牵引过程中应注意滚轮是否翻倒，张力是否适当。特别应注意电缆引出导管口或电缆经弯曲后电缆的外形和外护层有无刮伤或压扁等不正常现象，以便及时采取防范措施。

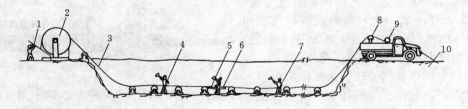

图 8-31 直接牵引方法

1—制动；2—电缆盘；3—电缆；4—滚轮监视人；5—牵引头监视人；6—防捻器；7—滚轮监视人；8—张力计；9—卷扬机；10—锚碇装置

（七）施工事项

波纹铝护套的电缆牵引完毕后，应检查电缆的末端，导线和铝护套是否有相对位移。表面有导电粉末的外护层电缆，宜在覆土之前测量外护层绝缘，以便及时修理，避免重复挖土。

电缆牵引完毕取出滚轮电缆放平在沟底后，需作精确的平面测绘丈量，其后才能回填覆盖土。测绘的基准依据应是较永久性的固定点，如建筑物的红线基础，其他管线设备相对位置。在地下设备较复杂的地段，测绘丈量应增添道路断面的相对位置，包括电缆埋设深度。现场测绘之所以重要，是因为如地坪修复后，即使备有较新型电缆路径定位仪表，也很费时费力，日后就很难定出电缆线路途径的确切位置。

（八）盖砂铺砖回填土

全部检查核对无误后，在电缆上面盖一层细砂，要求同前，厚100mm，然后在砂子上面铺盖一层红砖或水泥砖，其宽度应超出电缆各侧 50mm。沟内回填土应分层填好夯实，覆盖土要高于地面 150～200mm，以防沉陷。在电缆接头、进户位置应先留出作业的位置，一般应大于 3m，待接头作完后再砌井或铺砂盖砖回填土。检查应会同建设单位共同进行，并办理隐蔽工程验收手续。

（九）电缆线路标志

在建筑物欠密集的地段，沿电缆线路途径每隔 100～200m 及在线路转弯处埋设用水泥制作的"下有电缆"标志桩。标志桩的底部宜浇铸在水泥基础内，防止日后倾斜或翻倒，图8-32为一种标志桩的示意装置图。

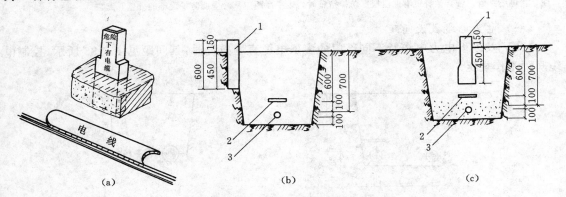

图 8-32　直埋电缆标志牌的装设（mm）

（a）电缆线路标志桩；（b）埋设于送电方向右侧；（c）埋设于电缆沟中心

1—电缆标志牌；2—保护板；3—电缆

三、直埋电缆敷设要求

直埋电缆之间，电缆与其他管道、道路、建筑物等之间平行和交叉时的最小允许净距应符合表 8-30 的要求，不得将电缆平行敷设于管道的上方或下方。

表 8-30　直埋电缆之间，电缆与管道、道路、建筑物之间平行和交叉时的最小允许净距

序号	项　目		最小允许净距（m）		备　　注
			平行	交叉	
1	电力电缆间及其与控制电缆间	10kV 及以下	0.10	0.50	（1）序号第 1、3 项，当电缆穿管或用隔板隔开时，平行净距可降低为 0.1m；
		10kV 以上	0.25	0.50	（2）在交叉点前后 1m 范围内，当电缆穿入管中或用隔板隔开，交叉净距可降低为 0.25m
2	控制电缆间		—	0.50	
3	不同使用部门的电缆间		0.50	0.50	
4	热管道（管沟）及热力设备		2.00	0.50	（1）净距能满足要求，但检修管路可能伤及电缆时，在交叉点前后 1m 范围内，尚应采取保护措施
5	油管道（管沟）		1.00	0.50	（2）当交叉净距不能满足要求时，应将电缆穿入管中，则其净距可减为 0.25m
6	可燃气体及易燃液体管道（管沟）		1.00	0.50	（3）对序号第 4 项，应采取隔热措施，使电缆周围土壤的温升不超过 10℃
7	其他管道（管沟）		0.50	0.50	
8	铁路轨道		3.00	1.00	
9	电气化铁路	交　流	3.00	1.00	
		直　流	10.00	1.00	如不能满足要求，应采取防腐蚀措施

序号	项　目	最小允许净距（m）		备　注
		平行	交叉	
10	公　路	1.50	1.00	特殊情况，平行净距可酌减
11	城市街道路面	1.00	0.70	
12	电杆基础（边线）	1.00	—	
13	建筑物基础（边线）	0.60	—	
14	排水沟	1.00	0.50	

注 当电缆穿管或者其他管道有保温层等防护措施时，表中净距应从管壁或防护设施的外壁算起。

（一）电力电缆敷设间距

10kV 及以下电力电缆及不同部门的多条电缆直埋敷设时，其间距见图 8-33 所示（控制电缆间距不作规定）。

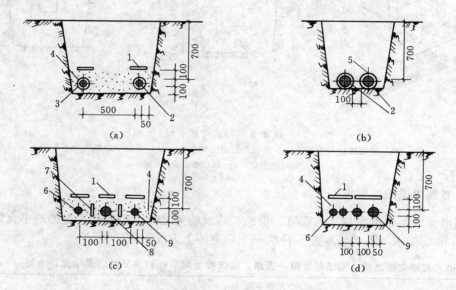

图 8-33　电缆直埋时电缆之间的距离（mm）

(a) 不同部门电缆；(b) 不同部门电缆穿管保护；(c) 加间隔板的电缆并列；(d) 10kV 及以下电缆并列

1—保护板；2—不同部门电缆（包括通信电缆）；3—不同部门电缆；4—砂或软土；

5—保护管；6—控制电缆；7—间隔板；8—1kV 以下电力电缆；9—10kV 电力电缆

（二）电力电缆平行、接近时的距离

电力电缆与室外地下设施平行，接近时的敷设距离见图 8-34 所示，在没有特殊措施时，不应小于下列数值规定：

（1）与建筑物基础边缘平行时为 0.6m。

（2）与电杆基础边线平行时为 1m。

（3）与主杆树木接近时为 0.7m。

（4）与水管道平行时为 0.5m。

（5）与煤气管道、油管道（管沟）及易燃液体管道（管沟）平行时为 1m。

（6）与热力沟（管）及热力设备平行时或接近时为 2m。

（7）电力电缆与城市街道平行敷设时，距路边距离为 1m。

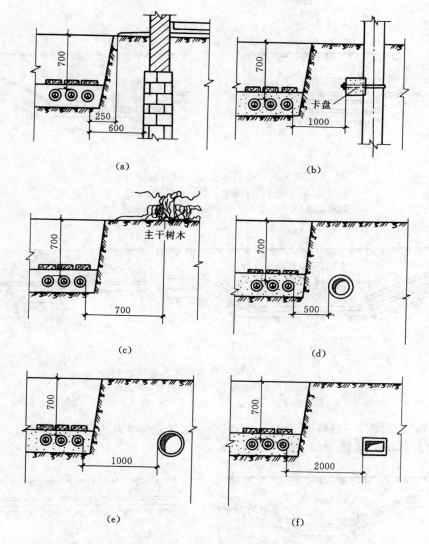

图 8-34 直埋电缆与室外地下设施平行或接近做法图 （mm）
(a) 与建筑物平行；(b) 与电杆接近；(c) 与树木接近；(d) 与水管平行；
(e) 与石油、煤气管平行；(f) 与热力沟（管）平行

（三）电力电缆交叉的垂直距离

电力电缆相互交叉或与通讯电缆交叉时的垂直距离不得小于 0.5m，见图 8-35 (a) 所示。如其中一条电缆在交叉前后 1m 范围内装在管子里，或者用隔板隔开时，则垂直距离可以减为 250mm，见图 8-35 (b) 所示。

电缆与地下管道交叉时的距离不应小于下列数：

（1）电力电缆与热力管道交叉时为 0.5m，应将电力电缆敷设在热力管下面，并在交叉点前后 1m 范围内，将电缆穿石棉或水泥管保护，见图 8-36 所示。也可以采用其他方法加以保护，如将热力管包扎或装置隔热板等方式，使电缆敷设位置的土壤温度不超过附近土壤温度 10℃ 以上。

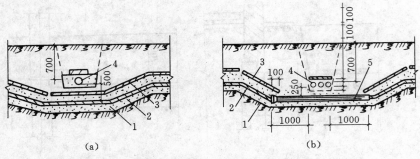

图 8-35　电缆相互交叉时的做法（mm）

(a) 一般做法；(b) 有保护管做法

1—砂或软土；2—电缆；3—保护板；4—弱电或低压电缆；5—保护管

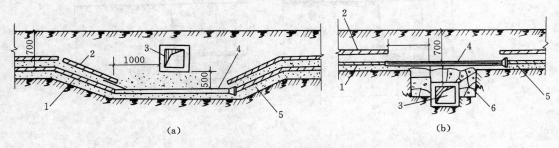

图 8-36　电缆与热力沟交叉做法（mm）

(a) 电缆在热力沟下面；(b) 电缆在热力沟上面

1—电缆；2—保护板；3—热力沟；4—保护管；5—砂或软土；6—加气混凝土块

（2）电力电缆与一般管道（水管、石油管、煤气管等非热力管道）交叉时为 0.5m，有保护管时为 250mm，见图 8-37 所示。

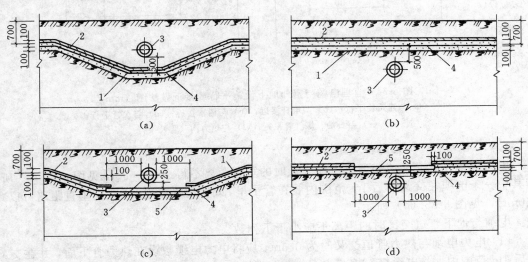

图 8-37　电缆与一般管道的交叉敷设（mm）

(a) 电缆在管道下面通过；(b) 电缆在管道上面通过；

(c) 电缆穿管在管道下面通过；(d) 电缆穿管在管道上面通过

1—电缆；2—保护板；3——般管道；4—砂或软土；5—电缆保护管

（四）电力电缆穿管保护

电力电缆与铁路、公路平行和交叉敷设时，应穿保护管加以保护见图 8-38、图 8-39 所示。

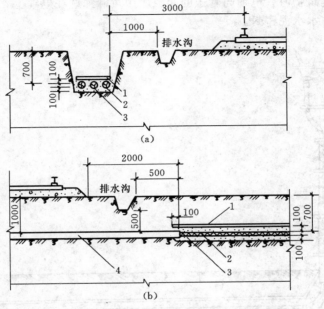

图 8-38　电缆与铁路平行和交叉时的敷设（mm）

(a) 平行；(b) 交叉

1—保护板；2—电缆；3—砂或软土；4—保护管

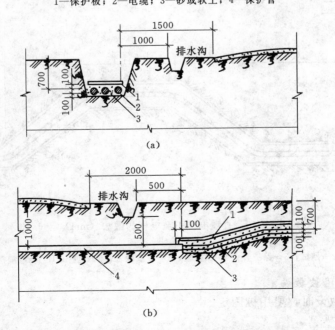

图 8-39　电缆与公路平行和交叉时的敷设（mm）

(a) 平行；(b) 交叉

1—保护板；2—电缆；3—砂或软土；4—保护管

（五）电力电缆引至杆上及建筑物内做法

直埋电缆引至电杆上做法见图 8-40 所示。引入建筑物的做法见图 8-41 所示。当预料到地下水会沿管子渗入建筑物时，电缆与管子的间隙应用黄麻绳缠在电缆上，法兰盘与螺母安装后，再注上沥青或防水水泥密封。

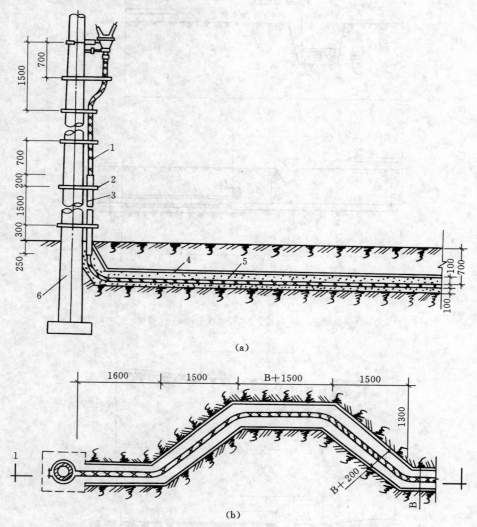

(a)

(b)

图 8-40　直埋电缆引至电杆的做法（mm）

(a) 剖面；(b) 平面

1—电缆；2—抱箍；3—保护管；4—保护板；5—砂或软土；6—电杆；B——电缆沟的宽度

（六）电力电缆沿坡敷设

电力电缆沿坡敷设时，要用桩固定。

（七）垫混凝土板

电缆中间接头下面必须垫以混凝土基础板，以保持水平。水泥板长度应伸出接头保护盒两端各 0.5m，各电缆接头盒应相互错开布置，其距离不应小于 0.5m。

直埋电缆中间接头的敷设见图 8-42 所示。

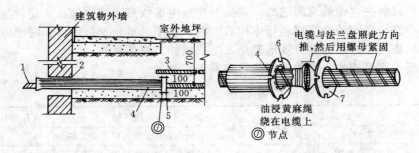

图 8-41　直埋电缆引入建筑物内的做法（mm）

1—电缆；2—防水砂浆；3—保护板；4—穿墙铁管（φ100～150）；5—螺栓（M10）；
6—法兰盘"1"（与穿墙铁管焊接）；7—法兰盘"2"（与法兰盘"1"配对，厚12）

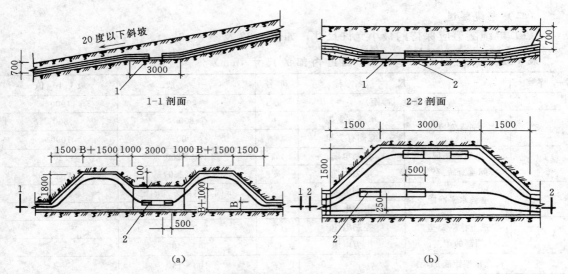

图 8-42　直埋电缆中间接头的敷设（mm）

（a）接头在 20 度以下斜坡地段敷设；（b）接头在水平地段敷设
1—接头保护盒；2—混凝土基础板

第七节　隧道、沟道内电缆的施工安装

隧道、沟道电缆一般都应该敷设在电缆支架上，以免沟道内滞积水、灰、油时使电缆护层遭受腐蚀，而影响电缆的安全运行。电缆支架有圆钢支架、角钢支架、装配式支架（以上三种支架统称普通支架）、电缆托架及电缆桥架等多种。

隧道、沟道内电缆敷设程序：土建施工沟道→加工支架预埋→验收沟道电缆→展放电缆于支架→试验→竣工验收。

一、敷设要求

（一）电缆线路的土建设施

为了适应现代城市建设和电力网发展，往往需要在同一路径上敷设多条电缆。当采用直

269

埋敷设方式难以解决电缆通道问题时，就需要建造电缆线路土建设施。土建设施一经建成之后，如在同一路径新安装电缆或运行中检修电缆，就不必重复挖掘路面。将电缆置于钢筋混凝土的土建设施之中，还能够有效地避免发生机械外力损坏事故。

电缆线路土建设施的主要种类及其特点列于表 8-31。

表 8-31 电缆线路土建设施

种 类	主 要 适 用 场 所	结 构 特 点	容纳电缆数（条）
电缆排管	道路慢车道	钢筋混凝土加衬管并建工井	8～16
电缆沟	工厂区，变电站内、人行道	钢筋混凝土或砖砌，内有支架	8 以上
电缆桥架	工厂区，穿越河道	钢筋混凝土，内有支架	8 以上
电缆隧道	电厂、变电站出线，重要道路，穿越河道	钢筋混凝土或钢管	16 以上
电缆竖井	落差较大的水电站，电缆隧道出口，高层建筑	钢筋混凝土，在大型建筑物内	8 以上

（二）电缆隧道

（1）电缆隧道应保持的最小允许尺寸，如表 8-32 及图 8-43。

表 8-32 隧道内部的尺寸（mm）

序号	尺 寸 名 称		符 号	一 般	最 小 值
1	隧道高度（净距）		B	2000	1900
2	通常宽度	单侧有支架	A	800	800
		双侧有支架	A_s	1000	1000
3	电缆格架层间垂直距离①	控制电缆	m_k	150～200	120
		电力电缆	m	200（250）	200（250）
4	电缆水平净距	控制电缆		低固定电缆方式固定	无规定
		电力电缆	t	等于电缆外径 d	
5	最上排格架至顶部的距离	控制电缆	C_k	250～300	—
		电力电缆	C	300～400	—
6	最低格架距底部距离		G	100～150	—

① 当用桥架时，格架层间距为 250～300，电缆允许重叠堆放，括号内数字用于 20～35kV 电缆。

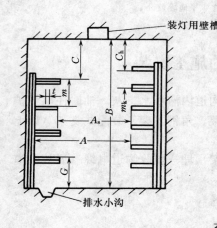

图 8-43 隧道结构示意图

（2）隧道人孔出口数目及要求：

1）长度小于 7m，一个出口。

2）长度在 100m 以内，应有两个出口。

3）长度大于 100m 时，每两个人孔距离不大于 75m。

4）人孔直径应不小于 70mm。

（3）电缆隧道要有防火设施。

（4）对隧道防止地下水的入侵和积水的措施：

1）严禁管沟水排入隧道。

2）与管沟交叉处应密封好。

3）保证土建施工质量，隧道应有防潮层。

4）应保证有 0.5～1‰ 排水坡度，应有排水小沟将水引至集水井排到下水道，必要时设自动启停的排水泵。

（5）与管沟交叉方式：

1）降低或提高隧道标高，但应考虑好排水。

2）压缩隧道高度（不小于1.4m）及支架间距（不小于150mm），或增加隧道宽度及支架长，减少支架层数。

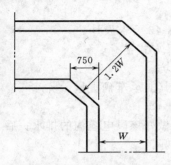

图8-44 隧道转直角弯的要求

（6）电缆隧道在转直角弯处，应按图8-44所示的要求设计，其中 W 为隧道宽度。

（7）隧道人孔盖板应能用同一的钥匙从外面或从里面打开，打开后不能自动关上，盖板的重量应考虑一个人能开启。人孔内应有固定的铁梯。

（8）厂区的电缆隧道，一般低于地面300mm，以免在土壤冻结时产生应力或有重物压坏隧道。

（9）隧道内的温度，不应超过最热日昼夜平均温度5℃以上，如缺乏正确计算资料，则当功率损失达150～200W/m时，应考虑机械通风。

（10）寒冷地区，应有防冻措施。

（11）隧道内应装设36V照明。

（12）为固定电缆支架，沿隧道全长预埋60×6扁钢（单侧二根，双侧四根）或其他铁件。

（三）电缆沟

（1）电缆沟应保持的最小尺寸如表8-33及图8-45所示。

（2）沟内通道宽度一般按以下原则考虑：

1）沟深小于650mm，通道宽300～400mm。

2）沟深大于或等于650mm，通道宽为450～500mm（单侧有支架）或500～600mm（双侧有支架）。

（3）电缆沟的型式：

1）屋内电缆沟：盖板与地板平，当容易积灰积水时，用水泥沙浆封死。

2）屋外电缆沟：盖板高出地面并兼作操作走道。

3）厂区电缆沟：为了不妨碍排水，其盖板一般低于地面300mm，上面铺以细土或砂。

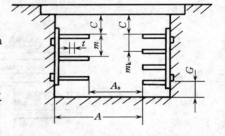

图8-45 电缆沟结构示意图

表8-33 电缆沟内部的尺寸（mm）

序 号	尺 寸 名 称		符 号	一 般	最 小 值
1	通常宽度	单侧有支架	A	400～500	300
		双侧有支架	A_s	400～600	300
2	电缆格架层间垂直距离①	控制电缆	m_k	150	120
		电力电缆	m	150（200）	150（200）
3	电力电缆间水平净距		t	等于电缆外径 d	
4	最上排格架至盖板净距		C	150～200	—
5	最低格架至沟底净距		G	50～150	—

① 括号内数字适用于20～35kV电缆。

（4）电缆沟从厂区进入厂房处及与隧道连接处应设置防火隔墙。

（5）电缆沟底排水坡度不小于0.5%～1%，且不能排向厂房内侧。

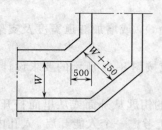

图 8-46 电缆沟转直角弯的要求

（6）电缆沟盖板宜采用质轻强度高的角钢边框钢筋水泥板。

（7）为固定电缆支架，沿沟全长埋设 40×6 扁钢（单侧两根，双侧四根）或其他铁件。

（8）电缆沟转直角弯处按图 8-46 要求设计。

（9）电缆沟与公路、铁路交叉方式：

1）此段改用排管、两端做井坑。

2）采用暗沟，沟需加固，使其能承车辆重量。

（10）电缆沟与各种管沟交叉方式：

与工业水管沟交叉见图 8-47，前者管沟在上、缆沟在下，要做好该段电缆沟的排水；后者工业水管加套管直接穿越电缆沟，要求套管与沟壁连接处密封好。

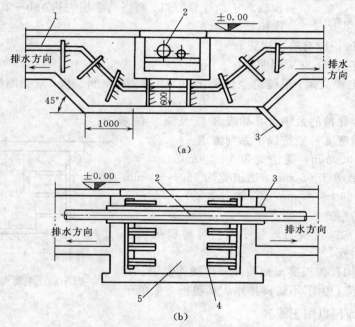

图 8-47 电缆沟与工业管沟交叉图 （mm）

（a）上交叉；（b）下交叉

1—预埋铁件；2—工业水管；3—排水管；4—支架；5—电缆沟

二、电缆支架的种类、结构

（一）圆钢支架

采用圆钢制作成立柱与格架后焊接而成，其长度一般不超过 350mm，如图 8-48 所示。这种支架比角钢支架节省钢材 20%～25%，但圆钢支架加工复杂，强度差，因而只适用于电缆数量少的吊架或小电缆沟支架。

（二）角钢支架

角钢支架制作简便，强度大，一般在现场加工制作，适用于非全塑型 35kV 及以下电缆明敷的隧道、沟道内及厂房夹层的电缆支架。支架立柱采用 50mm×5mm 的角钢，格架采用 40mm×4mm 的角钢，格架层间距离为 150～200mm，如图 8-49 所示。

（三）装配式电缆支架

装配式支架适用于中小型工程主厂房及夹层的电缆敷设，以及电缆明敷的沟道、隧道内，但不适用于易受腐蚀的环境。

装配式支架的格架用薄钢板冲压成型，并冲出需要的孔眼，立柱用槽钢以 60mm 为模数冲以孔眼。现场安装时，根据需要再将格架与立柱装配成格层间距为 120、180、240mm 的电缆支架，如图 8-50 所示。

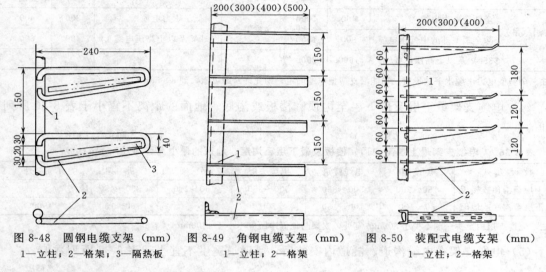

图 8-48　圆钢电缆支架（mm）　　图 8-49　角钢电缆支架（mm）　　图 8-50　装配式电缆支架（mm）

1—立柱；2—格架；3—隔热板　　　　　1—立柱；2—格架　　　　　　1—立柱；2—格架

三、电缆支架的加工与安装

（1）角钢支架、圆钢支架一般在现场加工，批量生产时，可事先做出模具。所用的钢材应平直，无明显弯曲和变形，下料后应对角钢切口进行处理，去除卷边和毛刺，下料误差应在 ±5mm 以内。

将格架与立柱进行焊接，焊接应牢固，无显著变形。格架之间的垂直距离与设计偏差应不大于 ±5mm。加工后的圆钢支架见图 8-48 所示，角钢支架见图 8-49 所示。

（2）加工制作及安装电缆支架和桥架时，电缆支架层（格架）间的垂直距离应满足电缆能方便地敷设和固定，且在多根电缆同置于一层支架上时，有更换或增设任一根电缆的可能。支架层（格架）间的垂直距离最小允许值见表 8-34 所示。

表 8-34　　　　　　　　　电缆支架层间垂直距离的最小允许值

电缆类型和敷设特征		普通支（吊）架（mm）	桥架（mm）
控　制　电　缆		120	200
电力电缆	10kV 及以下其他绝缘电缆（除 6～10kV 交联聚乙烯绝缘电缆）	150～200	250
	6～10kV 交联聚乙烯绝缘电缆	200～250	300
	35kV 单芯电缆		
	35kV 三芯电缆	300	350
	110kV 及以上电缆，每层多于一根		
	110kV 及以上电缆，每层一根	250	300
电缆敷设于槽盒内		$h+80$	$h+100$

注　h 表示槽盒外壳高度。

273

（3）安装电缆支架时，支架应安装牢固，并做到横平竖直，各支架的同层横格架应在同一水平上，其高度偏差应不大于±5mm。支架沿走向左右偏差应不大于±10mm。普通支（吊）架之间的跨距及梯架式桥架横格架（横撑）间距，不宜大于表 8-35 所列数值。

表 8-35　　　　　　　支（吊）架跨距及梯架横格架间距最大允许值

支架类别	电缆种类	敷设方式		支架类型	电缆种类	敷设方式	
		水平	垂直			水平	垂直
普通（吊）支架	全塑型电力电缆	400	1000	桥架	中低压压力电缆	300	400
	除全塑型外的中低压电缆	800	1500		35kV 及以上高压电缆	400	600
	35kV 及以上高压电缆	1500	2000				

注　全塑型电力电缆水平敷设时，如能沿支架把电缆固定，则允许跨距可增大到 800mm。

（4）电缆支架最上层及最下层至沟顶、楼板或沟底、地面的距离不宜小于表 8-36 所列数值。

表 8-36　　电缆支架最上层至沟顶、楼板及最下层至沟底、地面的最小允许净距（mm）

敷设方式	电缆沟	电缆隧道	电缆夹层	吊架	桥架	厂房外
最上层至沟顶或楼板	150～200	300～350	300～350	150～200	350～450	—
最下层至沟底或地面	50～100	100～150	200	—	100～150	4500

注　电缆夹层内至少一侧不少于 800mm 宽处，支架与地面净距应不小于 1400mm。

（5）电缆支架在电缆沟道、隧道内安装后，其通道宽度不宜小于表 8-37 所列数值。

表 8-37　　　　　　　电缆沟道、隧道中通道净宽最小允许值（mm）

名　　　称	电 缆 沟 沟 深			电缆隧道
	≤600	600～1000	≥1000	
两侧支架间净通道	300	500	700	1000
单侧支架与壁间通道	300	450	600	900
高　度				1900

（6）普通支架安装完成后，其全长应进行良好的接地，以免电缆发生故障时，危及人身安全。接地的方法一般采用 40mm×4mm 的扁钢焊在全长的支架上。支架应进行防腐处理，油漆应均匀完整。

四、支架上电缆敷设的方法和要求

（1）在同一隧道上敷设电缆的根数较多时，为了做到有条不紊，敷设前应充分熟悉图纸，弄清每根电缆的型号、规格、编号、走向以及放在电缆架上的位置和大约长度等。施放时可先放长的、截面大的电源干线，再敷设截面小而又短的电缆，随即将电缆标志牌挂好，这样有利于电缆在支架上合理布置与排列整齐，避免交叉混乱现象。

（2）敷设裸铝护套的电缆时，先将电缆施放在靠近电缆支架的地上，待量好尺寸，截断后，再托上支架，以免电缆在支架上拉动时，使铝护套受到损伤。在普通支架上敷设大而长的其他种类电缆时，也应采用上述敷设方法。在桥架上敷设聚氯乙烯护套电缆时，可直接在桥架上拉放，这样既方便，工效又高。

（3）多层支架上敷设电缆时，电缆在支架上的排列应符合下列要求：

1）为了防止电力电缆干扰控制电缆而造成控制设备误动作，防止电力电缆发生火灾后波及控制电缆而使事故扩大，电力电缆与控制电缆不应敷设在同一层支架上。

2）同侧多层支架上的电缆应按高低压电力电缆、强电控制电缆、弱电控制电缆顺序分层由上而下排列。但对于较大截面的电缆或 35kV 高压电缆引入柜盘有困难时，为了满足弯曲半径的要求，也可将较大截面的电缆或 35kV 高压电缆排列敷设在最下层。

3）对全厂公用性的重要回路及火电厂双辅机系统的厂用供电电缆，宜分开排列在通道两侧支架上。条件困难时，也可排列在不同层次的支架上，以保证厂用电可靠。

4）电缆隧道和电缆沟敷设电缆时，愈远的电缆一般放在下层格架和格架的中间位置，近处的电缆则放在上层格架和格架的两边，这样利于敷设施工。

5）在两边都装有支架的电缆沟内，控制电缆尽可能敷设在无电力电缆的一侧。

（4）电缆敷设在支架上应符合下列要求：

1）交流多芯电力电缆在普通支架上宜不超过一层，且电缆之间应有 1 倍电缆外径或 35mm 的净距；在桥架上宜不超过 2 层，电缆之间可以紧靠。

2）同一回路的交流单芯电力电缆应敷设于同侧支架上，当其为紧贴的正三角形排列时，应每隔 1m 用绑带扎牢。

3）控制电缆在普通支架上敷设时，宜不超过 1 层，桥架上宜不超过 3 层，电缆之间均可紧靠。

（5）明敷电缆不宜平行敷设于热力设备或热力管道的上面。电力电缆与热力管道、热力设备之间的距离，平行时应不小于 1m，交叉时应不小于 0.5m；控制电缆与热力管道、热力设备之间的距离，平行时应不小于 0.5m，交叉时应不小于 0.25m。当受条件限制不能满足上述要求时，应采取隔热措施。

（6）火电厂的电缆通道应避开锅炉的看火孔和制粉系统的防爆门，当受条件限制时，应采取穿管或封闭槽盒等隔热防火措施，以防止看火孔喷火和防爆门爆炸引燃电缆，造成火灾事故。

（7）当敷设电缆交叉不可避免时，应尽量在敷设电缆的始端和终端进行交叉，便于更换电缆。

（8）在电缆隧道的交叉口或电缆从隧道的一侧转移到另一侧时，必须使其下部保持一定的净空通道；在电厂主控制楼电缆夹层通道的入口处，其高度应不低于 1.6m，以便运行人员通过。

（9）电缆支架装设在交通道路旁边时，应设保护罩将电缆支架保护起来。保护罩的高度应不小于 2m。保护罩应考虑空气流通，使电缆有足够的通风。

（10）电缆固定的部位及要求：

1）水平敷设电缆的固定部位是，在电缆的首、末端和转弯处，接头的两端，当电缆之间有间距要求时，在电缆线路上每隔 5～10m 处。

2）垂直敷设或超过 45°倾斜敷设电缆的固定部位是，在每个支架上、桥架上每隔 2m 处。

3）对水平敷设于跨距超过 0.4m 支架上的全塑电缆的固定部位是，在每隔 2～3m 的档距处。

4）交流系统的单芯电缆或分相铅套电缆分相后的固定夹具不应构成闭合磁路。

5）裸金属护套电缆固定处，应加软衬垫保护，以防金属护套受伤。护层有绝缘要求的单芯电缆，在固定处应加如橡胶或聚氯乙烯等类的绝缘衬垫。

（11）电缆固定的方式除交流系统单芯电力电缆外，其他电力电缆可采用经防腐处理的扁钢等金属材料制作夹具进行固定；在易受腐蚀的环境，宜用尼龙绑扎带绑扎电缆固定；桥架上的电缆可采用桥架制造厂配套生产的电缆压板、电缆卡等进行固定。图 8-51 为采用 Ω 形、M 形、U 形夹具在角钢支架上固定电缆的型式。

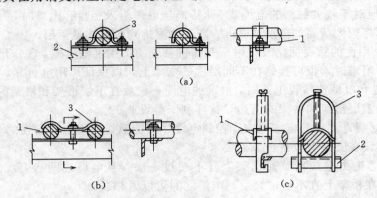

图 8-51　电缆固定
(a) Ω 形夹具固定电缆；(b) M 形夹具固定电缆；(c) U 形夹具固定电缆
1—电缆；2—角钢电缆支架；3—夹具

　　交流系统中单芯电力电缆的固定，宜采用铝合金或钢与铝合金构成的夹具，也可用尼龙绳或绑扎带绑扎固定。但不论采用哪种方式，都应满足该回路短路电动力作用下的强度要求。

　　（12）电力电缆格架间及电力电缆与控制电缆格架间，应以密实耐火板隔开。

　　（13）电缆敷设完后，应及时清理杂物；对于电缆沟道应及时盖好盖板，可能有水、油、灰侵入的地方，应用水泥砂浆或沥青将盖板缝隙封填，以防止电缆受到腐蚀或引起火灾。

　　（14）室外电缆沟在进入厂房或变电所的入口处，应设置防火隔墙，电缆敷设完后应将此隔墙装设完毕。

五、电缆沟内敷设

　　将电缆置于砌筑好的沟内并固定在沟内支架上，便于检修、监护，便于更换电缆，多用于厂区、室内或距离较小的场所。

　　（1）清理沟内外杂物、检查支架预埋情况并修补，并把沟盖板全部置于沟上面不利展放电缆的一侧，另一侧应清理干净。

　　（2）展放电缆的方法多用人工牵引展放，不同的是电缆应在沟上一侧展放，不得在沟内拖拉，一方面是沟内狭窄，不便操作，再者是易滑伤电缆。

　　一般情况下是先放支架最下层最里面的那根电缆，然后从里到外，从下层到上层依次展放。而电缆在支架上排列时，电力电缆和控制电缆应分开排列；当电力电缆和控制电缆敷设在同一侧支架上时，应将控制电缆放在电力电缆的下一层支架上，低压电缆应放在高压电缆的下一层支架上，并列敷设的电缆之间的净距离应符合规定。

　　将电缆在沟边放开后，沟上的人每隔 3～5m 一人，将电缆抬起交于沟下的人，然后将电缆放在预埋支架上。抬的时候要保持电缆足够的弯曲半径，人少时要一段一段地放入电缆沟内，这时未放入端应有专人看管操作。

　　（3）电缆敷设完后，应及时将沟内杂物清理干净，盖好沟盖板，必要时，应将盖板缝隙密封，以免水、汽、油、灰等侵入。

　　电力电缆在沟内敷设是发电厂、变配电所室内外常见的电缆敷设方法，电缆沟在地面之下，由砖砌成或由混凝土浇灌而成。沟的顶部与地面齐平的地方用钢筋混凝土盖板覆盖。电缆在沟内可以放在沟底或放在支架上，电缆沟根据室内外电缆布置不同有不同的形式，如图8-52、图8-53所示。

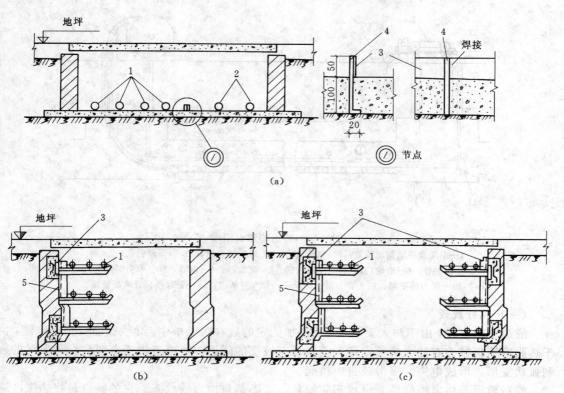

图 8-52　室内电缆沟

(a) 无支架；(b) 单侧支架；(c) 双侧支架

1—电力电缆；2—控制电缆；3—接地线；4—接地线支持件；5—支架

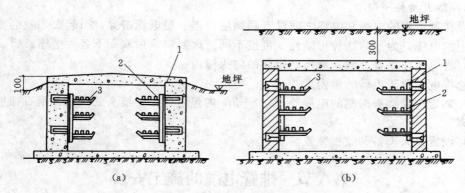

图 8-53　室外电缆沟（mm）

(a) 无覆盖层；(b) 有覆盖层

1—接地线；2—支架；3—电缆

六、隧道内敷设

隧道中敷设电缆具备兼有直埋和排管两种牵引的方式，但滚轮的布置可以装设在电缆支架或立柱的金具上，也可平放在通道上。牵引方式如图 8-54 所示。

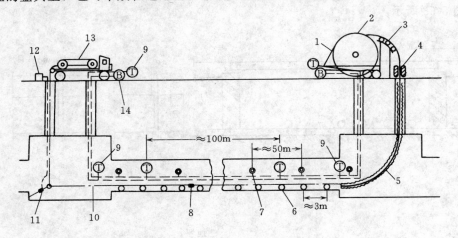

图 8-54　隧道中敷设电缆

1—电缆盘手动制动装置；2—电缆盘；3—上弯曲滑轮组；4—履带牵引机；5—波纹保护管；6—滑轮；7—警急停机按钮；8—防捻器；9—电话；10—牵引钢丝绳；11—张力感受器；12—张力自动记录仪；13—卷扬机；14—警急停机音响报警器

（一）蛇行敷设

隧道中的电缆，由于防火要求，一般不加固定的放在防火槽中。导线截面较大的电缆，由于热胀冷缩机械力有较大的移动量，或在设有坡度的隧道内，或者由于电缆绕在盘上时的残剩弧状变形，形成电缆向下滑或自由拱起。

蛇行敷设是将电缆线路敷设成正弦波状，而不是自由直线状态。它的特点是将热胀冷缩的移动量、分散多处，也就减小和分散了金属护套的蠕变应力。避免在自由状态时集中在一处。一般采用的蛇形节距为 4～6m，偏置的波幅值以节距的 5% 为宜。

（二）防火措施

敷设在隧道中的电缆和电缆之间没有隔离层，当一根电缆击穿，引起火焰就会蔓延到全部隧道中的电缆。为预防这种可能性，可按不同防火要求，采取如下各种措施：

（1）将电缆按需要分装在氧指数较高的防火槽内。

（2）将电缆置于填砂的槽内。

（3）邻近电缆接头两侧的电缆外皮，2～3m 内包阻燃带，接头的周围，用石棉板和邻近电缆隔离。

（4）设置灭火设备和监视装置。

第八节　排管电缆的施工安装

排管敷设电缆程序：挖沟→排管检查下管→排管敷设→电缆敷设→试验→竣工验收。

随着城市的发展和工业的增长，电缆线路势必日益密集，采用直埋电缆方式逐渐会被排管电缆装置代替。由于敷设排管电缆时无法窥知排管内壁情况，因此敷设前检查排管孔内壁是十分需要重视的事。此外不同于直埋电缆的是沿线无法应用滚动摩擦机具，增大了电缆牵引力，这就不但需要精确的牵引力计算，又需在敷设过程中不停地添加润滑剂，使滑动摩擦系数降至最小值。

一、排管和工井技术要求

电缆排管是一种比较适用、使用比较广泛的土建设施。排管和与之相配套的工井，在电气和土建方面，需满足下列技术要求。

（一）电气技术要求

1. 排管孔径和孔数

电缆排管的管子内径应是电缆外径的 1.2～1.5 倍，最小内径为 150mm。敷设高压大截面电缆，可选用 175、200mm 内径的管子。一组排管以敷设 6～16 根电缆为宜。孔数选择方案有：2×10 孔、3×4 孔、3×5 孔、4×4 孔、3×6 孔、3×7 孔等。

2. 衬管材质

排管用的衬管应具有下列性能：物理化学性能稳定，有一定机械强度，对电缆外护层无腐蚀，内壁光滑无毛刺，遇电弧不延燃。管子长度要便于运输和施工，一般为 3～5m。管子要便于施工现场镶接。常用的衬管有纤维水泥管、聚氯乙烯波纹塑料管、高强度红泥塑料管等。

3. 工井接地

工井内的金属支架和预埋铁件要可靠接地，接地方式是，在井外对角处或四只边角处，埋设 2～4 根 $\phi50\text{mm}×2\text{m}$ 钢管为接地极，深度应大于 3.5m，接地电阻应小于 4Ω。在工井内壁以扁钢组成接地网，与接地极用电焊连通。工井内金属支架、预埋铁件与接地网之间用电焊连通。

4. 工井尺寸

电缆工井按用途分为敷设工作井、普通接头井、绝缘接头井和塞止接头井。平面形状有矩形、"T"形、"L"形和"十"字形。工井的内径尺寸，取决于以下因素：

（1）要包括工井内接头施工时所必需的工作面积和安装油压报警、自动排水装置、照明设施以及同轴电缆等所必需的面积。

（2）要包括电缆在工井内立面弯曲所必需的尺寸。在设计工井时，应根据排管中心线和接头的中心线之间的标高差或平面间距、电缆的外径和允许弯曲半径的倍数，按下式计算电缆弯曲部分的投影长度：

$$L = 2\sqrt{(nD)^2 - \left(nD - \frac{H}{2}\right)^2}$$

式中　L——弯曲部分的投影长度，mm；

D——电缆的外径，mm；

n——电缆弯曲半径的最小允许倍数；

H——接头中心与排管中心线的标高差或平面间距，mm。

一般工井的主要尺寸如下：①高度，1.9～2.0m；②宽度，2.0～2.5m；③长度，按用途不同而异，一般为 7.5～12m，电缆塞止接头工井为 15m。

5. 工井间距

由于电缆工井是引入电缆，装置敷设牵引、输送设备和安装电缆接头的场所，根据高压和中压电缆的允许牵引力和侧压力，考虑到安装和检修电缆接头的需要，两座电缆工井之间的间距一般不宜大于 130m。

（二）土建的技术要求

典型的电缆排管结构包括基础、衬管和外包钢筋混凝土。

1. 基础

排管基础通常为道渣垫层和素混凝土基础两层。

（1）道渣垫层。道渣垫层采用粒径为 30～80mm 的碎石或卵石。铺设厚度为 100mm，垫层要夯实，垫层宽度要求比素混凝土基础宽一些。

（2）素混凝土基础。在道渣层上铺素混凝土基础，厚度一般为 100mm。素混凝土基础应浇捣密实，及时排除基坑积水。对一般排管的素混凝土基础，原则上应一次浇完。如需分段浇捣，应采取预留接头钢筋、毛面、刷浆等措施。

2. 排管

排管施工，原则上应先建工井，再建排管，并从一座工井向另一座工井顺序排管。衬管的间距要保持一致，应用特制的 U 形定位垫块将衬管固定。垫块不得放在管子接头处，上下左右要错开，垫块与管子接头间应不小于 300mm。衬管的相互间距一般为：水平间距 250mm，上下间距 240mm。

衬管的平面位置应尽可能保持平直。每节衬管允许有小于 2°30′ 的转角，但相邻衬管只能向一个方向转弯，不允许有 S 形的转弯。

3. 外包钢筋混凝土

衬管四周按设计图要求，以钢筋增强，浇外包混凝土。应使用小型手提式振荡器将混凝土浇捣密实。外包混凝土分段施工时，应留下阶梯形施工缝，每一施工段的长度应不少于 50m。

4. 排管与工井的连接

在工井墙身预留与排管相吻合的方孔，在方孔的上下口预留与排管相同规格的钢筋作为插铁，其长度应大于 35d（d 为钢筋直径）。排管接入工井留孔处，将排管上、下钢筋与工井预留插铁绑扎。

在浇捣排管外包混凝土之前，应将工井留孔的混凝土接触面凿（糙），并用水泥浆冲洗。在排管与工井接口处应设置变形缝。

5. 排管疏通检查

为了确保敷设时电缆护套不被损伤，在排管建好后，应对各孔管道进行疏通检查。管道内不得有因漏浆形成的水泥结块及其他残留物，衬管接头处应光滑，不得有肩突。疏通检查方式是应用疏通器来回牵拉，应双向畅通。疏通器的管径和和长度应符合表 8-38 规定。

表 8-38 疏 通 器 规 格 表 (mm)

排管内径	150	175	200
疏通器外径	127	159	180
疏通器长度	600	700	800

排管疏通器（俗称铁牛） 它是由外径小于排管孔内径 10mm 的短段厚壁钢管制成，约 600～1000mm 长，钢管的重量宜等于同长度电缆，两端焊接有牵引环，其后串接一只橡胶塞组成，如图 8-55 所示。在试通一段排管孔后，如发现钢管表面有纵向刮伤痕，表明管孔内壁有毛糙尖角，不宜急于敷设电缆，橡胶塞是为了排除管孔内的残存屑末或淤泥等而用。

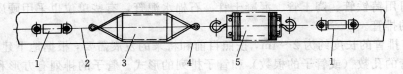

图 8-55 排管电缆专用疏通器

1—防捻器；2—钢丝绳；3—疏通器；4—排管；5—管道清扫刷

在疏通检查中，如发现排管内有可能损伤电缆护套的异物，必须清除之。清除方法可用钢丝刷、铁链和疏通器来回牵拉。必要时，用管道内窥镜探测检查。只有当管道内异物排除，整条管道双向畅通后，才能敷设电缆。

二、排管的结构与敷设

排管内敷设电缆就是将预制好的管块见图 8-56 所示，按需要的孔数以一定形式排列，再用水泥浇成一个整体适用于塑料护套或裸铅包的电力电缆使用，敷设方法如下。

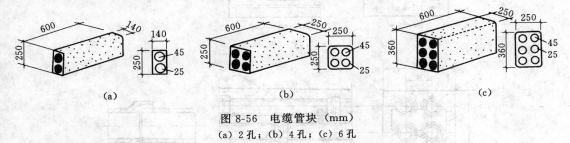

图 8-56　电缆管块（mm）

(a) 2孔；(b) 4孔；(c) 6孔

（一）挖沟、下排管

挖沟，下排管首先选好路线，按设计要求挖沟至要求深度后，在沟底垫上素土夯实，再铺上以 1:3 水泥砂浆的垫层垫平下排管之前，先清除管块孔内积灰，杂物，打磨孔的边缘毛刺，使管块内壁光滑。

下排管时应使管块排列整齐，并对电缆入进方向有一个不小于 1‰ 的坡度，以防管内积水。排管连接时，管孔应对正，接口处缠上纸条或塑料胶粘布（防砂浆进入），再用 1:3 水泥砂浆封实。在承重地段排管外侧可用 #100 混凝土做 80mm 厚的保护层，见图 8-57 所示。

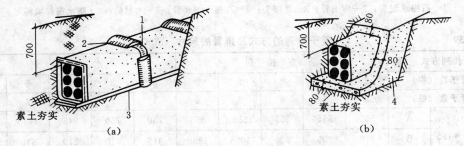

图 8-57　电缆管块敷设做法（mm）

(a) 普通型；(b) 加强型

1—纸条或塑料胶粘布；2—1:3 水泥砂浆抱箍；3—1:3 水泥砂浆垫层；4—#100 混凝土保护层

（二）排管的敷设

（1）排管的结构是将预先准备好的管子按需要的孔数排成一定的形式，用水泥浇成一个整体。管子可用铸铁管、陶土管、混凝土管、石棉水泥管,有些单位也采用硬质聚氯乙烯管制作短距离的排管。

(2)每节排管的长度约为2~4m,按照目前和将来的发展需要,根据地下建筑物的情况,决定敷设排管的孔数(或管子的根数)和管子排列的形式。管子的排列有方形和长方形,方形结构比较经济,但中间孔散热较差。电缆排管制作成的结构如图8-58所示。管子数目及排列尺寸列于表8-39。

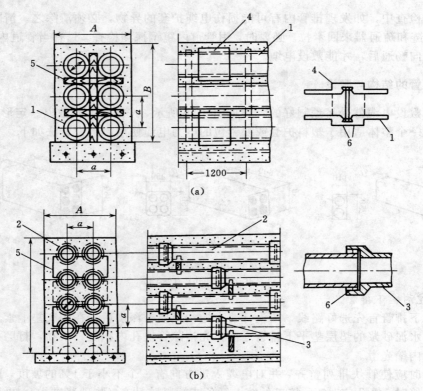

图 8-58　电缆排管结构(mm)

(a) 石棉水泥管排管;(b) 陶土管排管

1—石棉水泥管;2—陶土管;3—管接头;4—石棉水泥套管;5—木衬垫;6—防水密封填料

表 8-39　　　　　　　　管子排列的方式及排管的尺寸 (mm)

管子排列方式			垂 直 排 列					水 平 排 列				
水平管子数(根)			2	2	2	2	2	3	3	4	5	6
垂直管子数(根)			2	3	4	5	6	1	2	2	2	2
尺寸	陶土管	D=100 a=195 A	555	555	555	555	555	750	750	945	1130	1325
		B	510	705	900	1095	1280	315	510	510	510	510
		D=125 a=230 A	630	630	630	630	630	860	860	1090	1320	1550
		B	590	820	1050	1280	1510	360	590	590	590	590
		D=150 a=265 A	690	690	690	690	690	960	960	1230	1490	1760
		B	670	935	1200	1465	1730	390	670	670	670	670

管子排列方式			垂 直 排 列					水 平 排 列				
水平管子数（根）			2	2	2	2	2	3	3	4	5	6
垂直管子数（根）			2	3	4	5	6	1	2	2	2	2
尺寸	石棉水泥管	$D=100$ $a=146$ A	370	370	370	370	370	520	520	650	800	940
		B	320	460	610	760	900	170	320	320	320	320
		$D=125$ $a=171$ A	410	410	410	410	410	585	585	755	925	1100
		B	370	540	710	880	1050	200	370	370	370	370
		$D=150$ $a=198$ A	470	470	470	470	470	670	670	865	1060	1260
		B	420	620	820	1030	1220	230	420	420	420	420

（3）敷设排管时地基应坚实、平整，不得有沉陷。不符合要求时，应对地基进行处理并夯实，以免地基下沉损坏电缆。

（4）电缆排管孔眼内径应不小于电缆外径的 1.5 倍，且最小不宜小于 100mm。管子内部必须光滑，管子连接时，管孔应对准，接缝应严密，不得有地下水和泥浆渗入。管子接头相互之间必须错开，如图 8-58 所示。

（5）电缆管的埋设深度，自管子顶部至地面的距离，一般地区应不小于 0.7m，在人行道下不应小于 0.5m，在厂房内不宜小于 0.2m。

（6）为了便于检查和敷设电缆起见，埋设的电缆管其直线段每隔 30m 距离的地方以及在转弯和分支的地方须设置电缆人孔井，如图 8-59 所示。人孔井的深度应不小于 1.8m，人孔直径不小于 0.7m。电缆管应有倾向于人孔井 0.1% 的排水坡度，电缆接头可放在井坑里。

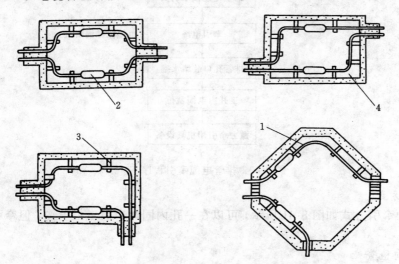

图 8-59 电缆井坑的几种型式

1—电缆；2—电缆中间接头；3—电缆支架；4—电缆井坑

三、敷设电缆

（一）牵引程序

排管电缆的牵引程序，通常如图 8-60 所示。

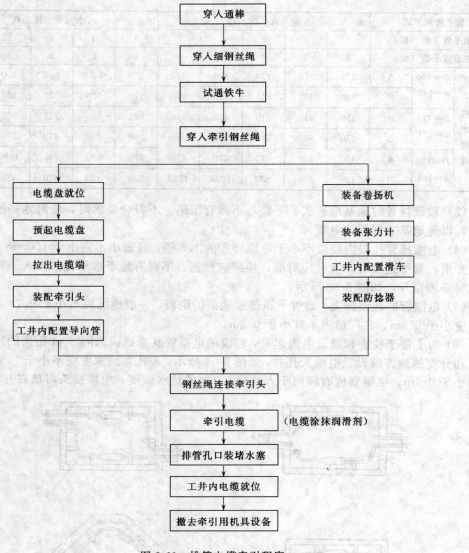

图 8-60　排管电缆牵引程序

（二）牵引方式

排管电缆的牵引方式如图 8-61 所示。可以在一孔内同时牵引三根电缆，但牵引前需校核阻塞率。

1. 接口方向检查

排管中管子和管子的连接，现普遍采用承插式接口，即管子的小头插入另一段管子的大头的连接口，因为牵引电缆的方向，自管子的大头至小头要比逆向牵引来说，对防止电缆外护层的擦损要安全得多。对由排管块组成的插销连接，也需检查管孔是否错位。

2. 杂物检查

在浇捣排管的施工过程中，有时砂浆从管子的衔接缝处渗漏进入管孔内，固化后不但形成粗糙的内壁，也可能凝固成尖角的毛刺；在地表水较高地段，自浇捣排管建成到牵引电缆前期间，有时管中会沉积大量淤泥。这些杂物，应在牵引电缆前及时检查出并加以清除，防止损伤电缆护层。

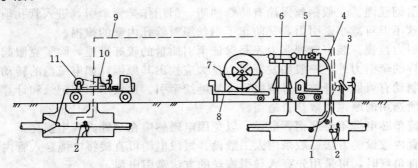

图 8-61　排管电缆牵引方式

1—R 形护板；2—卷扬机停机按钮；3—卷扬机及履带牵引机控制台；4—滑轮组；
5—履带牵引机；6—敷设脚手架；7—手动电缆盘制动装置；8—电缆盘拖车；
9—卷扬机遥控及通信信号用控制电缆；10—卷扬机控制台；11—卷扬机

3. 试牵引

对经过检查后的排管，如尚存有疑问时，可用一段长约 5m 的同样电缆，作模拟性牵引，然后观察电缆表面擦损是否属于许可范围。

（三）管内敷设

管内敷设基本同管内穿线，除符合管内穿线的规定外，还应符合下列规定：

（1）每根电力电缆应单独穿入一根管内，交流单芯电缆不能单独穿入钢管内。

（2）裸铠装控制电缆不得与其他外护层的电缆穿入同一根管内。

（3）敷设在混凝土管、陶瓷管、石棉水泥管内的电缆，宜选用塑料护套电缆。

管内敷设电缆的布置见图 8-62 所示。

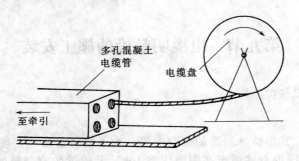

图 8-62　管内敷设电缆的布置示意图

（4）管内敷设每隔 50m 应设入孔检查井，井盖应铁制且高于地面，井内有积水池且可排水。

（5）长度在 30m 以下时，直线段管内径应不小于电缆外径的 2 倍；有一个弯曲时应不小于 2.5 倍；有两个弯曲时应不小于 3 倍。长度在 30m 以上时，直线段管内径应不小于电缆外径的 3 倍。

（6）管内应无积水，无杂物堵塞，穿电缆时可采用滑石粉做为助滑剂。

（四）注意事项

（1）滑轮位置。由于牵引力的变化，布置在工井内的滑轮位置，既要考虑到受力时的最佳状态，又需顾及牵引力松弛时的自由位置以达到最小牵引力，以及防止人身或设备事故的要求。滑轮在受力时的最佳状态是滑轮外径切线和拟敷排管孔中心线一致。悬挂滑轮的受力钩必需保证有足够牵引力的安全系数。

（2）润滑钢丝绳。一般钢丝绳涂有防锈油脂，但用作排管牵引，进入管孔前仍要涂抹电缆润滑油，这不但可减小牵引力，又防止了钢丝绳对管孔内壁的擦损。

（3）牵引力监视。装有监视张力表是保证牵引质量的较好措施，除了克服起动时的静摩擦力大于允许的牵引力外，一般如发现张力过大应找出其原因，如电缆盘的转动是否和牵引设备同步，制动有可能未释放，等解决后才能继续牵引。比较牵引力记录和计算牵引力的结果，可判断所选用的摩擦系数是否适当。

（4）交流单芯电缆不得穿钢管敷设，以免因电磁感应在钢管内产生损耗。

（5）在管内敷设的方法一般采用人工敷设。短段电缆可直接将电缆穿入管内，稍长一些的管道或有直角弯时，可采用先穿入导引铁丝的方法牵引电缆。

（6）管路较长（例如在设有人孔井的管道内敷设直径较大的电缆）时，需用牵引机械牵引电缆。施工方法是将电缆盘放在人孔井口，然后借预先穿过管子的钢丝绳将电缆拖拉过管道的另一个人孔井。电缆牵引的一端可以用特制的钢丝网套套上，当用力牵引时，网套拉长并卡在电缆端部。牵引的力量平均约为被牵引电缆重量的 50%～70%。管道口应套以光滑的喇叭管，井坑口应装有适当的滑轮。

在工井入口处应有波纹聚乙烯（PE）管保护电缆，排管口要用喇叭口保护。

较长电缆敷设，可在线路中间的工井内安装输送机，并与卷扬机采用同步联动控制。

排管敷设前后，应用 1000V 兆欧表测试电缆外护套绝缘，并作好记录，以监视电缆外护套是否受到损伤。

（7）电缆敷设后，工井内电缆要用夹具固定在支架上，并以塑料护套作衬垫，从排管口到支架间的电缆，必须安排适当的回弯，以有效地吸收由于温度变化引起电缆的伸缩。排管口要用不锈钢封堵件封堵，工井内电缆应包绕防火带。电缆排管敷设应选用无铠装、有塑料外护套电缆。

第九节　电缆明敷设的施工安装

一、电缆的明敷设种类

（一）架空敷设

悬挂敷设的电缆，宜用特殊制造的架空电缆。为了减轻重量，一般采用铝芯导体和铝护套，并用塑料作绝缘。国内有些城市在闹市区将 10kV 及以下的有塑料外护套的电缆，也悬挂敷设，先装设具有高强度的悬挂线，其后逐段用挂钩将电缆挂在悬挂线上，它区别于架空绝缘导线的是电缆的金属护套都接地，因此悬挂线和挂钩都在地电位。

（二）桥架敷设

发电厂、变电所内的联络电缆，常采用桥架敷设。桥架敷设不但解决了安装较多电缆途径复杂的困难，同时也有防止机械损坏的作用。桥架中如敷有导体截面较大的单芯电缆，则桥架需采取相应措施，减小由于电缆线芯电流而产生的感应电压或环路电流。

（三）桥梁敷设

一般在跨度较大的桥梁上敷设电缆，需要解决电缆和桥梁的相对伸缩量，同时也要考虑桥梁伸缩节处理和振动等问题。在城市内河桥梁上，由于河面较狭，因此只考虑电缆的热伸缩量和振动。前者可在桥的两侧桥柱，在敷设电缆时留有余线，即可解决热伸缩量的需要，同时也防止桥梁和桥柱因相对沉降而损伤电缆。后者用金属蠕变强度较高的铝护套电缆取代铅护套电缆或则将铅护套电缆架设在橡胶防振垫上，可以延长金属护套因振动而产生龟裂的现象，从而增加了使用年限。

（四）垂 直 敷 设

水电站和地下变电所采用竖井电缆通道，常在竖井中用电缆连接地下与地面的电气设备。在竖井中垂直安装电缆，主要分为将电缆"自下而上"和"自上而下"两种敷设方式。这两种方式各有优缺点，需按电缆结构和现场环境而定。必需指出竖井用电缆，一般都有钢丝铠装，防止电缆顶部集中承受电缆自重。

"自下而上"的方式，必需将电缆盘搬运到竖井底部，在竖井上口装设卷扬机，用放下的钢丝绳提升电缆牵引端。对提升重量较大的电缆，即大于导体允许牵引力，可采用绑扎钢丝绳提升。这种方法的优点是可以避免电缆受到侧压力。

"自上而下"的方式，一般用到电缆盘无法运送到竖井底部的场所。电缆盘运送到竖井洞口，由电缆的自重往下敷设，因此不需要机动卷扬设备。但为了防止电缆盘惯性转动使电缆自由降落，必需有可靠的制动机具。或者在电缆下放的同时，绑扎一根由绞磨控制的钢丝绳，使电缆能平稳朝下敷设。也可用履带牵引机夹紧电缆，有控制地向下输送电缆。

垂直固定竖井电缆时，常用蛇行敷设。每个固定夹子的紧固力除了能夹紧由于热伸缩的推力外还需加上一个节距长度的电缆重量。夹子的轴线应与垂直线成约11°的夹角。

二、电缆支架及桥架

（一）对电缆支架及桥架的要求

（1）应牢固可靠，除承受电缆重量外，还应考虑安装和维护的附加荷重（约 80kg）。

（2）采用非燃性材料，一般用型钢或钢板制作，但在腐蚀性场所其表面应作防腐处理或选用耐腐蚀材料。

（3）表面应光滑无毛刺。

（二）电缆支架及夹头

电缆支架见本章第七节介绍。

此外，还有铸铝、铸塑、陶瓷及玻璃钢支架等，均具有一定的防腐性能。

常用电缆夹头如图 8-63 所示。Ⅱ 形及 L 形用于固定控制电缆，Ω 形、U 形能牢固地固定

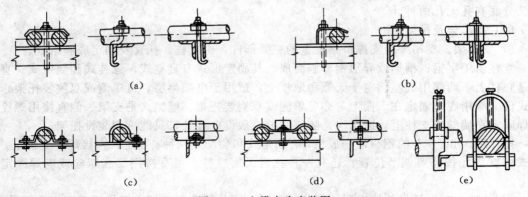

图 8-63　电缆夹头安装图

(a) Ⅱ形夹头；(b) L形夹头；(c) Ω形夹头；(d) M形夹头；(e) U形夹头

电缆，且 U 形夹头便于调整，但加工复杂，只宜于工厂成批生产。

（三）电缆桥架及附件

电缆桥架是敷设电缆的新形式，特别适于架空敷设全塑电缆。具有容积大、外形美、可靠性高、利于工厂化生产等优点。近年来发展很快，制造使用部门日益增多，基本达到品种全、规格多、配套强。可根据不同用途和使用环境，分别选用普通型和防腐型的梯架及槽架，要求更高的还可选用铝合金桥架。现将桥架的结构用途及选用分述如下。

1. 电缆桥架的结构及用途

电缆桥架由托架、支吊架及附件组成。

（1）托架。托架是敷设电缆的部件，按不同用途分梯型和槽型（又称托盘）托架两种。前者形状似梯，用于敷设一般动力和控制电缆；后者直接用厚为 2mm 左右钢板卷成槽状（盘状），用于敷设需要屏蔽的弱电电缆和有防火隔爆要求的其他电缆。梯型和槽型托架的外形分别见图 8-64、图 8-65。

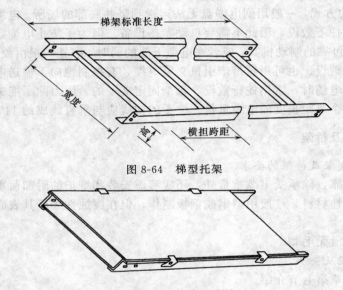

图 8-64　梯型托架

图 8-65　槽型托架（托盘）

托架按不同要求分直线型、变宽型、30°、60°、90°平弯、垂直弯及三通、四通等，其中槽架又分底有孔无孔两种。

（2）支吊架及吊架。

1）支吊架。支吊架是支撑桥架重量的主要部件，由立柱、托臂及固定底座组成。

立柱由工字钢、槽钢或异形钢冲制而成。其固定形式有直立式、悬挂式和侧壁式。直立式是立柱上下两端用底座固定于天棚和地板上，适用于电缆半层，可单侧或双侧装托架。悬挂式仅上端用底座固定在天棚上，亦可单侧或双侧装托架。壁侧式是支架一侧直接用螺栓或电焊固定在墙壁或支柱上，适于沟、隧道或沿墙敷设电缆处，只能一侧装设托架。

托臂用 3mm 左右的钢板冲压成型，有固定式和装配式两种。固定式直接焊于立柱上，装配式可在现场按需要调节位置。还有一种托臂无需立柱，可直接用膨胀螺栓或电焊固定在墙上。

2）吊架。亦为悬吊托架之用，依荷载不同，可分别选用双杆扁钢吊架和双杆角钢吊架，因吊架为两端固定托臂，故强度高、荷载大，较适于悬吊宽盘托架，但拉引电缆没有支撑式支吊架方便。吊架与托架组装见图 8-66 所示。

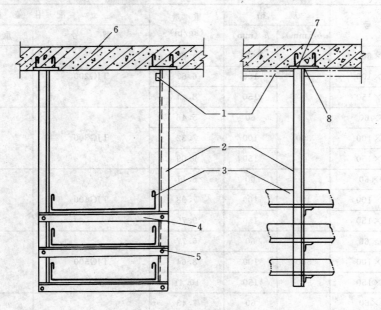

图 8-66　托架在角钢双杆吊架上安装示意图
1—接地扁铁；2—角钢吊臂；3—托架；4—托臂；5—连接螺栓；
6—楼板；7—预埋铁件；8—焊接

（3）附件。附件包括桥梁的固定部分、连接部分和引下部分。

固定部分：用于固定吊架及托架。有膨胀螺栓、双头螺栓、射钉螺栓和固定卡、电缆夹卡等。

连接部分：用于连接各种托架，有直接板、角接板和铰链接板等。

引下部分：把电缆从托架上引至电动机等用电设备的部件，有引接板和引线管等。

2. 托架、桥架的型号规格

电缆托架的规格见表 8-40 所示；梯架式桥架型号规格见表 8-41 所示；托盘式桥架型号规格见表 8-42 所示；组合盘型号规格及组装形式见表 8-43 所示；线槽式桥架型号规格见表 8-44 所示。

表 8-40　　　　　　　　　　　电 缆 托 架 的 规 格 （mm）

标准长度	托架宽度 W	托架高度	横撑跨距	材料及厚度
3000	200	90	400	镀锌薄钢板 $\delta=1.5$
	300			
	400			
	500			
	600			
	800			

289

表 8-41 直通梯架型号规格

序号	型 号	规 格		重 量 (kg/m)	配用盖板	
		b (mm)	h (mm)		型 号	重 量 (kg/m)
1	TJ20×60		60	4.80		
2	TJ200×100	200	100	6.67	TJG200	3.50
3	TJ200×150		150	8.44		
4	TJ300×60		60	5.46		
5	TJ300×100	300	100	7.32	TJG300	4.97
6	TJ300×150		150	9.09		
7	TJ400×60		60	6.11		
8	TJ400×100	400	100	7.98	TJG400	8.13
9	TJ400×150		150	9.75		
10	TJ500×60		60	6.77		
11	TJ500×100	500	100	8.64	TJG500	9.87
12	TJ500×150		150	10.41		
13	TJ600×60		60	7.43		
14	TJ600×100	600	100	9.29	TJG600	11.70
15	TJ600×150		150	11.06		
16	TJ800×60		60	8.73		
17	TJ800×100	800	100	10.61	TJG800	15.36
18	TJ800×150		150	12.38		

表 8-42 电缆托盘Ⅰ型基板型号规格

序 号	型 号	规 格		重 量 (kg/m)	配用盖板	
		b (mm)	h (mm)		型 号	重 量 (kg/m)
1	JB100	100	25	2.37	TC10	2.56
2	JB150	150	25	3.20	TC15	3.45
3	JB200	200	25	4.02	TC20	4.35

表 8-43 组装式电缆托盘型号、规格及组装形式

组装型号		使用底板规格 (mm)			使用侧板规格 (mm)			总 宽 (mm)	重 量 (kg/m)
代 号	类 别	100	150	200	100	150	200		
		使用底板数量			使用侧板数量				
ZDT	1	1			(2)	2	2	100	7.11
	1.5		1		(2)	2	2	150	7.94
	2			1	2	(2)	2	200	10.42
	3		2		2	(2)	2	300	12.80
	4			2	2	(2)	2	400	14.40

组装型号		使用底板规格 （mm）			使用侧板规格 （mm）			总 宽	重 量
		100	150	200	100	150	200	（mm）	（kg/m）
代 号	类 别	使用底板数量			使用侧板数量				
ZDT	5		2	1	2	(2)	2	500	16.82
	6			3	2	(2)	2	600	18.46
	20	2			3	(3)	3	200	14.34
	30		2		3	(3)	3	300	16.00
	40			2	3	(3)	3	400	17.64
	50		2	1	3	(3)	3	500	20.02
	60			3	3	(3)	3	600	21.66
	300		2		4	(4)	4	300	19.2
	400			2	4	(4)	4	400	20.84
	500		2	1	4	(4)	4	500	23.22
	600			3	4	(4)	4	600	24.86
	800			4	4	(4)	4	800	28.88

注 表列侧板数量中，其括号内为推荐组合数，其他可根据需要组合。

表 8-44 　　　　　　　　直通线槽型号规格

序 号	型 号	规 格		重 量	配用盖板	
		b （mm）	h （mm）	（kg/m）	型 号	重 量 （kg/m）
1	WZC—50×25	50	25	1.32	WZC—50	0.87
2	WZC—50×50	50	50	1.91	WZC—50	0.87
3	WZC—100×50	100	50	3.67	WZC—100	2.20
4	WZC—150×50	150	50	4.56	WZC—150	3.09
5	WZC—200×50	200	50	5.44	WZC—200	3.97
6	WZC—300×50	300	50	7.74	WZC—300	5.74
7	WZC—400×50	400	50	9.5	WZC—400	7.50
8	WZC—500×50	500	50	11.27	WZC—500	9.27
9	WZC—600×50	600	50	13.03	WZC—600	11.03
10	WZC—800×80	800	80	17.66	WZC—800	14.57
11	WZC—150×100	150	100	6.85	WZC—150	3.09
12	WZC—200×100	200	100	7.74	WZC—200	3.97
13	WZC—300×100	300	100	9.50	WZC—300	5.74
14	WZC—400×100	400	100	11.27	WZC—400	7.50
15	WZC—500×100	500	100	13.03	WZC—500	9.27
16	WZC—600×100	600	100	14.80	WZC—600	11.03
17	WZC—300×150	300	150	11.27	WZC—300	5.74
18	WZC—400×150	400	150	13.03	WZC—400	7.50
19	WZC—500×150	500	150	14.8	WZC—500	9.27
20	WZC—600×150	600	150	16.57	WZC—600	11.03

3. 桥架的选用及订货

工程设计应根据确定的缆道路径，选择桥架及其附件的型号规格，并分类统计出所需数量，作为向厂家订货的依据。具体步骤如下：

（1）确定缆道走廊。设计应首先根据缆流分布，规划缆道走向，与机、土等专业协商，确定缆道走廊位置及允许通过断面，并了解缆道周围工艺管道及梁、柱、楼板等情况。

（2）确定支架固定方式。根据路径周围情况，确定各段支架固定方式（直立式、悬挂式、壁侧式、单端、双端固定）。

（3）选择电缆桥架。根据使用环境及缆道内各类电缆数量，选择托架类型、规格及层数，并以此确定支吊架型式及规格。

（4）验算桥架强度。对电缆数量较多的重载托架，应核验其机械强度：

1）根据托架上电缆规格及数量，估算托架单位长度荷载。

2）根据托架型号及跨距（一般为2m），查荷载曲线（见制造厂样本），得托架最大允许荷载，其值应大于或等于托架计算荷载（应计及检修荷载784N），如不满足则应另选强度较高的托架。

（5）统计桥架材料。根据布置图中表示的支、托架型号、规格、层数、支架间距及托架升降、拐弯、交叉、分支等，分别统计出支架、托架、连接板、水平弯、垂直弯、三通、四通及紧固件数量。

根据使用环境的要求，选择盖板型号规格并统计其数量。

根据每一用电设备电缆规格，选择引下保护管型号、规格并统计其所需数量。

将以上统计好的托架、支架及其零部件按不同型号规格分别换算成重量。

将上述数据填写在订货清单上，其内容包括：名称、型号、规格、数量、重量。

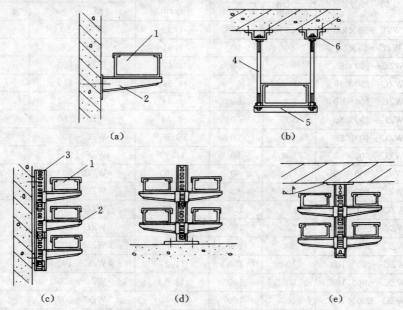

图 8-67　电缆桥架安装方式示意图

(a) 墙壁上直接固定桥架；(b) 双拉杆悬吊桥架；(c) 墙壁上固定桥架；
(d) 地面立柱支承桥架；(e) 单立柱悬吊桥架
1—梯架（托盘）；2—托臂；3—立柱；4—吊杆；5—横梁；6—吊杆座

4. 桥架安装

（1）电缆桥架在现场安装时，首先安装支承梯架、托盘的托臂、立柱或吊杆。托臂、立柱或吊杆的安装，采用膨胀螺栓固定最为方便。梯架、托盘的连接组装及其在托臂、立柱或吊杆上的安装固定一般采用紧固件，要求安装牢固，安装方式见图 8-67。

（2）梯架、托盘的平面弯通、三通有的是按制造厂型号规格订货的，有的是在现场锯切组装的，但不论采用哪一种，其转弯半径应不小于所敷设电缆的最小允许弯曲半径。

（3）为了消除电缆桥架因环境温度变化产生的应力，直线段钢制桥架超过 30m、铝制桥架超过 15m 时，应留有伸缩缝，并安装相应的伸缩片，如图 8-68 所示。

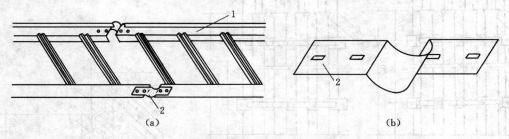

图 8-68　安装伸缩片的电缆梯架
（a）装伸缩片的梯架；（b）伸缩片
1—梯架；2—伸缩片

三、电缆槽架内敷设电缆

常用于工业厂房或高层建筑，敷设方法基本同导线的敷设，一般采用人工方法，除符合槽架敷设导线的规定外，还应符合以下规定：

（1）槽架多层敷设时，其层间距离应符合下列规定：

1）控制电缆槽架之间不小于 200mm。

2）电力电缆槽架之间不小于 300mm。

3）弱电与强电槽架之间不小于 500mm，如有屏蔽可减少到 300mm。

4）桥架上部距顶棚或其他障碍物应不小于 300mm。

（2）槽架经过建筑物的伸缩缝、沉降缝时应断开 100mm 的距离。

（3）槽架内横断面的填充率，电力电缆不大于 40%，控制电缆不大于 50%。

（4）不同电压、不同用途的电缆不宜在同一桥架上敷设，如：高压和低压电缆、强电和弱电电缆、向同一级负荷供电的双路电源电缆、应急照明和正常照明的电缆，如受条件限制必须在同一层桥架上敷设时，应用隔板隔离并标明用途。

（5）电缆槽架与管道平行或交叉的最小净距应符合表 8-45 的规定。

表 8-45　　　　　　　　　　电缆槽架与管道的最小净距（mm）

管 道 类 别		平 行 净 距	交 叉 净 距
一般工艺管道		400	300
具有腐蚀性液体、气体管道		500	500
热 力 管 道	有保温层	500	500
	无保温层	1000	1000

（6）电缆桥架不宜敷设在腐蚀性气体或热力管道的上方及腐蚀性液体的下方，否则应采

用防腐电缆或用隔热材料隔离。金属桥架应有良好的接地。

四、电力电缆沿建筑物敷设

在土质具有较强腐蚀性（如化工厂附近）或电缆较多的地方，不宜地下敷设时，常采用在地面上建造电缆构架的方法敷设电缆，这种方法在室内、外均可采用，但在室外设置时，应尽量避太阳直接照射。图 8-69～图 8-73 是电缆沿柱、梁、墙、板的敷设方法，电缆在构架上应按规定间距（与电缆沟内电缆间距相同）排列。

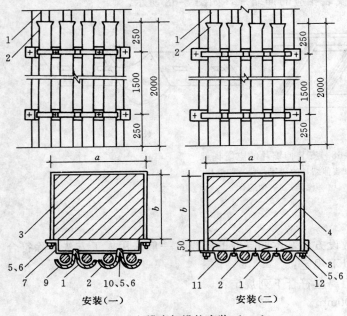

安装（一）　　　　安装（二）

图 8-69　电缆支架沿柱安装（mm）

1—电缆；2—保护管；3、4—抱箍；5—螺母；6—垫圈；

7—铁支架；8—木垫；9、11—管卡子；10—螺栓；12—木螺丝

注：a、b 由具体工程图纸给定。

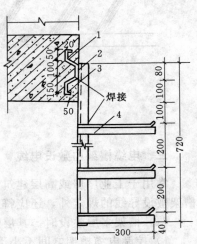

图 8-70　电缆支架沿梁的安装（mm）

1—固定条（预埋）；2—连接板；

3—主架；4—横撑

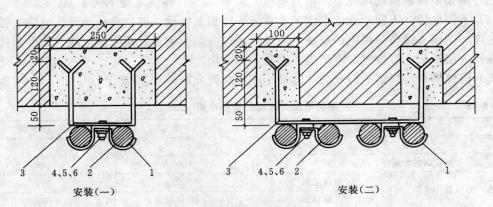

安装（一）　　　　　安装（二）

图 8-71　电缆支架沿墙安装（mm）

1—卡子；2—电缆；3—支架；4—螺栓；5—螺母；6—垫圈

294

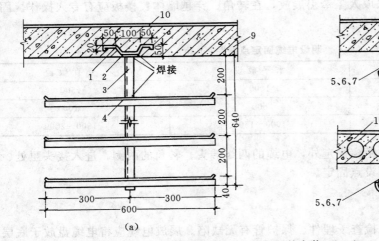
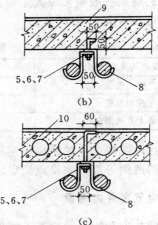

图 8-72　电缆支架在楼板下的安装（mm）

(a) 现浇板吊架安装；(b) 现浇板吊钩安装；(c) 预制板吊钩安装

1—固定条（预埋）；2—连接板；3—主架；4—横撑；5—螺栓；6—螺母；7—垫圈；8—管卡子；9—现浇板；10—预制板

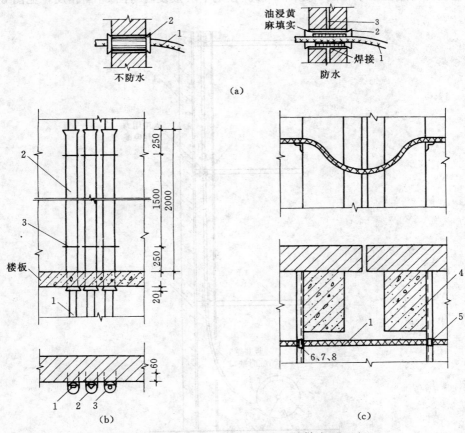

图 8-73　电缆穿过墙、楼板及伸缩缝的做法（mm）

(a) 穿墙；(b) 穿楼板；(c) 过伸缩缝

1—电缆；2—保护管；3—U 形卡子；4—固定架；5—卡子；6—螺栓；7—螺母；8—垫圈

电缆的展放一般应采取人工牵引展放，在转角、穿越墙体、楼板应有专人操作。固定点的距离，可参考表 8-46 的数值。

表 8-46　　　　　　　　　　　　明设电缆固定点间距（mm）

电缆类别及敷设部位	水 平 敷 设	垂 直 敷 设
电力电缆	1000	1500
控制电缆	800	100
墙上直接固定	1000～1500	1500～2000

固定点除了按表中的距离固定外，电缆的两终端头、转角的两侧、进入接头匣处、与伸缩缝交叉的两侧等都必须设点固定。

五、电气竖井内敷设

先清理井内杂物，并检查予埋件、保护管有无缺陷。展放电缆应将电缆盘放于底层，从下往上牵引，上引电缆一是要注意弯曲半径，二是要在每层出口处用力提拉电缆，不得只在上层提拉牵引，使拉力过于集中，而损伤电缆，牵引布置见图 8-74。其在井内排列、固定、间距等与电缆沟内敷设基本相同，见图 8-75。往地下层敷设时与图 8-74 相反，见图 8-76。

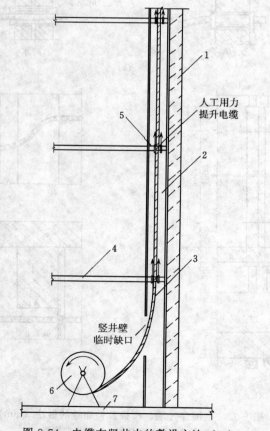

图 8-74　电缆在竖井内的敷设方法（一）

1—墙体；2—竖井；3—电缆；4—楼板；5—电缆保护管；6—电缆盘；7—首层楼板

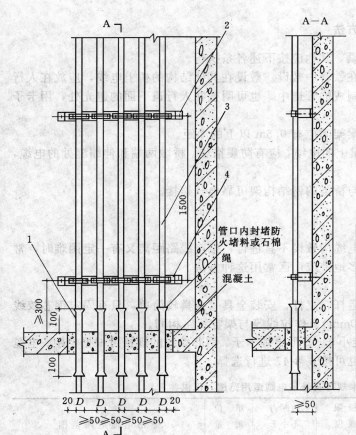
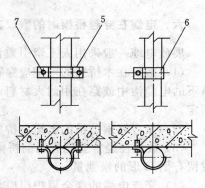

管口内封堵防
火堵料或石棉
绳

混凝土

电缆沿墙固定材料明细表

编号	名　称	型号及规格	单位	数量
1	保护管	见工程设计	根	5
2	胀管螺栓			
3	电　缆	见工程设计	根	5
4	支　架	扁钢 40×4	个	2
5	管卡子	与电缆外套配套		
6	单边管卡	与电缆外套配套		
7	塑料胀管	$\phi 6 \times 30$		

注　1. D 表示保护管外径。

2. 当电缆根数较多或规格较大时，可使用角钢
支架。

图 8-75　电缆在竖井的安装示意图（mm）

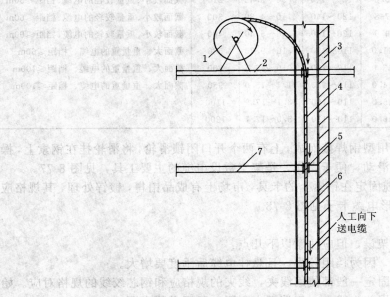

人工向下
送电缆

图 8-76　电缆在竖井内的敷设方法（二）

1—电缆盘；2—首层楼板；3—墙体；4—竖井；5—保护管；6—电缆；7—楼板

六、电缆在穿越桥梁时的敷设方法

展放电缆一般采用人工牵引敷设，其他应按下述各条执行。

（1）敷设在木桥上的电缆应穿在铁管中敷设。敷设在其他结构的桥上电缆，应放在人行道下的电缆沟中或穿在用耐火材料制成的管道中。也可明敷在人行道下面的避光处，用卡子固定。

（2）架空钢索悬吊的电缆与桥梁架间应有 0.5m 以上的净距。

（3）敷设在经常受到震动的桥梁上的电缆，应有防震措施。桥墩两端和伸缩缝处的电缆，应留有倒 Ω 形的松弛量。

（4）交流电缆的裸金属护层应与桥梁的钢结构架可靠电气连接。

七、钢索悬吊架空敷设

有时因地下管网复杂，直埋或电缆沟敷设不宜进行，架空线路距离又有一定困难时，常将电缆用钢索悬吊架空敷设，在人多地带或厂区常用这种方法。

（一）准备工作

测量线路、决定档距、定位、运杆、立杆、安装金具（金具较简单，只有固定钢芯绞线的线夹、拉线抱箍，线夹距杆顶 200mm）、作拉线等与架空线路相同。

此外，要准备钢绞线、悬挂行走小车、S 形电缆卡子。钢芯绞线的规格可根据档距、电缆规格进行计算，一般由设计给出，也可按表 8-47 进行选择。

表 8-47　　　镀锌钢绞线技术规范及悬吊电缆适用范围（仅供参考）

型号及标称截面（mm²）	计算截面积（mm²）	股数及股线直径（mm）	计算直径（mm）	极限强度（kg/mm²）	拉断力不小于（t）	单位重量（kg/km）	悬吊电缆适用范围
GJ—25	26.6	7×2.2	6.6	120～140	2.94～3.42	210	截面较小、重量较轻的电缆、档距≤50m
GJ—35	37.2	7×2.6	7.8	120～140	4.10～4.80	300	截面较小、重量较轻的电缆、档距≤60m
GJ—50	49.5	7×3.0	9.0	120～140	5.46～6.40	400	截面较小、重量较轻的电缆、档距≤60m
GJ—70	72.2	19×2.2	11.0	110～150	7.10～9.70	580	截面大、重量重的电缆、档距≤60m
GJ—100	101.0	19×2.6	13.0	110～150	10.0～13.5	800	截面大、重量重的电缆、档距≤100m
GJ—120	117.0	19×2.8	14.0	110～150	11.4～15.0	950	截面大、重量重的电缆、档距≤100m
GJ—135	134.0	19×3.0	15.0	110～150	13.1～17.9	1100	
GJ—150	153.0	19×3.2	16.0	110～130	15.0～17.7	1200	

悬挂行车是用倒 π 形的用型钢焊接而成，上有两个开口闭锁滑轮，将滑轮挂在钢索上，操作人员坐在小车上可沿钢索滑动，便于操作，是架空敷设电缆的主要工具，见图 8-77。

S 形电缆卡子，是将电缆固定在钢索上的卡具，市场上有成品销售，镀锌处理，其规格应与架设的电缆规格相符。S 形电缆卡子见图 8-78。

（二）架设钢芯绞线

基本同架空线路的导线架设，但应注意以下几点：

（1）垂度要比架空线小，因为档距较小，且悬挂电缆后垂度要增大。

（2）钢芯绞线在杆上的固定一般都使用线夹，线夹的规格应和钢芯绞线的规格对应。始端和终端杆上的固定一般采用并沟线夹，每端至少三副，紧固必须牢固。

（3）钢芯绞线完全紧好后，才能将多余的锯掉。锯掉后的两端应用细镀锌铁线绑扎 20mm，以免撒股。

（4）拉线必须牢固可靠，必要时应作成双拉线。

（三）展放电缆及在钢绞线上的固定

通常有两种方法：

（1）按前述方法沿线路将电缆展放在杆下，同时将电缆引至室内或设备的余量要以实物测量好，并在电缆与第一根杆上的固定点处作好记号。

操作人员携带 S 形卡子从第一根杆处登杆，然后将悬挂行走小车挂在钢绞线上。操作人员从杆上坐到小车上，并把脚扣也挂在小车。用绳子将电缆吊起，并把电缆作好记号处用 S 形卡子固定在第一根杆处的钢绞线上。拉住钢绞线使小车前行，每隔 750mm 固定一个卡子，控制电缆或弱电电缆每隔 600mm 固定一个卡子，见图 8-78。

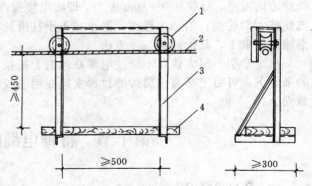

图 8-77 悬挂行走小车示意图（mm）

1—凹形轮；2—钢索；3—角钢架；4—木板

当走到杆处，操作人员用脚扣登在杆上，套好安全带，将小车倒至杆的另侧，然后再坐在小车上，继续向前上卡子。在过杆处应将电缆留倒 Ω 形的余量，见图 8-79。

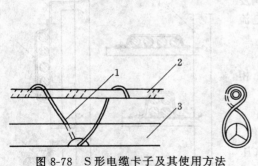

图 8-78 S 形电缆卡子及其使用方法

1—卡子；2—钢索；3—电缆

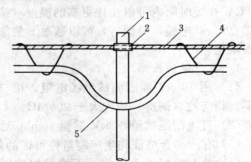

图 8-79 电缆在电杆处的倒 Ω 形余量

1—电杆；2—抱箍；3—钢索；4—S 形卡子；5—电缆

在固定卡子时，从地面将电缆拉起要保持其最小允许半径，必要时，地下电缆应有人在前面事先抬起。全部上好卡子，将两端的余量完好测量好时，才能将多余的电缆锯掉。

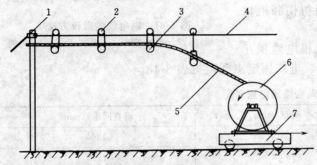

图 8-80 牵引车将电缆直接引至钢绞线

1—电杆及拉线；2—小滑轮；3—开口滑子；4—钢绞线；

5—电缆；6—电缆盘；7—牵引车

（2）另一种方法是将电缆直接引上钢绞线，然后再用小车法上 S 形卡子固定。

将电缆用放线盘架起并装在汽车上；将电缆端头放开穿入钢绞线上的滑轮内，然后将电缆端头固定在始端的电杆上；固定必须牢固，能承受汽车慢速牵引电缆的最大拉力。布置见图 8-80 所示。

第一个操作者坐小挂车于钢绞线设有上滑轮的部位，起动汽车慢速沿线路方向前进，每放开 5～10m 左右，即将电缆提起，并在钢绞线上固定一开口滑轮，同时将电缆挂入滑轮内；第二个操作者坐小挂车于挂滑轮的部位，用 S 形卡子固定电缆，并将开口滑轮逐个取下，其他同第一种方法。

汽车牵引不得太快，不能使电缆在地面上拖拉，速度基本与操作同步即可。在条件允许的条件下，可将上部有金属钩的竹梯支挂在钢芯绞线上，再进行 S 形卡子的安装，但必须注意安全。

第十节　特种电缆的施工安装

一、防火电缆的安装

在高层建筑和火灾危险场所的供电系统常采用防火电缆。防火电缆俗称铜皮电缆，是由铜导线嵌置在坚韧的无缝铜管中，导线和铜管间是紧密压实的氧化镁绝缘材料。

铜皮电缆有轻负荷和重负荷、单芯和多芯裸铜皮和带塑料外护套之分。轻负荷电缆额定电压为 600V，重负荷电缆额定电压为 1000V。防火电缆的主要特点是耐火、无烟，燃烧时不会放出有毒气体，适用于重要场所和高层建筑的供电系统、应急电源线路，也适用于高温区域电气设备的供电线路。其连续运行的最高温度为 250℃，在短时间内可以允许更高的温度（接近铜皮的熔点）。就电缆本身而言，可以通过 5 倍额定电流而不熔化。

（一）电缆的检测

（1）用 1000V 摇表测试绝缘电阻，相与相、相与零、相与地（铜皮）均应大于 200MΩ。

（2）直流耐压试验，3kV 试验 10min 无泄漏。

（3）有产品合格证和生产制造许可证的复印件。

（4）外观完好，无破损，无机械损伤，无挤压伤痕。

（二）敷设方法

敷设方法基本与常规电缆敷设相同，一般应用人力牵引，在转弯处要保证电缆的最小弯曲半径，弯曲半径≥6 倍电缆直径，并要防止电缆扭伤和机械损伤。

电缆一般为明设，宜将不同相的几根电缆相互靠近，用卡子固定在支架上，见图 8-81。电缆固定点间距见表 8-48。

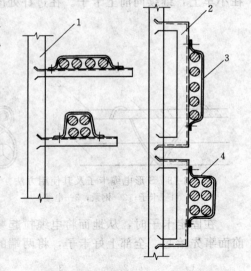

图 8-81　铜电缆的敷设方法
1—墙体；2—角钢支架；3—铜皮卡子；4—电缆

表 8-48	防火电缆固定点间距	
电缆截面（mm²）	水平间距（mm）	垂直间距（mm）
50 以下	900	1200
50～150	1500	1500

电缆进入设备时，应采用专用的终端束固定，见图 8-84。方法是将裸铜皮电缆穿入后螺母、压缩衬环、束头体、铜板（或铝板）束头夹在后螺母和束头体中间，后螺母和束头体组

合拧紧、压缩衬环横向压缩，使电缆、束头、铜板（或铝板）束头紧密连接在一起，再将铜板（或铝板）固定在配电柜壳体开口处，达到固定电缆和接地的目地。铜皮电缆不需单独接地，用铜板（或铝板）是为了防止电缆在设备进口处使外壳产生环流。这里配电柜外壳应可靠接地。

（三）铜皮电缆头的制作安装

1. 铜皮电缆配件

铜皮电缆配件是随电缆成套供应的电缆头专用件，随电缆的规格不同而不同。

（1）内有自攻螺纹黄铜封杯和石英玻璃杯盖（适用于185℃），见图8-82。

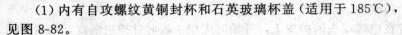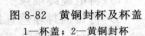

图8-82　黄铜封杯及杯盖
1—杯盖；2—黄铜封杯

（2）电缆封口膏，由厂家直接进货。

（3）热缩型套管，有封端套管和导线套管两种，封端套管内部涂有一层热熔粘合剂，见图8-83。

（4）电缆束头，由束头体、后螺母和压衬环组成，见图8-84。

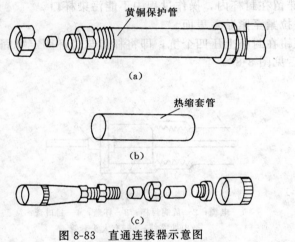

图8-83　直通连接器示意图
(a) 成套组装的接头；(b) 套管件；
(c) 铜环封端和直通连接的简内组成

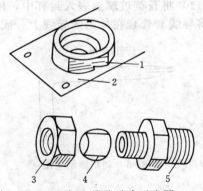

图8-84　铜电缆终端束示意图
1—终端束头；2—铜板（铝板）；
3—后螺母；4—压缩衬环；5—束头体

（5）铜带，制作固定电缆卡子用，宽16mm，厚2mm，每卷5m。

（6）铜接线端子即铜鼻子，接线端子后部有螺纹，内有衬环，配以螺母和导线连接。使用时将线头插入螺母内衬环，拧紧螺母压缩衬环，使电缆线芯和接线端子牢固连接。

（7）直接连接器，用来连接相同直径的两条电缆，即作为电缆中间接头。直通连接器由二端均有内螺纹的无缝黄铜管、束头、铜环封端或热缩封端套管、连接器和绝缘套管组成，见图8-83。

2. 铜皮电缆封端技术要求工艺做法

铜皮电缆中的氧化镁极易受潮，因此，电缆头和中间接间的制作必须保证氧化镁不受潮，否则电缆的绝缘强度要降低。

（1）先用500V摇表测量绝缘电阻，大于200MΩ为合格，否则要驱潮。驱潮的方法是用喷灯文火随电缆由受潮段向端头慢慢加热，温度不宜过高，一般不超过90℃或电缆外皮退色为止。冷却后重新测量绝缘，直到合格。

（2）选择封端类型。封端分适于连续运行温度 20～105℃和 80～185℃两种。要按电缆敷设的场所和部位而选择。

（3）根据设备接线位置，量出所需电缆长度，用钢锯锯断。

（4）确定封杯的位置，用割刀在铜皮圆周上割切一条深痕，深度为铜皮厚度的 2/3。

（5）用钳子或边切钳在电缆端部撕开一个小口，再将撕开的铜皮钳入剥离棒的开口狭槽内，见图 8-85。然后使剥离棒与电缆保持 45°，绕着电缆扭转，使电缆铜皮沿棒绕成螺旋形，直至将铜皮剥落为止。

（6）除去露的氧化镁，并用干布将线芯擦干净。

（7）将电缆终端束头、黄铜板（或铝板）套在电缆上。

（8）将黄铜封环垂直拧在电缆端头的护皮上，开始时先用手顺时针拧进铜皮，然后再用管钳子夹住封杯的滚花底座，继续拧进至护皮端头留一扣即可。这里要注意，封杯固定好后不能反向拧动，否则会使封杯松动，影响密封。

（9）清除封杯拧紧时的金属细丝等杂物，清除要干净，可用皮老虎和气筒吹除，万万不可用嘴吹，避免受潮，然后用摇表测绝缘电阻，合格后，从封口膏管中将膏质挤入封杯。应从封杯的一侧挤入过量的膏、避免将空气滞留在封杯内，操作过程中不能污染杯口。

（10）将大头套管穿过杯盖，再将大头拉紧至紧贴盖里面。

（11）将石英玻璃盖嵌入封杯中，用压钳在封杯上压四个坑，即将杯盖与封杯固定牢固，然后将导线套管套在外露的导线上，成型后见图 8-86。

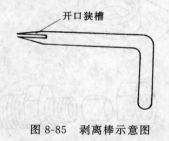

图 8-85　剥离棒示意图

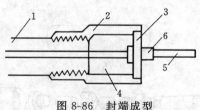

图 8-86　封端成型

1—电缆；2—黄铜封杯；3—杯盖；4—封口膏；
5—电缆芯线；6—有大头套管

（12）上好接线端子。若用热缩套管封端则比较简单，作法是按上述方法做到第 7 步以后，即将热缩套管套在清理干净的导线和相邻的铜皮上，2/3 套在铜皮上，1/3 套在导线上。

具体作法是先预热电缆铜皮和导线，再套上封端套管，然后用文火绕着封端套均匀加热，并慢慢向导线方向移动火源，使套管逐渐收紧，紧紧粘合在铜皮和导线上。再将导线套管套在导线上，覆盖住导线上的热缩套管，同上述方法加热导线套

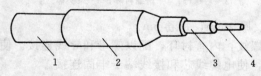

图 8-87　热缩封端成型

1—铜护皮；2—封端套管；3—导线套管；4—导线

管，先使导线在封端上收缩，然后再在导线上逐渐收缩，直至套管完全收缩为止。热缩封端成型后见图 8-87。

二、屏蔽电缆的安装

在些强磁场和强电场的特殊场所，信号和控制系统常采用屏蔽电缆，防止信号的干扰和电缆相互间的干扰。屏蔽电缆的种类很多，常用的有下列几种：见图 8-88～图 8-91。

图 8-88　屏蔽电缆结构 (一)

1—多根铜芯线；2—绝缘层；3—绝缘层；4—屏蔽
导线；5—屏蔽箔层；6—绝缘层；7—塑料护套；
8—皱纹纸；9—钢铠；10—外护套

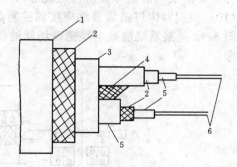

图 8-89　屏蔽电缆结构 (二)

1—塑料外套；2—屏蔽网；3—绝缘套；
4—填充物；5—绝缘层；6—多股芯线

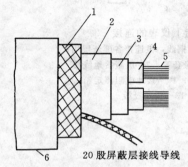

20 股屏蔽层接线导线

图 8-90　屏蔽电缆结构 (三)

1—金属箔层；2—薄膜袋包层；3—填充物；
4—绝缘套；5—多股铜芯；6—护套

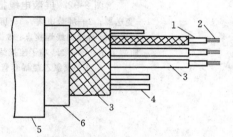

图 8-91　屏蔽电缆结构 (四)

1—乙烯护套；2—多芯导线；3—屏蔽网；
4—加强筋；5—外护套；6—铠装层

　　由图可见，在这些电缆中都有一个或两个屏蔽层。由于其结构不同，屏蔽结果也不同。若用金属的编织网作为屏蔽层，单层屏蔽效率为 95%；双层屏蔽效率为 98%；若用铠装型屏蔽电缆效率为 100%。

　　屏蔽电缆的施工有以下要求：

　　(1) 敷设线路应远离热源，其周围环境温度超过 65℃时，应采取隔热措施。

　　(2) 敷设线路不应与电力电缆平行；在同一电缆汇线槽中和其他电缆共同敷设时，二者应用金属板隔开。

　　(3) 信号回路接地与屏蔽接地，可共用一个单独设置的接地极，同一信号回路或同一线路的屏蔽层，只能有一个接地点。

　　(4) 屏蔽电缆的备用芯线与电缆屏蔽层或排拢线，应在同一侧接地。

　　(5) 屏蔽电缆的接地要牢固可靠，而且只可单端接地，接地端接在控制室内的控制盘上，在现场一端不应与仪表或接地体连接。

　　(6) 线路的屏蔽层，应有可靠的电气连续性，而且应与已接地的设备金属部分可靠地绝缘。

　　(7) 屏蔽层不得通过安全栅接地。

　　(8) 安全火花型线路内的接地线和屏蔽连接线的外表面应有绝缘层。

（9）屏蔽层与屏蔽导线应接触良好，但不必焊在一起。

（10）控制室内屏蔽线最终应接到控制盘的屏蔽接地线端子上去。

图 8-92 是某系统屏蔽电缆把现场就地仪表和控制室内盘上仪表进行连接的示意图，供读者参考。

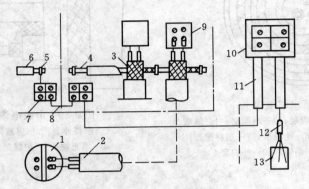

图 8-92　屏蔽电缆把现场仪表与盘上仪表的连接

1—变送器；2—屏蔽电缆；3—屏蔽层；4—φ2 裸铜线，供连接各屏蔽层用；
5—屏蔽层与裸铜线焊接点；6—裸铜线上的绝缘套管；7—屏蔽接地线接
地端子组；8—接地端子连接线；9—盘装仪表；10—接地电阻测定箱；
11—聚氯乙烯套管；12—接地线；13—接地极板

第九章 电缆头的制作安装

第一节 35kV及以下电缆接头的分类、结构及选择

一、电缆终端和中间接头的分类

电缆终端和中间接头的品种很多。按照它们的用途和主体绝缘成型的工艺来分类。表9-1是按照它们的用途进行的分类，它反映了各种电缆附件在电缆线路中的部位及其作用。

表 9-1　　　　　　　　　35kV及以下电缆终端和中间接头按用途来分类的品种

类型	品　　种	用　　　　途
终端	户内终端	安装在室内环境下使用电缆与供用设备相连接。在既不受阳光直接辐射，又不暴露在大气环境下使用的终端
	户外终端	安装在室外环境下使电缆与架空线或其他室外电气设备相连接。在受阳光直接辐射，或暴露在大气环境下使用的终端
	设备终端（固定式和可分离式两类）	电缆直接与电气设备相连接，高压导电金属处于全绝缘状态而不暴露在空气中
接头	直通接头	连接两根同一线路上的电缆
	分支接头	将支线电缆连接到干线电缆上去。支线电缆与干线电缆近乎垂直的接头称T形分支接头；近乎平行的接头称Y形分支接头；在干线电缆某处同时分出两根分支电缆，称X形分支接头
	过渡接头	连接两根不同绝缘类型的电缆，例如将交联电缆与油浸纸电缆连接的接头
	堵油接头	用于落差大于规定值的黏性浸渍油浸纸电缆线路里。接头内将油路截断，以防止高端电缆绝缘干枯，低端电缆绝缘油压超过规定值
	转换接头	连接多芯电缆与单芯电缆，多芯电缆中的每相导体分别与一根单芯电缆导体连接
	绝缘接头	用于大长度电缆线路里，使接头两端电缆的金属护套和电缆绝缘屏蔽层在电气上断开，以便交叉互连，减少护层损耗

按主绝缘成型工艺分类的品种见表9-2。

表 9-2 电缆终端和中间接头按主绝缘成型工艺分类的品种

品 种	结 构 特 征	适 用 范 围
绕包式电缆附件	绝缘和屏蔽都是用带材（通常是橡胶自黏带）绕包而成的电缆附件	适用于中低压级挤包绝缘电缆终端和接头
热收缩式电缆附件	将具有电缆附近所需要的各种性能的热缩管材、分支套和雨裙（户外终端）套装在经过处理后的电缆末端或接头处，加热收缩而形成的电缆附件	适用于中低压级挤包绝缘和油浸纸绝缘电缆终端和接头
预制式电缆附件	利用橡胶材料，将电缆附件里的增强绝缘和半导电屏蔽层在工厂内模制成一个整体或若干部件，现场套装在经过处理后的电缆末端或接头处而形成的电缆附件	适用于中压（6～35kV）级挤包绝缘电缆终端和接头
冷收缩式电缆附件	利用橡胶材料将电缆附件的增强绝缘和应力控制部件（如果有的话）在工厂里模制成型，再扩径加支撑物。现场套在经过处理后的电缆末端或接头处，抽出支撑物后，收缩压紧在电缆上形成的电缆附件	适用于中低压级挤包绝缘电缆终端和接头
浇铸式电缆附件	利用热固性树脂（环氧树脂、聚氨酯或丙烯酸酯）现场浇铸在经过处理后的电缆末端或接头处的模子或盒体内，固化后而形成的电缆附件	适用于中低压级挤包绝缘和油浸纸绝缘电缆终端和接头
模塑式电缆附件	利用与电缆绝缘相同或相近的带材绕包在经过处理后的电缆接头处，再用模具热压成型的电缆附件	适用于中压级挤包绝缘电缆接头

表 9-3 是各种类型电缆接头的特性比较。

表 9-3 各种类型电缆接头特性比较

对 比 项 目			电 缆 接 头 品 种					
			绕包式	热收缩式	预制式	冷收缩式	浇铸式	模塑式
范围	电缆种类	挤包绝缘电缆	适用	适用	适用	适用	可适用	适用
		油浸纸绝缘电缆	一般不用	可适用	一般不用	一般不用	适用	一般不用
	电压等级	35kV	适用	适用	适用	适用	可适用	适用
		10kV 及以下	适用	适用	适用	适用	适用	一般不用
	电缆附件分类	终端	适用	适用	适用	适用	可适用	适用
		直通接头	适用	适用	适用	适用	适用	适用
		分支接头	可适用	一般不用	适用	一般不用	适用	一般不用
结构特点	结 构		简单	简单	较复杂	简单	简单	简单
结构特点	规 格		少	少	较多	少	少	少
现场安装	对操作工技术要求		高	较高	一般	一般	一般	高
	耗费工时		多	较多	少	少	少	多
成 本			低	低	较高	较高	低	低

35kV 及以下电缆终端和中间接头通常按下列方法命名：

（1）挤包绝缘电缆附件的名称由主体绝缘成型工艺加附件的用途名称表示，例如热收缩户外终端、绕包式直通接头等。

（2）油浸纸绝缘电缆传统式附件品种名称，一般是按工厂提供的盒体材料、结构加上附件的用途名称表示，例如瓷套式户外终端、铅套式直通接头等。

（3）电缆直接接入设备的设备终端的名称，通常是按接入方式来命名的，例如可以与设备分开而不损坏自身结构的电缆终端称为可分离电缆终端或插拔式电缆终端。

图 9-1 为目前常用的 35kV 及以下电缆终端和中间接头品种的产品分类框图。

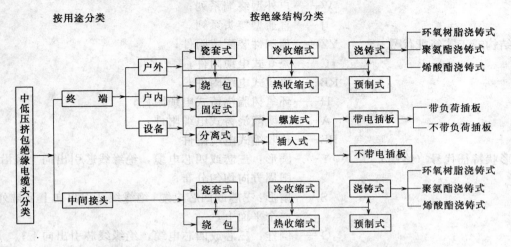

图 9-1　35kV 及以下电缆附件的分类框图

二、电缆终端和中间接头的技术要求

（1）导体连接良好。对于终端，电缆导电线芯与出线杆、接线端子之间要连接良好；对于中间接头，电缆导体与连接管之间要连接良好。要求连接点的接触电阻小而且稳定。与同长度同截面导线的电阻相比，对新装的电缆终端和中间接头，其比值应不大于 1；对已运行的电缆终端和中间接头，其比值应不大于 1.2。

（2）绝缘可靠。要有能满足电缆线路在各种状态下长期安全运行的绝缘结构，所用绝缘材料不应因在运行条件下加速老化而导致降低绝缘的电气强度。

（3）密封良好。结构上要能有效地防止外界水分和有害物质侵入到绝缘中去，并能防止附件内部的绝缘剂向外流失，避免"呼吸"现象发生，保持气密性。

（4）有足够的机械强度。能适应各种运行条件，能承受电缆线路上产生的机械应力而不受损伤。

（5）防腐蚀。能防止环境对电缆终端和中间接头的腐蚀。

三、电缆终端和中间接头的型号

35kV 及以下电缆终端和中间接头的型号的一般规定如下：

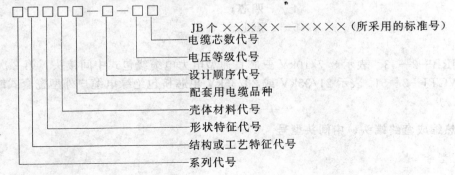

其中：

系列代号   N——户内型终端系列；

                                         W——户外型终端系列；

                                         J——直通型接头系列。

结构或工艺特征代号   YZ——预制件装配式附件；

                                         C——瓷套式电缆附件；

                                RB——绕包式电缆附件；

                                         H——环氧树脂浇铸式电缆附件；

                                         A——聚氨酯浇铸式电缆附件；

                                RS——热收缩式电缆附件。

形状特征代号（终端）   Y——圆形：三芯或四芯电缆，绝缘线芯引出向上且沿圆周方向均匀分布；

                                         S——扇形：三芯或四芯电缆，绝缘线芯引出向上且排列在一个平面上；

                                         G——倒挂：三芯或四芯电缆，绝缘线芯引出向下；

                                         T——套管型：单芯电缆，绝缘线芯引出向上。

壳体材料代号（终端）   Z——铸铁；

                                         G——钢；

                                         L——铝合金；

                                         B——玻璃钢；

                                         C——电瓷。

配套用电缆品种   Z——纸绝缘电力电缆；

                                         J——挤包绝缘电力电缆。

设计先后顺序代号   1——第1次设计；

                                         2——第2次设计（以下类推）。

电压等级代号   1——1.8/3kV 以下；

                                         2——3.6/6kV、6/6kV、6/10kV；

                                         3——8.7/10kV、8.7/15kV；

                                         4——12/20kV；

                                         5——21/35kV、26/35kV。

电缆芯数代号   1——单芯；

                                         3——三芯；

                                         4——四芯；

                                         5——五芯。

示例：

（1）JRB—2—33。表示 8.7/10kV 三芯直通型电力电缆绕包式中间接头，第 2 次设计。

（2）WCTJ—3—51。表示 21/35kV 或 26/35kV 单芯挤包绝缘电缆户外型瓷套式终端，第 3 次设计。

四、热缩成套终端头、中间头型号

（一）型号

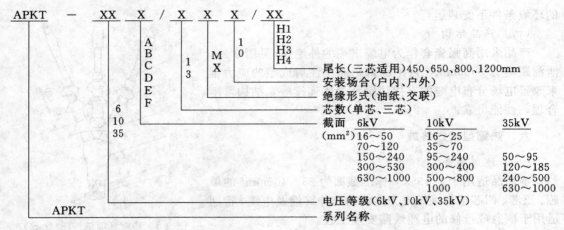

截面 6kV 10kV 35kV
(mm²) 16～50 16～25
70～120 35～70
150～240 95～240 50～95
300～530 300～400 120～185
630～1000 500～800 240～500
1000 630～1000

电压等级（6kV、10kV、35kV）

系列名称

（二）性能特点

APKT 电力电缆终端头具有无炭痕和抗剥蚀性能,其可靠程度相当于电缆本身寿命。材料的延伸和电气强度特性远远超过产品使用的寿命,延伸的稳定性是测抗紫外线裂痕的方法。

热缩应力控制管所用材料具有匹配的电阻率,因此在电缆屏蔽末端具有稳定的阻抗特性,起到控制应力的作用,防止运行中绝缘损坏。

（三）安装事项

施工时应严格控制加热温度,收缩时必须由中间或一端开始。应力控制管必须套在适中部位,收缩过程中要注意两端结合,严格防止套的不正而出现局部放电。

特别要注意,三芯大截面导线在施工完毕后尽量不要再移动防止弯曲。

五、110kV 交联聚乙烯绝缘电力电缆终端

110kV 预制应力锥型瓷套式终端。

（一）型号意义

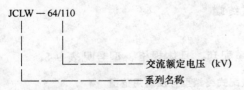

（二）结构图（见图 9-2）

（三）适用范围

本产品适用于交流额定电压 64/110kV,截面为 400～1000mm² 的交联聚乙烯绝缘电力电缆,沿海及污染地区、气温在 −40～+40℃

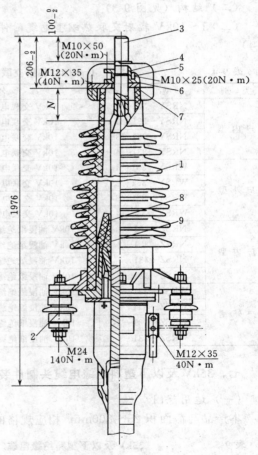

图 9-2　110kV 预制应力锥瓷式终端结构图 （mm）

（注：安装尺寸为 φ22,长×宽：450×450）

1—瓷套；2—支撑绝缘子；3—接线柱；4—紧圈；

5—压盖；6—屏蔽罩；7—顶盖；8—应力

锥罩；9—应力锥

的环境条件下安装运行。

（四）产品结构

产品采用高强瓷套作为电缆末端的外绝缘（见图 9-2），泄漏距离为 3906mm，内绝缘采用高压注射成型的应力锥来改善电场分布电缆的支撑固定及导体连续等，结构紧凑合理，性能可靠。

六、热缩型电缆终端

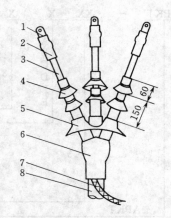

图 9-3　热缩终端结构图（mm）
1—端子；2—密封管；3—绝缘管；4—单孔防雨裙；5—三孔防雨裙；6—手套；7—接地线；8—PVC 护套

（一）适用场合

本产品适用于 1～35kV 标准截面为 25～400mm² 的单芯、三芯、四芯塑料绝缘电力电缆户内外终端及电缆，特别适用于应急或抢修的电缆线路安装工程。

（二）结构（见图 9-3）

（三）1～10kV 辐射交联热缩型电缆附件选型表（见表 9-4）

表 9-4　　　　　　　　　　　1～10kV 辐射交联热缩型电缆附件选型表

类　别	型　号	名　　称	适用电缆截面（mm²）
户内型	NRSY—331—1	10kV 交联电缆热缩型户内终端头	25～50
	NRSY—331—2	10kV 交联电缆热缩型户内终端头	70～120
	NRSY—331—3	10kV 交联电缆热缩型户内终端头	150～240
	NRSY—331—4	10kV 交联电缆热缩型户内终端头	300～400
户外型	WRSY—331—1	10kV 交联电缆热缩型户外终端头	25～50
	WRSY—331—2	10kV 交联电缆热缩型户外终端头	75～120
	WRSY—331—3	10kV 交联电缆热缩型户外终端头	150～240
	WRSY—331—4	10kV 交联电缆热缩型户外终端头	300～400
户内型	NRSZ—331—1	10kV 油浸纸绝缘电缆热缩型户内终端头	25～50
	NRSZ—331—2	10kV 油浸纸绝缘电缆热缩型户内终端头	70～120
	NRSZ—331—3	10kV 油浸纸绝缘电缆热缩型户内终端头	150～240
	NRSZ—331—4	10kV 油浸纸绝缘电缆热缩型户内终端头	300～400
户外型	WRSZ—331—1	10kV 油浸纸绝缘电缆热缩型户外终端头	25～50
	WRSZ—331—2	10kV 油浸纸绝缘电缆热缩型户外终端头	70～120
	WRSZ—331—3	10kV 油浸纸绝缘电缆热缩型户外终端头	150～240
	WRSZ—331—4	10kV 油浸纸绝缘电缆热缩型户外终端头	300～400

七、35kV 及以下塑料绝缘电缆头制件装配式终端

（一）适用范围

本产品与截面积 25～800mm² 相应规格的电缆配套，具体规格、型号见表 9-5。

表 9-5　　　　　　35kV 及以下塑料绝缘电缆制件装配式终端型号及适用范围

产　品　名　称	型　号	适　用　范　围
6～15kV 户外预制整体式电缆终端头	WYZ—10	用于额定电压 U_0/U 为 6/10kV、8.7/10kV、8.7/15kV 的单芯或三芯 XLPE 绝缘电缆，配套于户内外供电运行线路
6～15kV 户内预制整体式电缆终端头	NYZ—10	
35kV 户外预制整体式电缆终端头	WYZ—35	用于额定电压 U_0/U 为 21/35kV、26/35kV 的单芯 XLPE 绝缘电缆，配套于户内外供运行线路
35kV 户内预制整体式电缆终端头	NYZ—35	

（二）产品结构

产品采用进口硅橡胶等高分子弹性体作基材，在工厂制成完善的电缆终端结构，利用弹性套装在切断屏蔽处的电缆端部而成形，终端下部为冷缩型结构。结构参见图9-4。

八、35kV 电力电缆户内、户外型瓷套式终端

（一）型号、规格（见表9-6）

表9-6 35kV 电力电缆户内、户外型瓷套式终端型号、规格

产品名称	型　号	规　格	适　用　范　围
户外电缆终端盒	558z	50～240mm²	用于 35kV 分相铅包铜芯或铝芯纸绝缘电缆终端装置
户外终端盒	WTG512	50～300mm²	用于 35kV 分相铅包铜芯、铝芯纸绝缘电缆及 75kV 铝芯滤尘器电缆终端装置
户内电缆终端盒	5751	50～300mm²	用于 35kV 交联聚乙烯绝缘和纸绝缘电缆终端装置

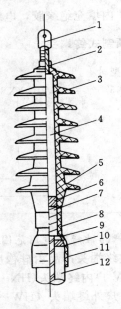

图9-4　WYZ—35 预制式终端结构

1—分线端子；2—电缆线芯；3—绝缘套管；
4—电缆绝缘层；5—半导电套；6—锉蝙蝠；
7—铜屏蔽层；8—编号；9—铠装层；
10—填充层；11—热缩护套管；
12—电缆护套

（二）产品结构（见图9-5）

瓷套上下端面与进出线装置组合成盒体，瓷套的泄漏比大（558z 型≥3.2；512 型≥

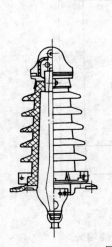
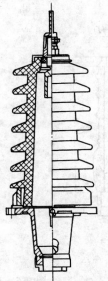
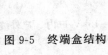

图9-5　终端盒结构

2.6）。盒体内填充绝缘胶，电缆末端的电场改善用传统方法制作应力堆。

九、预制式终端头

（一）型号

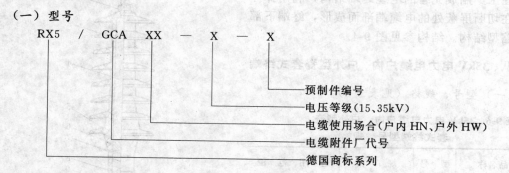

```
RX5  /  GCA  XX  —  X  —  X
                          └─ 预制件编号
                       └─ 电压等级（15、35kV）
                   └─ 电缆使用场合（户内 HN、户外 HW）
             └─ 电缆附件厂代号
        └─ 德国商标系列
```

（二）产品性能和适用范围

预制式终端头产品由硅橡胶制品适用于 35kV 及以下电压等级的交联聚乙烯电力电缆。产品分 15kV 户内终端头（HN—15）、15kV 户外终端头（HW—15）及 35kV 户内终端头（HN—35）、35kV 户外终端头（HW—35）。

HN—15、HW—15 用于 8.7/15kV、8.7/10kV 和 6/10kV 电压等级；HN—35 和 HW—35 用于 26/35kV 和 18/35kV 电压等级。对 8.7/15kV、8.7/10kV 和 26/35kV 电压等级的电力电缆，所选用的终端截面应与电缆导体截面相同，用于其他电压等级的电力电缆或电缆绝缘厚度或偏薄时应根据电缆的绝缘外径尺寸，选择终端头的规格。

特种硅橡胶具有电气绝缘性好、介电强度高、抗漏痕、抗电蚀、抗紫外线、耐热（—50～200℃）、阻燃、弹性好、耐受大多数化学溶剂、耐老化等特点，因此使用寿命极为良好，能在各种气候及污秽环境中使用，较适合与交联电力电缆配套。

（三）产品结构（见图 9-6～图 9-8）

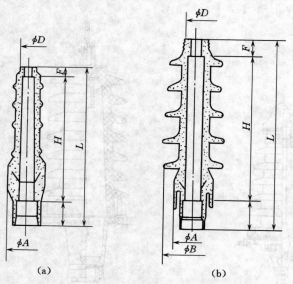

(a)　　　　　　　(b)

图 9-6　15kV 户内、户外终端头
(a) RXS/GCA HN—15；(b) RXS/GCAHW—15

(四) 预制式终端头选型表（见表 9-7）

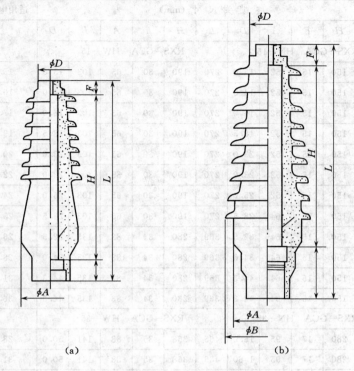

图 9-7　35kV 户内、户外终端头

(a) RXS/GCA HN—35；(b) RXS/GCA HW—35

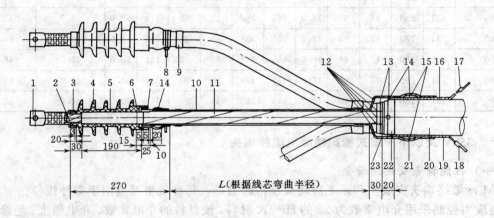

图 9-8　预制式终端头结构尺寸图 (mm)

1—接线端子；2—电缆线芯；3—终端头密封唇边；4—硅橡胶预制式终端头；5—缆芯
绝缘；6—半导电层；7—半导电带缠绕层；8—塑料卡带；9—相色带；10—绝缘
保护管（热缩）；11—铜屏蔽带；12—接地焊点；13—铜扎带；14—密封填料；
15—防潮带（填场）；16—铜屏蔽带接地编织带；17—铜屏蔽带接地线耳；
18—铠装接地线耳；19—铠装接地编织带；20—电缆外护套；
21—分支手套（热缩）；22—铠装（塘场）；23—内护套

标称截面 (mm²)	终端头尺寸 (mm)											适用电缆绝缘外径 (mm)	
	L	H	F	A	D	L	H	F	A	B	D	最 小	最 大
	RXS—GCA HN—15					RXS—GCA HW—15							
25	200	150	15	52	13.0	270	190	30	65	103	13.0	15.2	17.9
35	200	150	15	52	14.0	270	190	30	65	103	14.0	16.7	19.6
50	200	150	15	52	16.0	270	190	30	65	103	16.0	17.9	21.1
70	200	150	15	52	18.5	270	190	30	65	103	18.5	19.3	22.6
96	200	150	15	52	23.0	270	190	30	65	103	23.0	20.9	24.5
120	200	150	15	52	23.0	270	190	30	65	103	23.0	22.5	26.4
150	200	150	15	52	25.0	270	190	30	65	103	25.0	24.1	28.4
185	200	150	15	64	28.5	270	190	30	65	103	28.5	25.6	30.0
240	200	150	15	64	32.5	369	280	34	82	135	32.5	26.7	31.4
300	200	150	15	64	34.0	369	280	34	82	135	34.0	28.5	33.5
400	200	150	15	64	44.3	369	280	34	82	135	44.3	31.1	36.5
500	200	150	15	64	44.3	369	280	34	83	135	44.3	36.7	43.1
	RXS—GCA HN—35					RXS—GCA HW—35							
50	333	280	17	95	16.0	465	368	35	88	141	50.0	28.5	33.5
70	333	280	17	95	1.60	465	368	35	88	141	50.0	31.1	36.5
95	333	280	17	95	16.0	465	368	35	88	141	50.0	33.6	40.1
120	333	280	17	95	16.0	465	368	35	88	141	50.0	34.2	40.1
150	333	280	17	95	16.0	465	368	35	88	141	50.0	36.3	43.1
185	333	280	17	95	16.0	465	368	35	88	111	50.0	36.7	43.1
240	333	280	17	95	16.0	465	368	35	88	141	50.0	39.4	46.3
300	333	280	17	95	16.0	465	368	35	88	141	50.0	41.5	48.8
400	333	280	17	95	16.0	465	368	35	88	141	50.0	44.7	52.5
500	333	280	17	95	16.0	465	368	35	88	141	50.0	44.7	55.6

十、35kV 及以下冷缩式橡塑绝缘电缆终端头

（一）性能特点及适用场合

3M 冷缩终端头安装便利，无需动火及特殊工具，每种规格可适用于多种线径。

电应力控制采用介电常数为 25 的 Hi—K 材料，该材料的介电常数、介电强度、绝缘电阻和介质损耗因数保持长期稳定，使终端外绝缘电场分布趋于发散、均匀。

3M 冷缩终端外绝缘材料为高品质硅橡胶材料，具有良好的疏水性，极强的绝缘性、抗电痕、耐腐蚀性及抗紫外线性与电缆本体同寿命。3M 冷缩终端采用独特的材料配方和制造工艺，对电缆本体提供持久的径向压力，防水密封性好，与电缆本体同"呼吸"。

（二）冷缩式单芯橡塑绝缘电缆终端头

选型表见表 9-8。

表 9-8

冷缩式单芯橡塑绝缘电缆终端头选型表

电压等级	户内		
	型号	导体截面（mm²）	主绝缘外径（mm）
15kV	5623K	25～50	14.2～22.1
	5624K	70～240	19.8～33.0
	5625K	300～630	27.7～45.7
35kV	5647K	50～150	27～46
	5648K	185～400	33～53
	5649K	500～630	45～58
电压等级	户内		
	型号	导体截面（mm²）	主绝缘外径（mm）
15kV	5633K	35～70	16.3～22.9
	5635K	95～240	21.3～33.8
	5636K	300～500	27.9～41.9
35kV	5647K	50～150	27～46
	5648K	185～400	33～53
	5649K	500～630	45～58

（三）冷缩式三芯橡塑绝缘电缆终端头

（1）选型表见表 9-9。

表 9-9　　　　　　　**冷缩式三芯橡塑绝缘电缆终端头选型表**

电压等级	户内			户外		
	型号	导体截面（mm²）	主绝缘外径（mm）	型号	导体截面（mm²）	主绝缘外径（mm）
15kV	5623PST—G	25～150	14.2～22.1	5633PST—G1	35～50	16.3～22.9
	5624PST—G1	70～150	19.8～33.0	5633PST—G	35～70	16.3～22.9
	5624PST—G2	185～240	19.8～33.0	5635PST—G1	95～150	21.3～33.8
	5625PST—G	300～500	27.7～45.7	5635PST—G2	185～240	21.3～33.8
				5636PST—G	300～500	27.9～41.9
35kV	5647PST—G—1	50～150	27～46	5647PST—G—O	50～150	27～46
	5648PST—G—1	185～400	33～53	5648PST—G—O	185～400	33～53

注　G1、G2 仅为三叉手套的规格不同。

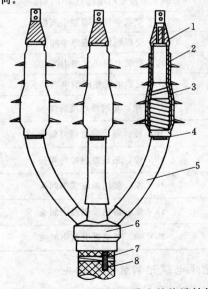

图 9-9　15kV 三芯冷缩电缆户外终端结构

1—胶带；2—终端；3—应力控制管；4—标志带；5—冷缩直管；6—分叉手套；7—固定胶带；8—接地编织线

（2）结构图见图9-9。

十一、电力电缆接头

（一）热缩型电缆接头

本产品用于1～35kV单芯、三芯、四芯标称截面为25～400mm²的塑料绝缘电力电缆的户内户外，电缆连接接头。

（1）产品结构（见图9-10）。

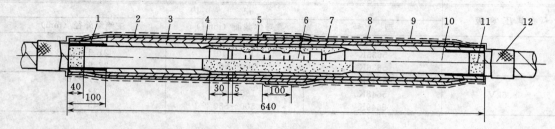

图9-10 热缩中间接头结构（mm）

1—应力管；2、5、8、11—半导电管；3—内绝缘管；4—外绝缘管；6—连接管；

7—填充胶；9—铜网；10—芯绝缘层；12—铜屏蔽层

（2）选型表（见表9-10）。

表9-10　　　　　　　　　　　　热缩型电缆接头选型表

类别	型号	名称	适用电缆截面（mm²）
通用型	JRSZ—331—1	10kV 油浸纸绝缘电缆热缩型中间接头	25～50
	JRSZ—331—2	10kV 油浸纸绝缘电缆热缩型中间接头	70～1200
	JRSZ—331—3	10kV 油浸纸电缆热缩型中间接头	150～240
	JRSZ—331—4	10kV 油浸纸电缆热缩型中间接头	300～400
	JRSY—331—1	10kV 交联电缆热缩型中间接头	25～50
	JRSY—331—2	10kV 交联电缆热缩型中间接头	75～1200
	JRSY—331—3	10kV 交联电缆热缩型中间接头	150～240
	JRSY—331—4	10kV 交联电缆热缩型中间接头	300～400
通用型	WRS—141—1	1kV 橡、塑绝缘电缆终端头	25～50
	WRS—141—2	1kV 橡、塑绝缘电缆终端头	70～120
	WRS—141—3	1kV 橡、塑绝缘电缆终端头	150～240
	JRS—141—1	1kV 橡、塑绝缘电缆中间头	25～50
	JRS—141—2	1kV 橡、塑绝缘电缆中间头	70～120
	JRS—141—3	1kV 橡、塑绝缘电缆中间头	150～240

（二）35kV 及以下塑料绝缘电缆预制装配式接头

1．适用场合

本产品可与截面为25～800mm²内的相应电缆规格配套，具体配套见表9-11。

表 9-11   **35kV 及以下塑料绝缘电缆预制装配式接头型号及适用范围**

产 品 名 称	型 号	适 用 范 围
10kV 预制式中间接头	JYZ—10	用于额定电压 U_0/U 为 6/10kV、8.7/10kV、8.7/15kV 单芯或三芯 XLPE 绝缘电缆的直通连接接头
35kV 预制式中间接头	JYZ—35	用于额定电压 U_0/U 为 21/35kV、26/35kV 的单芯 XLPE 绝缘电力电缆的直通连接接头

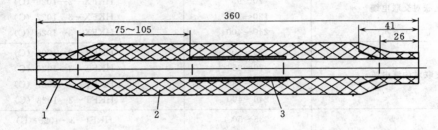

图 9-11 预制式中间接头结构 （mm）

1—半导电应力锥；2—石封橡胶绝缘；3—半导电屏蔽管

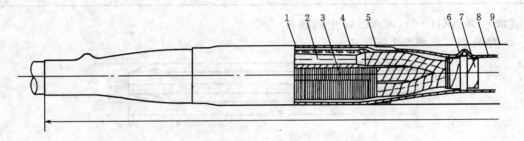

图 9-12 三芯交联电缆中间接头结构与外形

1—绝缘和应力控制管同单芯电缆头；2—电缆芯；3—铜网；4、8—外热缩管；5—接头壳；
6—铠装轧头；7—钢带铠装；9—外护套

2. 预制式中间接头结构 （见图 9-11）

（三）中压交联及油纸电缆接头

1. 型号

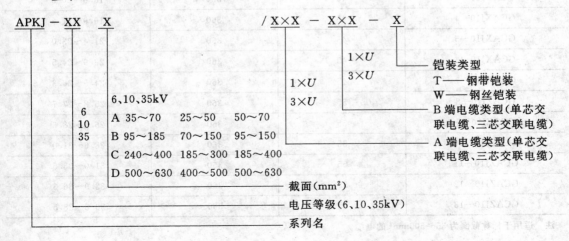

2. 结构与外形（见图 9-12）

选型表见表 9-12。

表 9-12   **HKF 系列中间接头选型表**（电压等级 10kV）

电 缆 接 线 方 式	标称截面（mm²）	产 品 型 号
交联对交联电缆	35～50	HKFX—3—1025（C）
	70～95	HKFX—3—1026（C）
	120～185	HKFX—3—1027（C）
	240～400	HKFX—3—1028（C）
交联对油纸电缆	35～50	HKFT—3—1025（C）
	70～95	HKFT—3—1026（C）
	120～185	HKFT—3—1027（C）
	240～400	HKFT—3—1028（C）
油纸对油纸电缆	35～50	HKFJ—3—1025（C）
	70～95	HKFJ—3—1026（C）
	120～185	HKFJ—3—1027（C）
	240～400	HKFJ—3—1028（C）

（四）GCAZJ10 和 GCAZJ35 中间接头

1. 结构图（见图 9-13）

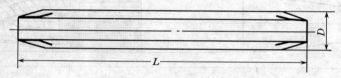

图 9-13   10kV 和 35kV 电缆中间接头

2. 选型表（见表 9-13、表 9-14）

表 9-13   **GCAZJ10 选 型 表**

型 号 及 规 格	D（mm）	L（mm）	电缆绝缘外径（mm）
GCAXJ10—2	45	360	16.9～18.6
GCAXJ10—3	45	360	18.6～20.3
GCAXJ10—4	45	360	19.9～21.5
GCAXJ10—5	45	360	21.4～23.0
GCAXJ10—6	45	360	22.9～24.5
GCAXJ10—7	45	360	24.5～26.3
GCAZJ10—8	55	360	25.8～27.7
GCAZJ10—9	55	360	26.8～28.6
GCAZJ10—10	55	360	28.6～31.0
GCAZJ10—11	55	360	31.0～33.5
GCAZJ10—12	55	360	33.9～36.3
GCAZJ10—13	55	360	36.3～38.5

注 适用于标称截面为 35～500mm² 的电缆。

表 9-14   **GCAZJ35 选型表**

型号及规格	D (mm)	L (mm)	电缆绝缘外径 (mm)
GCAZJ35—11	78	460	30.2~32.2
GCAZJ35—12	78	460	31.9~33.9
GCAZJ35—13	82	460	33.6~35.6
GCAZJ35—14	82	460	35.1~37.2
GCAZJ35—15	82	460	36.5~38.5
GCAZJ35—16	86	460	38.5~40.5
GCAZJ35—17	86	460	40.6~43.6
GCAZJ35—18	92	480	42.8~46.0
GCAZJ35—19	92	480	45.8~49.0

注 适用于标称截面为 50~400mm² 的电缆。

（五）35kV 及以下冷缩式橡塑绝缘电缆中间接头

1. 性能特点及适用场合

3M 冷缩中间接头主体由柔软的液体硅橡胶材料制成，使用不会因为电缆的弯曲而形成绝缘死角。材料本身具有优良的绝缘性、耐电痕性、耐高温及耐酸碱性。具有高弹性的冷缩主体对电缆本体提供恒定持久的径向压力，与电缆本体同"呼吸"。冷缩主体均进行 100％工厂测试，以验证其本体所具有的优良防水密封性能和对电缆本体始终保持足够的径向压力。中间接头内外护套的恢复采用防水性、黏接性的防水绝缘胶带制作，以保证对三芯电缆中间头的良好贴附性能。另外还配有独特的装甲带，提供高强度的机械保护。

3M 冷缩中间头一种型号适应多种电缆线径，整体式设计，内屏蔽、电应力控制、绝缘及外屏蔽一体化。35kV 及以下冷缩电缆中间接头系列适合交联聚乙烯电缆、乙丙橡胶电缆和聚乙烯电缆等不同种类绝缘形式的电缆，可应用于电缆桥架、直埋、架空等场合。此外，特殊的硅橡胶材料决定了 3M 冷缩中间头具有相当大的使用范围。

3M 冷缩中间接头安装便捷，无需动火或专用工具，操作的技术依赖性低，便于掌握。

2. 15kV QS1000 冷缩式橡塑绝缘电缆中间接头

选型表见表 9-15。

表 9-15   **15kV QS1000 冷缩式橡塑绝缘电缆中间接头选型表**

单芯型号	三芯型号	主绝缘外径 (mm)	导体截面 (mm²)	
			6/10kV	8.7/10kV
QS1000—K1	QS1000— Ⅰ	17.7~26.0	70~150	50~150
QS1000—K2	QS1000— Ⅱ	22.3~33.2	150~240	150~240
QS1000—K3	QS1000— Ⅲ	28.4~42.0	300~400	300~400

3. 24kV QS2000 冷缩式橡塑绝缘电缆中间接头

选型表见表 9-16。

表 9-16   **24kV QS2000 冷缩式橡塑绝缘电缆中间接头选型表**

单芯型号	三芯型号	主绝缘外径 (mm)	导体截面 (mm²)		
			6/10kV	8.7/10kV	12/20kV
QS2000—K1	QS2000— Ⅰ	17.7~26.0	70~150	50~150	50~95
QS2000—K2	QS2000— Ⅱ	22.3~33.2	150~300	150~300	95~240
QS2000—K3	QS2000— Ⅲ	28.4~42.0	300~500	300~400	240~400

4. 35kV QSⅢ冷缩式橡塑绝缘电缆中间接头

选型表见表9-17。

表 9-17　　　　　35kV QSⅢ冷缩式橡塑绝缘电缆中间接头选型表

单 芯 型 号	三 芯 型 号	主绝缘外径（mm）	导体截面（mm²）
5467K	5467	26.7～42.7	70～150
5468K	5468	33.3～53.8	185～500

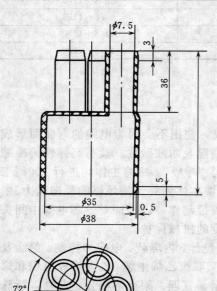

图 9-14　五芯首套结构（mm）

（六）1kV 级 T 形接头、五芯首套

1. T 形电缆分支接头

用于 1kV 三芯、四芯电力电缆的分支连接。

T 形接头外壳采用玻璃钢材料作保护盒，盒内配浇注绝缘剂和 T 形导体连接金具。

T 形接头规格见表9-18。

表 9-18　T 形接头（铜芯、铝芯）规格（mm²）

主线截面	适用分支线截面
	25
	35
240	50
	70
	95
	120

2. 五芯首套

用于 1kV 及以下五芯电力电缆、控制电缆的终端绝缘和分支（指）固定。截面25～240mm² 为热缩型分支（指）首套；16mm² 及以下为橡套型五芯分支（指）首套。

五芯首套结构参见图9-14，其型号及适用范围见表9-19。

表 9-19　　　　　　　　　五芯首套型号及适用范围

型　　　号	适　用　范　围
ST—50—1	适用于 16mm² 以下五芯橡、塑电缆
ST—50—2	适用于 25～70mm² 五芯橡、塑电缆
ST—50—3	适用于 95～240mm² 五芯橡、塑电缆
ST—50—0	适用于 6mm² 五芯橡、塑电缆

第二节　电缆线芯导体的连接

电缆线芯导体连接的方法很多，有焊接（钎焊、熔焊、亚弧焊）、压接和机械螺栓连接等。不管采用何种连接方法，基本要求是一致的。

（1）连接点的电阻小而且稳定。连接点的电阻与相同长度、相同截面的导体电阻的比值，对于新安装电缆头，应不大于1，运行中电缆头应不大于1.2。

（2）足够的机械强度，主要是指抗拉强度。对于固定敷设的电缆，其连接点的抗拉强度要求不低于导体本身抗拉强度的60%。

（3）耐电化腐蚀。铜与铝相接触，由于两种金属标准电极电位相差较大，当有介质存在时，铝会产生电化腐蚀，从而使接触电阻增大。因此，铜铝连接应引起足够的重视，应使两种金属分子产生相互渗透。现场施工可采用铜管内壁镀锡后进行锡焊的连接方法。

（4）耐振动。在船用、航空和桥梁等场合，对电缆头的耐振动性要求很高，往往超过了对抗拉强度的要求。

一、铜芯导体的锡焊

两根铜芯电缆相互连接，或者铜芯电缆接户外终端头的出线铜梗，可以采用锡焊接法连接。锡焊连接所用的焊料（焊锡）是一种铅锡合金，其成分为铅50%，锡50%。锡焊工艺中常用的助焊剂是松香或焊锡管，不宜使用酸性焊剂。

连接管是内外镀锡的开口紫铜管，如图9-15所示。不同截面电缆所需紫铜接管的规格如表9-20所示。

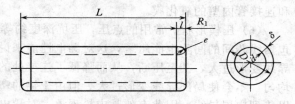

图 9-15 镀锡紫铜连接管

表 9-20 <center>镀 锡 紫 铜 管 规 格</center>

适用电缆截面 (mm^2)	结构尺寸（mm）					适用电缆截面 (mm^2)	结构尺寸（mm）				
	D	d	e	δ	L		D	d	e	δ	L
16	8	5	1.5	1	35	150	22	16	3	2	85
25	10	7	1.5	1	40	185	25	18	3.5	2.5	85
35	11	8	1.5	1	45	240	27	20	3.5	2.5	85
50	14	10	1.5	1	50	300	31	23	3.5	2.5	85
70	15	11	2	1.5	60	400	34	26	4	3	100
95	17	13	2	1.5	70	500	39	29	4	3	120
120	20	14	3	2	70						

连接时先将线芯夹成圆形，涂上焊锡膏后插入管内，铜管两端用无碱玻璃丝带扎紧以防焊锡流出，两端线芯绝缘用无碱玻璃丝带包缠以防灼伤。向开口槽内浇灌熔化的焊锡，使焊锡饱满凸起。为加速焊锡凝固，可用湿抹布冷却。

铝芯电缆也可以进行锡焊。焊接时先将线芯夹圆，在铝线芯导体外涂上一层铝焊药，然后将线芯导体插入熔化的焊锡中，并不停地摇动，使铝线芯导体表面镀上一层焊锡，镀锡后的铝线芯就可以与铜线芯一样进行锡焊了。

二、导体的压接

导体的压接是使用相应的连接管和压接模具，借助于压接钳的压力，将连接管紧压在导体上，使连接管与导体之间产生金属表面渗透，从而形成可靠的导电通路。机械压接分局部压接（点压）和整体压接（围压）两种。局部压接的优点是需要的压力较小，容易使局部压接处接触面间产生金属表面渗透。整体压接的优点是压接后连接管形状比较平直，容易解决接管处电场过分集中的问题。

影响导体压接质量的因素主要有以下几个方面：

（1）连接管的材质，主要是导电率和机械强度。铝管材化学成分应符合#1铝的标准。铝连接管应采用冷拔、冷轧或热压法制成，也有采用压力铸造法生产。总之，要求压接之后，无论连接管或接线鼻子，都不能有明显裂纹。

（2）连接管的内径与被连接导电线芯外径的配合公差。按导体连接后的性能要求公差越小越好；但考虑操作方便，又不能太小，一般取 0.8～1.4mm。

（3）连接管截面与被连接的电缆导电线芯截面的比值。一般取 1.6～3.0，大截面线芯取较低数值。

（4）压缩比。压去的面积与接管内部所有间隙之和的比值称为压缩比。压缩比真正反映了压紧程度，直接影响压接质量，铝芯电缆一般取 2.2～2.6。

（5）硬度和电阻。铝是一种化学性质极其活泼的金属，表面极易生成一层氧化铝膜，具有较高硬度和高电阻。为保证铝芯压接的质量，在压接前，应用钢丝刷和锉刀除去线芯表面和连接管内壁的氧化膜。

（6）压模形状。常用的点压，压坑深度约等于管外径的 1/2，因此管内间隙都能排除掉，包括线芯间的间隙也能压紧，这对导电性能来说是有利的。但是，因为压坑很深，致使部分导线变形过大，甚至压断，从而降低了连接处的抗张强度。围压的压缩变形沿圆周方向比较均匀，不会使局部导线变形过大。但由于铝的塑性较大，受压时外层导线首先变形，压力难以传到内层导线，因此有外紧内松现象，对导电性能有一定影响。而且围压的接触面大，要求压钳吨位高，否则压模的宽度小，而使接管成竹节形，影响接管的机械强度。由于点压和围压各有优缺点，所以现在采用点压与围压结合的办法，取长补短。图 9-16 为几种压接形式的截面图。

（7）压坑数量和压坑间距。对铝导体来说，一个压坑难以保证有良好的电气性能和机械强度，通常用点压时压两个坑，围压为 3～5 圈，压坑之间的距离也影响压接质量。如果相邻两压坑距离太近，当压第二个坑时，会使前一个坑壁受到影响而变松，破坏了原来良好的接触。如压坑间距太远，虽不会影响压接质量，但接管长度将因此而加长，造成不必要的浪费，一般取两坑间距为 4～5mm。压接的顺序：可先压接管端部靠近线芯的坑，后压中间坑，图 9-17 中 1～4 表示压接顺序。

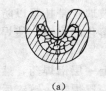 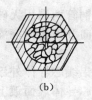 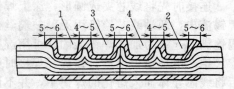

（a）　　　　　　（b）　　　　　　（c）

图 9-16　几种压接形式的截面图　　　　　　图 9-17　铝线芯压接（mm）
（a）点压；（b）围压；（c）点围压

压接操作时，先把线芯夹圆扎紧，端部锉成倒角以便于插入。两线芯塞入接管后其末端应在管中心位置，线鼻子应塞到线鼻子孔的顶端。线芯外径与接管内径应紧密配合，不能剪断线芯或用导线充填。每个坑的操作应一次完成，压接深度以阴、阳模刚接触为宜。

铜芯电缆的锡焊连接虽然质量可靠，工艺也不复杂。但与机械冷压法相比，施工效率低，要消耗有色金属锡和铅，需明火操作，劳动条件较差。而铜芯电缆的压接比铝芯电缆容易满足技术要求，所以铜芯电缆的压接已被广泛应用。

（一）压接模具

一把压接钳配有一套模具，应根据电缆导体种类铜或铝，导体的截面和工艺要求，选用适当的压接模具。压接模具有点压和围压两种：①点压工艺，使电缆导体和导电金具的连接部位产生较大塑性变形，压接后金具外形的变形也较大，因此，点压能使金具和导体得到良好的接触，构成良好的导电通路，但是，其连接机械强度比较差；②围压工艺，导体外层塑性变形大，内层变形较小，导体和金具总体变形较小，轴向延伸明显。因此，导体跟金属的接触和点压相比要差些，但连接机械强度比较好。同时，围压的外形圆整性较好，有利于均匀电场。根据点压和围压的特点，通常推荐按下列原则选用压接模具：

（1）导体截面在 240mm² 及以下的接头或终端，采用点压；大于 240mm² 的采用围压。

（2）35kV、400mm² 交联聚乙烯电缆接头，采用围压，有利于电场均匀。

（3）高压电缆接头，采用围压。并压两道，第一道用六角模具压接，第二道用圆形模具压接。

（4）凡应有预制作的接头，应采用围压。

（5）压接模具规格尺寸见表 9-21。

（6）压接模具如图 9-18 所示。

由于电缆材料有铝芯和铜芯之分，因而压接模具也不同。

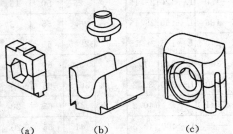

图 9-18　压接模具
(a) 围压模；(b) 点压模；(c) 半圆压模

（1）铝芯局部压接模具。图 9-19 所示为电缆铝芯局部压接阳模，其结构尺寸见表 9-22。图 9-20 所示为电缆铝芯局部压接阴模，其结构尺寸见表 9-23。

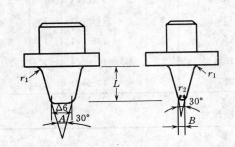

图 9-19　电缆铝芯局部压接阳模

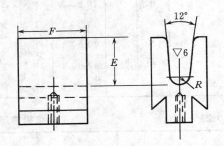

图 9-20　电缆铝芯局部压接阴模

表 9-21　　　　　　　　　　　　压接模具规格尺寸表

压模型号		点 压 模										围 压 模				
		阴 模				阳 模						模口宽	腔高	模腔厚	模腔	腔沿
		底 径		腔高	腔厚	头高	头纵向长		头横向长		头端 倒角	D	H	W	倒角	倒角
		2R	偏差	H	W	h	根部 D	端部 A	根部 C	端部 B	r	+0.10 −0	+0.05 −0	±0.2	r₁	r₂
T—16	L—10	9.1		10	30	5	10.68	8	5.68	3	1	7.8	3.4	10	1	1
T—25	L—16	10.1		12	35	6	12.22	9	7.22	4	1	8.7	3.7	10	1	2
T—35	L—25	12.1	+0.1 −0	13	35	6	12.22	9	7.22	4	1	10.2	4.4	10	1	2
T—50	L—35	14.1		16	40	8	14.29	10	9.29	5	2	12.2	5.2	12	1.5	2
T—70	L—50	16.1		17	45	8	14.29	10	9.29	5	2	14.2	6.1	13	1.5	2

压模型号		点压模											围压模				
		阴模					阳模						模口宽	模腔高	模腔厚	模腔倒角	腔沿倒角
		底径		腔高 H	腔厚 W	头高 h	头纵向长		头横向长		头端倒角		D +0.10 -0	H +0.05 -0	W ±0.2	r_1	r_2
		$2R$	偏差				根部 D	端部 A	根部 C	端部 B	r						
T—95	L—70	18.15		21.1	45	11	16.89	11	11.89	6	2		16.2	7.0	14	2	2
T—120	L—95	21.15	+0.3 -0	22.5	50	11	18.97	11	11.89	6	2		19.1	8.2	14	2	2
T—150	L—120	23.15		25	50	13	18.97	12	13.97	7	2		21.1	9.1	15	2	2
T—185	L—150	25.15		26.5	55	13	21.57	12	13.97	7	2		23.1	10.0	15	2.5	2
T—240	L—185	28.15		29.5	55	13	21.57	13	16.57	8	2.5		26	11.2	16	2.5	2
T—300	L—240	31.2		32	60	16	21.57	13	16.57	8	2.5		29	12.5	18	2.5	2
T—400	L—300	35.2	+0.6 -0	36.5	65	18	24.65	15	19.65	10	3		32.6	14.1	10	2.5	2
T—400(R)	—	40.2		42	65	20	27.72	17	22.72	12	3		34.3	14.8	12	3	3
—	L—400	40.2		41	65	20	27.72	17	22.72	12	3		37.6	16.2	12	3	3

注　1. 压模型号 T——适用于铜芯，L——适用于铝芯。

　　2. T——400（R）适用于电气装备电线电缆。

表 9-22　　　　　　　　　　电缆铝芯局部压接阳模尺寸

适用电缆截面 （mm²）	主要尺寸 （mm）					适用电缆截面 （mm²）	主要尺寸 （mm）				
	A	B	L	r_1	r_2		A	B	L	r_1	r_2
16	6		10±0.1	1	2	95	7	2	12±0.1	1	2
25	6		10±0.1	1	2	120	8	2	14±0.1	1	2
35	6		10±0.1	1	2	150	8	3	14±0.1	1	2
50	6	1	12±0.1	1	2	185	9	4	17±0.1	1	2
70	7	1	12±0.1	1	2	240	9	4	17±0.1	1	2

表 9-23　　　　　　　　　　电缆铝芯局部压接阴模尺寸

适用电缆截面 （mm²）	主要尺寸（mm）				
	$2R$	E	F		
			I	II	III
16	10	14.6±0.1	20	40	70
25	12	16.1±0.1	20	40	70
35	14	17.0±0.1	20	40	70
50	16	19.7±0.1	25	45	80
70	18	20.8±0.1	25	45	80
95	21	21.6±0.1	25	50	85
120	23	24.5±0.1	25	50	95
150	25	26.2±0.1	30	55	95
185	27	30.2±0.1	30	55	100
240	31	31.9±0.1	30	60	110

注　阴模长度有三种规格，短模易使连接管变形，宜用长者。

（2）铜芯局部压接模具。图 9-21 所示为电缆铜芯局部压接阳模，其结构尺寸见表 9-24。图 9-22 所示为电缆铜芯局部压接阴模，其结构尺寸见表 9-25。

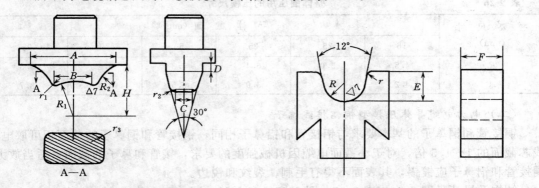

图 9-21 电缆铜芯局部压接阳模　　　　　图 9-22 电缆铜芯局部压接阴模

表 9-24　　　　　　　　　　　电缆铜芯局部压接阳模尺寸

适用电缆截面	主要尺寸（mm）									
（mm²）	A	B	H	R_1	R_2	r_1	C	D	r_2	r_3
16	11	4	7	4	2	1	2	>3	1	1
25	11	4	7	4	2	1	2	>3	1	1
35	11	4	7	4	2	1	2	>3	1	1
50	14	6	10	7	3	2	3	>3	2	1
70	14	6	10	7	3	2	3	>3	2	1
95	20	9	13	9	4	2	4	>3	2	1
120	20	9	13	9	4	2	4	>3	2	1
150	26	12	16	11	6	2	6	>3	2	1
185	26	12	16	11	6	2	6	>3	2	1
240	32	14	21	15	7	2	8	>3	2	2
300	32	14	21	15	7	2	8	>3	2	2
400	40	18	26	19	8	3	9	>3	2	2

表 9-25　　　　　　　　　　　电缆铜芯局部压接阴模尺寸

适用电缆截面	主要尺寸（mm）					适用电缆截面	主要尺寸（mm）				
（mm²）	$2R$	E	F		r	（mm²）	$2R$	E	F		r
			Ⅱ	Ⅰ					Ⅱ	Ⅰ	
16	9	7.5	15	36	1	120	20	14.0	20	52	2
25	10	8.0	15	36	1	150	22	16.0	25	52	2
35	11	8.5	15	36	1	185	25	17.5	25	58	2
50	13	9.5	15	36	2	240	27	20.5	25	58	3
70	15	10.5	20	44	2	300	30	23.0	25	66	3
95	18	13.0	20	44	2	400	34	26.0	25	66	3

（3）整体围压模具。图 9-23 所示为整体围压用的压模，其结构尺寸见表 9-26。

表 9-26 整体围压用的压模尺寸

主要尺寸 (mm)	导体截面（mm²）					
	16	25	35	50	70	95
R	4.5	5.0	6.4	7.3	8.2	9.5
A	4.2	4.5	5.9	6.5	7.4	8.7

（二）电力电缆导体压接型铜铝接线端子

铜接管和铜鼻子的基本要求与铝接管和铝鼻子相同，铜接管和铜鼻子的截面积可取电缆线芯截面的 1～1.5 倍，对于小截面电缆因机械强度的要求，接管和鼻子的截面可适当放大。铜接管和铜鼻子应镀锡，其表面不得有毛刺、裂纹和锐边。

结构及尺寸见图 9-24、表 9-27，图 9-25、表 9-28，图 9-26、表 9-29。

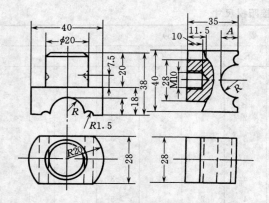

图 9-23 整体围压用的压模（mm）

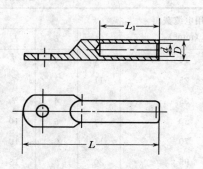

图 9-24 用于铜芯电缆与电气设备连接的铜端子的结构

表 9-27 用于铜芯电缆与电气设备连接的铜端子尺寸

型 号	尺 寸 （mm）				
	ϕ	D	d	L	L_1
DT—10	6.5	7.5	4.5	60	30
DT—16	6.5	9.0	5.5	65	32
DT—25	8.5	10	7.0	75	35
DT—35	8.5	12	8	75	35
DT—50	10.5	14	9.5	90	42
DT—70	10.5	16	11.5	90	42
DT—95	10.5	18	13.5	110	50
DT—120	10.5	21	15	110	50
DT—150	12.5	23	16.5	125	55
DT—185	12.5	25	18.5	125	55
DT—240	12.5	27	21	140	60
DT—300	12.5	31	23	140	60

注 接线端子规格均可至 400～1200mm² 大截面配制，下同。

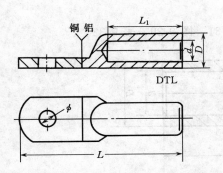

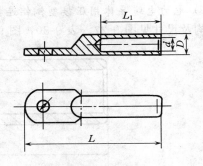

图 9-25　用于铝芯电力电缆与电气设备
铜铝过渡连接的接线端子结构

图 9-26　用于铝芯电力电缆及电线与电气
设备连接的 DL 系列接线端子结构

表 9-28　　　　　用于铝芯电力电缆与电气设备铜铝过渡连接的接线端子尺寸

型　　号	尺　　寸　　(mm)				
	ϕ	D	d	L	L_1
DTL—10	6.5	9	4.5	65	32
DTL—16	8.5	10	5.5	75	35
DTL—25	18.5	12	7	75	35
DTL—35	10.5	14	8	90	42
DTL—50	10.5	16	9.5	90	42
DTL—70	10.5	18	11.5	110	50
DTL—95	10.5	21	13.5	110	50
DTL—120	12.5	23	15	125	55
DTL—150	12.5	25	16.5	125	55
DTL—185	12.5	27	18.5	140	60
DTL—240	12.5	31	21	140	60
DTL—300	17	34	23	160	65

表 9-29　　　　用于铝芯电力电缆及电线与电气设备连接的 DL 系列接线端子尺寸

型　　号	尺　　寸　　(mm)				
	ϕ	D	d	L	L_1
DL—10	6.5	9	4.5	65	32
DL—16	8.5	10	5.5	75	35
DL—25	8.5	12	7	75	35
DL—35	10.5	14	8	90	42
DL—50	10.5	16	9.5	90	42
DL—70	10.5	18	11.5	110	50
DL—95	10.5	21	13.5	110	50
DL—120	12.5	23	15	125	55
DL—150	12.5	25	16.5	125	55
DL—185	12.5	27	18.5	140	60
DL—240	12.5	31	21	140	60
DL—300	17	34	23	160	65

（三）电力电缆导体用压接型铜铝连接管

结构及尺寸见图 9-27、表 9-30，图 9-28、表 9-31，图 9-29、表 9-32。

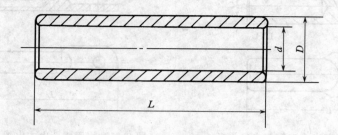

图 9-27　用于铝芯电缆连接的
GL 系列铝连接管结构

表 9-30　　　　　　　用于铝芯电缆连接的 GL 系列铝连接管尺寸

型　　号	尺　寸　（mm）			型　　号	尺　寸　（mm）		
	d	D	L		d	D	L
GL—10	4.5	9	60	GL—95	13.5	21	95
GL—16	5.5	10	65	GL—120	15	23	100
GL—25	7	12	70	GL—150	16.5	25	105
GL—35	8	14	75	GL—185	18.5	27	110
GL—50	10	16	80	GL—240	21	31	120
GL—70	11.5	18	90	GL—300	23	34	130

注　连接管均可至 400～1200mm² 配制，下同。

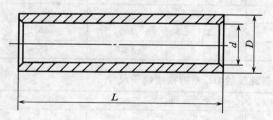

图 9-28　用于铜芯电缆连接的
GT 系列铜连接管结构

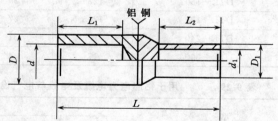

图 9-29　用于铜芯电缆与铝芯电缆过渡连接的
铜铝连接管结构

表 9-31　　　　　　　用于铜芯电缆连接的 GT 系列铜连接管尺寸

型　　号	尺　寸　（mm）			型　　号	尺　寸　（mm）		
	d	D	L		d	D	L
GT—10	4.5	7.5	40	GT—120	15	20	90
GT—16	6	9	56	GT—150	17	23	94
GT—25	7	10	60	GT—185	19	25	100
GT—35	8	11	64	GT—240	21	27	110
GT—50	10	13	72	GT—300	23	30	120
GT—70	11	15	78	GT—400	26	34	124
GT—95	13	18	82				

表 9-32　　　　　　　　　用于铜芯电缆与铝芯电缆过渡连接的铜铝连接管尺寸

型　号	尺　寸　(mm)						
	d	D	d_1	D_1	L_1	L_2	L
GDTL—16	5.5	10	4.5	7	35	30	85
GDTL—25	7	12	5.5	9	35	32	85
GDTL—35	8.5	14	7	10	42	34	95
GDTL—50	10	16	8.5	11	42	36	95
GDTL—70	11.5	18	10	13	50	40	110
GDTL—95	13.5	21	11.5	15	50	42	110
GDTL—120	15	23	13.5	18	55	46	120
GDTL—150	17	25	15	20	55	48	120
GDTL—185	18.5	27	17	23	60	52	132
GDTL—240	21	31	18	25	60	54	132
GDTL—300	23	34	21	27	70	56	145

三、线夹连接

（一）JB 系列铝并沟线夹

用于两根直径相同的 16～240mm² 的铝绞线或钢绞线的接续。

1. 产品结构（见图 9-30）

2. 适用范围（见表 9-33）

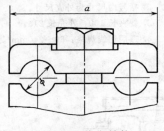

图 9-30　线夹结构

表 9-33　　　　适 用 范 围

型　号	适用线芯截面（mm²）
JB—0	16～25
JB—1	35～50
JB—2	70～95
JB—3	120～150
JB—4	185～240

（二）铜铝异径并沟线夹

用于不同直径的铜绞线、铝绞线的过渡、分支连接或 T 形连接。

1. 产品结构（见图 9-31）

2. 适用范围（见表 9-34）

表 9-34　　　　适 用 范 围

型　号	适用线芯截面（mm²）	
	铜绞线	铝绞线
BTL—n1	10～95	25～150
BTL—n2	35～240	35～300

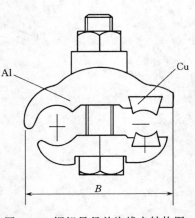

图 9-31　铜铝异径并沟线夹结构图

（三）10kV 架空绝缘电力电缆铝线芯连接金具

1. 使用场合（见表 9-35）

表 9-35   产品型号及使用场合

产　品　名　称	型　　号	使　用　场　合
绝缘 T 形线夹	JTL	用于 10kV 架空绝缘线路铝绞线截面为 50～240mm² 的主线与分支线的连接或 T 接
绝缘并沟线夹	JJB	
绝缘耐张线夹	JNL	用于 10kV 架空绝缘线路，铝绞线截面为 25～240mm² 的耐张段的绝缘电缆的固定或拉紧

2. 产品结构（见图 9-32～图 9-34）

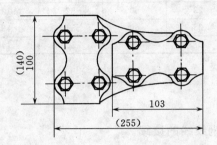

图 9-32　绝缘 T 形线夹结构（mm）

注　1. M10×45 螺栓 8 个。

　　2. 括号内尺寸为外壳尺寸。

　　3. 适用范围：按铝芯 35～240mm² 不同主
　　　支线选配。

　　4. 图中结构未表示绝缘外壳。

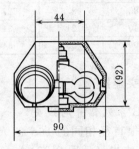

图 9-33　绝缘并沟线夹结构（mm）

注　1. M12×65 螺栓 2 个。

　　2. 括号内尺寸为外壳尺寸。

　　3. 线夹长 100，外壳长 218。

　　4. 适用铝线规格：50～240mm²。

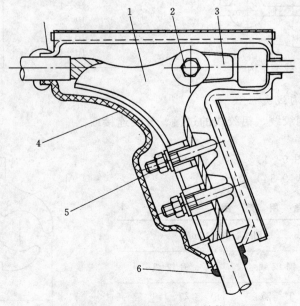

图 9-34　绝缘耐张线夹结构

1—金属线夹；2—轴销；3—挂板；4—绝缘罩；5—U 形螺栓；6—密封绕包

四、大截面铝芯电缆的氩弧焊接

截面为 240mm² 及以下铝芯电缆的连接,采用机械冷压法比较方便,但对于 500mm² 及以上的大截面铝芯电缆应采用焊接,以达到更加可靠的技术性能。铝是一种化学性能十分活泼的金属,为避免在焊接过程中液态铝与空气中的氧气发生化学反应,可用氩气(一种惰性气体)使焊接部位与外界空气隔绝,通常称这种焊接方法为氩弧焊接。氩弧焊接的焊缝结晶细密,焊接质量较好,接头的抗拉强度可达原线芯的 80%~95%。氩弧焊无需用焊药,所以焊接处不存在腐蚀问题。

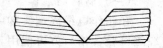

图 9-35　铝芯电缆的切割形状

焊接铝芯电缆线芯采用氩弧焊时,氩弧焊的焊枪要同时向焊接部位传送电流和氩气。为保证电缆绝缘不受高温损坏,需要对焊处装两副冷却器,用水循环予以冷却,并将电缆导体切割成 V 形 X 形,如图 9-35 所示。采用氩弧焊接前需对线芯进行去油处理。

铝芯电缆线芯的氩弧焊可用铝 209 号铝硅焊条,其主要成分是硅 4%~6%,铝≥93%。对焊前先用焊枪在铝芯切割面上涂一层铝硅焊条,然后将铝芯对齐进行焊接,逐层加厚直至导体直径,最后用砂布打光。

氩弧焊接需由经过训练的技工进行。由于焊接过程中采用高频振荡器产生高频电源来引弧、稳弧和击穿氧化膜,焊接温度高达 3000℃ 以上,因此,会产生高频电、紫外线和一些臭氧、氮氧化物以及金属烟雾等有害物质。对此应加以足够的注意,采用必要的卫生防护措施。

五、不同材料、不同截面线芯的选择

铜芯电缆与铝芯电缆连接时,可选用专用的铜铝过渡压接管,采用压接工艺进行连接。铜铝过渡压接管铜、铝之间的连接通常采用铜铝摩擦焊或铜铝闪光焊,很好地解决了铜铝接触处的腐蚀问题。也可以将铝芯电缆线芯用熔化的焊锡镀上一层锡,然后就可与铜线芯一样进行锡焊。

不同截面的铜芯电缆可采用锡焊法连接,镀锡铜管按大截面线芯选择。

不同截面铝芯电缆可选用专用的不等截面压接管,用压接法连接。

第三节　电缆头制作准备工作及工艺要求

电缆的两端头装置称为终端头,电缆线路中间的接头装置称为中间接头。电缆终端头的制作必须保证满足密封性能、绝缘强度、电气距离、接触电阻等各项规定。

为了保证施工质量要求,除了应严格遵守操作工艺规程外,还应采取一定的必要措施:

(1)周围环境:要求施工现场没有易燃、易爆物质,没有导电粉尘及腐蚀性气体;周围环境干燥,对霜、露、雨水、积雪等应清除,空气中相对湿度应不高于 60%;周围环境及电缆本身的温度低于 5℃ 时,应进行加温预热。

(2)施工操作:准备工作应充分,无漏洞,工具材料齐全,接线管表面氧化物刮除干净,绝缘材料的干燥,焊锡和封铅的配置,使用工具等必须在剖铅前完成。一经剖铅应全力以赴连续工作,动作要熟练迅速直到封闭完成,尽量少敞开暴露在空气中,避免潮气入浸。封铅或焊接接地线时,还要防止过热灼伤铅包和绝缘。

(3)操作防护:电缆接头的操作过程中,要避免手汗、汗珠、唾沫或其他异物浸入或滴

落在绝缘材料上，因此，操作中使用的工具、材料应保持清洁，清洗时最好使用航空汽油，一般汽油和丙酮也可使用。

电力电缆的终端接头和中间接头由于绝缘材料不同和使用的环境不同，有多种制作方法，本节介绍电缆的接头制作工艺。

一、电缆头制作准备工作

（一）材料的准备

在制作电缆终端头和中间接头以前，应将需用的材料准备齐全。主要材料及半成品必须经过检验合格后方可使用，成套电缆头应组装合适，并熟悉其结构与各附件的作用。

1. 包绕绝缘材料

电缆终端和中间接头制作，都要包绕附加绝缘、屏蔽层、密封层和护层，需要使用各种绝缘包带、屏蔽包带、护层包带等。现将绝缘带和种类及其性能分述如下。

（1）J—50 型高压绝缘自黏带。J—50 型高压绝缘自黏带有两种规格，适用于导体连续运行温度不超过 90℃，运行电压不超过 110kV 的挤包绝缘电缆的终端和中间接头的增绕绝缘，也适用于其他场合的绝缘防水密封，但不适用于严重污染环境。J—50 的产品规格及主要技术指标分别见表 9-36 和表 9-37。

表 9-36　　　　　　　　　　J—50 型高压绝缘自黏带规格 （mm）

规　　格	宽　　度	厚　　度	长　　度
J—50—1	25±5	0.6±0.08	>5000
J—50—2	25±5	0.75±0.08	>5000

表 9-37　　　　　　　　　　J—50 型高压绝缘自黏带技术指标

序号	项　　目	指　　标	序号	项　　目	指　　标
1	抗拉强度 （$\times 10^{-2}$MPa）	≥170	6	介质常数 ε	≤4.0
2	拉断伸长度 （%）	≥700	7	耐热变形	无变形、不开裂
3	介电强度 （kV/mm）	≥30	8	耐臭氧	通过
4	体积电阻系数 （$\Omega \cdot$cm）	≥10^{15}	9	自黏性	不松脱
5	介质损失角正切 tgδ	≤0.02	10	耐紫外线照射	无裂纹

（2）ZRJ—20 型阻燃自黏带。ZRJ—20 型阻燃自黏带适用于导体连续运行温度不超过 70℃的 10kV 及以下的挤包绝缘电缆的终端和中间接头，有阻燃性能，规格与 J—50 型相同，机械性能略低于 J—50 型。

（3）自黏性应力控制带。自黏性应力控制带厚度 0.8mm，宽度 25mm，适用于导体连续运行温度不超过 90℃的 35kV 及以下电压等级的挤包绝缘电缆终端中的应力控制结构，其技术性能见表 9-38。

表 9-38　　　　　　　　　　自黏性应力控制带技术指标

序号	项　　目	指　　标	序号	项　　目	指　　标
1	抗拉强度 （$\times 10^{-2}$MPa）	≥100	5	老化后拉断强度 （$\times 10^{-2}$MPa）	≥100
2	拉断伸长率 （%）	≥400	6	老化后拉断伸长率 （%）	≥300
3	介质常数 ε	≥15	7	自黏性	不松脱
4	体积电阻系数 （$\Omega \cdot$cm）	≥10^8	8	耐热变形	不变形、不开裂

（4）J 基自黏性橡胶带。J 基自黏性橡胶带是一种具有良好耐水、耐酸、耐碱特性的包绕材料。有四种规格。J—10 型适用于 1kV 及以下，正常工作温度不超过 75℃ 的一般增绕绝缘和密封防水；J—20 型适用于正常工作温度不超过 75℃、3～10kV 挤包绝缘电缆的终端和中间接头的绝缘保护；J—21 型适用于 10kV 及以下的交联聚乙烯绝缘电缆中间接头的绝缘保护；J—30 型适用于 35kV 交联聚乙烯绝缘电缆终端和中间接头中作包绕绝缘用。

自黏性橡胶带在拉伸包绕后经过一定时间，自行黏结成紧密的整体，但在空气中容易龟裂，因此绕包外面需覆盖两层黑色聚氯乙烯带。J 基自黏性橡胶带有四种规格，见表 9-39，其技术指标见表 9-40。

表 9-39　　　　　　　　　　J 基自黏性橡胶带规格（mm）

编号	厚　度	密　度	长　度	编号	厚　度	密　度	长　度
1	0.7±0.08	20±1	5000	3	0.7±0.08	30±1	5000
2	0.7±0.08	25±1	5000	4	1.0±0.1	30±1	5000

表 9-40　　　　　　　　　　J 基自黏性橡胶带技术指标

序号	项　　目	指　　标	序号	项　　目	指　　标
1	抗拉强度（$\times 10^{-2}$MPa）	≥100	5	体积电阻（20℃）（$\Omega \cdot cm$）	≥10^{15}
2	伸长度（%）	≥500	6	热老化性能（121℃×7 天）	K_1≥0.7 K_2≥0.7
3	介质损失	≤0.02	7	自黏性（kg）	≥3
4	击穿电压（kV/mm）	≥20	8	耐紫外线照射 1h	无裂纹

（5）聚氯乙烯胶黏带。聚氯乙烯胶黏带厚度 0.12mm，宽度 10mm、25mm，用于 10kV 及以下电压等级的电缆终端一般密封。

（6）半导电乙丙自黏带。半导电乙丙自黏带厚度 0.6mm，宽度 25mm，适用于导体连续运行温度不超过 90℃ 的 110kV 及以下的挤包绝缘电缆终端和中间接头的半导电屏蔽结构，其技术性能见表 9-41。

表 9-41　　　　　　　　　　半导电乙丙自黏带技术性能

序号	项　　目	指　　标	序号	项　　目	指　　标
1	抗拉强度（$\times 10^{-2}$MPa）	≥100	5	耐热变形	不变形、不开裂
2	拉断伸长率（%）	≥500	6	耐紫外线照射	无裂纹
3	体积电阻系数（$\Omega \cdot cm$）	10^4～10^5	7	自黏性	不松脱
4	热老化后体积电阻系数（$\Omega \cdot cm$）	10^4～10^5			

（7）双面半导电丁基胶布带。双面半导电丁基胶布带厚度 0.25mm，宽度 30mm，适用于 10kV 及以下电缆中间接头的内外屏蔽。

（8）黑聚氯乙烯带。黑聚氯乙烯带厚度 0.25mm，宽度 25mm，用作电缆终端和中间接头最外层保护，无黏性，绕包末端要用绑线绑牢。

（9）聚四氯乙烯带。聚四氟乙烯带厚度 0.1mm，宽度 25mm，绝缘性能好，但燃烧时产生剧毒气体，一般只在制作交联聚乙烯绝缘电缆终端时用作热塑化脱模用。

（10）自黏性硅橡胶带。自黏性硅橡胶带厚度 0.5mm，宽度 25mm，绝缘性能好，耐电晕，适用于 10kV 及以下电缆终端增绕绝缘。

2. 灌注绝缘材料

需要灌注到各种电缆终端盒和中间接头盒内起到增强绝缘和密封防潮作用的材料，主要有沥青基绝缘胶、聚氨酯电缆胶、电缆复灌油、G20 冷浇环氧剂、ZRH—20 阻燃环氧冷浇剂等。

（1）聚氨酯电缆胶。聚氨酯电缆胶有优良的性能，导热好，能很快地将电缆导体产生的热量散发出去；弹性好，在通过短路电流的情况下，导体也不会发生窜动，是一种很有前途的灌注绝缘材料。

（2）G20 冷浇环氧剂。G20 冷浇环氧剂适用于 10kV 及以下的环氧树脂电缆终端和中间接头中。它是由厂家配制好的环氧树脂浇注剂，与固化剂配套分装供货，浇注温度应在 15℃以上，使用方便。G20 的物理机械性能见表 9-42。

表 9-42　　　　　　　　　　G20 冷浇环氧剂物理机械性能

序号	项　目	指　标	序号	项　目	指　标
1	抗拉强度（MPa）	35	3	体积电阻（Ω·cm）	10^{13}
2	耐电压强度（kV/mm）	20	4	介电常数	0.05

（3）ZRH—20 阻燃环氧冷浇剂。ZRH—20 阻燃环氧冷浇剂适用于 10kV 及以下的环氧树脂电缆终端和中间接头。也适用于有阻燃要求的其他场合。ZRH—20 阻燃环氧冷浇剂的物理机械性能见表 9-43。

表 9-43　　　　　　　　　ZRH—20 阻燃环氧冷浇剂物理机械性能

序号	项　目	指　标	序号	项　目	指　标
1	固化时间（min）	40±5	4	耐电压强度（kV/mm）	≥20
2	拉斯强度（MPa）	≥350	5	氧指数（%）	≥30
3	体积电阻（Ω·cm）	≥10^{13}			

下列材料在施工前应进行加工处理，以缩短操作时间：

（1）绝缘带应卷成 5～10m 的小卷，并应妥善保管，不得受潮。

（2）灌注绝缘胶的电缆终端头和中间接头内所有的绝缘带（如黑蜡带等）必须经除潮、除蜡处理。方法是将松散的绝缘带装于铁丝篮内，在 120～130℃的电缆油内浸 3～5min。加热处理绝缘材料的容器在使用前应检查其是否清洁、干燥。

（3）尼龙绳、白线绳等应卷成小卷，白线绳还应作除潮处理。

（4）铜鼻子、铜连接管应打磨干净，并用盐酸等除去氧化层，均匀地镀上一层焊锡。铜、铝线鼻子上连接用的接触面应锉平。

（5）环氧树脂电缆头外壳及附件的有关部位应打毛，以利于粘接。

（6）由于环氧树脂复合物的配比、操作温度等与每批原材料的性能及环境温度有关，因此，环氧树脂复合物的配制应作试块，以掌握其工艺。

（二）现场准备

在制作电缆终端头和中间接头前，对现场应作下列检查与准备：

（1）施工现场光线应充足，否则加装临时照明。

（2）施工现场应保持清洁和干燥，相对温度应在 60% 以下，1kV 以下电缆允许达 80%，如有积水和脏污杂物，应予清除。

（3）室外施工时应搭防护棚。

（4）在带电设备附近施工时，事先做好安全措施。

（5）施工现场符合安全防火规定，易燃物品应妥善保管，使用喷灯时必须注意防火、防爆。

（6）施工现场气温低于 5℃时，应采取保暖措施。

（7）制作环氧树脂电缆头时，施工现场的通风必须良好。

（三）电缆绝缘检查

绝缘电阻的测定用兆欧表进行。3kV 及以下电缆用 1000V 兆欧表，测定值换算到长度 1km 和温度为 20℃时应不小于 50MΩ。6～10kV 电缆用 2500V 兆欧表，测定值换算到长度 1km 和温度为 20℃时应不小于 100MΩ。换算公式为：

$$R = \alpha R_t / L (M\Omega/km)$$

式中　α——绝缘电阻温度系数，见表 9-44；

　　　R_t——电缆的绝缘电阻测定值，MΩ；

　　　L——被测电缆的长度，km。

表 9-44　　　　　　　　　　　　　　绝 缘 电 阻 温 度 系 数

温 度 （℃）	0	5	10	15	20	25	30	35	40
α	0.48	0.57	0.70	0.85	1.0	1.13	1.41	1.66	1.92

二、电缆头制作工艺要求

（一）打卡子、剥钢带

打卡子的目的是防止电缆钢带松散。打卡子时，先根据现场需要量好尺寸，确定打电缆卡子的部位，将该位置处的钢带擦净。电缆卡子用退火的钢带做成，形状如图 9-36 所示。在擦净的钢带处用卡子卡紧，卡紧的方向应与钢带的旋向一致。卡子应卡两道，两道卡子之间的距离为一个卡子的宽度。打卡子时要把地线压在里面。

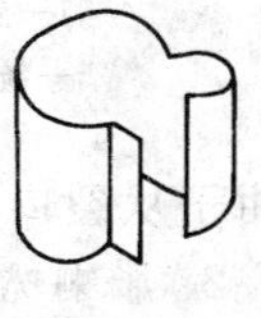

剥钢带时，先用钢锯在距第一道卡子 3～5mm 处的钢带上锯一环形深痕，深度为钢带厚度的 2/3，不得锯透，更不能损伤电缆铅包。然后撬开钢

图 9-36　电缆卡子

带尖角，用钳子钳住，撕断锯缝，剥下钢带。用喷灯喷烤铅包外面的沥青纸，使沥青熔化，再用汽油布把铅皮擦净。应注意，禁止用喷灯燃烧铅包外面的防腐沥青纸。

（二）焊接地线

地线应采用多股铜线，截面不小于 $10mm^2$。将地线和焊接地线部位的电缆铅包和钢带打磨干净，把地线顺着电缆排好贴在铅皮上。用 φ1.4 的裸铜线把接地线绑在铅皮上，割去余线，留下部分向下弯曲，敲平并涂上焊药。用喷灯和焊锡进行焊接，焊点不宜太高，但接触面要足够大，一般为长 15～20mm，宽 20mm。位于两卡子之间的地线也应与钢带焊接。喷灯焊接的时间不宜过长，以免损伤内部绝缘。

铝包电缆焊接地线时，先用摩擦法在铝包上涂焊一层焊接底料，然后即可用焊锡焊接。

在中性点不接地系统中，电缆出线往往需装设零序电流互感器，配合灵敏的接地继电器作为选择性的接地保护。为了防止由于电缆护套和铠装层中流动的杂散电流引起继电器的误动作，必须将电缆在固定点与电缆支架绝缘，并将电缆置于零序电流互感器的中央。当零序电流互感器安装在地线焊接地上方时，接地线不需穿过零序电流互感器，当零序电流互感器安装在地线焊接点下方时，接地线必须穿过零序电流互感器以后再接地，如图 9-37 所示。

（三）剖铅（铝）、胀喇叭口、剥统包绝缘和分芯

1. 剖铅（铝）

电缆剥切尺寸如图 9-38 所示。图中 B 为铅包，其长度一般为电缆铅包外径的 2 倍，D 为统包绝缘，一般为 $25 \sim 30mm$，E 长度根据实际情况确定，F 为接线鼻子内孔深度加 5mm。剖切电缆铅包时，从第一道卡子向铅包方向量取应留的铅包长度，并包缠一条绝缘带作为记号。用电工刀或剖铅刀沿记号切一圆环深痕，深度为铅包厚度的 2/3，不得切透，刀口与铅包垂直。然后用电工刀或剖刀沿电缆轴向在铅包上切两道深痕，间距为 10mm 左右，深度亦为铅包 2/3 左右，不能切透。在铅包末端用螺丝刀将两道深痕间的铅皮挑起，用钳子夹住，慢慢撕开。当撕至环形深痕处时，轻轻将铅皮条撕断。将铅包自上而下用手扳开、剥除。断口应修饰得圆滑、无毛刺。

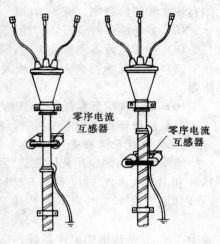

图 9-37　零序电流互感器的安装

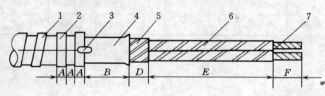

图 9-38　电缆终端剥切尺寸
1—钢铠；2—卡子；3—接地线；4—铅包；
5—统包绝缘纸；6—线芯绝缘；7—导体线芯

剖切铝包时，应使用专用的剖铝刀，沿着铝包螺旋状往上切割，或使用劈柴刀自上而下将它劈开。铝包硬度较大，延性差，容易断口，剥铝时一般应分两次进行。先剥除离喇叭口 30mm 以外的铝包，再剥除离喇叭口 30mm 以内的铝包。剥除后一段铝包时，可在喇叭口处刻一圆环深痕，深度为铝包的 2/3，再沿电缆轴向用刀剖一裂口，用钳子从裂口处往外卷起，使拉断处形成喇叭口，然后锉去利角，清除金属末。

2. 胀喇叭口

胀喇叭口应使用专用的木质或铝制的胀铅器，将铅包切断口胀撬成喇叭形。喇叭口末端的外径应为铅包原有外径的 1.2 倍。喇叭口太小，对电场分布不利，太大易使铅包破裂，应适当掌握。胀铅时不得使用螺丝刀硬撬，以免损坏铅包和绝缘。

铝包电缆胀喇叭口时，应使用铜质或铁质胀铝器。尽量在剖铝时形成自然的喇叭口，而不使用胀铝器。因为铝包不易胀开，如用力过大有可能损伤纸绝缘。因此，只要将切口处稍向外张开，不碰纸绝缘且无毛刺即可。

3. 剥统包绝缘

从喇叭口向上量取应留的统包绝缘层的长度，并作记号。统包绝缘层外的半导电纸应撕至喇叭口以内。撕半导电纸时，可在切断处临时用 0.5mm 细铁丝紧扎一圈，用手撕断，不能用电工刀切割，以免损伤统包绝缘，但应确保断口处整齐。用绝缘带包缠留下的统包绝缘层，以填平喇叭口为准。喇叭口内必须填充结实，并轻敲喇叭口末端铅包，使之服贴。然后再将喇叭口包在绝缘带内。用塑料带将 D 段包 3～4 层作为临时保护，然后自上而下松开统包绝缘纸，一层一层整齐地撕掉。剥除统包绝缘纸时，不论是内层或外层，均禁止使用电工刀切割。

用电工刀割断线芯相间填充物时，刀口应向外，以免割伤绝缘纸。纸质填充物可用手折断。

4. 分芯

根据各芯相序，对应设备接线位置把线芯摆好，用手将线芯扳弯合适。弯曲时不要过度，以免损伤纸绝缘。其弯曲半径不应小于电缆线芯直径的10倍。扳弯线芯时，可使用木质分相塞尺，其结构如图9-39所示，用手逐渐将其向前推进，使线芯扳弯成型。

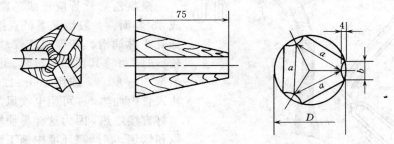

图9-39 木质分相塞尺（mm）

50mm² 及以下电缆：$a=42$mm；$b=18$mm；$D=50$mm；

70mm² 及以上电缆：$a=52$mm；$b=21$mm；$D=60$mm

（四）包缠绕线芯绝缘、套绝缘管

电缆线芯在套绝缘管之前，应先用半重叠法包1～2层透明聚氯乙烯带，保护线芯绝缘，以防套管时受损。包缠时应顺着原有绝缘纸的方向，最外一层必须由下往上包绕，否则不易套管。包缠时应扎紧绝缘带，层间无空隙，中间没有打折、扭皱等现象。但用力不能过猛，以免拉断绝缘带。一般可一边包缠，一边用手顺着包缠方向将绝缘带卷紧。

绝缘管有聚氯乙烯软管和耐油橡胶管两种。制作干包电缆终端头时使用聚氯乙烯软管，耐油橡胶管用于制作环氧树脂电缆头。绝缘管的内径应合适，按表9-45和表9-46选择。如绝缘管内径过大，可在线芯外多包几层绝缘带，使之吻合。

表 9-45　　　　　　　　　　　**聚氯乙烯软管选用表**（mm）

电压等级 (kV)	电缆 截 面 (mm²)												
	2.5	4	6	10	16	25	35	50	70	95	120	150	185	240
1	4	4	5	5	6	9	10	11	13	15	17	18	20	23
3	—	5	6	7	8	10	11	13	14	16	18	19	21	24
6	—	—	6	9	11	12	13	14	16	17	19	23	23	25
10	—	—	—	10	13	14	15	17	19	21	22	24	27	

表 9-46　　　　　　　　　　　**耐油橡胶管选用表**（mm）

电压等级 (kV)	电缆 截 面 (mm²)									
	16	25	35	50	70	95	120	150	185	240
1～3	9	9	11	11	13	15	17	19	21	23
6～10	11	11	13	15	17	19	21	23	25	27

耐油橡胶管使用前应用酒精或汽油将管内外擦净，特别要去除管内的水。橡胶管应比线芯略长，下口切成45°斜面，管子两端外壁20～30mm处用胶皮锉或木锉打毛，以增强与环氧树脂的黏合力。套橡胶管时，一手扶住线芯，另一手从线芯末端往下抹管。抹管用力要适当，

防止用力太大而损坏线芯根部绝缘。橡胶管只需套到离线芯根部约 20mm 即可，避免几根橡胶管在根部相互挤压。如橡胶管较紧不易抹下时，可涂凡士林或滑石粉润滑，或将橡胶管上口夹紧，使管内空气受压膨胀，此时即可轻快地套入。施工中耐油橡胶管外壁不能黏有油污，以免影响与环氧树脂的粘合。

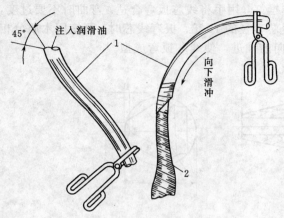

图 9-40　用热油套聚氯乙烯软管
1—塑料套管；2—线芯

聚氯乙烯软管应比线芯略长，下口也切成 45°斜面。一般情况下可直接套入；也可涂抹凡士林润滑。若聚氯乙烯软管较紧或气候较冷时，可将其预热后再套。可用电炉烘烤加热至 70~80℃，或用 100~120℃ 的变压器油注入管内加热，亦可用电吹风加热，但禁止用喷灯直接烤热，因为这样易使塑料管老化、发脆和烤焦。在严寒环境中施工时，可将聚氯乙烯软管平口一端用钳子夹住，自另一端注入热变压器油，约灌到软管的 2/3 时，对准线芯滑冲几次，趁热迅速套至根部，如图 9-40 所示。套入后松开钳子，放尽剩油，并用手挤压排出残油，使软管与绝缘带紧密贴实。绝缘管套入电缆线芯后，将其上端往下翻，露出线芯以便连接线鼻子。

（五）扎尼龙绳

尼龙绳具有热缩的特点，可用作电缆头防漏油的一项措施。尼龙绳的直径应选择适合，不宜太粗，也不应受力后折断，一般直径为 1~1.5mm，70mm² 及以下电缆用 1mm 直径。绑扎时必须拉紧，顺序紧密相靠，不得交错重叠。尼龙绳绑扎处应适当包缠绝缘带，以免勒坏软首套或绝缘管。尼龙绳应扎结牢固，尽量平整，避免影响其外的包缠。

第四节　35kV 及以下热收缩型电缆头制作

一、热收缩型电缆头附件的结构及型号

热收缩型电缆附件是以聚合物为基本材料而制成的所需要的型材，经过交联工艺，使聚合物的线性分子变成网状结构的体型分子，经加热扩张至规定尺寸，再加热能自行收缩到预定尽寸的电缆附件。

（一）热收缩型电缆头组成

挤包绝缘电缆热收缩型终端和中间接头是用热收缩部件组装而成的。热收缩型终端和中间接头用的附加绝缘、屏蔽、护层、雨罩及分支套等称为热收缩部件，主要有：

（1）热收缩绝缘管（以下简称绝缘管）。作为电气绝缘用的管形热收缩部件。

（2）热收缩半导电管（以下简称半导电管）。体积电阻系数小于 $10^3\Omega \cdot cm$ 的管形热收缩部件。

（3）热收缩应力控制管（以下简称应力管）。具有相应要求的介电系数和体积电阻系数、能缓和电缆端部和接头处电场集中的管形热收缩部件。

（4）热收缩耐油管（以下简称耐油管）。对使用中长期接触的油类具有良好耐受能力的管形热收缩部件。

（5）热收缩护套管（以下简称护套管）。作为密封，并具有一定的机械保护作用的管形热收缩部件。

（6）热收缩相色管（以下简称相色管）。作为电缆线芯相位标志的管形热收缩部分。

（7）热收缩分支套（以下简称分支套）。作为多芯电缆线芯分开处密封保护用的分支形热收缩部件，其中以半导电材料制作的称为热收缩半导电分支套（以下简称半导电分支套）。

（8）热收缩雨裙（以下简称雨裙）。用于电缆终端，增加泄漏距离和湿闪络距离的伞形热收缩部件。

（9）热熔胶。为加热熔化黏合的胶黏材料，与热收缩部件配用，以保证加热收缩后界面紧密黏合，起到密封、防漏和防潮作用的胶状物。

（10）填充胶。与热收缩部件配用，填充收缩后界面结合处空隙部的胶状物。

（二）热收缩型电缆头的制作要求

上述各种类型的热收缩部件，在制造厂内已经通过加热扩张成所需要的形状和尺寸并经冷却定型。使用时经加热可以迅速地收缩到扩张前的尺寸，加热收缩后的热收缩部件可紧密地包敷在各种部件上组装成各种类型的热收缩电缆头。

加热工具可用丙烷气体喷灯或大功率工业用电吹风机。一定要控制好火焰，不能过大，操作时要不停地晃动火源，不可对准一个位置长时间加热，以免烫伤热收缩部件。喷出的火焰应该是充分燃烧的，不可带有烟，以免炭粒子吸附在热收缩部件表面，影响其性能。在收缩管材时，一般要求从中间开始向两端或从一端向另一端沿圆周方向均匀加热，缓慢推进，以避免收缩后的管材沿圆周方向出现厚薄不均匀和层间夹有气泡的现象。

热收缩电缆附件是用热收缩材料代替瓷套和壳体，以具有特征参数的热收缩管改善电缆终端的电场分布，以软质弹性胶填充内部空隙，用热熔胶进行密封，从而获得了体积小、重量轻、安装方便、性能优良的热收缩电缆附件。

（三）热收缩型电缆头附件的型号

热收缩型终端和热收缩型中间接头的型号的组成和排列顺序如下：

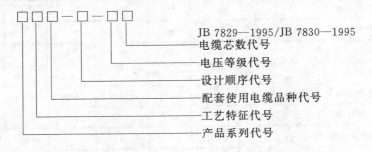

JB 7829—1995/JB 7830—1995
电缆芯数代号
电压等级代号
设计顺序代号
配套使用电缆品种代号
工艺特征代号
产品系列代号

其中：

系列代号	N——产内型终端系列；
	W——户外型终端系列；
	J——直通型接头系列。

工艺特征代号　　　　　　　　RS——热收缩型。

配套使用电缆品种代号（省略）　——挤包绝缘电力电缆；

Z——纸绝缘电力电缆。

设计的先后顺序代号　　　　　1——第1次设计；

2——第2次设计；

电压等级代号　　　　　　1——1.8/3kV 及以下；

2——3.6/6.6kV、6.6/10kV；

3——8.7/10kV、8.7/15kV；

4——12/30kV；

5——21/35kV、26/35kV。

电缆芯数代号　　　　　　1——单芯；

2——三芯；

3——五芯。

二、热收缩型电缆头附件的一般技术要求

热收缩型电缆头附件应符合 GB11033 标准有关要求外，还应符合下列规定：

（1）所有热收缩部件表面应无材质和工艺不善引起的斑痕和凹坑，热收缩部件内壁应根据电缆头附件的具体要求确定是否需涂热熔胶，凡涂热溶胶的热收缩部件，要求胶层均匀，且在规定的储存条件和运输条件下，胶层应不流淌，不相互黏搭，在加热收缩后不会产生气隙。

（2）热收缩电缆头部件主要性能指标见表 9-47，热熔胶、填充胶主要性能指标见表 9-48。

表 9-47　　　　　　　　　　　热收缩电缆头部件主要性能指标

序号	项　目	部件名称及性能指标					
		绝缘管	半导电管半导电分支套	应力管	耐油绝缘管	耐漏痕耐电蚀管及雨罩	护套管分支套
1	抗张强度　不小于（MPa）	10	10	10	10	8	12
2	断裂伸长度　不小于（%）	350	350	350	350	300	300
3	脆化温度　不大于（℃）	−40	−40	—	—	−40	−40
4	硬度（邵氏A）　不大于	80	80	80	80	80	80
5	空气箱热老化 130℃、168h						
	抗张强度变化率　不大于（%）	±20	±20	±20	±20	±30	—
	断裂伸长度、变化率　不大于（%）	±20	±20	±20	±20	±30	—
6	体积电阻率[①]（Ω·m）	$\geqslant 10^{12}$	$1\sim 10^{①}$	$10^6\sim 10^{10}$	$\geqslant 10^{12}$	$\geqslant 10^{12}$	$\geqslant 10^{11}$
7	介电常数	$\leqslant 4$	—	>20	$\leqslant 4$	$\leqslant 5$	—
8	击穿强度不小于（kV/mm）	20	—	—	20	20	15
9	耐漏电痕迹、耐电蚀	—	—	—	—	—	—
10	热冲击 160℃、4h	不龟裂、不流淌、不下滴					
11	氧指数　不小于	30	—	—	—	—	—
12	耐油性　80℃黏性浸渍电缆油 168h						
	抗张强度变化率　不大于（%）	—	—	—	±20	—	—
	断裂伸长度变化率　不大于（%）	—	—	—	±20	—	—

序号	项目	部件名称及性能指标					
		绝缘管	半导电管 半导电 分支套	应力管	耐油 绝缘管	耐漏痕 耐电蚀管 及雨罩	护套管 分支套
13	吸水率 23±2℃、24h 不大于（%）	—	—	—	—	0.1	0.1
14	限制性收缩后②			不龟裂、不开裂			
	外观					±20	—
	工频耐压 1min 不小于（kV）	2	—	—	2	2	2
15	耐大气和光老化后						
	42 天老化后 抗张强度变化率 不大于（%）	—	—	—	—	±30	±30
	断裂伸长度变化率 不大于（%）	—	—	—	—	±30	±30
	21 天老化后与 42 天老化后对比						
	抗张强度变化率 不大于（%）	—	—	—	—	±15	±15
	断裂伸长度变化率 不大于（%）	—	—	—	—	±15	±15

注 除第 14 项外，其他项目皆在非限制性收缩（自由收缩）后的热缩部件上取样进行试验。

① 半导电管、半导电分支套体积电阻率测试方法按 GB3048.3 进行。

② 只对管形热收缩元件进行限制性收缩试验，非管形热收缩部件（如雨罩、分支套管）不进行此项试验。

表 9-48 热熔胶，填充胶主要性能指标

序号	项目	材料名称及性能指标		
		热熔胶	填充胶	
			普通型	耐油型
1	针入度（25℃，100g）(1/10mm)	6～9	40～50	60～65
2	软化点（环球法）不小于（℃）	80	—	—
3	体积电阻率不小于（Ω·m）	10^{10}	10^{10}	10^{12}
4	击穿强度不小于（kV/mm）	10	12	12
5	油中变化率不大于（%） （80℃黏性浸渍电缆油 168h）	—	—	±5
6	剥离强度不小于 热收缩部件——非金属材料（kN/m） 热收缩部件——金属材料	5.0 7.5	—	—

（3）热收缩管形部件的壁厚不均匀度应不大于 30%。

（4）热收缩管形部件收缩前与在非限制条件下收缩（即自由收缩）后纵向变化率应不大于 5%，径向收缩率应不小于 50%。

（5）热收缩部件在限制性收缩时不得有裂纹或开裂现象，在规定的耐受电压方式下不击穿。

（6）热收缩部件的收缩温度应为 120～140℃。

（7）填充胶应是带材型。填充胶带应采用与其不黏结的材料隔开，以便于操作。在规定的储存条件下，填充胶应不流淌、不脆裂。

（8）热收缩部件和热熔胶、填充胶的允许贮存期在环境温度下不高于35℃时应不少于24个月。在储存期内，应保证其性能符合技术要求规定。

（9）导体连接金具应符合 GB14315 中的相应规定。铜铝过渡接线端子的直流电阻应不大于相同长度相同截面铝导体直流电阻的 1.2 倍。

（10）户外终端所用的外绝缘材料应具有耐大气老化及耐漏电痕迹和耐电蚀性能。

（11）终端或接头的接地线和过桥线应采用镀锡铜线，其推荐截面按表9-49规定选取，亦可按与电缆金属屏蔽层截面积相一致的原则选取。

表 9-49 接地线和过桥线的推荐截面（mm²）

电缆主线芯截面		接地线截面
铜	铝	
35 及以下	50 及以下	10
50～120	70～150	16
150～400	185～400	25

三、热收缩型终端和中间接头安装工艺

安装热收缩型终端和中间接头时应注意的事项，具体安装操作工艺见生产厂提供的产品安装说明书。

（一）安装工具

（1）加热工具。推荐采用丙烷气体喷灯或大功率工业用电吹风机作为热收缩部件的收缩加热工具。在条件不具备的情况下，也允许采用丁烷、液化气或汽油喷灯作为收缩加热工具。

（2）导体连接工具。当导体连接采用压接方式时，建议采用六角或半圆形围压（又称环压）模具，模具尺寸应符合 GB14315 标准规定。如果采用点压（又称坑压）模具，则要求有更严格的填充和密封措施。

（3）绝缘剥切工具。剥切挤包绝缘电缆的绝缘时，建议采用相应的专用剥切工具，以确保不伤及导体。

（4）安装电缆终端和中间接头所需要的常用工具如手锯、电工用刀、钢丝钳等等，必须齐全、清洁。

（二）剥切电缆、压接接线端子

（1）剥切电缆。电缆末端剥切按产品安装说明书规定顺序进行。剥除电缆的每一道工序都必须保证不损伤内层需要保留的部分。

剥除挤包电缆绝缘外半导电层时应特别注意，在裸露的绝缘表面上不可留有刀痕或半导电层残迹。如果电缆为不可剥离的半导电层，允许在剥除过程中削去部分绝缘（厚度不大于0.5mm），但绝缘表面应尽量处理得当，使其光滑、圆整。剥除后，半导电层端面应与电缆轴线垂直、平整。特别注意，该处绝缘不得损伤。如果不采用喷涂或刷涂半导电漆工艺，则电缆外半导电层端面必须削成光滑的而且与电缆轴线夹角不大于30°的圆整锥面。

（2）压接导体接线端子或导体连接管。三芯电缆压接导体接线端子时，必须注意三个端子的平面部分方向应便于安装连接。

压接后，必须除去飞边、毛刺，清除金属粉末。

（三）安装接地线和过桥线

钢带铠装的三芯挤包绝缘电缆，铜屏蔽层与钢带的接地按照用户要求也可用两相互相绝缘的接地线分开焊接，钢带接地应采用 6～10mm² 绝缘软铜线焊接后引出。对纸绝缘电缆，接地线应焊在铅护套和钢带上。

以铜带作为屏蔽层的挤包绝缘电缆，接地线或过桥线应按电缆导体截面从表 9-49 中选取相应截面的编织铜线焊接在铜带上，然后引出。三芯电缆每相屏蔽层都应缠绕接地线并焊接，仍以一根接地线引出。若以铜丝作为屏蔽层的挤包绝缘电缆，则可将铜丝翻下，扭绞后引出。10kV 及以下纸绝缘电缆接地线焊在铅护套及钢带上。

对于中间接头，建议用电缆附件专用铜丝网套作为接头屏蔽层。将铜丝网套套在中间接头的外半导电层上，并与两端电缆的铜屏蔽层绑扎、焊接，构成接头屏蔽层。

（四）加密封填充胶

电缆绝缘末端与导体接线端子之间及接线端子压接变形处必须包以密封填充胶带，要求密实、平整。

（五）安装热收缩管、分支套、雨裙

当热收缩管长度大于产品安装说明书规定的尺寸，可以按规定尺寸切去多余部分。切口应平整、无凹口。注意应力管不可切除。

热收缩管和热收缩分支套的收缩覆盖物表面应预先清理干净，不得有油污、杂物。纸绝缘电缆的绝缘表面按产品安装说明书规定处理，当环境温度在 10℃ 以下时，应对被覆盖物预热。

按照产品安装说明书规定的部位开始，沿着圆周方向均匀加热。火焰方向与热收缩管轴线夹角 45° 为宜，缓慢向前推进，加热时必须不断地移动火焰位置，不可对准一个位置加热时间过长。要求收缩后的热收缩表面无烫伤痕迹，光滑、平整，内部不夹有气泡。

纸绝缘电缆终端或中间接头若采用半导电分支套和应力管时，则应使半导电分支套与铅包及应力管之间保持良好接触，以满足电性能的要求。

电缆终端的相序标志管（俗称相色管）如果安置在接线端子下端，则要求该管有良好的抗漏痕和抗电蚀性能，否则只能安置在应力管的下端。

四、热缩管加热固定技术要领

（1）所有热缩管均系橡塑料经交联辐射特殊工艺加工制作而成，当温度达到 110～120℃ 时开始收缩，该材料在 140℃ 短时间作用下性能不受影响，但局部高温时间过长，将影响材料性能，甚至烧毁。

（2）加热固定可利用喷灯进行，但能否得到适宜的火焰是加热的关键，故应仔细观察，反复观察，反复调节，以得到带有黄色顶焰的柔和蓝色火苗。"铅笔头"状的蓝色火焰因其温度过高而不能用于加热。黄色火焰又因其温度过低，且燃烧不完全产生烟尘影响热缩质量和绝缘性能而不能使用。

（3）火焰调好后，要缓慢接近热缩材料，并在其周围不停移动，确保收缩均匀。然后，再缓慢延伸，火焰应朝收缩方向运动，以利于热缩管的均匀收缩。

（4）热缩管收缩后，其表面应光滑无皱折，可看清内部结构的轮廓，而且密封部位应有少量的胶油挤出，表面密封完好。

（5）在制作过程中所有热缩护套在未完全冷却之前，不得拉伸或弯曲电缆。

（6）每一个套管的热缩操作，须一气呵成，不能中途停顿。同时严禁在施工中途停止或休息，以防电缆油渗出。

（7）按尺寸要求，参照电缆附件套管长度确定剥切电缆的尺寸，热缩管应尽量避免切割，必须切割时，其切割面要平整，不要有凸凹裂口，以避免在收缩时因应力集中而造成开裂。黑色的应力调节管不能随意切割，以保证必要的长度。

（8）为避免电缆头、接地端子和铅包处渗油或潮气侵入，确保密封可靠，可在加热绝缘套管和三指护套时，先在接线端子或铅包处进行预热处理，使其与热缩管紧密结合在一起。

五、热缩型交联聚乙烯绝缘电缆终端头安装程序

安装程序：固定电缆末端→剥切电缆→焊接地线→安装分支手套→剥切分相屏蔽及半导电层→安装应力调节管→压接接线端子→安装绝缘套管→安装副管及相色管→安装雨裙。

（一）固定电缆末端

先校直电缆末端并固定，按图 9-41 和表 9-50 所示，对户外终端头由末端量取 750mm（户内终端头取 550mm），在量取处刻一环痕。

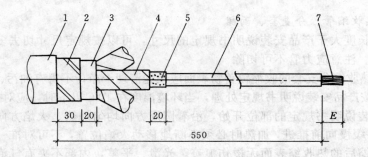

图 9-41　热缩型交联聚乙烯绝缘电缆终端头（mm）

1—塑料外护套；2—钢带铠装；3—内护层；4—铜屏蔽层；5—半导电层；6—线芯绝缘；7—导体

注　$E=$ 接线端子孔深 $+5$

表 9-50　　　　　　热缩型交联聚乙烯绝缘电缆终端头剥切尺寸

8.7/10kV 热缩型交联聚乙烯绝缘电缆终端头规格表

型　号	适用电缆规格（mm²）
10RSYN—3/1	25～50
10RSYN—3/2	70～120
10RSYN—3/3	150～240

热缩型交联聚乙烯绝缘电缆头主要材料见表 9-51 所示。

表 9-51　　　　　　热缩型交联聚乙烯绝缘电缆终端头主要材料

序号	材料名称	备　注	序号	材料名称	备　　注
1	三指套	$(\phi70-\phi110)$	6	填充胶	
2	绝缘套	$(\phi30-\phi40)\times450$	7	接地线	
3	应力控制管	$(\phi25-\phi35)\times150$	8	接线端子	与电缆线芯相配，采用 DL 或 DT 系列
4	绝缘副管	$(\phi35-\phi40)\times100$	9	绑扎铜线	$1/\phi2.1mm$
5	相色管	$(\phi35-\phi40)\times50$	10	焊锡丝	

（二）剥切电缆

（1）顺着电缆方向破开塑料层，然后向两侧分开剥除。

（2）在护层断口处向上略低于 30mm 处用铜线绑扎铠装层作临时绑扎，并锯开钢带。

（3）在钢带断口处保留内衬层 20mm，其余剥除，摘去填充物，分开线芯。

（三）焊接接地线

（1）预先将编织软铜带一端拆开均分三份，重新编织后分别包绕各相屏蔽层并绑扎牢固，焊接在铜带上。如有铠装应将编织线用扎线绑扎后和钢铠焊牢。

（2）将靠近铠装处的编织带用锡填满，形成防潮段，编织带填锡的长度约为 20mm。

（四）安装分支手套

（1）在三相交叉处和根部包绕填充胶，使其外观平整，中间略呈苹果形，最大直径大于电缆外径约 15mm。

（2）清洁安装分支手套处的电缆护套。

（3）套进分支手套，尽量往下，然后用慢火环绕加热，由手指根部往两端加热收缩固定，待完全收缩后，端部有少量胶挤出，密封良好。

（五）剥切分相屏蔽及半导电层

（1）由手套分支指端部向上留 55mm 铜屏蔽层，割断屏蔽带，断口要整齐。

（2）保留 20mm 半导电层，其余部分剥除，剥切应干净，但不能伤及线芯绝缘。对残留的半导电层可用清洗剂擦拭干净或用细砂布打磨干净。

（六）安装应力调节管

（1）清洁绝缘屏蔽层，铜带屏蔽表面，确保绝缘表面无碳迹，套入应力管，应力管下部与铜屏蔽搭接 200mm 以上。

（2）用微火加热使其收缩固定。

（七）压接接线端子

（1）确定引线长度 K（K＝接线端子孔深＋5mm）剥除线芯绝缘，剥切端部应削成锥形。

（2）清洗线芯和接线端子内孔，用砂布或锉刀将其不平处锉平，压接接线端子。

（3）清洁线芯，接线端子表面，用填充胶填充绝缘和接线端子之间及压坑，填充胶带与线芯绝缘和接线端子均搭接 5～10mm，使其平滑过渡。

（八）安装绝缘管

（1）清洗线芯绝缘，应力管及分支手套表面。

（2）将绝缘套管套至三叉根部，管上端应超出填充胶 10mm 以上，由根部往上加热固定，并将端子处多余的绝缘管加热后割除。

（九）安装副管及相色管

将副管套在端子接管部位，先预热端子，由上端起加热固定，再套入相色管在端子接管处或再往下一点加热固定。户内终端头安装完毕。

（十）安装雨裙

（1）对于户外终端头，在绝缘管固定后，再清洁绝缘表面，套入三孔雨裙位置，定位后加热固定。

（2）按图中尺寸，安装单孔雨裙，将其端正后加热收缩固定，再安装副管及相色管，户外终端头制作完毕。

六、热缩型塑料电缆终端头安装程序

安装程序：剥切电缆外、内护层→焊接地线→填充胶→安装分支指套→安装接线端子→安装绝缘管→包绕相色带。

（一）剥切护层，钢铠，内护层

（1）按照图 9-42 给定尺寸剥除电缆护层。

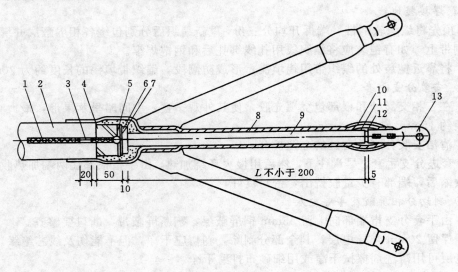

图 9-42　热缩型塑料绝缘电缆终端头（mm）

1—接地线；2—塑料外护套；3—防潮段；4—钢带铠装；5—铜轧线；6—内护套；7—焊点；8—外绝缘层；9—PVC 相色带 1 层；10—线芯绝缘；11—填充胶；12—导体；13—接线端子

注　1. 热缩型塑料电缆终端头适用于 0.6/1kV 及以下电压等级的交联聚乙烯绝缘电缆或聚氯乙烯绝缘电缆。

　　2. L 的长度根据电缆的截面和现场情况确定。

　　3. 终端头所需材料由厂家配套供给。

（2）剥除电缆铠装层，用细铜丝绑铠装末端。保留铠装 50mm。

（3）保留 10mm 内护层。

（二）焊接地线

（1）如图 9-42 所示，将地线与铠装层焊牢后向下引出。

（2）在密封的地线用锡填充编织线的空隙长度约 15～20mm，形成防潮段，使热缩三芯分支手套收缩在防潮段上。

（三）填充胶填充三叉处

用电缆填充胶（或 PVC 带）填充三叉处，使其外观平整稍呈苹果形，清洁电缆表面打毛。

（四）安装分支指套

将热收缩的三芯分支指套套入三芯电缆根部，并将电缆密封段包在护套体内，然后从护套体部开始向下收缩。待完全收缩后端部应有少量胶液挤出，再向上加热至三指完全收缩完毕。

注：对于 3＋1 芯电缆如用四指芯分支指套，则需先在地线套上地线副管，并使其加热收缩。

（五）安装接线端子

先确定引线长度，按接线端子孔深加 5mm，剥除端部绝缘，然后压接端子。用砂布或锉刀将其不平处锉平，清洁表面，用填充胶填充线芯绝缘与端子之间及端子压坑。并与线芯绝缘及接地端子均搭接 30mm 左右，表面呈平滑过渡状。

（六）安装热缩绝缘管

清洁线芯绝缘和手套指部，安装热缩绝缘管，使其管涂胶部位与三指搭接，热缩管的上部应包住压坑，然后从下往上加热收缩。

（七）在终端头端部缠绕相色带

热缩型塑料绝缘电缆端头主要材料见表9-52所示。

表 9-52　　　　　　　　热缩型塑料绝缘电缆终端头主要材料

序　　号	材　料　名　称	备　　　　注
1	接线端子	与电缆线芯相配，采用 DL 或 DT 系列
2	三指手套（或四指）	与电缆线芯截面相配
3	外绝缘管	（$\phi10-\phi35$）×300
4	相色聚氯乙烯带	红、黄、绿、黑四色
5	接地线	
6	填充胶	
7	绑扎铜线	$1/\phi2.1$mm
8	焊锡丝	

热缩电缆终端头规格见表9-53所示。

表 9-53　　　　　　　　0.6/1kV 热缩电缆终端头规格

型　　　号	适用电缆线芯截面（mm²）
1kV RST—4/1	25～50
1kV RST—4/2	70～120
1kV RST—4/3	150～240

注　三芯型号为 1kV RST—3/1—3。

七、10（6）kV 交联聚乙烯绝缘电缆户内、户外热缩终端头制作实例

（一）准备工作

1. 设备及材料要求

（1）所用设备及材料要符合设计要求，并有产品合格证。

（2）主要材料：绝缘三叉手套、绝缘管、应力管、编织铜线、填充胶、密封胶带、密封管、相色管、防雨裙。辅助材料：接线端子、焊锡、清洁剂、砂布、白布、汽油、焊油。

2. 主要机具

主要机具：喷灯、压接钳、钢卷尺、钢锯、电烙铁、电工刀、克丝钳、螺丝刀、大搪瓷盘等。

3. 作业条件

（1）有较宽敞的操作场地，施工现场干净，并备有 220V 交流电源。

（2）作业场所环境温度在 0℃以上，相对湿度 70% 以下，严禁在雨、雾、风天气中施工。

（3）高空作业（电杆上）应搭好平台，在施工部位上方搭好帐篷，防止灰尘侵入（室外）。

（二）操作工艺

工艺流程：设备点件检查→剥除电缆护层→焊接地线→包绕填充胶、固定三叉手套→剥铜屏蔽层和半导电层→固定应力管→压接端子→固定绝缘管→（①户内：固定相色密封管→测试绝缘→；②户外：固定防雨裙→固定密封管→固定相色管→测试绝缘→）耐压试验→送电运行验收。

厂家有操作工艺可按厂家操作工艺进行，无工艺说明，可按以下制作程序进行，从开始剥切到制作完毕必须连续进行一次完成，以免受潮。

1. 设备点件检查

开箱检查实物是否符合装箱单上的数量，外观有无异常现象，按操作顺序摆放在大瓷盘中。

2. 剥除电缆护层

见图 9-43 所示。

（1）剥外护层：用卡子将电缆垂直固定，从电缆端头量取 750mm（户内头量取 550mm），剥去外护套。

（2）剥铠装：从外护层断口量取 30mm 铠装，用铅丝绑扎后，其余剥去。

（3）剥内垫层：从铠装断口量取 20mm 内垫层，其余剥去。然后摘去填充物，分开芯线。

3. 接接地线

见图 9-44 所示。用编织铜线作电缆钢带及屏蔽引出接地线。先将编织线拆开分成三份，重新编织分别缠绕各相，用电烙铁，焊锡焊在屏蔽铜带上。用砂布打光钢带焊接区，用铜丝绑扎后和钢铠焊牢。在密封处的地线用锡填满编织线，形成防潮段。

4. 包绕填充胶固定三叉手套

见图 9-45 所示。

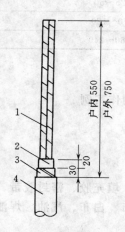 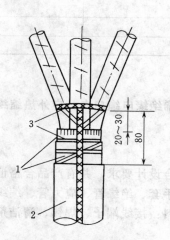 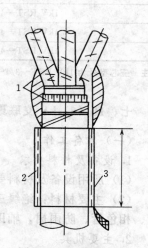

图 9-43　剥电缆护层（mm）　　图 9-44　焊地线（mm）　　图 9-45　包绕填充胶

1—铜屏蔽层；2—内垫层；　　　1—绑轧；2—防潮段；3—焊点　　1—填充；2—密封胶；3—防潮段

3—剥铠装；4—PVC 护套

（1）包绕填充胶：用电缆填充胶填充并包绕三芯分支处，使其外观呈橄榄状。绕包密封胶带时，先清洁电缆护套表面和电缆芯线。密封胶带的绕包最大直径应大于电缆外径约 15mm，将地线包在其中。

（2）固定三叉手套：将手套套入三叉根部，然后用喷灯加热收缩固定，加热时，从手套的根部依次向两端收缩固定。

（3）热缩材料加热收缩时应注意：

1）加热收缩温度为110～120℃。

2）调节喷灯火焰呈黄色柔和火焰，谨防高温蓝色火焰，以避免烧伤热收缩材料。

3）开始加热材料时，火焰要慢慢接近材料，在其周围移动，均匀加热，并保持火焰朝着前进（收缩）方向预热材料。

4）火焰应螺旋状前进，保证管子沿周围方向充分均匀收缩。

5．剥铜屏蔽层和半导电层

由手套指端量取55mm铜屏蔽层，其余剥去。从铜屏蔽层端量取20mm半导电层，其余剥去。

6．固定应力管

用清洁剂清理铜屏蔽层、半导电层、绝缘表面，确保表面无碳迹。然后，三相分别套入应力管，搭接铜屏蔽层20mm，从应力管下端开始向上加热收缩固定。

7．压接接线端子

先确定引线长度，按接线端子孔深加5mm，剥除线芯绝缘，端部削成"铅笔头"状。压接接线端子，清洁表面，用填充胶填充端子与绝缘之间的间隙及接线端子上的压坑，并搭接绝缘层和端子各10mm，使其平滑。

8．固定绝缘管

清洁绝缘管，应力管和指套表面后，套入绝缘管至三叉根部（管上端超出填充胶10mm），由根部加热固定。

9．固定相色密封管

将相色密封管套在端子接管部位，先预热端子，由上端加热固定。户内电缆头制作完毕。

10．固定防雨裙（见图9-46）

（1）固定三孔防雨裙：将三孔防雨裙按图中尺寸套入，然后加热颈部固定。

（2）固定单孔防雨裙：按图中尺寸套入单孔防雨裙，加热颈部固定。

11．固定密封管

将密封管套在接管部位，先预热端子，由上端起加热固定。

12．固定相色管

将相色管分别套在密封管上，加热固定，户外终端头制作完毕。

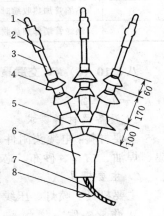

图9-46　固定防雨裙（mm）
1—鼻子；2—密封管；3—绝缘管；4—单孔防雨裙；5—三孔防雨裙；6—手套；7—接地线；8—PVC护套

（三）送电验收

（1）试验：电缆头制作完毕后，按要求由试验部门做试验。

（2）验收：试验合格后，送电空载运行24小时无异常现象，办理验收手续交建设单位使用，同时提交产品说明书、合格证、试验报告和运行记录等技术文件。

（四）质量标准

1．保证项目

（1）电缆头封闭严密，填料饱满，无气泡，无裂纹，芯线连接紧密。泄漏电流和绝缘电阻必须符合施工规范规定。

（2）电缆头的半导体带，屏蔽带包缠不超过应力锥中间最大处，锥体度匀称，表面光滑。

（3）电缆头安装，固定牢固，相序正确。

2．基本项目

电缆头外观美观，光滑，无皱折，并有光泽。

（五）成品保护

（1）设备材料清点后，按顺序摆放在瓷盘中，用白布盖上，防止杂物进入。

（2）电缆头制作完毕后，通知试验部门尽快试验，试验合格后，安装固定，随后与变压器、高压开关连接，送电运行。暂时不能送电或者有其他作业时，对电缆头加以防护，防止砸、碰电缆头。

（六）应注意的质量问题

（1）从开始剥切到制作完毕，必须连续进行一次完成，以免受潮。

（2）电缆头制作过程中，应注意的质量问题见表 9-54 所示。

表 9-54 电缆头制作过程中应注意的质量问题

序　号	常出现的质量问题	防治措施
1	做试验时泄漏电流过大	清洁芯线绝缘表面
2	三叉手套、绝缘管加热收缩局部烧伤或无光泽	调整加热火焰呈黄色，加热火焰不能停留在一个位置
3	热缩管加热收缩时出现气泡	按一定方向转圈，不停地进行加热收缩
4	绝缘管端部加热收缩时，出现开裂	切割绝缘管时，端面要平整

八、10（6）kV 交联聚乙烯绝缘电缆热缩中间头制作实例

（一）准备工作

1．设备及材料要求

主要材料：电缆头附件及主要材料由生产厂家备齐，并有合格证及说明书。辅助材料：焊锡、焊油、白布、砂布、芯线连接管、清洗剂、汽油、硅脂膏等。

2．主要机具

主要机具：喷灯、压线钳、钢卷尺、钢锯、电烙铁、电工刀、克丝钳、螺丝刀、大瓷盘。

3．作业条件

（1）电缆敷设完毕，绝缘电阻测试合格。

（2）作业场所环境温度 0℃以上，相对湿度 70％以下，严禁在雨、雾、风天气中施工。

（3）施工现场要干净，宽敞，光线充足。施工现场应备有 220V 交流电源。

（4）电缆中间头制作人员应经过专门培训，并考核合格方可施工操作。

（二）操作工艺

工艺流程：设备点件检查→剥除电缆护层→剥除铜屏蔽层及半导电层→固定应力管→压接连接管→包绕半导带及填充胶→固定绝缘管→安装屏蔽网及地线→固定护套→绝缘试验→送电运行验收。

1．设备点件检查

开箱检查实物是否符合装箱单上的数量，外观有无异常现象。

2．剥除电缆护层见图 9-47 所示。

（1）调查电缆：将电缆放平，在待连接的两根电缆端部的 2m 以内分别调直，擦干净，重

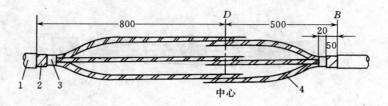

图 9-47 剥电缆护层（mm）

1—PVC 护管；2—铠装；3—内护套；4—铜屏蔽层

叠 200mm，在中部作中心标线，作为接头中心。

（2）剥外护层铠装：从中心标线开始在两根电缆分别量取 800mm、500mm，剥除外护层，距断口 50mm 的铠装上用铜丝绑扎 3 圈或用铠装带卡好，用钢锯沿铜丝绑扎处或卡子边缘锯一环形痕，深度为钢带厚度的 1/2，再用螺丝刀将钢带尖撬起，然后用克丝钳夹紧将钢带剥除。

（3）剥内护层：从铠装断口处量 20mm 内护层，其余内护层剥除，并摘除填充物。

（4）锯芯线：对正芯线，在中心点处锯断。

3. 剥除屏蔽层及半导电层

见图 9-48 所示，自中心点向两端线芯各量 300mm 剥除屏蔽层，从屏蔽层断口处各量取 20mm 半导电层，其余剥除，彻底清除绝缘体表面的半导质。

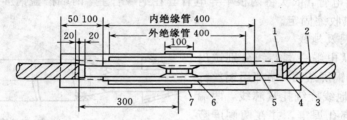

图 9-48 剥除屏蔽层及半导电层（mm）

1—半导层；2—铜屏蔽层；3—半导电管；4—应力管；

5—线芯绝缘；6—填充器；7—中心接线管

4. 固定应力管

如图 9-49 所示，在中心两侧的各相上套入应力管，搭盖铜屏蔽 20mm，加热收缩固定。套入管材如图 9-50 所示，在电缆护层被剥除较大一边套入密封套，护套筒，护层被剥除较短一边套入密封套，每相芯线上套入内、外绝缘管，半导电管、铜网。

加热收缩固定热缩材料时应注意：

（1）加热收缩温度为 110～120℃。因此，调节喷灯火焰呈黄色柔和火焰，谨防高温蓝色火焰，以避免烧伤热收缩材料。

（2）开始加热材料时，火焰要慢慢接近材料，在其周围移动，均匀加热，并保持火焰朝着前进（收缩）方向预热材料。

（3）火焰应螺旋状前进，保证绝缘管沿周围方向充分均匀收缩。

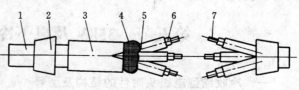

图 9-49 固定应力管

1—电缆；2—密封套；3—护套筒；4—铜网；

5—外绝缘管；6—内绝缘管；7—芯线

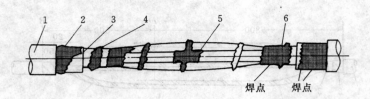

图 9-50　套管管材
1—护套；2—铜丝；3—铜带；4—地线；5—铜网；6—屏蔽层

5．压接连接管

在芯线端部量取 1/2 连接管长度加 5mm 切除线芯绝缘体，由线芯断口量取绝缘体 35mm，削成 30mm 长的锥体，压接连接管。

6．包绕半导带及填充胶

在连接管上用细砂布除掉管子棱角和毛刺并擦干净。然后在连接管上包绕半导带，并与两端半导层搭接。在两端的锥体之间包绕填充胶厚度不小于 3mm。

7．固定绝缘管

（1）固定绝缘管：将三根内绝缘管从电缆拉出分别套在两端应力管之间，由中间向两端加热收缩固定，加热火焰向外收缩方向。

（2）固定外绝缘管：将外绝缘管套在内绝缘管的中心位置上，由中间向两端加热收缩固定。

（3）固定半导电管：依次将两根半导电管套在绝缘管上，两端搭盖铜屏蔽层各 50mm，再由两端向中间加热收缩固定。

8．安装屏蔽网及地线

见图 9-50。从电缆一端芯线分别拉出屏蔽网，连接两端铜屏蔽层，端部用铜丝绑扎，用锡焊牢，用地线旋绕扎紧芯线，两端在铠装上用铜丝绑孔焊牢，并在两侧屏蔽层上焊牢。

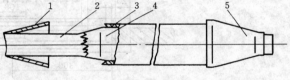

图 9-51　固定护套
1—密封套；2—电缆；3—护套筒；4—铁皮护套；
5—密封套

9．固定护套

见图 9-51 所示，将两瓣的铁皮护套对扣连接，用铅丝在两端扎紧，用锉刀去掉铁皮毛刺。套上护套筒，电缆两端密封套在护套头上，两端各搭盖护套筒和电缆外护套各 100mm，加热收缩固定。

（三）送电验收

（1）电缆中间接头制作完毕，按要求由试验部门做试验。

（2）验收：试验合格后，送电空载运行 24h，无异常现象，办理验收手续交建设单位使用。同时，提交产品合格证，试验报告和运行记录等技术资料。

第五节　35kV 及以下冷收缩型电缆头制作

一、冷收缩型电缆头附件的结构及型号

（一）冷收缩型电缆头附件的结构

冷收缩型电缆头附件通常是用弹性较好的橡胶材料（常用的有硅橡胶和乙丙橡胶）在工

厂内注射成各种电缆头附件的部件并硫化成型，之后，再将内径扩张并衬以螺旋状的塑料支撑条以保持扩张后的内径。

现场安装时，将这些预扩张件套在经过处理后的电缆末端（终端）或接头处（中间接头），抽出螺旋状的塑料支撑条，橡胶件就会收缩紧压在电缆绝缘上，从而构成了终端或中间接头。由于它是在常温下靠弹性回缩力，而不是像热收缩电缆附件要用火加热收缩，故称为冷收缩型电缆附件。

早期的冷收缩型终端的电场是靠预制成型应力锥或应力带绕包成型应力锥控制的，如图9-52（b）、图9-52（c）所示。图9-52（b）是用预制成型应力锥型控制终端的电场，而图9-52（c）是用应力带线包成应力锥型控制终端的电场。这两种结构现场已较少采用。

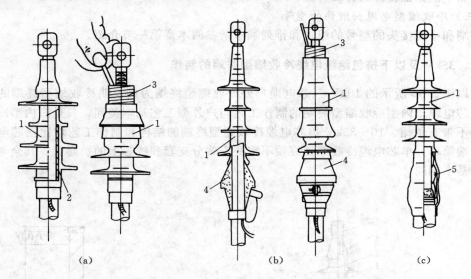

图 9-52　冷收缩型终端
(a) 冷收缩型加冷收缩应力控制管；(b) 冷收缩套管加预制应力锥；
(c) 冷收缩套管加绕包应力带
1—冷收缩套管；2—冷收缩应力控制管；3—支撑条；
4—预制成型应力锥；5—绕包应力带

目前冷收缩型电缆头附件技术更趋成熟。电压等级从10kV到35kV的冷收缩型终端普遍都采用冷收缩应力控制管，如图9-52（a）所示。1kV电压等级的冷收缩型中间接头采用冷收缩型绝缘管制作增强绝缘；10~35kV电压等级的冷收缩中间接头采用带内、外半导电屏蔽层的接头冷收缩型绝缘件。另外，三芯电缆终端分叉处也采用冷收缩分支套。图9-53所示为10kV三芯电缆冷收缩型终端的结构。

（二）冷收缩型电缆附件的特点

（1）冷收缩型电缆头附件采用硅橡胶或乙丙橡胶材料制成，抗电晕及耐腐蚀性能强。电性能优良，使用寿命长。

（2）安装工艺简单。安装时，无需专用工具，无需用火加热。

（3）冷收缩型电缆头附件产品的通用范围宽，一种规格可适用多种电缆线径。因此冷收缩型电缆附件产品的规格较少，容易选择和管理。

（4）与热收缩电缆头附件相比，除了它在安装时可以不用火加热从而更适用于不宜引入火种场所安装外，在安装以后挪动或弯曲时也不会像热收缩型电缆附件那样容易在附件内部层间出现脱开的危险。这是因为冷收缩型电缆附件是靠橡胶材料的弹性压紧力紧密贴附在电缆本体上，可以适从于电缆本体适当的变动。

（5）与预制式电缆头附件相比，虽然两者都是靠橡胶材料的弹性压紧力来保证内部界面特性，但是冷收缩型电缆头附件不需要像预制式电缆头附件那样与电缆截面一一对应，规格比预制式电缆头附件少。另外，在安装到电缆上之前，预制式电缆头附件的部件是没有张力的，而冷收缩型电缆头附件是处于高张力状态下，因此必须保证在储存期内，冷收缩型部件不能有明显的永久变形或弹性应力松弛，否则安装在电缆上以后不能保证有足够的弹性反紧力，从而不能保证良好的界面特性。

（三）冷收缩型电缆头附件的型号

终端和中间接头的型号的组成和排列顺序请参阅本章第一节介绍。

二、35kV 及以下挤包绝缘电缆冷收缩型终端的制作

现以图 9-53 所示的 10kV 三芯电缆户外冷收缩型终端为例说明冷收缩型终端的制作工艺。三芯电缆户内型冷收缩型终端的制作工艺与户外型工艺基本类同，只是户内型冷收缩型绝缘件不带有雨裙。10～35kV 单芯电缆冷收缩型终端的结构和制作工艺均比三芯电缆冷收缩型终端简单。单芯电缆冷收缩型终端不需要安装分支套和线芯上的护套管，其余与三芯电缆终端基本相同。

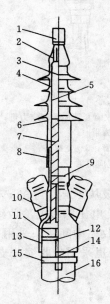

图 9-53　10kV 三芯电缆冷收缩型终端

1—端子；2—耐漏痕绝缘带；3—电缆绝缘；4—冷收缩套
管（户内型无雨裙）；5—冷收缩应力控制管；6—电缆外
半导电层；7—电缆屏蔽铜带；8—冷收缩护套管；9—屏
蔽接地铜环和铜带；10—相标志；11—恒力弹簧；
12—防水带；13—冷收缩分支套；14—接地铜
编织线；15—PVC 带；16—电缆外护层

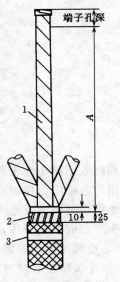

图 9-54　电缆的准备（mm）

1—铜带屏蔽；2—钢铠；
3—防水胶带（第 1 层）

354

工艺流程：测试→剥切护层→安装接地线→包绕防水层→安装分支手套→安装绝缘套管→作标识→包绕半导电带→安装冷缩终端→试验。

（一）电缆的准备（见图9-54）

（1）把电缆置于预定位置，按制作厂提供的安装说明书规定的尺寸剥去外护套、铠装及衬垫层。铠装带剥切长度 A 主要由线芯允许弯曲半径和规定的相间距离来确定，但需考虑与制造厂所提供的套在线芯上的冷收缩护套管长度相适配，通常这一尺寸制造厂会在安装说明书中给定。开剥长度等于 A 加接线端子的深度，留内护层10m，留铠装装带25mm。

（2）将电缆端部约50mm长的一段外护层擦洗干净。

（3）在护套口往下约25mm处绕包两层防水胶带。

（4）在顶部绕包PVC胶带。将铜屏蔽带固定。

（二）安装接地线（见图9-55）

（1）在护套上口90mm处的铜屏蔽带上，分别安装接地铜环，并将三相电缆的铜屏蔽带一同搭在铠装上。

（2）用恒力弹簧将接地编织线与上述搭在铠装上的三相电缆的铜屏蔽带一同固定在铠装上。

（三）防水处理（见图9-56）

（1）在三个接地铜环上分别绕包PVC带。

（2）在铠装及恒力弹簧上绕包几层PVC带，包至衬垫层并将衬垫层全部覆盖住。

（3）在第一层防水胶带的外部再绕包第二层防水胶带，把接地线夹在中间，以防止水或潮气沿接地线空隙渗入。

（四）安装分支套（见图9-57）

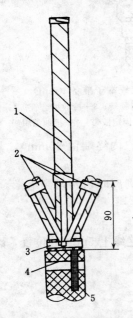 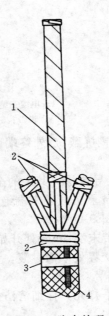 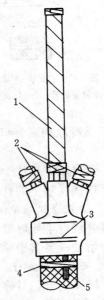

图9-55　安装接地线（mm）
1—铜带屏蔽；2—接地铜环；3—恒力弹簧；4—防水胶带（第一层）；5—接地编织线

图9-56　防水处理
1—铜带屏蔽；2—PVC胶带；3—防水胶带（第2层）；4—接地编织线

图9-57　安装分支套
1—铜带屏蔽；2—PVC带；3—分支套；4—固定胶带；5—接地编织线

355

（1）安装冷收缩型电缆分支套。把分支套放到三相电缆分叉处。先抽出下端内部塑料螺旋条（逆时针抽掉），然后再抽出三个指管内部的塑料螺旋条。在三相电缆分叉处收缩压紧。

（2）用 PVC 胶带将接地铜编织线固定在电缆护套上。

（五）安装绝缘套管（见图 9-58）

（1）将三根冷收缩绝缘套管分别套在三相电缆芯上，下部覆盖分支套管 15mm，抽出绝缘套管内塑料螺旋条（逆时针抽掉），使绝缘套管收缩压紧在三相电缆芯上。

（2）如果需要接长绝缘套管，可以用同样方法收缩第二根冷收缩绝缘套管，第二根套管的下端与第一根套管搭接 15mm。绝缘套管顶端到线芯末端的长度应等于安装说明书规定的尺寸。

（六）安装接线端子准备（见图 9-59）

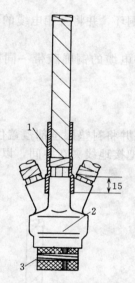

图 9-58　安装绝缘套管（mm）

1—冷收缩套管；2—分支套；3—固定胶带

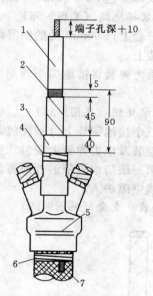

图 9-59　安装接线端子准备（mm）

1—电缆主绝缘；2—半导电胶带；3—冷收缩套管；4—标识带；5—分支套；6—固定胶带；7—接地编织线

（1）从冷收缩套管口向上留一段铜屏蔽（户外终端留 45mm，户内终端留 30mm），其余剥去。

（2）铜屏蔽带口往上留 5mm 的半导电层，其余的全部剥去。剥离时切勿伤到绝缘。

（3）按接线端子的孔深加上 10mm 剥去线芯末端绝缘。

（七）安装冷收缩绝缘件准备（见图 9-60）

半重叠绕包半导电带，从铜屏蔽带末端 5mm 处开始绕包至主绝缘上 5mm 的位置，然后返回到开始处。要求半导电带与绝缘交界处平滑过渡，无明显台阶。

（八）安装接线端子

套入接线端子，对称压接，并锉平打光，仔细清洁接线端子。

（九）安装冷收缩绝缘件（见图 9-61）

（1）用清洗剂将主绝缘擦拭干净。注意，不可用擦过接线端子的布擦拭绝缘。

（2）在包绕的半导电带及附近绝缘表面涂上少许硅脂。

（3）套入冷收缩绝缘件到安装说明书所规定的位置，抽出冷收缩绝缘件内的塑料螺旋条

356

（逆时针抽掉），使绝缘件收缩压紧在电缆绝缘上。

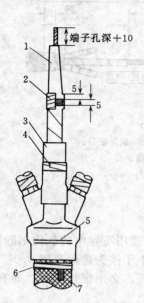

图 9-60　安装冷收缩绝缘件准备（mm）
1—电缆主绝缘；2—半导电胶带；3—冷收缩套管；4—标志
带；5—分支套；6—固定胶带；7—接地编织线

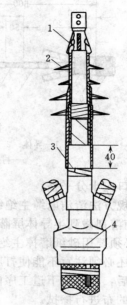

图 9-61　安装冷收缩绝缘件（mm）
1—耐电弧保护胶带；2—冷收缩绝缘件；
3—标志带；4—分支套

（十）绕包绝缘带

用绝缘橡胶带包绕接线端子与线芯绝缘之间的间隙，外面再绕包耐高温、抗电弧的绝缘胶带。

（十一）包绕相色标志带

在三相电缆线芯分支套指管外包绕相色标志带。

注：如果接线端子平板宽度大于冷收缩绝缘件内径时，则应先安装冷收缩绝缘件，最后再压接接线端子。

三、35kV 及以下挤包绝缘电缆冷收缩型中间接头的制作

现以 10kV 三芯电缆冷收缩型中间接头为例说明冷收缩型中间接头的制作工艺。10～35kV 单芯电缆层冷收缩型中间接头的结构和制作工艺均比三芯电缆冷收缩型中间接头简单，按三芯电缆某一相制作工艺进行安装即可。

工艺流程：测试→剥切电缆护层→包绕半导电胶带→安装冷缩接头主体→安装铜编织网→包绕防水带→安装铠装接地线，编织线→安装装甲带→试验。

（一）电缆准备（见图 9-62）

（1）将电缆置于最终位置，分别擦洗两端 1m 范围内电缆护套，把灰尘、油污及其他污垢拭去。

（2）按如图 9-62 所示尺寸将电缆切剥处理。尺寸 A 和 B 按产品说明书取量。

注：切除钢带铠装层铠装时，先用钢丝将钢带铠装绑扎住，切除后再用 PVC 胶带把端口锐边包覆住。

（二）清洗主绝缘

（1）半重叠来回绕包半导电胶带，从铜屏蔽带上 40mm 处开始绕包至 10mm 的外半导体

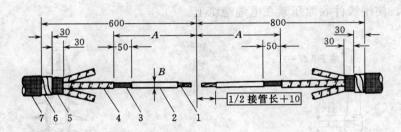

图 9-62　电缆准备 (mm)

1—导体；2—主绝缘；3—半导电屏蔽；4—铜屏蔽带；
5—衬垫层；6—钢带铠装；7—电缆护套

层上，绕包端口应十分平整。

（2）按常规方法清洁电缆主绝缘，注意：

1）切勿使溶剂碰到半导体屏蔽层上。

2）如果必须要用砂纸磨掉主绝缘上残留半导体，只能用不导电的氧化铝砂纸（最大粒度120）。同时，还必须注意不能使打磨后的主绝缘的外径小于接头选用范围。

（3）清洗后，在进行下道工序前，应检查主绝缘表面，必须保持干燥，如有必要，可用干净的不起毛的布进行擦拭。

（三）安装冷收缩接头主体（见图 9-63）

（1）从开剥长度较长的一端电缆装入冷收缩接头主体，较短的一端套入铜屏蔽编织网套。

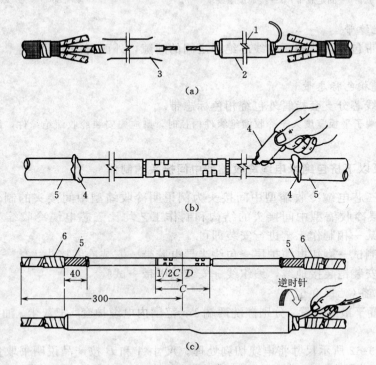

图 9-63　安装冷收缩接头主体 (mm)

1—冷收缩接头主体的塑料螺旋条的抽头；2—冷收缩接头主体；3—铜
屏蔽网套；4—绝缘混合剂；5—半导电屏蔽；6—半导电胶带

注：冷收缩接头必须安置于开剥较长的一端电缆，塑料螺旋条的抽头方向应如图9-63（a）所指示。

（2）按制造厂提供的安装说明书的指示装上连接管，进行压接。

（3）压接后对连接管表面锉平打光并且清洗。

（4）在半导电层与绝缘交界处及绝缘表面均匀涂抹由制造厂提供的专用混合剂，如图9-63（b）所示。

注：只能用制造厂提供的专用混合剂，不能用普通硅脂。

（5）将接头主体定位在安装说明书所指定的位置上。

（6）逆时针抽掉塑料螺旋条，使冷收缩接头主体收缩。安装时注意对装半导电胶带，如图9-63（c）所示。注意必须确保定位准确，使接头主体的中心恰好定位在导体压接管的中心位置。否则，应尽快（在接头收缩后5min后）抽动冷收缩接头主体以进行调整。

（7）照此步骤制作第二、三相的接头。

（四）恢复金属屏蔽（见图9-64）

（1）在装好的接头主体外部套上铜编织网套［见图9-64（a）］。

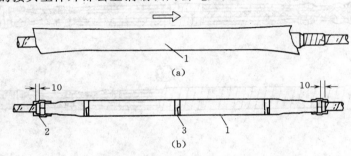

图 9-64　恢复金属屏蔽（mm）
1—铜屏蔽网套；2—自黏性橡胶绝缘带；3—PVC胶带

（2）用PVC胶带把铜编织网套绑扎在接头主体上。

（3）用两只恒力弹簧将铜网套固定在电缆铜屏蔽带上。

（4）将铜网套的两端修齐整，在恒力弹簧前各保留10mm。

（5）半重叠绕包两层自黏性橡胶绝缘带，将弹簧包覆住［见图9-64（b）］。

（6）按同样方法完成另两相的安装。

（五）恢复铠装（见图9-65）

（1）用PVC带将三芯电缆绑扎在一起。

（2）绕包一层防水胶带，涂胶黏剂的一面朝外将电缆衬垫层包覆住［见图9-65（a）］。

（3）安装铠装接地接续编织线：

1）在编织线两端80mm的范围将编织线展开［见图9-65（b）］。

2）将编织线展开的部分贴附在防水胶带和钢铠装上并与电缆外护套搭接20mm［见图9-65（c）］。

3）用恒力弹簧将编织线的一端固定在钢铠装上，搭接在外护套上的部分反折回来一起固定在钢铠上［见图9-65（c）］。

（4）同样，编织线的另一端也照此步骤安装。

（5）半重叠绕包两层自黏性橡胶绝缘胶带将弹簧连同铠装一起覆盖住，但不要包在防水胶带上［见图9-65（d）］。

（6）用防水胶带从一端（A）护套上距离为60mm开始，半重叠绕包（涂胶黏剂一面朝里），绕至另一端(B)护套上 60mm 处，作为接头的防潮密封层[见图 9-65 (e)]。

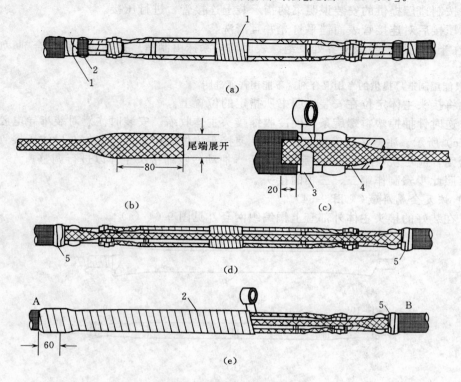

图 9-65　恢复铠装 （mm）
1—PVC 胶带；2—防水胶带；3—恒力弹簧；4—接地编织线；5—自黏性橡胶绝缘带
A、B—铠装带起始点 （防水带外缘）

（六）恢复外护套，安装铠装带。

（1）为了得到一个比较圆整的外形，可先用防水胶带填平两边的凹陷处 [见图 9-66 (a)]。

（2）在整个接头外绕包铠装带。从一端电缆（A）的防水带外部边缘开始，半重叠绕包铠装带至对面另一端电缆（B）的防水带上[见图 9-66 (b)]。

为得到最佳的效果，接头制作完成后，30min 内不要移动电缆。

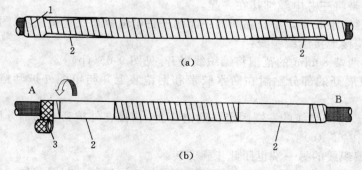

图 9-66　安装铠装带
1—防水胶带；2—用防水胶带填充；3—铠装带
A、B—铠装带起始点 （防水带外缘）

第六节　35kV 及以下预制型电缆头制作

一、预制型终端与中间接头的结构和型号

预制型电缆头附件，又称预制件装配式电缆头，预制型电缆附件是将电缆终端或中间接头的绝缘体、内屏蔽和外屏蔽在工厂里预先制作成一个完整的预制件的电缆头。预制件通常采用三元乙丙橡胶（EPDM）或硅橡胶（SIR）制造，将混炼好的橡胶料用注射胶机注射入模具内，而后在高温、高压或常温、高压下硫化成型。因此，预制型电缆头附件在现场安装时，只需将橡胶预制件套入电缆绝缘上即成。

（一）特点

鉴于硅橡胶的综合性能优良，在 35kV 及以下电压等级中，绝大部分的预制型附件都是采用硅橡制造。这类附件具有体积小、性能可靠、安装方便、使用寿命长等特点。

（1）这种电缆附件采用经过精确设计计算的应力锥控制电场分布，并在制造厂用精密的橡胶加工设备一次注橡成型。与绕包型、热缩型等现场制作成型的电缆附件比较，安装质量更容易保证，对现场施工条件、接头工作人员素质等的要求较低。

（2）硅橡胶的主链是由硅—氧（Si—O）键组成的，它是目前工业规模生产的大分子主链不含碳分子的一类橡胶，具有无机材料的特征，抗漏电痕迹性能好，耐电晕性能好（耐电晕性能接近云母），耐电蚀性能好。

（3）硅橡胶的耐热、耐寒性能优越，在 $-80 \sim 250℃$ 的宽广的使用范围内电性能、物理性能、机械性能稳定。其次硅橡胶还具有良好的憎水性，水分在其表面不形成水膜而是聚集成珠，且吸水性小于 0.015%，同时其憎水性对表面灰尘具有迁移性，因此抗湿闪、抗污闪性能好。另外硅橡胶的抗紫外线、抗老化性能好。因此硅橡胶预制型附件能运用于各种恶劣环境中，如极端温度环境、潮湿环境、沿海盐雾环境、严重污秽环境等。

（4）常温下，硅橡胶体积电阻率为 $10^{14} \sim 10^{16} \Omega \cdot cm$，介电常数 $2.8 \sim 3.4$，介质损耗角正切 10^{-3} 以下，而且在 $0 \sim 250℃$ 范围内参数几乎不受温度变化的影响。

（5）硅橡胶的弹性好，它的分子结构使它具有很低的玻璃化温度和结晶温度。如前所说它的耐寒性使它即使在低温下也具有很好的弹性。这个性能对电缆附件来说非常重要。良好的弹性加上硅橡胶预制型附件与电缆绝缘采用过盈配合，这样就能保证附件与电缆界面上有足够的作用力使内界面紧密配合。

由于电缆与电缆头附件的界面结合紧密可靠（橡胶弹性好），不会因为热胀冷缩而使界面分离形成空隙或气泡。与热缩型电缆附件比较，由于热缩材料没有弹性，靠热熔胶与电缆绝缘表面黏合，运行时随着负荷变化而产生的热胀冷缩会

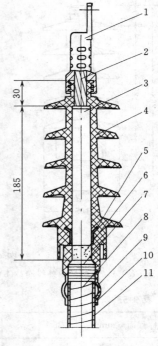

图 9-67　10kV 预制型户外
终端结构图（mm）

1—接线端子；2—电缆导体；3—电缆绝缘；4—橡胶预制件；5—应力锥；6—外半导电层；7—包绕半导电带；8—铜带屏蔽；9—密封胶；10—尼龙带；11—铠装

使电缆与电缆附件的界面分离而产生空隙或气泡，导致内爬电击穿。此外，热缩附件安装后如果电缆揉动、弯曲可能造成各热缩部件脱开而引起局部放电的问题，预制型附件安装后完全可以揉动、弯曲，而几乎不影响其界面特性。

（6）硅橡胶的导热性能好，其导热系数是一般橡胶的二倍。在电缆附件内有两大热源，其一是导体电阻（包括导体连接的接触电阻）损耗，其二是绝缘材料的介质损。它们将影响附件的安全运行和使用寿命。硅橡胶良好的导热性能有利于电缆附件散热和提高载流量，减弱热场造成的不利影响。

（二）结构

1. 预制型终端

如图 9-67 所示为预制型户外终端的结构。预制型户内终端的结构，除外绝缘有差别外，与预制型户外终端是一样的。可以看出，终端的基本结构就是橡胶预制件套在电缆的绝缘上。结构简单，安装也很方便。

预制型户内、外终端的橡胶预制件的结构和参考尺寸见图 9-68 和表 9-55、表 9-56。各制造厂商的产品结构和尺寸虽有差异，但变化不会很大。

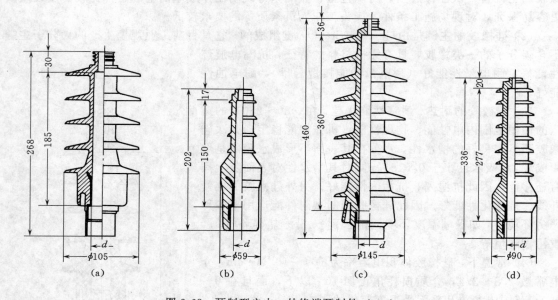

图 9-68　预制型户内、外终端预制件（mm）

（a）8.7/10kV 户外终端；（b）8.7/10kV 户内终端；（c）26/35kV 户外终端；（d）26/35kV 户内终端

表 9-55　　　　　8.7/10kV 户内、外终端预制件的参考尺寸

标称截面（mm²）	25	35	50	70	95	120	150	185	240	300	400	500
d（mm）	14	15	16.5	18	20	21.5	23	24	26	28	31.5	34

表 9-56　　　　26/35kV 户内、外终端预制件的参考尺寸

标称截面（mm²）	50	70	95	120	150	185	240	300	400	500
d（mm）	28	30	31.5	33	34	36	38	40	43	47

在预制型户内终端系列中，还有一种能与环网开关柜活动连接（可根据需用插入或拔出）的终端，称为插拔式终端。在原理上，它是在电缆终端上装置了一个与开关设备直接连接的插头。由于避开了大气条件的影响，结构上可以做得很紧凑，使用上也十分方便。目前，这种插拔式终端已经开发有许多品种，可以分别应用在无电压、有电压无负荷和有电压有负荷三种情况下进行插拔操作。图 9-69 所示为一个 10kV/630A 只能在无电压状态下进行插拔操作的预制型插拔式终端的结构。其他品种的插拔式终端，与开关设备连接的插头结构差异较大，电缆终端这一部分的结构还是基本类同的。

2. 预制型中间接头

图 9-70 所示的预制型中间接头的基本结构同样是将橡胶预制件套在电缆的绝缘上。安装

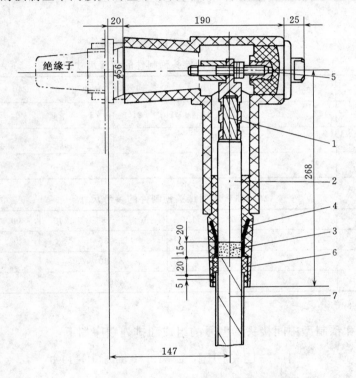

图 9-69　10kV/630A 预制型插拔式终端结构图（mm）
1—电缆导体；2—电缆绝缘；3—半导电层；4—应力控制件；
5—双头螺栓；6—包绕半导电带；7—铜带屏蔽

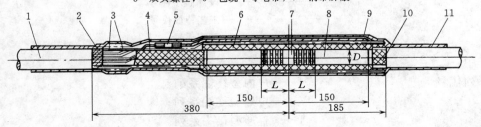

图 9-70　预制型中间接头结构图（mm）
1—电缆外护套；2—钢带铠装；3—焊点；4—铜编织接地线；5—连接器；6—橡胶预制件；
7—导体接头；8—电缆绝缘；9—半导电层；10—绝缘半导电屏蔽；11—外密封热缩护套

时，先将橡胶预制件套入电缆预留端，等导体连接好以后，再将橡胶预制件移动到导体接头处就位。因此，预制型中间接头的总的长度尺寸是大于二倍橡胶预制件的长度。预制型中间接头的橡胶预制件的结构和参考尺寸见图 9-71 和表 9-57、表 9-58。各制造厂商的产品结构和尺寸虽有差异，但变化不会很大。

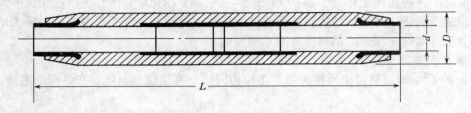

图 9-71　预制型中间接头预制件

表 9-57　　　　　　　　　8.7/10kV 中间接头预制件的参考尺寸

标称截面（mm²）	25	35	50	70	95	120	150	185	240	300	400	500
d（mm）	14	15	16.5	18	20	21.5	23	24	26	28	31.5	34
D（mm）	44							51			56	
L（mm）	325							345			365	

表 9-58　　　　　　　　　26/35kV 中间接头预制件的参考尺寸

标称截面（mm²）	50	70	95	120	150	185	240	300	400	500
d（mm）	28	30	31.5	33	34	36	38	40	43	47
D（mm）		74				80			87	
L（mm）					440					

（三）型号

预制型终端和预制型中间接头的型号的组成和排列顺序如下：

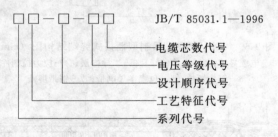

其中：

系列代号　　　　　　　　　N——户内型终端系列

　　　　　　　　　　　　　W——户外型终端系列；

　　　　　　　　　　　　　J——直通型接头系列。

工艺特征代号　　　　　　　YZ——预制件装配式附件。

设计先后顺序代号　　　　　1——第 1 次设计；

　　　　　　　　　　　　　2——第 2 次设计。

364

电压等级代号   2——3.6/6、6/6、6/10kV；

                                                      3——8.7/10kV、8.7/15kV；

                                                      4——12/20kV；

                                                      5——21/35、26/35kV。

电缆芯数代号   1——单芯；

                                                      3——三芯。

二、橡胶预制件及安装材料的技术要求

对预制型电缆头附件的橡胶预制件以及预制型电缆附件在安装时所用的材料必须符合以下技术要求：

（1）所有橡胶预制件内表面应光滑，无肉眼可见的因材质和工艺不善引起的斑痕、凹坑和裂纹，结构尺寸应符合图纸要求。

（2）橡胶预制件所用的绝缘橡胶材料和半导电橡胶材料主要性能要求参照表 9-59 和表 9-60 的规定。

表 9-59   **绝缘橡胶材料主要性能要求**

序 号	项 目		单 位	EPOM	SIR
1	抗张强度	不小于	MPa	4.2	4.0
2	断裂伸长率	不小于	%	300	300
3	硬度（邵氏 A）	不大于		65	50
4	抗撕裂强度	不小于	N/mm	10	10
5	耐压强度	不小于	kV/mm	25	20
6	体积电阻率	不小于	$\Omega \cdot m$	10^{13}	10^{12}
7	介电系数（50Hz）			2.6~3.0	2.8~3.5
8	介质损耗角正切	不大于		0.02	0.02
9	抗漏电痕迹	不小于		1A3.5	1A3.5

注 1. 表中 EPDM 为三元乙丙橡胶，SIR 为硅橡胶。

    2. 表中数据为室温下试样的性能要求。

表 9-60   **半导电材料主要性能要求**

序 号	项 目		单 位	EPOM	SIR
1	抗张强度	不小于	MPa	10.0	4.0
2	断裂伸长率	不小于	%	350	350
3	硬度（邵氏 A）	不大于		70	55
4	抗撕裂强度	不小于	N/mm	30	13
5	体积电阻率	不大于	$\Omega \cdot m$	1.5	1.5

注 1. 表中 EPDM 为三元乙丙橡胶，SIR 为硅橡胶。

    2. 表中数据为室温下试样的性能要求。

（3）橡胶预制应力锥（包括所有含应力锥的整体部件）应按下列规定例行试验：

1）工频电压：干态，1min，$3U_0$。

2）局部放电：$1.5U_0$，$3.6/6\sim12/20kV$，不大于 20pC。

$21/35\sim26/35kV$，不大于 10pC。

（4）安装用的硅脂润滑应参照表 9-61 的要求。

表 9-61　　　　安装用硅脂润滑剂主要性能要求

序　号	项　　　目		单　　位	指　　标
1	耐压强度	不小于	kV/mm	8
2	介电系数（50Hz）			$2.8\sim3.2$
3	介质损耗	不大于	%	0.5
4	体积电阻率	不小于	$\Omega \cdot m$	10^{11}
5	针入度		1/10mm	$200\sim300$
6	挥发物（喷霜）（200℃，24h）	不大于	%	3

（5）安装用的清洗剂应对被清洗的电缆绝缘和半电导屏蔽层及橡胶预制件无损害作用，且不含水分，易挥发，易溶解油污。

三、35kV 及以下挤包绝缘电缆预制型终端与中间接头的安装工艺

（一）安装预制型终端的工艺

1. 安装工具

（1）导体连接工具。当导体连接采用压接方式时，应优先采用六角或半圆型围压（又称环压）模具，模具尺寸应符合 GB14315 标准规定。

（2）绝缘剥切工具。剥切电缆绝缘时应采用相应的专用剥切工具，以确保不伤及导体。

（3）三芯电缆终端分芯后，每相绝缘线芯和三芯分叉处若采用热收缩管和热收缩分支套作保护时，应采用丙烷气体喷灯或大功率工业用电吹风机作为加热工具。在条件不具备的情况下，也允许采用丁烷气体、液化气或汽油喷灯作为加热工具，但火焰必须控制得当。

2. 安装工艺

（1）剥切电缆：

1）电缆末端剥切按产品说明书规定尺寸和顺序进行。剥切电缆的每一道工序都必须保证不伤及内层需要保留的部分。

2）剥除电缆绝缘外半导电层应特别注意，使绝缘表面光滑、圆整，不留下半导电层残留痕迹和明显刀痕；半导电层端面应与电缆轴线垂直、平整；特别注意，该处绝缘不得损伤。如果不采用喷涂或刷涂半导电漆工艺，则外半导电层端部必须削成光滑的与电缆轴线夹角不大于 30°的圆整锥面。

（2）安装接地线：

1）以铜带作为屏蔽的电缆，接地线应按电缆导体截面选取相应截面的编织铜线焊接在铜带上，然后引出。三芯电缆每相屏蔽层都应缠绕接地线并焊接，仍以一根接地线引出，若以铜丝作为屏蔽层的电缆，则可将铜丝翻下，扭绞后引出。

2）钢带铠装的三芯电缆，铜屏蔽层与钢带的接地也可用两根互相绝缘的接地线分开焊接，钢带接地应采用 $6\sim10mm^2$ 绝缘软铜线焊接后引出。

（3）安装分支套及分相线芯保护层：

1）三芯电缆若采用热缩管和分支管作为保护层，则热缩管与分支套相连接处以及分支套

与电缆护套相连接处应有热熔胶，以确保密封性。

2）加热收缩时应严格控制火焰大小，并不断晃动以防止烧伤热缩管和分支套。

（4）套装橡胶预制件：

1）用清洗剂清洗电缆绝缘表面。注意擦过半导电层的清洗布不可再去擦绝缘。清洗剂必须符合要求。

2）涂润滑剂。在清洗剂挥发后，用尼龙刷将硅脂润滑剂均匀地涂在电缆绝缘表面上和预制件内孔。注意防止灰尘、水分混入。硅脂润滑剂必须符合表 9-61 的要求。

3）套装橡胶预制件。用塑料带或橡胶带包缠电缆导体末端，以防止套装时擦伤预制件。套装时应尽量使其一次到位，若需停顿，间隔时间不宜过长，否则难以套入。同时，应严格遵照安装说明书规定，将橡胶预制件套到预定的位置，确保应力锥半导电层与电缆外半导电屏蔽层有良好的电气接触。

（5）压接导体接线端子：

1）三芯电缆压接导体接线端子时，应注意调整三个导体接线端子的平面部分方向使之便于安装连接。

2）压接后必须除去飞边、毛刺，清除金属粉末。

（二）安装预制型中间接头的工艺

1. 安装工具

同制作终端头相同。

2. 安装工艺

（1）剥切电缆：

1）电缆末端剥切按产品说明书规定尺寸和顺序进行。剥切电缆的每一道工序都必须保证不伤及内层需要保留的部分。

2）剥除电缆绝缘外半导电层时应特别注意，使绝缘表面光滑、圆整，不留下半导电层残留痕迹和明显刀痕；半导电层端面应与电缆轴线垂直、平整；特别注意，该处绝缘不得损伤。如果不采用喷涂或刷涂半导电漆工艺，则外半导电层端都必须削成光滑的与电缆轴线夹角不大于 30°的圆整锥面。

（2）预套橡胶预制件：

1）用塑料带或橡胶带将一端电缆导体末端包缠起来（以防止套装时将预制件擦伤），再用清洗剂清洗电缆绝缘表面。注意不可用擦过半导电层的清洗布再去擦绝缘。待清洗剂挥发后，在电缆绝缘表面和预制件内孔（用尼龙刷）均匀涂刷一层硅脂润滑剂，应注意防止灰尘和水分混入。清洗剂必须符合要求；硅脂润滑剂必须符合表 9-61 的要求。

2）将橡胶预制件套在这一端电缆上。

3）套装屏蔽铜丝网及热收缩护套管或电缆接头保护盒（如果需要的话）。

4）压接导体连接管，压接后必需除去飞边和毛刺，清除金属粉末。

5）用清洗剂清洗接头处电缆绝缘表面和导体连接管表面，待清洗剂挥发后在电缆绝缘表面涂上一层硅脂润滑剂（应注意防止灰尘和水分混入），再将橡胶预制件套到接头位置上。

严格遵照安装说明书的规定，将橡胶预制件套到预定的位置，确保应力锥半导电层与电缆半导电屏蔽层有良好的电气接触。

（3）将屏蔽铜丝网移到接头中心位置，向两边拉伸，使其与橡胶预制件的半导电层表面紧密贴合，并与电缆两端屏蔽层搭接。

（4）焊接过桥线。按要求选取相应截面的过桥线（镀锡编织铜线）将其两头分别绑在电缆两端屏蔽铜带上连同屏蔽铜丝网一起绑扎,并用焊锡焊接。三芯钢带铠装电缆的钢带可与电缆屏蔽层焊接在一起,也可另用一根绝缘导线将两端电缆钢带焊接连通(必须保证该导线与电缆屏蔽及接头屏蔽之间是绝缘的)。

对铜丝屏蔽的电缆,可将两端电缆屏蔽铜丝扭绞后相互连接起来(必须保证电气连接可靠),不必焊接过桥线。

(5)安装热收缩护套管或接头保护盒。对三芯钢带铠装电缆其接头应采用两层热缩套管。内层套管两端密封在电缆挤塑内衬垫上,外层套管两端密封在电缆外护套上。若采用具有密封性的接头保护盒,则可免用外护套套管。若采用带有填充剂的保护盒,建议选用热阻系数小的填充材料。

四、35kV 及以下挤包绝缘电缆预制型终端制作

开始安装前,必须认真阅读产品说明书施工要点。这里将以 10kV 三芯交联聚乙烯绝缘电缆的户外终端为例说明预制型户内、外终端制作的具体过程和以图 9-69 所示的 10kV 插拔式终端为例说明预制型插拔式终端制作的具体过程。

(一)预制型户内、外终端的制作

制作程序:剥去电缆外护套→焊接地线→包密封胶带→安装分支套→安装分相套→剥切绝缘屏蔽→绕包凸台→清洗→安装预制件→安装接线端子→涂封胶→验收。

1. 电缆准备(剥去电缆外护套)

根据电缆终端构架结构及电缆三相终端布置位置确定电缆分相长度(剥去电缆外护套的长度)L_t。L_t 是按照分相所需尺寸确定的。在图 9-72 中,$L_t = A + L$,其中 A 的长度可以用细钢丝实测或按 A 略小于 $B + C$ 估算。按图 9-72 和图 9-73 所示尺寸剥去电缆钢铠和内衬层。在钢铠切断处,用绑扎线绑扎钢铠以免钢铠切断处松散。用相色带将三相电缆端头铜屏蔽带固定好。

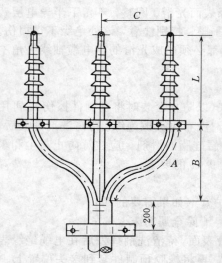

图 9-72 电缆分相长度计算方法(mm)

注意,剥电缆外护套时,不要损伤铜屏蔽带。

2. 焊接接地线

选用 25mm² 镀锡编织铜线作接地线。将编织铜线的一端拆开均分三股,分别绑扎固定在三相铜带上并用锡焊焊牢,编织铜线未分股的部分绑扎在钢铠上焊牢,如图 9-74 所示。

由于密封的需要,在接地引线上应做一段 15～20mm 长的防潮段,用焊锡熔填这一段编织铜线。防潮段的位置应该在图 9-75 所示的密封内。

3. 填充分支和绕包密封胶带

如图 9-75 所示。首先,用塑料带绕包在接地线焊接部位并固定电缆分叉的位置。之后,清洁电缆分支附近的电缆护套,搭盖绕包两层密封胶带,将接地线包夹在两层密封胶带中间。

4. 安装分支套

分支套通常由热缩材料制成,内表面涂有热熔胶。安装时,自三相绝缘线芯的端部套入热缩分支套。尽量往下套,确保密封段有 60mm 以上。按照图 9-76 所示的方法均匀收缩分支套,反复烘烤密封部位,使胶充分熔化,以获得良好密封效果。

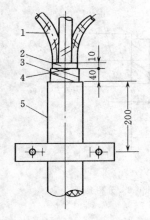
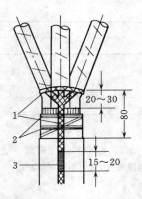
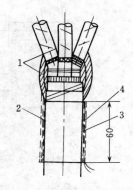

图 9-73 剥去电缆外护套（mm）

1—铜带；2—内衬层；3—钢铠；

4—绑扎线；5—外护套

图 9-74 焊接接地线（mm）

1—焊点；2—绑扎；3—编织

铜线防潮段

图 9-75 填充分支绕包密封胶带（mm）

1—填充；2—密封胶带；3—编织

铜线防潮段位置；4—接地线

5. 用分相套管（热缩套管）分别套在三相电缆上

操作时要注意，必须将涂有热熔胶的一端套在分支套的根部。然后，按照图 9-77 所示的方法加热收缩三相分相套管，形成三相分列状态。若分相套管的长度不够，可以续接，续接的套管与被接的套管必须搭盖连接，搭盖长度不应小于 40mm，以保证搭盖连接处的密封。

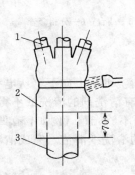
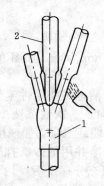

图 9-76 安装分支套（mm）

1—铜带；2—分支套；3—电缆护套

图 9-77 安装分相套管

1—分支套；2—分相套管

6. 剥切铜带和绝缘屏蔽

按照图 9-78 所示尺寸切除多余分相套管，剥除铜带、半导电屏蔽层。由于各电缆附件制造厂提供的预制件尺寸不完全相同，所以电缆剥切长度 A 和 B 应按实际安装产品的说明书来确定。注意，每一道工序都必须保证不伤及内层需要保留的部分。将电缆绝缘端部倒角，使得橡胶预制件容易套入并保护橡胶预制件内部免受划伤。如图 9-78 所示。在导体端部绕包 2 层相色带（PVC 自黏带）。这是相位标识，也是保护性的包扎。

7. 绕包半导体圆柱形凸台

绕包一层半导体带将铜屏蔽层与半导体层的台阶覆盖住，半导体带的边缘超出铜屏蔽层 2mm 即可。用半导体带从铜屏蔽层端部开始向下绕，形成一个宽 20mm、厚 3mm 的圆柱形凸台。注意，凸台应呈圆柱形，圆锥形或鼓形不好。之后，再继续往下搭盖绕包几层，到分相

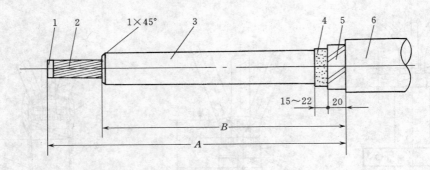

图 9-78　剥切铜带和绝缘屏蔽（mm）

1—相色带；2—导体；3—电缆绝缘；4—半导电屏蔽层；5—铜带；6—分相套管

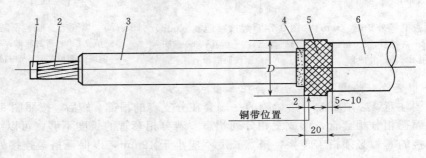

图 9-79　绕包圆柱形凸台（mm）

1—相色带；2—导体；3—电缆绝缘；4—半导电屏蔽层；5—凸台；6—分相套管

套管以下 5～10mm 为止，如图 9-79 所示。

8. 清洗

用清洗剂清洁电缆头附件绝缘表面。用浸有清洗剂的清洗纸从上向下（从电缆绝缘向半导体层）、单方向、一次性擦洗。不得反方向擦洗。每张浸有清洗剂的清洗纸不得多次使用。清洁后，检查电缆绝缘层，如残留有半导体颗粒或绝缘表面不够光整（例如，有凹点等），必须用玻璃铲刮干净并用细砂纸打磨，再用新的浸有清洗剂的清洗纸清洁。完成清洗后，停留 5min，待清洗剂充分挥发后，均匀涂上硅脂。

9. 安装橡胶预制件

将橡胶预制件底部向外翻起并在橡胶预制件内表面均匀涂上硅脂。用一只手抓住橡胶预制件的中部。用另一只手堵住橡胶预制件的顶部的小孔，用力将橡胶预制件套入电缆绝缘上，使电缆导体从橡胶预制件顶部露出，继续用力推橡胶预制件，直到橡胶预制件下端的应力锥与电缆上绕包的半导体带圆柱形凸台接触好为止。整个推入过程宜一气呵成，安装后，抹去挤出来的硅脂，拆除导体端部相色带。把接线端子套在导体上，使接线端子的下端套入橡胶预制件的顶部。

10. 安装接线端子和接地端子

按由下而上的压接顺序压接电缆导体的接线端子，再压接终端的接地端子。

11. 收尾

在橡胶预制件的底部涂上密封胶后，将在上述第 9 条所述的橡胶预制件底部翻起的部分翻下复原。最后，装上卡带完成最终的安装，如图 9-80 所示。

用相同的方法完成安装预制型户内终端如图 9-81 所示。

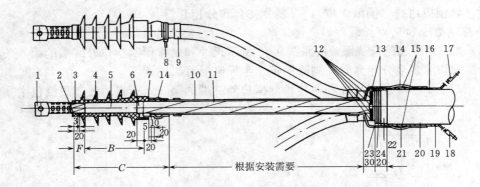

图 9-80　预制型户外终端安装图（mm）

1—接地端子；2—电缆导体；3—终端头密封唇边；4—橡胶预制件；5—电缆绝缘；6—电缆绝缘屏蔽半导电层；
7—半导电带缠绕体（凸台）；8—塑料卡带；9—相色标志；10—热缩分相套管；11—铜屏蔽带；12—接地线
焊点；13—铜扎线；14—密封胶带；15—接地线的防潮段（填锡）；16—铜屏蔽带接地线（编织带）；
17—铜屏蔽带接地线线耳；18—铠装接地线线耳；19—铠装接地线（编织带）；20—电缆外护套；
21—分支套；22—铠装带；23—内护套；24—绝缘带绕三圈

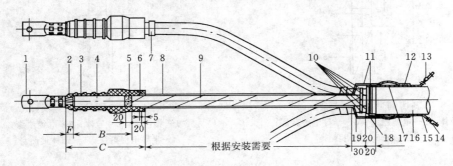

图 9-81　预制型户内终端安装图（mm）

1—接线端子；2—电缆导体；3—橡胶预制件；4—电缆绝缘；5—电缆绝缘屏蔽半导电层；6—半导电带缠绕体
（凸台）；7—相色标志；8—热缩分相套管；9—铜屏蔽带；10—接地线焊点；11—铜扎线；12—铜屏蔽带接地
线（编织带）；13—铜屏蔽带接地线线耳；14—铠装接地线线耳；15—铠装接地线（编织带）；16—电缆外
护套；17—接地线的防潮段（填锡）；18—内护套；19—分支套；20—绝缘带绕三圈

（二）预制型插入式终端制作

制作程序：固定电缆头→剥切电缆护层→安装应力件及接线端子→安装插入式终端→包相色带→验收。

1. 电缆准备

（1）将电缆拖至准备安装的开关柜前，选定电缆固定点 B。根据开关柜上三个插孔的间距 a、固定点 B 至绝缘子的高 H 及电缆许可弯曲半径，确定安装长度 L 定出点 A。L 通常取 400～750mm 为宜，如果 L 超过 750mm，要选用加长的分相套管。剥除 A 点以上的电缆外护套，如图 9-82 所示。

（2）按照制作预制型户外终端的第 1～5 条（即图 9-73～图 9-77）所指示的方法依此剥掉电缆铠装层和

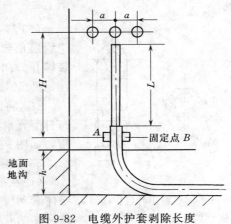

图 9-82　电缆外护套剥除长度

内衬层，焊接接地线（铜编织带），安装分支套和分相套管。

2. 接线端子和应力控制件的安装

（1）剥切铜带和绝缘屏蔽。按照图 9-83 所示尺寸和制作预制型户外终端的第 6 条所提示的方法依此切除多余分相套管，剥除铜带、半导电屏蔽层。

（2）按照图 9-84 所示尺寸和制作预制型户外终端的第 7 条所提示的方法绕包半导体圆柱形凸台。

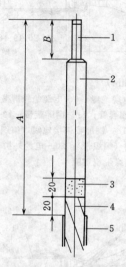

图 9-83　剥切铜带和绝缘屏蔽（mm）
1—导体；2—电缆绝缘；3—半导电屏蔽层；
4—铜带；5—分相套管

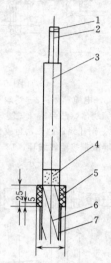

图 9-84　绕包圆柱形凸台（mm）
1—相色带；2—导体；3—电缆绝缘；
4—半导电屏蔽层；5—圆柱形凸台；
6—铜带；7—分相套管

（3）用清洗剂清洁电缆附件绝缘表面。待清洗剂充分挥发后，均匀涂上硅脂。

（4）在应力控制件内表面均匀涂上硅脂。用一只手抓住应力控制件的中部，用另一只手堵住应力控制件的顶部的小孔，用力将应力控制件套入电缆绝缘上，使电缆导体从应力控制件顶部露出，继续用力推应力控制件，直到应力控制件下端的台阶与电缆上绕包的半导体带圆柱形凸台接触好为止。整个推入过程宜一气呵成，这样安装省力。安装后，抹去挤出来的硅脂。

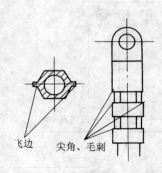

图 9-85　围压后留在接线端子上的飞边、毛刺、尖角

（5）解去导体端部的保护性包扎，装上接线端子，使其下端与绝缘层顶部接触。检查接线端子的接线孔的方向，令其与绝缘子安装螺孔方向相同。检查无误后，用压钳以围压法压接，每道压痕相互错开 60°。

（6）将围压后留在接线端子上的飞边、毛刺、尖角用锉刀、砂布打磨光滑，用清洗纸擦去打磨留下的铜屑及绝缘层上多余的硅脂，如图 9-85 所示。

3. 安装插入式终端

（1）在插入式终端绝缘体的内表面均匀地涂上一层硅脂，将绝缘体套到应力控制件的圆柱体上，使接线端子的接线孔对准绝缘体两端的孔，摆正绝缘体的方向。将双头螺栓拧到开关柜绝缘子的螺孔内，套上导电铜垫。用清洁纸擦干净开关柜上各相绝缘子，并在其表面均匀地涂上一层硅脂。将装有电缆的终端绝缘体套到对应相的绝缘子上，使双头螺栓穿过接线端子的接线孔。装上平垫圈、弹簧垫圈、铜螺母，用套筒扳子将螺母紧固，如图9-86所示。

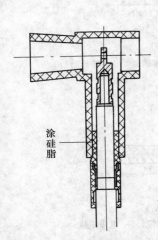

图 9-86　安装插入式终端绝缘体

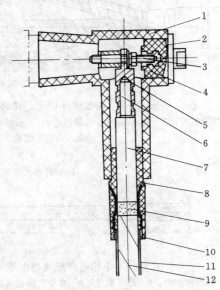

图 9-87　预制型插入式终端安装图

1—绝缘体；2—封板；3—双头螺栓；4—堵盖；5—接线端子；6—电缆
导体；7—电缆绝缘头；8—应力控制件；9—电缆绝缘屏蔽半导电层；
10—半导电带缠绕体（凸台）；11—相色带；12—铜屏蔽带

（2）检查一遍。在绝缘保护管外缠相色带，如图9-87所示。

（3）在堵盖的圆柱部分涂上硅脂，将其压入终端绝缘体，将双头螺栓拧紧，擦去多余的硅脂。固定电缆。

五、35kV 及以下挤包绝缘电缆预制型中间接头的制作

现以 10kV 三芯交联聚乙烯绝缘电缆的中间接头为例说明预制型中间接头的制作方法。

制作程序：固定两电缆→剥切两电缆护层→缠绕标记→量取剥切电缆绝缘层→导体套入连接管→进行压接→打磨连接管毛刺→涂硅脂→预制件就位→恢复半导电层→恢复铜屏蔽层→安装外护套。

（1）确定中间接头中心位置后，将两边电缆校直对齐，按图9-88所示的尺寸❶剥去电缆外护套、铠装层和内护套并把二长一短的热缩管分别套在两端电缆上。用砂纸将剥切后的外护套端部约100mm 长度打磨粗糙，再将三相分开，如图9-88所示。

（2）按图9-89所示的尺寸剥去铜屏蔽带。剥除前，先用PVC 带将铜屏蔽带缠绕固定。

（3）缠绕上PVC 带作标记（黏面朝外），按图9-89所示的尺寸剥去电缆半导电屏蔽层。剥切时应保证半导电层断面整齐，不允许在绝缘层上留下划痕或残留有半导电材料。

（4）拆除在图9-89上缠绕的PVC 标记带。在紧接半导电层端部的电缆绝缘上绕一层

---

❶　各制造厂的产品尺寸略有差异，实际安装时应按产品安装说明书规定的尺寸。

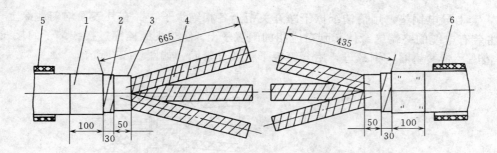

图 9-88　剥电缆外护套、铠装层和内护套（mm）

1—电缆外护套；2—铠装层；3—电缆内护套；4—铜屏蔽带；5—套入热收缩套管（2根长的）；
6—套入热收缩套管（1根短的）

图 9-89　半导电屏蔽层与电缆绝缘层的过渡（mm）

1—电缆内护套；2—铜屏蔽带；3—半导电屏蔽层；4—缠绕 PVC 保护带；5—电缆绝缘

PVC 带（黏面朝外），用砂纸打磨紧接绝缘层的半导电层使其与绝缘层光滑过渡。

（5）按尺寸 $E=$（1/2 连接管长）$+5mm$ 量取剥切电缆绝缘的位置，绕上 PVC 带作标记，剥去电缆绝缘层。注意不要划伤电缆导体，并分别将两电缆绝缘的端部做倒角，拆去绝缘层上的 PVC 带，如图 9-90 所示。

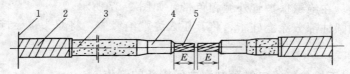

图 9-90　剥去电缆绝缘露出电缆导体

1—电缆内护套；2—铜屏蔽带；3—半导电屏蔽层；4—电缆绝缘；5—电缆导体

（6）将导体连接管套入剥切较长的一端电缆的导体上，连接管端面距绝缘面 5mm，用压钳压接三次，先压靠近连接管的一道，再压中间一道，最后压靠近绝缘的一道。压接时三道压痕错开 30°，如图 9-91 所示。

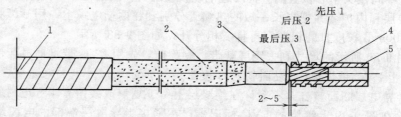

图 9-91　安装导体连接管（mm）

1—铜屏蔽带；2—半导电屏蔽层；3—电缆绝缘；4—电缆导体；5—导体连接管

（7）用锉刀或砂纸打磨连接管上的毛刺、尖角。用浸有清洗剂的布（纸）将电缆导体连接管、绝缘层和半导电层洗净。清洗连接管时，不能留有金属粉末；清洗绝缘线芯时应从端头向半导电层一次性清洗，不能来回擦。如有需要，可多次清洗。

（8）在接头预制件内表面、电缆绝缘层及半导电屏蔽层上均匀涂一层硅脂，然后将接头预制件套上并用力推入剥切较长的电缆上，直到电缆绝缘从另一端露出为止，用干净的纸擦去多余的硅脂，如图 9-92 所示。

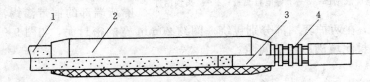

图 9-92　安装接头预制件

1—电缆半导电屏蔽层；2—接头预制件；3—电缆绝缘；4—导体连接管

（9）接上述步骤（2）～（8）处理其余两相。

（10）将另一端电缆导体插入导体连接管，用压钳压接三次，压接顺序同前。用锉刀或砂纸打去毛刺，用清洗剂清洗导体连接管和电缆绝缘，同样处理其余两相。用相色带在距绝缘层 22mm 处缠一圈作标记（黏面朝外），如图 9-93 所示。

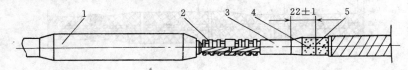

图 9-93　电缆导体和接头预制件止端标记制作（mm）

1—接头预制件；2—导体连接管；3—电缆绝缘；4—半导电屏蔽层；

5—PVC 标记带（接头预制件止端标记）

（11）在这三相剥切长度较短的一端电缆绝缘层上均匀地涂一层硅脂，将三个中间接头预制件用力拉过连接管及电缆绝缘直到与相色带作的标记相接的最终位置，如图 9-94 所示。用清洗纸擦去多余的硅脂。握住剥切长度较短的一端中间接头预制件的尾部，用另一只手拧动中间接头，以消除安装时在预制件上积聚的应力。

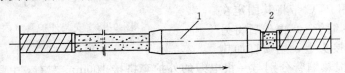

图 9-94　接头预制件就位

1—接头预制作；2—PVC 标记带

（12）从电缆两端的铜屏蔽端口内 20mm 开始以重叠一半的方式分别绕一层半导电自黏带至接头预制件的两端，与其两端搭接约 20mm，再分别折绕回铜屏蔽端部，然后在铜屏蔽端部再包绕一圈约 40mm 宽的密封泥。同样处理其他两相，如图 9-95 所示。

（13）从一端电缆的内护套前部开始以重叠一半的方式绕一层铜编织网至另一端电缆的内护套前端，用电烙铁将铜编织网分别渗锡焊牢在两根电缆的铜屏蔽层上，然后在铜屏蔽两端部再分别绕包一层宽为 40mm 的密封泥，即覆盖在上一圈密封泥上，并压紧在铜编织网上，见

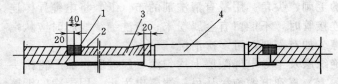

图 9-95 恢复半导电屏蔽层（mm）

1—密封泥；2—铜屏蔽端部；3—半导电自黏带；4—接头预制件

图 9-96。同样处理其他两相。

（14）将铜编织带（宽）的一端焊在一端电缆的铜屏蔽层上，拉紧后用PVC带将其固定在中间接头预制件及电缆上，铜编织带的另一端焊在另一端电缆的铜屏蔽层上，分别将两铜屏蔽端部的铜带渗锡清洗到外护套已打磨粗糙的部位，在两护套端部分别包绕一圈约20mm宽的密封泥，如图9-97所示。然后将三相挤拢，用密封泥填满三相的间隙。

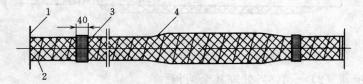

图 9-96 恢复铜屏蔽（mm）

1—电缆内护套；2—锡焊；3—密封泥；4—铜编织网

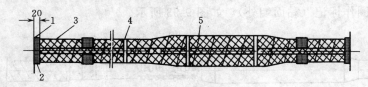

图 9-97 恢复外护套准备（mm）

1—电缆内护套；2—密封泥；3—锡焊；4—PVC扎紧带；5—铜编织带

（15）将粗的热缩管拉至接头中间，使其两端与两电缆内护套搭盖，用喷灯从中间接头部位开始向两端均匀加热，直至两端有少量热溶胶挤出，如图9-98所示。

（16）再将一根小的铜编织带焊在电缆的铠装上，中间用PVC带将其固定在上述步骤（15）的热缩管上。再先后将另外两根热缩管拉到接头上，用喷灯加热

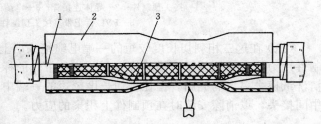

图 9-98 安装外护套（内层）

1—电缆内护套；2—热缩管；3—密封泥

将它们收缩。这两根热缩管分别与一根电缆的外护套搭接100mm左右，中间互相搭接，加热时从中间向两端均匀收缩，如图9-99所示。

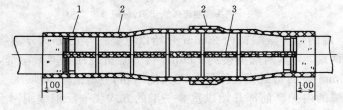

图 9-99 安装外护套（外层）（mm）

1—锡焊；2—热缩管；3—铜编织带

第七节　110kV 及以上交联聚乙烯绝缘电缆头制作

一、110kV 及以上交联聚乙烯绝缘电缆头附件的类型及结构特点

（一）110kV 及以上交联聚乙烯绝缘电缆头终端和中间接头的类型

110kV 及以上交联聚乙烯绝缘电缆（简称交联电缆）终端和中间接头的品种，可按其用途和主体绝缘成型的工艺来划分。图 9-100 所示为 110kV 及以上交联电缆终端和中间接头的分类框图。

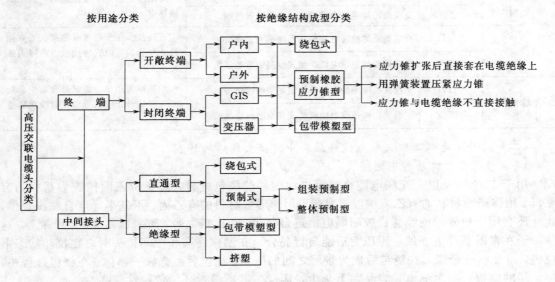

图 9-100　110kV 及以上交联电缆终端和中间接头的分类框图

对现有各种型式高压交联电缆附件的使用情况评述见表 9-62。预制橡胶应力锥终端和预制型中间接头是国内目前使用的高压交联电缆附件的主要型式。本节重点介绍高压预制型电缆附件的结构和特点。

表 9-62　　　　　　　　　　　　高压交联电缆头附件使用情况评述

项　目	附件类型	使用情况
终　端	绕包型	早期使用，效果不好
	预制橡胶应力锥终端	为目前主要使用型式
中间接头	绕包型中间接头（TJ）	早期使用，目前作紧急抢修用，一般不推荐使用
	包带模塑型中间接头（TMJ）	早期使用，效果不好，目前不再用
	挤塑模塑型中间接头（EMJ）	使用不多（水底电缆做软接头）
	预制型中间接头（PJ）	为目前主要使用型

表 9-63 示出目前国内、外最常用的 110~220kV 交联聚乙烯绝缘电缆头附件的类型，可供参考。

表 9-63 　　　　　　　　110kV 及以上交联聚乙烯绝缘电缆头常用的附件的类型

	型　号	产　品　名　称	使　用　环　境
户外终端	YJZWC	交联聚乙烯绝缘电缆户外终端（含绝缘油）	适用于户外环境。户外终端外绝缘污秽等级分 4 级，分别以 1、2、3、4 数字表示。如：YJZWC1、YJZWC2、YJZWC3、YJZWC4
GIS 终端	YJZGC	交联聚乙烯绝缘电缆 GIS 终端（含绝缘油）	终端外绝缘 SF_6 最低气压为 0.25MPa（表压，对应 20℃温度）
	YJZGG	交联聚乙烯绝缘电缆干式绝缘 GIS 终端	
变压器终端	YJZYC	交联聚乙烯绝缘电缆变压器终端（含绝缘油）	终端外绝缘处于变压器油箱内绝缘油环境
	YJZYG	交联聚乙烯绝缘电缆干式绝缘变压器终端	
直通接头	YJJTI	交联聚乙烯绝缘电缆整体预制型直通接头	直通接头用于电缆线路接头处直接地场合，可以直埋或敷设在隧道或接头人孔井内
	YJJTZ	交联聚乙烯绝缘电缆组装式预制型直通接头	
绝缘接头	YJJTI	交联聚乙烯绝缘电缆整体预制型绝缘接头	绝缘接头用于电缆线路金属护套交叉互联场合，可以直埋或敷设在隧道或接头工井内
	YJJTZ	交联聚乙烯绝缘电缆组装式预制型绝缘接头	

（二）110kV 电压等级交联电缆终端和中间接头的结构特点

1. 绕包型电缆终端和中间接头

用于 110kV 及以上交联电缆绕包型电缆附件的绕包材料大多是以乙丙橡胶为基材的自黏带。用作绝缘材料的有乙丙橡胶自黏带，用作屏蔽材料的有乙丙、丁基半导电自黏橡胶带。此外还有用于户外的绝缘硅橡胶耐漏电痕迹自黏带、防火自黏带、防水自黏带、铠甲带等。这些带子在常温条件下施加一定压力后能自行黏合。在制作终端和中间接头时，在拉伸状态下绕包，带子的残余张力在绕包后成为带层之间的压力，绕包后黏合成一整体。在绕包过程中，带子间的摩擦会产生静电，容易黏上灰尘，因此工艺质量对环境依赖性较高。

2. 包带模塑型电缆附件

在结构上，110kV 及以上交联电缆包带模塑型电缆附件与中低压包带模塑型电缆附件没有本质差别。它是采用与电缆相同的交联聚乙烯材料制成的带子（化学交联或辐照交联聚乙烯热缩薄膜）绕包制成中间接头或终端的增绕绝缘，再加热使绕包的增绕绝缘与电缆本体的绝缘相融成一体。

加热是由外向内进行的。在增绕绝缘绕包成型后，外面再绕上两层保护带。保护带是一种耐高温的聚酰亚胺或聚四氟乙烯树脂薄膜，是透明的，厚度为 0.1mm 左右。它的作用是保护外层绝缘在高温下不老化，同时利用它的透明性能可以观测到加热时增绕绝缘内部的交联情况——辐照聚乙烯薄膜在 110～130℃交联温度下呈透明状态。当能够直接看到中间接头的导体屏蔽时说明增绕绝缘已经完全交联，可以停止加热。

3. 预制型终端和中间接头

在国内外的 110kV 及以上交联电缆头附件中，预制型电缆附件被认为是最先进和实用的电缆附件。国内的高压电缆工程，大多是采用预制型电缆附件。

（1）预制型终端。110kV 及以上交联电缆预制型终端的结构与中低压预制型终端不同。110kV 及以上高压交联电缆预制型终端的内绝缘采用预制应力锥控制电场，外绝缘是瓷套管（或环氧树脂套管）。套管与应力锥之间一般都充硅油或者聚丁烯、聚异丁烯之类的绝缘油。有一些 GIS 终端的结构是将应力锥紧贴环氧树脂套管，其间不充绝缘油，称为干式绝缘 GIS 终端（见表 9-63 中的 YJZGG 型号）。

预制型终端出厂时，制造厂提供的是橡胶预制应力锥、瓷套、硅油等零部件，在现场安装时再装配成终端。因此，高压预制型电缆附件的安装工艺比中低压预制型电缆附件复杂一些。

高压交联电缆附件中保持橡胶预制应力锥与电缆绝缘的界面之间的紧压应力对保证电缆头附件电气强度是至关重要的因素。因此，预制型电缆附件必须确保它的橡胶预制应力锥与电缆的绝缘表面，在经过长期运行后，仍保持足够紧压力。

围绕着如何保持橡胶预制应力锥与电缆绝缘之间的界面应力，采用了不同的措施，主要有三种基本结构：

1）将橡胶预制应力锥机械扩张后套在电缆的绝缘上。这种结构的特点是应力锥直接套在电缆的绝缘上，依靠应力锥材料自身的弹性保持应力锥与电缆绝缘之间的界面上的应力和电气强度。图 9-101 所示的国产户外终端产品是这种结构的典型。它的外绝缘是瓷套（GIS 终端一般用环氧树脂套管）。内绝缘是一个合成橡胶（硅橡胶或乙丙橡胶）预制应力锥，瓷套（或环氧树脂套管）内注入合成绝缘油。显然，这种结构简单。但是存在的技术问题：①合成橡胶应力锥与浸渍油的相容性；②在高电场和热场作用下，预制的橡胶应力锥老化会引起界面压力的变化（松弛），从而降低电气强度。以上两个问题实际上就是一个材料问题。合适的材料既可以使合成橡胶与浸渍油相容，又可以确保良好的防老化性能。

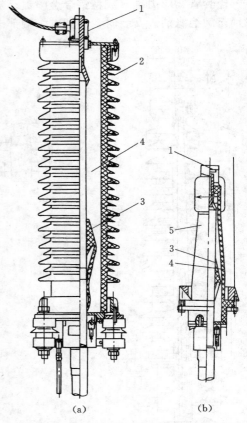

图 9-101　110kV 交联电缆预制型终端结构示意
（应力锥机械扩张后套在电缆的绝缘上）
(a) 户外终端；(b) GIS/变压器终端
1—导体引出杆；2—瓷套管；3—橡胶预制
应力锥；4—绝缘油；5—环氧树脂套管

2）采用弹簧压紧装置。这种结构的特点是在应力锥上增加一套机械弹簧装置以保持应力锥与电缆之间界面上的应力恒定（如图 9-102 和图 9-103 所示），借以对付在高电场和热场作用下，橡胶应力锥老化后可能会引起的界面压力的变化（松弛）。图 9-102 和图 9-103 所示的应力锥上增加弹簧装置的结构在设计上似乎更周全些。但是，结构复杂了，对制造和现场安装的要求都提高了，现场安装的时间也增加。

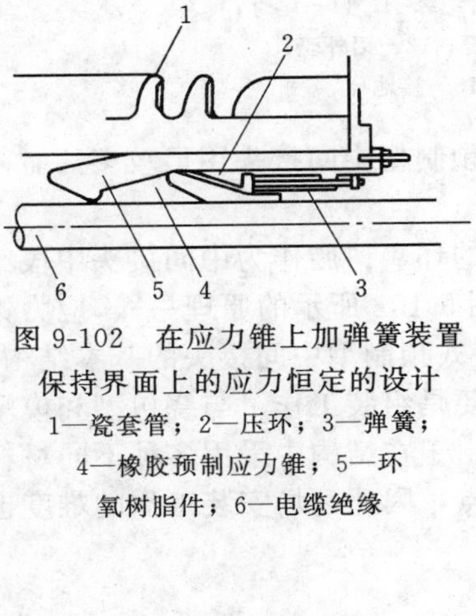

3）采用一种既能提供可靠的应力控制又能避开应力锥与电缆绝缘直接接触的特殊应力锥设计。从使用角度来看，这种结构可以允许配套电缆有较大的直径和偏心度的制造公差。图 9-104 所示为这种结构的 138kV 交联电缆户外终端和 GIS 终端的结构示意。它在工厂内已经把主要的零部件

图 9-102　在应力锥上加弹簧装置保持界面上的应力恒定的设计
1—瓷套管；2—压环；3—弹簧；
4—橡胶预制应力锥；5—环
氧树脂件；6—电缆绝缘

——瓷套管、应力锥（成型铝合金喷镀环氧树脂）、顶盖、底盘和油压调整装置等都装配好，并且充满绝缘油。安装时，当把电缆端部准备好后，把预制终端套入电缆即可。

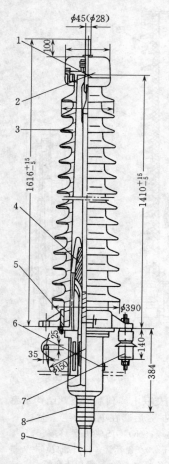

图 9-103　110kV 交联电缆预制型户外终端结构示意图（mm）
（弹簧压紧装置）

1—导体引出杆；2—屏蔽罩；3—瓷套管；4—橡胶预制应力锥；5—底座；6—尾管；7—支持绝缘子；8—自黏橡胶带；9—电缆

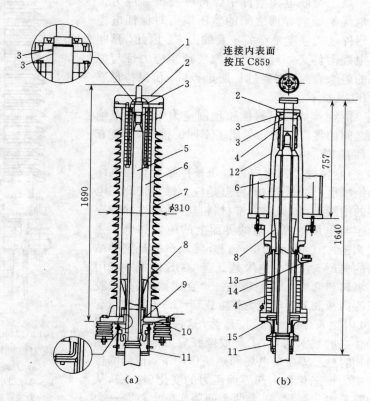

图 9-104　138kV 交联电缆户外终端结构示意图（mm）
（a）户外终端；（b）GIS 终端

1—导体引出杆；2—屏蔽罩；3—密封环；4—绝缘油补偿装置；5—电缆绝缘；6—绝缘油；7—瓷套管；8—应力锥；9—密封环；10—支持绝缘子；11—尾管；12—环氧树脂套管；13—铝外壳；14—阀门；15—接地环

（2）预制型中间接头。目前，110kV 及以上交联电缆的预制型中间接头用得较多的有两种结构。

1）组装式预制型中间接头。它是由一个以工厂浇铸成型的环氧树脂作为中间接头中段绝缘和两端以弹簧压紧的橡胶预制应力锥组成的中间接头。与图 9-102 所示的原理一样，应力锥靠弹簧支撑。接头内无需充气或浸渍油。图 9-105 所示为组装式预制型中间接头的基本结构。这种中间接头的主要绝缘都是在工厂内预制的，现场安装主要是组装工作。与绕包型和模塑型中间接头比较，对安装工艺的依赖性相对减少了些，但是由于在结构中采用多种不同材料制成的组件，所以有大量界面，这种界面通常是绝缘上的弱点，因此现场安装工作的难度也

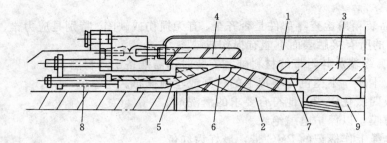

图 9-105　132kV 交联电缆组装式预制型中间接头的绝缘结构示意
1—环氧树脂；2—电缆绝缘；3—高压屏蔽电极；4—接地电级；5—压环；6—橡胶
预制应力锥；7—防止电缆绝缘收缩的夹具；8—弹簧；9—导体接头

较高。由于中间接头绝缘由 3 段组成，因此在出厂时无法进行整体绝缘的出厂试验。

2）整体预制型。将中间接头的半导电内屏蔽、主绝缘、应力锥和半导电外屏蔽在制造厂内预制成一个整体的中间接头预制件。与上述组装式预制型中间接头比较，它的材料是单一的橡胶，因此不存在上述由于大量界面引起的麻烦。现场安装时，只要将整体的中间接头预制件套在电缆绝缘上即成。安装过程中，中间接头预制件和电缆绝缘的界面暴露的时间短，接头工艺简单，安装时间也缩短。由于接头绝缘是一个整体的预制件，接头绝缘可以做出厂试验来检验制造质量。图 9-106 所示为 132kV 交联聚乙烯绝缘电缆用整体预制型中间接头的结构。

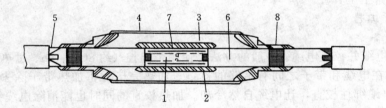

图 9-106　132kV 交联聚乙烯绝缘电缆用整体预制型中间接头的
结构（2、3、4 在工厂内做成整体预制件）
1—导体连接管；2—导体屏蔽（内屏蔽）；3—接头绝缘；4—接头绝
缘屏蔽（外屏蔽）；5—电缆屏蔽；6—电缆绝缘；7—防止
电缆绝缘收缩的夹具；8—接头密封

二、制作 110kV 及以上交联电缆终端与中间接头的基本工艺

安装时，应该仔细阅读制造厂提供的产品安装说明书，按照制造厂规定的安装程序进行安装。

（一）准备工作

1. 施工人员

施工人员必须是经过培训和掌握所施工的附件的专用安装手册的有经验人员。

2. 施工现场

施工现场应保持清洁、无尘土。一般情况下，施工现场的环境温度应高于 5℃，相对湿度不应超过 75%。

在必要时，可以采取搭帐篷和安装空调机等措施来满足上述对施工现场的要求。

3．材料准备

（1）按产品装箱单检查零部件是否齐全、有无损伤或缺陷。特别是应力锥、O形密封圈及与O形密封圈的所有接触表面不能有损伤或缺陷。

（2）除整套终端及其附带的材料外，安装时还需准备下列材料：

1）清洁、干燥、不褪色、不掉毛的棉制或丝制抹布。

2）甲醇或四氯化碳或其他符合要求的清洗剂。

3）塑料薄膜，以保护电缆绝缘。

4）用于电缆上作标记的PVC带，最好为红色。

5）耐腐蚀的螺栓润滑剂。

（3）各零部件的安装尺寸应符合制造厂提供的图纸要求。

4．施工工具

（1）带温控的加热带。

（2）用于将电缆绝缘削成铅笔状及剥离半导体绝缘屏蔽的工具。

（3）扭力扳手一套（0～50Nm）。

（4）带模子的导体压接钳。模具尺寸应符合制造厂提供的图纸要求。

（5）二条尼龙带（用来起吊终端瓷套）。

（6）吊车或卷扬机（用来起吊终端）。

（7）欧姆表。

（8）套应力锥和中间接头预制件的专用工具。

（9）常用钳工工具。

（二）操作工艺

1．电缆准备

（1）预热电缆并校直电缆。一般的方法是使用带温控（约80℃、6h、过热保护为115℃）的加热带子，在电缆和带子之间有足够的衬垫。加热完毕后将加热带子除去，并用三角铁（或平板）将电缆绑住校直，让电缆自然冷却。加热校直的同时也能消除电缆绝缘层的应力。

（2）剥切半导体屏蔽和电缆绝缘处理。应按照电缆制造厂推荐的步骤除去电缆绝缘的半导体屏蔽，可以使用特制刨刀、加热枪或电动带式砂轮机等特殊工具。在除去半导体绝缘屏蔽时应尽量减少表面毛刺及划痕，保持电缆绝缘表面光滑。然后用砂布打磨电缆绝缘。首先用比较粗（例如80目）的砂布打磨电缆绝缘，将电缆绝缘和半导体绝缘屏蔽的过渡带打磨光滑；再用中号（例如150～240目）砂布打磨电缆绝缘，把电缆绝缘和半导体绝缘屏蔽表面的毛刺和划痕都打磨掉。最后用精细的（400目以上）砂布打磨需要高度抛光的部分。最重要的是保证半导体绝缘屏蔽与主绝缘之间的平滑过渡且无任何毛刺和划痕。在用砂布打磨电缆绝缘过程中，应注意使用蘸了有机溶剂的抹布反复擦拭嵌在绝缘中的外部杂质。擦拭可反复进行，以保证电缆高度清洁。擦拭应始终保持从电缆绝缘向半导体绝缘屏蔽方向擦，以防止半导体颗粒擦到绝缘体上。

2．压接出线杆

压接方式必须符合制造厂提供的图纸要求。压接结束后，用锉刀和砂纸将压模留下的压痕打磨光滑，再用干净揩布擦净附着的铜屑。

3．安装应力锥、环氧树脂预制件或橡胶预制件

安装前，先用清洗剂清洁电缆绝缘表面及应力锥（或其他环氧树脂预制件或橡胶预制件）内、外表面。待清洗剂挥发后，在电缆绝缘表面及应力锥（或其他环氧绎脂预制件或橡

胶预制件）内、外表面上均匀涂上少许硅脂，硅脂表面应符合要求。

用色带做好应力锥（或其他环氧树脂预制件或橡胶预制件）在电缆绝缘上的最终安装位置的标记。

用制造厂提供（或认可）的专用工具把应力锥（或其他环氧树脂预制件或橡胶预制件）套入相应的标志位置。

用清洗剂清洗掉残存的硅脂。

对于采用弹簧压缩装置的应力锥（或其他环氧树脂预制件或橡胶预制件）的压力调整应按图纸规定要求，用力矩扳手固紧。

4. 金具安装

各部位的固定螺栓按图纸规定要求，用力矩扳手固紧。

放置 O 形密封圈前，必须先用清洗剂清洗干净与 O 形密封圈接触的表面，并确认这些接触面无任何损伤。

所有的接地线和金属屏蔽带均应用铜丝扎紧后再以锡焊焊牢。

当与电缆金属护套进行搪铅时，连续钎焊时间不应超过 30min，并可以在钎焊过程中采取局部冷却措施，以免金属护套温度过高而损伤电缆绝缘。搪铅前，搪铅处表面应清洁。

5. 灌注绝缘油

油加热至 100℃，然后冷却至 80℃时灌入，油位应按图纸规定要求。

三、110kV 及以上交联聚乙烯绝缘电缆头的制作

预制型 GIS 终端和变压器终端的制作方法与户外终端制作方法基本相同，差别仅仅在于将环氧树脂套管取代了瓷套管。

（一）预制型终端制作

以图 9-101（a）的户外终端为例说明这种预制型终端的制造方法。

1. 安装方法

图 9-101（a）所示的预制型终端的外绝缘是瓷套或环氧树脂套管。内绝缘是一个合成橡胶（硅橡胶或乙丙橡胶）预制应力锥，在现场安装时用机械方法将橡胶预制应力锥扩张后直接套在电缆绝缘的指定位置上。瓷套或环氧树脂套管内注入合成浸渍油。

制造厂在出厂时提供的是橡胶预制应力锥、瓷套、导体出线杆、合成浸渍油等零部件，需在现场装配成终端。

2. 安装工序

安装工序：固定电缆→剥切电缆外护层→量取制作长度→预热校直电缆→剥半导电带→切电缆绝缘→压接导体出线杆→封底座→安装预制应力锥→安装接地→屏蔽密封处理→吊装瓷套→安装定位环→搪铅→收缩热缩管。

（1）按规定准备安装材料和施工工具。

（2）电缆准备、剥切电缆外护层和压接导体出线杆。

1）将电缆固定在终端支架上，用电缆夹紧固（每间隔 1m 一个固定点）。

2）将支撑绝缘子及终端底板安装在终端支架上。先把 4 个支撑绝缘子安装在终端支架上，再将终端底板安装在 4 个支撑绝缘子上。用水平仪校准终端底板的水平面。

3）以终端底板为起点向上量出制作终端所需电缆长度（按施工图纸计量，本例的长度为 1350mm），切除多余电缆。

4）按照有关方法预热电缆并校直电缆。

5）按施工图纸给定的尺寸分别切除电缆的外护层及铅护层，然后依次套入热收缩管、尾管及密封圈。

6）剥去电缆的半导电膨胀阻水带。

7）切割电缆绝缘的端部及切削"铅笔头"：用专用工具按施工图纸给定的尺寸切割电缆绝缘的端部及切削"铅笔头"。"铅笔头"表面必须打磨光滑，"铅笔头"同导体屏蔽不能有台阶。

8）压接导体出线杆。压接方式一般是圆形压接。压接结束后，用锉刀和砂纸将压模留下的压痕打磨光滑，再用干净揩布擦净附着的铜屑。

（3）剥切半导体屏蔽和电缆绝缘处理。

1）用铅丝穿在导体出线杆的孔内，吊起电缆。这样便于下面的切削绝缘屏蔽及打光绝缘的工艺操作。

2）用胶带标记出施工图纸所要求剥切的半导体屏蔽层的长度（位置）。

3）去除从标记处到导体"铅笔头"位置的半导体绝缘屏蔽并将电缆绝缘打磨光滑。半导体绝缘屏蔽与电缆主绝缘之间必须是平滑过渡且无任何毛刺和划痕。

（4）密封底座定位及绕包自黏带密封层。小心套入密封底座，然后再吊起电缆。用绝缘自黏带以半搭盖方式绕包密封度座下端［见图9-107（a）"Ⅰ"］，使密封底座固定在施工图纸所要求的尺寸位置上。注意密封底座下面螺栓孔的位置，尽量保证三相一致。绕包结束后，用尼龙扎带扎紧自黏带。

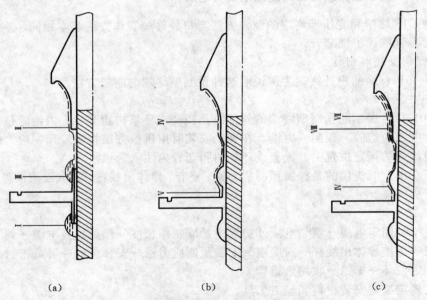

（a）　　　　　　　　　（b）　　　　　　　　　（c）

图 9-107　终端底部密封、接地及保护装置

（5）安装预制应力锥。

（6）终端底部密封、接地及保护处理。

1）用清洗剂清洁应力锥面及密封底座，按图9-107（a）"Ⅱ"所示半搭盖方式绕包半导电带。

2）按图9-107（a）"Ⅲ"所示半搭盖式方式绕包绝缘自黏带。

3）按图9-107（b）"Ⅳ"所示方法绕包1层铜网，然后在应力锥中部半导体凹槽处嵌入半导电环，再用镀锡孔丝扎紧铜网使其与密封底座紧密相连，并将它们焊接在一起，如图9-107（b）"Ⅴ"所示。

4）按图9-107（c）"Ⅵ"所半搭盖方式绕包自黏带，将铜网包紧，应力锥屏蔽顶部嵌入一圈铅丝，接着（"Ⅶ"）在应力锥半导电体上绕包绝缘自黏带，最后（"Ⅷ"）用绝缘自黏带以半搭盖方式将应力锥整体包绕密封，然后用尼龙扎带扎紧。

（7）电缆端部导体屏蔽及密封处理。出线杆压接部分用半导电带绕包2层，再用绝缘自黏带绕包，直至外形呈梨状，如图9-108所示。

（8）吊装瓷套。

1）用清洗剂清洁处理瓷套，然后两端密封。

2）松落电缆，使密封底座落入底板位置，夹紧尾管下端的电缆，确保电缆无法向下滑动，套密封圈，用清洗剂再次清洁电缆，然后套入瓷套，并用螺栓紧固好。

（9）灌注绝缘油。油加热至100℃，然后冷却至80℃时灌入。油位尺寸应符合施工图纸给定的尺寸。

（10）顶盖及出线杆轴封圈安装。放好O形密封圈，把顶盖用螺栓固定在瓷套上，然后安装出线杆轴封圈及斜垫圈，再用压板压紧。在梯形密封圈均匀涂上硅胶后，再装入密封槽内。

（11）安装电缆终端定位环。把定位环嵌入出线杆的凹槽并连接成一体，然后用M10紧定螺钉使其固定在终端顶盖上。

（12）搪铅及收缩热缩管。把尾管固定在底板上，注意接地线端子的方向，然后搪铅作业，待冷却后收缩热缩管。

（二）采用弹簧压紧装置的电缆终端的制作

以图9-109的户外终端为例介绍预制终端的制作。

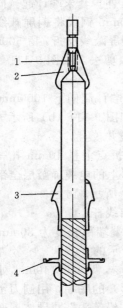

图9-108　电缆端部导体
屏蔽及密封处理

1—半导电带；2—绝缘自黏带；
3—应力锥；4—密封底座

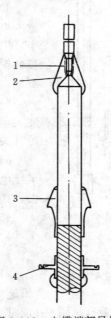

图9-109　电缆端部导体
屏蔽及密封处理

1—半导电带；2—绝缘自黏带；
3—应力锥；4—密封底座

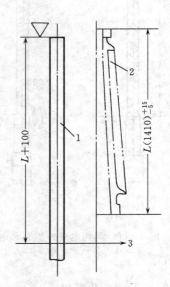

图9-110　切除多余电缆（mm）

1—电缆；2—瓷套；
3—测量基准面

1. 安装方法

前面已经介绍过采用弹簧压紧装置的预制型终端的结构（见图9-109）。它的外绝缘是瓷套或环氧树脂套管，内绝缘采用预制应力锥控制电场，为预防应力锥的材料老化后弹性松弛导致应力锥与电缆绝缘接触不良的弊端，应力锥上加设了弹簧压紧装置。瓷套或环氧树脂套管内注入合成浸渍油。制造厂在出厂时提供的是橡胶预制应力锥、应力锥的弹簧压紧装置、瓷套、导体引出杆、合成浸渍油等零部件，需在现场装配成终端。

在安装的整个过程中，应保持施工现场的环境符合规定。

2. 安装工序❶

安装工序：固定电缆→校直剥切电缆层→量切PVC管→清理导体→预热电缆→剥切电缆导体末端成锥形→压接→打磨压痕光滑→剥切半导体层→屏蔽层处理→安装应力锥→吊装瓷套→密封端头→安装金具→端头包绕→套热收缩管。

（1）按照规定需要准备安装材料和施工工具。

（2）电缆准备、校直电缆、剥切电缆外护层和铜屏蔽层：

1）将电缆固定在终端支架上，用电缆夹紧固。以终端固定平面为基准面，向上量取 $L+100\text{mm}$ 电缆长度（L 为瓷套高度），切除多余电缆，如图9-110所示。

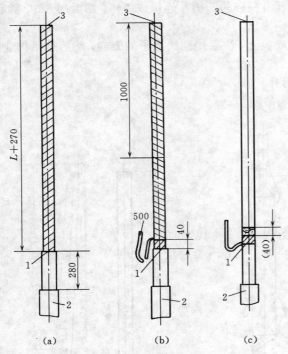

图9-111 剥切电缆外护套和电缆屏蔽层（mm）
1—PVC外护套末端；2—电缆；3—电缆末端

2）自电缆末端起，向下量 $L+270\text{mm}$ 为电缆外护套末端。剥去电缆PVC外护套末端以上的外护套，如图9-111所示。

3）自电缆PVC外护套末端计起，向下量280mm，刮去此段外护套表面石墨导电层，如图9-111（a）所示。

4）自电缆PVC外护套末端计起，向上量400mm处用 $\phi1.0\text{mm}$ 铜线将铜屏蔽线扎牢，并在扎紧处将铜屏蔽线反折，留500mm长的铜屏蔽线，其余剪去，如图9-111（b）所示。

5）在自电缆末端计起向下1000mm长度上包绕加热带，如图9-111（b）所示，按照有关方法预热电缆并校直。

6）铜屏蔽线反折点上量40mm扎一圈半导电带后，将此以上的电缆屏蔽层全部剥去，如图9-111（c）所示。

（3）压接导体出线杆：

1）剥去电缆末端端部长度为80mm的绝缘，如图9-112所示的Ⅰ。

2）从电缆导体末端向下140mm处为"铅笔头"（削成锥形）的底端，用刨刀刨成铅笔头形状，并露出 $4\sim5\text{mm}$ 导体屏蔽（见图9-112中的Ⅱ）。注意"铅笔头"同导体屏蔽不能有台阶，"铅笔头"表面必须打磨光滑。

---

❶ 具体的尺寸，不同制造厂的产品略有差异，应按制造厂给定的施工图量取。

3）用砂纸打磨导体表面。

4）电缆导体插进导体出线杆底部的圆孔，如图 9-113 所示，用六角模压接。压接结束后，用锉刀和砂纸将压模留下的压痕打磨光滑，再用干净揩布净附着的铜屑。

（4）剥切半导体屏蔽和电缆绝缘处理：

1）按图 9-113 上所示尺寸，在电缆绝缘的半导体挤出屏蔽上用胶带做标志。

2）按照规定方法除去从标志处到导体铅笔状位置的半导体绝缘屏蔽。

3）按照规定方法打磨电缆绝缘，按图 9-113 所示将电缆绝缘和半导体绝缘屏蔽的过渡带打磨光滑，保证半导体绝缘屏蔽与主绝缘之间的平滑过渡且无任何毛刺和划痕。在图 9-113 中自半导体屏蔽末端向上 400mm 为精细打磨段，此段以上的打磨要求允许略作降低。

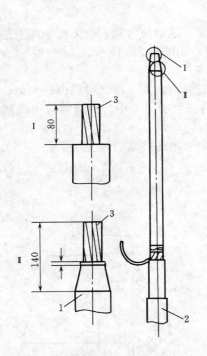

图 9-112　剥出电缆导体（mm）
1—"铅笔头"的底端；2—电缆；
3—电缆末端

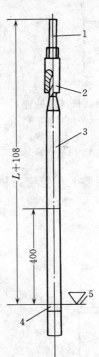

图 9-113　电缆绝缘处理（mm）
1—导体出线杆；2—压接处；3—电缆绝缘；
4—用 PVC 带在半导体屏蔽上做标志；
5—半导体屏蔽末端

4）测量并记录正交方向的主绝缘外径，挤出绝缘半导电屏蔽层外径与应力锥内径。

5）自外露的导体屏蔽末端起至导体出线杆的压接处，先用半导电自黏带半搭盖绕包二层。再用自黏橡胶带填补导体出线杆压接处空间。最后用 PVC 带半搭盖绕包 6 层盖过自黏橡胶带。如图 9-114 所示。

（5）电缆绝缘屏蔽处理：

1）自电缆绝缘屏蔽层末端下量 5mm 起到电缆屏蔽扎带，自上而下半搭盖绕包半导电带一层，如图 9-115（a）所示。

2）自电缆绝缘屏蔽层末端下量 95mm 起到铜屏蔽层反折处，按以下顺序包扎各带〔见图9-115（a）〕；自上而下半搭盖绕包铅带一层；自上而下半搭盖绕包铜网带一层并与铜屏蔽层焊接。

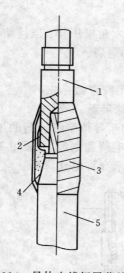

图 9-114　导体出线杆屏蔽处理
1—导体出线杆；2—半导电自黏带
（半搭盖绕包二层）；3—PVC 带；
4—自黏橡胶带；5—电缆绝缘

3）将密封圈装入尾管密封槽中。

3）自铜网带铜屏蔽线反折末端起，用 PVC 带自上而下半搭盖绕包包带一层，并盖过铜屏蔽线反折处，如图 9-115（b）所示。

（6）安装应力锥：

1）依次套入热缩管、尾管、锥托、弹簧，并放置于工作位置之下。

2）用清洁剂清洁应力锥内外表面、导体出线杆表面、绝缘表面、外屏蔽处理表面。让清洁剂自然挥发干燥。

3）在应力锥内外表面涂硅油；导体出线杆表面包 PVC 带作临时保护。

4）按照规定方法安装预制应力锥。应力锥末端盖过电缆绝缘外屏蔽末端 65mm，如图 9-116 所示。

（7）吊装瓷套：

1）用清洁剂清洁瓷套内表面、应力锥罩内外表面。将密封圈放置在应力锥罩的法兰密封槽中，然后将应力锥罩装到瓷套上，如图 9-117 所示。

2）将支持绝缘子装在电缆终端固定支架上。

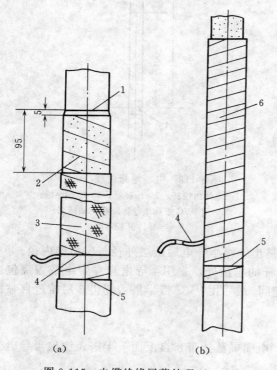

（a）　　　　　　　（b）

图 9-115　电缆绝缘屏蔽处理（mm）
1—半导体屏蔽层末端；2—PVC 半导电带标志带；3—铜网带；
4—铜屏蔽线反折处；5—电缆外护套末端；6—PVC 带

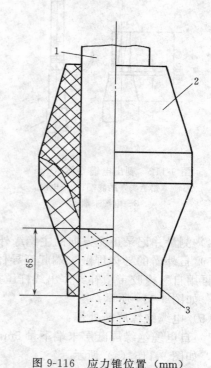

图 9-116　应力锥位置（mm）
1—电缆绝缘；2—应力锥；3—电缆绝缘外屏蔽末端

4）吊装瓷套并将瓷套固定在支持绝缘子上。

5）装配锥托，拧紧、收紧螺杆上的螺母，使垫板与应力锥罩的法兰紧贴，如图 9-117 所示。

6）终端顶部金具预装配，旋转紧圈使电缆微升、微降，以达到导体出线杆顶面至瓷套上法兰平面的距离为 206_{-2}^{0}mm，如图 9-118 所示。

7）装配尾管，并检查密封圈（$\phi8.4/\phi199.5$）的安装位置（见图 9-117）。

（8）加灌混合剂及顶部金具安装：

1）拆下预装在瓷套顶部的金具，将加热到 100℃的绝缘混合剂注入瓷套内。混合剂液面到瓷套上法兰水平面的距离（见图 9-118）N 应为 50mm（100℃），如果温度低于 100℃，应适当调整此尺寸之值。温度为 20℃时 N 为 170mm。

2）安装顶盖。将密封圈装入顶盖槽中，将顶盖装入，并紧固于瓷套上平面。

3）将密封圈装入顶盖密封槽中（见图 9-118）。再装入压盖，拧紧螺栓 M10×25 压盖紧贴顶盖，且使顶盖顶面至导体出线杆顶面的距离为 186mm，如图 9-118 所示。

4）将密封圈（$\phi3.5/\phi44.6$）装入屏蔽罩的密封槽中，之后将屏蔽罩装于终端顶部上，如图 9-118 所示。按电缆的相序由用户在屏蔽罩上涂上红、绿、黄相序标志颜色。

（9）终端尾部处理：

1）将铜屏蔽线捆扎于尾管末端，剪去多余的屏蔽线，并搪锡封固，如图 9-119 所示。

2）半搭盖绕包橡胶自黏带 2 层于搪锡面上，并盖住 PVC 外护套 20mm，如图 9-119 所示。

3）半搭盖绕包 2 层防水带于已绕包的橡胶自黏带上，并盖住 PVC 外护套 30mm，如图 9-119 所示。

4）热缩管套到尾管包扎处，加热使其收缩，如图 9-119 所示。

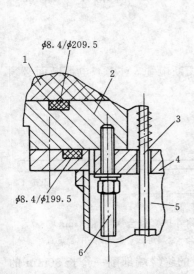

图 9-117 应力锥安装图（mm）
1—瓷套；2—应力锥罩的法兰；
3—锥托；4—垫板；5—尾管；
6—收紧螺杆

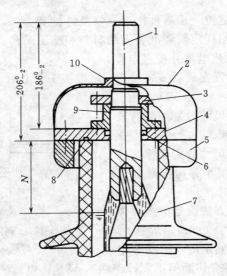

图 9-118 瓷套顶部处理（mm）
1—导体出线杆；2—屏蔽罩；3—紧圈；4—顶盖；5—瓷套上法兰；6—瓷套；7—压盖；
8—M12×35 密封圈（拧紧力矩 40N·m）；
9—M×50 密封圈（拧紧力矩 20N·m）；
10—M10×25 密封圈（拧紧力矩 20N·m）

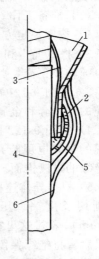

图 9-119 终端尾部处理
1—尾管；2—搪锡；3—铜屏蔽线；4—防水带；
5—橡胶自黏带；
6—热缩管

5）清洁收尾工作。

（三）110kV 及以上交联聚乙烯绝缘电缆中间接头的制作

110kV 及以上交联电缆预制型中间接头有两种典型结构——组装式预制型中间接头和整体预制型中间接头，现以整体预制型中间接头为例介绍预制型中间接头的制作过程和方法。组装式预制型中间接头的安装可以参照整体预制型中间接头、"采用弹簧压紧装置的终端的制作"方法进行。

不同制造厂的产品的结构和尺寸也会有些不同，但他们的差异不会很大，安装方法也是类同的。

这里例举 110kV 单芯、铜导体、皱纹铝护套交联聚乙烯绝缘电缆整体预制型直通中间接头的制作方法。

1. 安装方法

整体预制型中间接头的结构由半导电内屏蔽、主绝缘、应力锥和半导电外屏蔽都已在制造厂内预制成一个整体。现场安装时，只要将整体的接头预制件套在电缆绝缘上即成，在安装过程中，中间接头预制件和电缆绝缘的界面暴露的时间较短，接头工艺简单，安装时间也缩短。

图 9-120 示出的 110kV 整体预制型中间接头的预制件结构。

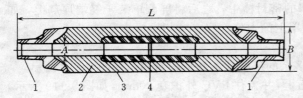

图 9-120　110kV 整体预制型直通中间接头的预制件
1—导电应力锥；2—接头绝缘；3—导电外屏蔽；4—导体屏蔽；$L=775$；$A=41.88\sim91.57$mm；$B=163\sim170$mm

2. 安装工序❶

安装工序：固定电缆→预热校直电缆→量取长度剥切电缆护层→打磨清理电缆→涂刷半导电漆→套入预制件→导体连接→安装散热器→预制件定位→预制件接地→恢复外护套。

（1）准备工作。按照规定需要准备安装材料和施工工具：

1）按照规定方法预热电缆并校直电缆。

2）将电缆 I 和 II 放置在最后安装位置，定准接头中心后切断电缆。注意，电缆断面必须与电缆轴线正交。

3）按图 9-121 所示尺寸分别剥除两段电缆的外护套和金属屏蔽。

4）按图 9-122 所示尺寸分别剥除两段电缆的半导电屏蔽并切削半导电屏蔽与电缆绝缘的过渡锥面。

5）根据导体连接的方法确定电缆导体的剥切长度 A（压接为 90mm，焊接为 100mm）。不过这里在按确定的尺寸切断绝

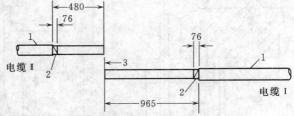

图 9-121　剥除外护套和金属屏蔽（mm）
1—电缆外护套；2—金属屏蔽；3—接头中心位置

缘层后暂将绝缘保留下来（切断但不剥掉绝缘），只是将电缆 I 的绝缘端部削一个长 80mm 的过渡倒角，如图 9-123 所示。

6）在两根电缆上从端头开始量取 400mm 长，用一尼龙线在屏蔽上刻一小槽作为后面接头套定位的标志，注意不要将屏蔽层切断，具体尺寸的规定如图 9-123 所示。

---

❶ 具体的尺寸应按制造厂的施工图量取。

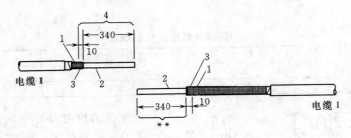

图 9-122 剥除半导体屏蔽（mm）

1—半导体屏蔽；2—电缆绝缘；3—过渡锥面；4—电缆绝缘打磨范围

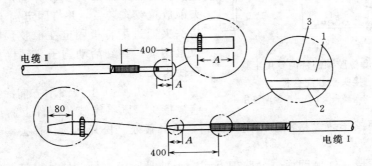

图 9-123 剥切电缆导体（mm）

1—半导体屏蔽；2—电缆绝缘；3—定位标记

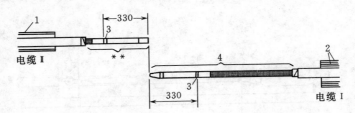

图 9-124 套热收缩管和涂刷半导电漆（mm）

1—热收缩管 C；2—热收缩管 A 和 B；3—乙烯塑料带（标志）；4—用清洁剂清洗的范围

7）在电缆Ⅱ上套入一根热收缩管 C，在电缆Ⅰ上套入热收缩管 A 和 B。注意，热收缩管的位置不能套错，如图 9-124 所示。

（2）打磨及清洗电缆：

1）按照规定方法打磨两段电缆绝缘，打磨的范围在图 9-122 中已有指示。

2）用清洁剂清洁两段电缆的电缆绝缘和半导体屏蔽。图 9-124 指出了要求清洁的范围，同时每段电缆的外护套也要清洁，以防止半导体颗粒污染电缆绝缘。

（3）涂刷半导电漆。在电缆Ⅰ和电缆Ⅱ距各自端部 330mm 处的绝缘上包绕乙烯塑料带做标志（见图 9-124），将乙烯塑料带与半导电屏蔽之间的绝缘以及最少 25mm 长的半导电屏蔽表面均匀涂满半导电漆，待半导电漆干后，撕去乙烯塑料带，确保半导电漆的边缘光滑和整齐。

（4）套入橡胶预制件。橡胶预制件是工厂预制的，它内面包含有两个应力锥、增强绝缘及内外屏蔽层。橡胶预制件的套入需借助于制造厂提供的专用设备和工具（或用户根据制造厂要求自制），主要有电缆夹、接头夹、配合板、手动绞车及钢缆、钩子等。接头夹和配合板如图 9-125 所示。

表 9-64　　　　　　　　　　　　调整配合板定位孔的规定

橡胶预制件截面	定 位 孔	橡胶预制件截面	定 位 孔
/	A	4，5	C
1，2，3	B	6	D

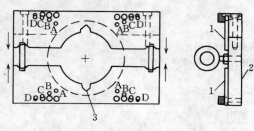

图 9-125　套橡胶预制件的专用工具
——接头夹和配合板
1—配合板；2—接头夹；3—接地调整片

1）根据应力锥背部标明的橡胶预制件截面，按表 9-64 的规定调整配合板到定位孔的距离。

2）如图 9-126 所示，在电缆 I 上，距离电缆端头至少 1200mm 处安装并固定电缆夹。在电缆夹前放置绞车装置，并将固定钩子挂在电缆夹上，接头夹通过配合板固定在橡胶预制件上，用绞车拉紧钢缆，直到活动钩子碰到接头夹时将钩子挂在接头夹上。

3）在电缆 I 上按图示方向涂抹润滑脂。若是绝缘接头，则将橡胶预制件上露出绝缘的一端先套进电缆，运用绞车装置将橡胶预制件拉到金属屏蔽处。松开钢缆，移去钩子、夹子等装配工具。

（5）导体连接。导体的连接分两种方式：一种是压接，另一种是焊接。由于橡胶预制件是预制的，因此对导体的连接的尺寸要求比较严格。连接方式不同，绝缘剥切尺寸也不同。

1）剥除按前面［工序第（2）5）条］切断的绝缘，露出导体，用钢丝刷子将导体表面杂物清理干净。

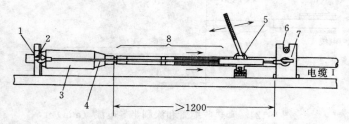

图 9-126　套入橡胶预制件（mm）
1—接头夹；2—配合板；3—橡胶预制件；4—钢丝绳；5—手动绞车；
6—电缆夹；7—固定钩；8—此段涂润滑剂

2）如果采用压接方式，应及时将清理好的导体插入连接管。压接前应先检查两段电缆的绝缘之间的尺寸 L，L 不可超过 200mm，否则必须重新组装。压接应从靠近压接标志线的位置（中间位置）开始，然后分别向两边进行，如图 9-127 所示。压接完毕后再次检查两绝缘之间的尺寸 L，这时 L 不可超过 220mm，否则必须重新组装。压接结束后，用锉刀和砂纸将压模留下的锐边打磨掉，再用干净布擦净附着的铜屑。

3）如果采用焊接方式，如图 9-128 所示，应在两段电缆靠近导体的绝缘层、屏蔽和橡胶预制件上包绕铝箔，防止焊接高温和火焰损伤它们。电缆导体完成焊接后，应检查焊接完后两段电缆之

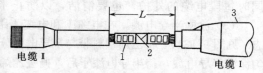

图 9-127　导体压接连接
1—连接管；2—压接标志线；3—橡胶预制件；
L—检查尺寸，$L \leqslant 220mm$

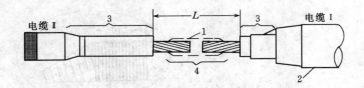

图 9-128　导体焊接连接

1—焊接连接；2—橡胶预制件；3—此外包绕铝箔；4—此外锉光焊接区；L—检查尺寸，$L \leqslant 220mm$

间的距离 L，L 不可超过 220mm，否则必须重新组装。然后锉光焊接区，以保证能适合散热器的安装，最后移去铝箔。

（6）安装散热器（散热片）。如图 9-129 所示，散热器安装在两电缆绝缘之间的连接导体上，散热器用张力自锁弹簧固定，弹簧外再包绕两层带材。

（7）橡胶预制件定位：

1）清洗电缆绝缘及散热器外表面，并均匀涂抹上润滑脂。

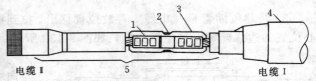

图 9-129　安装散热器

1—连接管；2—自锁弹簧和带材；3—散热器；4—橡胶预制件；
5—此段为清洁和润滑区域

2）在电缆Ⅱ上，距离电缆导体中心位置至少 760mm 处安装并固定电缆夹。在电缆夹前放置绞车，利用配合板将接头夹固定在橡胶预制件上，用固定钩子钩住电缆夹，活动钩子钩住接头夹，摇动绞车装置将橡胶预制件拉回到定位标志正中心位置，如图 9-130 所示。如果橡胶预制件拉动超出了定位标志，则必须使用组装工具重新就位。

（8）橡胶预制件的接地：

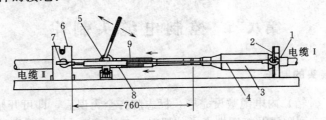

图 9-130　套入橡胶预制件（mm）

1—接头夹；2—配合板；3—橡胶预制件；4—钢丝绳；5—手动
绞车；6—电缆夹；7—固定钩；8—金属屏蔽；9—定位标志

1）橡胶预制件的接地均采用 ＃12 接地线。将 1150mm 长的接地线绑扎焊牢在电缆Ⅰ的金属屏蔽上，将 500mm 长的接地线绑扎焊牢在电缆Ⅱ的金属屏蔽上。然后分别将两根接地线的另一端接到橡胶预制件两端的接地眼上，如图 9-131 所示。

2）在橡胶预制件两侧应力锥台阶上包绕胶黏带形成斜坡，如图 9-131 所示。

3）如果是绝缘接头，则在橡胶预制件屏蔽中止侧（露出绝缘上）围着接头外屏蔽边缘包绕几层绝缘带材，如图 9-131 所示。

（9）恢复外护套。外护套的恢复采用了三根内表面涂了热熔胶的热收缩管材：

1）用砂布将两侧电缆距离外护套口 130mm 长的外护套打毛，并清洁表面。

2）将用砂布打毛的外护套区段加热 15s。注意，不要烧伤电缆。

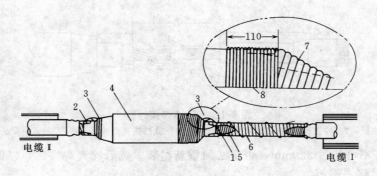

图 9-131　橡胶预制件的接地（mm）

1—接地线（长 1150mm）；2—接地线（长 500mm）；3—接地眼；4—橡胶预制件；5—铜编织带；
6—胶黏带；7—包绕胶黏带形成斜坡；8—高压绝缘带（仅对绝缘接头）

3）将热收缩管 C 从电缆 II 存放位置移出，拉到把橡胶预制件的边缘盖住。从靠近接头中心位置的边缘开始向另一端加热，如图 9-132 所示，从右向左加热，收缩热收缩管 C。

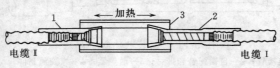

图 9-132　恢复外护套

1—热收缩管 C；2—热收缩管 B；3—热收缩管 A

4）同收缩管 C 一样，移出热收缩管 B，从左向右加热收缩。

5）最后移出热收缩管 A，置于接头的中心，从中心向两端加热收缩固定，如图 9-132 所示。

热收缩加热要均匀，不要总在一个地方烘烤加热。为了保证密封，应施加足够的热量，使热熔胶熔化并挤出管口。

外护套恢复完毕，电缆接头安装结束，待热收缩件冷却后才能移动和试验。

第八节　控制电缆头制作

一、控制电缆端头的制作

盘（屏、台、柜、箱）内电缆敷设完毕，标志牌齐全无误后，即可开始制作电缆头。

在决定盘上电缆排列顺序及打钢铠卡子位置时，二次施工人员应观察盘下电缆的排列及长度是否合理，加强工序间的互相协作配合，以提高工艺质量。然后，根据盘内端子的位置，按高处在后、低处在前的原则，把全部电缆整齐地排成一行或数行，并把电缆作临时固定。当制作橡皮绝缘铅包护层裸钢带铠装控制电缆头时（控制电缆头的制作方法很多，各地习惯不一致，本书介绍的为常用工艺），先在预定打钢铠卡子的位置做上标记，松开临时绑扎，平放在地面上，在标记处用退火后的钢铠（用喷灯火焰去除其所附沥青时，钢铠也就退了火）打上卡子，在钢卡上方 6mm 处，锯一圆环深痕，深度为钢铠厚度的 3/4 左右，不要锯透。挑起钢带，用钳子钳住，撕断锯缝，自下而上顺序松散，如此将两层钢铠剥掉。剥切时，切口应保持平正。然后用喷灯在铅包上用火加热，擦净铅皮外的沥青，亦可用汽油等擦去。在距刚铠 15mm 处用电工刀或剖铅刀切一圆环深痕，深度为铅皮厚度的 3/4 左右，不要切透。再用电工刀或剖铅刀沿电缆轴向切两道间距为 10mm 的深痕，深度仍为铅皮厚度的 3/4，勿切透（因控制电缆较小，且铅包不厚，轴向切一道口亦可）。用螺丝刀将两道深痕间的铅皮末端挑起，用钳子夹住，撕掉铅条。接着，自上而下用手掰开铅皮，将它剥掉。切口边缘应保持圆滑无毛刺。

在电缆剥去铅皮，线芯未散开前，应立即进行校对线芯工作。

为便于鉴别，绝缘线往往采用分色、编号等方法区别。3、4 芯电缆一般用红、黄、绿或白色表示相线，黑色表示地线。芯数很多的控制、信号电缆有用色谱或编号表示，也有在每一层中设有标志线芯来区别。橡皮绝缘控制电缆一般都采用后者标示，即每一层中设有标志线芯。塑料绝缘控制电缆采用方法较多，有的标有 1、2、3…等数，使用时很方便。由于缆芯是扭绞而成的，一根电缆两端的线芯排列次序是反向的。

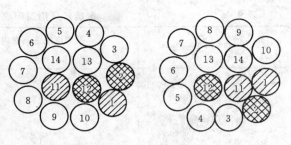

图 9-133　线芯编号

确认电缆敷设位置及其标号无误后，在电缆一端各层分辨出其标志的线芯，并从这根标志线芯开始沿时针方向，顺序地将同一层线芯依次编号；在此根电缆的另一端，则从标志线芯逆时针方向顺序编号。如标示线芯为红、绿两根，可如图 9-133 所示进行编号。

如控制电缆芯线已经散开，绝缘层标志线分辨不清或有中间接头时，可使用干电池试灯校线。

线芯标号后，即可割除黄麻，将铅包口胀成约 45° 的喇叭口，然后分芯，并在整个线芯的长度上套以与电缆线芯相适应的软聚氯乙烯管。这是因为橡皮绝缘有一定的吸湿性，机械强度较低，易受侵蚀，所以必须在线芯上套绝缘管，以保护缆芯的绝缘和机械强度。绝缘管的内径可按表 9-65 选用。为便于套入绝缘管，线芯必须拉直，必要时可借助于滑石粉，但不能用油剂作滑料，以免腐蚀橡胶。绝缘下口伸入喇叭口处应剪成斜口，以利包缠。然后，从喇叭口处向上紧包数层绝缘带（喇叭口处应多包几层，使之平整、服贴），包成一定的形状（形状根据习惯），包缠长度为 50～60mm。然后，从喇叭口下 15～20mm 处开始，向上包一层透明聚氯乙烯带，其高度与内层一致，其间可夹入电缆编号纸片，作为标志牌。同一块盘内，各控制电缆上钢卡的高度、芯线的包缠层数、长度、外形、绝缘管和绝缘带的颜色等均应一致，以达整齐美观。在喇叭口处亦可使用现成的聚氯乙烯控制电缆终端套，如图 9-134，其适用范围见表 9-66。接下来就可进行线芯排列与连接。

塑料绝缘控制电缆头的制作与之相仿，当不与橡皮绝缘控制电缆夹杂使用时，可以不穿绝缘管。

表 9-65　　各种缆芯截面应配的软聚氯乙烯管尺寸

电缆芯线截面（mm²）	电缆线芯直径（mm）		软聚氯乙烯管尺寸（mm）	
	无绝缘	有绝缘（最大的）	内径	厚度及公差
1	1.1	32.86	3.5	0.4±0.05
1.5	1.37	3.19	3.5	0.6±0.1
2.5	1.76	3.63	4	0.6±0.1
4	2.24	4.07	4	0.6±0.1
6	2.73	4.62	5	0.6±0.1
10	3.99	5.50	6	0.6±0.1

图 9-134　聚氯乙烯控制电缆终端套

表 9-66　　　　　　　　　　　　聚氯乙烯控制电缆端套适用范围表

型　　号	控制电缆终端套内径 (mm)	适用范围 线芯数×线芯直径（mm）
KT2—1	12	4×1.5、5×1.5、4×2.5
KT2—2	13	6×1.5、5×2.5、7×1.5
KT2—3	14	6×2.5、8×1.5、4×6
KT2—4	15	8×2.5、6×4、7×4
KT2—5	16.5	10×1.5、8×4、6×6、7×6
KT2—6	18	14×1.5、10×2.5、8×6
KT2—7	19.5	19×1.5、14×2.5、10×4、4×10
KT2—8	21	19×2.5、10×6
KT2—9	24	24×1.5、30×1.5、6×10、7×10
KT2—10	26	37×1.5、25×2.5、30×2.5、8×10

二、控制电缆中间接头的制作

在整根电缆上，中间接头往往是个薄弱环节，为此，必须精心制作。特别要注意连接工艺和绝缘处理，使该处的导电和绝缘性能不低于电缆的其余部分。

图 9-135　控制电缆线芯的捻接法

控制电缆线芯截面在 2.5mm² 及以下者，采用捻接挂锡的方法连接，如图 9-135 所示。捻接时，各芯相互重叠部分不得少于 15mm，要求接触良好、牢靠。线芯截面 4mm² 以上者，应使用图 9-136 所示的连接管进行连接。连接管的尺寸按表 9-67 选择。各股线芯接头位置应相互错开排列，如图 9-137，以缩短接头盒的尺寸。接头盒可用厚度为 2～2.5mm 的铅板焊成直径比被连接电缆铅包直径大 25～30mm 的铅筒（或用由电力电缆上取下的铅包），内注白腊或绝缘混合物；或用白铁皮制作直径与之相当的接头盒外模，内浇环氧树脂后取下。

接头盒的长度可根据被接控制电缆芯数的多少而定，可按 2～3 倍连接管长度，加上每两相邻

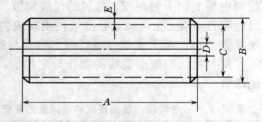

图 9-136　电缆铜芯连接管

连接管之间的距离（5mm），再加上端头各 50mm 进行计算。铅筒中间部位切开两个三角形孔，以利浇灌绝缘。一端先用木锤轻轻敲打，使之能与电缆铅皮的直径相配合。

表 9-67　　　　　　　　　　　　电缆铜芯连接管尺寸（mm）

线芯截面（mm²）	连接管型式	连接管尺寸（mm）				
		A	B	C	D	E
4		30	5	3	1.5	1
6	见图 9-136	35	5.5	3.5	1.5	1
10		40	6.5	4.5	1.5	1

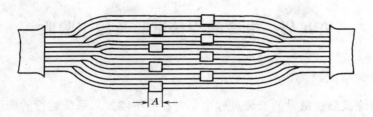

图 9-137　控制电缆接头的各芯位置排列

预备好连接管、接头盒并做好其他材料、工具的准备后，即可着手进行被连接电缆的端部的分端处理，即：根据接头盒长度，确定剖切尺寸，按制作终端头的方法打钢卡子，锯剥钢铠，套上接头盒，剖铅，胀喇叭口后，着手分芯。按连接管布置位置，截出需要的线芯长度，将芯线末端绝缘剥去，使导体裸露，其剥切长度为连接管长度的一半加 5～10mm。除去氧化层，把清洁的铜芯顺序放入盛有熔化焊料的容器内搪锡。在各芯的一端套上一段黄腊管（其直径应大于铜连接管）；套上铜连接管，将连接管两端用油浸白布带包严，以防漏锡。管内放入松香，然后将熔化好的焊锡浇在铜连接管内。浇灌时，用大夹钳将铜连接管夹紧，使之与导体密合。夹紧后，继续浇锡，直至铜连接管内充满焊锡为止。将管口多余的焊锡刮去，用浸汽油棉纱冷却铜连接管。拆去铜连接管两端所包的油浸白布带，打磨铜连接管表面，使之光滑无毛刺。用布擦净金属屑后，各芯用聚氯乙烯带从两端向中间包缠一层，并将连接管两端之空隙包平，接着在全长再包 2～3 层；然后，将黄腊管套到铜连接管的部位。把电缆铅包擦亮，将铅套移至中间（注意灌注孔应向上），用木敲棒轻轻敲铅套管两端，进行收口，使管口紧包在铅包上。敲时用力不能过重，以防套管裂开、折叠；同时，要注意不可损伤铅包。收口完毕，即可进行封铅。

用喷灯预热电缆铅包及铅管的待封铅部分，预热温度达到可能使硬脂酸融化时，即可抹上硬脂酸，除去氧化层；再用喷灯预热封铅，待熔化时，均匀地滴于需要封铅处的四周；将喷灯斜对封铅，均匀加热。轻轻地用抹布快速擦抹封铅，使其成型。要做到粘附密实、厚薄均匀、形状对称美观，表面光滑。控制电缆的外径通常比较小，封铅时间一般不应超过 5min，喷灯火焰不要垂直烘烤铅包，以免局部过热而损伤内部绝缘。封铅完毕后，应抹硬脂酸除去氧化层。

将熔化后的石腊，由一预留的加注孔灌入。待冷却后，把加注孔小心地封上。对于敷设在土沟中的电缆，要把中间接头放置在钢质或生铁保护盒内。

塑料护套控制电缆可用粘性塑料带或自粘性橡胶带在各芯缠包 3～4 层后，外面装上塑料连接盒保护。塑料护层电缆不宜与铅包护层电缆相连接，如需连接，应采用接头盒灌绝缘混合物的办法。

三、控制电缆线芯的接线

控制电缆接线前，应将其绑扎成束，备用芯线不应锯掉，而按该电缆使用芯线的最大长度预留后排列在线束内。线芯束可排列成圆形或矩形，同一块盘内的形式应统一。线束可用塑料带或尼龙扎带绑扎，间距应相等。各根电缆芯线束排列时应相互平行，横向芯线应与纵向线束垂直。当一根控制电缆的芯线需要接到一块盘（箱、柜）的两侧端子排时，一般应在盘的一侧加设过渡端子排，然后再另敷短电缆引渡到另一侧的端子排上。

接线完毕后，应进行全面检查、整理，确保接线正确，外观整齐。

第九节　电缆的交接试验及竣工验收

一、交接试验

为了检查电缆线路在敷设的安装过程中是否存有不能投入系统运行的施工质量，同时为满足电力调度和运行的需要，电缆线路在竣工后宜作如下试验：

（1）核相试验。

（2）绝缘电阻试验。

（3）绝缘直流耐压试验。

（4）护层耐压试验。

（5）参数试验。

（一）绝缘电阻的测试

规范对绝缘电阻的测试未做阻值的规定，一般情况下，电力电缆应按下述要求进行，作为电缆开封或送电前绝缘状况的依据，见表 9-68。

表 9-68　　　　　　　　　　　电力电缆绝缘电阻阻值表（仅供参考）

电压等级及类别	使用摇表规格	绝缘电阻内容	换算到长 1km，20℃时的绝缘电阻
35kV 及以下粘性油浸	1000V	相-相 相-地（铅包）	≥50MΩ
35kV 及以下干绝缘	1000V	同上	≥100MΩ
6～10kV	2500V	同上	≥200MΩ
35kV	2500～5000V	同上	＞500MΩ

换算方法可用下式进行：

$$R_t = \alpha_t R_L \frac{L}{1000} (\text{M}\Omega/\text{km})$$

式中　R_t——换算后的绝缘电阻值，MΩ/km；

　　　α_t——绝缘电阻温度系数，见表 9-45；

　　　R_L——被测电缆绝缘电阻的测定值，MΩ；

　　　L——被测电缆的长度，m。

电缆的绝缘测试注意应将"L 端"接被测线芯，"E 端"接地（铅包），测量线（相）间时"E 端"接线芯，"G 端"为保护屏蔽端，测量电缆时应接在被测线芯的内层绝缘物上，以消除因表面漏电而引起的误差，见图9-138。

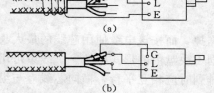

图 9-138　用摇表测量电缆
绝缘电阻的方法
（a）对地；（b）相间

测量结果，三相不平衡系数一般不大于 2.5。

无封端的橡胶、塑料电力电缆，即可用摇表按上述接线方法进行绝缘电阻的测量，测量前可用蘸有汽油的棉丝将端头的线芯擦干净或者用锯将端头锯 10～20mm，露出新线芯，再进行测量。无封头的电缆随时可进行绝缘电阻的测量。

有铅包封头的各类电缆通常在制作电缆头时才进行绝缘电阻的测量,同时进行潮湿判断和直流耐压试验。因为有封头的电缆属粘油亦绝缘、不滴流油浸纸绝缘类,易受潮。因此,开封即连续作业,直至做完;开封的同时还须将锯断处进行铅封,以免受潮。测量方法及要求同前。

（二）核相试验

电缆线路的核相试验是证明电缆内的每根线芯在电缆线路的两侧相位是否一致,也即是一侧的线芯相色至另一侧线芯相色应是连续的,这是因为电缆线路的架空线路不同,无法沿线路认定相位的连续性。

核相试验的方法很多,如常作这种试验,可采用兆欧表和电压表法,其接线方式如图 9-139 所示。

图 9-139 核相试验接线图
E—干电池盒；V—电压表

在电缆线路的任一侧,确定相位后,将干电池的正极引线接电缆的 A 相,负极引线接 B 相,然后在另一侧用零值在中央的直流电压表,寻找电缆线芯相应的极性,当电压表指向"＋"时,接正极引线的电缆线芯应为 A 相,接负极引线的电缆线芯应为 B 相。用兆欧表核相是将兆欧表两接线端子分别接一相线和地,进行摇测判断各相正确与否。

（三）直流耐压试验

电缆线路的电容量很大,如用交流作耐压试验,则需要大容量试验变压器,因此竣工试验通常均用直流作耐压试验。

试验电压的倍数是模拟电缆线路在电力系统运行过程中需经受的过电压倍数,以及交流和直流对介质击穿的性能比值而定。由于不同的电缆绝缘介质在相同直流电压下性能不一,因此在同一系统电压中使用的电缆线路,它的竣工直流试验电压也不相同,需按电缆绝缘介质而定。表 9-69 为我国现行的直流试验电压倍数。

表 9-69 竣工直流试验电压倍数

电缆绝缘种类	额定线电压 U_N（kV）	直流试验电压 U_t（kV）
粘性纸绝缘电缆	2～10	$6U_N$
	15～35	$5U_N$
不滴流电缆	2～35	$2.5U_N$
充油电缆	110～220	$4U_0$[1]
橡塑电缆[2]	2～35	$2.5U_N$
	110～220	$3U_0$[1]

[1] $U_0 = U_N / \sqrt{3}$。

[2] 由于高压直流试验对交联聚乙烯绝缘有累积损伤作用,目前国内外对以交流试验代替直流试验的认识日趋一致。

直流试验的接线,按试验设备的不同,试验电压的高低等有多种方法,图 9-140 为一种常用的硅堆整流,微安表处于高压侧的接线方法。

试验过程中泄漏电流是一个辅助参考数据,通常耐压后的泄漏电流值比耐压前的小,三相的泄漏电流比值不大于 2,否则需查找出其原因。

（四）护层耐压试验

电缆线路采用金属护套一端接地或交叉互联,在竣工后需作金属护套对地的耐压试验,防

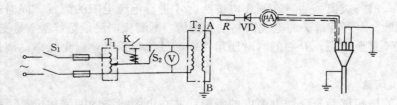

图 9-140　直流试验的仪表接线图

VD—高压硅堆；T_1—调压器；T_2—高压试验变压器；K—脱扣线圈；R—限流保护电阻

止施工中可能损坏护层绝缘，以达到一端接地或交叉互联目的。

竣工试验电压为直流 10kV，时间为 1min。护套如装设保护器，试验前需临时解除。

铝护套电缆线路，即使采用两端接地，也需作护层绝缘试验。但可用兆欧表测量代替直流耐压试验，绝缘电阻应不低于 2MΩ，因为铝护套比铅护套的化学性能活泼，容易受到各种腐蚀。

中压三芯交联聚乙烯电缆以兆欧表测外护套及内衬层绝缘电阻。

（五）参数试验

电缆线路的参数是电力系统调度的常用数据，也是继电保护整定依据之一。重要的电缆线路需测量：

（1）导线的直流电阻。

（2）金属护套的直流电阻。

（3）电缆的静电电容。

（4）线路的正序阻抗。

（5）线路的零序阻抗。

测量导体直流电阻值这一项试验很重要，它可以检查制造厂的导体截面是否符合规定尺寸，如果截面偏小或采用不纯的导体材料，导体直流电阻就会增大；反之，如果截面偏大，而电缆外径一定，则绝缘厚度变薄，这两种情况都不符合要求。导体直流电阻应符合表 9-70 规定。

表 9-70　　　　　　　　　　　导 体 直 流 电 阻 值

标称截面（mm²）	导体直流电阻＋20℃时不大于（Ω/km）	
	铜	铝
1×25	0.727	1.20
1×35	0.524	0.868
1×50	0.387	0.641
1×70	0.268	0.443
1×95	0.193	0.320
1×120	0.153	0.253
1×150	0.124	0.206
1×185	0.0991	0.164
1×240	0.0754	0.125
1×300	0.0601	0.100
1×400	0.0470	0.0778
1×500	0.0366	0.0605
1×630	0.0283	0.0468
1×800	0.0221	0.0367
1×1000	0.0176	0.0291

（1）和（2）可用携带型双臂电桥测得，（3）可用 1000Hz 电容电桥测量，（4）和（5）可用图 9-141 与图 9-142 示的线路接线，测得功率、电压、电流后，再用下列各式计算：

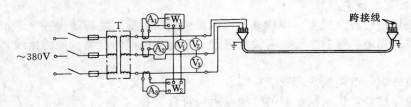

图 9-141　测正序阻抗接线图

Q—抽头式降压变压器；A_1、A_2、A_3—电流表；

V_1、V_2、V_3—电压表；W_1、W_2—功率表

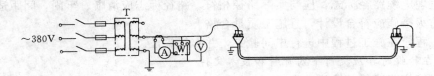

图 9-142　测零序阻抗接线图

T—抽头式降压变压器；A—电流表；V—电压表；W—功率表

$$Z_1 = \frac{V}{\sqrt{3}\,I}$$

$$R_1 = \frac{P_1 + P_2}{3I^2}$$

$$X_1 = \sqrt{Z_1{}^2 - R_1{}^2}$$

$$Z_0 = \frac{3V}{I}$$

$$R_0 = \frac{3P}{I^2}$$

$$X_0 = \sqrt{Z_0{}^2 - R_0{}^2}$$

式中　　　Z_1——正序阻抗，Ω；

R_1——正序电阻，Ω；

X_1——正序电抗，Ω；

Z_0——零序阻抗，Ω；

R_0——零序电阻，Ω；

X_0——零序电抗，Ω；

V——电压表读数，V；

I——电流表读数，A；

P、P_1、P_2——功率表读数，W.

以试验测得的参数和理论值比较，不应有较大差别，否则应查找出其原因。必需指出：测得的零序电阻一般高于理论值，这是因为零序电阻回路也包括了护层间引线的接触电阻。如相差过大，需改善引线的接触电阻。

二、电缆工程的交接验收

（一）在验收时检查项目

（1）电缆规格应符合规定；排列整齐、无机械损伤；标志牌应装设齐全、正确、清晰。

（2）电缆的固定、弯曲半径、有关距离和单芯电力电缆的金属护层的接线，相序排列应符合要求。

（3）电缆终端、电缆接头应安装牢固。

（4）接地应良好，护层保护器的接地电阻应符合设计。

（5）电缆终端的相色应正确，电缆支架等的金属部件防腐层应完好。

（6）电缆沟内应无杂物，盖板齐全，隧道内应无杂物，照明、通风、排水等设施应符合设计。

（7）直埋电缆路径标志，应与实际路径相符。路径标志应清晰、牢固，间距适当。

（8）防火措施应符合设计，且施工质量合格。

隐蔽工程应在施工过程中进行中间验收，并作好签证。

（二）在验收时，应提前下列资料和技术文件

（1）电缆线路路径的协议文件。

（2）设计资料图纸、电缆清册、变更设计的证明文件和竣工图。

（3）直埋电缆输电线路的敷设位置图，比例宜为 1∶500。地下管线密集的地段不应小于 1∶100，在管线稀少、地形简单的地段可为 1∶1000；平行敷设的电缆线路，宜合用一张图纸。图上必须标明各线路的相对位置，并有标明地下管线的剖面图。

（4）制造厂提供的产品说明书、试验记录、合格证件及安装图纸等技术文件。

（5）隐蔽工程的技术记录。

（6）电缆线路的原始记录：

1）电缆的型号、规格及其实际敷设总长度及分段长度，电缆终端和接头的型式及安装日期。

2）电缆终端和接头中填充的绝缘材料名称、型号。

（7）试验记录。

第十章　电缆线路的运行维护、故障处理及故障检测诊断

第一节　电缆线路的运行原则

一、电缆的运行电压

电缆的运行电压应不超过其额定电压的115％，备用及不使用的电缆线路，应连接在电网上，加以充电，以防受潮而降低绝缘强度。在中性点不接地系统中，当发生单相接地时，要求运行时间不超过 2h。

二、电缆的运行温度

当电缆在运行中超过允许温度时，将加速纸绝缘老化；另外由于温度过高，电缆中的油膨胀，产生很大的热膨胀油压，致使铅包伸展，使电缆内部产生空隙，这些空隙在电场的作用下极易发生游离，使绝缘性能降低，导致电缆的损坏而引起事故，因此对缆芯导体的允许温度必须加以限制。例如，110kV 充油电缆的缆芯温度允许 75℃。由于电缆芯的温度不能直接测量，所以可以测量电缆的表面温度，电缆芯与电缆的表面温度差一般为 20～15℃，当电缆的表面温度超过允许温度时，应采取限制负荷措施。检查直接埋在地下的电缆温度，应选择电缆排列最密处或散热情况最差处。

三、电缆的运行负荷

电缆的过负荷。不同型式、不同额定电压、不同截面、在不同环境下运行的电缆有不同的最大长期运行电流数值。在经常性负荷电流小于最大长期运行电流的电缆允许短时少量过负荷。

运行中对电缆的最高允许过负荷电流，可按下述公式来确定：

$$I_{pr} = I_N \sqrt{\frac{t_{pr} - t_0}{t - t_0}}$$

式中　t_{pr}——电缆芯导体允许温度，℃；

　　　t_0——周围环境温度，℃；

　　　t——电缆过负荷前电缆芯的温度，℃；

　　　I_N——电缆额定负荷电流，A。

一般规定 6～10kV 电缆，最高允许过负荷电流应不超过其额定电流的110％，且时间不超过 2h。

四、电缆的运行其他要求

（1）全线敷设电缆的线路一般不装设重合闸，因此当断路器跳闸后不允许试送电，这是

因为电缆线路故障多系永久性的。

（2）电缆接入时，应核对相位正确。

（3）电缆温度的测量应在夏季或电缆最大负荷时进行。

（4）运行中的电缆头、电缆中间接头盒不允许带电移动。

（5）发现电缆或电缆头冒烟时，必须先切断电源，再立即进行灭火。

第二节　电缆线路的运行维护

一、技术管理

（一）电缆线路装置记录

电缆线路的装置记录，可以采用硬卡片式样，以便能长期保存。片卡的颜色可按系统电压，分为多种浅色，如粉红、淡绿、淡黄等。在选取使用的电压时应一目了然。卡片上的记录，应以黑墨水填写，便于长期保存。

每条电缆线路以一线一卡为原则，并按线路编号，顺次收藏于钢制抽屉柜内，取用后需当日复归原处，便于电缆线路一旦发生事故时，能随时检索。

装置记录的内容，可按需要印刷，表 10-1 为一种常用电缆线路记录卡片的正反面。

表 10-1　　　　　　　　　　　电 缆 线 路 记 录 卡 片

（正面）　　　　　　　　　　　电 缆 线 路 记 录

线路名称_____　　　　　　　　　　　　　　　　　　　　　　电站编号_____

长度 (m)	线路	制造厂	出厂盘号	截面积 (mm²)	电压 (V)	型式	每芯电阻	每公里电容		已用年数	装置日期	图样编号
								芯与芯间	芯与地间			

总长_____　　　　　　　　　单芯总电阻_____　　　　　　　　　总电容_____

终端匣						电缆历史	地点
型	剂	所在地	日期	技工	备注	摘要	

（反面）　　　　　　　　　　　故 障 记 录

次数	日期		技工姓名	相	故障部分	故障类别	故障原因及所在地	修理情况
	故障	修理						

404

表 10-2　　　　　　　　　接头及终端盒记录

_____ V 电缆名称 _____

编号	型式	图样编号	剂	技工姓名	装置日期	备注	编号	型式	图样编号	剂	技工姓名	装置日期	备注	编号	型式	图样编号	剂	技工姓名	装置日期	备注

编号	型式	图样编号	剂	技工姓名	装置日期	备注	编号	型式	图样编号	剂	技工姓名	装置日期	备注	编号	型式	图样编号	剂	技工姓名	装置日期	备注

也可将记录输入计算机软盘。应用计算机，它不但便于检索，统计装置记录的各种特殊要求，节省了大量的汇总时间。

（二）电缆线路图

电缆线路敷设后，尚未覆盖填土前，由测绘电缆线路对其他永久性建筑物的平面相对距离，包括电缆线路的长度、余度和电缆接线的精确位置。线路图一般用 1∶500 的比例，在线路中个别复杂地段，可局部放大，达到既详细又清晰的要求。显而易见，一般电缆线路设计图不能取代电缆线路竣工图，前者通常是敷设电缆线路的依据，后者是电缆线路实际占有的地理位置。

多条平行的电缆线路可以合用一张竣工图，但经验表明一张竣工图不宜绘制四条以上电缆线路，以便保持图面清晰。

（三）电缆线路总布置图

电缆线路总布置图是电缆线路图的索引，它不但是设计电缆的必要资料，也为电缆网络运行管理提供了全貌。

通常一个电压等级需要一张电缆线路总布置图，图的比例可为 1∶2000。因为不需要如电缆线路图那样表明邻近建筑物的相对位置，只是说明在一个地区的电缆线路条数、名称及装置方式，据此可查找有关线路的详细资料。

（四）电缆和附件结构图

不同电压、不同装置的电缆有它不同的制造结构。即使同一电压，相同装置的电缆由于制造厂不同，也并不相同。而同一制造厂，由于材料的不断改进或则工艺的革新，电缆结构也会随技术的进展而变。因此对新敷设的电缆在锯一段短样实测电缆各部件的精确尺寸，绘制成1：1的电缆剖面图。电缆结构图不但可作为所敷设的电缆以及日后需要了解的资料，又可作为各种参数，包括电缆载流量等计算的原始依据。它不同于制造厂提供的产品技术规范，后者只是作为合同交货时的验收参照样品和实际结构不一定完全一致。

电缆附件结构图是指电缆敷设后所安装的接头或终端的装配图。因为附件的设计和结构，按制造厂不同有很大差异，也按时间的不同，同一制造厂不同有很大差异，也按时间的不同，同一制造厂同样用途的附件，结构也不尽相同。为了便于日后查阅电缆线路当时安装的附件结构，安装之前先应具备有编号的电缆附件图。电缆附件图既是安装的依据，也是检查安装质量的标准。电缆附件图中，对主要部件有变动时，电缆附件图中的每个组成部件，应另有零件图，也可作为加工图。它不但要求外形尺寸的配合，还需注明对材质的要求；特殊材料，需注明产品来源。

（五）电缆附件安装工艺

电缆附件是电缆线路中的薄弱环节，因为安装的质量决定于现场环境及安装人员的技术水平。几乎所有的电缆附件，它的组装时间要求尽量缩短，使电缆的绝缘尽可能减少暴露在空气中的时间，这就不但需要熟练的操作人员，也需要一套合乎逻辑的安装程序，称之为安装工艺。

电缆附件的种类较多，也就有各种安装工艺，但有些操作在各种安装工艺中相同的则列为电缆安装基本工艺。基本工艺熟练的电缆工，按此可安装合格的电缆附件。

（六）电缆线路专档

电缆线路专档是收集有关所敷设一条电缆线路的资料和文件，如途径的许可协议书，电缆的出厂合格证，原始的现场填报记录，竣工试验报告以及经常的定期维修报表或则发生事故后的详细修缮记录。资料和文件虽然在存档时似乎无多大作用，但它成为经常日后需要探讨问题的宝贵依据。

（七）维护记录

电缆线路敷设以后，为了能安全运行，预防事故发生，以及即使发生了事故，记录修理的过程和采用避免再度发生的措施等都是属于电缆维护工作的范围。其中重要的是有些事故原因需要分析试验和研究，这就需要积累有关记录，以能彻底消除事故的起因。此外这些资料的总结，也是电缆线路的运行经验，是提供产品或线路设计更完善化的依据，因此不能予以忽视。

电缆线路维护记录有线路巡视，预防性试验，故障修理等；这类记录应有一式两份，一份归入属该线路的专档内，另一份归入这类事故原因的专题档案内，以便集中反映电缆线路安全运行情况，区分轻重缓急，改进和解决各类技术关键问题。

（八）年度事故分析统计

年度事故分析统计是协助提高电缆系统安全运行有效措施之一。当电缆线路发生事故，包括预防性试验击穿和严重缺陷，除了分析其原因外，还需分门别类如发生部位属电缆本体、终端接头和所属电缆级，以便研究其损坏是属于偶然性或必然性，以及必需采取改进措施的缓急程度。

年度事故分析统计也可多年积累统计而后取其平均值对比，这样更可确证电缆系统技术管理水平和绝缘老化的关系。

二、线路巡视

长期运行经验表明，电缆线路的电缆自身故障，绝大部分是由于机械性损伤引起，这种约占电缆自身故障的70%。而这些机械性损伤绝大部分都属于人为的。预防这类事故的发生，需有健全的线路巡视和管理制度，制度的严格和实施的完善，可以排除这类原因的绝大部分。

（一）挖土制度

电缆线路的途径一般为公用道路，这些道路属辖城市建设管理部门，因此电缆线路部门需和城市建设管理部门密切配合，取得支持。这就要求设计电缆线路之前，必需办理电缆途径申请批准书，而在施工前又需办理掘土许可证明，使城市建设管理部门具备地下管线的精确资料。

在城市中任一建设单位需要影响公共道路的工程，包括地下部分，必需严格遵守城市建设的管理法令，即必须向城市建设管理部门申请挖土许可证明，管理部门据此判断是否有必要通知有关管线管理部门，如电缆运行单位，以便后者能及时派遣巡视守护人员。

电缆线路途径如不在公共道路，而在企事业单位的厂区内，则电缆线路管理部门需和企事业单位的动力部门制订各别协议，并提供厂区内电缆途径图，责任代为履行挖土制度。必要时通知电缆管理部门予以协助。

（二）许可制度

许可制度是指在电缆线路途径临近进行其他工程建设，由电缆线路单位派遣的巡视人员按电缆线路图所示向建设单位的施工人员交底明确，电缆所在准确位置和应该注意的事项。建设单位施工人员在理解巡视人员的要求后，要履行文件签证手续，以明责职。任一方不重视许可制度常是电缆线路机械损坏的基本原因。

（三）电缆守护

城市中时有不少地下建设工程，需要开挖路基而暴露电缆，例如在电缆线路下穿越其他管线等。它的频繁程度决定于城市发展速度，因此电缆管理部门需有准备配备足够的对电缆技术熟悉的人员和必需的工具和器材，进行日常监视和守护工作。

需要守护的电缆，应作好守护纪录，最后存放该电缆线路的技术档案内，这些资料是判断有些电缆事故日后原因不明的依据，也是提供和改进其他类似电缆需要守护时的参照。

三、电力电缆投入运行前的检查

（1）新装电缆线路，必须经过验收检查合格，并办理验收手续方可投入运行。

（2）停止运行48h以上的电缆线路，再次投入运行前应摇测绝缘电阻，与上次比较，换算到同一温度时，阻值不得低于30%，否则应做直流耐压试验，停止运行一月以上、一年以下的电缆线路，再次投入运行前，则必须做直流耐压试验。

（3）重做的电缆终端头、中间头及新做电缆终端中间头，运行前应做耐压试验合格，还必须核对相位，摇测绝缘电阻全部无误后，才允许恢复运行。

四、电缆线路运行中的巡视检查

电缆线路的运行和维护，主要是线路巡视、维护，负荷及温度的监视，预防性试验及缺陷故障处理等。

（一）巡视检查周期

对电缆线路一般要求每季进行一次巡视检查，对户外终端头每月应检查一次。如遇大雨、洪水等特殊情况及发生故障时，还应增加巡视次数。

发电厂、变电所内的电缆，敷设在土中、隧道、电缆沟、电缆桥架及沿桥梁架设的电缆，至少每三个月巡回检查一次。电缆竖井内的电缆，每半年至少一次。水底电缆每年检查一次水底路线情况。在潜水条件允许的情况下，在派遣潜水人员检查电缆情况，当潜水条件不允许时，可测量河床的变化情况。对敷设在土中的直埋电缆，根据季节及基建工程的特点，必要时应增加巡查次数。对于挖掘暴露的电缆，应根据工程的具体情况，酌情加强巡查。

电缆终端头，根据现场及运行情况，一般每1～3年停电检查一次。装有油位指示的电缆终端头，每年夏、冬应检视油位高度。污秽地区的电缆终端头的巡查与清扫期限，可根据当地的污秽程度予以决定。

技术管理人员必须定期进行有重点的监督性检查。

（二）巡视检查内容

1. 直埋电缆线路

（1）沿线路地面上有无堆放的瓦砾、矿渣、建筑材料、笨重物体及其他临时建筑物等，附近地面有无挖掘取土，进行土建施工。

（2）线路附近有无酸、碱等腐蚀性排泄物及堆放石灰等。

（3）对于室外露天地面电缆的保护钢管支架有无锈蚀移位现象，固定是否牢固可靠。

（4）引入室内的电缆穿管处是否封堵严密。

（5）沿线路面是否正常，路线标桩是否完整无缺。

2. 敷设在沟道内的电缆线路

（1）沟道的盖板是否完整无缺。

（2）沟内有无积水、渗水现象，是否堆有易燃易爆物品。

（3）电缆铠装有无锈蚀，涂料是否脱落，裸铅皮电缆的铅皮有无龟裂、腐蚀现象。

（4）全塑电缆有无被鼠咬伤的痕迹。

（5）隧道内电缆位置是否正常，接头有无变形漏油，温度是否正常，构件有无失落，通风、排水、照明、消防等设施是否完整。

（6）线路铭牌、相位颜色和标志牌有无脱落。

（7）支架是否牢固，有无腐蚀现象。

（8）管口和挂钩处的电缆铅包是否损坏，铅衬有无失落。

（9）接地是否良好，必要时可测量接地电阻。

3. 电缆终端头和中间接头

（1）终端头的绝缘套管有无破损及放电现象，对填充有电缆胶（油）的终端头有无漏油溢胶现象。

（2）引线与接线端子的接触是否良好，有无发热现象。

（3）接地线是否良好，有无松动、断股现象。

（4）电缆中间接头有无变形，温度是否正常。

4. 其他

（1）对明敷电缆应检查沿线挂钩或支架是否牢固，电缆外表有无锈蚀、损伤；线路附近有无堆放易燃、易爆及强腐蚀性物体。

（2）洪水期间及暴雨过后，应检查线路附近有无严重冲刷、塌陷现象；室外电缆沟道的泄水是否畅通；室内电缆沟道有无进水等。

（三）电缆运行中的监视

（1）负荷的监视。电缆过负荷运行，将会使电缆温度超过规定，加速绝缘的老化，降低绝缘的抗电强度。当电缆过负荷时，电缆内部因热而膨胀，使内护层相对胀大。当负荷减轻，电缆温度下降时，内护层往往不能像电缆内部其他组成部分一样恢复到原来的体积，因此会在绝缘层与内护层之间形成空隙。空隙在电场作用下很容易发生游离，促使绝缘老化，结果使电缆耐压强度大大降低。因此，《电力电缆运行规程》规定，电缆原则上不允许过负荷，即使在处理事故时出现过负荷，也应迅速恢复其正常电流。运行部门必须经常测量和监视电缆的负荷电流，使之不超过规定的数值。

电缆负荷电流的测量，可用配电盘式电流表或钳形电流表等。测量的时间及次数应按现场运行规程执行，一般应选择最有代表性的日期和负荷在最特殊的时间进行。发电厂或变电所引出的电缆负荷测量由值班人员执行，每条线路的电流表上应画出控制红线，用以标志该线路的最大允许负荷。当电流超过红线时，值班人员应立即通知调度部门采取减负荷措施。

（2）温度的监视。由于电缆线路的设计人员在选择电缆截面时可能缺少整个线路的敷设条件和周围环境的充分资料，也常常会有一些改建工程和新建装置增加一些热力管路或电力电缆对原敷设电缆的周围环境和散热条件产生影响，因此，运行部门除测量电缆负荷电流外，还必须测量电缆的实际温度来监视电缆有无过热现象。

测量电缆温度应在夏季或电缆负荷最大时进行，应选择电缆排列最密处或散热条件最差处及有外界热源影响的线段。测量直埋电缆温度时，应测量同地段的土壤温度。测量土壤温度热电偶温度计的装置点与电缆间的距离不小于 3m，离土壤测量点 3m 半径范围内应无其他热源。电缆与地下热力管道交叉或接近敷设时，电缆周围的土壤温度在任何时候不应超过本地段其他地方同样深度的土壤温度 10℃。

电缆导体的温度应不超过最高允许温度。一般每月检查一次电缆表面温度及周围温度，确定电缆有无过热现象。测量电缆温度应在最大负荷时进行，对直埋电缆应选择电缆排列最密处或散热条件最差处。

（3）电缆接地电阻的监视。电缆金属护层对地电阻每年测量一次。单芯电缆护层一端接地时，应每季测量一次金属护层对地的电压。测量单芯电缆金属护层电流及电压，应在电缆最大负荷时进行。

（4）电压监视。电缆线路的正常工作电压，一般不应超过额定电压的 15%，以防止电缆绝缘过早老化，确保电缆线路的安全运行。如要升压运行，必须经过试验，并报上级技术主管部门批准。

（5）在紧急事故时，电缆允许短时间内过负荷，但应满足下列条件：

1）3kV 及以下电缆，只允许过负荷 10%，并不得超过 2h。

2）3～6kV 电缆，只允许过负荷 15%，不得超过 2h。

（6）直埋电缆表面温度，一般不宜超过表 10-3 所列值。

表 10-3　　　　　　　　　　　　直埋电缆表面温度上限值

电缆额定电压（kV）	3 及以下	6	10	35
电缆表面最高允许温度（℃）	60	50	45	35

（7）电缆导体最高允许温度，不宜超过表 10-4 所列值。

表 10-4 　　　　　　　　　　　　　　　　　　电缆导体最高允许温度

额定电压（kV）	3 及 以 下		6		10		35
电缆种类	油纸绝缘	橡胶或聚氯乙烯绝缘	油纸或聚氯乙烯绝缘	交联聚乙烯绝缘	油纸绝缘	交联聚乙烯绝缘	油纸绝缘
线芯最高允许温度（℃）	80	65	65	90	60	90	50

（8）电缆同地下热力管交叉或接近敷设时，电缆周围的土壤温度，在任何情况下不应高于本地段其他地方同样深度的温度 10℃ 以上。

（9）电缆纸端头的引出线连接点，在长期负载下易导致过热，最终会烧坏接点，特别是在发生故障时，在接点处流过较大的故障电流，更会烧坏接点。因此，运行时对接点的温度监测是非常重要。一般可用红外线测温仪进行测量。使用测温笔是带电测温，在操作中应注意安全。

（10）在运行中发生短路故障时，通过的电流将突然增加很多倍，短路情况下的电缆导体允许温度不超过表 10-5 所列值。

表 10-5 　　　　　　　　　　　　　　　　　　电缆导体在短路时允许温度

电缆种类		短路时电缆导体允许温度（℃）	电缆种类	短路时电缆导体允许温度（℃）
纸绝缘电缆	10kV 及以下	220	聚氯乙烯绝缘电缆	120
	20～35kV	175		
充油电缆		160	聚乙烯绝缘电缆	140
交联聚乙烯绝缘电缆	铜导体	230		
	铝导体	200	天然橡皮绝缘电缆	150

电缆线路中有中间接头者，其短路容许温度为：

焊锡接头：120℃。

压接接头：150℃。

电焊或气焊接头：与导体短路时允许温度相同。

（11）对于敷设在地下的电缆，应查看路面是否正常，有无挖掘痕迹，查看路线标桩是否完整无缺等。电缆线路上不应堆置瓦砾、矿渣、建筑材料、笨重物件及酸碱性排泄物等。

对于通过桥梁的电缆，应检查桥两端电缆是否拖拉过紧，保护管和保护槽有无脱开或锈烂现象。对于排管敷设的电缆，备用排管应用专用工具疏通，检查其有无断裂现象。人井内电缆包在排管口及挂钩处不应有磨损现象，需检查衬铅是否失落。

户外与架空线相连接的电缆和终端头，应检查终端头是否完整，引出线的接点有无发热现象，电缆铅包有无龟裂漏油，靠近地面一段电缆是否被车辆碰撞等。

隧道内的电缆要检查电缆位置是否正常，接头有无变形漏油，温度是否正常，构件是否失落，通风、排水、照明等设施是否完整。特别要注意防火设施是否完善。

充油电缆不论其投入运行与否，都要检查油压是否正常，油压系统的压力箱、管道、阀门、压力表是否完善，并注意与构件绝缘部分的零件有无放电现象。

（四）巡查结果的处理

巡线人员应将巡查结果记入巡线记录簿内，运行部门应根据巡查结果采取对策，消除缺陷。

在巡视检查电缆线路中，如发现有零星缺陷，应记入缺陷记录簿内，检修人员据以编制月份或季度的维修计划。如发现有普遍性的缺陷，应记入大修缺陷记录簿内，据以编制年度大修计划。

巡线人员发现电缆线路有重要缺陷，应立即报告运行管理人员，并作好记录，填写重要缺陷通知单。运行管理人员接到报告后应及时采取措施，消除缺陷。

五、电缆线路的维护

巡视检查出来的缺陷，运行中发生的故障，预防性试验中发现的问题都应及时排除。

（一）电缆线路的维护

（1）电缆线路发生故障后，应立即进行修理，以免水分大量侵入，扩大损坏范围。对受潮气侵入的部分应割除，绝缘剂有炭化现象者要全部更换。

（2）当电缆线路上的局部土壤含有损害电缆铜包的化学物质时，应将该段电缆装于管子内，并在电缆上涂以沥青。

（3）当发现土壤中有腐蚀电缆铅包的溶液时，应采取措施和进行防护。

（二）户内电缆终端头的维护

（1）清扫终端头，检查有无电晕放电痕迹及漏油现象，对漏油的终端头采取有效措施，消除漏油现象。

（2）检查终端头引出线接触是否良好。

（3）核对线路名称及相位颜色。

（4）支架及电缆铠装涂刷油漆防腐。

（5）检查接地情况是否符合要求。

（三）户外电缆终端头的维护

（1）清扫终端头及瓷套管，检查盒体及瓷套管有无裂纹，瓷套管表面有无放电痕迹。

（2）检查终端头引出线接触是否良好，注意铜、铝接头有无腐蚀现象。

（3）核对线路名称及相位颜色。

（4）修理保护管及油漆锈烂铠装，更换锈烂支架。

（5）检查铅包龟裂和铅包腐蚀情况。

（6）检查接地是否符合要求。

（7）检查终端头有无漏胶、漏油现象，盒内绝缘胶（油）有无水分，绝缘胶（油）不满者应及时补充。

（四）隧道、电缆沟、人井、排管的维护

（1）检查门锁开闭是否正常，门缝是否严密，各进出口、通风口防小动物进入的设施是否齐全，出入通道是否畅通。

（2）检查隧道、人井内有无渗水、积水。有积水要排除，并修复渗漏处。

（3）检查隧道、人井内电缆在支架上有无碰伤或蛇行擦伤，支架有无脱落现象。

（4）检查隧道、人井内电缆及接头有无漏油、接地是否良好，必要时测量接地电阻和电缆的电位，以防电蚀。

（5）清扫电缆沟和隧道，抽除井内积水，消除污泥。

（6）检查人井井盖和井内通风情况，井体有无沉降和裂缝。

（7）检查隧道内防水设备，通风设备是否完善，室温是否正常。

（8）检查隧道照明情况。

（9）疏通备用电缆排管，核对线路名称及相位颜色。

六、事故预防

电缆线路的故障分为运行中故障和试验中故障。运行中故障是指电缆在运行中因绝缘击穿或导线烧断而突然断电的故障；试验中故障是指在预防性试验中绝缘击穿或绝缘不良，并须检修后才能恢复供电的故障。

为了确保电缆线路的安全运行，要做好运行的技术管理，加强巡视和监护，严格控制电缆的负荷电流及温度，严格执行工艺规程，确保检修质量，电缆线路的绝大部分故障是完全可以杜绝发生的。

（一）外力损伤的防止

电缆线路的事故很大一部分是由于外力的机械损伤造成的。为了防止电缆的外力损伤，应做好以下几方面的工作。

1. 建立制度，加强宣传

对于厂矿企业，应制定厂内的挖土制度，规定厂内挖土必须办理"挖土许可证"，经电缆运行部门审批后方可施工。同时，还应加强宣传教育，促使广大群众注意，对肇事单位加强教育，并进行严格的惩罚。

2. 加强线路的巡查工作

电缆运行部门必须十分重视电缆线路的巡查工作。电缆线路的巡查应有专人负责，根据《电力电缆运行规程》的规定，结合本单位的具体情况，制订电缆巡查周期和检查项目。穿越河道、铁路的电缆线路以及装置在杆塔上、桥架上的电缆，都较易受到外力的损伤，应特别注意。一些单位在电缆线路上面堆放重物，既容易压伤电缆，又妨碍紧急抢修，而且在采用简单起吊工具装卸重物须打桩时，也极易损伤电缆，巡查人员应会同有关部门加以劝阻。

3. 加强电缆的防护和施工监护工作

在厂矿企业内，为数不少的电缆采用沿厂房墙壁安装支架敷设。对于这种敷设方式，应安装由玻璃钢瓦构成的遮阳棚，一方面起遮阳作用，另一方面可防止高处坠落物体砸伤电缆。施工区域的电缆更应做好临时的保护措施。对于施工中挖出的电缆应加以保护，并在其附近设立警告标志，以提醒施工人员注意及防止外人误伤。

在电缆线路附近进行机械化挖掘土方工程时，必须采取有效的保安措施，或者先用人力将电缆挖出并加以保护后，再根据操作机械及人员的条件，在保证安全距离的条件下进行施工，并加强监护。施工过程中专业监护人员不得离开现场。对施工中挖出来的电缆和中间接头要进行保护，并在附近设立警告标志，以提醒施工人员注意及防止外人误伤。

（二）电缆腐蚀的预防

电缆腐蚀一般指的是电缆金属铅包或铝包皮的腐蚀，可分为化学腐蚀和电解腐蚀两种。

化学腐蚀的原因一般是电缆线路附近的土壤中含有酸或碱的溶液、氯化物、有机物腐蚀质及炼铁炉灰渣等。硝酸离子和醋酸离子是铅的烈性溶剂，氯化物和硫酸对铝包极易腐蚀。氨水对铅没有大的腐蚀，但对铝体腐蚀较为严重。化工厂内腐蚀性介质较多，易引起电缆的化学腐蚀，必须严密注意。通风不良，干湿变化较大的地方，电缆容易受到腐蚀，例如穿在保护管内的电缆。

埋设在地下的铝包电缆的中间接头，是铝包电缆腐蚀最严重的部位。一般情况下，电缆制造厂对铝包电缆已有较充分的防腐结构，只要施工中不损坏防护层，腐蚀情况就不存在。但在电缆中间接头处，在接头套管与电缆铝包层焊接的部位，由于两种不同金属的连接所形成的腐蚀电池作用，以及周围土壤、水等媒介的作用，对铝包的腐蚀性很大。铝在电化学中是属于较活泼的一种金属，其标准电极电位比中间接头现用的其他金属材料要负，因此当构成腐蚀电池时，铝成了阳极，受到强烈的腐蚀。

1. 防止化学腐蚀的方法

(1) 在设计电缆线路时，要做充分的调查，收集线路经过地区的土壤资料，进行化学分析，以判断土壤和地下水的侵蚀程度。必要时应采取措施，如更改路径，部分更换不良土壤，或是增加外层防护，将电缆穿在耐腐蚀的管道中等。

(2) 在已运行的电缆线路上，较难随时了解电缆的腐蚀程度，只能在已发现电缆有腐蚀，或发现电缆线路上有化学物品渗漏时，掘开泥土检查电缆，并对附近土壤作化学分析，根据表 10-6 所列标准，确定其损坏的程度。

表 10-6 　　　　　　　　　　　　　　　　　　　**土壤和地下水的侵蚀程度**

土壤和地下水的侵蚀程度		不 侵 蚀 的	中等侵蚀程度的	侵 蚀 的
侵蚀指标	氢离子浓度 pH	6.8～7.2	6.8～6 和 7.2～8 之间	6 以下 8 以上
	一般酸性或碱性（mg/L）KOH	0.05 以下	0.05～1	1 以上
	土壤里有机物（%）	2 以下	2～5	5 以上
	一般硬度用硬度数表示	15 以上	14～9	8 以下
	硫酸离子数量（mg/L）	100 以上	60～100	60 以下
	炭酸气体数量（mg/L）	以下	30～80	80 以上
	硝酸离子数量（mg/L）	不计算	0.05 以下	0.05 以上

注　1. pH 值用 pH 计来确定。

　　2. 有机物的数量用焙烧试量（约 50g）的方法来确定。

(3) 对于室内外架空敷设的电缆，每隔 2～3 年（化工厂内 1～2 年）涂刷一遍沥青防腐漆，对保护电缆外护层有良好的作用。

2. 防止电解腐蚀的方法

(1) 提高电车轨道与大地间的接触电阻；

(2) 加强电缆包皮与附近巨大金属物体间的绝缘；

(3) 装置排流或强制排流、极性排流设备，设置阴极站等；

(4) 加装遮蔽管。

(三) 电缆的防火

电缆防火方法是用防火材料来阻燃，防止延燃。现有的防火材料有涂料和堵、填料两大类。

1. 防火涂料

电缆用防火涂料有氨基膨胀型防火涂料以及防火包带。

膨胀型防火涂料的主要特点是，以较薄的覆盖层起到较好的防火、阻燃效果，几乎不影响电缆的载流量。由于涂料在高温下比常温时膨胀许多倍，因此能充分发挥其隔热作用，更有利于防火阻燃，却不至于妨碍电缆的正常散热。

防火包带的主要特点在于弥补涂料的缺点，适合于大截面的高压电缆，具有加强机械强度的保护作用。施工上比涂料简便，能准确把握缠绕厚度，质量易得到保证。其缺点是缠绕时需要一定的活动空间，在密集的电缆架上施工时不方便。又因包带不具有膨胀性能，故较膨胀防火涂料的覆盖厚度为厚，对电缆的正常载流能力有影响。

2. 防火堵、填料

电缆贯穿墙壁或楼板的孔洞未封堵时所产生的严重后果，在电缆火势蔓延下，波及控制室或开关室的设备，造成盘、柜严重受损。变电所盘、柜受损后修复极耗时间，造成长时间的停电，即使火灾直接损失有限，但停电带来的经济损失巨大。

（四）预防终端头污闪

（1）在停电检修时做好清扫工作，也可在运行中用带绝缘棒刷子进行带电清扫。

（2）在终端头套管表面涂一层有机硅防污涂料，安全有效期可达一年之久。

（3）对严重污秽地区，可将较高电压等级的套管用于低压系统上。

（五）预防虫害

我国南方亚热带地区，气候潮湿白蚁较多，将会损坏电缆铅皮，造成铅皮穿孔，绝缘浸潮击穿。防蚁、灭蚁的化学药剂配方如下：

（1）轻柴油＋狄氏剂：浓度为 0.5%～2%。

（2）轻柴油＋氯丹原油：浓度为 2%～5%。

（3）轻柴油＋林丹：浓度为 2%～5%。

将配制好的农药，喷洒在电缆周围，使电缆周围 50mm 土壤渗湿即可。

第三节　电缆线路的故障处理

一、电缆头故障的处理

（一）电缆头漏油原因

（1）在敷设时，违反敷设的规定，将电缆铅包折伤或机械碰伤，应在敷设电缆时，按规定施工，注意不要把电缆头碰伤，如地下埋有电缆，动土时必须采取有效措施。

（2）制作电缆头、中间接线盒时扎锁不紧，不符合工艺，封焊不好。应在制作电缆头、中间接线盒时，严格遵守工艺要求，使扎锁处或三叉口处的封焊符合要求。

（3）注油的电缆头套管裂纹或垫片没有垫好。应使充油的电缆头、接线盒垫片垫好。

（4）电缆由于过负荷运行，温度太高产生很大油压，使电缆油膨胀。当发生短路时，由于短路电流的冲击使电缆油产生冲击油压；当电缆垂直安装时，由于高差的原因产生静油压。若电缆密封不良或存在薄弱环节，上述情况的发生将使电缆油沿着芯线或铅包内壁缝隙流淌到电缆外部来。应在运行中防止过负荷，在敷设时应避免高差过大或垂直安装。

（5）电缆头漏油后，不仅由于缺油使电缆的绝缘水平有所降低，还会由于漏油缺陷的不断扩大使外部潮气及水分很容易侵入电缆内部，从而导致绝缘状况进一步恶化，造成电缆在运行中发生击穿事故，可尽量采取环氧树脂电缆头。

（二）户内电缆终端头漏油的处理

1. 环氧树脂电缆头

如漏油部位是壳体，可将漏油点环氧凿去一部分，将污油清洗干净，再绕包防漏橡胶带，然后再浇注环氧树脂，如果是环氧杯杯口三芯边漏油，则将三芯绝缘在杯口绕包环氧带后，将杯口接高一段，再灌注环氧树脂。

2. 尼龙头

尼龙头三芯手指口是用橡胶手指套包扎的，此橡胶手指套设计时虽已考虑到电缆头内油压的变化，但实际运行中这部分包扎处较易漏油，橡胶也较易老化破裂。因此，可在手指套外用塑料带、尼龙绳加固扎牢。另外一种行之有效的方法是将尼龙头壳体上盖拆开，将电缆芯导体在适当位置锯断，增添一只塞止连接管，压接后，用事先准备好的加高了手指的上盖替换原来的上盖，复装后在上盖手指加高部位灌注环氧树脂，使电缆芯油路全部堵死。

3. 干包头

这类电缆头主要在三芯分叉口漏油的较多，处理时可先剥去几层塑料带，然后再压"风车"。包绕塑料绝缘带要分层涂胶，在外面用尼龙绳扎紧。

（三）户外终端头铸铁匣胀裂的处理

户外终端头铸铁匣由于铸铁件本身质量较差，安装时各部分受力不均匀以及灌注沥青绝缘胶较满，在满负荷过负荷情况下往往会发生铸铁匣胀裂的现象，而且多半发生在下半只匣体的上部紧螺丝部分。过去一般都切割除缺陷终端头后重新制作，但运行经验证明，这类缺陷是由内压力过大造成的，缺陷形成后，匣体内绝缘胶从裂缝中向外挤出，裂纹部分一般在壳体最大直径部分向下，一般不致于大量潮气或水侵入，可采取修补壳体的措施来解决。修补前，先做一次直流耐压试验，鉴定电气性能是否合格，证实绝缘强度合格，然后修补外壳。如耐压击穿或不合格，说明已有水侵入，则更换终端头。

修补铸铁匣外壳胀裂的方法如下：

（1）先将由裂缝挤出的绝缘胶刮去，用汽油清洗裂缝。

（2）用钢丝刷将裂缝及两侧铁垢刷清，再用汽油清洗。

（3）用环氧泥嵌填满裂缝。

（4）用薄铝皮按修补范围围筑好外模，再用环氧泥嵌满模缝。

（5）用环氧树脂灌注。

（6）待环氧树脂固化，检查质量合格后即可。

（四）户外终端头瓷套管碎裂的处理

户外电缆终端头瓷套管。由外力损伤或雷击闪络等往往会造成损坏。如果三相瓷套管有1～2只损坏，可用更换瓷套管的办法处理，不必将电缆头割去更换。有时候即使三相套管全部损坏，但杆塔下没有多余电缆可利用时，也可采取更换瓷套管的办法。更换的方法如下：

（1）将终端头出线连接部分夹头和尾线全部拆除。

（2）用石棉布包孔完好的瓷套管。

（3）将损坏的瓷套管用小锤敲碎，取去。

（4）用喷灯加热电缆头外壳上半部，使沥青胶全部熔化。

（5）用管扳子等工具将壳体内残留瓷套管取出。

（6）将壳体内绝缘胶清除，并疏通至灌注孔的通道。

（7）清洗线芯上污物、碎片，并加清洁绝缘带。

（8）套上新的瓷套管。

（9）在灌注孔上装高漏斗，并灌注绝缘胶。

（10）待绝缘胶冷却后，装上出线部分。

（五）终端下部铅包龟裂的处理

这类缺陷多半发生在垂直装置较高的电缆头下面，一般在杆塔上的电缆比较多见。如发现此类缺陷，则需先鉴定其缺陷程度，如果尚未达到全部裂开致漏时，可采用以下两种处理办法：

（1）用封铅加厚一层。

（2）用环氧带包扎密封。

采用环氧带包扎密封，工作人员操作时保持对有电设备有足够的安全距离即可。包扎时用无碱玻璃丝带，涂刷环氧涂料，操作简便，较为实用。此法也可用来处理电缆线路上发生的类似缺陷。例如电缆铜包局部损伤、终端头封铅不良而漏油等。缺陷处理结束后应进行耐压试验，以做最后的绝缘鉴定。

（六）电缆中间接头腐蚀的处理

制作电缆中间接头时，一般要把金属护套外的沥青和塑料带防腐层剥去一部分，制作后外露的部分护套和整个中间接头的外壳都应进行防腐处理，其方法如下：

（1）对铅包电缆可涂沥青与桑皮纸组合（沥青层与桑皮纸间隔各两层）作为防腐层。

（2）对铝包电缆，在铝包电缆钢带锯口处，可保留40mm长的电缆本体塑料带沥青防腐层。铝包表面用汽油揩擦干净后，从接头盒铅封处起至钢带锯口处，热涂沥青一层，用聚氯乙烯塑料带以半重叠方式绕包两层，自粘性塑料带一层，再加上沥青、桑皮纸以组合防腐层。

（七）终端头击穿的处理

（1）铅封不严密，使水分和潮气侵入盒内，引起绝缘受潮而击穿。

（2）终端头有砂眼或细小裂纹，使水分和潮气侵入，引起绝缘受潮而击穿。

（3）引出线接触不良，造成过热，使绝缘破坏而击穿。

（4）电缆头分支处距离小或所包绝缘物不清洁，在长期电场作用下使这些薄弱环节的绝缘逐渐破坏，使电缆头爆炸。

（5）电缆头引出不当，如电缆芯直接引出盒外，使外界潮气沿芯绝缘入内，造成绝缘击穿。应根据故障原因，采取相应方法进行处理。

（八）终端头电晕放电的处理

（1）三芯分支处距离小，在电场作用下空气发生游离而引起电晕放电，应增大绝缘距离。

（2）电缆头距电缆沟太近，且电缆沟较潮或有积水，电缆头周围温度升高而引起电晕放电，应排除积水，加强通风，保持干燥。

（3）由于芯与芯之间绝缘介质的变化，使电场分布不均匀，某些尖端或棱角处的电场比较集中，当其电场强度大于临界电场强度时，就会使空气发生游离而产生电晕放电。应将各芯的绝缘表面包一段金属带并将各个金属带相互连接在一起（称为屏蔽），即可改善电场分布而消除电晕。

（九）电缆终端盒爆炸起火的处理

电缆末端与断路器、变压器、电动机等电气设备连接时，一般都将接头置于终端盒内，以保证绝缘良好、连接可靠、安全运行。当终端盒发生故障时，使绝缘击穿，造成短路，发生爆炸，燃烧的绝缘胶向外喷出而引起火灾，导致设备损坏，甚至发生人身伤亡事故。

（1）电缆负荷或外界温度发生变化时，盒内的绝缘胶热胀冷缩，产生"呼吸"作用，内外空气交流，潮气侵入盒内，凝结在盒的内壁上和空隙部分，绝缘由于受潮，使绝缘电阻下降而被击穿。应在制作、安装终端盒时，确保施工质量、密封性能良好，防止潮气侵入。

（2）终端盒内的绝缘胶遇到电缆油就溶解，在盒的底部和电缆周围形成空隙，绝缘由于电阻下降而被击穿。应加强对终端盒的巡视检查，当发现盒内漏油要立即进行处理，防止泄漏油造成爆炸事故。

（3）电缆两端的高差过大，低的一端的终端盒受到电缆油的压力，严重时密封破坏，绝缘由于电阻降低而被击穿。

（4）线路上发生短路时，在很大的短路电流作用下，绝缘胶开裂，密封破坏，潮气侵入后，凝固在盒的内壁上和空隙部分，绝缘受潮，电阻下降而被击穿。

二、电缆电晕放电故障的消除

电缆的电晕放电常发生在终端头表面，其原因主要有：①终端头表面污秽；②三芯分叉处的距离较小，芯与芯之间的空隙形成一个电容，发生游离所致；③周围环境潮湿等。针对以上原因其修复方法如下：

（1）若为室外终端头表面发生电晕时，可在清扫后，在电晕放电表面打磨去掉痕迹涂些硅脂。如是环氧头，可用粗砂布或木锉进行打磨清扫后，在平口处加些环氧树脂加高平面。

（2）若为室内终端头表面发生电晕时，可在清扫表面污秽后，用玻璃丝带涂环氧树脂整体包绕数层和在尾线部分增绕几层绝缘带，以加强其表面绝缘性能。

（3）若为干包电缆头发生电晕放电现象，可采用等电位的方法解决，即在各芯绝缘表面包上一段金属带，瓶相连接，以消除电晕，此外，还可应用应力锥的原理将附加绝缘包成一个应力锥形状，以改善电场分布。

（4）由于潮湿发生的电晕放电。首先应采取排水和改善通风的措施，再用红外线灯泡或热风烘干潮湿表面。

三、电缆闪络故障的消除

电缆发生闪络故障与电晕放电故障的原因相似，它给电缆终端头表面造成不规则的碳黑痕迹，发展下去容易发生接地或者短路事故，因此必须及时进行修复。

具体修复方法可参照电晕放电修复方法。但是要注意，在修复过程中要清除电缆终端头表面的碳黑痕迹，修复后的终端头表面应无尖刺而且光滑。

四、电缆线路绝缘损坏的修复

电缆绝缘的损坏分为内绝缘损坏和外绝缘损坏两种形式，常见的有：电缆绝缘外壳及外瓷套损坏修复、电缆绝缘层损坏进水修复，下面介绍几种常见的修复方法：

（一）电缆绝缘层损坏进水的修复

（1）由于油浸纸绝缘电缆中的绝缘纸能够很快吸收来自故障点周围的水分，在修复中，常采取逐步割除的方法检查两侧电缆的油浸纸绝缘是否有水分浸入，直至全部清除为止。检查的具体方法，是将逐层剥下的绝缘纸浸入约150℃的电缆油内进行观察，含有潮气的绝缘纸在热油中将产生泡沫并有声响。清除全部损坏部位后，再用同规格、同类型绝缘材料进行重新包扎，其具体方法可参照电缆终端头或电缆中间接头的制作方法。

（2）橡塑电缆的绝缘虽然水分渗透很慢，但由于绞线间的空隙具有毛细管作用，也能吸收大量来自故障点周围的水分，而且含有水分的导体容易诱发交联聚乙烯绝缘的水树枝放电。因此首先应进行受潮电缆水分的排除，而后对故障点采取统包热缩绝缘层来修复。

（二）电缆绝缘外壳及外瓷套的损坏修复

电缆终端头外瓷套管破损修复：

（1）将终端头出线连接部分夹头和尾线全部拆除。

（2）用石棉布包成完好的瓷套管。

（3）将损坏的瓷套管用小锤敲碎、取去，注意碎片弹飞方向避免伤人。

（4）用喷灯加热电缆外壳上半部，使沥青绝缘胶部分熔化。

（5）用工具将壳体内残留的瓷套管取出。

（6）清除壳体内的绝缘胶，并疏通至灌注孔的通道。

（7）清洗电缆芯上的污物、碎片，并加包清洁绝缘带。

（8）套上新的瓷套管。

（9）在灌注孔上装上高漏斗，并灌注绝缘胶（同制作工艺一样）。

（10）待绝缘胶冷却后，装上出线部件。

如果是瓷套裙边或者是环氧头外壳稍有损坏，可用环氧树脂粘补，并且用玻璃丝带涂环氧树脂紧固。

五、电缆铅包龟裂故障的修复

这类故障多半发生在垂直装置高度较高的电缆头下部，一般在杆塔上的电缆比较多见。如发生龟裂后，首先应鉴定其损坏程度，若尚未达到全部裂开致漏的条件，并且绝缘层未受潮时，可采取以下两种修复办法。

（1）采用搪铅修补法。该方法适用于龟裂程度范围不大、程度较轻的场所。

（2）采用环氧带包扎密封法。该方法适用于龟裂范围较大的场合。见环氧带补漏法内容。

采用环氧带包扎密封，可以在不停电条件下进行，工作人员操作时必须保持对带电设备的安全距离。包扎时用无碱玻璃丝带，涂刷环氧涂料，操作简便实用。此法也可用于电缆线路上的类似缺陷。例如电缆铅包局部损伤、终端头封铅不良而漏油等。缺陷处理后应进行耐压试验，鉴定其绝缘是否合格。

六、电缆外护层损坏的修复

（1）当发现铠装层和加强带损坏后，应选用原铠装层或加强带相同的材料，按原节距绕包在内护层外面。在内护层上应垫1～2层塑料带，并且涂沥青漆，绕包的铠装或加强带应长出原破损部位100～150mm并搭接电缆本身的铠装层或加强带层。在复制的加强带或铠装外要用镀锡铜丝缠绕并扎紧，在加强带或铠装的搭接处，用焊锡或焊铅将孔线及绕制的加强带或铠装与电缆本身的铠装或加强带焊牢。在其外侧涂以防腐材料层。

（2）在发现橡塑电缆的外护层损坏后，也应选用与原护层相同的材料，利用补钉块方法用塑料焊枪进行热风吹焊或者用自粘结橡胶带紧密包扎；损坏较多的外护层也可采用套热缩卷包管卷包后，再加热收缩。

七、电缆线路其他故障的修复

电缆线路发生故障或预防性试验击穿故障后，必须立即进行修理，以免水大量侵入扩大损坏范围。

运行中电缆发生故障可能造成电缆严重烧损，相间短路往往使线芯烧断，需要重新连接处理。单相接地故障一般可进行局部修理。预防性试验中发生击穿的故障多半可进行局部修理。故障后的修复有两项原则：①电缆受潮部分要清除掉；②绝缘油有碳化现象应更换，绝缘纸局部有碳化时应彻底清理干净。

电缆其他故障修复方法如下：

（1）电缆单相接地故障修复。此类故障缆芯导体的损伤通常只是局部的，一般可进行局部修补。最常见的方法是加添一个假接头，即不将电缆芯锯断，而是将故障点绝缘加强后密封。

(2) 电缆中间接头预防性试验击穿后的修复。中间接头在运行中绝缘强度逐渐降低，预防性试验电压较高，故此类故障较为常见。这种故障一般中间接头并没有受到水的侵入，修理时可将接头拆开，在消除故障点后重新接复。在拆接过程中，要检查电缆芯绝缘是否受潮，可剥下表面1～2层绝缘纸进行检查，也可用热油冲洗。如果有潮气，应彻底清除后才能接复。如果潮气较多，而且已延伸到两侧的电缆内，若采用加长型的电缆接头套管还不够长时，则可将受潮电缆段锯掉，另外敷设一段电缆后制作两只中间接头。

(3) 环氧树脂终端头预防性试验击穿后的修复。先找出击穿点的部位，将击穿点外面的环氧树脂凿击，消除故障点后加包堵油层，然后再重新局部浇注环氧树脂。

(4) 户内电缆终端头预防性试验击穿后的修复。可进行拆接或局部修理，其工艺与重新制作电缆头类似。如果终端部分留有一定量的余线，可适当将铅包再切割一段。

八、电缆其他故障处理

(一) 电缆绝缘击穿处理

(1) 机械损伤。由于重物由高处掉下砸伤电缆，挖土不慎误伤电缆；在敷设时电缆弯曲过大使绝缘受伤，装运时电缆被严重挤压而使绝缘和保护层损坏；直埋电缆由于地层沉陷而受拉力过大，导致绝缘受损，甚至会拉断电缆，可采用架空电缆，尤其是沿墙敷设的电缆应予以遮盖，并及时制止在电缆线路附近挖土、取土行为。

(2) 由于施工方法不良和使用的材料质量较差，使电缆头和中间接头的薄弱环节发生故障而导致绝缘击穿。应提高电缆头的施工质量，在电缆的制作、安装过程中，绝缘包缠要紧密，不得出现空隙；环氧树脂和石英粉使用前，应进行严格的干燥处理，使气泡和水分不能进入电缆头内，并加强铅套边缘处的绝缘处理。

(3) 绝缘受潮。由于电缆头施工不良，水分浸入电缆内部或电缆内护层破损而使水分浸入；铅包电缆敷设在振源附近，由于长期振动而产生疲劳龟裂；电缆外皮受化学腐蚀而产生孔洞；由于制造质量不好，铅包上有小孔或裂缝。应加强电缆外护层的维护，定期在外护层上涂刷一层沥青。

(4) 过电压。由于大气过电压或内部过电压引起绝缘击穿，尤其是系统内部过电压会造成多根电缆同时被击穿。

(5) 绝缘老化。电缆在长期的运行中，由于散热不良或过负荷，导致绝缘材料的电气性能和机械性能劣化，使绝缘变脆和断裂。

(二) 电缆接地处理

(1) 地下动土刨伤，损坏绝缘，可挖开地面，修复绝缘。

(2) 人为的接地没有拆除，应拆除接地线。

(3) 负荷过大、温度过高，使绝缘老化，应调整负荷，采取降温措施，更换老化的绝缘，必要时更换严重老化的电缆。

(4) 套管脏污，有裂纹引起放电，应清洗脏污的套管，更换有裂纹的套管。

(三) 电缆短路崩烧处理

(1) 电缆选择不合理，热稳定度不够，使绝缘损伤，发生短路崩烧，应进行修复后降低电缆负荷，使线路继续运行。

(2) 多相接地或接地线、短路线没有拆除，应找出接地点，并排除故障或将接地线、短路线及时拆除。

（3）相间绝缘老化和机械损伤。

（4）电缆头接头松动，造成过热，接地崩烧，应紧固电缆头接头，防止松动。

（四）电缆相间绝缘击穿短路或相对地绝缘击穿对地短路处理

（1）电缆本身受机械撞伤，使绝缘破坏。

（2）电缆由各种原因引起受潮，使绝缘强度降低而被击穿。

（3）电缆绝缘老化。

（4）电缆防护层和铅包的腐蚀，使绝缘层损坏被击穿。

（5）过电压引起击穿。

（6）电缆的运行温度过高，使绝缘破坏而击穿。

发现故障后，要在可能的情况下，重新连接或更换新电缆。

（五）中间接头相间绝缘击穿短路或相地绝缘击穿对地短路处理

（1）中间接线盒有缺陷，如各部分组装起来连接不紧密，绝缘剂洗灌后密封不良等使水分浸入，引起绝缘受潮而击穿，应选用和自制合格的中间接线盒和重做中间接头。

（2）导线连接接头接触不良，产生局部发热引起绝缘破坏而击穿，要找出发热原因，并采取相应措施。

（3）接线盒有砂眼或裂痕，使水分和潮气侵入盒内，引起绝缘受潮而击穿，应消除缺陷，提高接线盒质量。

（4）中间接头制作不当，如线芯和接头连接不均匀，使局部绝缘降低而击穿；电缆胶浇灌不均匀，而不均匀的电介质在电场的作用下产生游离，使绝缘破坏而击穿。应严格遵守中间头制作工艺。

（5）绝缘材料配制不当，绝缘材料差而引起击穿，应严格配制并选用质量好的绝缘材料。

（六）电缆故障后的修复

电缆线路发生故障（包括电缆预防性试验时击穿故障）后，必须立即进行修理，以免水汽大量侵入，扩大损坏范围。

运行中电缆发生故障可能造成电缆严重烧损，相间短路往往使线芯烧断，需要重新连接处理，但单相接地故障一般可进行局部修理。预防性试验中发生击穿的故障多半可进行局部修理。故障后的修复需掌握两项原则：其一是电缆受潮部分应予清除；其二是绝缘油有炭化现象应予更换，绝缘纸局部有碳化时应彻底清理干净。下面介绍几种常用的修复方法。

（1）电缆单相接地故障后的修复。此类故障电缆芯导体的损伤通常只是局部的，一般可进行局部修理。最常用的方法是加添一只假接头，即不将电缆芯锯断，仅将故障点绝缘加强后密封即可。

（2）电缆中间接头预试击穿后的修复。中间接头运行中绝缘强度逐渐降低，预防性试验电压较高，故此类故障较为常见。这种故障一般中间接头并没有受到水的侵入，修复时可将接头拆开，在消除故障点后重新接复。在拆接过程中，要检查电缆芯绝缘是否受潮，可剥下表面1～2层绝缘纸进行检查，也可用热油冲洗。如有潮气应彻底清除后才能复接。如潮气较多，而且已延伸到两侧的电缆内，若采用加长型的电缆接头套管还不够长时，则将受潮电缆锯掉，另敷一段电缆后制作两只中间接头。

（3）环氧树脂终端头预试击穿后的修复。先找出击穿点部位，将击穿点外面的环氧树脂用铁凿凿去，消除故障点后加包堵油层，然后再重新局部浇注环氧树脂。

（4）户内电缆终端头预试击穿后的修复。可进行拆接和局部修理，其工艺与重新制作电缆头类似。若终端部分留有一定量的余线，可适当将铅包再切割一段。

（七）电缆的外力损伤处理

电力电缆有保管、运输、敷设、运行过程中都有可能受到外力损伤，特别是直埋电缆在敷设时，由于施工不当而造成损伤；运行中由于施工管理不善，电力电缆受到损伤。由于电缆外力损伤事故占电缆事故率的 50% 左右，遭到外力破坏的电缆不但直接影响到供电系统的安全，中断用电设备供电，还得重新做电缆中间接头，后果严重。

为了避免电力电缆外力损伤事故发生，除了加强对电缆保管、运输、敷设各环节，质量管理工作外，更重要的是严格执行施工工作中的动土制度，在施工动土前应明确掌握电缆线路的走向、方位、挖土时要特别注意，严防触及电缆线路。

电缆线路在运行中，若发现电缆外皮遭受机械损伤或外皮龟裂，能否带电修理，必须考虑到人身和设备的安全。若电缆仅受一般的机械损伤（擦破外壳而没有损伤绝缘），完全可以带电修理；若绝缘受轻微损伤，必须在遵守现场运行检修规程的特殊规定、确保人身和设备的安全情况下，才能进行带电修复。一般应使用环氧树脂带修补，而不进行高温封焊。但在装有自动重合闸保护装置的线路要停用该装置，由技术熟练的电工人员担任检修工作。

（八）过电压引起电缆的二次故障处理

电缆由于过负荷、管理不完善等原因常常会出现不同形式的故障，而这些故障的出现又常常会引起过电压，导致电缆的二次故障。例如由于电缆接地故障又引起电缆中间接头击穿，线路发生三相相间短路造成电缆击穿等。

例如，发生单相金属性接地故障时，非故障相的对地电压可升高至额定电压的 3 倍，经弧光电阻接地的故障，常会形成电弧熄灭和重燃的间歇性电弧，这种故障状态可导致电路发生谐振，在故障相和非故障相中都产生过电压，而且这种过电压持续的时间往往很长（在中性点不接地或经消弧线圈接地的系统中可允许在一点接地情况下运行不超过 2h），因而过电压的危害也就更大，它可以加速电缆绝缘老化，将电缆在某些绝缘的薄弱环节处击穿等。这种现象在油浸纸绝缘电缆中出现得更多一些。

为防止过电压引起电缆的二次故障，可采取以下措施：

（1）在电缆架设和施工中尽量减少电缆的机械损伤。

（2）定期对电缆进行耐压试验，消除隐患。

（3）提高电缆终端头和中间接头的制作质量。

（4）对新投入运行的电缆严格把关，按国家标准进行施工和验收。

（九）防止电缆在钢管中被冻坏处理

在电缆敷设中，为保护电缆，常采用钢管作为电缆的防护外套。如果钢管两端密封不严或密封失效，便有可能在钢管内积水。当严寒的冬季到来时，积水成冰，体积膨胀，增大的体积只能是向管口两端延伸，在冰块延伸的同时将拉动电缆产生位移。一但位移量超过电缆的弹性形变，电缆便有可能被拉断。

为防止这种故障产生，可采用以下方法：

（1）敷设钢管作为电缆的防护外套时要作好密封，平时经常检查管口的密封情况。当发现密封出现裂纹时，要及时采取措施进行修补。

（2）在钢管的最低点处钻 1～2 个小孔，使电缆中的积水能及时渗出而不致于长期积存。

（十）防止电缆散热不良引起火灾处理

某配电室一电缆井中 42 条橡胶电缆在某夜 2 点左右的一场火灾中全部烧毁。起火原因经现场分析为：因电缆井空间过小，众多的电缆互相交叉，维修、抽动都非常不便。工人便在电缆井口处将这些电缆理顺并将它们用塑料线捆扎在一起。电缆井有盖板，盖上盖板后，井内通风散热不良，加之电缆负荷较大，在长期运行中，电缆过热导致绝缘老化。在发生火灾的这一夜，电网电压高至443V，使电缆发生热击穿并引燃橡胶外皮，将井内电缆全部烧毁。

防止措施：

（1）电缆井（沟）应根据电缆的敷设进行合理设计，不应过分窄小。

（2）0.5kV以下的橡胶电缆运行温度不应超过65℃，相邻电缆间距不应小于35mm，以利散热。

（3）要经常检查电缆的运行情况，发现问题及时解决。

九、电力电缆线路试验

（一）一般规定

（1）对电缆的主绝缘作直流耐压试验或测量绝缘电阻时，应分别在每一相上进行。对一相进行试验或测量时，其他两相导体、金属屏蔽或金属套和铠装层一起接地。

（2）新敷设的电缆线路投入运行3~12个月，一般应作1次直流耐压试验，以后再按正常周期试验。

（3）试验结果异常，但根据综合判断允许在监视条件下继续运行的电缆线路，其试验周期应缩短，如在不少于6个月时间内，经连续3次以上试验，试验结果不变坏，则以后可以按正常周期试验。

（4）对金属屏蔽或金属套一端接地，另一端装有护层过电压保护器的单芯电缆主绝缘作直流耐压试验时，必须将护层过电压保护器短接，使这一端的电缆金属屏蔽或金属套临时接地。

（5）耐压试验后，使导体放电时，必须通过每千伏约80kΩ的限流电阻反复几次放电直至无火花后，才允许直接接地放电。

（6）除自容式充油电缆线路外，其他电缆线路在停电后投运之前，必须确认电缆的绝缘状况良好。凡停电超过一星期但不满一个月的电缆线路，应用兆欧表测量该电缆导体对地绝缘电阻，如有疑问时，必须用低于常规直流耐压试验电压的直流电压进行试验，加压时间1min；停电超过一个月但不满一年的电缆线路，必须作50％规定试验电压值的直流耐压试验，加压时间1min；停电超过一年的电缆线路必须作常规的直流耐压试验。

（7）对额定电压为0.6/1kV的电缆线路可用1000V或2500V兆欧表测量导体对地绝缘电阻代替直流耐压试验。

（8）直流耐压试验时，应在试验电压升至规定值后1min以及加压时间达到规定时测量泄漏电流。泄漏电流值和不平衡系数（最大值与最小值之比）只作为判断绝缘状况的参考，不作为是否能投入运行的判据。但如发现泄漏电流与上升试验值相比有很大变化，或泄漏电流不稳定，随试验电压的升高或加压时间的增加而急剧上升时，应查明原因。如系终端头表面泄漏电流或对地杂散电流等因素的影响，则应加以消除；如怀疑电缆线路绝缘不良，则可提高试验电压（以不超过产品标准规定的出厂试验直流电压为宜）或延长试验时间，确定能否继续运行。

（9）运行部门根据电缆线路的运行情况、以往的经验和试验情况，可以适当延长试验周期。

（二）橡塑绝缘电力电缆线路

电力线路常用橡塑绝缘电力电缆是指聚氯乙烯绝缘、交联聚乙烯绝缘和乙丙橡皮绝缘电力电缆。

（1）橡塑绝缘电力电缆线路的试验项目、周期和要求见表10-7。

表 10-7　　　　　　　　　　橡塑绝缘电力电缆线路的试验项目、周期和要求

序号	项　目	周　期	要　求	说　明
1	电缆主绝缘绝缘电阻	（1）重要电缆：1年 （2）一般电缆： 1）3.6/6kV 及以上 3 年 2）3.6/6kV 以下 5 年	自行规定	0.6/1kV 电缆用 1000V 兆欧表；0.6/1kV 以上电缆用 2500V 兆欧表（6/6kV 及以上电缆也可用 5000V 兆欧表）
2	电缆外护套绝缘电阻	（1）重要电缆：1年 （2）一般电缆： 1）3.6/6kV 及以上 3 年 2）3.6/6kV 以下 5 年	每千米绝缘电阻不应低于 0.5MΩ	采用 500V 兆欧表。当每千米的绝缘电阻低于 0.5MΩ 时应判断外护套是否进水 本项试验只适用于三芯电缆的外护套
3	电缆内衬层绝缘电阻	（1）重要电缆：1年 （2）一般电缆： 1）3.6/6kV 及以上 3 年 2）3.6/6kV 以下 5 年	每千米绝缘电阻值不应低于 0.5MΩ	采用 500V 兆欧表。当每千米的绝缘电阻低于 0.5MΩ 时应判断内衬层是否进水
4	铜屏蔽层电阻和导体电阻比	（1）投运前 （2）重作终端或接头后 （3）内衬层破损进水后	对照投运前测量数据自行规定	
5	电缆主绝缘直流耐压试验	新作终端或接头后	（1）试验电压值按表10-8 规定，加压时间 5min，不击穿 （2）耐压 5min 时的泄漏电流不应大于耐压 1min 时的泄漏电流	

注　为了实现序号 2、3 和 4 项的测量，必须对橡塑电缆附件安装工艺中金属层的接地方法按要求加以改变。

（2）铜屏蔽层电阻和导体电阻比的试验方法：

1）用双臂电桥测量在相同温度下的铜屏蔽层和导体的直流电阻。

2）当前者与后者之比与投运前相比增加时，表明铜屏蔽层的直流电阻增大，铜屏蔽层有可能被腐蚀；当该比值与投运前相比减少时，表明附件中的导体连接点的接触电阻有增大的可能。

表 10-8　　　　　　　　　橡塑绝缘电力电缆的直流耐压试验电压（kV）

电缆额定电压 U_0/U	直流试验电压	电缆额定电压 U_0/U	直流试验电压
1.8/3	11	26/35	78
3.6/6	18	48/66	144
6/10	25	64/110	192
8.7/10	37	127/220	305
21/35	63		

第四节 电缆线路的故障检测诊断

一、电缆线路的故障检测诊断方法及项目

（一）电缆故障类型

电力电缆故障类型较多，较常见的有漏油、接地、短路、断线等。现综合如下。

1．漏油

（1）过负荷引起使温度过高使内部油压升高，一般从中间接头或端头渗漏出来。漏油严重的应重新制作端头。

（2）端头高低差过大由静压造成漏油。应加强密封。

（3）中间接头或终端头绝缘包扎不紧，端头密封不好。应进行重新包扎处理。

2．接地和短路

（1）负荷过大，造成绝缘老化过快而损坏。

（2）终端头或中间接头密封不良而进水。应清除水和提高接头质量。

（3）铅包上有小孔或裂纹或化学及电腐蚀，或被外物刺穿，潮气和水分进入电缆内部使绝缘损坏。

（4）弯曲半径太小，或受外力而发生机械损伤。

（5）绝缘制造中的先天缺陷：如带的裂纹、填料过少、浸渍不良、合成物不稳定等。

（6）受到闪电的冲击而过电压击穿。

（7）低阻接地或短路故障。电缆一芯或数芯对地绝缘电阻或芯与芯之间的绝缘电阻低于 $100k\Omega$，而导线连续性良好者。一般常见的有单相接地，两相或三相短路接地。

（8）高阻接地或短路故障。电缆一芯或数芯对地绝缘电阻或芯与芯之间的绝缘电阻低于正常值很多但高于 $100k\Omega$，导体连续性良好。一般常见的有单相接地、两相或三相短路或接地。

3．断线

施工中挖断和损坏电缆，敷设处地面沉降而受拉力太大，导体制造中的缺陷等。

（1）断线故障。电缆各芯绝缘良好，但有一芯或数芯导体不连续。

（2）断线并接地故障。电缆有一芯或数芯导体不连续，而且经电阻接地。

（3）闪络性故障。这类故障大多在预防性耐压试验时发生，并多出现于电缆中间接头或终端头内。发生这类故障时，故障现象不一定相同。有时在接近所要求的试验电压时击穿，然后又恢复，有时会连续击穿，但频率不稳定，间隔时间数秒至数分钟不等。

4．交联聚乙烯电缆的故障

交联聚乙烯电缆已得到日益广泛的应用，而这种电缆的故障又有其特殊性、其老化可分为化学树、水树和电树老化。

（1）化学树老化。当埋在含有硫化物工厂废液或地下水的砂土中的电缆，或受硫化物影响的环境的电缆。当硫化物透过护套和绝缘，铜导体起化学反应生成硫化铜，再析出到绝缘层中，就会变为化学树。黑色的树枝状物质在绝缘层中扩展形成树状型。其作用是使电缆绝缘性能下降，表现为 tgδ（介质损耗）的增加，耐压值下降，绝缘电阻降低，直流泄漏电流增加，最后使绝缘击穿。

（2）水树老化。水分由于某种原因而进入电缆后，在电场下因电场不均匀，电应力集中

处形成树枝现象。它可分为内导水树（这是以电缆内半导电层作为起点的水树）、蝴蝶形水树（这是以绝缘层中杂质和气隙为起点的水树）、外导水树（这是以电缆的外半导电层作为起点的水树），而引起事故多数为内导水树。

（3）电树老化。这是绝缘内部或与其他物质接触面间存在空隙或有杂质及屏蔽层有突出部分导致电场集中，在薄弱处发生放电现象。

（二）电缆故障产生的原因

各种类型电力电缆的故障原因可大致归纳为如下几种。

1. 机械损伤

机械损伤引起的电缆故障占电缆事故很大的比例。有些机械损伤很轻微，当时并没有造成故障，但在几个月甚至几年后损伤部位才发展成故障。造成电缆机械损伤的主要原因有：

（1）安装时损伤：在安装时不小心碰伤电缆，机械牵引力过大而拉伤电缆，或电缆过度弯曲而损伤电缆。

（2）直接受外力损坏：在安装后电缆路径上或电缆附近进行城建施工，使电缆受到直接的外力损伤。

（3）行驶车辆的震动或冲击性负荷造成地下电缆的铅（铝）包裂损。

（4）因自然现象造成的损伤：如中间接头或终端头内绝缘胶膨胀而胀裂外壳或电缆护套；因电缆自然行程使装在管口或支架上的电缆外皮擦伤；因土地沉降引起过大拉力，拉断中间接头或导体。

2. 绝缘受潮

绝缘受潮后会引起故障。造成电缆受潮的主要原因有：

（1）因接头盒或终端盒结构不密封或安装不良而导致进水。

（2）电缆制造不良，金属护套有小孔或裂缝。

（3）金属护套因被外伤刺伤或腐蚀穿孔。

3. 绝缘老化变质

电缆绝缘介质内部气隙在电气作用下产生游离使绝缘下降。当绝缘介质电离时，气隙中产生臭氧、硝酸等化学生成物，腐蚀绝缘层；绝缘层中的水分使绝缘纤维产生水解，造成绝缘下降。

过热会引起绝缘层老化变质。电缆内部气隙产生电游离造成局部过热，使绝缘层碳化。电缆过负荷是电缆过热很重要的因素。安装于电缆密集地区、电缆沟及电缆隧道等通风不良处的电缆、穿在干燥管中的电缆以及电缆与热力管道接近的部分等都会因本身过热而使绝缘层加速损坏。

4. 护层的腐蚀

由于电解和化学作用使电缆铅包腐蚀，因腐蚀性质和程度的不同，铅包上有红色、黄色、橙色和淡黄色的化合物或类似海绵的细孔。

5. 过电压

大气过电压和内部过电压使电缆绝缘所承按的电应力超过允许值而造成击穿。对实际故障进行分析表明，许多户外终端头的故障是由于大气过电压引起的，电缆本身的缺陷也会导致在大气过电压时发生故障。

6. 材料缺陷

材料缺陷主要表现在三个方面。一是电缆制造的问题，主要有包铅（铝）留下的缺陷，在包缠绝缘过程中，纸绝缘上出现褶皱、裂损、破口和重叠间隙等缺陷。二是电缆附件制造上的缺陷,如铸铁件有砂眼,瓷件的机械强度不够,其他零件不符合规格或组装时不密封等。三是对绝缘材料维护管理不善,造成制作电缆中间接头和终端头绝缘材料受潮、脏污和老化,影响中间头和终端头的质量。

7．中间接头和终端头的设计和制作工艺问题

中间接头和终端头的设计不周密,选用材料不当,电场分布考虑不合理,机械强率和裕度不够等是设计的主要弊病。另外中间接头和终端头的制作工艺要求不严,不按工艺规程的要求进行,使电缆头的故障增多,例如封铅不严,导线连接不牢,芯线弯曲过度,使用的绝缘材料有潮气,绝缘剂未灌满造成盒内有空气隙等。

8．电缆的绝缘物流失

油浸纸绝缘电缆敷设时地沟凸凹不平,或处在电杆上的户外头,由于起伏、高低落差悬殊,高处的绝缘油流向低处而使高处电缆绝缘性能下降,导致故障发生。

电缆线路故障的原因见表 10-9。

表 10-9　　　　　　　　　　　　　　电缆线路故障原因

故障类型	故障原因
机械损伤	直接受外力损伤、因振动引起铅护层的疲劳损坏、弯曲过度、因地沉承受过大的拉力等
绝缘受潮	水分或潮气从终端或电缆护层侵入
绝缘老化	绝缘在电热的作用下局部放电,生成树枝而老化,使介质损耗增大而导致局部过热击穿
护层腐蚀	护层因电解腐蚀或化学腐蚀而损坏
过电压	雷击或其他过电压使电缆击穿
过　热	过载或散热不良,使电缆热击穿

（三）电缆故障的检查

1．电缆线路外观检查

表 10-10 列出了外观检查电缆的项目。

表 10-10　　　　　　　　　　　　　　电缆外观检查项目

老化类型	材料	引起注意、最好不用	危险、不能使用
热老化	聚氯乙烯	硬化 褪色	发硬至不能弯曲的程度 在常温下稍有拉伸,弯曲就开裂
	聚乙烯		变脆、弯曲时开裂
化学药品（油、无机药品）引起老化	聚氯乙烯	硬化 变脆 溶解状 粘糊状	发硬至不能弯曲的程度 常温下稍有拉伸、弯曲就开裂 厚度 1/3 及以上溶解 软到用手指就可按下的程度
	聚乙烯	变脆 溶解 溶胀	弯曲时发生开裂 全部有溶胀现象 厚度 1/3 及以上溶解
动物伤害（鼠、白蚁等）	聚氯乙烯 聚乙烯	咬成微孔 细菌侵蚀 动物咬的孔洞 成通路的痕迹多 由昆虫的咬伤而扩大 表面污损	孔洞或蚕食伤痕厚度达 护套厚度 2/3 及以上时

老化类型	材 料	引起注意、最好不用	危险、不能使用
环境老化（日光、臭氧）	聚氯乙烯	硬化、褪色	同热老化情况
	聚乙烯	发生龟裂	裂纹深达护套厚度的 1/3 以上时，弯曲时裂纹愈来愈深
其他（外伤）	聚氯乙烯	形成孔洞 有割伤	护套有贯穿性孔洞 变形部分直径与原外径差
	聚乙烯	有裂纹 受压变形	20% 以上

2. 电缆的绝缘试验

电缆的绝缘试验主要有：

1）绝缘电阻测试。

2）泄漏电流测量和直流耐压。

3）电缆油试验。

4）绝缘电阻测试。电缆的绝缘电阻随着温度和长度而变化，一般将所测值换算到 +20℃ 和 1km 长时的数值。

（1）预规中要求如下：

1）纸绝缘电缆。绝缘电阻自行规定。

2）橡塑电缆。绝缘电阻为：①主绝缘自行规定；②外护套每千米大于 0.5MΩ；③内衬层每千米大于 0.5MΩ。

为了便于读者在自行规定时有个考虑，在下面列出有关绝缘电阻和温度换算的参考资料。

值得注意的是，电缆的绝缘电阻值和电缆的长度成反比关系，即 100m 长的绝缘电阻为 1000m 长的 10 倍。

新电缆的绝缘电阻如表 10-11 所示。

表 10-11   新电缆的绝缘电阻（每 km，20℃）（MΩ）

油浸纸及不滴流	聚氯乙烯	聚乙烯	交联聚乙烯
（1～3kV）50	（1kV）40	（6kV）1000	（6kV）1000
（6kV 及以上）100	（6kV）60	（10kV）1200	（10kV）1200
		（35kV）3000	（35kV）3000

对运行中的电缆，绝缘电阻主要是和历年及三相之间（不平衡系数应小于 2）进行比较，不应有明显的变化。

（2）泄漏电流和直流耐压。

1）纸绝缘电缆。1～3 年进行一次或新作电缆头时进行。加压时间 5min，加压值如表 10-12 所示。

表 10-12   试 验 加 压 值

额定电压 U_0/U（kV）	1.0/3	3.6/6	6/6	6/10	8.7/10	21/35	26/35
试验电压（kV）dc	12	17/24	30	40	47	105	120

注 U_0——导体对地电压；
    U——导体之间电压。

对泄漏电流应分阶段试验（0.25，0.5，0.75，1.0$U_{试验}$），各停留 1min，在 1.0$U_{试验}$时读 5min 和 1min 的泄漏电流 I_L，要求 $I_{L5min} < I_{L1min}$，三相之间不平衡系数应小于 2。

对油浸纸绝缘电力电缆 I_L 的参考值见表 10-13，（5～10min 及 250m 及以下的值）长度＞250m 时，I_L 按长度适当增加。

表 10-13   油浸式纸绝缘电力电缆 I_L

三芯电缆	工作电压（kV）	35	20	10	6	3
	试验电压（kV）	140	80	50	30	15
	泄漏电流（μA）	85	80	50	30	20
单芯电缆	工作电压（kV）			10	6	3
	试验电压（kV）			50	30	15
	泄漏电流（μA）			70	45	30

当出现下列现象时应查明原因：①I_L 很不稳定；②I_L 随电压升高而急剧上升；③I_L 随时间的延长有上升现象。

2）橡塑绝缘电缆。一般不作直流耐压，仅在新作电缆头时作试验，对不平衡系数无规定，加压值如表 10-14。

表 10-14   试 验 加 压 值

额定电压 U_0/U（kV）	1.8/3	3.6/6	6/6	6/10	8.7/10	21/35	26/35	48/66	64/110	127/220
直流试验电压（kV）	11	18	25	25	37	63	78	144	192	305

3）自容式充油电缆。主绝缘一般不作直流耐压，仅在电缆修复或新作电缆头时作试验；外护套绝缘 2～3 年一次。

主绝缘试验电压值如表 10-15 所示（加压 5min 不击穿）。

表 10-15   主 绝 缘 试 验 加 压 值

U_0/U（kV）	48/66	64/110	127/220
$U_{试}$（kV）	163/175	225/275	425/475/510

外护套加压 6kV，1min 不击穿。

（3）电缆油试验。

1）击穿电压：不低于 45kV。

2）tgδ（100℃，1MV/m 场强下）：

55/66～127/220kV   0.03

190/330kV   0.01

3）油中溶解气体注意值(ppm)：

H_2	C_2H_2	CO	CO_2	CH_4	C_2H_6	C_2H_4	可燃气体总量
500	痕量	100	1000	200	200	200	1500

（四）故障诊断

1. 电力电缆

常规电气试验绝缘诊断法如图 10-1，表 10-16 为各种试验方法和特征。

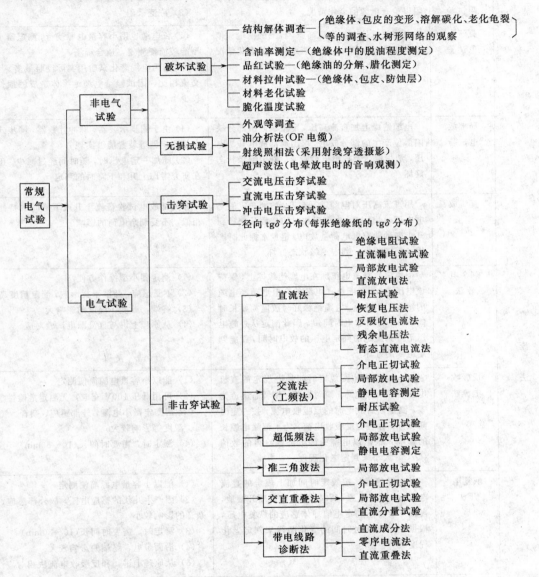

图 10-1　电力电缆电气试验绝缘劣化诊断法

2. XLPE 电缆

对于 6～10kV 的 XLPE，大都以水树劣化的诊断为主，66kV 及以上的电缆，由于水树劣化引起事故的例子不多，由于外伤、施工不良等造成初期故障较多。对于 110kV 电缆，直流成分法、直流重叠、tgδ 等在线诊断方法较多。

3. OF 充油电缆

对于充油电缆故障诊断主要是通过绝缘油气体分析及绝缘油的特性测定、油压和油量的监测。

表 10-16   **各种试验方法概要和特征表**

试 验 方 法		概　　　　要	特　　　　征
	绝缘电阻试验	采用兆欧表测定绝缘体或外包皮的绝缘电阻以检查电缆的老化情况	(1) 测定器小型轻量,操作方便 (2) 广泛采用
	直流漏电试验	电缆绝缘体上加直流高压,检测的漏电流值或电流的时间变化,以检查绝缘体的老化情况	(1) 长电缆也用小容量电源就行,测定器小型能较简便测定,适合现场 (2) 作为电缆老化试验用实际经验最多。与交流相比,因试验给电缆绝缘体造成的损伤较少
	局部放电试验	电缆绝缘上加直流高压,定量掌握由部分缺陷部位产生的部分放电,求出局部放电开始电压,消失电压及放电电荷量等,判定绝缘状态好坏	(1) 由于同步示波器,脉冲计数器,同步式电晕测定器等装置能够实现 (2) 施加一定电压时,随时间经过减少。正在研究考虑上升和下降时的测定
直 流 法	直流放电法	用直流高压对电缆进行充电,达到一定的充电电压时,通过放电电阻按时间常数几毫秒到几十毫秒使充电电荷量放电,定量掌握此时产生的局部放电,判定绝缘状态好坏	和局部放电试验直流上升或下降时的特性相似,不受剩余电荷的影响
	剩余电压法	把规定的直流电压加在电缆绝缘体上,保持该电压 1min 后断电,电缆的充电电荷经电缆的绝缘电阻放电。电缆绝缘好时放电需要长时间,而不好时放电时间短,因此测定从外施电压下降到规定的判定电压的放电时间,就能判定绝缘的好坏	(1) 测定器小型操作方便 (2) 不受感应,杂波干扰影响,测定精度高 (3) 终端、温度、湿度的影响大 (4) 从原理上讲与直流漏电试验对应
	反吸收电流法	对电缆绝缘体按规定时间加上规定的直流电压后,断开电源,瞬时短路,使暂态电流为零。测定以后放电时的反吸收电流,按一定时间积分,称它为反吸收电荷,为了消除电缆长的影响,根据以电缆的静电电容除得的数值 (Q/C) 大小来判定老化程度	(1) 能以小容量电源简便测定 (2) 可用低压 100V 充电,无测定危险性 (3) 因测定微小电流,外部感应、杂音、气温、湿度等影响较大 (4) 测定时,需要时间长(10~30min)
	恢复电压法	对电缆绝缘体按规定时间加上规定的直流电压后,断开电源,瞬时接地,然后断开接地,再按一定时间测定电缆导体感应的恢复电压,根据剩余电压对时间的变化曲线来判定老化程度	(1) 能以小容量电源简便测定 (2) 因产生几伏的感应电压,故外部感应、杂音的影响较小 (3) 测定时,需要时间长(10~30min) (4) 沿面带电、终端的影响较大 (5) 从原理上讲,和反吸收电流法相对应
	暂态直流电流法	对电缆绝缘体按规定时间加上规定的电压,断开电源,瞬时接地,测定充电电荷。然后立即加上试验电源,避开瞬时突升电流,测定老化部分的绝缘电阻分电流,根据其峰值(I_p)的大小来判定老化程度	(1) 试验装置和直流漏电试验装置基本相同 (2) 采用直流漏电试验,电流的绝对值大、容易受感应杂音的影响 (3) I_p 和 tgδ 有很好的相关关系 (4) 由于电缆长而直流峰值电流 I_p 不同,所以要注意现场的应用 (5) 测定时,需要时间长(30~40min)

试 验 方 法		概　　要	特　　征
交流法（工频法）	介质损耗角正切试验	对电缆绝缘体加上工频交流电压，用西林电桥等测定介质损耗角正切（tgδ）的电压特性等，以判定绝缘状态	(1) 需要大型电源装置 (2) 被测电缆受到静电或电磁感应时，要特别考虑
	局部放电试验	对电缆绝缘体加规定的工频交流电压（工作电压程度），定量掌握异常部分产生的局部放电，以判定绝缘状态	(1) 需要大型电源装置 (2) 因外部杂音影响大，所以特别考虑其消除方法
	静电电容测定	对电缆绝缘体加上工频交流电压，用西林电桥等测定静电电容	测定静电电容本身不是判定老化，其目的是把用直流漏电测得的绝缘电阻作为与额定电压、绝缘厚度、长度的不同无关的能进行比较的量，用于 CR 值计算
	耐压试验	对电缆绝缘体按规定时间加上规定的工频交流电压，确认此时的耐压性能，以判定绝缘状态的好坏	(1) 需要大型电源装置 (2) 当前是保证承受工作电压，但老化程度的判定较难 (3) 有可能损坏电缆，所以老化试验诊断不太用
超低频法（0.1Hz）	介质损耗角正切试验	试验电源采用超低频（0.1Hz 正弦波）和交流法一样进行介质损耗角正切试验，局部放电试验，静电电容的测定，以判定绝缘状态好坏	(1) 超低频试验因充电电流少，故用小容量电源装置就行 (2) 容易判别外部感应、杂音，容易消除 (3) 介质损耗、局部放电产生次数少，故为测定，外施过电压引起绝缘损伤少 (4) 介质损耗角正切、静电电容按其绝对值、电压特性、频率特性等，有可能代替工频法
	局部放电试验		
	静电电容测定		
准三角波法	局部放电试验	试验电源采用准三角波（0.1Hz 左右），进行局部放电试验，检查绝缘状态好坏	(1) 和外施交流时有等效性 (2) 虽要特别试验电源，但电源容量小也行
交直流重迭法	介质损耗角正切试验	试验电源采用直流电压重迭工频交流电压，和交流法一样进行介质损耗角正切试验，局部放电试验或直流漏电试验，以检查绝缘状态好坏	(1) 介质损耗角正切比交流法稍低 (2) 局部放电比直流法容易产生，和交流法基本上相等 (3) 直流分量电流因外部影响少，比直流法容易产生符合老化状态的变动 (4) 电源虽需要直流、交流，但交流电源容量比交流法时小也行 (5) 交流、直流电压比（组合）有几种，标准化较难，实测例子少
	局部放电试验		
	直流分量试验		
带电线路诊断法	直流成分法	给电缆绝缘体加上工频交流电压，若绝缘体产生水树枝放电，根据其整流作用产生直流成分，故从输电中的电缆接地线，检测此直流成分，进行老化诊断	(1) 交流带电时的直流成分已证实是从产生水树枝放电的电缆老化信号 (2) 虽要观测毫微安级的微小电流，而已开发了现场用的测定器 (3) 测定不需要用电源，测定器小型重量轻量，计测也极简便

试 验 方 法		概　　要	特　　征
带电线路 诊断法	零序 电流法	电缆老化三心不一样，故一产生老化，则零序电流增加。在此电缆所接零序电流互感器或接地变压器的中性点测定其零序电流的增加，以进行老化诊断	测定虽简单，但由于三相不平衡也使零序电流增加，故也有难以掌握老化倾向的缺点
	直流 重迭法	通过电缆所接的接地变压器中性点，把50V直流电压重迭在进行中的工频上，通过电缆绝缘体，用高灵敏度电流表测定出现在屏蔽层上的直流漏电，以直接读出绝缘电阻值	（1）和直流漏电特性有相关关系 （2）外皮、防蚀层的绝缘电阻也能测定 （3）装置外形相当大 （4）要研究分析一下由于重迭直流对其他机械、保护装置等的影响

二、电缆线路故障的检测诊断步骤

（一）电缆故障性质的确定

电缆发生故障以后，首先确定故障的性质，然后才能确定用何种方法进行故障的测寻。否则，胸中无数，盲目进行测寻，不但测不出故障点，而且会拖延抢修故障的时间，甚至因测寻方法不当而损坏测试仪器。

确定故障的性质，就是确定故障电阻是高阻还是低阻；是闪络还是封闭性故障；是接地、短路、断线，还是它们的组合；是单相、两相，还是三相故障。通常可以根据故障发生时出现的现象，初步判断故障的性质。例如，运行中的电缆发生故障时，若只给了接地信号，则有可能是单相接地故障。继电保护过流继电器动作，出现跳闸现象，则此时可能发生了电缆两相或三相短路或接地故障，或者是发生了短路与接地混合故障，发生这些故障时，短路或接地电流烧断电缆线芯将形成断路故障。但通过上述判断尚不能完全将故障的性质确定下来，还必须测量绝缘电阻和进行导通试验。

一般用兆欧表测量电缆线芯之间和线芯对地的绝缘电阻，1kV及以下的电缆用1kV兆欧表，1kV以上电缆用2500V兆欧表。进行导通试验时，将电缆末端三相短接，用万能表在电缆的首端测量线芯电阻。现将一故障电缆线路的测量结果列于表10-17中，根据表10-17所列绝缘电阻的测量结果，可以分析出此故障是两相接地。根据导通试验结果，可以确定三相电缆未发生断线故障。

表 10-17　　　　　　　　　　　　　　绝缘电阻的测量与导通试验

用兆欧表测量绝缘电阻（MΩ）				用万用表做导通试验（Ω）	
线　芯　间		线　芯　与　地			
AB	2500	AE	2500	AB	0
BC	8	BE	5	BC	0
CA	2500	CE	3	CA	0

（二）电缆故障检测方法

检测电缆故障的方法在国内外有不少方法，各有特点及局限性，常用两种：

（1）原始的分割检测法。这种技术是在没有任何仪器的情况下就可实施，即一半一半地进行分割。这种方法时间长，费用大。

（2）仪器检测法。这种方法时间短，费用小，但各种方法有其局限性，它又可分为终端技术和追踪技术两大类。

电缆故障诊断方法见表10-18。

仪器探测法中的各种方法

1．终端技术

可分为电桥、雷达（脉冲）、共振法。

（1）电桥法。可分为莫拉（Murry）法和电容电桥法。

1）莫拉法。它需要有一个非故障导体，和故障导体一起形成一个环（见图10-2）。

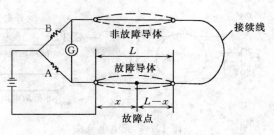

图10-2 莫拉法接线

表 10-18   **电缆故障诊断方法**

故 障 类 型		诊 断 方 法
短路接地故障	低阻接地故障 （接地电阻在 100kΩ 以下）	（1）电桥法（QJ—23 型或 QF1—A 型电桥） （2）连续扫描脉冲示波器法（MST—1A 型或 LGS—1 型数字式测试仪）
	高阻接地故障 （接地电阻在 100kΩ 以上）	（1）高压电桥法（QF1—A 型电桥） （2）一次扫描示波器法（711 型） （3）烧穿故障点，再用低压电桥法
断线故障	完全断线故障	（1）电桥法（电容电桥 QF1—A 型电桥） （2）连续扫描示波器法（MST—A 型或 LGS—1 型）
	不完全断线故障	（1）高电阻断线用交流电桥法 （2）低电阻断线，先烧断，后再按完全断线测寻
闪络性故障		一次扫描示波器法（711 型）

当电桥平衡时，便可得到故障点的距离：

$$l_x = 2l\,\frac{R_1}{R_1 + R_2}$$

2）电容电桥法。它是测量相同电缆（故障和非故障的）的电容（见图10-3），根据电容的不同来判断故障距离。

3）充电电流法。它是测量相同电缆（故障和非故障的）的不同的充电电流而取得故障距离，$l_1 = l_2\,(I_1/I_2)$（见图10-4）。

（2）雷达（脉冲）法。这是利用脉冲的传播速度和时间及其反馈来求得距离：$d = vt/2$。有长脉冲和短脉冲之分，短脉冲不适用于数据分析，长脉冲容易进行数据分析。在显示器显示传导和反射波，其关系为：

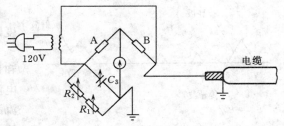

图10-3 电容电桥法

$$l_r = \frac{R - z}{R + z} \times l_t$$

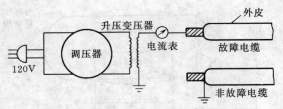

图 10-4 充电电流法

式中 l_r——反射波；

l_t——传导波；

R——线端电阻；

z——线路阻抗。

如果线路开路：$R=\infty$，$l_r=l_t$，反射和传导波大小相等，极性相同。如果线路是短路接地，$R=0$，$l_r=-l_t$，两个波大小相等，相位差 $180°$（见图 10-5）。

雷达脉冲法又可分为低电压脉冲法和高压闪络测量法，低压脉冲法是用于测低阻，开路故障；产生宽度为 $0.1\sim2\mu s$ 幅度大于 120V 低压脉冲，则故障点距离为：

$$l = \frac{1}{2}v(t_1 - t_0)$$

式中 l——到故障点距离；

v——脉冲传播速度；

t_0——发出脉冲时间；

t_1——到达脉冲时间。

对不同类型电缆 v 是不同的：油纸电缆 $v\approx160\text{m}/\mu s$；不滴流电缆 $v\approx144\text{m}/\mu s$；交联乙烯电缆 $v\approx172\text{m}/\mu s$；聚乙烯电缆 $v\approx184\text{m}/\mu s$。

高压闪络法用于测高阻故障，因为对高电阻低压脉冲的反射幅度小而无法测得。这种方法分为直闪法和冲闪法两种。故障点距离为：$L=\frac{1}{2}v(t_2-t_1)$。直闪法用于闪络性高阻故障；冲闪法用于泄漏性高阻故障。

（3）共振法。这是以共振频率来计算故障距离：

$$d = \frac{466N}{f_r k}$$

式中 k——电缆介质常数；

f_r——共振频率。

$N=1/4$ 时用于短路，$N=1/2$ 时用于断路。

这是使用频率发生器，变化频率直到共振。

2. 追踪技术

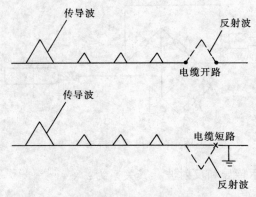

图 10-5 电缆线路开路和短路的波形传导

可分为电流，音频追踪，冲击电压及大地梯度四种，主要用于故障定位。

（1）电流追踪法。这是将电流引入故障导体，和地形成回路，在选择的人孔处用探测器测电缆电流。此法对管道线路应用得最多。有直流和交流法两种。直流法的电压从 500V～20kV，电流从 0.25～12.5A，用试验探头在电缆外壳上测信号。交流法用 25 或 60Hz 的传感器，通过耳机听声而得。此法对直埋电缆有效。

（2）音频追踪法。这是用声频射向由故障电缆和地形成回路，在空气和地中由于电流产生磁

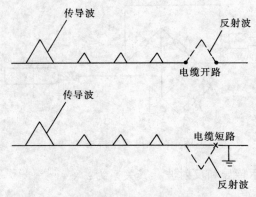

434

场，利用天线可测得，接收器是高增益放大器，探测器是探测线圈。

（3）冲击法。这是用一个充电电容器传导一个能量脉冲在故障导体和地之间传导，脉冲在故障点产生电弧而释放能量发出可听见的锤击声。

（4）大地梯度法。此法是将电流引入导体由大地返回、在大地内将有电压降，由此可测得电压降。一般，电压降方向指向故障测点，当接近故障点时，电压表偏转减少，当通过故障点后，表偏转反向增加，由此可进行定位。

在图 10-6 表示了以上各种方法的原理接线。

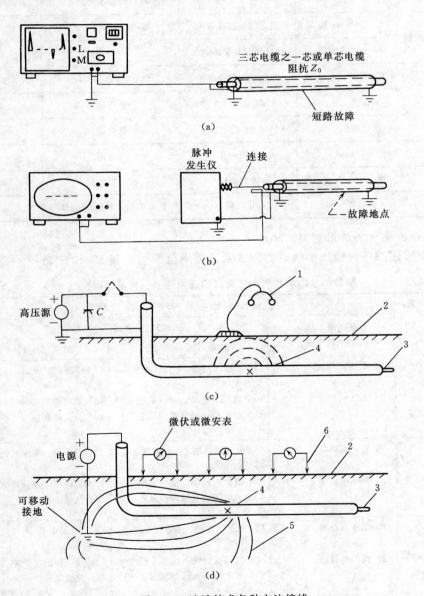

图 10-6　追踪技术各种方法接线

（a）TDR 法（时间范畴反射仪）；（b）冲击法；（c）听声法；（d）电压梯度法

1—耳机；2—地面；3—开路；4—故障；5—泄漏电流；6—探头

近年来，我国也生产不少新的电缆故障检测仪。如DGC—711型检测仪，它由测闪仪，路径仪，定点仪组成；采用单片机高速信号处理技术，利用脉冲反射原理来检测故障点。SCY型检测仪也由闪测仪，路径仪，定点仪组成，用于检测电缆短路、断路和各种低阻、高阻故障并精确定位，其测试误差为：粗测≤3％；精测≤1m。其他还有不少类型。

电缆故障检测方法如表10-19所示。

表 10-19   **电 缆 故 障 检 测 方 法**

名 称	方 法		标 准	并联故障（短路）	串联故障（断路）
终端测量技术	电桥法	Murry 法	用电缆长度灵敏度	低电阻（≤200Ω）	
		电容电桥	用导体对外套的电容	高电阻	高电阻
	雷达（脉冲法）		产生一个短路脉冲	低电阻（≤200Ω）	高电阻
	共振法		产生一个持续波	低电阻	高电阻
追踪技术	电流追踪法		直流，交流	低电阻	
	音 频		传播声音	低电阻	
	冲 击		传播高能脉冲	高和低电阻	高电阻
	大地梯度		电位降	低电阻（大约到100kΩ）	

（三）各种检测方法适用范围的比较

现将上面所述的各种检出事故点的方法及其适用范围列于表10-20中。

表 10-20   **事故的状态和各种测定方法的适用性**（三相电缆时）

事故内容 \ 接地电阻	低电阻事故（低于几千欧）	高电阻事故（几兆欧以上）	
		放电电压 4～5kV	放电电压 10kV 以下
一相接地	(1) 低压回路法 (2) 高压电桥法	(1) 低压回路法（先烧穿短路点，降低电阻） (2) 高压电桥法、反接电桥法 (3) 放电检出型脉冲测试法	(1) 高压电桥法（先烧穿短路点）[①] (2) 放电检出型脉冲测试法 (3) 反接电桥法
二相接地	(1) 低压回路法 (2) 高压电桥法	(1) 低压回路法（先烧穿短路点，降低电阻） (2) 高压电桥法、反接电桥法 (3) 放电检出型脉冲测试法	(1) 高压电桥法（先烧穿短路点）[①] (2) 放电检出型脉冲测试法 (3) 反接电桥法
三相接地 有并行回线	(1) 低压回路法 (2) 高压电桥法	(1) 低压回路法（先烧穿短路点，降低电阻） (2) 高压电桥法、反接电桥法 (3) 放电检出型脉冲测试法	(1) 高压电桥法（先烧穿短路点）[①] (2) 放电检出型脉冲测试法 (3) 反接电桥法
三相接地 无并行回线	低压脉冲测试法（低于100Ω）	放电检出型脉冲测试法	放电检出型脉冲测试法

事故内容＼接地电阻	接地电阻与放电电压值		
	低电阻事故（低于几千欧）	高电阻事故（几兆欧以上）	
		放电电压 4～5kV	放电电压 10kV 以下
二相短路	(1) 低压回路法 (2) 高压电桥法	(1) 高压电桥法 (2) 反接电桥法	(1) 高压电桥法（先烧穿短路点）① (2) 反接电桥法
三相短路	(1) 低压脉冲测试法（低于100Ω） (2) 放电检出型脉冲测试法	放电检出型脉冲测试法	放电检出型脉冲测试法
断　　线	低压脉冲测试法	(1) 交流电桥法 (2) 直读电容表法 (3) 低压脉冲测试法	(1) 交流电桥法 (2) 直读电容表法 (3) 低压脉冲测试法

① 此种情况下，由于多数不可能烧穿或需要长时间，应注意。

三、电缆故障检测诊断方法的选择

（一）烧穿的要求及方法

随着绝缘监督工作的加强，电缆在运行中发生的故障逐渐减少，而在预防性试验中发现的故障相对增多。试验击穿的故障点电阻一般都很高，多数属于高阻故障。据有关部门统计，预防性试验击穿的电缆故障中，90%以上是高阻故障，电缆运行中所发生的故障，高阻故障也占60%以上。然而，必须在低阻情况下才能用电桥法或音频感应法进行测量，所以要将高阻故障进行烧穿处理，使高阻变为低阻。以利测量。一般使用电桥法测量，要求故障电阻值不高于 $2k\Omega$，最高不超过 $100k\Omega$；使用低压脉冲反射法，要求故障电阻不大于 100Ω；使用音频感应法要求电阻不高于 10Ω；使用声测法，故障电阻应在 $1k\Omega$ 左右。烧穿后故障点的电阻值应能满足不同测量仪器的要求。

电缆故障点烧穿的方法有交流烧穿和直流烧穿两种。交流烧穿时需要向电缆提供无功电流，所以烧穿设备的容量必须足够大。而且采用交流烧穿方法时，由于在工频交流电一个周期内烧穿电流要通过两个零点，此时绝缘恢复，故障电阻迅速增大，所以故障点容易被烧断。因此，当无必要时将故障点电阻烧到低于 100Ω 以下时，一般不使用交流烧穿法。

（二）高阻类故障的测寻方法

对于高阻故障，目前一般不经烧穿，而直接用闪测法进行粗测，而后用声测法定点。但对于某些高阻故障，由于故障点受潮面积较大，不能闪络或闪络不好，用"直闪"或"冲闪"法都测不出真正反映实际的故障波形。因此，还需要进行"烧穿"，以改变故障点的状态，使之闪络，而后用闪测法进行测寻。

对于闪络性故障，可先通过"烧穿"来降低故障点电阻，然后再用测寻高阻故障的方法进行测寻。但"烧穿"是相当困难的。经验证明，闪络性故障多发生在中间接头和端头，只要电缆图纸资料准确，便可在向故障电缆施加直流高压的同时，将闪测仪接好，以便在闪络的瞬间记下故障波形。然后将粗测故障点位置与图纸给出的位置进行比较，以确定发生故障的中间接头或终端头。

（三）低阻类故障的测寻方法

故障电阻较低时，可先用电桥法或低压脉冲反射法进行粗测，而后用音频感应法定点，也可先用冲击放电法来提高故障点的电阻，而后用声测法定点。

有些特殊情况应注意。对于三相短路故障，难以用电桥法进行测寻，必须用低压脉冲反射法进行粗测。对于单相接地故障，用音频感应法测寻可能会导致全电缆线路上都有音频信号，而不能定点。此时可先通过冲击放电来提高故障点的电阻，而后再用声测法定点。对于故障电阻根本不能提高的故障，只有采用音频感应法，并配合使用差动电感探头。

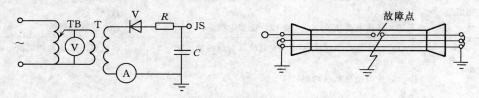

图 10-7　用声测法进行断线故障定点的接线图

（四）断线故障的测寻方法

断线故障有高阻也有低阻，情况比较复杂。一般多采用低压脉冲反射法进行粗测，而后用声测法定点。图 10-7 所示为用声测进行断线故障定点的接线图。定点时，将冲击电压加在断线相电缆的一端，电缆的另一端接地。故障电缆在沟和隧道中时，大多可用声测法直接定点。